Zuverlässigkeitstests für eine effiziente und entwicklungsbegleitende Absicherung von Bauteilen und Systemen

Martin Dazer · Alexander Grundler ·
Kevin Lucan · Bernd Bertsche

Zuverlässigkeitstests für eine effiziente und entwicklungsbegleitende Absicherung von Bauteilen und Systemen

Testplanung, Testauswertung und Zuverlässigkeitsnachweis

Springer Vieweg

Martin Dazer
Institut für Maschinenelemente
Universität Stuttgart
Stuttgart, Deutschland

Kevin Lucan
RelTest Solutions GmbH
Herrenberg, Deutschland

Alexander Grundler
Robert Bosch GmbH
Gerlingen, Deutschland

Bernd Bertsche
Institut für Maschinenelemente
Universität Stuttgart
Stuttgart, Deutschland

ISBN 978-3-662-72966-3 ISBN 978-3-662-72967-0 (eBook)
https://doi.org/10.1007/978-3-662-72967-0

Die Deutsche Nationalbibliothek verzeichnet diese Publikation in der Deutschen Nationalbibliografie; detaillierte bibliografische Daten sind im Internet über https://portal.dnb.de abrufbar.

Springer Vieweg ist ein Imprint der eingetragenen Gesellschaft Springer-Verlag GmbH, DE und ist ein Teil von Springer Nature.
Die Anschrift der Gesellschaft ist: Heidelberger Platz 3, 14197 Berlin, Germany

Vorwort

Dieses Fachbuch basiert auf der Habilitationsschrift von Dr.-Ing. Martin Dazer. Durch die Co-Autoren wurden weitere Passagen mit weiterführenden Forschungsergebnissen ergänzt. Außerdem wurden eine Vielzahl an Anwendungsbeispielen aus der industriellen Praxis ergänzt, um den Anwendungsbezug und den Methodentransfer zu stärken. Durch die Beispiele aus der angewandten Zuverlässigkeitstechnik wird dargelegt wie sich die Forschungsansätze in der Industrie anwenden lassen.

Die Thematik der Lebensdauererprobung ist in Unternehmen allgegenwertig. Gerade bei komplexen Ausfallmechanismen fehlt das Wissen über die „Physics of Failure" und so bleibt als einzige Absicherungslösung der Lebensdauertest. Dabei besteht jedoch im Anwendungskontext quasi immer die Problematik eines begrenzten Budgets. Die Aufgabe für den Versuchsingenieur besteht folglich darin den effizientesten Test für das gestellte Ziel zu identifizieren und eine vollständige Teststrategie zu definieren. Aufgrund der Vielzahl der möglichen Teststrategien, die alle Vor- und Nachteile aufweisen und teilweise nur für ganz bestimmte Aufgaben geeignet sind, wie z. B. den Zuverlässigkeitsnachweis, gestaltet sich diese Aufgabe meist schwierig. Verstärkt wird diese Herausforderung durch die teilweise große zu erwartende Streuung der Lebensdauer selbst unter konstanten Randbedingungen.

Dieses Fachbuch bietet für derartige Herausforderungen nicht nur eine Orientierungsgrundlage, sondern auch die Möglichkeit die mathematischen Ansätze für die Planung von individuellen Teststrategien zu nutzen. Es werden die allgemeinen Vorgehensweisen sowohl der qualitativen, der quantitativen und auch der Nachweistests thematisiert, deren Vor- und Nachteile erörtert, allgemeingültige Erkenntnisse für die Planung geliefert als auch die Berechnungsmodalitäten aufgezeigt. Aufgrund der teilweise fortgeschrittenen statistischen Verfahren sind alle Tests durch anschauliche Beispiele abgerundet, die das Verständnis und somit die Übertragbarkeit erleichtern.

Competing Interests Die Autor*innen haben keine relevanten Interessenskonflikte im Zusammenhang mit dieser Publikation.

Inhaltsverzeichnis

1 Einleitung

Neue Produkte erfolgreich an den Markt zu bringen ist heutzutage eine enorme unternehmerische Herausforderung. In Zeiten von smarten Produkten, realisiert mithilfe von künstlicher Intelligenz, besteht ein erheblicher Innovationsdruck, um erfolgreich am Markt zu sein. Die Entwicklung komplexer Funktionen und Produktgestalten bis hin zu einem entsprechend hohen Produktreifegrad benötigt lange Entwicklungszeiten. Durch gleichzeitig hohen Kostendruck und schnelllebige Produktlebenszyklen steht diese benötigte Entwicklungszeit häufig nicht zur Verfügung. Die Folge ist in vielen Fällen ein unzuverlässiges Produkt im Betrieb, welches hohe Garantie- und Kulanzkosten verursacht. In schlimmeren Fällen bedeutet dies Rückrufe für die produzierenden Unternehmen. Bei Ausfällen in emotional bzw. politisch sehr sensiblen Themen, wie z. B. dem Kernreaktorunfall in Fukushima [1] oder den zwei Flugzeugabstürzen einer Boeing vom Typ 737–8 Max durch ein fehlerhaftes Kontrollsystem [2], können die Folgen von Ausfällen noch dramatischer sein. Sowohl die Flugzeugabstürze als auch der Kernreaktorunfall haben zu großem medialen Aufsehen geführt, welches zu Imageverlusten bei den verantwortlichen Firmen und den jeweiligen Branchen geführt hat. Auch die Automobilbranche hat mit einer steigenden Anzahl von Problemen im Betrieb der Produkte zu kämpfen. Nach Zahlen des Kraftfahrtbundesamtes hat sich die Anzahl sicherheitskritischer Mängel in den letzten zehn Jahren ungefähr verdreifacht [3]. Dieser steigende Trend von Rückrufaktionen ist in Abb. 1.1 zu sehen. Die Dunkelziffer der Gesamtanzahl an Mängeln dürfte noch weit über dieser Zahl liegen, jedoch ist es schwer an gesicherte Zahlen zu kommen, da sich die Firmen bei nicht sicherheitsrelevanten Problemen nachvollziehbarerweise sehr bedeckt halten.

M. Dazer et al., *Zuverlässigkeitstests für eine effiziente und entwicklungsbegleitende Absicherung von Bauteilen und Systemen*, https://doi.org/10.1007/978-3-662-72967-0_1

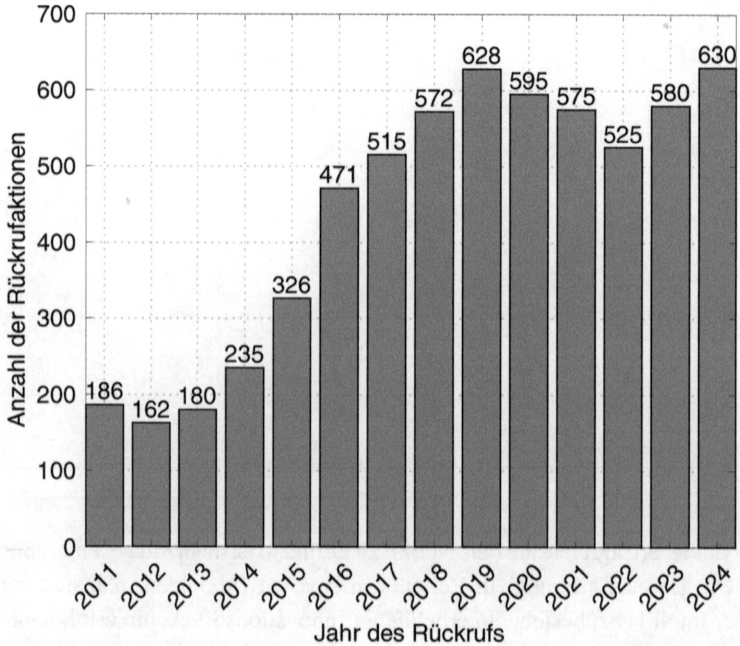

Abb. 1.1 Entwicklung der KfZ-Rückrufaktionen in Deutschland; Daten aus [3]. (© IMA 2024. All Rights Reserved)

Dem steigenden Trend an Mängeln im Betrieb, steht der Wunsch von Kunden nach hoher Produktzuverlässigkeit gegenüber, deren Bedeutung im Automobilbereich über jener des Preis-/Leistungsverhältnisses liegt [4], siehe Abb. 1.2.

Die Aufwendungen für Garantie und Kulanzkosten können durchaus in der gleichen Größenordnung des Unternehmensgewinns liegen, in einigen Fällen sogar erheblich darüber. Diese Situation führt zu einer signifikanten Störung des für die Produktentwicklung kritischen Gleichgewichts zwischen Kosten, Zeit und Qualität. Die zu erreichenden Kosteneinsparungen und die Reduzierung der Entwicklungszeiten korrelieren gemäß dieser Daten mit einer reduzierten Zuverlässigkeit der Produkte [5, 6]. Dieser Zielkonflikt in der Entwicklung kann durch eine konsequente Anwendung von Zuverlässigkeitsmethoden bewältigt werden, siehe Abb. 1.3.

Die Sicherstellung einer hohen und definierten Produktzuverlässigkeit erfordert ein Zusammenspiel von konstruktiver Auslegung, bzw. der Festlegung der Gestalt und der Feststellung bzw. Absicherung durch Simulation und Erprobung. Diese Faktoren stehen in einer direkten Wechselbeziehung zueinander. Die konstruktive Gestaltung legt die tatsächliche Zuverlässigkeit des Produkts fest, denn durch die Produktgestalt wird die Belastbarkeit des Produkts definiert. Zudem wird durch die Gestalt und mithilfe geeigneter Lastannahmen die erwartete Beanspruchung spezifiziert. Die Verfahren der Erprobung

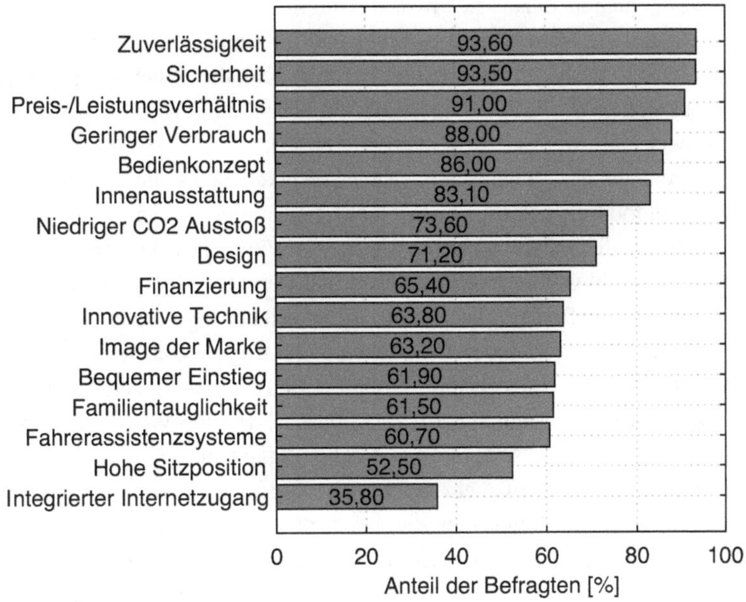

Abb. 1.2 Wichtigste Kriterien beim Autokauf in Deutschland im Jahr 2020; Daten aus [4]. (© IMA 2024. All Rights Reserved)

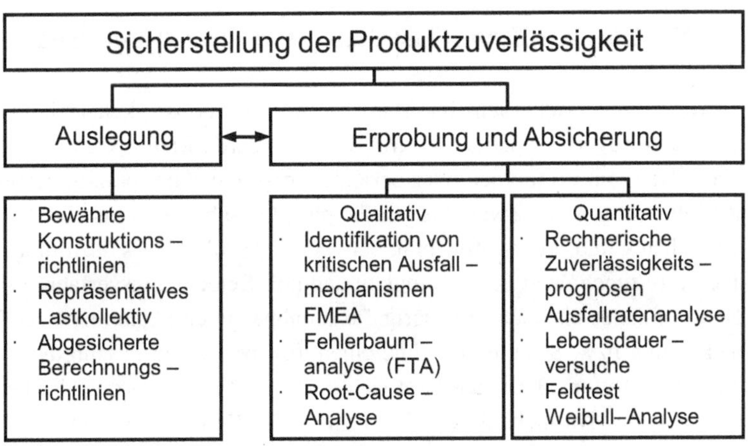

Abb. 1.3 Herausforderungen bei der Sicherstellung der Produktzuverlässigkeit [7]. (© IMA 2024. All Rights Reserved)

und Absicherung dienen dazu, die in das Bauteil integrierte Zuverlässigkeit zu erfassen und zu evaluieren. Werden die gesetzten Anforderungen nicht erfüllt und somit die Zuverlässigkeitsziele nicht erreicht, ist es erforderlich, die Zuverlässigkeit durch konstruktive Anpassungen in zusätzlichen Entwicklungszyklen iterativ zu verbessern und die Ergebnisse erneut zu bewerten und zu verifizieren [7].

Für das Erreichen der gewünschten Zuverlässigkeit sieht die bisher vorherrschend angewendete Methode eine konstruktive Überdimensionierung der Auslegung vor. Denn in Fällen, in denen die inhärente Lebensdauer ein Vielfaches der Anforderung beträgt, ist die Wahrscheinlichkeit einen Ausfall während der normalen Nutzungszeit zu beobachten sehr gering. Außerdem ist der in die Absicherungsprozesse zu investierende Aufwand geringer. Auf der anderen Seite sind derartige Lösungskonzepte mit einem deutlich erhöhten Ressourcenaufwand verbunden und führen in Verbindung mit zusätzlich sehr konservativen Lastannahmen dazu, dass z. B. die Masse von PKWs immer weiter steigt [8]. Durch den Anspruch an Nachhaltigkeit und Ressourcenschonung sind solche Lösungsprinzipien nicht mehr zeitgemäß. Zudem ist bei vielen Ausfallmechanismen in anderen, nicht mechanischen Bereichen die Überdimensionierung nicht einfach im gleichen Maße realisierbar. Das trifft im Speziellen auf Ausfallmechanismen im Elektronikbereich zu. Moderne Entwicklungsprozesse benötigen Lösungsansätze, bei denen jeder Phase des Entwicklungsprozesses eine passende Validierungs-, Absicherungs- und Erprobungsmethoden zugeordnet ist [5].

1.1 Motivation für Zuverlässigkeitstests und deren Bedeutung

Eine der wichtigsten Methoden im Rahmen der Zuverlässigkeitstechnik sind die Lebensdauer- und Zuverlässigkeitstests. Mit keiner anderen Methode lässt sich die Produktzuverlässigkeit von Prototypen oder Serienteilen vergleichbar präzise bestimmen wie durch einen Lebensdauertest. Zwar existiert die physikalische Kenntnis über Schwingbrüche in der Mechanik und Werkstofftechnik bereits seit 1870 [9], was dazu führt, dass kostenintensive Tests zunehmend durch Simulationen und Berechnungsverfahren substituiert werden. Dennoch ist es bis heute schwierig die zeitabhängigen Phänomene der fortschreitenden Degradation bzw. Schädigung ohne einen Test präzise zu beschreiben – selbst in metallischen Werkstoffen. Bis heute lässt sich z. B. der Frequenz- oder Reihenfolgeeinfluss eines Lastkollektivs nicht durch eine analytische Berechnung abbilden [10], trotz erheblicher Bemühungen was die Weiterentwicklung von Schädigungsrechnungen angeht [11–17].

Selbst in Fällen, in denen der physikalische Hintergrund des Ausfallmechanismus bekannt ist und dafür ein Modell zur Verfügung steht, lässt sich die Parametrierung dieses Modells nicht ohne Weiteres auf beliebige Anwendungsfälle übertragen. Die Parameter dieser sogenannten Lebensdauermodelle [5, 18] sind neben der physikalischen Ausfallursache abhängig von der jeweiligen Produktgestalt – insbesondere die der ausfallverursachenden Schwachstelle – dem verwendeten Material, der Belastung, den jeweiligen Umwelteinflüssen und sonstigen Randbedingungen [5, 19]. In Situationen in denen eine falsche Entscheidung bzgl. der Produktzuverlässigkeit weitreichende Konsequenzen nach sich zieht, wie z. B. beim Zuverlässigkeitsnachweis zur Marktfreigabe, wird deshalb auf den belastbareren Lebensdauertest zurückgegriffen. In Situationen, in denen gar keine Kenntnis bezüglich des genauen Ausfallmechanismus vorliegt, bleibt der Lebensdauertest ohnehin alternativlos, um Erkenntnisse über die qualitative physikalische Natur des wirkenden Mechanismus zu erhalten. Darüber hinaus besteht durch die erhobenen Lebensdauerdaten auch direkt eine quantitative Grundlage zur Modellierung des produktspezifischen Ausfallverhaltens, also dem zeitabhängigen Auftreten von Ausfällen.

Neben den genannten Vorteilen, bieten Zuverlässigkeitstests aufgrund hoher Flexibilität in der Anwendung Vorteile in verschiedenen Phasen des Produktentwicklungsprozesses. In den frühen Phasen, in denen die Entwicklung des Wirk- und Funktionsprinzips im Fokus stehen, müssen aus zuverlässigkeitstechnischer Sicht die damit einhergehenden Ausfallmechanismen identifiziert, verstanden und bewertet werden. In späteren Phasen muss dagegen die Langzeitzuverlässigkeit modelliert und bewertet werden. Diese Einteilung in ein „qualitatives Verständnis“ und eine statistische Modellierung wird auch bei den Zuverlässigkeitstests übernommen. Abb. 1.4 zeigt diese Einordnung der Zuverlässigkeitsmethoden und der Testmethoden in die entsprechenden Phasen des Produktentwicklungsprozesses.

Qualitative Testverfahren sind in der Lage durch angepasste Versuchsmethodik schnell und damit effizient kritische Ausfallmechanismen aufzuzeigen. Neben der reinen Identifikation von wirkenden physikalischen Mechanismen, die eher auf lange Sicht zu Ausfällen führen können, werden auch etwaige Design-Schwachstellen aufgezeigt, die anschließend bewertet und durch passende Maßnahmen beseitigt werden müssen. Im weiteren Verlauf gilt es durch quantitative Tests, also durch die Erhebung von empirischen Lebensdauer- und Ausfalldaten des Produkts, die zeitabhängige Zuverlässigkeit zu bestimmen. Dadurch wird sichergestellt, dass nur ein bestimmter, maximal zulässiger Anteil der Produkte vor einer spezifizierten Lebensdauer bzw. Nutzungszeit ausfällt – man denke z. B. an die verpflichtende Herstellergarantie.

Die Erprobung für diesen Nachweis der Zuverlässigkeits- und Lebensdauerziele vor dem Markteintritt ist unverzichtbar. Für eine präzise Aussage werden aus statistischer Perspektive große Datenmengen benötigt. Für den Übertrag auf die Zuverlässigkeit bedeutet das, dass die Lebensdauer vieler Prüflinge in einem Lebensdauertest erhoben werden muss. Das bedeutet, dass der Prüfling bis zum Ausfall getestet werden muss. Aufgrund der begrenzten Entwicklungszeiten sind die Ressourcen an Prüflingen und Testzeit im Realfall stets sehr limitiert. Angesichts der Einhaltung der Kosten und Zeitpläne, besteht deshalb das Ziel, die Zuverlässigkeitsanforderungen mit der geringstmöglichen Anzahl an Tests zu belegen und die Durchführung dieser Tests zeitlich zu optimieren. Über die effiziente Gestaltung der Produktentwicklungsphasen von der Konzeption über die Serienproduktion hinaus, bietet auch die Planung der Erprobung Möglichkeiten, die Effizienz

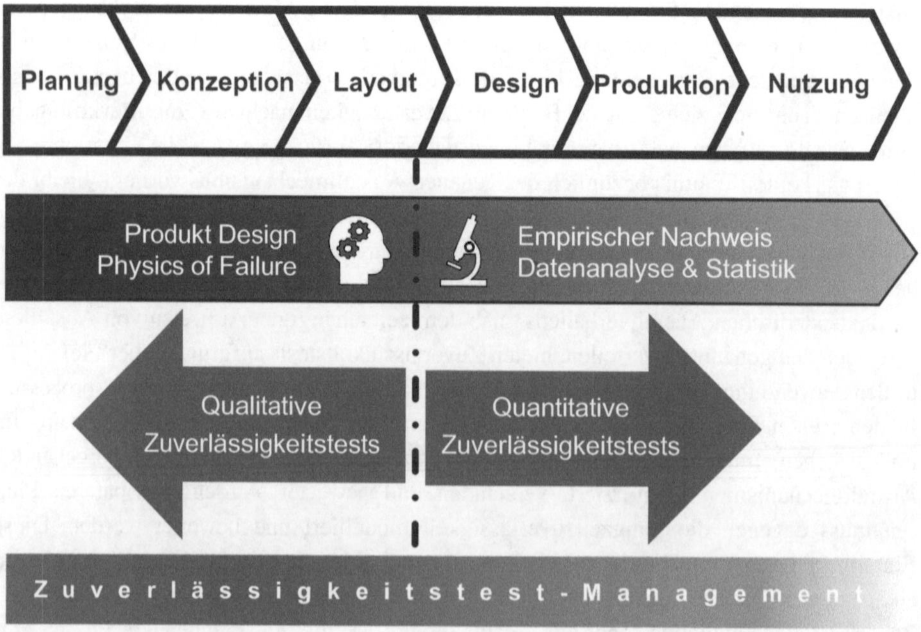

Abb. 1.4 Klassifizierung und zentrale Methoden von Zuverlässigkeitstests. (© IMA 2024. All Rights Reserved)

mittels geeigneter und erfolgversprechender Erprobungsstrategien zu steigern. Diese Strategien sollen nicht nur effizient sein, sondern auch den Nachweis des Erreichens der festgelegten Zuverlässigkeitsziele erbringen.

Die Vielfältigkeit technischer Lösungsansätze resultiert in einer Vielzahl unterschiedlicher Rahmenbedingungen für die Planung von Zuverlässigkeitstests. Beispielsweise sind für kostspielige Prototypen oft nur sehr wenige Testobjekte verfügbar, wohingegen bei Massenprodukten Tests mit einer Vielzahl von Exemplaren realisierbar sind. Zusätzlich sind die Planungen durch zeitliche Beschränkungen bezüglich der Verfügbarkeit für Erprobungen zur Erfüllung der Zuverlässigkeitsanforderungen limitiert. Eine gesteigerte Effizienz in der Erprobung erfordert nicht nur einen zielgerichteteren Einsatz der Prüflinge und die Verkürzung der Testdauern durch beschleunigte Lebensdauertests, sondern auch eine Auseinandersetzung mit statistischen Herausforderungen innerhalb des Testprozesses. Dies umfasst die Erhöhung der Erfolgswahrscheinlichkeit für den Nachweis der Zuverlässigkeits- und Lebensdaueranforderungen sowie eine verbesserte Vorhersagbarkeit des Erprobungsaufwands, bei gleichzeitig effizientem Einsatz der Ressourcen.

Diese Herausforderungen erfordern den Einsatz effizienter Erprobungsmethoden und deren Integration in den Produktentwicklungsprozess, siehe Abb. 1.4, um den Zielkonflikt in der heutigen Produktentwicklung – stetig wachsende Kundenanforderungen bei gleichzeitiger Notwendigkeit zur Senkung der Entwicklungskosten – zu bewältigen. Nur

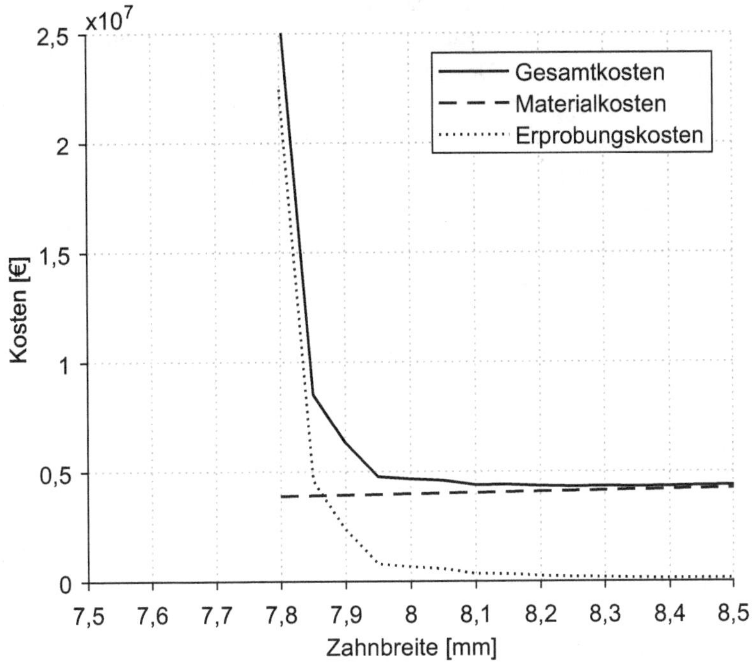

Abb. 1.5 Zusammenspiel von Produktauslegung und -absicherung; in Anlehnung an [20]. (© IMA 2024. All Rights Reserved)

mit einer auf die Auslegung angepassten Zuverlässigkeitserprobung kann ein optimales Design identifiziert werden. Abb. 1.5 zeigt dies exemplarisch anhand einer einfachen Zahnradauslegung. Mehr Details zum Beispiel sind in [20] zu finden.

In Abb. 1.5. sind die Gesamtkosten über der gewählten Zahnbreite aufgetragen. Die notwendigen Materialkosten nehmen linear zu, weil mit breiteren Zahnrädern mehr Material für jedes Zahnrad aufgewendet werden muss. Skaliert werden die Kosten zusätzlich mit der zugrundliegenden Stückzahl. Die Erprobungskosten hingegen nehmen bei stärkerer Überdimensionierung überproportional ab, weshalb sich viele Hersteller mit überdimensionierten Designs in der Absicherung einfache Abhilfe schaffen. Selbst die Norm zur Zahnradauslegung DIN 3990 mit empfohlenem Sicherheitsfaktor, führt in diesem Fall mit einem Zahnraddurchmesser von 11,1 mm zu einer erheblichen Überdimensionierung. Durch eine Mitberücksichtigung der Erprobungsaufwände dagegen, kann das optimale Design von 8,1 mm identifiziert werden. Zusätzlich ist ersichtlich, dass trotz optimierter Erprobungsstrategie, die in diesem Beispiel verwendet wurde, nicht unbegrenzt Leichtbau betrieben werden kann. Der Grund, weshalb die Kostenfunktionen bei einem Durchmesser von 7,8 mm enden ist, dass mit kleinerem Durchmesser kein Zuverlässigkeitsnachweis mehr erbracht werden kann. Trotz erheblicher Prüflingsanzahl kann aufgrund der Unsicherheit der getesteten Stichprobe kein Nachweis mehr erbracht werden. Die Berücksichtigung einer optimierten Zuverlässigkeitserprobung ermöglicht neben der Identifikation des optimalen Designs ebenso das Auslegungslimit zu identifizieren.

Dieses einfache Beispiel zeigt die Konsequenzen einer mangelnden Berücksichtigung der Zuverlässigkeitserprobung, jedoch auch die Möglichkeiten, die sich hinsichtlich der Produktauslegung bieten. Die Auswirkungen von Zuverlässigkeitstests sind, wie hier gezeigt, deutlich weitreichender als deren eigenes Ergebnis in Form des erfolgreichen Zuverlässigkeitsnachweises. Die Tests bieten uns die Möglichkeit, Einfluss auf das Produktdesign-, die Produktauslegung und einen sicheren Produktbetrieb zu nehmen.

1.2 Aufbau des Buches

Dieses Buch gliedert sich in seiner übergeordnete Struktur in Qualitative (Kap. 4) und Quantitative Testmethoden (Kap. 5 und 6), die in Abb. 1.4 eingeführt wurden. Davor werden in Kap. 2 die wichtigsten Begriffe und Terminologien eingeführt und erklärt, die im Verlauf der Hauptkapitel wiederholt verwendet werden. Insbesondere werden ähnlich Begriffe mit unterschiedlicher Bedeutung voneinander abgegrenzt. Außerdem werden alle Testverfahren der Hauptkapitel 4, 5 und 6 anhand ihrer jeweiligen Ziele in die zeitliche Abfolge des Produktenwicklungsprozesses eingeordnet.

In der Zuverlässigkeitstechnik und im Besonderen in den Testverfahren werden viele Methoden aus dem Bereich der Stochastik verwendet, um trotz der streuenden Lebensdauer Aussagen über das Ausfallverhalten zu machen. Kap. 3 gibt deshalb einen Überblick über die zentralen und wichtigsten Analyse- und Berechnungsverfahren. Neben einer Einführung in die wichtigsten zuverlässigkeitsbezogenen Kennzahlen und Metriken, werden die Grundlagen der Lebensdauerdatenanalyse thematisiert, da jedes Testergebnis mithilfe dieser Analyseverfahren ausgewertet wird. In vielen komplexen Systemen tritt zudem mehr als ein Ausfallmechanismus auf, weshalb Ansätze zur Berechnung der Systemzuverlässigkeit benötigt werden. Dies ist insbesondere in Komponententests der Fall. Weiterhin werden die Grundlagen und Herausforderungen der Zuverlässigkeitstests thematisiert. Da in der Zuverlässigkeitstechnik sowohl mit frequentistischen als auch mit Bayes'schen Ansätzen gearbeitet wird, enthält dieses Kapitel ebenfalls eine Einführung zu beiden statistischen Sichtweisen und verknüpft die entsprechenden Zuverlässigkeitsmethoden.

In Kap. 4 werden die qualitativen Zuverlässigkeitstests thematisiert. Diese haben das Ziel, ein breites Verständnis über die zugrunde liegende Ausfallmechanismen des Produktes zu bilden. Dazu wird das sogenannte HALT-Verfahren (Highly Accelerated Life Test oder auch Highly Accelerated Limit Test) eingesetzt. Daneben können mit dem HASS-Verfahren (Highly Accelerated Stress Screening) auch die produktionsbedingten Ausfallmechanismen ermittelt werden. Das Step Stress Verfahren dient vor allem dazu, den Belastungsbereich eines bestimmten Ausfallmechanismus effizient einzugrenzen und die Auswirkungen einer Belastungsänderung zu verstehen.

In Kap. 5 und 6 stehen die quantitativen Zuverlässigkeitstests im Fokus. Während der Schwerpunkt von Kap. 5 auf den Testverfahren zur Bestimmung der produktspezifischen Ausfallverteilung bzw. der Zuverlässigkeit liegt, behandelt Kap. 6 die Testverfahren für den Zuverlässigkeitsnachweis. Es werden in beiden Kapiteln jeweils die konventionellen sowie die beschleunigten Lebensdauertests betrachtet. Grundsätzlich werden jeweils alle relevanten Aspekte der Planung, Durchführung und Auswertung detailliert und anwendungsnah erläutert, sodass ein direktes Arbeiten mit dieser Grundlage ermöglicht wird.

2 Zuverlässigkeitstests entlang des Produktentwicklungsprozesses

In der Zuverlässigkeitstechnik sind eine Vielzahl von unterschiedlichen Testmethoden bekannt, die alle unterschiedliche Ziele verfolgen, die verschiedene Voraussetzungen haben und in unterschiedlichen Phasen der Produktentwicklung zum Einsatz kommen. In diesem Kapitel wird die grundlegende Terminologie festgelegt und eine Einordnung der Testmethoden in den Produktentwicklungsprozess vorgenommen.

2.1 Terminologie und Kategorisierung von Zuverlässigkeitstestmethoden

Zunächst werden die wichtigsten Begriffe rund um das Themenfeld der Zuverlässigkeitstests eingeführt, die für die Beschreibung und die Abgrenzung der Methoden wichtig sind.

2.1.1 Definition wichtiger Testbegriffe

Nachfolgend sind zunächst die wichtigsten Begrifflichkeiten definiert, die sehr häufig in der Zuverlässigkeitstechnik, bzw. bei der Planung von Zuverlässigkeitstests verwendet werden. Nachfolgend wird die Bedeutung dieser wichtigen Begriffe geklärt.

M. Dazer et al., *Zuverlässigkeitstests für eine effiziente und entwicklungsbegleitende Absicherung von Bauteilen und Systemen*, https://doi.org/10.1007/978-3-662-72967-0_2

2.1.1.1 Lebensdauer und Lebensdauerverteilung

Die Lebensdauer ist eine der zentralsten Kenngrößen in der Zuverlässigkeitstechnik. Die Lebensdauer eines technischen Systems oder Produkts ist definiert als derjenige Zeitraum, in dem die Funktionalität uneingeschränkt verfügbar ist. Ein System in diesem Zustand wird im weiteren Verlauf als „intakt" beschrieben. Die Lebensdauerverteilung beschreibt die mittlere zu erwartende Lebensdauer und deren Streuung für eine bestimmte Produktpopulation. Dafür werden mathematische Verteilungsfunktionen wie die Weibullverteilung verwendet. Die Lebensdauerverteilung ist damit eine Produkt- und randbedingungsabhängige Charakteristik.

2.1.1.2 Ausfall, Ausfallmechanismus und Ausfallverteilung

Der Ausfall eines Produkts tritt zu dem Zeitpunkt ein, ab dem die Funktionalität des Produkts nicht mehr gegeben ist. Der Ausfallzeitpunkt wird aus diesem Grund stark mit der Lebensdauer eines Produktes assoziiert. Ausfälle können sich durch verschiedene zugrunde liegende Ausfallmechanismen (AM) ereignen, von denen theoretisch eine unendliche Anzahl existiert. In der Zuverlässigkeitstechnik werden die Ausfallmechanismen anhand der „Badewannenkurve", siehe auch Kap. 3, in die Frühausfälle, die Zufallsausfälle und die Ermüdungsausfälle eingeteilt. Diese Einteilung ist äußerst zweckmäßig für die Zuverlässigkeitsarbeit, denn die Früh- und Zufallsausfälle werden in der Regel durch geeignete Maßnahmen komplett abgestellt, während die Ermüdungsausfälle eine Frage der Produktauslegung bzw. -dimensionierung sind. Einige Ermüdungsausfälle, wie der strukturmechanische Schwingbruch oder die thermomechanische Schädigung, sind bereits gut verstanden und beschreibbar. Mit zunehmender Produktkomplexität treten jedoch immer wieder neue Ausfallmechanismen auf.

Die Ausfallverteilung beschreibt die erwartbare Ausfallzeit und deren Streuung und wird ebenfalls eng mit der Lebensdauerverteilung assoziiert. Die Begriffe werden deshalb als Synonyme verwendet, da der Ausfallzeitpunkt die Produktlebensdauer beendet. Die Begriffe Ausfallverteilung und Lebensdauerverteilung enthalten aus diesem Grund dieselben Informationen.

2.1.1.3 Zensierung und Durchläufer

Die Zensierung ist ein Begriff aus der Lebensdauerdatenanalyse. Er bezieht sich auf das Ergebnis eines Tests eines Prüflings, der nach Testende immer noch intakt ist. Die Zensierungsinformationen liefern neben den Ausfallzeiten wichtige Informationen zur Bestimmung der produktspezifischen Ausfallverteilung. Die Zensierung ist somit eng verknüpft mit dem Begriff des „Test-Durchläufers". Der Begriff Zensierung kommt auch in weiteren Abwandlungen vor, wie z. B. in der „Rechtszensierung" oder der „Zensierungszeit". So bezieht sich die Rechtszensierung darauf, dass alle zensierten Prüflinge die größte Ausfallzeit intakt überstanden haben. Die Zensierungszeit meint diejenige Zeit, die der Prüfling intakt überstanden hat. Alle weiteren Abwandlungen des Zensierungsbegriffs sind in Abschn. 3.5 definiert.

2.1.1.4 Lebensdauermodell

Ein Lebensdauermodell ist ein Begriff aus der Lebensdauerdatenanalyse. Es stellt die Korrelation zwischen der Lebensdauer, der Zuverlässigkeit und einer dritten Größe, der sogenannten Beschleunigungsvariablen, her. Letztere ist eine physikalische Größe, die den untersuchten Ausfallmechanismus maßgeblich beeinflusst, wie z. B. die strukturmechanische Spannung im Falle eines mechanischen Schwingbruchs oder die Temperatur bei der thermischen Ermüdung.

Ein Lebensdauermodell wird durch einen beschleunigten Zuverlässigkeitstest ermittelt. Dabei kann eine einzelne Beschleunigungsvariable (z. B. mechanische Spannung bei strukturmechanischer Schädigung) oder auch mehrere Beschleunigungsvariablen (z. B. Temperatur und Feuchtigkeit bei Korrosion) relevant sein.

2.1.1.5 Stichprobe und Grundgesamtheit

In der Zuverlässigkeitstechnik und auch allgemein im Ingenieurwesen werden in Testverfahren stets Stichproben verwendet, da die Anzahl an Prüflingen in den meisten Fällen aus verschiedenen Gründen begrenzt ist. Am häufigsten wird für statistische Auswertungen die Einfache Zufallsstichprobe verwendet, an die zwei Anforderungen gestellt werden [5]:

- Jeder Prüfling hat die gleiche Wahrscheinlichkeit, in die Stichprobe zu gelangen.
- Die Ziehungen aus der Grundgesamtheit erfolgen unabhängig.

Begrenzte Stichproben bieten lediglich einen begrenzten Informationsgehalt und enthalten immer einen Stichprobenfehler. D. h. die Information kann nicht ohne Weiteres auf eine Grundgesamtheit übertragen werden.

Die Grundgesamtheit beschreibt die gesamte Population der betrachteten Produkte bzw. Systeme. Für produzierende Unternehmen sind das alle auszuliefernden Produkte eines bestimmten Zeitraumes. In der Statistik ist die Grundgesamtheit theoretisch unendlich groß. Ist die betrachtete Produktmenge jedoch ausreichend groß, so kann sie mit vernachlässigbar kleinem Fehler als Grundgesamtheit behandelt werden. Zuverlässigkeitsinformationen werden stets für die Grundgesamtheit benötigt, da die Zuverlässigkeit aller Produkte unternehmensentscheidend ist.

2.1.1.6 Vertrauensbereich

Der Vertrauensbereich ist ein Begriff aus der schließenden Statistik, bei der mithilfe von Stichprobeninformationen auf die Grundgesamtheit geschlossen wird. Aufgrund des Stichprobenfehlers kommt eine Intervallschätzung zum Einsatz, wodurch der charakteristische Vertrauensbereich oder das Vertrauensintervall entsteht. Ein Vertrauensbereich wird dabei durch die Wahrscheinlichkeit gekennzeichnet, mit der eine Zufallsvariable in diesem Bereich liegt [5]. Übertragen auf die Zuverlässigkeitstechnik bedeutet das, dass die geschätzte Zuverlässigkeit für einen bestimmten Zeitpunkt mit einer bestimmten Wahrscheinlichkeit in dem gegebenen Vertrauensbereich liegt. Aufgrund dieser „Vertrauensangabe“, die die Güte der Schätzung beschreibt, spricht man allgemein auch von der Aussagesicherheit bzw. Aussagewahrscheinlichkeit. Das Pendant zur Aussagewahrscheinlichkeit ist die Irrtumswahrscheinlichkeit.

2.1.2 Kategorisierung und Unterscheidung wichtiger Testbegriffe

Im Folgenden werden weitere wichtige Unterteilungen von bekannten Methoden in der Zuverlässigkeitstestplanung eingeführt. Damit wird die Bedeutung der Methoden und Begriffe abgegrenzt.

2.1.2.1 Quantitative & Qualitative Testmethoden

Die Testverfahren können grundsätzlich nahtlos in die allgemeine Zuverlässigkeitsarbeit eingegliedert werden, die sich ebenfalls in einen qualitativen und einen quantitativen Teil unterteilen [5]. Die Zuverlässigkeitstechnik kann als Lehre der Ausfallmechanismen und der Lebensdauer verstanden werden. Da Ausfallmechanismen in der Regel maßgeblich vom betrachteten Produkt abhängen, existieren theoretisch unendlich viele unterschiedliche. Aus diesem Grund müssen die Kritischsten eines Produkts, die die Produktlebensdauer maßgeblich beeinflussen und herabsetzen, identifiziert und bewertet werden [21]. Dieses Ziel verfolgen die qualitativen Zuverlässigkeitsmethoden, wie z. B. die weit verbreitete FMEA. Qualitative Testverfahren können hier unterstützend eingesetzt werden, hauptsächlich für die Identifikation von Ausfallmechanismen und deren Einflussfaktoren. Typische Qualitative Testverfahren sind der HALT, HASS und der Step Stress Test, die in Kap. 4 ausführlich beschrieben werden.

Wurden Ausfallmechanismen identifiziert, die nicht komplett durch Maßnahmen eliminiert werden können, wie z. B. Ermüdungsausfälle, so muss deren charakteristisches Ausfallverhalten bestimmt werden – also z. B. der Beginn der Ausfälle und die Zunahme der Ausfälle über der Lebensdauer. Da insbesondere für komplexere Ausfallmechanismen selten physikalische Modelle existieren, bleibt als einzige Alternative ein Lebensdauer- bzw. ein Zuverlässigkeitstest [22]. Eines der beiden hauptsächlichen Ziele ist es, eine Produktzuverlässigkeit für eine bestimmte Lebensdauer oder für ein Zeitintervall zu bestimmen. Als zweites wichtiges Ziel kann ein Zuverlässigkeitsnachweis angestrebt werden, z. B. um eine finale Marktfreigabe zu erreichen. Diese Ziele lassen sich durch quantitative Testmethoden erreichen. Quantitative Testmethoden weisen eine hohe Parametervielfalt auf und können in unterschiedlichen Teststrategien verwendet werden. Die Bekanntesten neben dem klassischen Lebensdauertest sind die ausfallfreien Testverfahren und der beschleunigte Lebensdauertest. Alle Details der quantitativen Testverfahren zur Bestimmung der Produktzuverlässigkeit sind in Kap. 5 beschrieben. Die Charakteristiken der Zuverlässigkeitsnachweistests finden sich in Kap. 6.

2.1.2.2 Lebensdauer- & Zuverlässigkeitstest

Die technische Zuverlässigkeit ist per Definition diejenige Wahrscheinlichkeit, mit der ein Produkt unter spezifischen Randbedingungen, nach einem bestimmten Zeitintervall noch intakt ist [5]. Sie wird als Kenngröße benötigt, da die Produktlebensdauer immer einer Streuung unterliegt und alle Produkte der Grundgesamtheit nie eine identische Ausfallzeit aufweisen werden. Diese Unsicherheit der Funktionsfähigkeit zu einer bestimmten Zeit (der Lebensdauer) wird schließlich durch die Zuverlässigkeit beschrieben.

Anhand der vorgehenden Ausführung ist zu erkennen, dass die beiden Begriffe Lebensdauer und Zuverlässigkeit eng miteinander verbunden sind. Das ist mitunter ein Grund dafür, dass der Zuverlässigkeitstest und der Lebensdauertest häufig als Synonym verwendet werden. Aufgrund des engen Bezugs der beiden Größen hat sich in der Literatur bisher keine eindeutige Definition bzw. Abgrenzung der beiden Begriffe durchgesetzt. Anhand bestimmter Szenarien lassen sich jedoch Ansätze zur Abgrenzung aufzeigen.

Die praktische Abgrenzung

Ein Lebensdauertest ist grundsätzlich ein Test, bei dem der Fortbestand der Produktfunktion über eine bestimmte Zeit getestet wird. Ist die Produktfunktion nicht mehr gegeben, so gilt das Produkt als ausgefallen. Ein häufiger Grund für einen Lebensdauertest ist z. B. die Bestimmung der Robustheit des Produkts gegenüber Umwelteinflüssen. Ein sehr gutes Beispiel ist die im Automobilbereich weitverbreitete Prüfvorschrift LV-124, mit der sichergestellt werden soll, dass z. B. Steuergeräte nicht anfällig gegenüber auftretenden Umwelteinflüssen sind, denen sie im Lauf seines Produktlebens ausgesetzt sind. Das Ergebnis eines Lebensdauertests wird nach Durchlaufen der Testvorschrift binär angegeben – bestanden oder nicht bestanden. Eine statistische Evaluation der Ergebnisse wird nicht angestrebt.

Per Definition muss ein Zuverlässigkeitstest statistisch ausgewertet werden, ansonsten lässt sich keine Produktzuverlässigkeit bestimmen. Hier setzt die praktische Abgrenzung von Lebensdauer- und Zuverlässigkeitstest an. Mit letzterem soll eben die Zuverlässigkeit bestimmt werden und nicht „nur" die Robustheit über der Lebensdauer. Dabei ist es unerheblich, dass für die Bestimmung der Zuverlässigkeit auch ein Lebensdauertest erforderlich ist.

Es kann also festgehalten werden, dass im Rahmen der praktischen Abgrenzung rein die Auswertung der Ergebnisse adressiert wird. Während die Ergebnisse eines Lebensdauertests rein empirisch evaluiert werden, steht beim Zuverlässigkeitstest die statistische bzw. probabilistische Auswertung im Fokus.

Die statistische Abgrenzung

Auch die statistische Auswertung eines Tests kann Unterschiede aufweisen, die sich dann ebenfalls zurück auf die Bezeichnung Lebensdauer- und Zuverlässigkeitstest auswirken.

In der Ergebnisauswertung kann je nach genauem Ziel entweder die produktspezifische Lebensdauerverteilung oder eine Zuverlässigkeitsverteilung für einen bestimmten Zeitpunkt, siehe Abschn. 3.5, interessant sein. Die Lebensdauerverteilung ordnet Ausfallzeiten, also dem jeweiligen Ende der Lebensdauer, eine bestimmte Zuverlässigkeit zu. Für diese Art von Test werden demnach Ausfallzeiten benötigt, die in einem Lebensdauertest gewonnen werden. Die Bezeichnung „Ausfallzeitentest" wäre in diesem Zusammenhang sinnvoller.

Eine Zuverlässigkeitsverteilung lässt sich prinzipiell auch komplett ohne Ausfälle durch einen Test mit einer exakt vordefinierten Laufzeit bestimmen. Durch die vordefinierte Laufzeit ist die Lebensdauer im engeren Sinne kein Ergebnis des Tests, sondern lediglich die Zuverlässigkeitsverteilung zu genau diesem vordefinierten Zeitpunkt. In diesem Fall würde man aus statistischen Gesichtspunkten von einem Zuverlässigkeitstest sprechen.

Grundsätzlich kann man anhand der Ausführungen nachvollziehen, dass die Begriffe Lebensdauer- und Zuverlässigkeitstest aufgrund ihrer großen Ähnlichkeit häufig als Synonyme verwendet werden. Sowohl der Lebensdauer- als auch der Zuverlässigkeitstest sind den quantitativen Testmethoden zuzuordnen. Da sich dieses Buch vor allem im statistischen Kontext bewegt, wird die statistische Abgrenzung verwendet.

2.1.2.3 Beschleunigter Test und Beschleunigung

Ein beschleunigter Test kann als Sonderform eines Lebensdauertests verstanden werden. Strenggenommen handelt es sich um einen weiterentwickelten Lebensdauertest. Ein beschleunigter Test maximiert den Informationsgehalt und minimiert den Aufwand des gesamten Testverfahrens. Grundsätzlich existieren mehrere Möglichkeiten einen Lebensdauertest zu „beschleunigen", allerdings ist die verbreitetste Art die der Belastungserhöhung. Als beschleunigter Test wird daher ein Test bezeichnet, bei dem die Prüflinge bewusst einer deutlich erhöhten Belastung unterworfen werden, sodass diese schneller ausfallen [23]. Die Beschleunigung ist demnach auf die Zeitverkürzung durch Belastungserhöhung zurückzuführen. Die Ergebnisse des beschleunigten Tests werden verwendet, um ein Lebensdauermodell zu bestimmen, mit dem Lebensdauer- und Zuverlässigkeitsprognosen z. B. für das Feldbelastungsniveau berechnet werden können.

2.1.2.4 Zuverlässigkeitsnachweistest

Ein Zuverlässigkeitsnachweistest ist ein Lebensdauer- oder Zuverlässigkeitstest mit dem speziellen Ziel, den Zuverlässigkeitsnachweis zu erbringen. Er kann deshalb als Sonderform einer quantitativen Teststrategie angesehen werden. Während bei konventionellen quantitativen Teststrategien die Bestimmung einer Lebensdauer- oder Zuverlässigkeitsverteilung im Fokus steht, ist das erklärte Ziel des Zuverlässigkeitsnachweistests zu zeigen, dass ein getestetes Produkt das gestellte Zuverlässigkeitsziel erreicht. Dieses Ziel kann durch mehrere unterschiedliche Teststrategien erreicht werden, siehe Kap. 6. Es muss nicht notwendigerweise eine komplette Ausfallcharakteristik bestimmt werden, da lediglich zu zeigen ist, dass das Produkt mindestens die gestellten Anforderungen erreicht.

2.1.2.5 Quantitative Teststrategien und deren Einteilung

Während die qualitativen Testverfahren in sich geschlossene Methoden darstellen und deshalb mit der gleichen Vorgehensweise angewendet werden, ermöglichen die quantitativen Testverfahren eine breite Anwendungsvariation. Aus diesem Grund werden die wichtigsten Begriffe anhand derer die Testverfahren eingeteilt werden, übersichtsartig in Abb. 2.1 dargestellt.

In dieser Top-Down Klassifizierung, basierend auf der Arbeit von Herzig [23], wird der Test immer weiter präzisiert, bis schlussendlich die finale Teststrategie definiert ist. Sie umfasst damit Testverfahren, Testtyp, Testebene, Testbeschleunigung und die individuelle Konfiguration, also die finale Teststrategie.

Die grundsätzlichste Unterscheidung ist diejenige über das **Testverfahren** und damit auch gleichzeitig eine Einteilung nach der Anzahl der Ausfälle. Die ausfallbasierten Testverfahren legen den Fokus auf die Ermittlung einer produktspezifischen Ausfallverteilung, für deren Bestimmung Ausfälle notwendig sind. Die ausfallfreien Testverfahren basieren auf vordefinierten Laufzeiten. Diese Testverfahren sind freigabegetrieben und legen den Fokus daher auf die Bestimmung einer Zuverlässigkeitsverteilung für einen bestimmten Zeitpunkt. Mit dieser Information kann dann ein Zuverlässigkeitsnachweis geführt werden.

Der Testtyp präzisiert die Testverfahren weiter anhand der Menge der geplanten Ausfälle. An einem Extrempunkt steht der vollständige ausfallbasierte Test, der nur Ausfälle produziert und am anderen Ende der komplett zensierte Ausfallfreie Test. Dazwischen

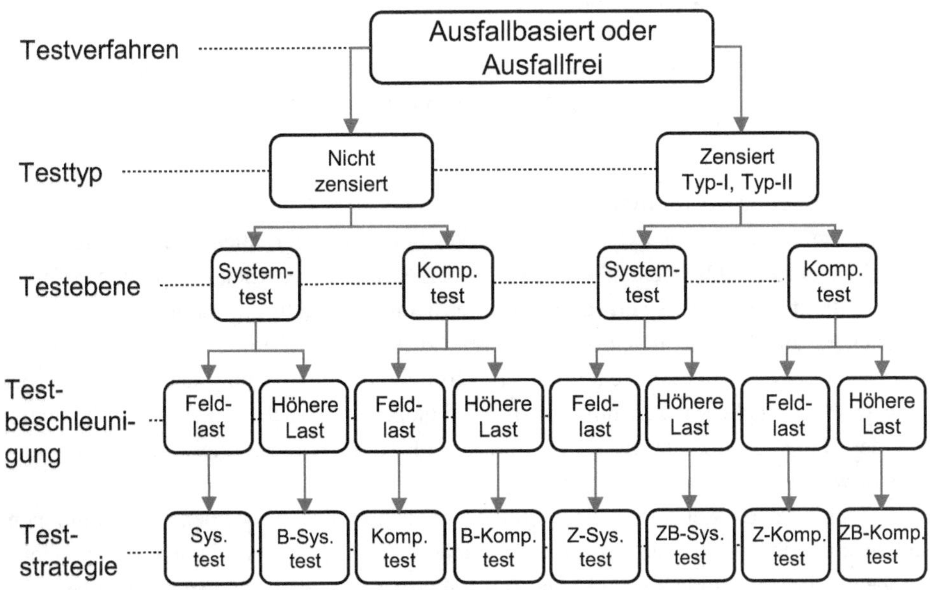

Abb. 2.1 Klassifizierung quantitativer Testmethoden. ()

stehen die teilweise zensierten Tests. Der Unterschied liegt in der Relation der zensierten Einheiten. Weil beim ausfallbasierten Test der Fokus auf der Ermittlung von Ausfallzeiten liegt, werden in der Regel nur ein kleiner Teil der Prüflinge zensiert. Dagegen sollte aufgrund der anderen Herangehensweise beim ausfallfreien Test nur einige wenige Ausfälle (im besten Fall keine) auftreten. Auch die Art der Zensierung kann unterschiedlich sein. Die für einen Zuverlässigkeitstest relevantesten Arten sind die Rechts- und die Intervallzensierung. Bei Felddaten liegt häufig eine multiple Zensierung vor.

Die Testebene definiert, ob das komplette Produkt oder lediglich Teile davon getestet werden. Die Testbezeichnungen leiten sich dabei aus dem Produktaufbau ab. Das gesamte Produkt wird dabei als System verstanden, das aus mehreren Subsystemen und deren Einzelkomponenten besteht. Dementsprechend ist auch der Systemtest als ein Test auf „Systemlevel" definiert. Es wird also stets ein Komponentenverbund getestet. Es ist unerheblich, ob es sich um das komplette System oder ein Subsystem handelt, denn grundsätzlich handelt es sich sowohl beim Gesamtsystem als auch beim Subsystem um eine Wirkstruktur von mehreren Komponenten. Im Gegensatz dazu adressiert ein Komponententest stets das Ausfallverhalten einer einzelnen Komponente. Die Testebene wird aufgrund des größeren Betrachtungsrahmens in Abschn. 2.1.2.6 im Detail betrachtet.

Jeder Test kann grundsätzlich beschleunigt oder mit der normalen Feldbelastung durchgeführt werden. Dies wird in der **Testbeschleunigung** definiert. Die applizierte Beschleunigung, wie z. B. Temperatur, mechanische Last, Luftfeuchtigkeit muss dabei zum betrachteten Ausfallmechanismus passen. Andernfalls wäre die Mehrbelastung wirkungslos.

Die finale **Teststrategie** enthält alle übergeordneten Kriterien und weitere Randbedingungen, wie z. B. die Stichprobengröße oder die Verteilung der Prüflinge zu den jeweiligen Lastniveaus eines beschleunigten Tests. Die weiteren notwendigen und zu definierenden Randbedingungen werden im Hauptteil (Kap. 5 und 6) dieses Buches betrachtet.

2.1.2.6 System- und Testebenen

Technische Produkte am aktuellen Markt zeichnen sich vor allem dadurch aus, dass Sie nicht ausschließlich einen einzigen Zweck mit einer einzelnen Funktion erfüllen. Durch Markt- und Wettbewerbsdruck werden häufig Produkte mit mehreren Funktionen entwickelt, um dem Kundenanspruch gerecht zu werden und um sich von der Konkurrenz abzugrenzen. Aus Perspektive der Zuverlässigkeitsabsicherung bedeutet das jedoch eine große Komplexitätszunahme, denn der Fokus der Absicherung kann nicht alleine auf der Hauptfunktion liegen. Auch sind komplette Systemtests meist ressourcen- und zeitaufwendig.

Produkte lassen sich meist als Systeme mit mehreren Subsystemen und Komponenten in einer Systemstruktur abstrahieren, siehe Abb. 2.2. Die verbauten Komponenten können weitere wichtige Teilfunktionen erfüllen und damit kritische Ausfallmechanismen aufweisen.

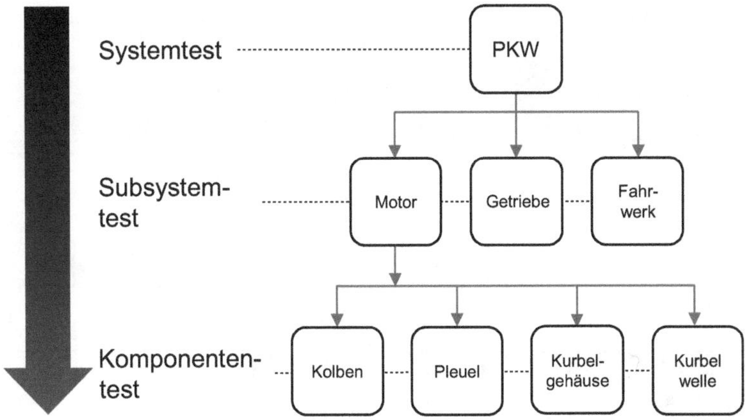

Abb. 2.2 Klassifizierung quantitativer Testmethoden. (© IMA 2024. All Rights Reserved)

In solch einem System können sich jedoch eine theoretisch unendlich hohe Anzahl unterschiedlicher Ausfallmechanismen befinden. Selbst wenn man davon ausgeht, dass durch qualitative Zuverlässigkeitsmaßnahmen bereits eine Vielzahl davon abgestellt oder als nicht kritisch bewertet wurde, ist die Absicherung durch Zuverlässigkeitstests herausfordernd.

Die Testmöglichkeiten gliedern sich nämlich nahtlos an die Systemstruktur an, siehe Abb. 2.2. Die Tests unterliegen dabei einem unterschiedlichen Aufwand/Nutzen-Verhältnis. Ein Systemtest wird in den meisten Fällen mit dem höchsten Aufwand verbunden sein – sowohl finanziell als auch bezogen auf den zeitlichen Aspekt. Subsystem- oder einzelne Komponententests sind dagegen meist deutlich ressourcenschonender zu realisieren. Dementgegen stehen einige Unterschiede in den zu erwartenden Ergebnissen der einzelnen Testebenen, die sowohl statistischer als auch technischer Natur sind.

Ein Systemtest adressiert in der Regel sämtliche Ausfallmechanismen eines Produkts. Dies sorgt für eine hohe Testabdeckung (also möglichst viele Ausfallmechanismen in der Absicherung anzusprechen und zu bewerten). Vor allem wenn zusätzliche Ausfallmechanismen durch Wechselwirkungen der Komponenten im System entstehen. Im Umkehrschluss können jedoch einzelne Ausfallmechanismen in einem Systemtest weniger gut angesprochen werden als in einem Komponententest, der eben genau diesen einen Ausfallmechanismus betrifft. Insbesondere wenn die Zeit bis zum Ausfall verkürzt werden soll, ist das im Falle des Komponententests deutlich einfacher zu realisieren, weil die anderen Ausfallmechanismen schlicht nicht berücksichtigt werden müssen.

Aufgrund der unterschiedlichen Testabdeckung ergeben sich Unterschiede bei der Testauswertung und damit im zuverlässigkeitstechnischen Informationsgehalt. Für den Vergleich wird ein System mit vier Ausfallmechanismen betrachtet. Tritt ein Ausfall im Systemtest auf, so ist die Information zeitgleich als Zensierung für die anderen beiden

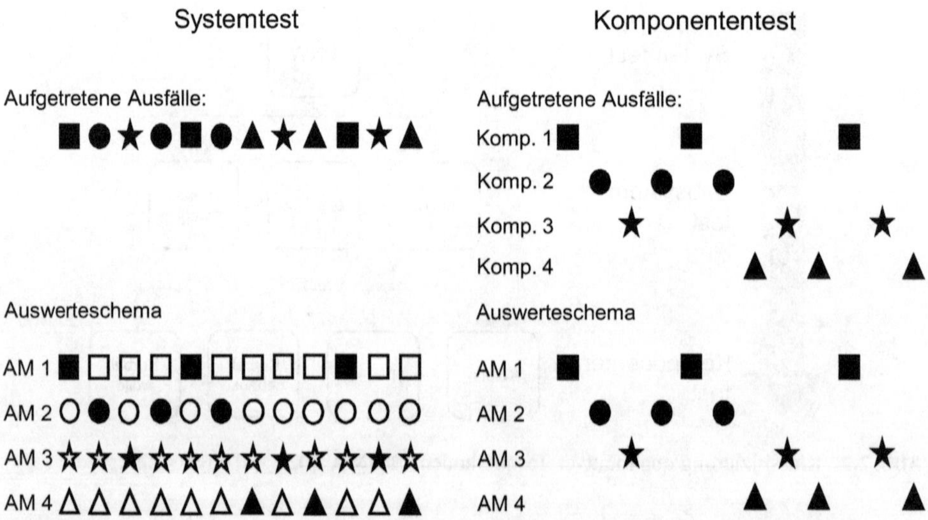

Abb. 2.3 Auswerteschemata bei System- und Komponententests. Ausgefüllte Symbole kennzeichnen Ausfälle, leere Symbole kennzeichnen Zensierungen; in Anlehnung an [24]. (© IMA 2024. All Rights Reserved)

Ausfallmechanismen zu werten, siehe Abb. 2.3. Das heißt man erhält zeitgleich Informationen zu allen Ausfallmechanismen und kann diese statistisch verwerten, auch wenn die Informationen teilweise stark zensiert sein können. Um alle vier Ausfallmechanismen zu adressieren, werden auf der anderen Seite vier Komponententests benötigt. Dafür erhält man in der Regel deutlich mehr Ausfallzeiten, d. h. Ergebnisse, die deutlich weniger zensiert sind.

2.1.2.7 Zuverlässigkeitsziel und -anforderung

Gerade für den Zuverlässigkeitsnachweis ist die Definition eines Zuverlässigkeitsziels von entscheidender Bedeutung. Grundsätzlich gilt, dass für höhere nachzuweisende Zuverlässigkeitsziele, beispielsweise bei sicherheitskritischen Systemen, auch immer ein höherer Absicherungsaufwand resultiert. Das Zuverlässigkeitsziel bestimmt demnach maßgeblich den Aufwand für die Zuverlässigkeitsabsicherung.

Ein Zuverlässigkeitsziel kann prinzipiell auf zwei Arten formuliert werden. Entweder über eine zu erreichende Mindestzuverlässigkeit zu einem definierten Zeitpunkt bzw. bei einer zu erreichenden Lebensdauer oder über eine maximale zulässige Ausfallwahrscheinlichkeit. Ein beispielhaftes Zuverlässigkeitsziel lautet damit:

$$\text{Mindestzuverlässigkeit}(t = 10.000\ \text{h}) = 90\% \tag{2.1}$$

$$\text{Maximale Ausfallwahrscheinlichkeit}(t = 10.000\ \text{h}) = 10\% \tag{2.2}$$

Durch den sogenannten Vertrauensbereich werden Anforderungen an den Nachweis des definierten Zuverlässigkeitsziels gestellt. Nötig ist dies, da in vielen Fällen der Zuverlässigkeitsnachweis auf Basis empirischer Lebensdauerdaten aus Zuverlässigkeitstests erbracht wird. Da Tests immer mit begrenzten Stichproben und damit Informationsmangel durchgeführt werden, muss sichergestellt sein, dass die resultierende Aussage Gültigkeit für die Population besitzt. Vorschriften zu Formulierungen werden auch von Standards und Normen in bestimmten Bereichen vorgeschrieben. So schreibt der Verband der Automobilindustrie (VDA): „Eine Mindestzuverlässigkeit (mit Aussagesicherheit) muss generell auf dem Prüfstand und im Fahrertest nachgewiesen werden“ [25]. Auch in der IEC60300–3–4 findet sich eine ähnliche Formulierung: „Die quantitativen Zuverlässigkeitsziele sollten bereits vor der Entwicklung des Systems vorgegeben werden. Zu den quantitativen Zielen sollte immer der Vertrauensbereich angegeben werden, den es im Test nachzuweisen gilt.“

2.2 Einordnung von Testmethoden in den Produktentwicklungsprozess

In Abb. 2.4 sind die typischen Phasen eines Produktentwicklungsprozesses (PEP) sowie die zugeordneten typischen Zuverlässigkeitsmethoden gezeigt. Weiterhin findet sich eine Einordnung der wichtigsten Testmethoden in die zeitliche Entwicklungsfolge.

In den ersten Entwicklungsphasen stehen meist nur einfache Funktionsmuster für Tests zur Verfügung. Der Fokus liegt dabei auf der Identifikation zu beseitigender Schwachstellen. Dafür werden unterstützend **qualitative Testmethoden** eingesetzt. Da in den seltensten Fällen direkt zu Beginn komplette Systeme als Prototyp vorliegen, kommen in diesen Phasen häufiger Komponenten- oder Subsystemtests zum Einsatz. Die qualitativen Testmethoden werden in Kap. 4 betrachtet.

Ist das Funktionsprinzip und die Produktgestalt definiert, beginnt die Phase der **quantitativen Testmethoden.** Für die identifizierten Ermüdungsausfälle muss möglichst früh die Lebensdauer und die Zuverlässigkeit ermittelt werden. Diese hängt neben weiteren Einflüssen, wie der Belastungshöhe, im Wesentlichen von der (konstruktiven) Gestaltung der Versagensposition ab. Dafür werden in der Regel Lebensdauertests bis zum Ausfall verwendet, um mithilfe der Ausfallzeiten das produktspezifische Ausfallverhalten zu bestimmen. Erreicht man mit der Lebensdauer nicht die gewünschten Zielvorgaben, wird in der Regel ein Re-Design eingeleitet (weitere Musterphase), in der die kritische Versagensposition mit den entsprechenden Möglichkeiten stärker dimensioniert wird. Alle Details zu den quantitativen Testmethoden finden sich in Kap. 5.

Erreichen die verbleibenden Ermüdungsausfälle die Zielvorstellungen hinsichtlich der geforderten Lebensdauer, so muss der finale Zuverlässigkeitsnachweis erbracht werden.

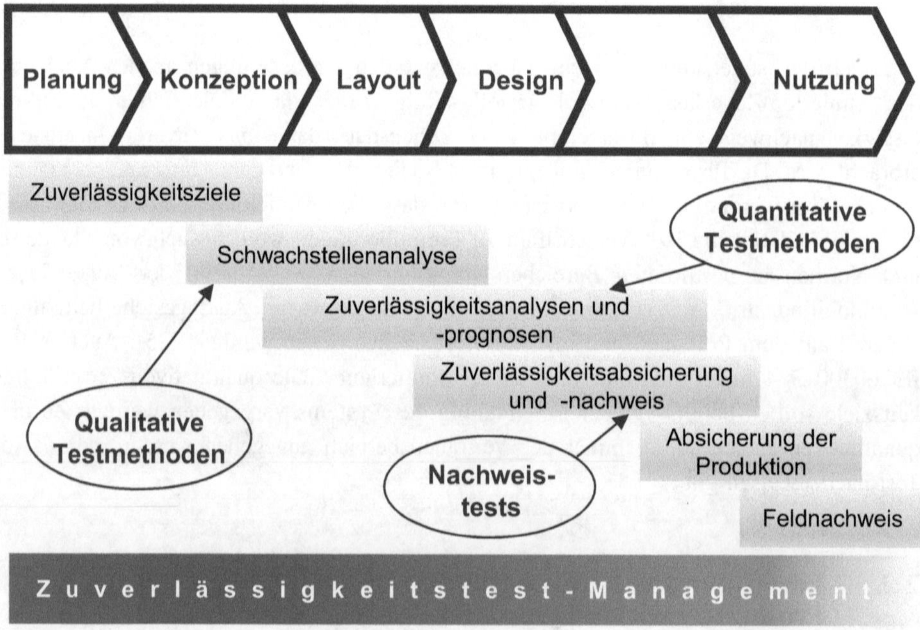

Abb. 2.4 Einordnung der Zuverlässigkeitstestmethoden in die Phasen des Produktentwicklungsprozesses. (© IMA 2024. All Rights Reserved)

Aufgrund fehlender Kenntnis über physikalische Ausfallmodelle bzw. deren produktindividuelle Parametrierung werden Lebensdauertests verwendet. Eine passende Teststrategie dafür zu definieren ist aufgrund der Fülle der verfügbaren Methoden nicht trivial. Zumal können sich die zugrunde liegenden Ausfallmechanismen in Art und Anzahl unterscheiden. Die Testplanung für den Zuverlässigkeitsnachweistest wird in Kap. 6 behandelt.

3 Statistische und probabilistische Grundlagen in der Zuverlässigkeitstechnik

In der Zuverlässigkeitstestplanung kommen viele Elemente der Statistik und Wahrscheinlichkeitstheorie für die Berechnungsverfahren zum Einsatz. Daher gibt dieses Kapitel einen kompakten und prägnanten Überblick über wichtige Berechnungsansätze und Methoden, die als Basis für die Zuverlässigkeitstestplanung dienen.

3.1 Grundbegriffe und wichtige Maßzahlen der Zuverlässigkeitstechnik

Die quantitativen Methoden der Zuverlässigkeitstechnik verwenden Begriffe und Verfahren aus der Statistik und der Wahrscheinlichkeitstheorie (Probabilistik). Dies ist aufgrund der stochastischen Natur der Lebensdauer erforderlich. Ersichtlich wird dies durch die erheblichen Streuungen der Ausfallzeiten, die z. B. aus Lebensdauerversuchen oder Schadensstatistiken erhoben werden. Die Streuung der Lebensdauer führt zu einem unsicheren Ergebnis, weil nicht mehr eine einzelne erreichbare Lebensdauer angegebenen werden kann, die das Produkt sicher erreicht. Die Anwendung von statistischen und probabilistischen Methoden erlaubt es dennoch eine belastbare Aussage über die Lebensdauer abzugeben.

Statistik beschäftigt sich mit zufälligen Ereignissen, bei denen das Eintreten eines Ereignisses möglich ist, aber nicht garantiert. Dies steht im Gegensatz zu deterministischen Ereignissen, die nur das sichere oder unmögliche Eintreten eines Ereignisses zulassen [26–29]. Wenn ein Experiment mit einem solchen Zufallsereignis A mehrfach durchgeführt wird, kann die relative Häufigkeit $h_n(A)$ gebildet werden, indem der Quotient aus der Anzahl der Ereignisse in denen A eingetreten ist n_A und der Gesamtzahl der

M. Dazer et al., *Zuverlässigkeitstests für eine effiziente und entwicklungsbegleitende Absicherung von Bauteilen und Systemen*, https://doi.org/10.1007/978-3-662-72967-0_3

Durchführungen n gebildet wird [5]:

$$h_n(A) = \frac{n_A}{n} \tag{3.1}$$

Wenn dieses Experiment unter gleichen Bedingungen unendlich oft durchgeführt würde, also $n \to \infty$, würde die relative Häufigkeit $h_n(A)$ die Wahrscheinlichkeit $P(A) \in [0, 1]$ des Ereignisses A darstellen [26, 27, 30, 31]. Die axiomatische Definition der Wahrscheinlichkeit gemäß Kolmogoroff [26] erweitert das ursprüngliche Verständnis von von Mises [31], Bernoulli [32] und Laplace [33], das wiederum auf den Arbeiten von Cardano [34], Pascal und Fermat [35] sowie Huygens [36] basiert. Die axiomatische Definition ist heute maßgeblich und verzichtet, streng genommen, auf eine Bezugnahme auf die relative Häufigkeit [24].

Der Übergang von der relativen Häufigkeit zur Wahrscheinlichkeit wird durch das Gesetz der großen Zahlen ermöglicht [32]. Dieses besagt, dass bei einer großen Anzahl von Durchführungen ($n \to \infty$) das Verhältnis der Anzahl der Ereignisse zur Anzahl der Experimente (relative Häufigkeit) gegen das tatsächliche zugrunde liegende Verhältnis (Wahrscheinlichkeit P) konvergiert [37].

Wird ein zufälliges Ereignis durch eine Zahl beschrieben, spricht man von einer Zufallsvariable X. Diese kann diskrete oder kontinuierliche Ausprägungen annehmen [29]. Eine einzelne Realisierung wird dabei durch x ausgedrückt. Die Wahrscheinlichkeit, dass eine Zufallsvariable einen bestimmten Wert x_1 annimmt, lässt sich durch

$$P(X = x_1) \tag{3.2}$$

beschreiben. Die Wahrscheinlichkeit für beliebige Werte x wird durch Verteilungsfunktionen beschrieben:

$$F(x) = P(X \leq x). \tag{3.3}$$

Die zugehörige Dichtefunktion bestimmt sich durch Differentiation [5, 38]:

$$f(x) = \frac{\mathrm{d}}{\mathrm{d}x} F(x) = P(X = x). \tag{3.4}$$

Das Quantil x_q für den Anteil q, oder Perzentil, wenn der Anteil in Prozent ausgedrückt wird, repräsentiert den Wert, der von einer bestimmten Anzahl von Werten kleiner oder gleich dem Quantilswert ist. Es kann mithilfe der Verteilungsfunktion wie folgt bestimmt werden [5]:

$$x_q = F^{-1}(q) \text{ beziehungsweise } F\left(x_q\right) = q. \tag{3.5}$$

Der Median ist jener Wert, bei dem 50 % der beobachteten Werte darunter und 50 % darüber liegen, also $q = 0{,}5$. Im Gegensatz zum Mittelwert und der Standardabweichung ist der Median weniger anfällig für Ausreißer [5]. Er wird durch die Umkehrfunktion $F^{-1}(q)$ der Verteilungsfunktion $F(x)$ dargestellt.

In der Zuverlässigkeitstechnik werden diese Zusammenhänge genutzt, um die Verteilung der Lebensdauer zu beschreiben. Die Gleichungen behalten ihre Gültigkeit. Als Zufallsvariable wird jedoch die Lebensdauer t verwendet. Ein Ausfall stellt dabei den Übergang von der Funktionsfähigkeit zur Funktionsunfähigkeit dar und ist für jedes Produkt individuell definiert. Die Zeitspanne t bis zum Ausfall wird Lebensdauer genannt. Während die Dichtefunktion die Wahrscheinlichkeit für einen Ausfall zu einem bestimmten Zeitpunkt beschreibt, gibt die Verteilungsfunktion die Summe aller Ausfälle bis zu einem bestimmten Zeitpunkt an. Sie wird deshalb auch als Ausfallwahrscheinlichkeit bezeichnet. Die Zuverlässigkeit gibt als Pendant zur Ausfallwahrscheinlichkeit die Summe der noch intakten Einheiten zu einem bestimmten Zeitpunkt an. Sie berechnet sich aus der Ausfallwahrscheinlichkeit zu [5]:

$$R(t) = 1 - F(t). \tag{3.6}$$

Nach [5, 39, 40] beschreibt die Zuverlässigkeit $R(t)$ die Wahrscheinlichkeit dafür, dass ein Produkt unter festgelegten Randbedingungen über einen bestimmten Zeitraum t nicht ausfällt.

Werden die zum aktuellen Zeitpunkt ausfallenden Einheiten auf die noch intakten Einheiten bezogen, so erhält man die Ausfallrate $\lambda(t)$ [5]:

$$\lambda(t) = \frac{f(t)}{R(t)}. \tag{3.7}$$

Die Ausfallrate beschreibt das Ausfallrisiko des Produkts zum Zeitpunkt t und wird verwendet, um die Badewannenkurve [5] abzubilden, wie in Abb. 3.1 dargestellt. Diese Kurve unterteilt mögliche Ausfälle in drei Kategorien.

1. Frühausfälle im Bereich 1 zeigen eine abnehmende Ausfallrate, da es sich um Fehler in Fertigung, Material oder Montage handelt, die üblicherweise nach ihrer Entdeckung behoben werden.
2. Im zweiten Bereich bleibt die Ausfallrate nahezu konstant. Hierbei handelt es sich um Zufallsausfälle, die beispielsweise durch Bedienfehler, Schmutzpartikel oder Wartungsfehler entstehen.
3. Bereich 3 folgt auf den zweiten, in dem die Ausfallrate wieder ansteigt. Dies ist typisch für Verschleiß- und Ermüdungsausfälle.

Die drei Abschnitte der Badewannenkurve spiegeln sich auch im Formparameter b der Weibullverteilung wider, siehe Abschn. 3.2.1.2. Im ersten Bereich ist dieser kleiner als eins, im zweiten ungefähr gleich eins und im dritten größer als eins [5].

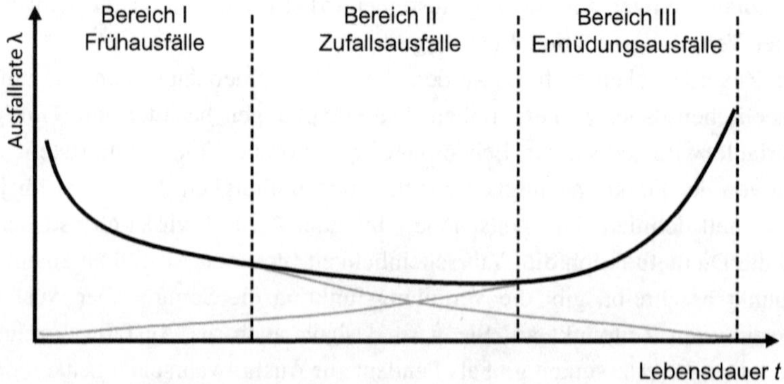

Abb. 3.1 „Badewannenkurve" zur Klassifizierung der typischen Ausfallmechanismen. (© IMA 2024. All Rights Reserved)

Zur Formulierung der Zuverlässigkeitsanforderungen an ein Produkt wird ein Zuverlässigkeitsziel festgelegt. Dieses setzt sich aus einer geforderten Zuverlässigkeit R_{req}, einer geforderten Lebensdauer t_{req} und einer geforderten Aussagewahrscheinlichkeit $P_{A,\text{req}}$ zusammen. Die Zuverlässigkeit und Lebensdauer beschreiben dabei das Verhalten des Produkts selbst, während die Aussagewahrscheinlichkeit die Qualität der im Nachweis gewonnenen Aussage fordert. Die Erfüllung des Ziels wird dann gewährleistet, wenn die Zuverlässigkeit, Lebensdauer und Aussagewahrscheinlichkeit dem jeweiligen Zielwert entsprechen oder diesen überschreiten.

Der Ausfall eines Produkts kann auf verschiedene Ursachen zurückzuführen sein, die von unterschiedlichen Mechanismen herrühren. Zum Beispiel können sich Bremsbeläge bei Gebrauch abnutzen, was zur Funktionsunfähigkeit der Bremse führt. In Stahlkonstruktionen können Risse auftreten, sich ausweiten und letztendlich zu einem Strukturversagen führen, wenn die Belastung ein kritisches Niveau erreicht. Diese verschiedenen Ausfallarten eines Produkts werden als Ausfallmechanismen (AM) bezeichnet [5, 41]. Wenn mehrere Ausfallmechanismen den Ausfall eines Produkts dominieren, wird die Zuverlässigkeit des Produkts über die Systemzuverlässigkeit beschrieben. In der Zuverlässigkeitstechnik werden einzelne Ausfallmechanismen häufig anhand von Lebensdauerverteilungen beschrieben, oft unter Verwendung der Weibullverteilung (siehe Abschn. 3.2.1). Wenn jedoch mehrere Ausfallmechanismen am Gesamtausfallverhalten des Produkts beteiligt sind, muss die Systemzuverlässigkeit aus den jeweilig wirkenden individuellen Ausfallmechanismen berechnet werden. Dies liegt daran, dass Lebensdauerverteilungen nur in der Lage sind, Ausfälle eines einzigen Ausfallmechanismus gut zu beschreiben [5, 42]. Eine Zusammenstellung dieser und weiterer Begriffe im Zusammenhang mit der Zuverlässigkeit ist in [41] zu finden.

3.2 Grundlagen der Lebensdauerdatenanalyse

Die Auswertung von Lebensdauerdaten basiert auf statistischen und probabilistischen Methoden und Modellen, weil die Lebensdauer von technischen Systemen oder Produkten als Zufallsvariable aufzufassen ist. Grund dafür ist die stochastische Streuung der Lebensdauer von vermeintlich identischen Produkten. Man spricht auch von der aleatorischen Unsicherheit der Lebensdauer. Um trotz dieser Streuung eine repräsentative Aussage für die Lebensdauer zu erhalten, belegt man sie mit einer Wahrscheinlichkeit – der Zuverlässigkeit, bzw. Ausfallwahrscheinlichkeit. Dadurch können trotz stochastischem Ausfallverhalten, Aussagen über die Überlebenswahrscheinlichkeit eines Produkts zu einer bestimmten Lebensdauer gemacht werden. Diese Kombination von Lebensdauer und Zuverlässigkeit ist daher die einzige Möglichkeit, repräsentative und belastbare Aussagen zum Produktausfallverhalten zu treffen.

Würden viele Daten zur Verfügung stehen, wie z. B. in der Finanzmathematik der Versicherungsbranche, wäre eine rein empirische Modellierung von Lebensdauer und Zuverlässigkeit möglich. Aufgrund der Datenfülle lassen sich die Daten in sehr kleine Klassen einteilen und die Aussagequalität bleibt dennoch sehr hoch. Im technischen Kontext, gerade z. B. im Prototypenbau, stehen in der Regel nur einige wenige Erprobungsträger zur Verfügung, um die Zuverlässigkeit nachzuweisen. Deshalb werden Verteilungsfunktionen verwendet – im Zuverlässigkeitskontext Lebensdauerverteilung genannt –, um die Lebensdauer zu beschreiben. Die erhobenen Lebensdauerdaten werden in der Auswertung dann nicht mehr direkt für die Bestimmung der Zuverlässigkeit genutzt, sondern für die Bestimmung der Parameter der ausgewählten Lebensdauerverteilung. Mit dieser wiederum lässt sich dann der Bezug zwischen Zuverlässigkeit und Lebensdauer herstellen. Aufgrund des Informationsmangels durch die Stichprobe unterliegt die Zuverlässigkeit selbst ebenfalls einer Streuung, weshalb hier ebenfalls Verteilungen für die Modellierung verwendet werden. Diese werden insbesondere für die Bestimmung des Vertrauensbereichs verwendet, siehe auch Abschn. 3.2.3. In Bezug auf die Anwendung unterscheidet man deshalb zwischen Lebensdauer- und Zuverlässigkeitsverteilungen. Es werden auch einige weitere Verteilungen für spezielle Anwendungen in der Zuverlässigkeitstechnik verwendet, die sich nicht in eine der Kategorien einsortieren lassen. Die wichtigsten Verteilungen werden im Folgenden beschrieben.

3.2.1 Verteilungsfunktionen in der Zuverlässigkeitstechnik

Im Folgenden werden die wichtigsten mathematischen Verteilungsfunktionen behandelt, die für die Zuverlässigkeitstechnik und insbesondere in der Testplanung von Bedeutung sind.

3.2.1.1 Normalverteilung

Die Normalverteilung ist eine kontinuierliche Verteilung und wurde von Gauß für die Beschreibung von Messfehlern eingeführt [43]. Sie ist auch als Gauß-Verteilung bekannt. Sie weist stets eine symmetrische Ausprägung der Dichtefunktion auf, besitzt asymptotische Eigenschaften und ist im Bereich von $t \in [-\infty, \infty]$ definiert. D. h. sie ordnet allen Werten in diesem Bereich eine Wahrscheinlichkeit zu. Aufgrund der Symmetrie sind der Erwartungswert, der Median und der arithmetische Mittelwert der Normalverteilung stets identisch [5]. Abb. 3.2 und Abb. 3.3 zeigen die Dichtefunktion und die Verteilungsfunktion in verschiedenen Ausprägungen.

Definiert ist die Normalverteilung durch den Lageparameter μ und die Varianz σ^2 bzw. der Standardabweichung σ [44]:

$$f(t) = \frac{1}{\sqrt{2\pi\sigma^2}} \cdot e^{-\frac{(t-\mu)^2}{2\sigma^2}} \tag{3.8}$$

$$F(t) = \frac{1}{\sqrt{2\pi\sigma^2}} \int_{-\infty}^{t} e^{-\frac{(t-\mu)^2}{2\sigma^2}}\, \mathrm{d}x \tag{3.9}$$

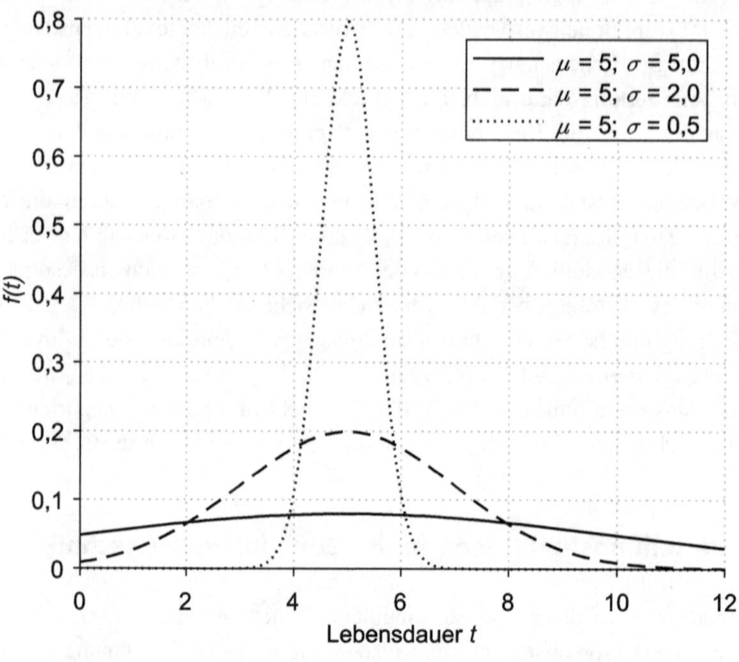

Abb. 3.2 Dichtefunktion der Normalverteilung. (© IMA 2024. All Rights Reserved)

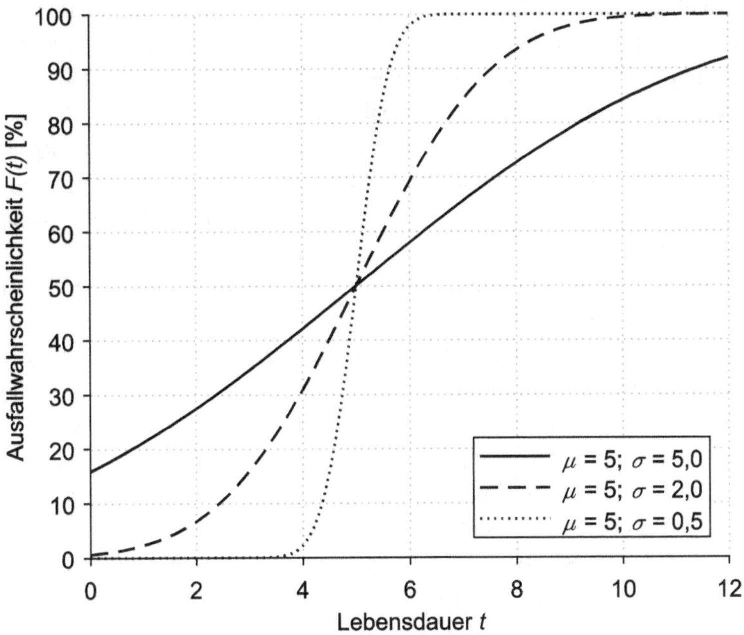

Abb. 3.3 Verteilungsfunktion der Normalverteilung. (© IMA 2024. All Rights Reserved)

Die Verteilungsfunktion der Normalverteilung wird auch als Φ geschrieben. In der Technik und der Wissenschaft nimmt sie eine bedeutende Rolle ein. Vor allem im Qualitätswesen und der Produktionstechnik wird sie in verschiedenen Methoden angewendet. In der Wissenschaft wird ihr vor allem im Bereich der Hypothesentests und der Entscheidungsfindung unter Unsicherheit eine wichtige Rolle zuteil. Da Lebensdauern nur im Bereich $[0, \infty]$ auftreten, kommt sie i.d.R. nicht als Lebensdauerverteilung zum Einsatz. Dennoch wird sie auch in der Zuverlässigkeitstechnik häufig zur Problemlösung eingesetzt, z. B. für die Approximation von Vertrauensbereichen [5].

Eine normalverteilte Zufallsvariable X mit den Parametern μ und σ wird in vereinfachter Schreibweise $X \sim \mathcal{N}(\mu; \sigma)$ ausgedrückt.

3.2.1.2 Weibullverteilung

Die Weibullverteilung wurde von dem schwedischen Ingenieur und Mathematiker Waloddi Weibull entwickelt und ist nach diesem benannt [45]. Es handelt sich um eine asymptotische Extremwertverteilung, die positive Zufallszahlen beschreibt [28]. Die Weibullverteilung beschreibt damit den Ausfall des schwächsten Glieds einer Kette. Aufgrund der Vielfältigkeit unterschiedlicher Ausfallmechanismen war es Weibulls Anspruch, eine möglichst flexible Verteilung zur breiten Anwendbarkeit zu entwickeln, die gleichzeitig mathematisch einfach formuliert sein sollte.

Die Weibullverteilung ist durch den Skalenparameter T (auch charakteristische Lebensdauer genannt) und den Formparameter b definiert. Je nach Ausprägung des Formparameters nimmt die Weibullverteilung gänzlich andere Formen an und wird dadurch dem Anspruch einer größtmöglichen Flexibilität gerecht. Sie gehört deshalb auch zu den meistverwendeten Lebensdauerverteilungen im Bereich der Zuverlässigkeitstechnik. Die Dichtefunktion, die Ausfallwahrscheinlichkeit und Zuverlässigkeit sind in Abb. 3.4, Abb. 3.5 und Abb. 3.6 gezeigt. Tab. 3.1 gibt eine Übersicht über die entsprechenden Bezeichnungen und Formeln [5]:

Die Zufallsvariable ist dabei mit t definiert, was eine gebräuchliche Notation in der Lebensdauerdatenanalyse darstellt. Der Skalenparameter ist das 63,2 % Quantil der Weibullverteilung und definiert damit denjenigen Zeitpunkt, bei dem 63,2 % der Systeme ausgefallen sind. Der Formparameter b ist nicht dimensionsbehaftet und bestimmt neben der grundsätzlichen Verteilungsform, siehe Abb. 3.4, auch die Streuung der Verteilung. Bei einem größer werdenden Formparameter nimmt die Streuung ab.

Aufgrund seiner Dimensionslosigkeit ist er jedoch kein Maß für die absolute Streuung. Diese nimmt bei größer werdendem Skalenparameter und konstantem Formparameter zu. Vorteilhaft ist dabei jedoch, dass er durch seine Eigenschaften einen einzelnen Ausfallmechanismus charakterisiert und sich auch in verschiedenen Lebensdauerdimensionen (z.B. aufgrund größerer Auslegung) wenig verändert. Aus diesem Grund wird er für

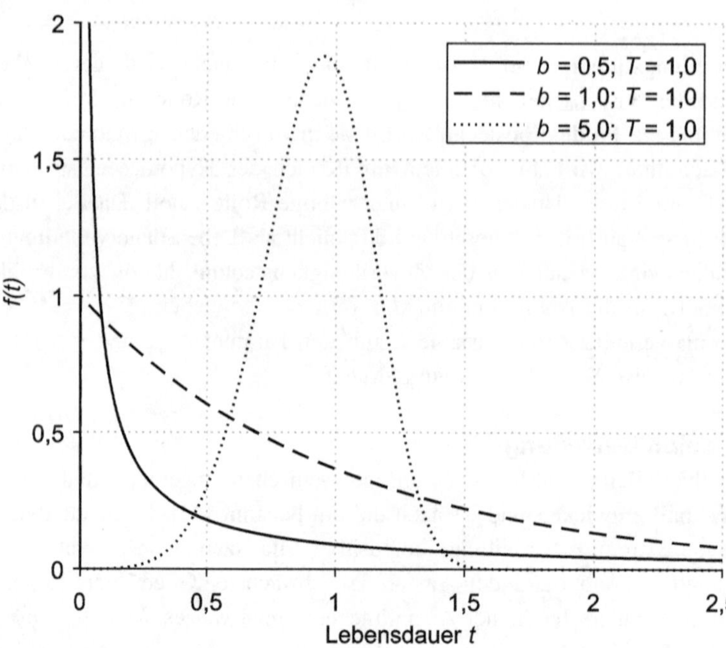

Abb. 3.4 Dichtefunktion der Weibullverteilung. (© IMA 2024. All Rights Reserved)

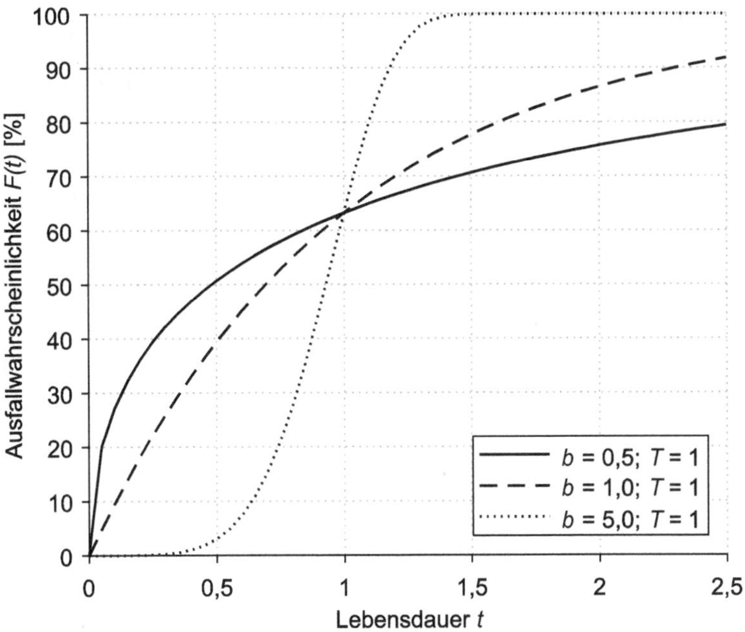

Abb. 3.5 Verteilungsfunktion der Weibullverteilung. (© IMA 2024. All Rights Reserved)

die Interpretation des zugrunde liegenden Ausfallmechanismus herangezogen, analog zur Einteilung über die Badewannenkurve in Abschn. 3.1.

- Ist $b < 1$, liegt ein Frühausfall (auch bekannt als „Kinderkrankheit") vor, der durch Design-, Produktions- oder Montagefehler entstehen kann.
- Ist $b \approx 1$, liegt ein zufälliges, also zeitunabhängiges Ausfallverhalten vor. Das Risiko, Ausfälle zu beobachten, ist zu jedem Zeitpunkt gleich hoch. Ursache solcher Ausfälle sind meist Bedienungsfehler, Missbrauch oder Wartungsfehler.
- Ist $b > 1$, bewegt man sich im Bereich systematischer Ermüdungsausfälle. Das Risiko, einen Ausfall zu beobachten steigt, mit zunehmender Zeit an. Einige solcher Ermüdungsvorgänge sind bereits gut verstanden, wie z. B. die strukturmechanische Schädigung nach Wöhler.

Für die Weibullverteilung existiert neben der zweiparametrigen auch eine dreiparametrige Form, welche durch den zusätzlichen Schwellenwertparameter t_0 gekennzeichnet ist. Dieser wird auch als ausfallfreie Zeit bezeichnet. Für die zweiparametrige Version gilt $t_0 = 0$. Die ausfallfreie Zeit kennzeichnet einen Bereich $[0, t_0]$ in dem keine Ausfälle auftreten,

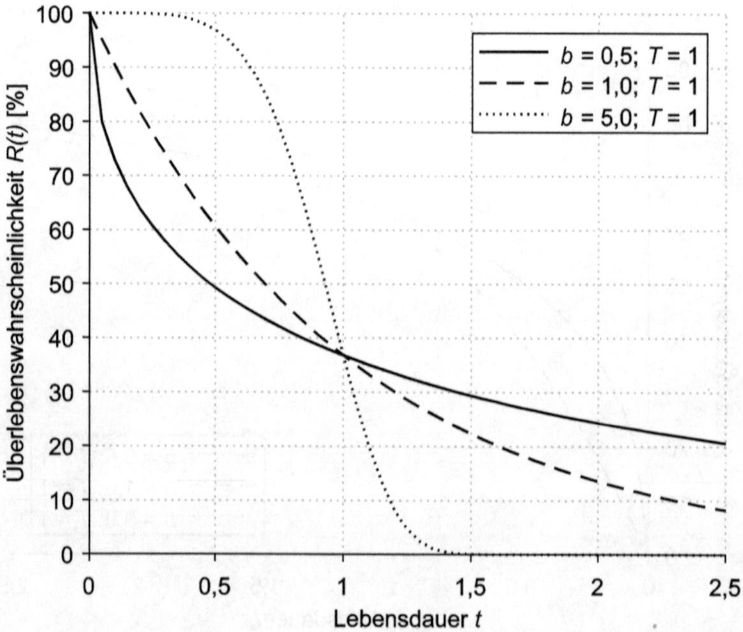

Abb. 3.6 Zuverlässigkeitsfunktion der Weibullverteilung. (© IMA 2024. All Rights Reserved)

die Ausfallwahrscheinlichkeit also 0 % beträgt. Eine weibullverteilte Zufallsvariable X wird vereinfacht in der Notation $X \sim \mathcal{W}(T; b)$ geschrieben.

3.2.1.3 Binomialverteilung

Die Binomialverteilung ist eine der wichtigsten diskreten Wahrscheinlichkeitsverteilungen und wurde von Bernoulli definiert [32]. Sie beschreibt das Resultat eines Bernoulli Prozesses, welches aus mehreren Bernoulli Versuchen besteht [46]. Der Bernoulli Versuch geht zurück auf das sogenannte Urnenexperiment mit zwei verschieden farbigen Kugeln. In diesem Experiment gibt es also lediglich zwei verschiedene Ausgänge – den Erfolg und den Misserfolg –, der im Fall der Urne einer bestimmten Farbe zuzuordnen wäre. Führt man den Bernoulli Versuch mehrfach mit der Stichprobengröße n durch, wenn jedes Mal der Ursprungszustand wiederhergestellt wurde (mit Zurücklegen), spricht man von einem Bernoulli Prozess.

Mithilfe der Binomialverteilung lässt sich die Wahrscheinlichkeit einer bestimmten Anzahl an Erfolgen im Bernoulli Prozess berechnen, wenn die Wahrscheinlichkeit eines Einzelerfolgs p definiert, bzw. bekannt ist. Die Binomialverteilung ist durch folgende Gleichungen definiert [5, 38].

$$f(k) = P(X = k) = \binom{n}{k} p^k (1 - p)^{n-k} \tag{3.18}$$

Tab. 3.1 Bezeichnungen und Formeln der Weibullverteilung

Zweiparametrige Weibullverteilung:		
Überlebenswahrscheinlichkeit bzw. Zuverlässigkeit	$R(t) = e^{-\left(\frac{t}{T}\right)^b}$	(3.10)
Ausfallwahrscheinlichkeit	$F(t) = 1 - e^{-\left(\frac{t}{T}\right)^b}$	(3.11)
Dichtefunktion	$f(t) = \frac{\mathrm{d}F(t)}{\mathrm{d}t} = \frac{b}{T} \cdot \left(\frac{t}{T}\right)^{b-1} \cdot e^{-\left(\frac{t}{T}\right)^b}$	(3.12)
Ausfallrate	$\lambda(t) = \frac{f(t)}{R(t)} = \frac{b}{T} \cdot \left(\frac{t}{T}\right)^{b-1}$	(3.13)
Dreiparametrige Weibullverteilung:		
Überlebenswahrscheinlichkeit bzw. Zuverlässigkeit	$R(t) = e^{-\left(\frac{t-t_0}{T-t_0}\right)^b}$	(3.14)
Ausfallwahrscheinlichkeit	$F(t) = 1 - e^{-\left(\frac{t-t_0}{T-t_0}\right)^b}$	(3.15)
Dichtefunktion	$f(t) = \frac{\mathrm{d}F(t)}{\mathrm{d}t} = \frac{b}{T-t_0} \cdot \left(\frac{t-t_0}{T-t_0}\right)^{b-1} \cdot e^{-\left(\frac{t-t_0}{T-t_0}\right)^b}$	(3.16)
Ausfallrate	$\lambda(t) = \frac{f(t)}{R(t)} = \frac{b}{T-t_0} \cdot \left(\frac{t-t_0}{T-t_0}\right)^{b-1}$	(3.17)
Parameter:		
t :	Statistische Variable (Beanspruchungszeit, Lastwechsel, ...)	
T :	Charakteristische Lebensdauer oder Lageparameter. Für $t = T$ gilt: $F(T) \approx$ 63,2 % bzw. $R(T) \approx$ 36,8 %	
b :	Formparameter oder Ausfallsteilheit. Er legt die Kurvenform fest.	
t_0 :	Ausfallfreie Zeit. Der Parameter t_0 legt den Zeitpunkt fest, ab dem die Ausfälle beginnen. Es handelt sich um eine Verschiebung längs der Zeitachse.	

$$F(k) = P(X \leq k) = \sum_{i=0}^{k} \binom{n}{i} p^i (1-p)^{n-i} \tag{3.19}$$

Die Parameter der Binomialverteilung sind die Stichprobengröße n und die Wahrscheinlichkeit eines Erfolges p. k ist das Argument der Binomialverteilung und gibt die

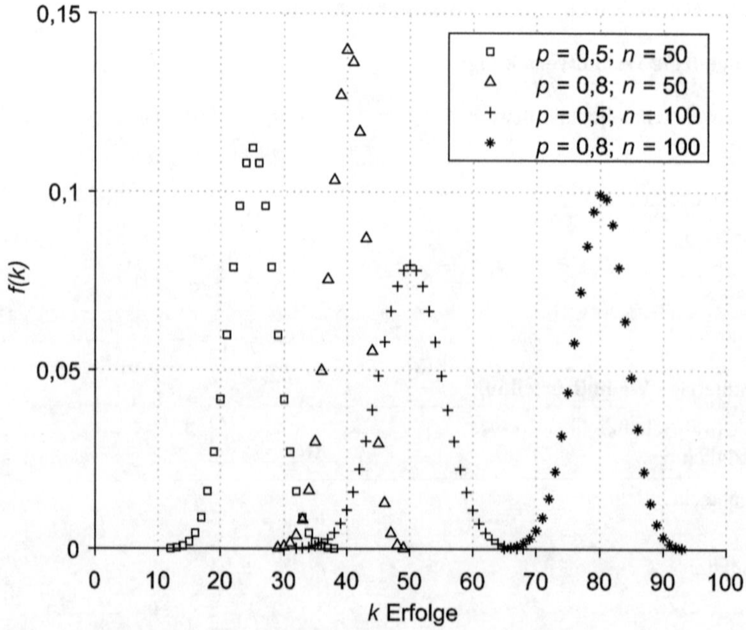

Abb. 3.7 Dichtefunktion der Binomialverteilung. (© IMA 2024. All Rights Reserved)

Anzahl an Erfolgen an. $f(k)$ gibt daher die Wahrscheinlichkeit an, genau k Erfolge aus n Versuchen zu erzielen, während $F(k)$ die Wahrscheinlichkeit angibt, mit der bis zu k Erfolge aus n Versuchen erzielt werden können. Es können ausschließlich Wahrscheinlichkeiten für ganzzahlige Werte von n und k berechnet werden, da es sich um eine diskrete Wahrscheinlichkeitsverteilung handelt ($k, n \in \mathbb{N}$). Abb. 3.7 zeigt die Dichtefunktion und Abb. 3.8 die Verteilungsfunktion der Binomialverteilung in verschiedenen Ausprägungen.

Zum Einsatz kommt die Binomialverteilung vor allem in der Zuverlässigkeitstestplanung für den Zuverlässigkeitsnachweis. Mit ihr wird für den Success-Run Test die notwendige Stichprobengröße berechnet, um eine geforderte Mindestzuverlässigkeit mit hoher Aussagewahrscheinlichkeit nachzuweisen, siehe Kap. 6.

3.2.1.4 Betaverteilung

Die Betaverteilung ist eine kontinuierliche Verteilung und eng verwandt mit der Binomialverteilung. Thomas Bayes leitete die Verteilung her, um damit die Wahrscheinlichkeit des Erfolgs der Binomialverteilung zu beschreiben [47]. Die Betaverteilung beschreibt also die Wahrscheinlichkeit selbst und nicht die Anzahl der Erfolge, wie die Binomialverteilung. In der Zuverlässigkeitstechnik wird sie deshalb vor allem genutzt, um die epistemische Unsicherheit zu beschreiben, also die Verteilung der Ausfallwahrscheinlichkeit bzw. Zuverlässigkeit, die aus dem Stichprobenfehler resultiert. Aus diesen Zuverlässigkeitsverteilungen (engl. Confidence Distribution) wird schlussendlich auch

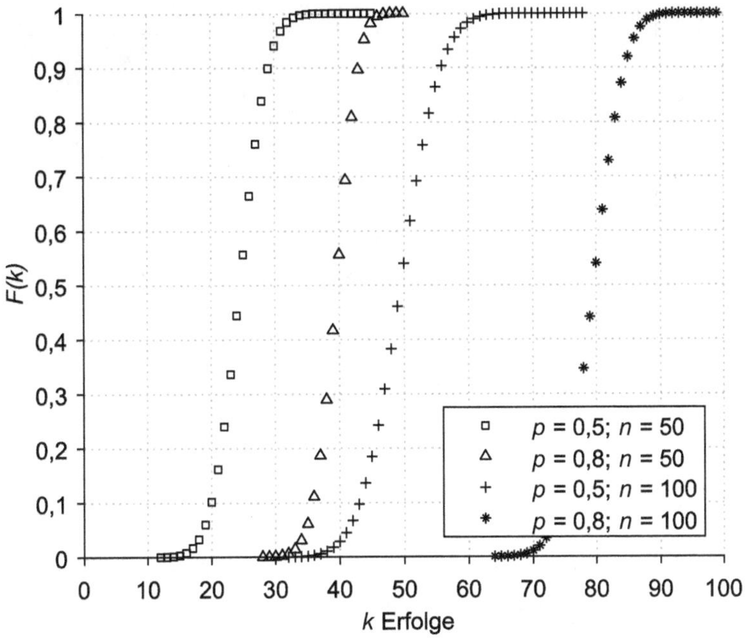

Abb. 3.8 Verteilungsfunktion der Binomialverteilung. (© IMA 2024. All Rights Reserved)

der Vertrauensbereich bestimmt [48]. Anhand der gewählten Vertrauensgrenzen wird der Vertrauensbereich anschließend aus den entsprechenden Quantilen der Betaverteilung berechnet.

Die Betaverteilung eignet sich auch aufgrund ihrer Definitionsgrenzen von $x \in [0,1]$ hervorragend für die Beschreibung von Wahrscheinlichkeiten. Zudem ist sie, ähnlich wie die Weibullverteilung, sehr flexibel und kann unterschiedlichste Formen annehmen, was eine hohe Modellierungsfreiheit erlaubt. Sie ist durch die Parameter A und B bestimmt und wie folgt definiert [49, 50]:

$$f(x) = \frac{x^{A-1}(1-x)^{B-1}}{\beta(A;B)} \quad \forall x \in [0,1] \wedge A, B > 0 \tag{3.20}$$

$$F(x) = \int_0^x \frac{\chi^{A-1}(1-\chi)^{B-1}}{\beta(A;B)} \mathrm{d}\chi \quad \forall x \in [0,1] \wedge A, B > 0 \tag{3.21}$$

Abb. 3.9 und 3.10 zeigen die Dichte- und Verteilungsfunktion in unterschiedlichen Ausprägungen der Betaverteilung, in denen ihre Formenvielfalt gut zur Geltung kommt.

Die Betafunktion nach Euler ist [51]:

$$\beta(A;B) = \int_0^1 x^{A-1}(1-x)^{B-1} \mathrm{d}x \quad A, B > 0. \tag{3.22}$$

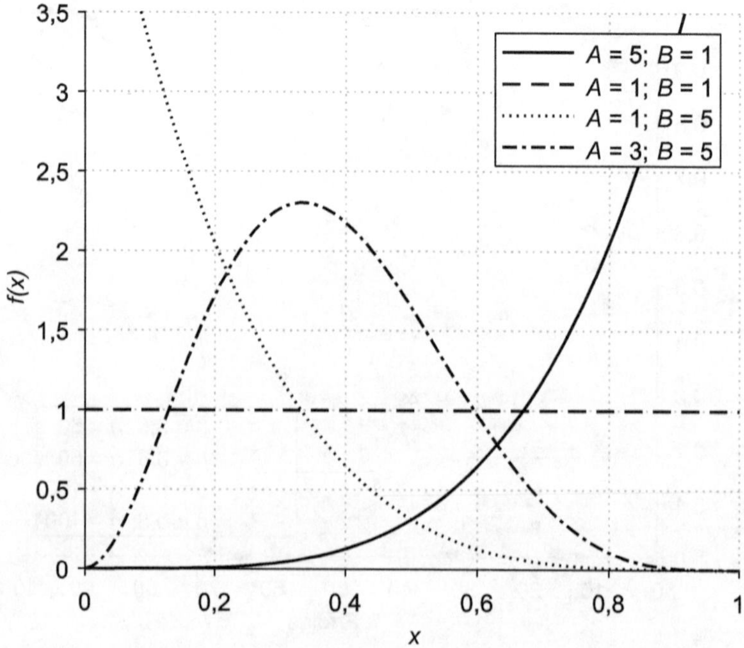

Abb. 3.9 Dichtefunktion der Betaverteilung. (© IMA 2024. All Rights Reserved)

Sie dient als Normierungskonstante. Die Betafunktion kann auch durch die Gammafunktion ausgedrückt werden [52]:

$$\beta(A; B) = \frac{\Gamma(A) \cdot \Gamma(B)}{\Gamma(A + B)}. \tag{3.23}$$

Bei ganzzahligem Argument der Gammafunktion gilt [50]:

$$\Gamma(n) = (n-1)! \quad \forall n \in \mathbb{N}. \tag{3.24}$$

Aufgrund ihrer Nähe zur Binomialverteilung kann man die Betaverteilung für ganzzahlige Werte A und B sogar in eine Binomialverteilung überführen [50]:

$$\int_p^1 \frac{\chi^{A-1} \cdot (1-\chi)^{B-1}}{\beta(A; B)} \mathrm{d}\chi = \sum_{i=0}^{A-1} \binom{A+B-1}{i} p^i (1-p)^{A+B-1-i}. \tag{3.25}$$

Es findet lediglich ein Wechsel des Argumentes statt. Es gilt:

$$p = 1 - \chi. \tag{3.26}$$

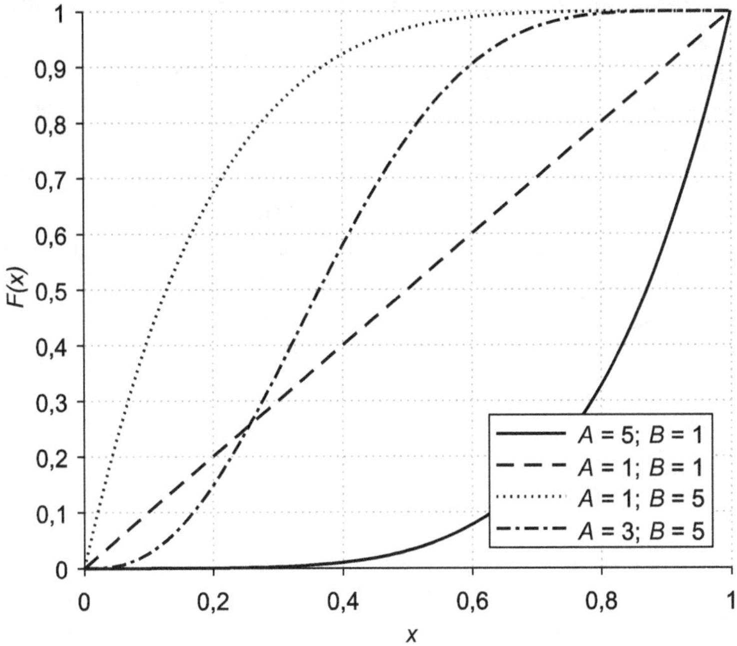

Abb. 3.10 Verteilungsfunktion der Betaverteilung. (© IMA 2024. All Rights Reserved)

Auch die Parameter der beiden Verteilungen können ineinander überführt werden [5]. Es gilt:

$$A = n - k, \tag{3.27}$$

$$B = k + 1. \tag{3.28}$$

Der Erwartungswert und die Varianz der Betaverteilung sind bestimmt durch [50]:

$$E(X) = \frac{A}{A + B}, \tag{3.29}$$

$$\mathrm{Var}(X) = \frac{A \cdot B}{(A + B + 1) \cdot (A + B)^2}. \tag{3.30}$$

Eine betaverteilte Zufallsvariable X mit den Parametern A und B wird in vereinfachter Schreibweise $X \sim \mathcal{B}(A; B)$ ausgedrückt.

3.2.2 Parameterschätzverfahren in der Zuverlässigkeitstechnik

Zur Bestimmung der entsprechenden Verteilungen bzw. der Parameter der Verteilung aus den zugrunde liegenden Daten werden Parameterschätzverfahren eingesetzt. Sie werden auch als Punktschätzverfahren bzw. Punktschätzer bezeichnet [5, 53]. Die wichtigsten Verfahren, die in der Zuverlässigkeitstechnik eingesetzt werden, sind das Medianrangverfahren (strenggenommen Medianrang-Regression MRR) und die Maximum-Likelihood Methode (MLE aus dem englischen: Maximum-Likelihood Estimation) [5, 53–55]. Die Grundlage dabei bildet der Satz von Gliwenko-Cantelli [56, 57]. Dieser besagt, dass die Schätzung der zugrunde liegenden Verteilungsfunktion der Grundgesamtheit möglich ist, weil die empirisch gewonnene Verteilungsfunktion der Stichprobe gegen diese konvergiert [29] – sofern es sich um eine repräsentative Stichprobe handelt.

Die Grundidee des Medianrangverfahrens basiert auf der Zuordnung von Ranggrößen i bzw. Rangverteilungen zu den beobachteten Lebensdauerdaten [5, 58]. Nachteil dieser Vorgehensweise ist, dass die Anpassung ausschließlich an die gebildeten Wertpaare erfolgt, bei denen es sich um Ausfallzeiten handelt. In der Zuverlässigkeitstechnik kann es jedoch neben Ausfällen auch zu Durchläufern kommen, z. B. bei vorzeitigem Versuchsabbruch. Mit der Medianrangmethode können jedoch keine exakten Laufzeiten für Durchläufer in der Auswertung berücksichtigt werden [5]. D. h. für die Auswertung einer Stichprobe, die sowohl Ausfälle als auch Durchläufer enthält, wird i. d. R. die Maximum-Likelihood Methode verwendet.

Der Name Maximum-Likelihood Methode geht zwar auf Fisher zurück [59, 60], jedoch wurde das Verfahren schon früher verwendet [61, 62]. Das Grundprinzip der Maximum-Likelihood Methode beruht darauf, diejenige Verteilungsfunktion bzw. -parameter zu finden, die die beobachteten Lebensdauerdaten am wahrscheinlichsten wiedergeben [5]. D. h. es muss die Wahrscheinlichkeit berechnet werden, um genau die vorliegenden Werte der Lebensdauerdaten zu beobachten. Diese Wahrscheinlichkeit wird mit der sogenannten Likelihood-Funktion berechnet, die mit der zu schätzenden Verteilung und den beobachteten Lebensdauerdaten gebildet wird.

Vorteile bietet die MLE in der Zuverlässigkeitstechnik vor allem aufgrund der flexiblen Erweiterungsmöglichkeit der Likelihoodfunktion. Diese kann sehr individuell für verschiedenste Datensätze angepasst werden, sodass die bestmögliche Schätzung resultiert. Liegen beispielsweise neben den Ausfällen Durchläufer mit bekannter Laufzeit vor, kann diese Information in der Likelihood-Funktion Berücksichtigung finden. Die vorliegenden Daten können also entsprechend der enthaltenen Informationen berücksichtigt werden. Es gehen also keine Informationen verloren und es sind auch keine zusätzlichen Annahmen für die Schätzung erforderlich. Einziger Nachteil der MLE ist, dass sie den Formparameter einer zu schätzenden Weibullverteilung bei kleinen Stichproben leicht überschätzt. Man spricht hierbei von einer positiven Verzerrung [63]. Mit Korrekturverfahren wie z. B. nach Hirose und Ross kann man der Verzerrung jedoch entgegenwirken [64–66]. Theoretisch ist die MLE-Methode der MRR-Methode überlegen, denn statistisch betrachtet enthält die MLE stets eine geringere Varianz des geschätzten Erwartungswertes [54].

Verteilungsparameter lassen sich auch mit der Momenten-Methode nach Pearson bestimmen [67]. Dabei werden die empirischen Verteilungsmomente der Stichprobe verwendet, um die Parameter der zur schätzenden Verteilung zu bestimmen. Die Momenten-Methode nimmt in der Zuverlässigkeitstechnik und im Speziellen in der Parameterschätzung nur eine untergeordnete Rolle ein, da mit ihr keine Durchläufer in der Auswertung berücksichtigt werden können. Das ist im Grunde der Tatsache geschuldet, dass nur ein lineares Gleichungssystem gelöst wird. Außerdem ist im direkten Vergleich die Anpassungsgüte häufig schlechter, weil immer nur die ersten und wichtigsten Momente für die Schätzung verwendet werden, bei theoretisch unendlich vielen (auch ungeraden) existierenden Momenten.

3.2.3 Vertrauensbereiche in der Zuverlässigkeitstechnik

In vielen Bereichen der Ingenieurswissenschaften besteht das Problem des Informationsmangels, weil Untersuchungen nur mithilfe von Stichproben durchgeführt werden können. In der Lebensdauererprobung ist diese Problematik besonders verschärft, denn neben der eigentlichen Prüflingsbeschaffung, die in den meisten Fällen als aufwendige Prototypen hergestellt werden müssen, ist es zusätzlich die Erprobungszeit, die durch die Entwicklungsprozesse limitiert ist.

Trotz des Informationsmangels möchte man sich in der Aussage über die Zuverlässigkeit sicher sein, vor allem in Bezug auf den Zuverlässigkeitsnachweis. Zudem muss sie für die Grundgesamtheit gelten. Die vorgestellten Lebensdauerverteilungen sind Teil der deskriptiven Statistik [28] und beschreiben daher lediglich die Zuverlässigkeit auf Basis der zugrunde liegenden Stichprobe. Ziel ist es, das passendste Modell zu finden, dass die beobachteten Daten bestmöglich beschreibt. Damit begegnet man der aleatorischen Unsicherheit, also der unveränderlichen inhärenten Unsicherheit über die Werte, die die Zufallsvariable annimmt. In der schließenden Statistik [68] wird dagegen versucht, mit der Information der Stichprobe auf die Grundgesamtheit zu schließen. Deshalb muss zusätzlich die epistemische Unsicherheit betrachtet werden, die aufgrund der limitierten Beobachtungen resultiert. Es ist nämlich stets damit zu rechnen, dass ein Experiment, dass mehrfach mit einer begrenzten Stichprobengröße durchgeführt wird, immer unterschiedliche Ergebnisse zur Folge hat. Man arbeitet deshalb nicht mehr nur mit einem einzelnen Wert für die Statistik (Punktschätzung), sondern gibt ein Intervall (Intervallschätzung) an [5]. Dieses Intervall enthält mit einer festzulegenden Aussagewahrscheinlichkeit P_A den wahren Wert der Grundgesamtheit und wird als Vertrauensbereich bezeichnet [69]. Eine Aussagewahrscheinlichkeit von 100 % ist im praktischen Kontext nicht zu erreichen, da niemals alle Einheiten der Grundgesamtheit getestet werden können. D. h. es bleibt stets ein Restrisiko der Aussage bestehen, welches auch als Irrtumswahrscheinlichkeit α

bezeichnet wird. α bildet das Komplement der Aussagewahrscheinlichkeit. Damit gilt:

$$P_A = 1 - \alpha \tag{3.31}$$

Die Breite des Vertrauensbereichs bei konstanter Aussagesicherheit hängt neben der aleatorischen Unsicherheit unmittelbar von der Stichprobengröße ab und charakterisiert damit die Güte der Schätzung [69].

In der Zuverlässigkeitstechnik bedeutet das, dass einer beobachteten Lebensdauer nicht mehr eine einzige Zuverlässigkeit zugeordnet werden kann, sondern ein Zuverlässigkeitsintervall zuzuordnen ist. Genutzt werden dafür Zuverlässigkeitsverteilungen wie die bereits eingeführte Betaverteilung (hier wird auch verständlich, wieso diese eine Confidence Distribution sein kann; denn sie ist in diesem Kontext eine Verteilung, die die Aussagesicherheit – engl. Confidence – der Zuverlässigkeit beschreibt). Je nachdem wie das Intervall festgelegt bzw. die Zuverlässigkeit eingegrenzt wird, entsteht ein zweiseitiger oder ein einseitiger Vertrauensbereich, siehe Abb. 3.11.

Ein zweiseitiger Vertrauensbereich wird in der Zuverlässigkeitstechnik vor allem für die Abschätzung der korrekten Lage der produktspezifischen Ausfallverteilung verwendet. Ein einseitiger – im Falle der Zuverlässigkeit selbst, ein rechtsseitiger Vertrauensbereich – wird vor allem für einen Zuverlässigkeitsnachweis verwendet, denn im Sinne eines Nachweises muss nur die Untergrenze der Zuverlässigkeit abgesichert werden [5]. Ein linksseitiger Vertrauensbereich ist in der Anwendung irrelevant, denn die obere Vertrauensgrenze der Zuverlässigkeit repräsentiert die optimistischste Schätzung für die Zuverlässigkeit. Das Konzept der ein- und zweiseitigen Vertrauensbereiche kann analog auch auf die Ausfallwahrscheinlichkeit übertragen werden. Im Zuverlässigkeitsnachweis muss dann der linksseitige Vertrauensbereich bzw. die Obergrenze verwendet werden, denn es gilt – als Komplement der Zuverlässigkeit – die maximal zulässige Ausfallwahrscheinlichkeit abzusichern.

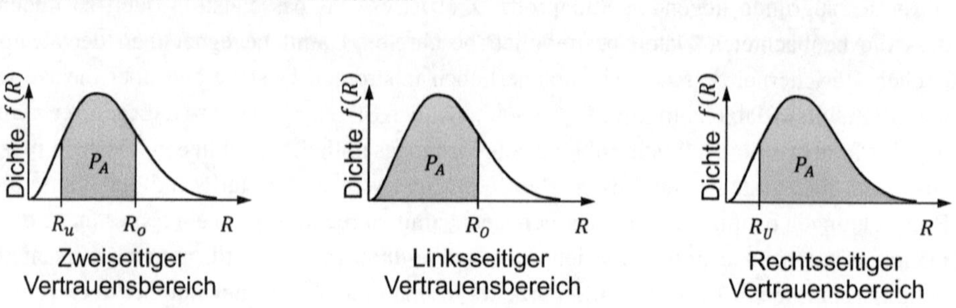

$P_A = P(R_u \leq R \leq R_o) = \int_{R_u}^{R_o} f(R)dR$

$P_A = P(R \leq R_O) = \int_{0}^{R_O} f(R)dR$

$P_A = P(R_U \leq R) = \int_{R_U}^{1} f(R)dR$

Abb. 3.11 Zweiseitiger und einseitige Vertrauensbereiche [5]. (© IMA 2024. All Rights Reserved)

Für die Berechnung von Vertrauensbereichen wurden verschiedene Verfahren entwickelt, die entweder approximativer oder numerisch-simulativer Natur sind. Die bekanntesten approximativen Verfahren sind der Fisher [70] [60] sowie der Likelihood-Ratio Vertrauensbereich [53]. Numerische Verfahren basieren meist auf Resampling (Bootstrap) Verfahren [71]. Häufig wird dabei auf Basis einer Zuverlässigkeitsverteilung gearbeitet.

3.2.4 Trennschärfe in der Zuverlässigkeitstechnik – Probability of Test Success

Gerade bei Zuverlässigkeitsnachweistests ist es für die Testplanung elementar, eine Abschätzung über die Erfolgsaussichten zu erhalten. Denn grundsätzlich möchte man eine möglichst effiziente – d. h. kostengünstige und gleichzeitig trotzdem erfolgreiche Teststrategie für die jeweilige Situation definieren. Dazu muss die Trennschärfe eines Lebensdauer- bzw. Zuverlässigkeitstests berechnet werden, die im Sinne der Zuverlässigkeit dann als Probability of Test Success P_{ts} interpretiert werden kann.

Die P_{ts} wurde erstmals in [72] als „Erfolgswahrscheinlichkeit" eingeführt. Der Begriff wurde in [23, 73–75] als Probability of Test Success weiter präzisiert. Sie ist definiert als diejenige Wahrscheinlichkeit, mit welcher eine definierte Zuverlässigkeitsteststrategie unter gegebenen Randbedingungen in der Lage ist, ein gestelltes Zuverlässigkeitsziel nachzuweisen [19]. Damit ist eine objektive Bewertungsgröße geschaffen, mit der Lebensdauer- und Zuverlässigkeitstests auf ihre Eignung (d. h. in der Regel das Zuverlässigkeitsziel nachzuweisen) bewertet werden können. Die Berechnung der P_{ts} ist schematisch in Abb. 3.12 dargestellt. Das Ergebnis eines einzelnen Zuverlässigkeitstests lässt sich anhand der unteren Vertrauensgrenze prinzipiell in zwei „Zonen" teilen, siehe Abb. 3.12. Liegt die Zuverlässigkeitsanforderung t_{req} vor der unteren Vertrauensgrenze t_{R_{req},P_A} ist der Nachweis für diesen einzelnen Test erbracht. Liegt sie dahinter, schlägt der Nachweis fehl.

Würde man den Test mit unterschiedlichen Stichproben derselben Größe durchführen, resultierte aufgrund der epistemischen Unsicherheit jedes Mal ein anderes Ergebnis. Es entsteht also eine Verteilung von t_{R_{req},P_A}, siehe Abb. 3.12 rechts. Diejenige kumulierte Häufigkeit ab der geforderten Lebensdauer entspricht letzten Endes der P_{ts}. Für die Planung eines Lebensdauertests kann es nun ebenfalls zielführend sein, von Anfang an eine minimale $P_{\text{ts,req}}$ zu fordern, um nur solche Teststrategien zu erlauben, die sehr wahrscheinlich den Zuverlässigkeitsnachweis auch erbringen. Dazu kann aus der gleichen Verteilung dasjenige Lebensdauerquantil bestimmt werden, welches der geforderten P_{ts} entspricht. Man würde dann von der durch den Test maximal nachweisbaren Lebensdauer t_{dem} sprechen, siehe Abb. 3.13.

Für die Berechnung der P_{ts} bzw. der nachgewiesenen Lebensdauer existieren für die verschiedenen Testverfahren unterschiedliche Berechnungsansätze, die in Kap. 6 vorgestellt werden.

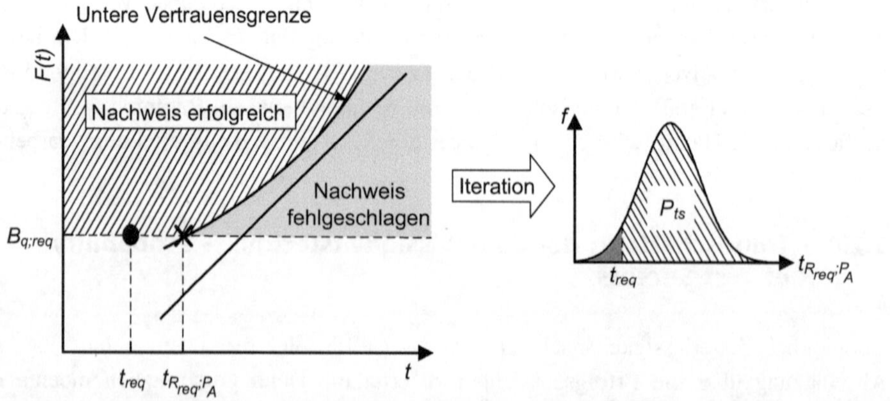

Abb. 3.12 Schematische Berechnung der P_{ts} [19]. (© IMA 2024. All Rights Reserved)

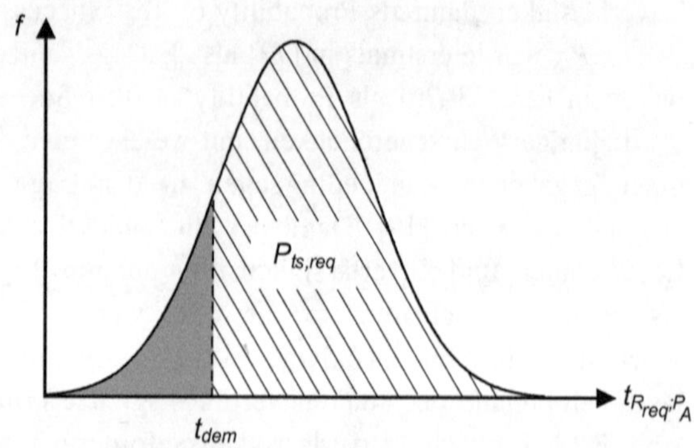

Abb. 3.13 Berechnung der nachgewiesenen Lebensdauer t_{dem}. (© IMA 2024. All Rights Reserved)

3.3 Wichtige numerische Berechnungsverfahren

In diesem Abschnitt werden die Details der wichtigsten numerischen Verfahren beleuchtet, die in der Zuverlässigkeitstestplanung häufig verwendet werden.

3.3.1 Monte-Carlo-Simulation

Die Monte-Carlo-Simulation (MCS) wurde wesentlich durch die Beiträge von Metropolis, M. Rosenbluth, A. Rosenbluth, E. Teller und A. Teller [76] geprägt. Ihre primäre Anwendung liegt in den Bereichen der Optimierung, numerischen Integration sowie der Generierung von Zufallszahlen aus Wahrscheinlichkeitsverteilungen [77]. In der Zuverlässigkeitstechnik wird MCS vorrangig eingesetzt, um Zufallszahlen zu erzeugen, die bestimmten Verteilungen folgen. Dies erweist sich als nützlich, wenn diese Verteilungen entweder nicht analytisch beschreibbar oder nur schwer zu erfassen sind. Die erzeugten Zufallszahlen finden Anwendung bei der Bestimmung von Statistiken oder Maßzahlen, z. B. der Ausfallverteilung von Systemen [78].

Der Ausgangspunkt der Simulation ist eine zufällige Zahl aus dem Intervall [0, 1], die entsprechend den bekannten Verteilungszusammenhängen interpretiert wird. Diese Zufallszahl kann auf verschiedene Weisen real erzeugt werden, etwa durch den Einsatz eines physischen Würfels oder die Beobachtung atmosphärischen Rauschens [79]. Aufgrund der vorherrschenden computergestützten Durchführung von Simulationen kommen jedoch sogenannte Pseudozufallszahlengeneratoren zum Einsatz, um Zufallszahlen zu generieren [80, 81]. Diese sind nicht authentisch zufällig, da sie durch Algorithmen anstelle von echten Zufallsprozessen erzeugt werden, deshalb auch der Name Pseudozufallszahl. Trotzdem kann ihr Einfluss in den meisten Simulationen annähernd vernachlässigt werden [82].

Zufallszahlen, die einer gewünschten Verteilung entsprechen, lassen sich entweder mittels der Inversionsmethode oder der Verwerfungsmethode erzeugen [83]. Bei der Inversionsmethode erfolgt die Generierung unter Verwendung der Umkehrfunktion der Verteilungsfunktion $F^{-1}(q)$, um die erzeugte Pseudozufallszahl q direkt in eine Zufallszahl der Verteilung $F(q)$ zu überführen. Diese Methode ist jedoch nur anwendbar, wenn eine solche Umkehrfunktion existiert und identifiziert werden kann. Andernfalls kommt die Verwerfungsmethode zum Einsatz, die Zufallszahlen in der Fläche erzeugt, die von der Dichtefunktion $f(t)$ und dem Merkmal t aufgespannt wird. Wenn die Zufallszahl oberhalb des Graphen von $f(t)$ liegt, wird sie verworfen; liegt sie darunter, wird sie als eine Zufallszahl der Verteilung $F(t)$ akzeptiert [84]. Die beiden Methoden sind in Abb. 3.14 veranschaulicht.

Die MCS stellt nicht nur in der Zuverlässigkeitstechnik eine essenzielle Methode dar, sondern wird in verschiedenen wissenschaftlichen Disziplinen zur Lösungsfindung für komplexe Probleme verwendet. Sie hat deshalb insbesondere in den letzten Jahren bedeutende Fortschritte erfahren. Es wurden zahlreiche Erweiterungen und Anpassungen der MCS entwickelt, die ihre Anwendbarkeit in verschiedenen Bereichen verbessert haben. Zu nennen sind hier beispielsweise Weiterentwicklungen im Bereich der Orthogonalen Felder [85], die deutlich schneller gegen einen kleinen Fehler konvergieren als die konventionelle MCS. Grundsätzlich gilt nach dem Gesetz der großen Zahlen [32], dass bei einer sehr großen Anzahl durchgeführter Experimente oder Simulationen, die relative Häufigkeit in die Wahrscheinlichkeit übergeht und damit gegen einen Erwartungswert konvergiert.

Bei der Monte-Carlo Simulation konvergiert der Restfehler mit $1/\sqrt{n}$ gegen Null, wenn n die Stichprobengröße darstellt [78]. Mit dem Latin-Hypercube Sampling [86, 87] oder den Sobol-Sequenzen [88] lassen sich Parameterräume ganzheitlich abbilden und das mit sehr wenigen Einzelexperimenten [85]. Bei diesen Algorithmen liegt der Fokus der Entwicklung auf einer minimalen Korrelation der generierten Datenpunkte, sodass sich keine „Anhäufungen“ ergeben. Sie werden z.B. für Parameterstudien mit Simulationsmodellen verwendet.

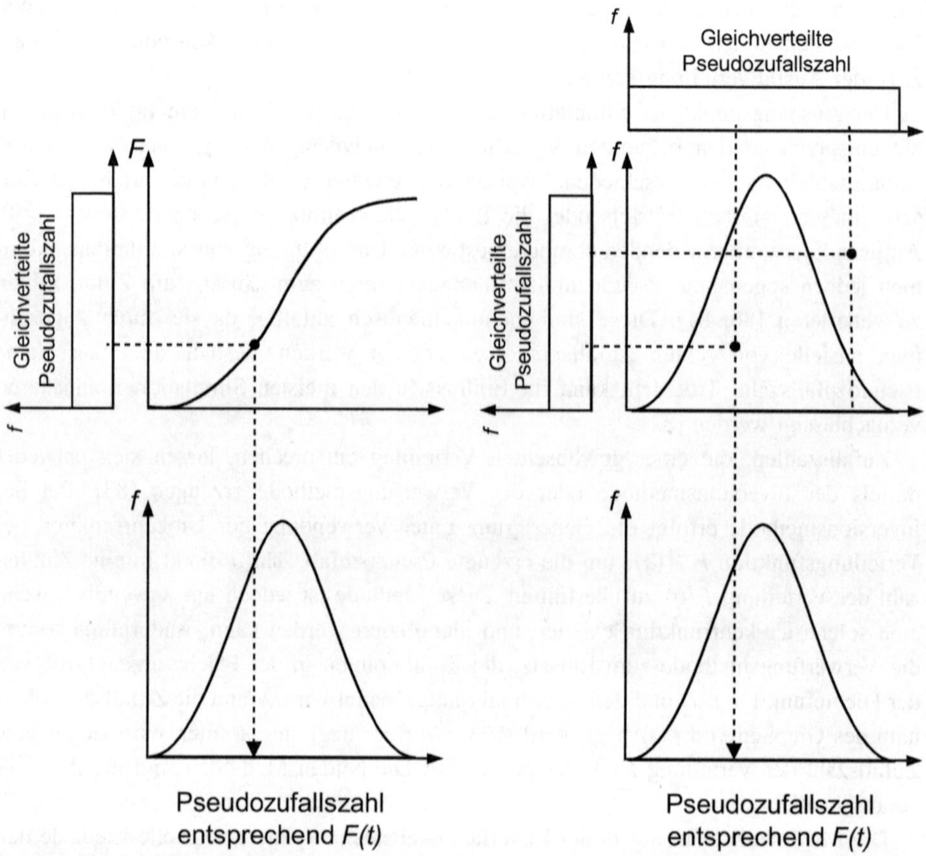

Abb. 3.14 Schema zur Inversions- und Verwerfungsmethode, nach [24]. (© IMA 2024. All Rights Reserved)

3.3.2 Bootstrap-Verfahren

Der Zentrale Grenzwertsatz ermöglicht es, für bestimmte Fälle die Verteilungen von Statistiken asymptotisch zu bestimmen. Ein bekanntes Beispiel hierfür ist die Verteilung des Mittelwerts einer Stichprobe [89]. Der zentrale Grenzwertsatz besagt, dass die Verteilung der normierten Summe von unabhängigen Zufallsvariablen – wie beispielsweise dem Mittelwert – im Grenzfall unendlich vieler Durchführungen gegen eine Normalverteilung konvergiert. Diese Erkenntnis ist bedeutsam, da die zugrunde liegenden Zufallsvariablen nicht zwangsläufig normalverteilt sein müssen. Diese Eigenschaft erlaubt es, Theorien und Methoden, die nur für normalverteilte Daten gelten, auch auf andere Verteilungsformen anzuwenden. Darüber hinaus bilden der zentrale Grenzwertsatz und das Gesetz der großen Zahlen die Grundlage für die Konstruktion approximativer Vertrauensbereiche [27, 30, 90].

In komplexeren Problemen und bei anderen Statistiken kann die Verteilung unter Umständen unbekannt sein. In solchen Fällen kommt die Bootstrap-Methode zum Einsatz, die erstmalig von Efron vorgestellt wurde und die Methode des Resamplings nutzt [71]. Dabei werden durch wiederholtes, zufälliges Ziehen mit Zurücklegen aus der ursprünglichen Stichprobe neue, künstliche Bootstrap-Stichproben derselben Größe erzeugt, für die jeweils die entsprechende Statistik gebildet wird. Mithilfe dieser Statistiken lässt sich beispielsweise die Verteilung der Statistik schätzen. Es gibt eine grundlegende Unterscheidung zwischen nicht-parametrischem Bootstrap und parametrischem Bootstrap [91]. Der nicht-parametrische Bootstrap nutzt die empirische Verteilung der Stichprobe, sodass in den Bootstrap-Stichproben exakt dieselben Werte wie in der ursprünglichen Stichprobe auftreten. Der parametrische Bootstrap hingegen bedient sich einer parametrischen Verteilung. Zunächst wird eine Verteilung mittels Maximum-Likelihood-Schätzung bestimmt, und anschließend werden durch die Inversions- oder Verwerfungsmethode neue Bootstrap-Stichproben aus dieser Verteilung erzeugt [24].

Der Vorteil des nicht-parametrischen Bootstraps besteht darin, dass keine Verteilungsannahmen getroffen werden müssen. Im Gegensatz dazu kann der parametrische Bootstrap den gesamten Verteilungsbereich besser abbilden, insbesondere wenn die ursprüngliche Stichprobe diesen nur unzureichend wiedergibt und sich beispielsweise auf einen Randbereich konzentriert [71, 92, 93]. Das allgemeine Vorgehen beider Bootstrap-Methoden ist in Abb. 3.15 veranschaulicht. Die Anwendung der Bootstrap-Methode erfolgt beispielsweise zur Bildung von Vertrauensbereichen für Statistiken oder Parameter [94]. Des Weiteren wird sie eingesetzt, um die Streuung, also z. B. die Varianz von Statistiken zu schätzen [95, 96] oder die Verzerrung von Schätzern zu bestimmen [93].

3.4 Berechnung der Systemzuverlässigkeit

Eine Ausfallverteilung wie die Weibullverteilung kann lediglich einen einzelnen Ausfallmechanismus (AM) beschreiben. Da jedoch auch mehrere AM und diverse Ursachen das Ausfallverhalten eines Produkts beeinflussen können, ist es für die Gesamtzuverlässigkeit des Produkts als System erforderlich, zwischen den AM zu unterscheiden [5, 78].

Die Ausfallmechanismen eines Produkts können beispielsweise durch qualitative Zuverlässigkeitsmethoden, wie der FMEA oder durch qualitative Teststrategien, wie z. B. dem HALT (Highly Accelerated Life Test), identifiziert werden [5, 97–99]. Sobald die Ausfallmechanismen identifiziert sind, ist es wichtig, festzustellen, wie diese im Systemkontext miteinander interagieren. In der Zuverlässigkeitstechnik werden zwei grundlegende Strukturtypen unterschieden. In einer reinen parallelen Struktur entsteht ein Systemausfall nur, wenn alle Komponenten ausgefallen sind. In einer seriellen Struktur hingegen genügt der Ausfall einer einzigen Komponente, um das System zum Ausfall

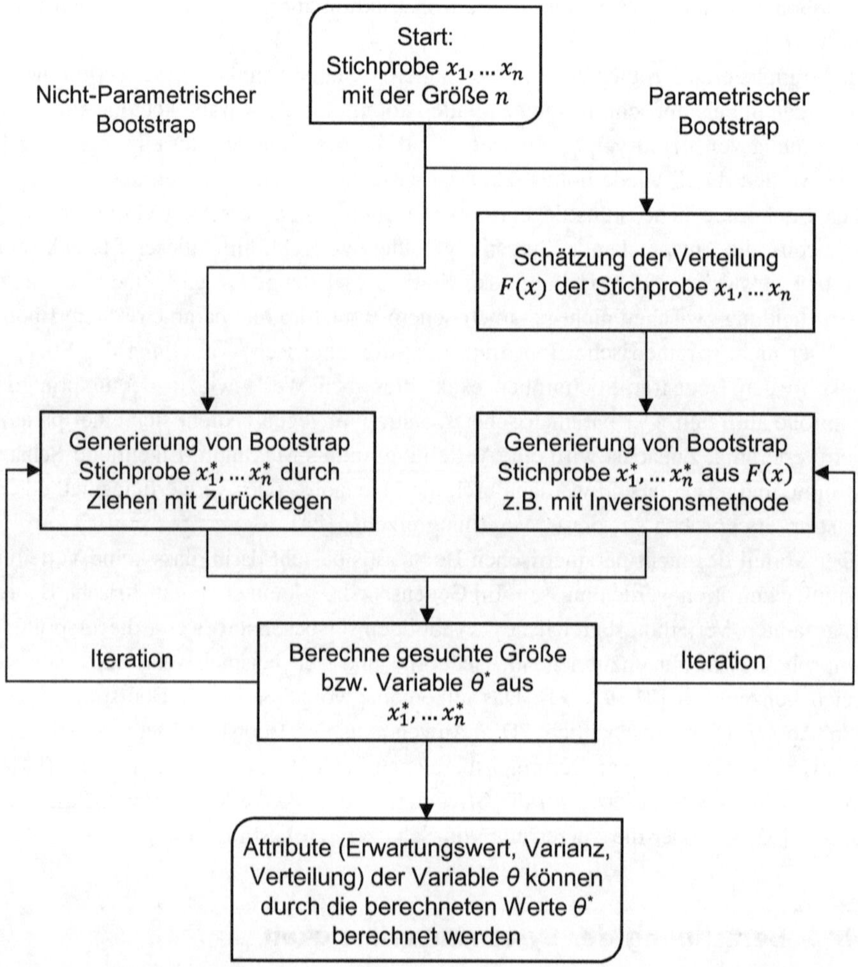

Abb. 3.15 Berechnungsschema des Parametrischen und Nicht-Parametrischen Bootstrap [24].

zu bringen. Es ist auch möglich, dass eine Komponente mehrere Ausfallmechanismen aufweist. Diese logischen Verknüpfungen basieren auf der Boole'schen Algebra [100, 101] und werden mittels sogenannter Zuverlässigkeits-Blockschaltbilder beschrieben [5, 78]. Neben den beiden Grundstrukturen (der Parallel- und Serienstruktur) können auch verschiedene Kombinationen dieser beiden Grundstrukturen auftreten. Beispiele solcher Blockschaltbilder sind in Abb. 3.16 dargestellt. Weiter existieren Sonderformen wie beispielsweise Systeme, bei denen ein Ausfall erst eintritt, wenn k von insgesamt n Komponenten der Einheit ausgefallen sind (im Englischen als k-out-of-n-Systeme bezeichnet) [42, 102]. Die Ausfallmechanismen stellen aus zuverlässigkeitstechnischer

Sicht die unterste Ebene in einem System dar. Theoretisch können für ein Produkt beliebige Subsysteme definiert werden, die dann wiederum mit den Theorien und Methoden der Systemzuverlässigkeit behandelt werden können. Typische Subsysteme sind gut abgrenzbare Baugruppen in größeren Gesamtsystemen.

In einem Seriensystem müssen alle Komponenten den betrachteten Zeitpunkt überleben. Um die Systemzuverlässigkeit $R_{\mathrm{Sys}}(t)$ zu berechnen, wird das Produktgesetz der Wahrscheinlichkeiten angewendet. Das bedeutet, dass die Einzelzuverlässigkeiten der Ausfallmechanismen der Komponenten $R_i(t)$ miteinander multipliziert werden müssen [5, 42]:

$$R_{\mathrm{Sys}}(t) = \prod_i R_i(t) \tag{3.32}$$

Dabei repräsentieren $R_i(t)$ die Einzelzuverlässigkeiten der verschiedenen Ausfallmechanismen im System. Durch die Multiplikation dieser Einzelzuverlässigkeiten erhält man die Gesamtzuverlässigkeit des Systems.

Bei einem Parallelsystem erfolgt der Systemausfall erst, wenn sämtliche Komponenten ausgefallen sind. Dementsprechend werden die Ausfallwahrscheinlichkeiten der einzelnen Komponenten bzw. deren Ausfallmechanismen $F_i(t)$ miteinander multipliziert. Das Komplement dieser Systemausfallwahrscheinlichkeit $F_{\mathrm{Sys}}(t)$ ergibt dann die Systemzuverlässigkeit [5, 42]:

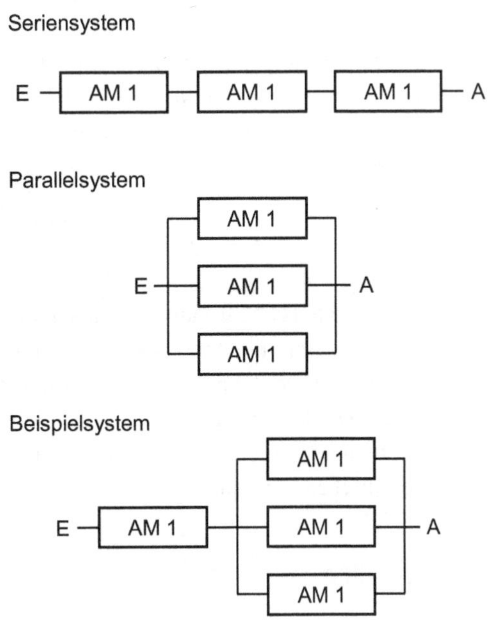

Abb. 3.16 Typische Zuverlässigkeitsblockschaltbilder. (© IMA 2024. All Rights Reserved)

$$R_{\text{Sys}}(t) = 1 - F_{\text{Sys}}(t) = 1 - \prod_i F_i(t) = 1 - \prod_i (1 - R_i(t)) \tag{3.33}$$

Hierbei repräsentieren $F_i(t)$ die Ausfallwahrscheinlichkeiten der verschiedenen Komponenten im Parallelsystem. Durch das Multiplizieren dieser Ausfallwahrscheinlichkeiten und anschließende Subtraktion des Produkts von 1 erhält man die Systemzuverlässigkeit.

Es ist wichtig den Vertrauensbereich zu berücksichtigen, wenn die Zuverlässigkeit der einzelnen Ausfallmechanismen mithilfe von Stichproben, beispielsweise in Zuverlässigkeitstests, bestimmt werden. Allerdings gelten die Beziehungen aus den Gleichungen (3.32) und (3.33) nur für die Erwartungswerte der Wahrscheinlichkeiten [78]. Wenn Zuverlässigkeitswerte eines Vertrauensbereichs, die nicht dem Erwartungswert entsprechen, multipliziert werden, führt dies zu einer fehlerhaften Berechnung der Systemzuverlässigkeit [103, 104]. Die konstruierten und berechneten Verteilungen, die beispielsweise über die Fisher-Information oder den Beta-Binomial-Vertrauensbereich erstellt werden, werden als „Confidence Distributions" bezeichnet [48]. Diese Verteilungen beschreiben im Wesentlichen die Streuung aufgrund von epistemischer und aleatorischer Unsicherheit.

Wenn diese Verteilungen verwendet werden, um die Zuverlässigkeit zu beschreiben, handelt es sich um Zuverlässigkeitsverteilungen. Um die Systemzuverlässigkeit korrekt mit einer bestimmten Aussagewahrscheinlichkeit zu berechnen, werden diese Zuverlässigkeitsverteilungen der jeweiligen Ausfallmechanismen gemäß der logischen Systemstruktur unter Verwendung der Boole'schen Algebra miteinander verknüpft, um die Zuverlässigkeitsverteilung des Systems zu bestimmen. Anschließend kann die Systemzuverlässigkeit entsprechend der gewünschten Aussagewahrscheinlichkeit aus dieser Systemverteilung berechnet werden.

Wenn es sich um ein Seriensystem mit zwei Ausfallmechanismen handelt, wird die Verteilung der Systemzuverlässigkeit $f(R_{\text{Sys}})$ durch eine Koordinatentransformation aus den Zuverlässigkeitsverteilungen der beiden Ausfallmechanismen f_1 und f_2 gemäß Gl. (3.32) über das folgende Integral gebildet [103, 105]:

$$f(R_{\text{Sys}}) = \int_0^1 \frac{1}{x} f_1\left(\frac{R_{\text{Sys}}}{x}\right) f_2(x)\,\mathrm{d}x \tag{3.34}$$

Für ein Parallelsystem kann die entsprechende Gleichung analog zur Berechnung der Ausfallwahrscheinlichkeiten verwendet werden. Wenn das System mehr als zwei Ausfallmechanismen aufweist und die Systemstruktur komplexer ist, muss Gl. (3.34) sequentiell angewendet werden. Es stehen verschiedene Methoden zur Verfügung, um die Verteilung der Systemzuverlässigkeit zu berechnen, die in den folgenden Abschn. 3.4.1, 3.4.2 und 3.4.3 beschrieben werden.

3.4.1 Momentenmethode

Die Momentenmethode nutzt unmittelbar die Beziehungen zwischen den Erwartungswerten der Zuverlässigkeit bzw. der Ausfallwahrscheinlichkeit gemäß Gl. (3.32) und (3.33). Die Momente einer Verteilung repräsentieren die Erwartungswerte der potenzierten Zufallsvariablen, wobei das erste Moment den Erwartungswert der Zufallsvariable selbst darstellt. Daher lassen sich die Boole'schen Beziehungen auf die Momente anwenden [24]. Die Momente der Zuverlässigkeitsverteilung des Systems können demnach durch die Multiplikation der Momente der Zuverlässigkeitsverteilungen der einzelnen Ausfallmechanismen berechnet werden. Für die Bestimmung der k Parameter der Verteilung der Zuverlässigkeit des Systems werden die ersten k Momente verwendet [42]. Auf Basis der Booleschen Systemtheorie gilt damit für Seriensysteme:

$$M_{s,j} = \prod_{i=1}^{n} M_{i,j} \quad i = 1:n;\ j = 1:\infty \tag{3.35}$$

Die Boolesche Systemtheorie gibt damit nach wie vor die Logik vor, mit der die Momente zu verknüpfen sind. Da nie alle Momente, die existieren, in der Berechnung berücksichtigt werden können, handelt es sich bei der Anwendung der Momentenmethode um ein approximatives Verfahren.

Wenn Betaverteilungen als Zuverlässigkeitsverteilungen gewählt werden, lassen sich die Parameter der Betaverteilung des Systems durch die Momentenmethode als geschlossene Gleichungen darstellen [73, 106–108]. Dies resultiert aus der einfachen Berechnung der Momente der Betaverteilung gemäß Gl. (3.29) und (3.30). Die Gleichungen für die Zuverlässigkeitsverteilung des Systems lauten als Betaverteilung $\mathcal{B}(A_{\text{Sys}}; B_{\text{Sys}})$:

$$E[R_{\text{Sys}}] = \prod_i \frac{A_i}{A_i + B_i} \tag{3.36}$$

$$\text{Var}(R_{\text{Sys}}) = \prod_i \frac{A_i \cdot (A_i + 1)}{(A_i + B_i)(A_i + B_i + 1)} - \left(\prod_i \frac{A_i}{A_i + B_i}\right)^2 \tag{3.37}$$

$$A_{\text{Sys}} = \frac{(1 - E[R_{\text{Sys}}])(E[R_{\text{Sys}}])^2}{\text{Var}(R_{\text{Sys}})} - E[R_{\text{Sys}}] \tag{3.38}$$

$$B_{\text{Sys}} = A_{\text{Sys}} \frac{1 - E[R_{\text{Sys}}]}{E[R_{\text{Sys}}]} \tag{3.39}$$

Die Gleichungen (3.36) bis 3.39) gelten für ein reines Seriensystem. Die Zuverlässigkeit der Ausfallmechanismen i wird ebenfalls als Betaverteilungen $\mathcal{B}(A_i; B_i)$ abgebildet [73]. Für ein gutes Berechnungsergebnis genügt es, bei Verwendung einer Betaverteilung die ersten beiden Momente (Erwartungswert und Varianz) zu berücksichtigen [5].

3.4.2 Monte-Carlo-Simulation

Das Integral gemäß Gl. (3.34) kann auch mithilfe einer MCS berechnet werden. Hierzu werden unter Verwendung der Inversions- oder Verwerfungsmethode Zufallszahlen aus den Zuverlässigkeitsverteilungen der Ausfallmechanismen generiert und entsprechend der Systemstruktur gemäß den Gl. (3.32) und (3.33) zur Systemzuverlässigkeit verknüpft. Durch wiederholte Durchführung dieses Prozesses entsteht eine empirische Verteilung der Systemzuverlässigkeit. Diese diskreten Werte der Systemzuverlässigkeit können beispielsweise verwendet werden, um mittels Maximum-Likelihood Schätzung die Parameter der Zuverlässigkeitsverteilung des Systems zu bestimmen, z. B. als Betaverteilung [78]. Die durchzuführenden Berechnungsschritte sind nachfolgend erläutert:

1. Schritt: Generierung von jeweils M Zufallszahlen aus den n Zuverlässigkeitsdichtefunktionen $f_i(R_i)$ ergibt die Matrix

$$R_{i,j} \text{ mit } i = 1 : n \text{ und } j = 1 : M\,. \tag{3.40}$$

2. Schritt: Verknüpfung der M generierten Zufallszahlen entsprechend der Booleschen Logik. D. h. für Seriensysteme ergibt sich:

$$R_{S,j} = \prod\nolimits_{i=1}^{n} R_{i,j} \tag{3.41}$$

3. Schritt: Es muss mithilfe eines Parameterschätzverfahrens eine passende Verteilungsfunktion für $R_{S,j}$ gefunden werden. Konsistenter Weise wird hierfür ebenfalls die Betaverteilung genutzt. Ist keine parametrische Verteilung gewünscht, kann direkt mit den empirischen Werten weitergearbeitet werden (z. b. zur Bestimmung empirischer Stichproben-Quantile).

Um ein valides Ergebnis sicherzustellen, ist es empfehlenswert, nicht weniger als 1.000 Zufallszahlen zu verwenden; idealerweise sollte die Anzahl auf 10.000 oder sogar 100.000 erhöht werden. Mit zunehmender Anzahl verringert sich der approximative Fehler. Es sei darauf hingewiesen, dass bei der Momentenmethode stets ein bestimmter Fehler auftritt, während bei der Monte-Carlo-Simulation der Fehler durch Erhöhung der Replikationszahl kontinuierlich reduziert werden kann.

Bei einer unendlich großen Anzahl von Replikationen würde der Fehler gegen Null konvergieren. Durch wiederholte Anwendung der Booleschen Rechenschritte in der Monte-Carlo-Simulation entsteht eine Betaverteilung, die die Systemzuverlässigkeitsverteilung beschreibt. Im Gegensatz zur Momenten-Methode besteht jedoch die Möglichkeit, auf die explizite Bestimmung der Betaverteilung zu verzichten. Stattdessen können Vertrauensbereich-Quantile direkt aus den Zuverlässigkeiten abgeleitet werden. Dies hätte den Vorteil potenzielle Abweichungen, die durch die Verteilungsannahme der Betaverteilung entstehen könnten, zu eliminieren.

3.4.3 Mellin-Transformation

Die Mellin-Transformation [109] stellt eine dritte Option für die Lösungsfindung dar. Sie ist für eine Funktion $f(x)$ mit ausschließlich positivem Argument definiert als [105]:

$$M\{f\}(s) = y(s) = \int_0^{\infty} x^{s-1} f(x)\,dx \tag{3.42}$$

Die Mellin-Transformation $M\{f\}(s) = y(s)$ stellt die transformierte Funktion von $f(x)$ dar. Die Rücktransformation aus dem komplexen Bereich ($s \in \mathbb{C}$) ist durch Gl. (3.43) gegeben [105]:

$$M^{-1}\{y\}(x) = f(x) = \frac{1}{2\pi i}\int_{c-i\infty}^{c+i\infty} x^{-s} y(s)\,ds \tag{3.43}$$

Das Verfahren umfasst ein Linienintegral entlang einer vertikalen Linie in der komplexen Zahlenebene. Die Konstante c wird aus dem Bereich gewählt, in dem $y(s)$ analytisch existiert. Die Mellin-Transformation hat daher nicht immer eine analytische Lösung, was ihre Anwendung einschränkt. Es existieren jedoch numerisch-approximative Verfahren, die angewendet werden können [110].

Ein Vorteil der Mellin-Transformation liegt darin, dass die Faltung zweier Funktionen im transformierten Bereich als Produkt der beiden transformierten Funktionen dargestellt werden kann. Dies ermöglicht es, dass sich die Faltung gemäß Gl. (3.34) als die Rücktransformation zweier miteinander multiplizierter Mellin-transformierter Funktionen beschreiben lässt [105, 111].

Somit lässt sich mithilfe der Mellin-Transformation die Zuverlässigkeitsverteilung eines Seriensystems mit einer beliebigen Anzahl an Ausfallmoden i wie folgt berechnen [105]:

$$f\left(R_{Sys}\right) = M^{-1}\left\{\prod\nolimits_i M\{f_i\}(s)\right\}\left(R_{Sys}\right) \tag{3.44}$$

Sofern das System über Parallelstrukturen verfügt, ist die entsprechende Verteilung der Ausfallwahrscheinlichkeit anzuwenden. Durch die Anwendung der Mellin-Transformation kann eine exakte Lösung für die Zuverlässigkeitsverteilung des Systems erreicht werden, unter der Bedingung, dass analytische Lösungen existieren. Wenn Betaverteilungen zur Darstellung der Zuverlässigkeitsverteilungen der Ausfallmechanismen genutzt werden, ermöglicht die Verwendung der Meijer'schen G-Funktion [112] die Berechnung der Zuverlässigkeitsverteilung des Systems. Falls die Parameter der Betaverteilungen ganzzahlig sind, ist sogar die Ableitung eines analytisch geschlossenen Ausdrucks möglich [111, 113].

3.4.4 Vergleich der Berechnungsverfahren für die Systemzuverlässigkeit

Die Momentenmethode und Monte-Carlo-Simulation (MCS) stellen approximative Lösungsansätze dar. Insbesondere die Momentenmethode zeigt in Abhängigkeit von der gewählten Verteilung erhebliche Unterschiede in der Qualität der Approximation. Bei Verwendung einer Betaverteilung ist die Approximationsgenauigkeit im Zusammenhang mit der Systemzuverlässigkeit in der Regel jedoch ausreichend [50, 114]. Im Gegensatz dazu stellt die Mellin-Transformation eine exakte Lösung dar, indem sie alle Momente der Verteilung, einschließlich der komplexen Momente, durch ihre Definition berücksichtigt. Falls die Transformation nicht analytisch lösbar ist, erfordert sie eine approximative Lösung. Die Momentenmethode berücksichtigt lediglich die ersten k Momente, während die MCS gegen die exakte Lösung der Mellin-Transformation konvergiert. In der Zuverlässigkeitstechnik werden die Momentenmethode und die MCS häufig angewendet, da sie lediglich einfache Rechenoperationen erfordern und mit geringem Implementierungsaufwand verbunden sind [78]. Des Weiteren ergibt sich aus der exakten Lösung mittels Mellin-Transformation eine andere Verteilung als die der Ausfallmechanismen. Im Gegensatz dazu erlauben die Momentenmethode und MCS die freie Wahl des Verteilungstyps, was bei der weiteren Verwendung der Informationen vorteilhaft sein kann. Eine Darstellung einer Systemzuverlässigkeitsverteilung, berechnet mithilfe dieser drei Methoden, ist in Abb. 3.17 zu sehen. Abb. 3.18 zeigt die Detailansicht. Dabei zeigen die Lösungen aller Verfahren eine gute Übereinstimmung [24, 103, 104].

3.5 Grundlagen und Herausforderungen in der Zuverlässigkeitstestplanung

Um die Zuverlässigkeit, das Ausfallverhalten und die Lebensdauer von Produkten zu bestimmen, zu prognostizieren und nachzuweisen, sind spezifische Tests unerlässlich. Besonders bei neuen Ausfallmechanismen fehlen oft physikalische Modelle, die das Ausfallverhalten beschreiben könnten und für diese Zwecke geeignet wären. Selbst wenn physikalisch fundierte Modelle vorhanden sind, wie etwa das Wöhlermodell für strukturmechanisches Ermüdungsversagen, können diese nicht ohne weiteres auf verschiedene Produkte übertragen werden. Denn das Ausfallverhalten hängt stark von zahlreichen Einflussfaktoren ab, wie Materialeigenschaften, Toleranzen oder Belastungen. Selbst minimale Veränderungen können zu signifikanten Unterschieden in der Lebensdauer führen, was die direkte Übertragung der Lebensdauermodellparameter unmöglich macht. In solchen Fällen bleiben oft nur empirische Zuverlässigkeitstestmethoden, um die Lebensdauer oder Zuverlässigkeit direkt anhand des jeweiligen Produkts zu ermitteln.

Die Zwecke von Zuverlässigkeitstests sind vielfältig. Zum Beispiel dienen sie dazu, Konstruktionsvarianten hinsichtlich ihrer Lebensdauer und Zuverlässigkeit zu vergleichen,

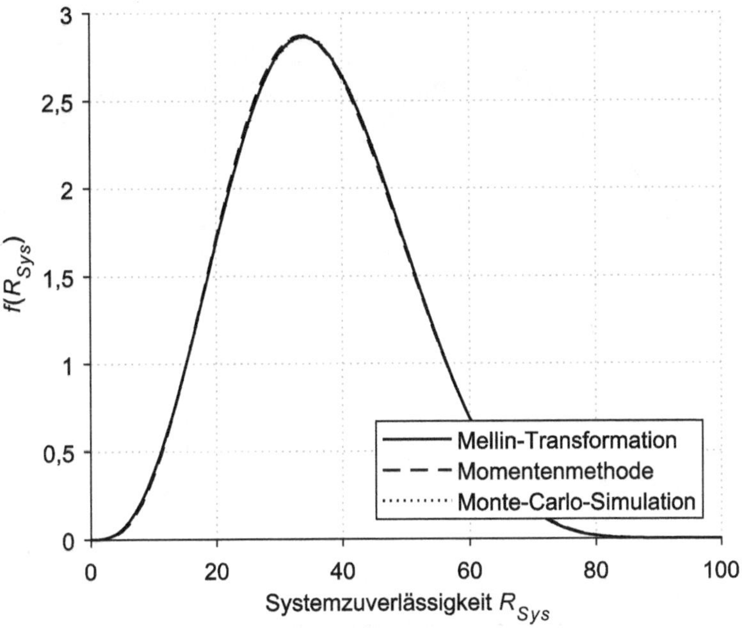

Abb. 3.17 Vergleich der Berechnungsverfahren zur Bestimmung der Systemzuverlässigkeit – Überblick. (© IMA 2024. All Rights Reserved)

Materialien und entsprechende Lieferanten sowie Produktionsmethoden zu verifizieren und verschiedene einstellbare Randbedingungen der Produkteigenschaften und der Produktion zu bewerten. Insbesondere während der Entwicklungsphase ist es entscheidend, die Zuverlässigkeit zu bewerten und zu bestimmen. Wenn die Identifizierung von Ausfallverteilungen gefordert ist, müssen Tests geplant werden, die diese Ausfallverteilungen möglichst präzise schätzen können. Wenn hingegen die Hauptaufgabe darin besteht, die geforderte Zuverlässigkeit nachzuweisen, ist eine Schätzung der Ausfallverteilung nicht unbedingt erforderlich, sondern lediglich die Zuverlässigkeit bei der geforderten Lebensdauer mit einer bestimmten Aussagesicherheit.

In der Zuverlässigkeitserprobung gibt es zwei wesentliche Grundformen von Tests:

- Ausfallbasierte Tests und
- Ausfallfreie Tests [5, 42].

Beide Testverfahren können grundsätzlich beschleunigt, also mit deutlich höherer Last bezogen auf die Feldbedingungen, oder mit realen Feldbedingungen durchgeführt werden [115]. Die Beschleunigung ist also eine Art Sonderfall in der Erprobung, der jedoch außerordentlich hohe Praxisrelevanz besitzt. Deshalb werden die beschleunigten Testverfahren separat betrachtet.

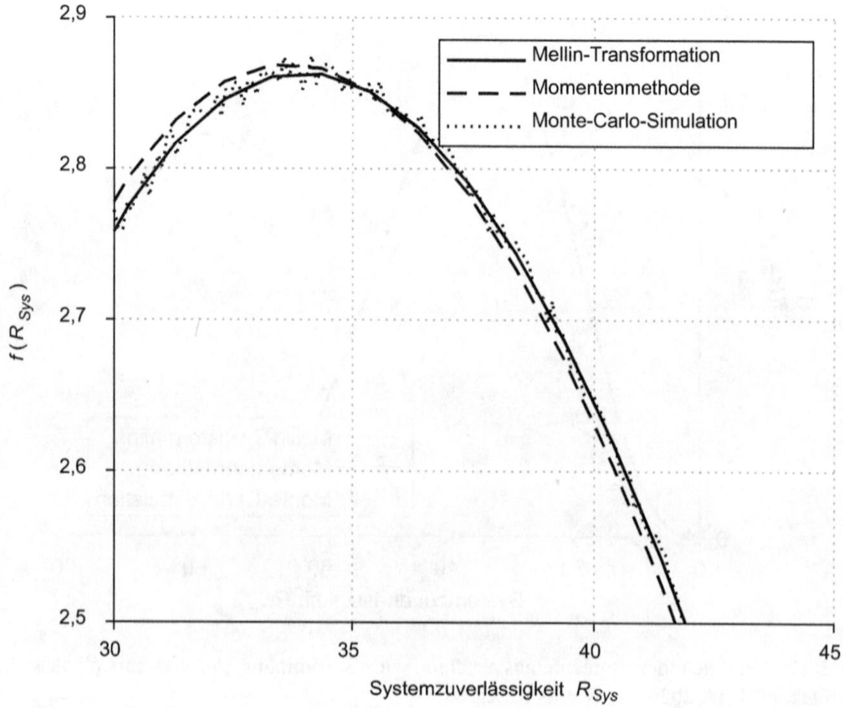

Abb. 3.18 Vergleich der Berechnungsverfahren zur Bestimmung der Systemzuverlässigkeit – Detailansicht [24]. (© IMA 2024. All Rights Reserved)

Die ausfallbasierten Tests werden auch als End-of-Life-Tests (EoL Tests) bezeichnet, da sie Ausfallzeiten liefern und somit Informationen über die Lebensdauer, also das Ende der Produktlebensdauer, bereitstellen. Bei einem vollständigen EoL Test werden alle Prüflinge so lange betrieben, bis sie ausfallen, siehe Abb. 3.19.

Abb. 3.19 Vollständiges bzw. Nichtzensiertes Testergebnis [5]. (© IMA 2024. All Rights Reserved)

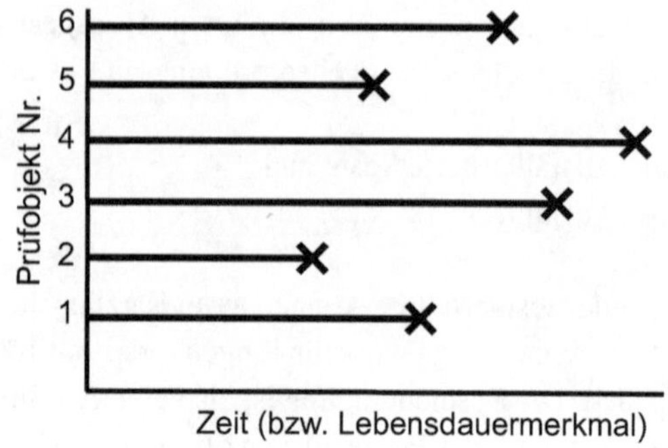

Dieser Test liefert bei n Prüflingen n Ausfallzeiten und besitzt somit den umfassendsten Informationsgehalt aller Zuverlässigkeitstests [5, 42]. Auf der anderen Seite stehen zensierte EoL Tests, bei denen nach verschiedenen Mustern der Test einiger Prüflinge vor ihrem Ausfall abgebrochen wird.

Dadurch entstehen Zensierungen, die den Informationsgehalt reduzieren, jedoch eine Verringerung des Aufwands ermöglichen, da nicht alle Prüflinge bis zum Ende ihrer Laufzeit betrieben werden müssen [53]. Wenn der EoL Test nach einer festgelegten Zeit t_Z abgebrochen wird, ist die Anzahl der zensierten Prüflinge ungewiss, aber die Testdauer fest und daher gut planbar. Ein solcher Test wird als Typ-I zensierter EoL Test bezeichnet [5], siehe Abb. 3.20. Andererseits, wenn der Test nach einer festgelegten Anzahl von Ausfällen abgebrochen wird, ist die Anzahl der zensierten Prüflinge kontrolliert, aber die Testdauer ungewiss. Dieser Test wird als Typ-II zensierter EoL Test bezeichnet [5], siehe Abb. 3.21.

Diese Zensierungsarten können auch kombiniert werden, was als Multiple Zensierung bezeichnet wird [116], siehe Abb. 3.22.

Außerdem kann es vorkommen, dass für Prüflinge die Laufzeit nur innerhalb eines Intervalls angegeben werden, z. B. bei einem Test in einer Klimakammer, in dem der exakte Ausfallzeitpunkt nicht feststellbar ist. Das wird als Intervallzensierung bezeichnet, siehe Abb. 3.23.

Bei der Linkszensierung, siehe Abb. 3.24 handelt es sich um eine Sonderform der Intervallzensierung. Dabei treten Ausfälle bereits im ersten Inspektionsintervall auf, dass

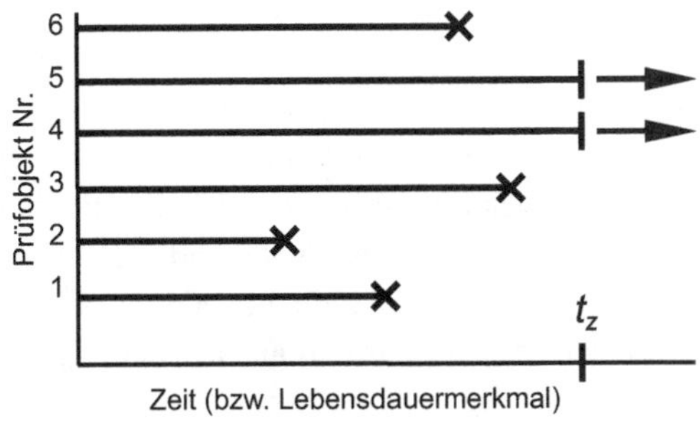

Abb. 3.20 Typ-I Rechtszensiertes Testergebnis [5]. (© IMA 2024. All Rights Reserved)

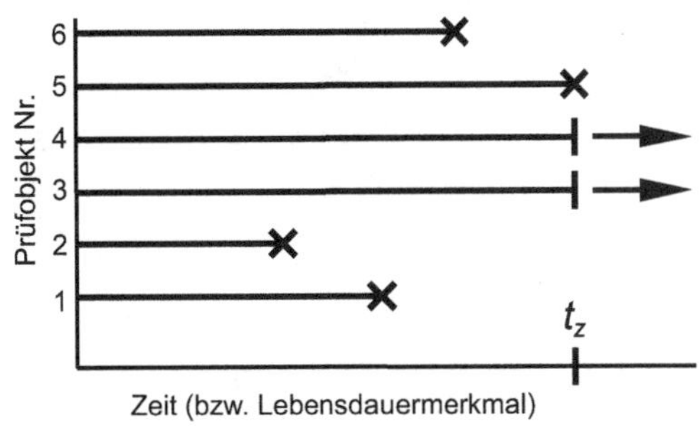

Abb. 3.21 Typ-II Rechtszensiertes Testergebnis [5]. (© IMA 2024. All Rights Reserved)

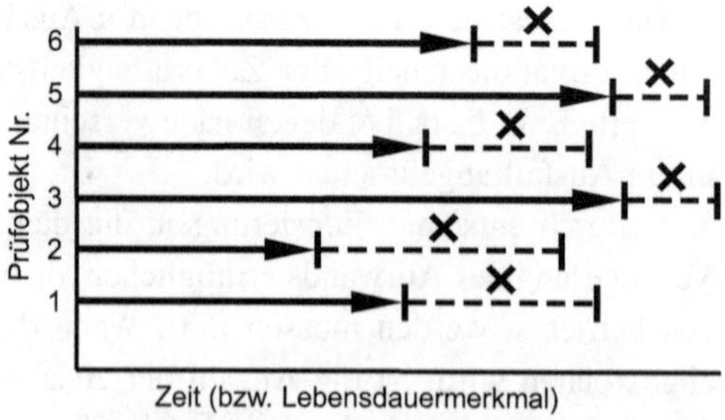

Abb. 3.22 Multipel zensiertes Testergebnis [5]. (© IMA 2024. All Rights Reserved)

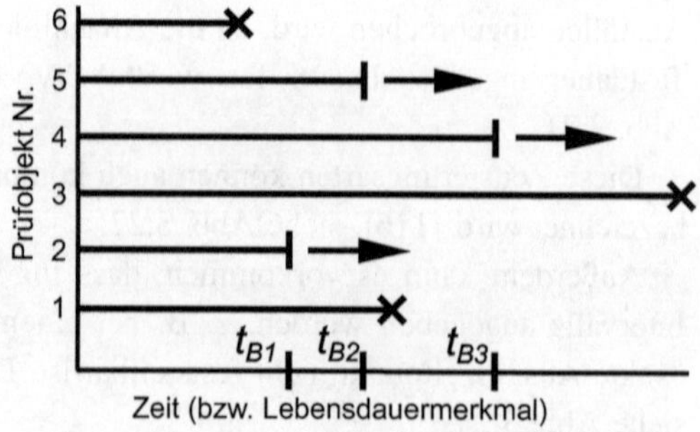

Abb. 3.23 Intervallzensiertes Testergebnis [5]. (© IMA 2024. All Rights Reserved)

beim Zeitpunkt Null beginnt. Der Ausfallzeitpunkt ist analog zur Intervallzensierung nicht genau bestimmbar.

Durch Ausfälle in den EoL Tests kann mithilfe von Parameterschätzmethoden eine Ausfallverteilung geschätzt werden. Basierend darauf kann die Zuverlässigkeit prognostiziert oder nachgewiesen werden.

Wenn im Test alle Prüflinge zensiert werden, spricht man von ausfallfreien Tests, auch bekannt als Success-Run Tests (SRT). Bei diesen Tests werden alle Prüflinge bis zu einer festgelegten Laufzeit betrieben und der Test dann beendet, siehe Abb. 3.25. Dadurch wird eine hohe Planbarkeit erreicht, da die Testdauer und die Informationsqualität im Falle des Bestehens des Tests im Voraus bekannt sind [5, 42]. Da keine Ausfälle geplant sind, kann

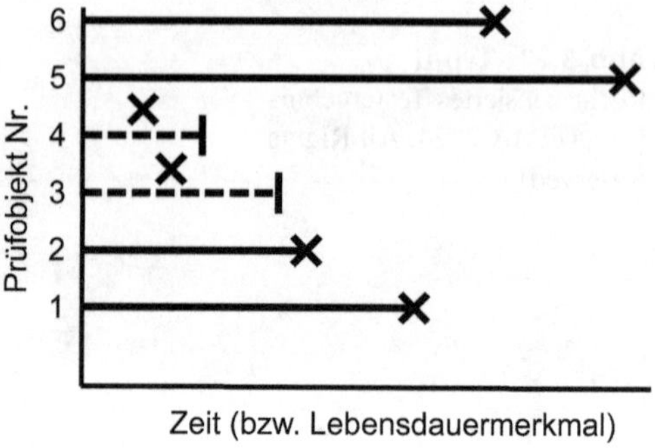

Abb. 3.24 Linkszensiertes Testergebnis [5]. (© IMA 2024. All Rights Reserved)

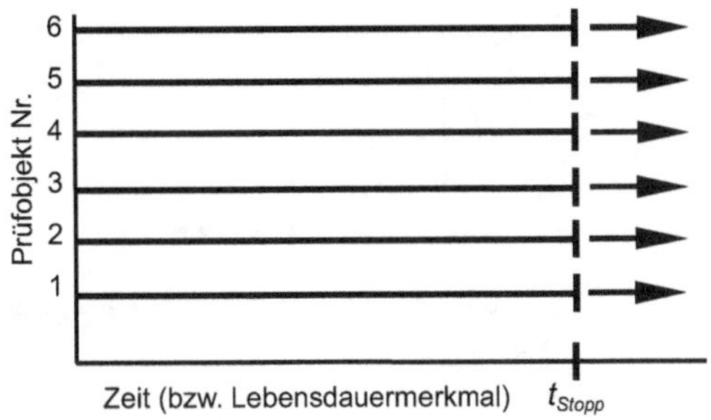

Abb. 3.25 Vollständig zensiertes Testergebnis [5]. (© IMA 2024. All Rights Reserved)

keine Ausfallverteilung geschätzt werden. Stattdessen wird direkt die Mindestzuverlässigkeit bei der geforderten Lebensdauer bestimmt. Aus diesem Grund werden Success-Run Tests häufig für den Zuverlässigkeitsnachweis in der Industrie angewendet und sind weit verbreitet [5]. Die Überlegungen und Beziehungen zwischen der Binomialverteilung und der Betaverteilung werden dabei genutzt.

Ist die Lebensdauer des Produkts sehr groß, so können die Ausfälle der Prüflinge nicht praktikabel beobachtet werden. Auch die zu erreichenden ausfallfreien Laufzeiten sind dann sehr lang und nicht praktikabel zu erreichen. Gerade für den finalen Zuverlässigkeitsnachweis im Rahmen der Entwicklungsarbeit ist die Testzeit aufgrund von Time-to-Market limitiert. Demgegenüber stehen aber Lebensdauern von beispielsweise 10 bis 20 Jahren.

Durch eine erhöhte Belastung im Vergleich zur Feldbelastung ist es möglich, die Ausfallzeiten der Prüflinge zu verkürzen. Um die gewonnenen Erkenntnisse auf das Feldniveau zu übertragen, werden die Prüflinge in beschleunigten EoL Tests auf zwei oder mehr Lastniveaus aufgeteilt und auf diesen getestet. Dadurch entsteht durch Lebensdauerdatenanalyse ein Lebensdauermodell, das eine Schätzung der Ausfallverteilung für das Belastungsniveau im Feld ermöglicht [115]. Ein solches Lebensdauermodell bildet folglich die Beziehung zwischen Lebensdauer und Zuverlässigkeit in Bezug auf den Faktor ab, der den Ausfallmechanismus beschleunigt. Diese Beziehung wird in Abb. 3.26 exemplarisch anhand einer Büroklammer dargestellt. Diese wurde mit verschiedenen Biegewinkeln im Test zyklisch belastet und bis zum Ausfall getestet. Mit dem ermittelten Lebensdauermodell lassen sich anschließend Lebensdauerprognosen für deutlich tiefere (Feld)-Lasten berechnen. Da die Feldbelastung selbst nicht getestet werden muss, ist der Test in den meisten Fällen sehr effizient.

Aktuell sind zahlreiche Ausfallmechanismen und ihre dazugehörigen Lebensdauermodelle sowie wesentliche Einflussfaktoren bereits bekannt [18, 23, 24]. Das Wöhler- und Arrheniusmodell sowie das Inverse-Power Law zählen zu den bekanntesten und verbreitetsten Lebensdauermodellen. Sie lassen sich bei logarithmischer Achstransformation als Gerade darstellen [5, 53]. Solche Modelle werden deshalb auch als log-linear-Lebensdauermodelle bezeichnet [53].

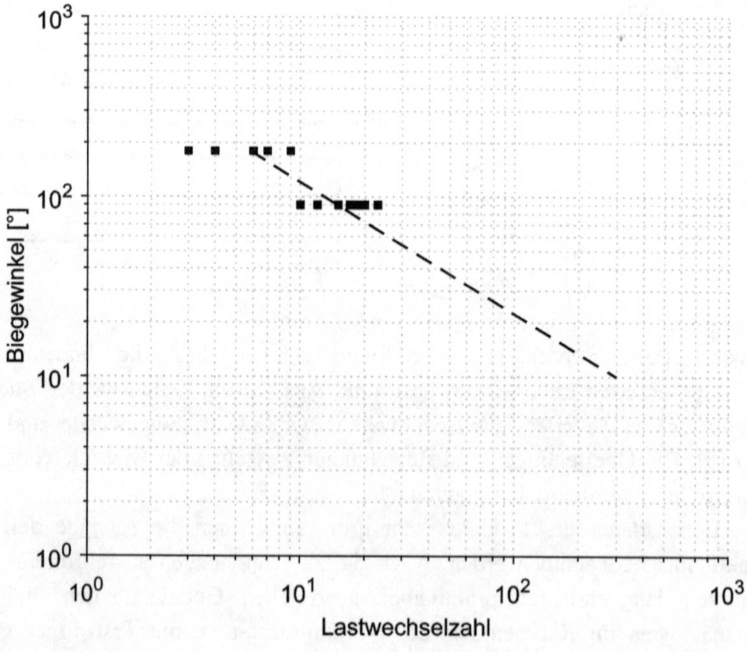

Abb. 3.26 Lebensdauermodell einer Büroklammer – Ausfallmechanismus Torsionsbruch. ()

Bei unbekannten Ausfallmechanismen müssen häufig zunächst die Haupteinflussfaktoren bestimmt werden. Dafür werden Screening Versuchspläne [85] auf Basis der statistischen Versuchsplanung (Design of Experiments, siehe Abschn. 5.6) verwendet, wobei die Lebensdauer die Zielgröße darstellt. Sind die wichtigsten Haupteinflüsse und ggf. Wechselwirkungen bekannt, kann ein neues empirisches Lebensdauermodell entwickelt werden, dass die Korrelation der Einflüsse auf die Lebensdauer beschreibt. Als mathematische Grundlage eignen sich besonders Proportional-Hazard- oder General-Log-Linear-Modelle [53, 117].

3.6 Frequentistische und Bayes'sche Statistik in der Zuverlässigkeitstechnik

Die zuvor genannten Begriffe, Verteilungen und Theorien basieren auf dem frequentistischen Wahrscheinlichkeitsverständnis, das von von Mises, Venn, Neyman, Pearson und Fisher [27, 31, 118] motiviert wurde. Dabei wird Wahrscheinlichkeit als die relative Häufigkeit von wiederholten und unendlich oft beobachteten Ereignissen verstanden. Dies ermöglicht eine Interpretation der Ausfallwahrscheinlichkeit als relative Ausfallhäufigkeit, was in der praktischen Anwendung zielführend ist. Die frequentistische Statistik geht davon aus, dass für alle Ereignisse eine einzige wahre Lösung existiert. In den meisten Fällen liegen jedoch nicht genügend Daten vor, um diese wahre Lösung anzugeben, weshalb Vertrauensbereiche verwendet werden [24].

Auf der anderen Seite gibt es Ereignisse, die nur einmal beobachtet werden können, aber dennoch eine gewisse Wahrscheinlichkeit aufweisen. Hier stößt das Konzept der frequentistischen Wahrscheinlichkeit (auch objektive Wahrscheinlichkeit genannt) an eine Grenze, denn mit zu wenig Daten lassen sich keine frequentistischen Maßzahlen berechnen. Die Bayes'sche Auffassung von Wahrscheinlichkeit entspricht hingegen dem Grad der persönlichen Überzeugung für das Eintreten des Ereignisses [119–121]. Daher ist der Bayes'sche Wahrscheinlichkeitsbegriff (auch subjektive Wahrscheinlichkeit genannt) unabhängig von relativer Häufigkeit und Beobachtung der Ereignisse. Die axiomatische Definition der Wahrscheinlichkeit von Kolmogorov [26] erfordert keine spezifische Interpretation, sodass sowohl die frequentistische als auch die Bayes'sche Interpretation möglich sind.

Die Bayes'sche Wahrscheinlichkeitsauffassung findet Anwendung im sogenannten Satz von Bayes, benannt nach dem Mathematiker und Pfarrer Thomas Bayes. Der Satz von Bayes wurde posthum von Richard Price veröffentlicht [47]. Dieser beschreibt die bedingte Wahrscheinlichkeit des Eintretens beobachteter Ereignisse unter Berücksichtigung von Vorwissen über das Eintreten dieser Ereignisse. Dabei wird das vor dem Experiment vorhandene Wissen als a-priori Information oder Vorwissen bezeichnet, während die durch Anwendung des Satzes von Bayes aktualisierten Informationen nach dem Experiment als aposteriori Informationen bezeichnet werden. Der Satz von Bayes kann sowohl für diskrete als auch für kontinuierlich beschreibbare Ereignisse verwendet werden. Für kontinuierliche Zufallsvariablen ist der Satz von Bayes wie folgt definiert [47, 122]:

$$f(x|y) = \frac{f(y|x) \cdot f(x)}{\int_{-\infty}^{\infty} f(y|x) \cdot f(x) \mathrm{d}x} \tag{3.45}$$

In der gegebenen Formulierung repräsentiert $f(x)$ die a-priori-Dichte der Vorkenntnis, während $f(y|x)$ die bedingte Dichte der Beobachtungen y darstellt und $f(x|y)$ die a-posteriori-Dichte beschreibt. Die Verknüpfungen gemäß dem Satz von Bayes werden in Abb. 3.27 veranschaulicht. Dieser Satz wird in verschiedenen Bereichen angewendet, darunter künstliche neuronale Netze [123], Data-Mining [124], Entscheidungstheorie [125] und auch in der Zuverlässigkeitstechnik [5, 126].

Für den Nachweis hoher Zuverlässigkeitsziele sind in Zuverlässigkeitstests oft erhebliche Ressourcen erforderlich. Aufgrund der potenziellen Unmöglichkeit, solche Ressourcen in Form von Zeit, Kosten oder Prüfobjekten aufzubringen, wird vermehrt auf Vorkenntnisse zurückgegriffen. Diese Vorkenntnisse zielen darauf ab, den Aufwand zu reduzieren oder die Zuverlässigkeitsinformationen zu präzisieren. Die zugrunde liegenden Ansätze basieren auf dem Satz von Bayes, der die Integration von Informationen aus der Vorkenntnis und aktuellen Experimenten ermöglicht. Vorkenntnisse können aus

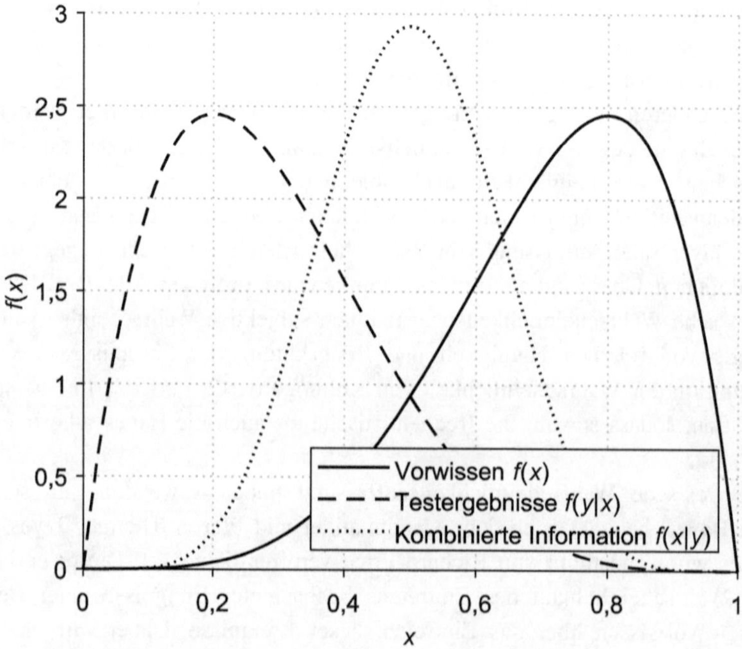

Abb. 3.27 Kombination von Informationen mit dem Satz von Bayes. (© IMA 2024. All Rights Reserved)

verschiedenen Quellen stammen, darunter Vorgängerprodukten, ähnlichen Anwendungen, Komponententests, Vorversuchen, Prototypenversuchen, Lebensdauerberechnungen, Expertenmeinungen und anderen Quellen. Oft erfordert die Nutzung dieser Vorkenntnisse eine geeignete Aufbereitung [5, 19, 127, 128]. Es existieren diverse Methoden, die es ermöglichen, einzelne Werte [129] oder sogar komplette Verteilungen als Vorkenntnisse zu berücksichtigen [130].

Die Anwendung des Satzes von Bayes erfordert eigentlich, dass die kombinierten Informationen aus derselben Grundgesamtheit stammen [47]. Die meisten Verfahren vernachlässigen jedoch diesen Aspekt. Zur Berücksichtigung dieser Herausforderung wurden verschiedene „Gewichtungsfaktoren" entwickelt, die sicherstellen, dass die Vorkenntnisse nur zu einem gewissen Grad berücksichtigt werden. Die grundlegende Idee besteht darin, die Informationsqualität zu verringern, beispielsweise indem die Unsicherheit der Verteilungsfunktion der Vorkenntnisse erhöht wird. Trotz der potenziell signifikanten Auswirkungen auf das Ausfallverhalten aufgrund selbst geringfügiger Veränderungen im Produkt oder der Produktion [131] bleibt die Kritik bestehen, dass die Berücksichtigung von Vorkenntnissen auf diese Weise den Nachweis der Zuverlässigkeit angreifbar machen könnte [132].

Wenn Tests bis zum Ausfall durchgeführt werden, kann die Parameterschätzung durch die Integration von Vorkenntnissen mithilfe des Satzes von Bayes ebenfalls verbessert werden. Das Weibayes-Verfahren [133] nutzt spezifische Vorkenntnisse über den Weibull-Formparameter b, um die Schätzung der charakteristischen Lebensdauer zu optimieren, siehe Abschn. 5.4.1.3. Es wird angenommen, dass dieser Parameter auch für aktuelle Experimente unverändert gültig ist. Diese Annahme wird sowohl über den Satz von Bayes als auch über Maximum-Likelihood Schätzung hergeleitet, wobei in beiden Fällen der Formparameter als konstant betrachtet wird.

Romer [134] erweiterte den Weibayes-Ansatz, um neben den Ausfallzeiten der Experimente auch Skalenparameter einzubeziehen, die aus Lebensdauerberechnungen abgeleitet wurden. Weitere Methoden zur Integration von Vorkenntnissen in der Zuverlässigkeitstechnik fokussieren entweder auf die Schätzung der Parameterverteilung des Ausfalls oder auf die Verbindung von Vorkenntnissen mit der Zuverlässigkeitsverteilung des Success-Run Tests [24].

3.7 Hypothesentests

Um Aussagen, Theorien und Zusammenhänge, die auf beobachteten Daten basieren, zu überprüfen und zu bewerten, kommen Hypothesentests zum Einsatz. Diese Tests ermöglichen die Einschätzung der Gültigkeit von formulierten Hypothesen für die Gesamtheit mit bestimmten Wahrscheinlichkeiten [90, 135]. Da Zuverlässigkeiten ebenfalls oft auf Basis von Stichproben ermittelt werden, dienen Hypothesentests als Werkzeug, um trotz der Unsicherheit des Ergebnisses (aleatorischer und epistemischer Unsicherheit) belastbare Resultate zu erhalten. Ein typisches Szenario wäre der Vergleich von Produktvarianten hinsichtlich ihrer erreichbaren Zuverlässigkeit oder Lebensdauer.

Schon im 18. Jahrhundert beschäftigten sich Arbuthnot [136] und Laplace [137] mit dem Testen von Hypothesen [24]. Dabei wurde das Verhältnis der Geschlechter in bestimmten Orten untersucht. Im 20. Jahrhundert benötigte Fisher für das von ihm maßgeblich entwickelte Konzept der statistischen Versuchsplanung (Design of Experiments, DOE) [85] eine objektive Methode zur Bewertung statistischer Effekte und entwickelte den Signifikanztest [138]. Gleichzeitig entwickelten Neyman und Pearson die Hypothesentests, die das heutige Konzept dieser Tests darstellen und im Vergleich zu Fishers Ansatz wichtige Aspekte wie den Fehler vom Typ II bzw. β-Fehler und die Trennschärfe erweiterten [139–141].

Hypothesentests dienen als Entscheidungsgrundlage, um mithilfe einer getesteten Stichprobe Aussagen über die Gesamtheit zu treffen. Ähnlich der Überlegung zum Vertrauensbereich muss die Unsicherheit, die mit der Stichprobe einhergeht, berücksichtigt werden, um das Risiko einer fehlerhaften Aussage zu quantifizieren. Vor der Durchführung eines Hypothesentests müssen zunächst die zu untersuchenden Hypothesen formuliert werden. Dabei bildet die Nullhypothese H_0 die Ausgangslage ab, in der die zu prüfende Eigenschaft abwesend ist. Dem gegenüber steht die Alternativhypothese H_1, die die gegenteilige Aussage enthält. Die mittels der Stichprobe gesammelten Daten können Hinweise gegen die Nullhypothese liefern, sodass die Ablehnung dieser und die Annahme der Alternativhypothese gerechtfertigt erscheint. Es ist wichtig zu betonen, dass Hypothesen niemals bewiesen, sondern nur abgelehnt oder nicht abgelehnt werden können [29].

Für den Test der Hypothesen wird eine Teststatistik benötigt, die das Verhalten bezüglich der Hypothesen in einem skalaren Wert wiedergibt. Aus der Verteilung dieser Teststatistik unter der Annahme beider Hypothesen ergeben sich durch den kritischen Wert der Teststatistik rechts der Ablehnungs- und links Annahmebereiche für die Nullhypothese. Diese Bereiche ergeben sich wiederum aus den festgelegten Irrtumswahrscheinlichkeiten. Aufgrund der beiden Hypothesen treten zwei Arten von Fehlern auf: Der Fehler vom Typ I, bzw. α-Fehler beschreibt die fälschliche Ablehnung der Nullhypothese, wenn diese wahr ist. Der β-Fehler vom Typ II beschreibt die irrtümliche Annahme der Nullhypothese, wenn diese nicht wahr ist [29] (Abb. 3.28).

Da nicht beide Fehlerarten gleichzeitig kontrolliert und eingestellt werden können, wird üblicherweise der α-Fehler festgelegt, er wird auch Signifikanzniveau genannt. Er entspricht der akzeptierten Irrtumswahrscheinlichkeit und ergibt sich als Komplement zur Aussagewahrscheinlichkeit [83]:

Abb. 3.28 Verteilung der Null- und Alternativhypothese. (© IMA 2024. All Rights Reserved)

$$P_A = P(H_0 \text{ nicht ablehnen, wenn } H_0 \text{ wahr ist}) = 1 - \alpha \tag{3.46}$$

Die Wahrscheinlichkeit für β-Fehler kann anhand der Testbedingungen, insbesondere der Stichprobengröße und der resultierenden Verteilung der Teststatistik berechnet werden. Das Gegenstück dazu ist die Trennschärfe, die die Wahrscheinlichkeit beschreibt, mit der die Nullhypothese korrekterweise abgelehnt wird [90]:

$$\text{Trennschärfe} = P(H_0 \text{ ablehnen wenn } H_1 \text{ wahr ist}) = 1 - \beta \tag{3.47}$$

Die Trennschärfe kann als „Nachweiskraft" des Tests interpretiert werden und wird in der englischen Sprache deshalb auch als „Statistical Power" bezeichnet [135]. In Tab. 3.2 sind die Zusammenhänge dargestellt.

Für spezifische Problemstellungen wurden spezielle Hypothesentests entwickelt, wie zum Beispiel der t-Test [142], der auf Mittelwertunterschiede abzielt, und der F-Test [143], der die Varianz zweier normalverteilter Stichproben untersucht. Eine Übersicht über statistische Hypothesentests ist in [29, 90, 135] verfügbar. Bei der Planung von Hypothesentests ist der Stichprobenumfang von besonderem Interesse. Da die maximal akzeptierte Irrtumswahrscheinlichkeit α lediglich den Fehler vom Typ I kontrolliert, ist es wichtig, den Stichprobenumfang so festzulegen, dass ein bestimmter Wert von β nicht überschritten wird. Anders ausgedrückt: Die Wahrscheinlichkeit, die Alternativhypothese zu entdecken, also die postulierte Hypothese tatsächlich aufzudecken, sollte ausreichend hoch sein. Dafür wird die Abhängigkeit der Trennschärfe vom Stichprobenumfang berechnet und veranschaulicht. [24]

Es ist entscheidend zu beachten, dass die Trennschärfe immer für eine bestimmte Effektstärke gültig ist. Das bedeutet sie gibt an, mit welcher Wahrscheinlichkeit die Alternativhypothese entdeckt wird, unter Annahme einer bestimmten Lage der Teststatistik und Gültigkeit der Alternativhypothese [144]. Der typische S-förmige Verlauf der Trennschärfe in Abhängigkeit vom Stichprobenumfang für verschiedene normalverteilte Zufallsvariablen ist beispielhaft in Abb. 3.29 dargestellt. In diesem Beispiel wird mit einem Einstichproben t-Test untersucht, ob der Mittelwert größer als 1 ist. Die Effektstärke ist damit durch den Mittelwert der Normalverteilung und die Streuung durch die Standardabweichung gegeben. Es ist ersichtlich, dass die Teststärke mit zunehmender Effektstärke ansteigt. Eine größere Stichprobe führt durch einen höheren statistischen Freiheitsgrad ebenfalls zu einem Anstieg der Trennschärfe. Bei größerer Standardabweichung nimmt

Tab. 3.2 Zusammenhang der statistischen Fehlerarten

	H_0 ist wahr	H_1 ist wahr
Annahme von H_0	Richtige Entscheidung P_A	Typ-II Fehler/ B-Fehler
Ablehnung von H_0	Typ-I Fehler/ α-Fehler	Richtige Entscheidung Trennschärfe

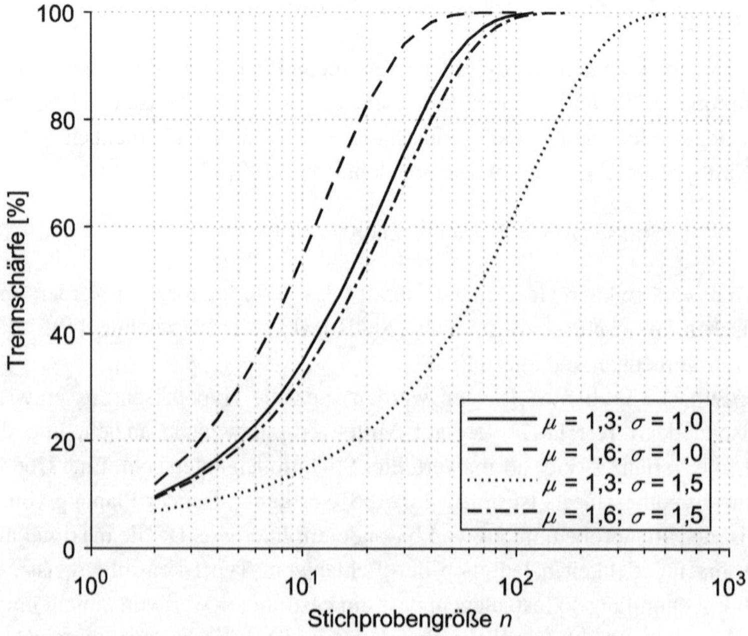

Abb. 3.29 Abhängigkeiten der Trennschärfe für die Untersuchung des Mittelwerts größer Eins (Einstichproben t-Test). (© IMA 2024. All Rights Reserved)

die Trennschärfe ab, da es bei höheren Streuungen um den Mittelwert schwieriger ist, die gegebene Effektstärke mit hoher Wahrscheinlichkeit zu erkennen. [24]

3.8 Stand der Forschung in der Zuverlässigkeitserprobung

Nachdem sich aufgrund verschiedenster teilweise verheerender Ereignisse die Zuverlässigkeitstechnik als eigenes wissenschaftliches Teilgebiet der Ingenieurswissenschaften herausgebildet hat, sind über die Jahre und Jahrzehnte auch Weiterentwicklungen von Zuverlässigkeitstests, deren Planung und Auswertung entstanden. Die wichtigsten Arbeiten und deren Erkenntnisse sind im Folgenden zusammengefasst. Im Fokus stehen dabei die wichtigsten Aspekte der Zuverlässigkeitstests – die grundsätzliche Weiterentwicklung von unterschiedlichen Zuverlässigkeitstests sowie die Anwendung des Satz von Bayes, um die Zuverlässigkeitsinformation zu präzisieren bzw. den notwendigen Prüflingsumfang zu reduzieren.

3.8.1 Weiterentwicklung von Zuverlässigkeitstests

Die Forschung im Bereich der Zuverlässigkeitserprobung hat sich intensiv mit der Entwicklung und Optimierung verschiedener Testmethoden beschäftigt, wobei ein breites Spektrum an Kriterien berücksichtigt und verschiedene Herausforderungen adressiert werden müssen. Ein häufig angewandtes Instrument in der Praxis ist der Success-Run Test, der durch seine einfache Berechnungsmethode mittels Binomialverteilung beliebt ist. Seine Vorteile liegen in der vorhersehbaren statistischen Güte durch die Aussagesicherheit und in den klar definierten Testzeiten, wodurch die Aufwände exakt geplant werden können. Im Gegensatz dazu stehen ausfallbasierte Teststrategien, die komplexere Weibull-Auswertungen verwenden und detailliertere Informationen zum Ausfallverhalten liefern, aber schwerer zu planen sind [145, 146]. Der Schwerpunkt liegt dabei auf den drei Dimensionen Genauigkeit, Kosten und Zeit. Oft konzentriert sich die Forschung auf die Optimierung einzelner Aspekte, wie etwa die Varianz bei bestimmten Ausfallwahrscheinlichkeiten, ohne jedoch die Wechselwirkungen zwischen diesen Dimensionen ausreichend zu berücksichtigen. Nachfolgend erfolgt eine Darstellung und Bewertung existierender Methoden zur Testplanung, wobei insbesondere auf beschleunigte Lebensdauertests und den Zusammenhang zwischen Genauigkeit, Kosten und Zeitdauer der Tests eingegangen wird.

3.8.1.1 Beschleunigte Lebensdauertests

Meeker und Escobar [147] zeigen, dass Testpläne mit zwei Beschleunigungsniveaus statistisch optimal sind. Die Einführung eines dritten Beschleunigungsniveaus kann jedoch die Genauigkeit der Parameterschätzungen und Robustheit von Testplänen verbessern, insbesondere bei nichtlinearen Lebensdauermodellen, wie aus deren Arbeiten hervorgeht [148]. Zwei Lastniveaus reichen nicht aus, um die Gültigkeit des quadratischen Lebensdauermodells zu überprüfen [149]. Die Notwendigkeit von mindestens drei Beschleunigungsniveaus wird auch von Meeker und Hahn [150] unterstrichen, die ein optimales Verhältnis von Testobjekten für drei Niveaus vorschlagen. Tang und Yang [151] sowie Tang et al. [152] haben Methoden entwickelt, um mit drei Niveaus nahezu die optimale Varianz eines Testplans mit zwei Niveaus zu erreichen, wobei sie die Verteilung der Prüfobjekte und die Position des mittleren Niveaus optimieren.

Die Forschung zeigt auch, dass für komplexe Lebensdauermodelle mit mehreren zu schätzenden Parametern die Planung mit mehr als drei Beschleunigungsniveaus notwendig sein kann [148]. Die Auswahl des höchsten Beschleunigungsniveaus basiert üblicherweise auf der maximalen Belastung, die der Schädigungsmechanismus aushalten kann, ohne dass sich der Ausfallmechanismus ändert [152, 153]. Die Optimierung der Testlänge und die Einhaltung des Testbudgets sind dabei weitere wichtige Kriterien, die in der Literatur diskutiert werden [148, 154, 155].

Die Arbeiten [156], [157] und [158] befassen sich ebenfalls mit der grundlegenden Forschung bezüglich der Planung, Durchführung und vor allem mit den Schwierigkeiten von beschleunigten Tests. Ein Hauptproblem beim Einsatz solcher Tests ist das potenzielle Eintreten verschiedener Ausfallmechanismen zur gleichen Zeit, was zu inkorrekten Analysen führen kann. Ein weiteres Risiko stellt die unzureichende Berücksichtigung von Randbedingungen dar, wodurch die Anwendung der Ergebnisse beschleunigter Tests für die Berechnung der Feldzuverlässigkeit unzulässig wird.

Dieser Ansatz wird durch Gerokostopoulos et al. [159] ergänzt, die die Genauigkeit von vollständigen Lebensdauertests mithilfe der Breite des Vertrauensbereichs untersuchen. Für bereits bekannte Weibullparameter wird in einer Monte-Carlo-Simulation derjenige Stichprobenumfang ermittelt, der die gewünschte Vertrauensbereichsbreite erreicht. Van der Weil und Meeker [160] konzentrieren sich auf die Genauigkeit des Vertrauensbereichs bei beschleunigten zensierten Tests und empfehlen Vertrauensgrenzen, die auf dem Likelihood Ratio basieren.

Weitere bedeutende Beiträge stammen von Ma und Meeker [161], die eine Strategie für die Planung von beschleunigten Tests mit geringer Stichprobengröße vorstellen. Sie untersuchen dabei praxisnahe Testpläne unter Berücksichtigung der Auswirkungen fehlerhaften Vorwissens auf die Testplanung, sowie der Analyse von Tests ohne Ausfällen.

Denkmayr et al. [162] nutzen den Physics-of-Failure-Ansatz zur Optimierung von Lebensdauermodellen und Tests basierend auf Ausfallmechanismen. Modarres et al. [163] nehmen diesen Ansatz auf und entwickeln ein anwendungsspezifisches Konzept zur Analyse beschleunigter Lebensdauertests, das auf einzelne Schädigungsmechanismen abzielt und auf zwei Lastniveaus basiert. Durch die Untersuchung der Ausfalldaten auf diesen beiden beschleunigten Lastniveaus werden die Weibullparameter für spezifische Lebensdauermodelle auf dem Niveau der Feldlast berechnet. Dabei fokussieren sich Modarres und sein Team auf die Auswertung von Ausfalldaten bei gleichzeitiger Schätzung des Ausfallverhaltens sowie der Parameter von Lebensdauermodellen, unter Berücksichtigung verschiedener Methoden zur Parameterschätzung.

Fedorov [164] bietet eine detaillierte Übersicht über verschiedene Ansätze zur statistischen Optimierung von beschleunigten Lebensdauertests und diskutiert deren Ursprünge, grundlegende Optimierungsprinzipien sowie klassische Optimalitätskriterien. Er identifiziert zudem aktuelle Herausforderungen und Forschungsrichtungen für die Entwicklung optimaler Testpläne, wobei er hervorhebt, dass viele dieser Pläne ihre Optimalität verlieren, sobald die Parameter des Lebensdauermodells oder die Verteilungsparameter ungenau geschätzt werden, wie Yang [148] anmerkt.

Meeker et al. [165] widmen sich der Planung beschleunigter Tests zur Vorhersage der Zuverlässigkeit unter Feldbedingungen, wobei sie die Variationen der Belastungen in realen Einsatzszenarien berücksichtigen. Die Anwendbarkeit ihrer Ergebnisse werden anhand eines Beispiels mit zwei konkurrierenden Ausfallmechanismen demonstriert.

3.8.1.2 Testplanung mit Zensierung

Die Forschung von Nelson und Meeker [166, 167] behandelt ebenso Tests auf mehreren Lastniveaus, bei welchen sie gleiche Zensierungszeiten für jedes Niveau berücksichtigen, während Yang [148] die Anpassung der Zensierungszeiten für jedes Lastniveau untersucht.

Wang et al. [168] diskutieren eine Methode für beschleunigte Typ-II zensierte Tests unter konstanter Belastung. Die erzielten Ergebnisse liefern besonders für kleine Stichprobengrößen präzise Schätzungen der Parameter und berücksichtigen zudem verschiedene Strategien der Zensierung.

Arizono entwickelte eine Methode, die mittels Monte-Carlo-Simulationen die wirtschaftlichste Sudden-Death-Konfiguration für die Schätzung der mittleren Ausfallzeit (MTTF) findet, wobei Fehlerarten wie α (Produzentenrisiko) und β (Kundenrisiko) berücksichtigt werden [145].

Der α-Fehler bezeichnet die Wahrscheinlichkeit, ein eigentlich gutes Prüflos fälschlicherweise als fehlerhaft einzustufen, während der β-Fehler die Wahrscheinlichkeit angibt, ein fehlerhaftes Prüflos irrtümlich als gut zu bewerten. Ein festgelegtes Kriterium entscheidet, ab welchem geschätzten MTTF-Wert ein Prüflos angenommen oder abgelehnt wird. In einem definierten Parameterraum wird für verschiedene Stufen des Formparameters, der Stichprobengröße und der Prüflosgröße in jeder Monte-Carlo-Iteration über die Annahme des Prüfloses entschieden. Im Anschluss werden die Testkosten geschätzt, welche sich aus der Testdauer und dem Stichprobenumfang ergeben. Als Ergebnis lassen sich die verschiedenen Konfigurationen durch den Vergleich ihrer α- und β-Fehler sowie der jeweiligen spezifischen Testkosten gegenüberstellen. Bei der Analyse der Lebensdauerdaten beschränkt sich der Fokus auf die Exponentialverteilung und die mittlere Zeit bis zum Ausfall (MTTF). Für eine praxisorientierte Planung von Zuverlässigkeitstests ist dies allerdings nicht von großer Relevanz, da hier vor allem eher geringere Ausfallwahrscheinlichkeiten in Betracht gezogen werden. [145]

Huang und Wu [169] beschäftigten sich mit Typ-I zensierten Testplänen, die auf Exponentialverteilungen basieren und ebenfalls α- und β-Fehler als Bewertungskriterien verwenden. Der Ansatz fokussiert sich jedoch ausschließlich auf Beobachtungsintervalle, ohne andere Einflussfaktoren zu berücksichtigen.

Vlcek et al. [146] vergleichen mittels Monte-Carlo-Simulationen unterschiedliche Testkonfigurationen, einschließlich Sudden Death-Tests und Typ-I und Typ-II zensierten Tests, hinsichtlich Zeitersparnis. Ihre Ergebnisse zeigen, dass bei gleicher Anzahl an Ausfällen keine signifikante Zeitersparnis erzielt wird.

Nelson [170] bietet einen umfassenden Überblick über die Literatur zur Planung effizienter Zuverlässigkeitstests mit dem Ziel die Auswahl passender Testpläne zu erleichtern und wichtige Aspekte wie Robustheit, verfügbare Softwaretools, Zensierungsstrategien und diverse Optimalitätskriterien zu beleuchten.

3.8.1.3 Testgenauigkeit

Die fundamentalen Arbeiten von Nelson [55] sowie Meeker und Escobar [149] stellen Richtlinien für die Durchführung beschleunigter Lebensdauertests auf, wobei sie die Genauigkeit dieser Tests – speziell die Varianz – als Hauptzielgröße definieren. Sie bieten Anleitungen zur optimalen Verteilung der Prüfobjekte auf verschiedene Belastungsniveaus, um eine möglichst genaue Lebensdauerprognose für den Feldeinsatz zu ermöglichen. Obwohl die Gesamtkosten und die Dauer der Tests als relevante Faktoren erwähnt werden, liegt der Fokus nicht auf einer umfassenden Betrachtung dieser Aspekte.

Elsayed und Zhang [171] konzentrieren sich in ihrer Forschung auf die Planung von Tests mit dem Ziel die Genauigkeit der Zuverlässigkeitsvorhersagen zu verbessern. Die Minimierung der Varianz der Maximum-Likelihood-Schätzung (MLE) der mittleren Lebensdauer im Feld wird auch von Miller und Nelson [153] als wesentliches Kriterium hervorgehoben. Dieses Ziel verfolgen ebenfalls Park und Yum [172] sowie Guo et al. [173], wobei Park und Yum insbesondere die Minimierung der asymptotischen Varianz der geschätzten mittleren Lebensdauer unter Berücksichtigung der Effizienz der Testausrüstung und mit einem Fokus auf exponentialverteilte Ausfallzeiten anstreben [172]. Meeker und Hahn [150] liefern grundlegende Richtlinien zur Reduzierung der Varianz von Zuverlässigkeitsparametern, um die Aussagekraft der Zuverlässigkeitsprognosen auf Feldniveau zu erhöhen. Nelson und Meeker [166] befassen sich mit dem Einfluss beschleunigter Lebensdauertests auf die asymptotische Varianz der Zuverlässigkeitsvorhersagen. Für lognormalverteilte Ausfallzeiten elektronischer Komponenten entwickeln Guo et al. [173] optimale Testpläne.

Verschiedene Optimalitätskriterien, die auf der Fisher-Informationsmatrix und ihrer Inversen basieren, zielen darauf ab, die Varianzen und Kovarianzen zu minimieren, siehe Ng et al. [174], Chan et al. [175] und Ka et al. [176]. Diese Kriterien umfassen A-, D-, E-, I- und T-Optimalität und bieten einen Rahmen für die Entwicklung effizienter Testpläne unter Berücksichtigung von Testdauer, Budget, Anzahl der Lastniveaus und Robustheit einer Teststrategie gegenüber Unsicherheiten von Eingangsparametern des Modells, siehe Tang und Yang [151].

Zusätzlich zur Optimierung der Testpläne hinsichtlich statistischer Kriterien wird in der Literatur die Bedeutung der Robustheit von Teststrategien gegenüber Unsicherheiten in den Modell- und Verteilungsparametern betont [148]. Die Berücksichtigung von zensierten Prüflingen und die Einführung zusätzlicher Lastniveaus sind Strategien, um die Robustheit und Genauigkeit der Testergebnisse zu erhöhen.

Bai et al. [177] haben optimale Testpläne für einfach beschleunigte Step-Stress-Tests untersucht, wobei die asymptotische Varianz der geschätzten mittleren Lebensdauer auf Feldniveau im Fokus stand und Methoden vorgeschlagen, um optimale Testpläne grafisch, mithilfe von Nomogrammen zu ermitteln. Dabei wird auch die Robustheit gegenüber fehlerhaftem Vorwissen untersucht.

Gerokostopoulos [159] diskutierte die Genauigkeit vollständiger Tests durch die Bewertung der Vertrauensbereichsbreite bei bereits bekannten Weibullparametern. Dabei wird mithilfe von Monte-Carlo-Simulationen derjenige Stichprobenumfang ermittelt, der die gewünschte Vertrauensbereichsbreite erreicht. Die Betrachtung erfolgt ohne Berücksichtigung von wirtschaftlichen Aspekten.

3.8.1.4 Testdauer

Hsieh [178] thematisierte die durchschnittliche Dauer von vollständigen und Typ-II-zensierten Tests, wobei er die Vorteile von ausfallzensierten Tests hervorhebt, die jedoch die Variabilität der Testdauer nicht berücksichtigen. Die Erwartungswerte für die gesamte Dauer eines vollständigen Tests sowie eines Typ-II-zensierten Tests werden berechnet und miteinander verglichen. Hierbei werden die zeitlichen Vorteile von ausfallzensierten Tests hervorgehoben, die von Faktoren wie dem Formparameter, der Anzahl der Stichproben und dem Anteil der Zensierung beeinflusst werden. Zusätzlich beschreiben die Arbeiten von McCool, Schneider sowie Fertig und Mann ähnliche Methoden, stoßen jedoch hinsichtlich der Bandbreite möglicher Teststrategien oder der Berücksichtigung des Spannungsverhältnisses zwischen Genauigkeit, Kosten und Zeit an ihre Grenzen [179–181].

Eryilmaz [182] befasste sich mit der Berechnung der mittleren Laufzeit eines Success-Run Tests und entwickelte eine exakte Verteilung für eine Sequenz unabhängiger Bernoulli-Versuche.

3.8.1.5 Testkosten

Ahmed und Chateauneuf [183] legen den Schwerpunkt ihrer Untersuchung auf die Kosten von Lebensdauertests, insbesondere für den Zuverlässigkeitsnachweis von kostenintensiven Prototypen mit kleiner Stichprobengröße. Sie untersuchten die Beziehung zwischen Zuverlässigkeit, Designparametern und damit verbundenen Kosten, wobei eine Erhöhung der Belastbarkeit eines Produkts zwar die Zuverlässigkeit steigert, aber auch die Produktionskosten erhöht. Die Ermittlung der Zuverlässigkeit erfolgt dabei nicht durch eine Weibull-Analyse, sondern basiert auf dem Stress-Strength-Interference-Modell. Ihre Kostenanalyse zeigt, dass für eine bestimmte Anzahl von Nachweistests ein Kostenminimum erreicht wird.

Tsai et al. [184] hingegen befassen sich mit Typ-II-zensierten Tests innerhalb einer begrenzten Testinfrastruktur. Die Analyse berücksichtigt Einflussfaktoren wie die Größe der Stichprobe, den Anteil der Zensierung, die Anzahl der aufeinanderfolgenden Tests und die Wahrscheinlichkeit mit der ein Prüflos basierend auf einer bekannten Ausfallverteilung akzeptiert wird. Die Bewertung der Kosten erfolgt hierbei über eine spezifische Kostenfunktion, die einen Vergleich der erwarteten Garantiekosten ermöglicht. Auf dieser Grundlage wird die jeweils optimale Testkonfiguration bestimmt.

Insgesamt bietet die Literatur einen umfassenden Überblick über die Planung von Zuverlässigkeitstests, einschließlich der Herausforderungen bei der statistischen Optimierung beschleunigter Lebensdauertests, wie sie auch von Nelson [170], Meeker et al. [165], und anderen [55, 150, 153, 164, 171–173] diskutiert werden. Die Diskussion verdeutlicht, dass trotz der Vielfalt und Tiefe der vorhandenen Forschungsarbeiten weiterhin Bedarf an einer integrierten Betrachtung besteht, die nicht nur einzelne Aspekte optimiert, sondern auch die komplexen Wechselwirkungen zwischen Genauigkeit, Kosten und Zeit berücksichtigt. Dies unterstreicht die Notwendigkeit einer umfassenderen Betrachtungsweise, um eine effiziente und effektive Testplanungsstrategie zu entwickeln. Darüber hinaus ist es entscheidend neue Methoden und Technologien zu erforschen, die die Genauigkeit der Tests verbessern, die Kosten senken und die Durchführungszeit verkürzen können. Ein besonderes Augenmerk sollte auch auf die Entwicklung adaptiver Teststrategien gelegt werden, die flexibel auf unterschiedliche Anforderungen und Randbedingungen angepasst werden können.

3.8.2 Stichprobenreduktion durch Vorwissen

Um die anspruchsvollen Ziele in der Zuverlässigkeitstestung zu erreichen, sind oft erhebliche Anstrengungen in Bezug auf Zeit, Kosten und Prüflinge erforderlich. Um diese Herausforderungen zu bewältigen, wird auf Vorwissen zurückgegriffen, das dazu dient, den Aufwand zu verringern oder die Präzisierung der Zuverlässigkeitsinformation zu verbessern. Dieses Vorwissen, das aus einer Vielzahl von Quellen, unter anderem aus Vorgängern, ähnlichen Anwendungen, Komponententests, Pilotstudien, Vorversuchen, Prototypentests, Lebensdauerberechnungen und Expertenmeinungen stammen kann, wird gemäß dem Satz von Bayes [47] mit aktuellen Testdaten kombiniert, um eine effizientere und präzisere Bewertung der Zuverlässigkeit zu ermöglichen. Die Aufbereitung dieses Vorwissens ist ein kritischer Schritt, der sorgfältig durchgeführt werden muss, um es effektiv in die Zuverlässigkeitsanalyse einfließen zu lassen [5, 19, 127, 128].

Beyer und Lauster [129] haben ein Verfahren entwickelt, das einen einzelnen Zuverlässigkeitswert berücksichtigt, der einer Wahrscheinlichkeit von 63,2 % entspricht. Durch die Kombination dieses Werts mit den Daten aus einem Success-Run Test kann die erforderliche Stichprobengröße theoretisch verringert werden. Dabei können auch ein Lebensdauerverhältnis sowie während des Success-Run Tests auftretende Ausfälle zusätzlich berücksichtigt werden. Zudem lässt sich das Verfahren um verschiedene Wahrscheinlichkeitsaussagen und einen Beschleunigungsfaktor erweitern [185]. Kleyner et al., Savchuk und Martz sowie Krolo setzen auf die Betaverteilung als Zuverlässigkeitsverteilung der Vorkenntnis. Kleyner et al. nutzen die Kombination aus gewichteter Betaverteilung und Gleichverteilung, um den Übergang zu einem Zustand ohne Vorwissen zu modellieren. Die Gleichverteilung erstreckt sich über den gesamten Definitionsbereich der Zuverlässigkeit $R \in [0, 1]$ und symbolisiert den Zustand fehlender Vorkenntnisse, indem sie alle Zuverlässigkeitswerte gleichberechtigt zulässt. Savchuk und Martz greifen auf diverse Quellen von Vorwissen zurück und führen diese durch Gewichtung zusammen, um eine kombinierte Mischverteilung aus Betaverteilungen zu erzeugen, die anschließend als Vorwissen im Bayes'schen Theorem Anwendung findet. Obwohl Kleyner et al. und Savchuk und Martz Gewichtungsfaktoren einsetzen, bleibt die Methode ihrer Quantifizierung unerläutert.

Das von Krolo entwickelte Verfahren ermöglicht die Integration von Vorwissen in Form einer Betaverteilung in die Zuverlässigkeitsanalyse und erläutert, wie diese Betaverteilung unter bestimmten Umständen ermittelt werden kann [128]. Es verwendet einen Ansatz zur Umrechnung von SR- und EoL Tests basierend auf einer Approximation von Benard [186], wobei die Ergebnisse durch eine synthetische Rechteckverteilung berücksichtigt werden, die letztlich einen einzelnen Zuverlässigkeitswert liefert, dem bereits eine Aussagewahrscheinlichkeit zugeordnet ist [187]. Schweizer entwickelte eine Methode, die es ermöglicht, Streuungen der Parameter in Zuverlässigkeitssimulationen mittels Monte-Carlo-Simulation (MCS) zu berücksichtigen. Auf diese Weise lässt sich eine Betaverteilung basierend auf vorhandenem Vorwissen generieren, die anschließend mit der Zuverlässigkeitsverteilung aus End-of-Life (EoL) Tests kombiniert werden kann [188, 189]. Im Gegensatz dazu setzt Kececioglu auf eine Triangular2-Verteilung, die einen spezifischen Sprung an dem Punkt aufweist, der dem vorherigen Wissen über die Zuverlässigkeit entspricht. Die diesem Verfahren zugrunde liegende Aussagewahrscheinlichkeit wird mit einem Vertrauensniveau gleichgesetzt, das flexibel gewählt werden kann [190]. Maisch führt ein weiteres Verfahren ein, das es erlaubt, Vorwissen aus Komponententests in die Systemtests einfließen zu lassen. Hierbei kann eine Betaverteilung oder eine Rechteckverteilung gewählt werden, um die Vorkenntnisse zu integrieren [191].

Bei der Durchführung von EoL Tests kann die Schätzung des Skalenparameters T der Weibullverteilung durch Kombination mit vorhandenem Vorwissen mittels des Bayes'schen Theorems erfolgen. Das Weibayes-Verfahren [133] nutzt Vorwissen über den Weibullformparameter b und setzt voraus, dass dieser auch für aktuelle Versuche gültig bleibt. Dieser Ansatz kann sowohl über das Bayes'sche Theorem als auch über die Maximum-Likelihood-Estimation (MLE) abgeleitet werden, wobei in beiden Fällen der Formparameter als konstant angenommen wird. Romer erweiterte diese Methode, um neben den Ausfallzeiten aus Versuchen auch Skalenparameter aus Lebensdauerberechnungen zu berücksichtigen [134].

Andere Methoden zur Einbeziehung von Vorwissen in die Zuverlässigkeitstechnik fokussieren sich entweder auf die Schätzung der Ausfallverteilungsparameter oder die Kombination des Vorwissens mit der Zuverlässigkeitsverteilung aus Success-Run Tests. Ein Überblick sowie die Anwendung des Bayes'schen Theorems in anderen Bereichen der Zuverlässigkeitstechnik ist in weiterführender Literatur zu finden [111, 126, 192], wobei vorausgesetzt wird, dass die kombinierten Informationen derselben Grundgesamtheit angehören [47]. Die meisten Methoden vernachlässigen jedoch diesen wichtigen Aspekt. Die Ansätze von Beyer und Lauster, Kleyner et al., Savchuk und Martz sowie Kececioglu verwenden unterschiedlich interpretierte Gewichtungsfaktoren, die diesem Umstand Rechnung tragen sollen, indem sie das Vorwissen nur teilweise einfließen lassen [129, 130, 190, 193]. Krolo [194] führt einen Transformationsfaktor ein, der die Wirkung des Vorwissens in der kombinierten Information durch Multiplikation mit den Parametern der Betaverteilung abschwächt, was in einer transformierten Form der Betaverteilung resultiert [128]. Ein Nachteil dieses Transformationsfaktors ist seine Verzerrung, die die Vorwissensinformation zu schlechteren Zuverlässigkeitswerten verschiebt [195]. Krolo beschreibt auch Methoden zur Bestimmung dieses Faktors, unter anderem durch Fehlermöglichkeits- und Einflussanalysen (FMEAs) oder den systematischen Vergleich der Versuchsumgebung [128]. Hitziger erweitert die Quantifizierungsmöglichkeiten um Ansätze basierend auf Expertenwissen mittels Fuzzy-Systemen und einem Kolmogoroff-Smirnoff-Test, der die Ähnlichkeit der Grundgesamtheiten der zu kombinierenden Informationen bewertet [26, 196–198]. Schweizer bietet eine Methode zur Quantifizierung des Transformationsfaktors für Zuverlässigkeitsverteilungen aus Berechnungen an [188], während Guida und Pulcini ein Verfahren vorstellen, das die Übertragbarkeit des Vorwissens im Rahmen eines Zuverlässigkeitswachstumsmodells als Betaverteilung erfasst und die Unsicherheit des benötigten Weibullformparameters b als Intervall berücksichtigt [199]. Obwohl diese Methoden die Möglichkeit bieten die Unsicherheit bei der Anwendung von Vorwissen zu reduzieren, besteht weiterhin Kritik. Diese basiert auf der Beobachtung, dass selbst geringfügige Modifikationen am Produkt oder in der Produktionsweise erhebliche Auswirkungen auf das Ausfallverhalten haben können [131]. Dadurch wird argumentiert, dass die Einbeziehung von Vorwissen in dieser Form den Beweis der Zuverlässigkeit angreifbar macht [132].

3.8.3 Zusammenfassung des Stands der Forschung

Früh wurde bereits erkannt, dass die grundlegenden Testmethoden zwar das Handwerkszeug liefern und Tests für die Bestimmung der Zuverlässigkeit und den Zuverlässigkeitsnachweis zu planen, es aber einige zusätzliche Herausforderungen bei deren Anwendung gibt. Gerade beim Zuverlässigkeitsnachweis müssen beim Success-Run Test eine erhebliche Anzahl an Prüflingen getestet werden, selbst bei moderaten Anforderungen. Aus diesem Grund wurden Methoden entwickelt, die weitere Informationsgrundlagen verwenden und mit dem Satz von Bayes anrechnen, um die notwendige Stichprobengröße zu reduzieren. Gemeinhin scheitern diese Ansätze an zu komplizierten Formulierungen der a-priori Information, einer nicht objektiven Gewichtung des Vorwissens und an zusätzlichen Annahmen, bei denen teilweise nicht mehr ersichtlich ist, welche Informationen genau angerechnet werden. Gerade hier müsste eine zentrale Forderung sein, dass nur genau die Informationen angerechnet werden, die auch vorliegen – also in einer möglichst „reinen" Form.

Auch bei den konventionellen ausfallbasierten und beschleunigten Testmethoden liegen bereits Optimierungsansätze vor, die zumeist eine der drei relevanten Zielgrößen – Testkosten, Testzeit oder Testgenauigkeit adressieren. Der Zielkonflikt zwischen diesen Zielgrößen bleibt außenvor, was den Einsatz der Methoden erschwert und den Nutzen infrage stellt, denn mit einer stark erhöhten Stichprobengröße wird jeder Test sehr genau. In Bezug auf die Genauigkeit werden gerade bei den beschleunigten Testmethoden häufig mathematische Optimalitätskriterien wie die D-, A-, E-Optimalität verwendet, bei der die Auswirkung auf das Ergebnis im ingenieurswissenschaftlichen Sinne nicht geklärt ist.

Sowohl bei den ausfallfreien und den ausfallbasierten wird der statistische Fehler vom Typ II bzw. der β-Fehler weitestgehend vernachlässigt. Eine allgemeine Formulierung für dessen Bestimmung ist nicht vorhanden. Somit kann die „Nachweiskraft“ bzw. die „Nachweisfähigkeit“ von Zuverlässigkeitstestmethoden nicht bestimmt werden. Gerade diese Information ist jedoch essentiell für den objektiven Vergleich von verschiedenen Teststrategien, um diese für die Eignung zum Nachweis von gestellten Zuverlässigkeitsanforderungen zu vergleichen und schlussendlich auch jeweils die passendste für bestimmte Randbedingungen auszuwählen.

Qualitative Testmethoden für die Bestimmung von Ausfallmechanismen

4

In diesem Kapitel werden die qualitativen Testverfahren thematisiert, die aufgrund ihrer Zielstellung besonders in frühen Phasen der Produktentwicklung Anwendung finden.

4.1 Highly Accelerated Life Test

Der Highly Accelerated Life Test (HALT) ist ein qualitatives Testverfahren, das darauf abzielt, die Zuverlässigkeit und Robustheit eines Produkts frühzeitig im Entwicklungszyklus zu bewerten. Die Methode arbeitet mit extrem beschleunigenden Lebensbedingungen, um die Grenzen eines Produkts zu bestimmen und so potenzielle Schwachstellen frühzeitig aufzudecken [53]. Es geht daher nicht darum, die Einhaltung von Spezifikationen zu überprüfen. Stattdessen sollen potenzielle Schwachstellen aufgedeckt werden, indem das Produkt gezielt über seine Betriebsgrenzen hinaus belastet wird. HALT ermöglicht somit die Identifizierung von Schwachstellen und Problemen, bevor die eigentliche Lebensdauer eines Produkts abgesichert wird. Die Testmethode wird hauptsächlich in den folgenden Anwendungsbereichen eingesetzt:

- **Designvalidierung:**
  HALT hilft der Produktentwicklung, Fehler im Design zu identifizieren und Schwachstellen im Produkt zu erkennen. Durch extrem beschleunigte Bedingungen können Hersteller Designanpassungen vornehmen, bevor größere Aufwände zu späteren Phasen der Produktentwicklung oder in der Produktion entstehen [53].
- **Zuverlässigkeitsanalyse:**

M. Dazer et al., *Zuverlässigkeitstests für eine effiziente und entwicklungsbegleitende Absicherung von Bauteilen und Systemen*, https://doi.org/10.1007/978-3-662-72967-0_4

Produkte werden einer Reihe von Stressbedingungen ausgesetzt, um die Ausfallmechanismen zu verstehen und einen ersten Eindruck für die Lebensdauer zu erhalten. Dies ist überall dort besonders relevant, wo hohe Zuverlässigkeitsstandards gefordert werden.

- **Kostenreduktion:**
  Die frühzeitige Identifikation von Problemen ermöglicht es, potenzielle Ausfälle zu beseitigen und so langfristige Garantie- und Reparaturkosten zu reduzieren [170].

Der Ursprung von HALT findet sich in der Halbleiterindustrie. Ursächlich für die Entwicklung der Vorgehensweise zur Zuverlässigkeitsabsicherung war ein hoher Druck, die Zeit bis zur Marktreife zu verkürzen und gleichzeitig die Zuverlässigkeit sicherzustellen. Im Laufe der Zeit hat sich das Verfahren zur Anwendung in weiteren Branchen etabliert, darunter die Automobilindustrie, die Luft- und Raumfahrt sowie die Medizintechnik und die allgemeine Elektronikbranche [190].

- **Luft- und Raumfahrt:**
  Hier ermöglicht HALT die Identifizierung von Schwachstellen in komplexen elektronischen und mechanischen Systemen, die extremen Bedingungen standhalten müssen [200, 201].
- **Automobilindustrie:**
  Die Automobilbranche nutzt HALT, um die Langlebigkeit und Sicherheit von Komponenten und elektronischen Systemen sicherzustellen, insbesondere unter wechselnden Umweltbedingungen. Eine Studie von Suhir beschreibt HALT als wesentliches Testverfahren, um die Belastbarkeit und Lebensdauer der Steuergeräte zu verbessern [202].
- **Medizintechnik:**
  In der Medizintechnik ist Zuverlässigkeit entscheidend, da Ausfälle fatale Konsequenzen haben können. HALT ermöglicht hier eine gründliche Validierung von Geräten [201].
- **Elektronik- und Halbleiterindustrie:**
  Viele Hersteller von Konsumgütern, wie Smartphones und Computern, verwenden HALT, um die Zuverlässigkeit ihrer Produkte unter extremen Bedingungen zu testen. Hsu et al. zeigen, wie HALT in der Elektronikindustrie für Desktop-Computer, Notebooks und Server verwendet wird, um Betriebslimits und Schwachstellen zu identifizieren [203]. Li & Feng stellen in [204] speziell entwickelte angepasste HALT-Methoden vor, um die Lebensdauer von Komponenten wie Leiterplatten, Kondensatoren und anderen kritischen Bauteilen vorherzusagen.

HALT stellt somit ein wesentliches Verfahren dar, um Produkte in einer frühen Entwicklungsphase in einem breiten Spektrum von Branchen grundlegend zuverlässigkeitstechnisch zu optimieren.

Tests mit schrittweiser Laststeigerung sollen relevante Ausfallmechanismen in möglichst kurzer Zeit und bei minimalen Kosten identifizieren. Der HALT-Prozess folgt in der Regel einem klar strukturierten Ansatz. Er umfasst die in Abb. 4.1 gezeigten Schritte und ist grundsätzlich für jedes Produkt anwendbar [5]. Die Schritte der Testdurchführung, der Analyse und der Optimierung sind ein iterativer Prozess. Das Testziel ist immer der Ausfall des Produkts, nicht das Überstehen des Tests. Hierbei sollen möglichst viele versteckte Ausfallmechanismen provoziert werden. Zur Erreichung dieses Ziels gibt es keine vorbestimmten Belastungsgrenzen.

Zu Beginn des HALT-Prozesses erfolgt eine produktindividuelle Analyse möglicher Belastungen, die für das jeweilige Produkt von Bedeutung sind. Typische Belastungen sind elektrischer (Betriebsspannung, -frequenz, Leistung), mechanischer (Vibration, Schock) oder thermischer Stress (extreme Temperaturen, schnelle Temperaturwechsel). Für die Ausgestaltung der Tests bzw. den Versuchsaufbau ist zu berücksichtigen, dass das Produkt während des Versuchs in Betrieb sein und überwacht werden sollte, da nur so der Ausfallzeitpunkt sicher festgestellt werden kann. Durch die Versuche mit Laststeigerung werden die Betriebs- und Zerstörungsgrenzen des Produkts ermittelt, siehe Abb. 4.2.

Überschreitet bzw. unterschreitet die Belastung die obere bzw. untere Betriebsgrenze des Produktes, kann dessen Funktionsfähigkeit nicht mehr gewährleistet werden. Diese kann aber wiederhergestellt werden, sobald die Belastung wieder in den normalen Betriebsbereich zurückkehrt. Um die Zerstörungsgrenzen festzustellen, werden die technologischen Grenzen schrittweise ausgelotet. Jenseits dieser Grenzen wird das Produkt irreparabel beschädigt und fällt dauerhaft aus. Die Funktionsfähigkeit des Produktes kann also nicht wiederhergestellt werden. Mehrere Belastungen, die gleichzeitig auf ein Produkt einwirken, führen in der Regel zu veränderten Grenzwerten. Der HALT-Prozess sollte zunächst auf Komponentenebene durchgeführt werden und kann bei Bedarf dann allmählich bis auf die Systemebene erweitert werden.

Bei der Anwendung von HALT wird in der Praxis oft spezielle Ausrüstung genutzt, wie klimatisierte Prüfschrank-Einheiten und Shaker für Vibrationstests. Die Zielsetzung besteht darin, kritische Schwachstellen unter Bedingungen zu identifizieren, die über die normalen Betriebsgrenzen hinausgehen. Im Detail bedeutet dies häufig:

- **Temperaturtests:** Der Prüfschrank ermöglicht Temperaturzyklen von extremen Kälte- bis zu Hitzewerten. Die Temperatur ändert sich dabei schneller, als es bei normalen Umgebungsbedingungen der Fall wäre.
- **Vibrationstests:** Die Vibrationseinheit erzeugt zufällige oder gerichtete Schwingungen, die sowohl in Frequenz als auch in Stärke variieren, um unterschiedliche realistische Bedingungen nachzubilden.

Die Testergebnisse werden ausgewertet, um wiederkehrende Probleme zu erkennen und Schwachstellen im Design aufzudecken [53]. Diese Daten ermöglichen Verbesserungen

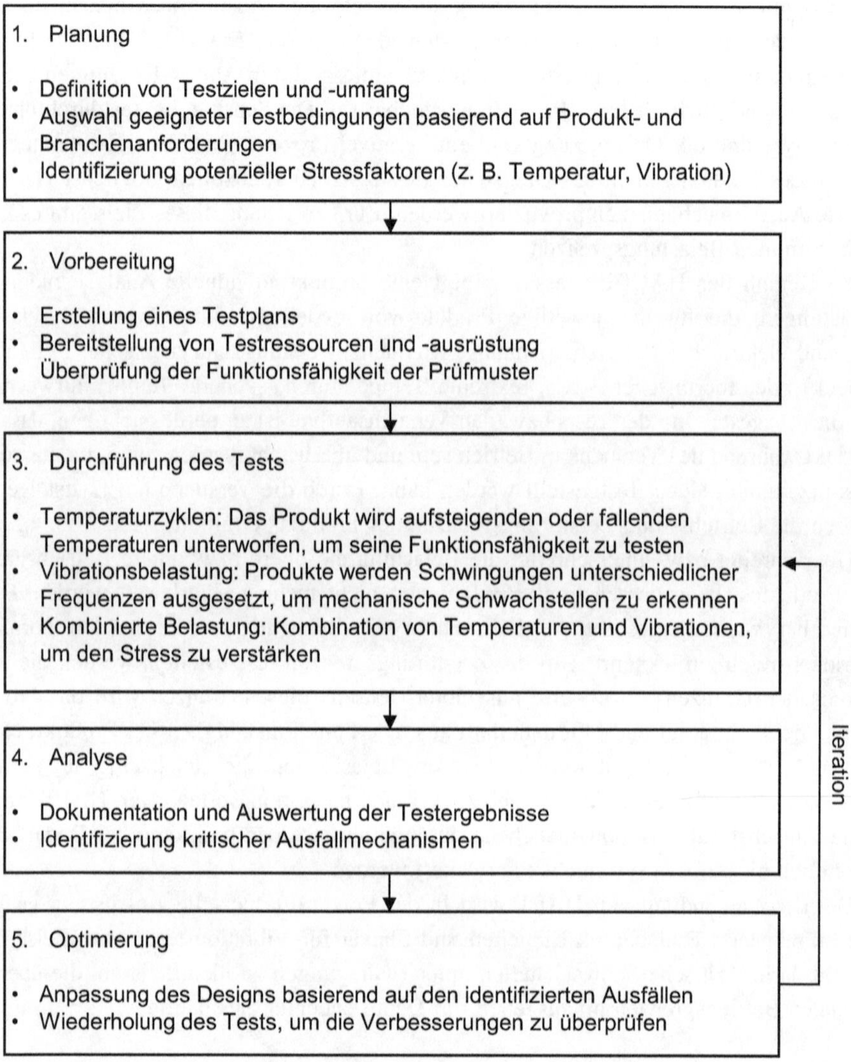

Abb. 4.1 Vorgehensweise des HALT. (© IMA 2024. All Rights Reserved)

im Entwicklungszyklus und bieten Einblicke in die Auswirkungen von Umweltbedingungen auf die Produktleistung [170].

Für identifizierte Ausfallmechanismen muss in der Analyse entschieden werden, ob diese auch für den Feldbetrieb relevant sind oder nicht. Entsprechend der darauf getroffenen Entscheidung können Anpassungen oder Korrekturmaßnahmen am Produkt und seiner Herstellung vorgenommen werden. So zum Beispiel die Umsetzung konstruktiver Änderungen, die Wahl eines anderen Materials, aber auch Anpassungen für Zulieferer oder die

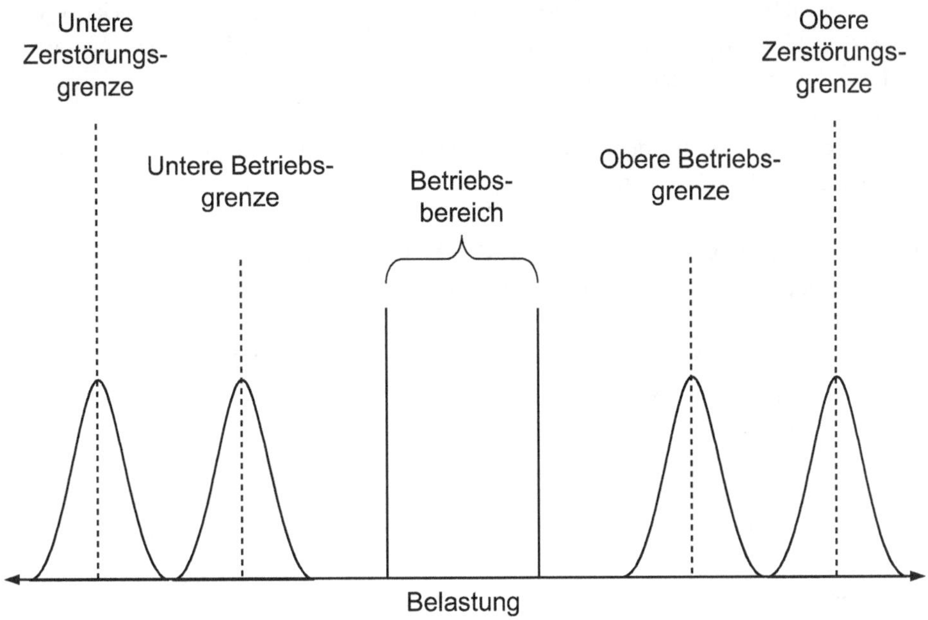

Abb. 4.2 Zerstörungs- und Betriebsgrenzen. (© IMA 2024. All Rights Reserved)

Fertigungs- und Montageprozesse. Mit dem so angepassten Produkt kann dann erneut mit der Durchführung von Tests begonnen werden. Die Ergebnisse der Analyse müssen nicht nur in die konstruktive Auslegung und die Prozessgestaltung einfließen, sondern auch auf das Design von Nachfolgeprodukten übertragen werden. Darüber hinaus können sie bei der Festlegung von Stressprofilen verwendet werden.

Obwohl HALT ein effektives Verfahren zur Identifizierung von Produktproblemen ist, gibt es einige Einschränkungen, die bei der Anwendung dieser Methode berücksichtigt werden müssen:

- **Reproduzierbarkeit:** Aufgrund der extremen Testbedingungen kann es schwierig sein, identische Tests zu wiederholen. Unterschiede in Ausrüstung, Umgebungsbedingungen oder Produkten können zu unterschiedlichen Ergebnissen führen [190].
- **Spezifische Ausfallmechanismen:** Nicht alle Ausfälle treten bei den beschleunigten Testbedingungen auf. Einige Ausfallmechanismen, die im normalen Gebrauch auftreten, könnten übersehen werden, wenn sie aufgrund von extremen Bedingungen durch andere dominierende, konkurrierende Ausfallmechanismen nicht zum Vorschein kommen.
- **Schwierigkeit der Quantifizierung:** Im Rahmen von HALT können keine Zuverlässigkeitswerte auf statistischer Basis prognostiziert werden. Die Ergebnisse können

also nicht in eine klare Vorhersage für die tatsächliche Produktlebensdauer übersetzt werden. Die Tests geben zwar Hinweise auf Schwachstellen, aber nicht auf die Lebensdauer unter realistischen Betriebsbedingungen [53].

Ein weiteres Problem bei der Verwendung von HALT kann sich ergeben, wenn die Tests falsch angewendet oder interpretiert werden:

- **Falsche Optimierung:** Werden bei der Identifizierung von Stressfaktoren falsche Belastungen als relevant identifiziert, erfolgt eine Produktoptimierung auf ein nicht kundenrelevantes Ziel.
- **Übermäßige Belastung:** Durch den Einsatz von stark überhöhten Belastungen besteht das Risiko, Ausfallmechanismen an Produkten anzusprechen die unter realen Bedingungen nicht auftreten würden. Wird dies in der Analyse nicht erkannt, kann dies zu einer unnötigen Überarbeitung des Designs führen.
- **Fehlende Kalibrierung:** Wenn die Testausrüstung nicht ordnungsgemäß kalibriert oder gewartet wird, könnten die Tests keine verwertbaren Daten liefern oder zu falschen Schlussfolgerungen führen [170].
- **Ungeeignete Produkte:** Manche Produkte oder Komponenten sind schlicht nicht für die extremen Bedingungen von HALT geeignet. Zum Beispiel könnten besonders empfindliche oder filigrane Geräte durch die Tests vollständig zerstört werden, was sie nutzlos für weitere Analysen macht.

Folgende Aspekte sollten außerdem bei der Anwendung von HALT beachtet werden:

Aufwand und Kosten
Die Durchführung von HALT kann aufgrund der spezialisierten Ausrüstung und des Fachwissens, das erforderlich ist, hohe Kosten für die Produkttests verursachen. Die Einrichtung und Instandhaltung der Prüfausrüstung sowie die qualifizierten Ingenieure, die die Tests betreuen und analysieren, sind teuer. Dies kann besonders für kleinere Unternehmen eine Herausforderung darstellen [53].

Begrenzte Aussagekraft für bestimmte Anwendungen
Obwohl HALT Schwachstellen in Produkten effektiv aufdecken kann, sind die Ergebnisse nicht immer direkt auf reale Anwendungsfälle übertragbar. Manche Ausfälle, die unter extremen Bedingungen auftreten, sind möglicherweise unter normalen Betriebsbedingungen nicht relevant. Werden diese nicht herausgefiltert, kann es zu unnötigen Designänderungen führen, die die Entwicklungszeit und -kosten erhöhen. Außerdem können manche realen Ausfallmechanismen unter den extremen Testbedingungen nicht simuliert werden [205].

Ungeeignet für empfindliche Produkte
HALT-Tests können empfindliche oder komplexe Produkte unter den extremen Bedingungen zerstören, was zu unbrauchbaren Prüfmustern und unklaren Ergebnissen führen kann. Produkte, die nicht robust genug sind, könnten durch diese Tests so stark beschädigt werden, dass keine brauchbaren Daten mehr gesammelt werden können [190].

Insgesamt zeigen diese Nachteile, dass HALT nicht für jede Art von Produkt geeignet ist und sorgfältig geplant und interpretiert werden muss, um sinnvolle und wirtschaftliche Ergebnisse zu erzielen. Werden diese Nachteile und Einschränkungen berücksichtigt, liefert HALT durch die schrittweise Laststeigerung und die gleichzeitige Überwachung der Produktleistung umfassende Informationen in Bezug auf die Produktrobustheit und Produktschwachstellen.

Die Vorteile von HALT lassen sich unter vier Begriffen sammeln.

Effizienz
HALT ist eine hocheffiziente Methode, um frühzeitig Schwachstellen und Ausfallmechanismen eines Produkts zu identifizieren. Die beschleunigten Tests ermöglichen eine schnelle Diagnose von Problemen, wodurch die Entwicklungszeit erheblich verkürzt wird. Unternehmen können die Produktqualität verbessern und gleichzeitig schneller auf Marktänderungen reagieren, indem sie die Tests direkt in den Entwicklungsprozess integrieren [170].

Kostenvorteile
Durch die Identifizierung von Schwachstellen während der Entwicklungsphase können die langfristigen Garantie- und Reparaturkosten reduziert werden. HALT hilft dabei, Probleme zu beheben, bevor Produkte in die Massenproduktion gehen, was teure Rückrufaktionen und Kundenreklamationen verhindert. Außerdem ermöglicht es eine bessere Entscheidungsfindung in Bezug auf Materialien und Designänderungen, was die Produktionskosten weiter senkt [53].

Produktverbesserung
Die Erkenntnisse aus HALT führen zu einer kontinuierlichen Verbesserung des Produktdesigns. Die Produktentwicklung kann Designanpassungen vornehmen, um die Schwachstellen zu beseitigen, die bei den beschleunigten Tests identifiziert wurden. Dies führt zu robusteren Produkten, die unter normalen Bedingungen eine höhere Zuverlässigkeit aufweisen [5].

Frühwarnsystem
HALT fungiert als Frühwarnsystem, indem es ermöglicht, potenzielle Probleme zu erkennen, bevor sie zu kostspieligen Ausfällen oder Produktionsverzögerungen führen. Es trägt dazu bei, Produkte widerstandsfähiger gegenüber realen Umgebungsbedingungen zu machen und steigert somit das Kundenvertrauen in die Marke [205].

Zusammengefasst bietet HALT durch die frühe Erkennung von Schwachstellen, die Reduzierung der Entwicklungszeit und -kosten sowie die kontinuierliche Produktverbesserung eine Vielzahl von Vorteilen, die zur Optimierung der Produktqualität und Kundenzufriedenheit beitragen. Ein Beispiel für die erfolgreiche Anwendung von HALT stellt die Entwicklung von Elektronikkomponenten für die Automobilindustrie dar. Dabei wird HALT während des Entwicklungsprozesses genutzt, um die Robustheit und Zuverlässigkeit von Steuergeräten zu prüfen. Die Tests werden in einem klimatisierten Prüfschrank mit Vibrationsbelastung durchgeführt. Die Steuergeräte werden zunächst bei niedrigen Temperaturen und hoher Vibration getestet. Ausgehen davon werden die Temperaturen schrittweise erhöht und die Vibrationen beibehalten, um so eine kombinierte Belastung zu simulieren [205].

Durch die Kombination von thermischem und mechanischem Stress werden Schwachstellen in der Leiterplattenmontage entdeckt, die unter normalen Bedingungen möglicherweise nicht sichtbar gewesen wären. Insbesondere kam es unter den Testbedingungen zu feinen Rissen in den Lötstellen und zu Materialermüdung bei bestimmten Kondensatoren, die auf mangelnde Fertigungsqualität zurückzuführen waren [205].

Die Ergebnisse führten zu folgenden Maßnahmen:

- **Designänderung:** Die Lötverbindungen wurden verbessert und widerstandsfähiger gemacht, um die langfristige Zuverlässigkeit zu gewährleisten.
- **Materialauswahl:** Es wurden alternative Materialien für die betroffenen Kondensatoren ausgewählt, um die Belastbarkeit zu erhöhen.
- **Qualitätskontrolle:** Neue Testprotokolle und Qualitätskontrollmaßnahmen wurden implementiert, um sicherzustellen, dass zukünftige Produkte nicht die gleichen Probleme nicht erneut aufweisen.

Diese Verbesserungen erhöhten die Zuverlässigkeit der Steuergeräte und reduzierten die Fehlerquote in der Serienproduktion erheblich. Der Hersteller konnte somit langfristig Kosten für Garantieleistungen und Reparaturen reduzieren, während gleichzeitig die Kundenzufriedenheit gesteigert werden konnte. Dieses Beispiel verdeutlicht, wie HALT ein Frühwarnsystem sein kann, um kritische Schwachstellen in Produkten aufzudecken, die sonst zu erheblichen Ausfallraten oder Sicherheitsrisiken führen könnten [53].

4.2 Highly Accelerated Stress Screening

Highly Accelerated Stress Screening (HASS) ist ein qualitatives Testverfahren, um während der Produktionsphase Schwachstellen in Produkten zu identifizieren, die Anzahl von Frühausfällen zu reduzieren und die Produktzuverlässigkeit zu steigern. Basierend auf den

Ergebnissen aus einem vorausgehenden HALT und weiteren produktspezifischen Informationen, nutzt HASS beschleunigte Tests, um fertigungsbedingte Zuverlässigkeitsprobleme aufzudecken.

Durch die Anwendung verschiedener Stressprofile hilft es, die Produktionseffizienz zu steigern und die Produktqualität zu verbessern [206, 207]. Das umfasst die systematische Anwendung verschiedener Stressfaktoren wie Temperaturzyklen, Vibrationsbelastungen und andere Umweltbedingungen, die in kontrollierten Umgebungen im Rahmen eines Screening-Profils simuliert werden [208]. Eine Optimierung des Screening-Profils kann mithilfe von HASS-Modellen erfolgen [209].

HASS findet in verschiedenen Branchen Anwendung. Häufige Anwendung findet es in der Luft- und Raumfahrt sowie in der Elektronik- und Halbleiterindustrie. In letzterer wird auch von Burn-In Tests oder Environmental Stress Screening gesprochen [210]. Darüber hinaus kommt HASS bei sicherheitsrelevanten Systemen in Hochgeschwindigkeitszügen, der unterbrechungs-freien Stromversorgung und der Automobilindustrie, aber auch bei Konsumgütern zum Einsatz [206, 211, 212]. In der Luftfahrt wird HASS insbesondere im Bereich der Avionik eingesetzt, um den hohen Zuverlässigkeitsanforderungen Rechnung zu tragen [213]. Die Elektroindustrie nutzt HASS insbesondere im Bereich der Hochvolumen-Produktion, um Frühausfällen vorzubeugen und die Produktqualität zu gewährleisten [208, 214].

Die Anwendung von HASS erfordert die Definition von Stressprofilen, die optimale Testdauer festzulegen und eine hohe Testeffizienz und Produktqualität zu gewährleisten. Einige Schritte und Überlegungen, die im Rahmen von HASS vorkommen sind:

1. **Entwicklung des HASS-Profils:**
   Basierend auf den Ergebnissen des Highly Accelerated Life Test (HALT) wird ein spezifisches Stressprofil für HASS entwickelt. Dieses Profil ist maßgeschneidert für die spezifischen Schwächen, die im HALT identifiziert wurden, und zielt darauf ab, potenzielle Produktionsfehler frühzeitig zu erkennen [215].
2. **Durchführung eines HASS:**
   HASS wird durchgeführt, indem die Produkte entsprechend dem entwickelten HASS-Profil unter beschleunigte Stressbedingungen gesetzt werden. Dies umfasst oft eine Kombination aus thermischen und vibrationsbedingten Stresstests [207]. Während des Tests werden die Belastungen systematisch erhöht, um die Grenzen der Produktzuverlässigkeit zu testen. Überwachungssysteme zeichnen die Reaktion des Produkts auf die Belastungen auf, um festzustellen, wann und wie Fehler auftreten. Wenn nötig, wird das Profil angepasst, um eine optimale Fehlererkennung ohne übermäßige Belastung der Produkte zu gewährleisten. Diese Anpassungen basieren auf Echtzeit-Feedback und früheren Testergebnissen [206].
3. **Analyse:**
   Nach Abschluss des Tests werden die Ausfälle analysiert, um mögliche Probleme im Herstellungsprozess zu beheben. Die während des HASS-Tests gesammelten Daten

werden analysiert, um Muster oder wiederkehrende Probleme zu identifizieren. Die gewonnenen Informationen fließen dann in die Anpassung des Herstellungsprozesses ein und sind entscheidend zur Verbesserung der Produktqualität. Bei Bedarf wird das HASS-Profil in Folge der Analyse angepasst, um seine Effektivität zu verbessern oder die Belastungen zu optimieren [216].

4. **Optimierung:**

   Basierend auf den Ergebnissen der HASS-Tests werden das Produkt und der Herstellungsprozess kontinuierlich optimiert. Dies kann Änderungen im Design, in den Materialien oder im Produktionsprozess umfassen, um die identifizierten Schwachstellen zu eliminieren [215].

5. **Wiederholung:**

   HASS wird nicht nur einmalig durchgeführt, sondern kontinuierlich während der Produktionsphase wiederholt. Es hilft dabei, die Konsistenz der Produktqualität über verschiedene Produktionslose hinweg zu gewährleisten. Änderungen im Produktionsprozess oder in den Materialien können eine Neubewertung und Anpassung des HASS-Profils erfordern.

HASS ist somit ein dynamischer Prozess, der kontinuierlich verbessert und an die spezifischen Anforderungen und Entwicklungen im Produktionszyklus angepasst wird. Es hilft Unternehmen nicht nur, die Zuverlässigkeit ihrer Produkte zu verbessern, sondern auch, Kosten durch frühzeitige Erkennung und Behebung von Fehlern zu reduzieren. Durch die Reduzierung von Ausfällen nach der Auslieferung hilft es zudem die Kundenzufriedenheit zu steigern. Obwohl HASS eine effektive Methode zur Entdeckung von Schwachstellen in Produkten und Prozessen ist, gibt es bestimmte Einschränkungen und Herausforderungen:

- **Eingeschränkte designbedingte Defekterkennung:** HASS ist effektiv bei der Erkennung von Herstellungsfehlern, jedoch nicht gut geeignet bei der Identifizierung von Designfehlern. Zudem ist HASS auf den Ergebnissen von HALT aufgebaut, daher sollte ein HALT vor der Anwendung von HASS durchgeführt werden [215].
- **Ungeeignet zur Anwendung auf bestimmte Produkte:** Bei Produkten, die für extrem spezialisierte Umgebungen entwickelt wurden, können HASS-Tests die realen Bedingungen möglicherweise nicht ausreichend nachbilden, was zu einer Über- oder Unterbelastung des Produkts führt. Außerdem können sehr empfindliche Produkte bei HASS-Tests beschädigt werden [215]. Produkte mit komplexen mechanischen oder elektronischen Komponenten können beispielsweise teils auf alternative Weise besser getestet werden [207, 217].
- **Fehlerhafte Implementierung oder ungeeignete Stressoren:** Unsachgemäß ausgeführte HASS-Tests können zu falsch positiven oder falsch negativen Ergebnissen führen. Dies kann Produkte als fehlerhaft kennzeichnen, die in Ordnung sind, oder Mängel übersehen. Daher ist eine präzise Durchführung und Überwachung des Testprozesses notwendig [206]. Manche Produkte reagieren empfindlicher auf bestimmte

Stressfaktoren als andere. Beispielsweise können Temperatur- oder Vibrationsbelastungen für einige Komponenten kontraproduktiv sein. Es ist wichtig, geeignete Belastungen basierend auf dem spezifischen Produkttyp und seinen Anforderungen zu wählen [206].
- **Fehlende Produktionsdaten:** HASS ist am effektivsten, wenn Produktionsdaten für die laufende Optimierung verfügbar sind. Ohne genaue Produktionsrückmeldungen kann HASS nicht die notwendigen Erkenntnisse liefern, um den Prozess anzupassen oder neue Fehler zu identifizieren [218].
- **Kosten und Ressourcenaufwand:** Der Prozess kann teuer und ressourcenintensiv sein, insbesondere wenn Produkte regelmäßig getestet werden. In einigen Fällen können die Kosten des Verfahrens daher den Nutzen übersteigen [219]. Außerdem müssen die Belastungsprofile sorgfältig erstellt und angepasst werden, um sicherzustellen, dass sie für das jeweilige Produkt geeignet sind [206, 220].

Zusammengefasst sind die Einsatzmöglichkeiten von HASS durch Faktoren wie die richtige Anwendung, die Art des Produkts und die wirtschaftlichen Auswirkungen eingeschränkt. Es ist daher wichtig, sorgfältig abzuwägen, ob HASS das richtige Werkzeug für den jeweiligen Anwendungsfall ist. HASS bietet Unternehmen jedoch einige Vorteile in der Qualitätssicherung und der Produktion:

- **Früherkennung von Schwachstellen:** HASS hilft in der Produktionsphase Herstellungsfehler und Produktdefekte zu erkennen, bevor das Produkt den Kunden erreicht. Dies minimiert die Anzahl von Frühausfällen und steigert die Produktqualität [220].
- **Verbesserte Produktzuverlässigkeit:** Durch die Identifikation von Schwachstellen in der Produktion und die daraus resultierende Anpassung des Produktionsprozesses erhöht sich die Produktzuverlässigkeit [206].
- **Effizientere Produktion:** Durch die Identifizierung von Schwachstellen in der Produktion können diese effizient eliminiert werden. Dies steigert die Produktivität und gewährleistet eine konsistente Produktqualität [208].
- **Reduzierte Produktionsausfälle:** Der wiederkehrende Charakter von HASS verringert die Produktionsausfälle, da produktionsbedingte Fehler frühzeitig erkannt werden können [207].
- **Kosteneinsparungen:** Durch die Erkennung von Fehlern im Herstellungsprozess reduziert HASS die Kosten, die mit Ausfällen in Kundenhand und Garantierückläufen verbunden sind [221].
- **Beschleunigte Produktentwicklung und -einführung:** Durch die Kombination von HASS und HALT kann die Entwicklungs- und Einführungszeit neuer Produkte verkürzt werden, was eine schnelle Markteinführung ermöglicht [207].
- **Anpassbarkeit an verschiedene Produkte:** HASS kann je nach Produkt und dessen Anforderungen angepasst werden, was es zu einem vielseitigen Werkzeug für verschiedene Branchen macht [213].

Folglich erhöht HASS durch eine frühzeitige Fehler- bzw. Schwachstellenerkennung die Produktionseffizienz, die Produktqualität und -zuverlässigkeit und hilft Unternehmen dabei, Kosten und Produkteinführungszeiten zu reduzieren.

4.3 Step Stress Test

Der qualitative Step Stress Test ist eine Methode, bei der eine physische oder chemische Belastung in gestaffelten, vorgegebenen Stufen auf ein System oder Material angewendet wird, um dessen Reaktionen und Grenzen zu erforschen. Anstatt eine kontinuierliche Belastung zu simulieren, wird diese in klar abgegrenzten, progressiven Schritten erhöht. Dies kann in unterschiedlichen Kontexten, wie z. B. in der Materialprüfung, angewendet werden. Der qualitative Ansatz zielt darauf ab, die Widerstandsfähigkeit, Ausfallsicherheit und Belastungsgrenzen eines Systems unter verschiedenen Belastungsniveaus zu verstehen [115].

Der Ansatz wird oft in Experimenten genutzt, um eine beschleunigte Alterung oder Simulation von realen Belastungsbedingungen zu erzielen. Durch die schrittweise Erhöhung der Stressintensität kann eine Vielzahl von Systemantworten dokumentiert und daraus Rückschlüsse auf Lebensdauer und Ausfallwahrscheinlichkeiten gezogen werden [53].

Zusammengefasst ermöglicht der qualitative Step Stress Test, Schwächen, Grenzen und Leistungseigenschaften eines Systems in einer kontrollierten Umgebung sichtbar zu machen. Die Methode kann an unterschiedliche Szenarien und Anforderungen angepasst werden.

Der qualitative Step Stress Test wird in verschiedenen Bereichen eingesetzt, um die Belastbarkeit und Haltbarkeit von Systemen und Materialien zu untersuchen. Seine Anwendung findet sich insbesondere in der Materialprüfung, der Produktentwicklung und der Qualitätssicherung:

- **Beschleunigte Alterung:** Produkte werden beschleunigten Belastungen ausgesetzt, um die Auswirkungen langjähriger Nutzung zu simulieren. So können Hersteller in kurzer Zeit Rückschlüsse auf potenzielle Schwachstellen oder Produktmängel ziehen, was die Entwicklungszeiten verkürzt und die Produktzuverlässigkeit steigert [53].
- **Qualitätssicherung:** Während der Produktion oder vor der Markteinführung neuer Produkte wird der qualitative Step Stress Test verwendet, um sicherzustellen, dass alle Produkte den Qualitätsstandards entsprechen und den unterschiedlichen Stufen der Belastung standhalten [115].
- **Identifikation von Ausfallmechanismen:** Durch das Erhöhen der Belastungsstufen können bestimmte Ausfallmechanismen eines Produkts aufgedeckt und gezielt Gegenmaßnahmen entwickelt werden [222].

Der Prozess des qualitativen Step Stress folgt in der Regel diesen Schritten:

1. **Definition der Testbedingungen:** Die spezifischen Belastungsarten werden festgelegt, z. B. Temperatur, Feuchtigkeit, Spannung oder Druck. Die jeweiligen Stressstufen und die Dauer jeder Stufe müssen zudem definiert werden, um reproduzierbare Ergebnisse zu erzielen [115].
2. **Festlegung der Stufenabfolge:** Die Abfolge der Stressstufen muss sorgfältig geplant werden. Ein häufig verwendeter Ansatz ist die schrittweise Erhöhung des Stressniveaus über der Zeit. Die Stressintensität wird in regelmäßigen oder unregelmäßigen Intervallen gesteigert, abhängig von den erwarteten Materialeigenschaften [53].
3. **Durchführung des Tests:** Der Test wird mit einer oder mehreren Proben durchgeführt. Während der Testdauer wird die Reaktion des Materials auf die erhöhten Stressstufen genau überwacht und aufgezeichnet. Um den Ausfallpunkt zu identifizieren, können verschiedene Ausfallkriterien festgelegt werden, wie z. B. physische Beschädigung oder eine Leistungsverschlechterung [223].
4. **Analyse der Daten:** Nach Abschluss des Tests werden die gesammelten Daten analysiert. Anhand der Ausfallzeiten können Ausfallursachen priorisiert werden [115]
5. **Anwendung der Ergebnisse:** Die Ergebnisse des Tests können verwendet werden, um die Produktentwicklung und Qualitätssicherung zu verbessern. Sie helfen Herstellern mögliche Schwachstellen zu identifizieren und die Lebensdauer ihrer Produkte unter realen Bedingungen vorherzusagen. Die Priorisierung aus der Analyse kann dazu dienen eine Reihenfolge für die Behandlung der Problemstellungen zu finden.

Die qualitative Step-Stress-Methode bietet eine effektive Möglichkeit, die Belastbarkeit von Materialien und Systemen zu testen. Dennoch gibt es bestimmte Szenarien, in denen diese Methode nur eingeschränkt oder gar nicht anwendbar ist:

- **Langfristige kontinuierliche Belastungen:** Produkte, die im realen Betrieb langfristigen kontinuierlichen Belastungen ausgesetzt sind, könnten unter Step-Stress-Bedingungen anders reagieren. Der plötzliche Wechsel der Stressstufen entspricht oft nicht dem realen Betrieb, was zu Abweichungen bei den Testergebnissen führen kann [224].
- **Langzeiteffekte:** Bei bestimmten Belastungsarten, z. B. langsamer Korrosion oder schleichender Materialermüdung, erfasst die Step Stress möglicherweise nicht alle relevanten Effekte. Diese Effekte treten oft bei langfristiger Belastung auf, was bei einem gestaffelten Test nicht immer ausreichend simuliert wird. Einige Effekte können daher nur durch spezifische Langzeittests oder andere Testmethoden präzise erfasst werden [222].
- **Kombinierte Stressfaktoren:** In der realen Welt wirken oft mehrere Stressfaktoren zusammen, die sich obendrein gegenseitig beeinflussen. Der Step Stress Test betrachtet

meist nur einzelne Stressoren, was zu einer vereinfachten Darstellung führen kann und die Realität komplexer Interaktionen möglicherweise nicht widerspiegelt [53, 222].

- **Unterschiedliche Ausfallmechanismen:** Bei Systemen, die komplexe Ausfallmechanismen aufweisen, kann die Methode dazu führen, dass bestimmte Ausfallarten übersehen oder falsch interpretiert werden. Wenn verschiedene Stressfaktoren miteinander interagieren, kann dies zu ungenauen oder irreführenden Ergebnissen führen [53, 225].
- **Begrenzte Anwendbarkeit bei komplexen Systemen:** Bei komplexen Systemen, die eine Vielzahl von Komponenten oder Einflussfaktoren haben, kann die Step-Stress-Methode problematisch sein, da es schwer ist, die Auswirkungen steigender Belastungen auf die verschiedenen Systemteile zu messen und zu analysieren.
- **Einfluss von Benutzerfehlern:** Fehler oder unsachgemäße Handhabung durch den Benutzer können auch eine entscheidende Rolle bei Produktausfällen spielen, werden aber im Rahmen des Step Stress Tests nicht berücksichtigt. Daher sind ergänzende Tests oder Datenanalysen nötig, um solche Aspekte zu erfassen [223].

Die Step-Stress-Methode ist nicht für alle Testbedingungen und Belastungsszenarien bzw. nicht für alle Systeme und Ausfallursachen geeignet. Die Ergebnisse sollten daher in Kombination mit anderen Testmethoden und Analysen betrachtet werden, um ein umfassendes Bild über die Produktzuverlässigkeit zu erhalten. Wird dies beachtet, liefert Step Stress Test einige Vorteile für die Materialforschung und die Produktentwicklung. Zu diesen zählen:

- **Beschleunigte Tests:** Durch die schrittweise Erhöhung der Belastungsintensität kann innerhalb kurzer Zeit auf Testergebnisse zurückgegriffen werden, was die Zeit bis zur Markteinführung verkürzen kann [224].
- **Kosteneffizienz:** Die Beschleunigung des Testprozesses reduziert nicht nur die Dauer, sondern auch die Kosten für die Entwicklung und Qualitätssicherung und erlaubt es Ausfälle frühzeitig zu identifizieren [53].
- **Identifikation kritischer Schwachstellen:** Durch die Steigerung der Stressstufen können Belastungsbereiche erkannt werden, ab denen ein Material oder ein Produkt ausfällt. Liegen diese innerhalb des erwarten Nutzungsrahmens können diese spezifischen Schwachstellen gezielt behoben werden [222].
- **Flexibilität und Anpassbarkeit:** Die Methode ist flexibel anpassbar und kann auf verschiedene Versuchsanordnungen und Arten von Belastungen angewendet werden – darunter mechanische, thermische oder elektrische Belastungen. Dadurch lässt sie sich vielseitig für unterschiedliche Produkte und Branchen einsetzen [223].

Ein Beispiel für die Anwendung des qualitativen Step Stress Test findet sich bei der Prüfung von elektronischen Komponenten. Hersteller von Halbleiterkomponenten möchten die Ausfallsicherheit ihrer Produkte unter verschiedenen thermischen Bedingungen prüfen. In der Testplanung werden Temperaturstufen zwischen 85 °C und 150 °C in Schritten von 15 °C festgelegt und es wird entschieden, die Testdauer für jede Stufe auf 50 h zu begrenzen. Für die Versuche werden die Halbleiterkomponenten in eine thermische Testkammer gelegt und zunächst 50 h bei 85 °C getestet. Nach dieser Phase wird die Funktionalität der Komponenten überprüft, bevor die Temperatur auf 100 °C erhöht wird. Dieses Vorgehen wird solange fortgeführt, bis alle Komponenten ausgefallen sind oder die maximale Testtemperatur erreicht ist. Während des Tests wird bei jedem Ausfall dokumentiert, welche Temperaturstufe gerade anliegt. Nach Abschluss des Tests werden die gesammelten Daten analysiert. Die Analyse zeigt, dass bei Temperaturen über 130 °C plötzlich ein Großteil der Halbleiterkomponenten ausfällt. Wenn dieses Verhalten als unerwünscht definiert ist, können aus den Testergebnissen Rückschlüsse für Maßnahmen gezogen werden, um die Produktausfälle zu reduzieren. So kann z. B. die Verwendung von Materialien mit höherer thermischer Beständigkeit oder die Verbesserung des Designs, die schädigenden Effekte der Wärmebeeinflussung reduzieren.

Der qualitative Step Stress Test ist ein effektives Werkzeug zur Bewertung der Belastbarkeit und Lebensdauer von Materialien und Systemen. Durch die schrittweise Erhöhung des Stressniveaus ermöglicht er eine beschleunigte Analyse von Schwachstellen und Ausfallmechanismen. Diese Methode ist besonders wertvoll in Branchen, in denen die Lebensdauer und Zuverlässigkeit von Produkten kritisch sind, wie in der Elektronik oder Medizintechnik. Trotz einiger Einschränkungen, wie der möglichen Abweichung von realen Bedingungen oder dem Auftreten unvorhergesehener Wechselwirkungen, bietet Step Stress Test klare Vorteile in Bezug auf Testeffizienz und Kosten. Unternehmen können damit die Zuverlässigkeit ihrer Produkte verbessern, Entwicklungszeiten verkürzen und Kosten reduzieren. Gleichzeitig sollte die Methode stets in Kombination mit anderen Testmethoden und Analysen betrachtet werden, um ein umfassendes Bild von den Belastungsgrenzen eines Produktes oder Systems zu erhalten.

5 Quantitative Testmethoden zur Bestimmung der Produktzuverlässigkeit

Inhalt dieses Kapitels sind die quantitativen Testverfahren für die Bestimmung der Produktzuverlässigkeit. Aufgrund der stochastischen Eigenschaften der Produktlebensdauer müssen Ausfallzeiten durch eine Wahrscheinlichkeitsverteilung beschrieben werden. Dafür wird in der Regel die sehr flexible Weibullverteilung verwendet. Zur Bestimmung der Parameter der produktspezifischen Ausfallverteilung können unterschiedliche Parameterschätzverfahren eingesetzt werden. Die grundsätzlichen mathematischen Vorgehensweisen sowie die Vor- und Nachteile der Verfahren werden vorgestellt und diskutiert. Aufgrund der epistemischen Unsicherheit, die durch den Stichprobenfehler entsteht, muss immer eine Risikobewertung für eine Falschaussage durchgeführt werden. Dazu werden die Vertrauensbereiche bzw. Confidence Distributions für die Ausfallverteilung bestimmt. Auch dafür können verschiedene mathematische Konzepte verwendet werden, die in diesem Kapitel vorgestellt werden.

Neben den konventionellen End-of-Life Tests kommen für eine zusätzliche Effizienzsteigerung auch beschleunigte Tests zum Einsatz. In der Regel werden daraus Lebensdauermodelle abgeleitet, die neben der Zuverlässigkeitsprognose für ein definiertes Belastungsniveau (meist die Feldbelastung) auch Prognosen für unterschiedliche Lastkollektive erlauben. Neben den bekanntesten Lebensdauermodellen wird ebenfalls deren Parametrierung und die Berechnung des Vertrauensbereichs vorgestellt. Kommen Lastkollektive zum Einsatz werden Schadensakkumulationshypothesen eingesetzt, um eine Zuverlässigkeitsprognose zu erhalten. Dazu werden die wichtigsten Berechnungsverfahren erläutert.

Zu Beginn dieses Kapitels werden zunächst die Voraussetzungen für die Durchführung von quantitativen Testmethoden erläutert sowie die zentralen Ziele und Anforderungen

M. Dazer et al., *Zuverlässigkeitstests für eine effiziente und entwicklungsbegleitende Absicherung von Bauteilen und Systemen*, https://doi.org/10.1007/978-3-662-72967-0_5

definiert. Außerdem wird die Vorgehensweise zur Durchführung erläutert. Die Auswertung der empirischen Lebensdauerdaten aus Zuverlässigkeitstests ist entscheidend, um eine valide Zuverlässigkeitsaussage bzw. das Ausfallverhalten zu erhalten, mit dessen Hilfe Zuverlässigkeitsprognosen ermöglicht werden. Entsprechend viel Raum nimmt die Auswertung von Lebensdauerdaten aus Zuverlässigkeitstests in diesem Abschnitt ein.

5.1 Voraussetzungen

Die grundsätzlichen Voraussetzungen lassen sich prinzipiell in eine versuchs- bzw. messtechnische und eine statistische Ebene teilen. Im Folgenden werden die Voraussetzungen für einen erfolgreichen Zuverlässigkeitstest zur Bestimmung der Produktzuverlässigkeit vorgestellt.

5.1.1 Fokus: Ermüdungsausfälle

Die Produktlebensdauer kann bekanntlich durch eine Vielzahl unterschiedlicher Ausfallmechanismen beeinflusst werden. Zur besseren Handhabung und zur Definition von geeigneten Maßnahmen, um bestimmten Ausfallmechanismen in der Entwicklung zu begegnen, teilt man sie entsprechend der Badewannenkurve in die bekannten drei Bereiche – Früh-, Zufalls- und Ermüdungsausfälle. Während die Erstgenannten eher unter dem Überbegriff „Design- oder Produktionsschwäche" zusammenzufassen sind, tritt der Ermüdungsausfall meist durch den normalen Produktgebrauch auf. Es handelt sich damit um eine Herausforderung in der Produktauslegung. Zur besseren Veranschaulichung stelle man sich eine Wanddicke eines Metallbauteils vor, die zyklisch belastet wird. Je dicker die Wand, desto belastbarer wird sie sein und desto länger wird auch die Lebensdauer ausfallen.

Der Fokus eines Lebensdauertests zur Bestimmung der Produktzuverlässigkeit liegt immer auf den Ermüdungsausfällen. Für diese Mechanismen muss die Ausfallverteilung bestimmt werden, um einzuschätzen, mit wie vielen Ausfällen bei einer festgelegten Auslegung gerechnet werden muss – meistens bezogen auf das Zuverlässigkeitsziel. Treten im Test neben den erwarteten Ermüdungsausfallen zusätzlich Früh- oder Zufallsausfälle auf, hat das negative Auswirkungen auf den Lebensdauertest. Zunächst müssen in einem solchen Fall zusätzliche Prüflinge getestet werden, denn es konnten nicht aus allen die notwendigen Informationen über die Ermüdungsausfälle gewonnen werden, d. h. der Lebensdauertest verliert an Effizienz. Im schlimmsten Fall liegt das Ausfallverhalten des Frühausfalls zeitlich betrachtet so weit vor dem zu testenden Ermüdungsausfall, dass alle Prüflinge nur durch den Frühausfall ausfallen. Dies ist dann der Fall, wenn die Ausfallverteilung des Frühausfalls nahezu 100 % Ausfallwahrscheinlichkeit erreicht, bevor die Ausfallverteilung des Ermüdungsverhaltens beginnt, siehe Abb. 5.1.

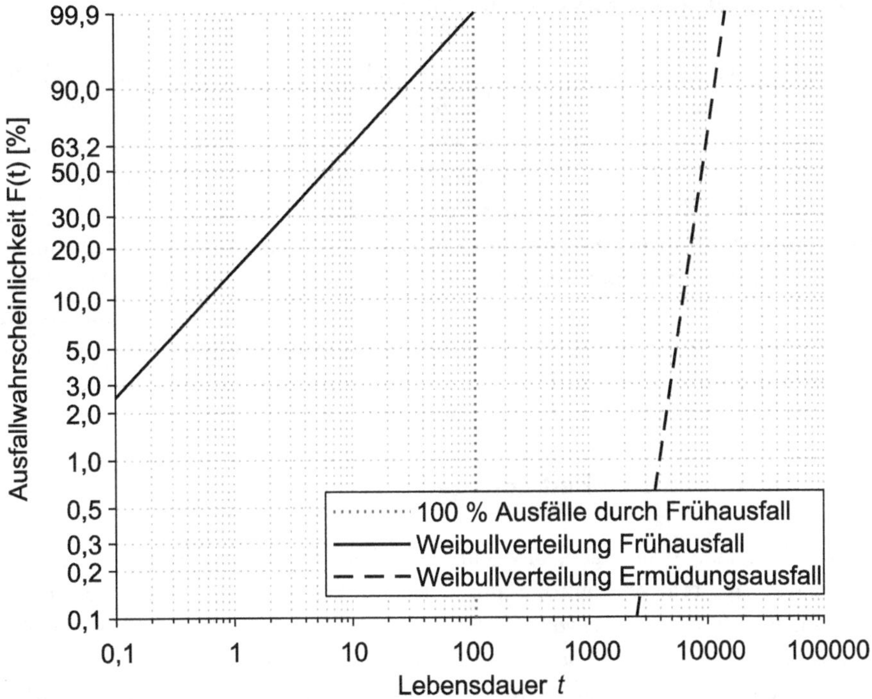

Abb. 5.1 Zusammenwirken von mehreren Ausfallmechanismen im Lebensdauertest.

Die viel größere Problematik ist aber, dass erst durch den Test ermittelt wurde, dass das Produkt gegebenenfalls noch unter einer kritischen Designschwäche leidet, die es zu eliminieren gilt. Denn per Definition liegt der Ausfallzeitpunkt der Frühausfälle in der Regel deutlich unter der angestrebten Produktlebensdauer. Das bedeutet, wenn nicht auszuschließen ist, dass eine weitere Maßnahme zur Abstellung der identifizierten Früh- bzw. Zufallsausfalls auch den kritischen Ermüdungsausfall beeinflusst, muss der Lebensdauertest gegebenenfalls komplett wiederholt werden. Im beschriebenen Fall, in dem ausschließlich Frühausfälle auftreten, muss der Test ohnehin wiederholt werden, denn es bestand noch gar nicht die Chance, den Ermüdungsausfall überhaupt zu bewerten. Aus diesem Grund sind im Idealfall bereits vor dem Lebensdauertest alle kritischen Früh- und Zufallsausfälle durch entsprechende qualitative (Test)-methoden eliminiert, siehe auch [226], sodass der Fokus einzig auf die verbleibenden Ermüdungsschäden gelegt werden kann, um die Langzeitzuverlässigkeit des Produkts zu bewerten.

5.1.2 Feldrepräsentative Belastung

Die Produktzuverlässigkeit kann je nach Ausfallmechanismus von einer Vielzahl an Einflussfaktoren beeinflusst werden. Der dominanteste ist aber sicherlich die Produktbelastung über die Lebensdauer, die aus dem vorhergesehenen Produktgebrauch entsteht. Denn grundsätzlich gilt: eine höhere Belastung verringert die Produktlebensdauer. Die Korrelation wird dabei vor allem durch den Ausfallmechanismus und die Produkteigenschaften definiert. Eine korrekte und feldrepräsentative Lastannahme ist daher essentieller Bestandteil für die Entwicklung und Absicherung zuverlässiger Produkte [227]. Dies gilt ebenso für die Erprobung in einem Zuverlässigkeitstest, da eine nicht repräsentative Belastung eine inkorrekte Zuverlässigkeitsprognose zur Folge hat. Das gilt für statische als auch für dynamische Lastanteile [227].

5.1.3 Konstante Randbedingungen

Grundsätzlich kann man sagen, dass eine belastbare Ergebniserzielung in der Lebensdaueranalyse eine präzise Kontrolle und konstante Aufrechterhaltung der Versuchsrandbedingungen erfordert. Lebensdauerdaten zeigen oft von Natur aus eine erheblichen Varianz, bedingt durch Einflüsse, die nicht vollständig kontrollierbar sind, wie beispielsweise Streuungen von Materialeigenschaften und Toleranzen. Wenn zusätzliche Varianzen aufgrund von Störeinflüssen hinzukommen, wird das Ergebnis weniger aussagekräftig, da der Formparameter aufgrund der gesteigerten Varianz zu konservativ (zu klein) geschätzt wird. Die Streuung der Lebensdauer wird in diesem Zuge überschätzt. Konkrete Maßnahmen die für möglichst konstante Randbedingungen ergriffen werden können, betreffen nicht nur den Test selbst sondern auch die Messmittel die verwendet werden, um beispielsweise die Ausfallzeit zu bestimmen. Folgende Leitlinien geben einen Überblick:

- Die Festlegung und strikte Einhaltung von festgelegten Grenzwerten sind von entscheidender Bedeutung. Dies gilt insbesondere für Lebensdauerversuche, wobei besondere Aufmerksamkeit dem Lastkollektiv gewidmet werden sollte. Dabei muss die Belastung nicht ausschließlich auf mechanische Lasten beschränkt sein. Bei weiteren Belastungen wie elektrischer, korrosiver oder temperaturbedingter Belastung ist eine ebenso präzise Vorgehensweise erforderlich. Im besten Fall werden alle Einstellungen und Grenzwerte in einem Mess- und Erprobungshandbuch definiert.
- Für die Lebensdauerbestimmung ist die präzise Definition eines Grenzwerts, bei dem die Sollfunktion nicht mehr erfüllt ist, unabdingbar. Dies gewinnt insbesondere an Bedeutung, wenn der Schaden eine kontinuierlich variable Größe darstellt, wie beispielsweise die Leckagemenge bei einer Dichtung. Solche Ausfallmechanismen werden im Allgemeinen auch als „Soft-Failure“ bezeichnet, da die Funktion nicht komplett ausfällt wie bei einem „Hard-Failure“, sondern ihre Wirkung über der Zeit

verliert. In solchen Fällen bezeichnet man die Festlegung dieses Grenzwerts als das sogenannte End-of-Life-(EoL)-Kriterium.

- Der Versuchsaufbau und die Struktur der Überwachungseinrichtungen sollten so gestaltet sein, dass die Hauptursache für einen Ausfall auch nach aufeinanderfolgenden Ausfällen bzw. Folgeausfällen identifiziert werden kann. Dies erweist sich als essenziell, da jeder Ursache für einen Ausfall spezifische Zuverlässigkeitsparameter zugeordnet werden müssen.
- Die Messverfahren zur Erfassung und Überwachung der Randbedingungen müssen unter Berücksichtigung ihrer Genauigkeit und Präzision [228] spezifiziert werden. Dabei ist es vorteilhaft, eine größere Menge an Messinformationen am Prüfstand zu erheben als letztendlich benötigt wird. Die eingesetzten Messmittel sollten einer Kalibrierung unterzogen werden. Zusätzlich empfiehlt es sich, in einer Messmittelanalyse die Streuung des Messinstruments zu dokumentieren, gegebenenfalls zu reduzieren sowie systematische Messabweichungen zu identifizieren und zu beheben [5, 228, 229]. Werden längere Prüfzeiten erwartet, so sind außerdem möglichst automatisierte Messwerterfassungssysteme vorzuziehen.

5.1.4 Repräsentative Stichproben

In der statistischen Testplanung ist die zentralste Herausforderung die Zusammenstellung der Stichprobe. Dabei ist zum einen die Festlegung der Stichprobengröße relevant, welche eng mit dem Vertrauensbereich und der Streuung der Messwerte verbunden ist (vgl. Abschn. 6.3). Je geringer die Anzahl der geprüften Teile ist, desto größer wird der Vertrauensbereich, was wiederum die Unsicherheit der statistischen Auswertung erhöht.

Um präzise Ergebnisse zu erzielen, ist daher eine entsprechend große Anzahl an geprüften Bauteilen erforderlich, was jedoch den Prüfaufwand erheblich steigern kann. Es gilt somit stets einen Kompromiss zwischen dem Aufwand und dem angestrebten Ergebnis zu finden. Aus statistischer Perspektive ist das Mindestmaß für die Stichprobengröße eine Prüflingsanzahl von drei. Mit einem Prüfling bestehen zu wenige Freiheitsgrade, um die beiden Parameter der Weibullverteilung und damit des Ausfallverhaltens zu bestimmen. Bei zwei Prüflingen lassen sich die Parameter zwar bestimmen, allerdings nur durch Interpolation. Bei drei Prüflingen besteht ein Freiheitsgrad mehr als zu bestimmende Parameter. Daher kann erst in dieser Konfiguration mithilfe von Regressionsverfahren die passendste Verteilungsfunktion als Schätzung für die Grundgesamtheit ermittelt werden.

Die Frage bezüglich der Auswahl der zu prüfenden Bauteile und der Stichprobenentnahme ist im Gegensatz dazu vergleichsweise einfach zu beantworten. Statistisch betrachtet sollte die Stichprobe eine einfache Zufallsstichprobe sein, das heißt, die Auswahl der zu prüfenden Bauteile sollte rein zufällig erfolgen. Hierbei müssen zwei Anforderungen an die Stichprobe erfüllt werden: Erstens sollte jeder Prüfling die gleiche

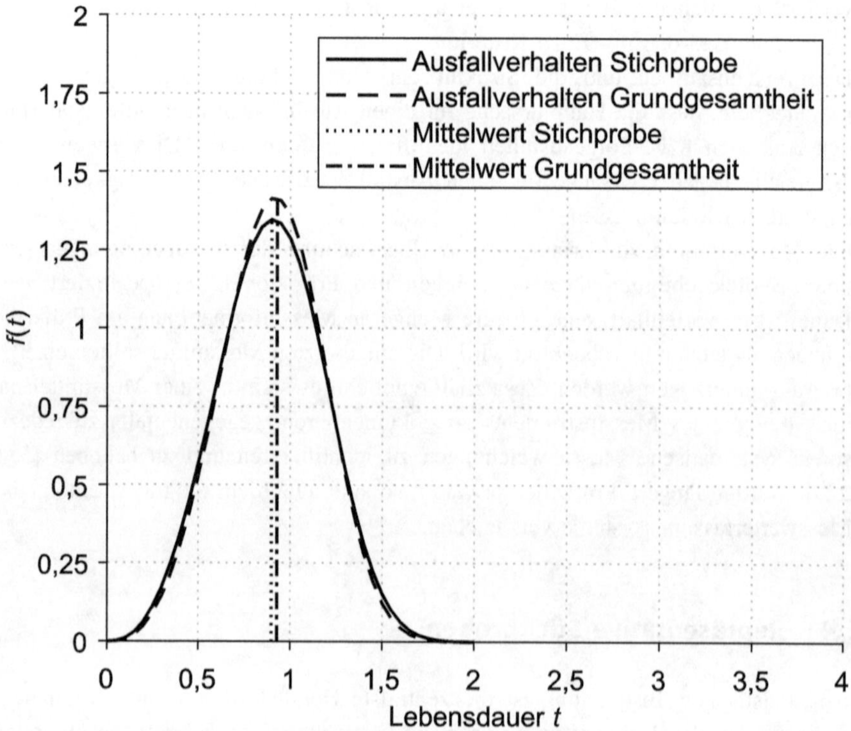

Abb. 5.2 Ausfallverhalten einer repräsentativen Stichprobe und der zugrunde liegenden Grundgesamtheit.

Wahrscheinlichkeit haben, in die Stichprobe aufgenommen zu werden, und zweitens müssen die Ziehungen aus der Grundgesamtheit unabhängig voneinander erfolgen [5]. Nur wenn die Stichprobe die Grundgesamtheit repräsentiert, kann ein belastbares Ergebnis erzielt werden, denn die einzige Informationsgrundlage die besteht, sind die Ausfallzeiten der Stichprobe. Bei einer repräsentativen Stichprobe kann davon ausgegangen werden, dass das Ausfallverhalten dem der Grundgesamtheit folgt, d. h. die statistischen Kennwerte, wie Mittelwert und Varianz (strenggenommen die statistischen Verteilungsmomente) der Grundgesamtheit lassen sich durch die Stichprobe präzise schätzen, siehe Abb. 5.2. Ist diese Grundvoraussetzung von vornerein nicht erfüllt – d. h. die Resultate der Stichprobe und der Grundgesamtheit divergieren, siehe Abb. 5.3 – dann lässt sich das Stichprobenergebnis, unabhängig des verwendeten statistischen Verfahrens, nicht auf die Grundgesamtheit übertragen. Aus der Anwenderperspektive ist das Ergebnis damit wertlos. Wird ein nicht repräsentatives Ergebnis weiterverwendet, birgt das darüber hinaus enormes Gefahrenpotenzial. Wird die Zuverlässigkeit überschätzt, wird das Produkt/der Prozess ggf. freigegeben und es treten während des Feldbetriebs deutlich früher Ausfälle auf als angenommen.

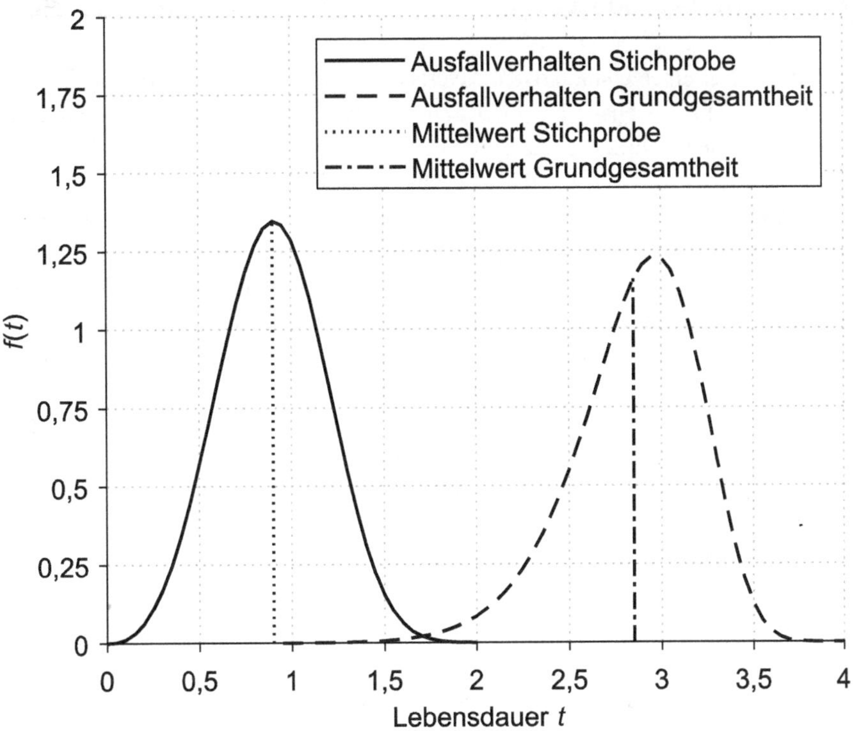

Abb. 5.3 Ausfallverhalten einer nicht repräsentativen Stichprobe und der zugrunde liegenden Grundgesamtheit.

In der praktischen Anwendung gestaltet sich die Erhebung einer reinen Zufallsstichprobe nicht immer einfach und ist mitunter mit erheblichem Aufwand verbunden. Dennoch ist es nicht sinnvoll, beispielsweise alle Prüflinge auf einmal aus der Produktion zu entnehmen. Hierbei ist oft ein pragmatischer Kompromiss erforderlich. Es ist dabei von entscheidender Bedeutung, dass trotz etwaiger Schwierigkeiten bei der Stichprobenentnahme eine ausreichende Repräsentativität gewährleistet wird, um verlässliche Ergebnisse zu erzielen. Das „Literary-Digest-Desaster" von 1936 illustriert eindrucksvoll, wie eine nicht repräsentative Stichprobe trotz korrekt angewendeter Schätzmethoden zu falschen Ergebnissen führen kann [230].

5.2 Grundlegende Vorgehensweise, Anforderungen und Ziele

Das zentrale Ziel eines quantitativen Zuverlässigkeitstests ist die Bestimmung der Langzeitzuverlässigkeit in Abhängigkeit der Lebensdauer von einem oder mehreren kritischen Ermüdungsausfällen eines technischen Systems bzw. Produkts. Selbst bei gut verstandenen Ausfallmechanismen, für die eine physikalische Grundlage für die Beschreibung der Lebensdauer existiert, wie z. B. das Wöhlermodell, fehlt in den meisten Fällen die produktindividuelle Parametrierung, die stark vom Aufbau, Design, Fertigung und Komplexität des Produkts abhängt [19]. Auch eine Übertragung von grundlegendem physikalischem Wissen auf individuelle Produkte gestaltet sich dadurch schwierig [231]. Durch den Zuverlässigkeitstest kann mithilfe statistischer Methoden die Zuverlässigkeit auf Basis der empirischen Lebensdauerdaten ermittelt werden, sofern das nötige Testequipment existiert. Prinzipiell wird dazu das Produkt in einem Zuverlässigkeitstest mit möglichst feldrepräsentativer Belastung bis zum Ausfall getestet und mithilfe von statistischen Methoden (Parameterschätzverfahren z. B. MLE) die Korrelation von Zuverlässigkeit bzw. Ausfallwahrscheinlichkeit und der erreichten Lebensdauer hergestellt. Durch das ermittelte Modell können dann z. B. für geforderte maximale Ausfallwahrscheinlichkeiten B_{req} Lebensdauerprognosen t_{Prog} berechnet werden, die als Grundlage der Entscheidungsfindung dienen, wie z. B. über eine Musterfreigabe. Das prinzipielle Vorgehen ist in Abb. 5.4 schematisch aufgezeigt.

Zur Gewährleistung der universellen Anwendbarkeit wird das Produkt selbst in einem Zuverlässigkeitstest über einen längeren Zeitraum entsprechend des gewählten Testverfahrens, der Testebene (Abschnitt 2.1.2.6) und der Beschleunigungsart (Abschn. 2.1.2.3) bis zum Ausfall oder bis zum Erreichen des Zensierungskriteriums getestet. Im Test muss der kritische Ausfallmechanismus des Systems angesprochen werden, da ansonsten das Produkt unter Umständen fälschlicherweise viel zu lange Lebensdauern erzielen könnte. Aus den erhobenen Lebensdauerdaten, die aus Ausfallzeiten und/oder Laufzeiten von Durchläufern bestehen können, wird dann mittels eines Schätzverfahrens eine produktspezifische Ausfallverteilung bestimmt [54]. In der Praxis wird aufgrund ihrer vorteilhaften Eigenschaften oft die Weibullverteilung verwendet [5]. Da man das Stichprobenergebnis bei ingenieurswissenschaftlichen Fragestellungen immer auf eine Grundgesamtheit übertragen will, erhofft man sich grundsätzlich ein erwartungstreues Ergebnis, d. h. man verwendet erwartungstreue Schätzmethoden für die Bestimmung der Ausfallverteilung. Darunter versteht man Methoden, die einen Erwartungswert des zu schätzenden Parameters liefern, der dem wahren Wert der Grundgesamtheit entspricht [232]. Die Erwartungstreue ist eine wesentliche Eigenschaft eines Schätzers. Mit zunehmender Stichprobengröße konvergiert die Varianz vieler Schätzer gegen Null. Das bedeutet, dass sich die Verteilung des Schätzwerts um den Erwartungswert des Schätzers zusammenzieht, der dem gesuchten wahren Parameter der Population entspricht. Bei erwartungstreuen Schätzern wird vorausgesetzt, dass die Differenz zwischen dem aus der Stichprobe berechneten Schätzwert und dem wahren Parameter umso kleiner wird, je

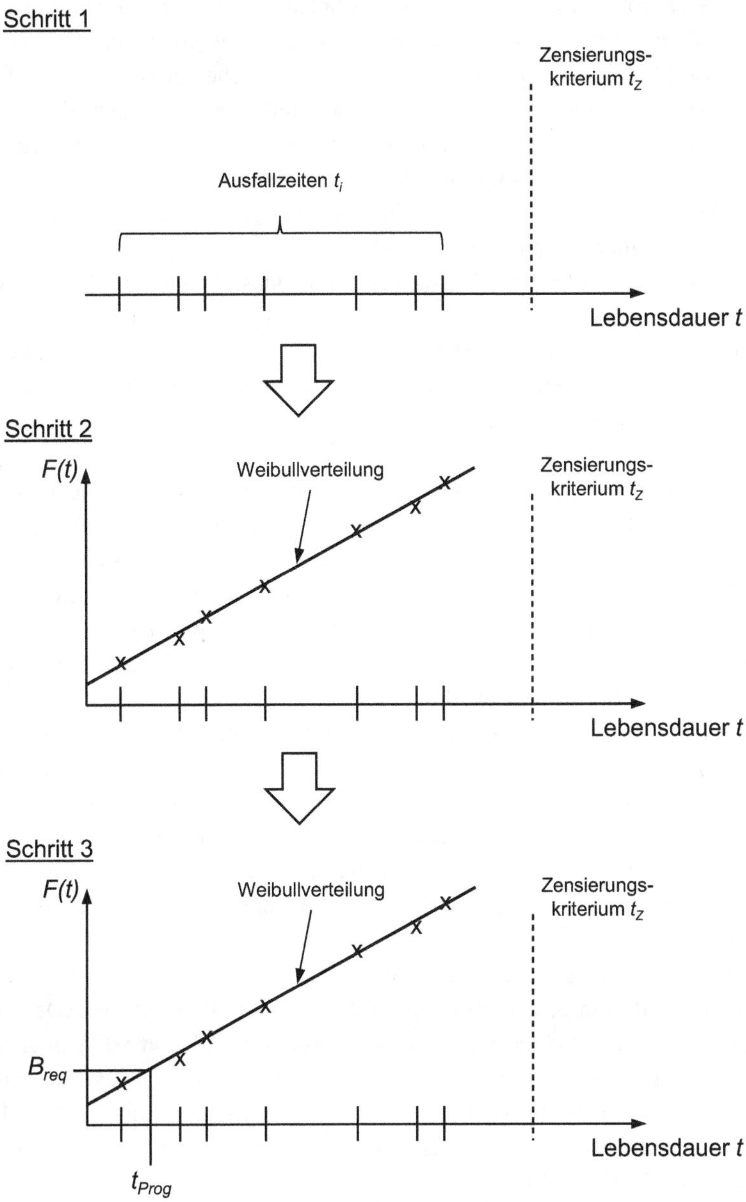

Abb. 5.4 Grundlegende Vorgehensweise der quantitativen Testmethoden. ()

größer die Stichprobengröße ist [232]. Ist ein Schätzverfahren nicht erwartungstreu wird es als verzerrt bezeichnet und es müssen Korrekturverfahren verwendet werden, siehe Abschn. 5.4.1.2.5. Eine nichtparametrische, rein empirische Auswertung von Testresultaten kommt bei ingenieurswissenschaftlichen Fragestellungen selten zum Einsatz. In vielen Fällen sind Zuverlässigkeitstests aufgrund von teuren Prototypen und vergleichsweise langen Laufzeiten sehr kostenintensiv, weshalb in der Regel sehr wenige Lebensdauerdaten zur Verfügung stehen und mit einer sehr geringen Datenbasis eine Prognose der Zuverlässigkeit schlicht zu ungenau ist [28].

Mit der erwartungstreuen Schätzung der Produktausfallverteilung, beispielsweise als Weibullverteilung, lassen sich nun die Schätzungen der Zuverlässigkeit zu beliebigen Zeitpunkten bestimmen, die am wahrscheinlichsten für die Grundgesamtheit eintreten. Diese Prognosen dienen für verschiedene Herausforderungen in der Praxis als zentrale Entscheidungsgrundlage, wie z. B. Musterfreigaben, Garantieabschätzungen oder die Ableitung von Optimierungspotenzialen.

Die erwartungstreue Schätzung ist per Definition zwar die wahrscheinlichste für die Grundgesamtheit, dennoch kann es aufgrund der Varianz der Schätzmethoden gerade bei sehr kleinen Stichprobengrößen zu Fehleinschätzungen kommen. Aus diesem Grund muss für eine Risikoeinschätzung stets die Unsicherheit der Schätzung bestimmt werden, um sich ggf. für das schlechtmöglichste Ergebnis absichern zu können oder eine Prognose für das bestmögliche Ergebnis zu erhalten. Dafür werden stets die Vertrauensbereiche für die Ausfallverteilung berechnet, siehe Abb. 5.5.

Neben der Risikoeinschätzung für die wahre Lage der Ausfallverteilung der Grundgesamtheit kann so auch stets die Güte der Schätzung und damit der Datenbasis vorgenommen werden, denn die Vertrauensbereichsbreite hängt stark von der Größe der Stichprobe ab. Ist der Vertrauensbereich für eine zielführende Schätzung zu groß, kann bei ausfallbasierten Testverfahren die Datenbasis durch zusätzliche Tests sehr einfach vergrößert werden, siehe Abb. 5.6, was aber auch immer mit einem erhöhten Aufwand verbunden ist.

Ähnlich der Erwartungstreue bei den Punktschätzern existiert mit der Coverage Probability [233] ebenfalls ein Bewertungsmaß für die Intervallschätzverfahren. Denn bei einem 90 % Vertrauensbereich würde man erwarten, dass er auch exakt 90 % aller möglichen Weibullverteilungen einschließt. Da die Berechnungsverfahren entweder approximativer oder numerischer Natur sind, ist dieses Kriterium nie exakt erfüllt, der Fehler sollte jedoch möglichst klein ausfallen. Ein Vergleich der Berechnungsmethoden wird in Abschn. 5.4.2.5 vorgestellt.

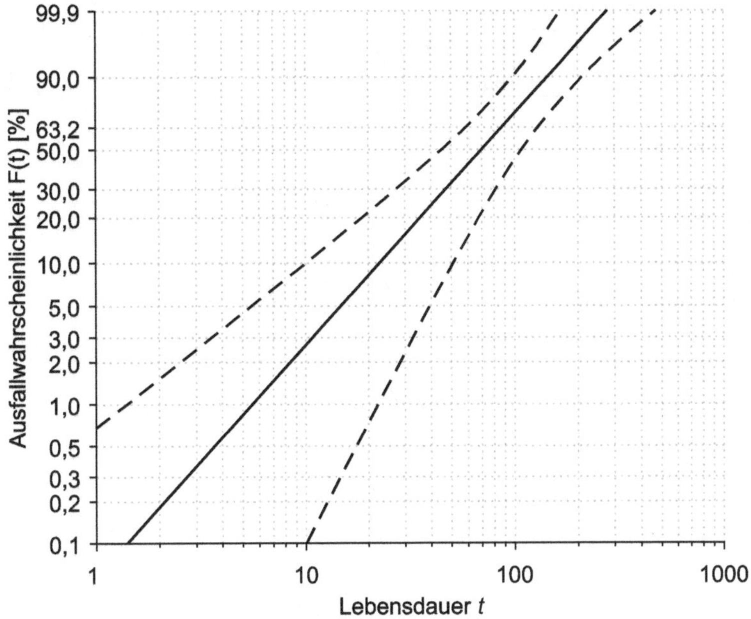

Abb. 5.5 Vertrauensbereiche für die Genauigkeitsbewertung der Schätzung. (© IMA 2026. All Rights Reserved)

5.3 Bestimmung der Belastung in Form von Lastkollektiven

Einen wichtigen Aspekt der Erprobung stellt die Bestimmung einer repräsentativen Belastung dar, d. h., dass die bei der Erprobung erfahrene Belastung repräsentativ für die Belastung im Feldeinsatz ist. Die Belastungen, die auf ein Produkt einwirken, lassen sich in statische und dynamische Belastungen unterteilen. Diese werden in der Belastungs-Zeit-Funktion beschrieben und können in deterministische und stochastische Vorgänge eingeteilt werden. Deterministische Vorgänge sind vorhersagbar. Im Gegensatz dazu sind stochastische Vorgänge nicht vorhersehbar und dem Zufall unterlegen.

Diese Unterscheidung von deterministischen und stochastischen Vorgängen gilt auch auf Bauteilebene über die Zeit. Die Belastungs-Zeit-Funktion kann im Betrieb beim Kunden oder unter Testbedingungen erfasst werden. Um die Belastung zu veranschaulichen, zu vergleichen oder für die Lebensdauerberechnung zu nutzen, wird sie in eine Häufigkeitsverteilung der Einzelbelastungen bzw. -schwingungen überführt. Diese Häufigkeitsverteilung wird als Lastkollektiv bezeichnet und beschreibt die Häufigkeiten oder Verweildauern für definierte Lastklassen. Die Ermittlung der Lastklassen erfolgt durch amplitudenbasierte Zähl- und Klassierverfahren. Lastkollektive sind eine stark komprimierte Darstellungsweise der Belastung, wodurch jedoch Frequenz, Form und Reihenfolge

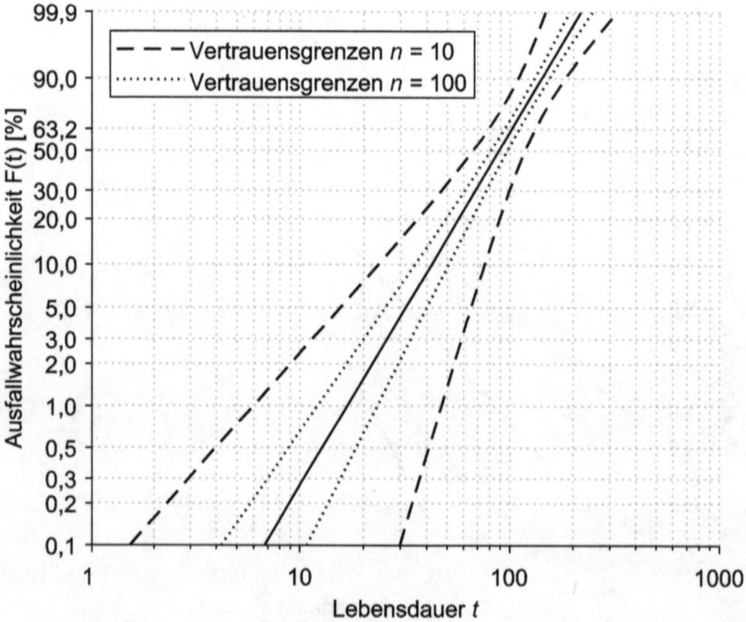

Abb. 5.6 Vertrauensbereiche für unterschiedliche Stichprobengrößen n. ()

der Lastzyklen verloren gehen. Wie in Abb. 5.7 dargestellt ist, können die einparametrischen Verfahren aus den zweiparametrischen Verfahren abgeleitet werden. Das geeignete Klassierverfahren wird anhand der Charakteristik der Belastungs-Zeit-Funktion ausgewählt. Dabei sind Mittellastschwankungen, Überlagerungen und Dämpfungen in der Belastungs-Zeit-Funktion zu berücksichtigen [234].

5.3.1 Ermittlung relevanter Lasten

Die Repräsentativität von Lastkollektiven ist entscheidend für die Repräsentativität der Zuverlässigkeitsabsicherung. Aus diesem Grund wurden bereits einige Methoden zur Ermittlung von repräsentativen Lastkollektiven entwickelt, siehe [227, 235–237]. Die Ermittlung von repräsentativen Kollektiven wird im Folgenden exemplarisch nach der Methode von Lucan erläutert [227]. Das Vorgehen gliedert sich in vier Phasen, die in Abb. 5.8 abgebildet sind und nachfolgend näher beschrieben werden.

In Phase 1, der „System- und Lastanalyse", sind drei Schritte durchzuführen: „Systemanalyse", „Lastanalyse" und „Relevante Lasten". Das Ziel dieser Phase ist es, die für das System relevanten Lasten zu bestimmen. Hierfür wird zuerst eine Systemgrenze festgelegt, an der die Belastungen gesammelt werden. Aus dieser Sammlung

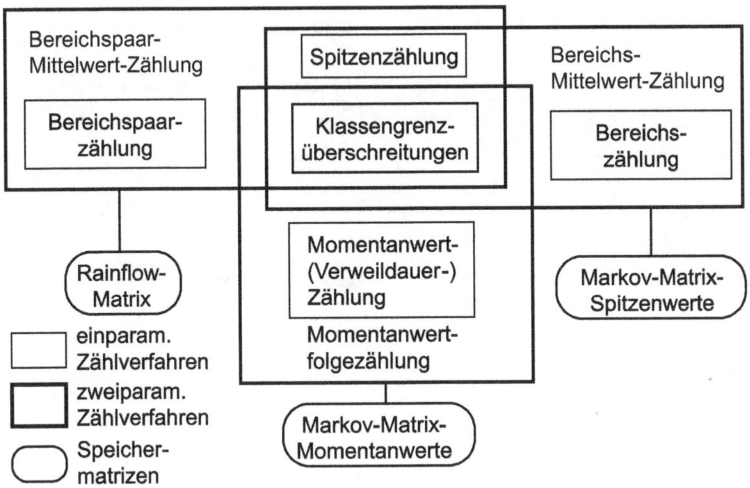

Abb. 5.7 Übersicht Klassierverfahren [5]. (© IMA 2026. All Rights Reserved)

werden dann die relevanten Lasten abgeleitet. In Phase 2 erfolgen die Schritte „Einsatzartensammlung“, „Umgang mit Missbrauch“ und „Relevanter Nutzraum“, um den für die Lastkollektivermittlung wichtigen Nutzraum zu bestimmen. Zunächst werden alle möglichen Einsatzarten des Systems gesammelt. Dann wird festgelegt, wie mit einer missbräuchlichen Produktnutzung umzugehen ist. Abschließend wird der relevante Nutzraum festgelegt, der für Phase 3 „Zielsetzung und Datenspezifikation“ benötigt wird. In der „Definition Zielsetzung“ wird festgelegt, wie der Nutzraum unter Berücksichtigung technischer, zeitlicher und aufwandsbezogener Randbedingungen abgedeckt werden soll. In der „Definition Datengrundlage“ werden die Vor- und Nachteile verschiedener Datentypen abgewogen. Dadurch wird die optimale Datengrundlage für die Lastkollektivermittlung definiert und die benötigten Messdaten sowie Messgrößen festgelegt, was in der „Datenspezifikation“ geschieht. Phase 4, die „Repräsentative Lastkollektivermittlung“, umfasst die Schritte „Datenaufbereitung“, „Einsatzklassifikation“ und „Lastkollektivermittlung“. Vor der Ermittlung der repräsentativen Lastkollektive werden die Datensätze von Fehlern bereinigt und den zu repräsentierenden Einsatzklassen zugeordnet. Anschließend werden die repräsentativen Lastkollektive abgeleitet und deren Gültigkeit überprüft. Nachfolgend werden die Phasen und die notwendigen Methoden in Abschn. 5.3.1.1 bis 5.3.2.4 genauer beschrieben.

5.3.1.1 System und Lastanalyse

Die Systemanalyse betrachtet das System in seiner Umgebung. Es kann dabei als Gesamtsystem, Subsystem oder Komponente vorliegen, siehe Abb. 5.9. Die Umgebung beeinflusst den Einsatz des Gesamtsystems. Typische Gesamtsysteme sind Fahrzeuge,

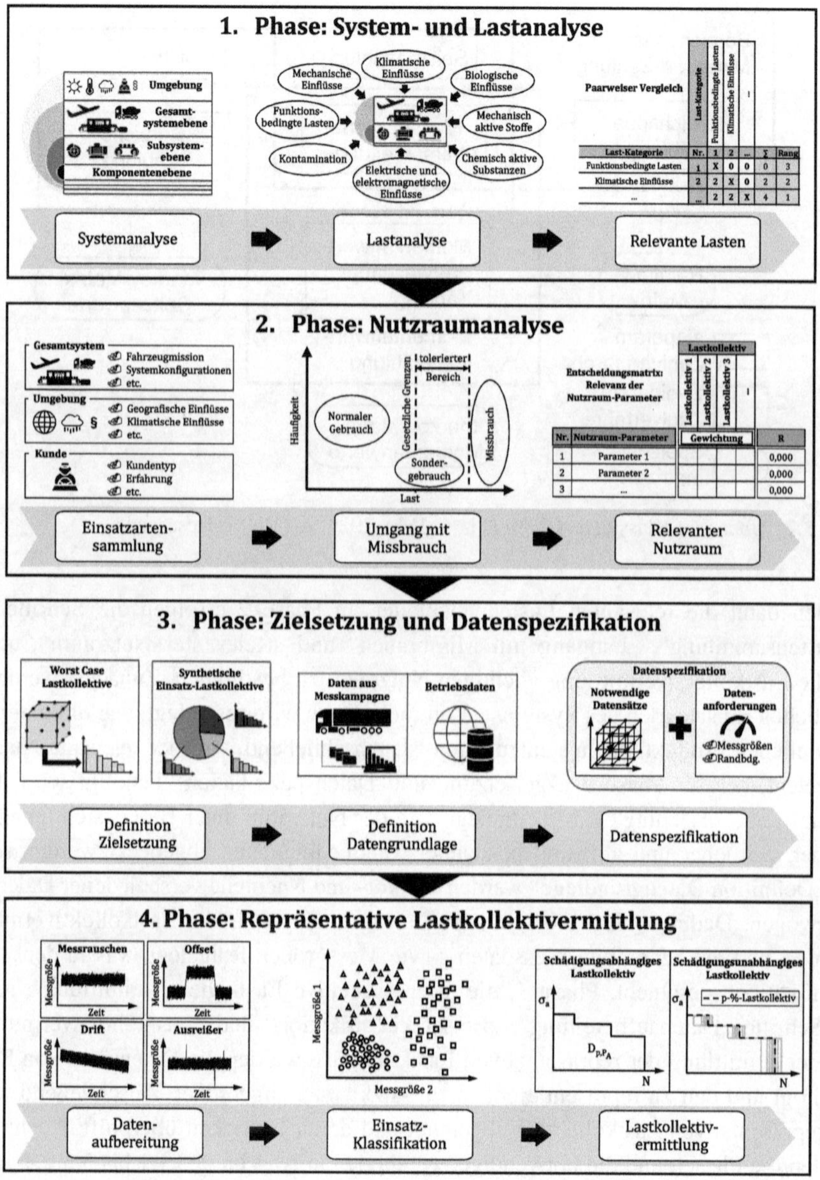

Abb. 5.8 Methode zur Ableitung repräsentativer Lastkollektive nach Lucan [227]. (© IMA 2026. All Rights Reserved)

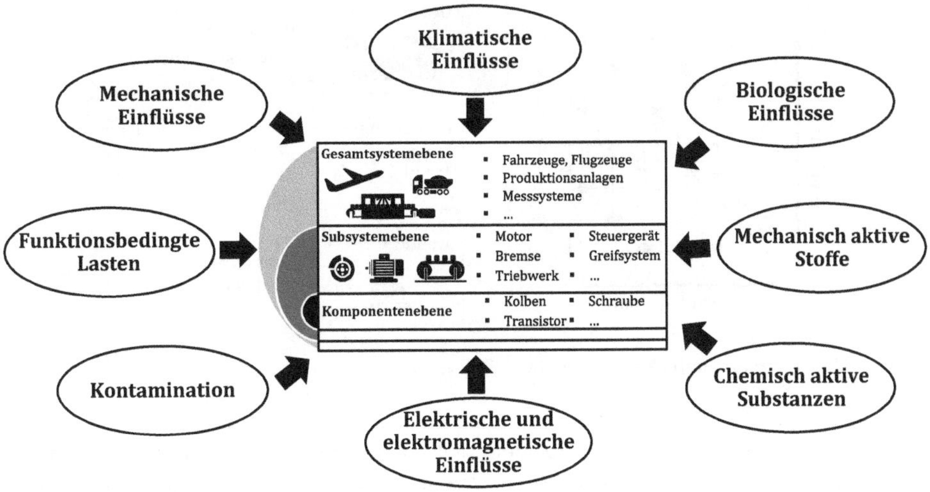

Abb. 5.9 Systemgrenze und Lastklassen [227]. (© IMA 2026. All Rights Reserved)

Flugzeuge oder Produktionsanlagen. Diese lassen sich in Subsysteme wie Elektromotoren oder Steuergeräte aufteilen.

Eine Ebene darunter befinden sich die Komponenten wie Zahnräder oder Transistoren. Insbesondere Komponenten unterliegen einer großen Einsatzvielfalt, da sie in unterschiedlichen Sub- und Gesamtsystemen verwendet werden. Die Systemgrenze identifiziert die Produktebene und legt damit den Betrachtungsrahmen der Lastkollektivermittlung fest. An ihr werden in der Lastanalyse einwirkende Lasten und Einflussgrößen ermittelt.

Bei der Ermittlung der Lasten werden zunächst Eingangs- und Zielgrößen an der Systemgrenze betrachtet. Daraus lassen sich funktionsbedingte Lasten wie Spannung für Elektronik oder Kräfte in mechanischen Systemen ableiten. Wechselwirkungen mit anderen Komponenten und Subsystemen können Störgrößen verursachen, die innerhalb der Systemgrenze als Last berücksichtigt werden müssen.

Umweltbedingte Lasten können anhand von Normen wie der DIN EN 60.721-1 ermittelt werden, die verschiedene Last-Kategorien und Grenzwerte vorgibt. In der Lastanalyse sind alle funktions- und umweltbedingten Lasten an der Systemgrenze zu sammeln. Dies erhöht ebenfalls das Systemverständnis als Vorbereitung für die Nutzraumanalyse. Zur Definition der relevanten Lasten können im letzten Schritt von Phase 1 qualitative Methoden wie der paarweise Vergleich verwendet werden.

5.3.1.2 Nutzraumanalyse

Das Ziel der Nutzraumanalyse ist die Definition des Nutzraums für die Lastkollektivermittlung. Zur Eingrenzung dieses Nutzraums werden die in Phase 1 identifizierten Lasten benötigt. Für die Nutzraumanalyse sind die Dimensionen „Gesamtsystem“, „Umgebung“

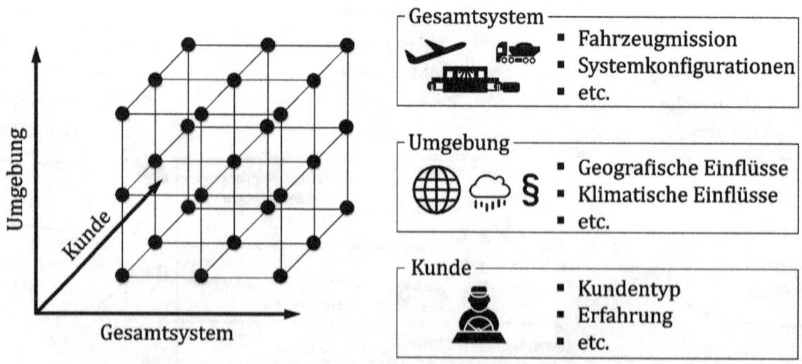

Abb. 5.10 Nutzraumanalyse [227]. (© IMA 2026. All Rights Reserved)

und „Kunde" des Systems zu betrachten, siehe Abb. 5.10. Sie bilden den allgemeinen Nutzraum ab und beschreiben damit die Einsatzfälle des Systems. Die Ermittlung der Einsatzparameter erfolgt separat je Dimension unter Nutzung von Expertenwissen aus dem Vertrieb, Kundenbefragungen, Leitfragenkataloge sowie Normen und Richtlinien. Die Dimension des Gesamtsystems beschreibt alle relevanten Parameter des Systems, die sich auf die Lasten und deren Häufigkeit auswirken. Die Umgebung umfasst geografische, klimatische und gesetzliche Einflüsse. Die Kundendimension beschreibt den Kundentyp und seinen Umgang mit dem Produkt. Bei der Sammlung ist sicherzustellen, dass die einzelnen Parameter oder ihre Stufen unabhängig voneinander sind.

Die Unterscheidung zwischen Sondergebrauch und Missbrauch ist entscheidend für die repräsentative Lastkollektivermittlung, da Missbrauch im Lastkollektiv eine deutliche Auswirkung auf die Produktauslegung und damit die Lebensdauer hat. Normaler Gebrauch und Sondergebrauch im Gegensatz dazu sind im Lastkollektiv zu berücksichtigen. Für die Klassifikation der Gebrauchsfälle wird ein Leitfaden verwendet. Dieser beginnt mit der Prüfung auf bestimmungsgemäßen Gebrauch, einschließlich vorhersehbarem, aber üblichem Fehlgebrauch. Liegt bestimmungsgemäßer Gebrauch vor, ist zwischen normalem Gebrauch und Sondergebrauch zu unterschieden. Diese Unterscheidung erfolgt basierend auf Häufigkeit und Lasthöhe. Ist beides im üblichen Rahmen, liegt normaler Gebrauch vor. Liegt kein bestimmungsgemäßer Gebrauch vor, ist zunächst zu prüfen, ob der Gebrauchsfall tolerierbar ist. Ist dies der Fall, wird er dem Sondergebrauch zugeordnet und muss in der Lastkollektivermittlung berücksichtigt werden. Ist der Fall nicht tolerierbar, wird die Nachweisbarkeit von Missbrauch überprüft. Ist dieser nachweisbar, wird er dem Missbrauch zugeordnet und aus dem Nutzraum entfernt. Ist Missbrauch nicht nachweisbar, wird er für die Lastkollektivermittlung dem Sondergebrauch zugeordnet.

5.3.1.3 Zielsetzung und Datenspezifikation

Der relevante Nutzraum gibt vor, welche Einsatzarten für eine repräsentative Lastbeschreibung berücksichtigt werden müssen. Durch die Definition der Zielsetzung des

Lastkollektives wird nun vorgegeben, wie der Nutzraum abzudecken ist. Dabei ist zwischen den nachfolgenden drei Zielsetzungen zu unterscheiden.

1. Worst Case Lastkollektiv
   Ein Lastkollektiv wird ermittelt, das den gesamten Nutzraum abdeckt. Dabei wird entweder ein Worst Case Lastkollektiv aus Messungen des gesamten Nutzraumes ermittelt oder es werden Messungen mit der Worst Case Einsatzklasse verwendet, die alle anderen Einsatzklassen abdeckt.
2. Anwendungsspezifische Lastkollektive
   Hier werden für jede relevante Einsatzklasse repräsentative Lastkollektive ermittelt. Dies erfordert zwar einen größeren Aufwand als bei einem Worst Case Lastkollektiv, ermöglicht aber eine anwendungsgerechte Auslegung. Es reduziert Überdimensionierung und zeigt Entwicklungspotenziale für anwendungsspezifische Konstruktionslösungen auf.
3. Synthetische Einsatz-Lastkollektive
   Repräsentative Lastkollektive werden aus Basiskollektiven und deren Verteilung im Kundeneinsatz ermittelt. Diese Basiskollektive beschreiben dabei die essenziellen Grundlastfälle für das System, die je nach Einsatzart in verschiedenen Häufigkeiten vorliegen können. Aus den abgeleiteten einsatzspezifischen Lastkollektiven kann auch ein Worst Case Lastkollektiv abgeleitet werden.

Diese Zielsetzungen sind grundsätzlich unabhängig von der Datenquelle erreichbar, obwohl sich Betriebs- oder Messdaten je nach Produkt, Nutzraum und den Rahmenbedingungen der Hersteller unterschiedlich gut für die Lastkollektivermittlung eignen. Es gibt generell drei Arten von Datenquellen: Labordaten, Daten aus dem Feldversuch und Betriebsdaten aus dem Kundeneinsatz. Zur Ermittlung repräsentativer Lastkollektive eignen sich insbesondere Daten aus Messkampagnen im kundennahen Einsatz oder direkt Betriebsdaten aus dem Kundeneinsatz. Die Wahl der Datenquelle hängt dabei maßgeblich von individuellen Randbedingungen der Branche oder der Unternehmen ab.

5.3.2 Berechnung repräsentativer Lastkollektive

Repräsentative Lastkollektive können schädigungsabhängig und -unabhängig für ein spezifiziertes Quantil bestimmt werden. Hierbei ist die entscheidende Fragestellung, welchen Anteil der Kundeneinsätze ein Lastkollektiv repräsentieren und somit abdecken soll. Zur Beschreibung dieses Zusammenhangs werden in der Statistik Quantile verwendet. Ein $p\ \% -$ Quantil besagt, dass $p\ \%$ der Messwerte kleiner und $100 - p\ \%$ größer als das $p\ \% -$ Quantil sind. Dadurch lässt sich genau festlegen, welcher Prozentwert der Kundeneinsätze durch ein repräsentatives Lastkollektiv abgedeckt wird. Vor dieser Ermittlung müssen die Lastkollektive erst aus den Belastungs-Zeit-Datensätzen abgeleitet werden.

Dabei ist neben der Fehlerkorrektur auch die Zuweisung der Datensätze zu den spezifizierten Einsätzen erforderlich. Außerdem müssen die Lastkollektive auf die geforderte Lebensdauer extrapoliert werden.

5.3.2.1 Datenverarbeitung und Einsatzklassifikation

Zunächst erfolgt die Datenverarbeitung der Messsignale sowie deren Fehlerkorrektur. Nach der Datenaufbereitung erfolgt die Einsatzklassifikation. Die Identifikation von Einsatzklassen in den Mess- und Betriebsdaten kann anhand der vorhandenen Randbedingungen der Daten erfolgen. In vielen Fällen ist es jedoch nicht möglich, die Einsatzklasse direkt aus den vorhandenen Daten oder der Messkampagnenplanung abzuleiten. Um in solchen Situationen anwendungsspezifische Lastkollektive zu erhalten, ist eine Klassifikation der Datensätze erforderlich, um sie den entsprechenden Einsatzklassen zuzuordnen. Es gibt drei grundlegende Methoden zur Einsatz-Klassifikation. Die merkmalsbasierte Klassifikation ordnet die Datensätze aufgrund ihrer enthaltenen sekundären Merkmale zu, wie z. B. Produktkonfiguration oder indirekt beschreibende Messgrößen. Weitere Klassifikationsmethoden finden sich im Bereich des Data Mining, das sich mit der Verarbeitung von Big Data befasst. Hierbei werden ähnliche Datengruppen mithilfe von Klassifikation und Clusteranalyse direkt anhand der Datensätze klassifiziert.

5.3.2.2 Auswahl Zählverfahren & Extrapolation von Lastkollektiven

Zähl- und Klassierverfahren sind die Grundlage für eine vereinfachte Darstellung der Lasten in Kollektivform. Für die Wahl des passenden Klassierverfahrens sind die relevanten Schadensmechanismen und die Eigenschaften der Belastungs-Zeit-Funktion zur berücksichtigen. Neben der Lastamplitude muss untersucht werden, ob Zeitdauer, Anzahl der Schwingspiele oder die Frequenz der Amplitude maßgeblich für die Schädigung sind. Daher ist eine grobe Kenntnis des Schadensmechanismus, wie in Tab. 5.1 dargestellt, als Input erforderlich. Zum Beispiel ist bei einem Bruch durch zyklische Ermüdung neben der Lastamplitude auch die Schwingspielzahl relevant, daher ist ein amplitudenbasiertes Zählverfahren geeignet. Wenn hingegen die Frequenz maßgeblich für die Schädigung ist, sollten frequenzbasierte Verfahren verwendet werden. Für umlaufende Komponenten wie Zahnräder kann die kumulierte Zeitdauer den relevanten Schädigungseinfluss vorgeben.

Typischerweise decken aus Mess- oder Betriebsdaten gewonnene Lastkollektive nicht die gesamte Lebensdauer des Produkts ab. Eine Extrapolation auf die geforderte Produktlebensdauer ist erforderlich. Ein Ansatz dafür ist die lineare Extrapolation, wie in Abb. 5.11 dargestellt. Dadurch wird das Lastkollektiv nach rechts verschoben. Diese Methode ist besonders geeignet, wenn der Höchstwert des Lastkollektivs σ_{aL} bereits enthalten ist. Dies ist der Fall, wenn die Messungen 10^6 Schwingspiele umfassen [10]. Alternativ kann ein bekannter Kollektivhöchstwert als Block in das Kollektiv eingefügt werden. Sonst erfolgt die Extrapolation z. B. mittels Peak Over Threshold Methode (POT) [238] oder Rainflowmatrix-Extrapolation [239].

Tab. 5.1 Zuordnung der Klassierverfahren zu den verschiedenen Einflussfaktoren

Frequenz	Schwingspielzahl	Zeitdauer
Frequenzbasierte Zählverfahren	Amplitudenbasierte Zählverfahren	Zeitbasierte Zählverfahren
	Spitzenzählung	Verweildauer
	Klassengrenzenüberschreitungszählung	Momentanwert
	Bereichspaarzählung	
	Markov Zählung	
	Rainflow-Zählung	

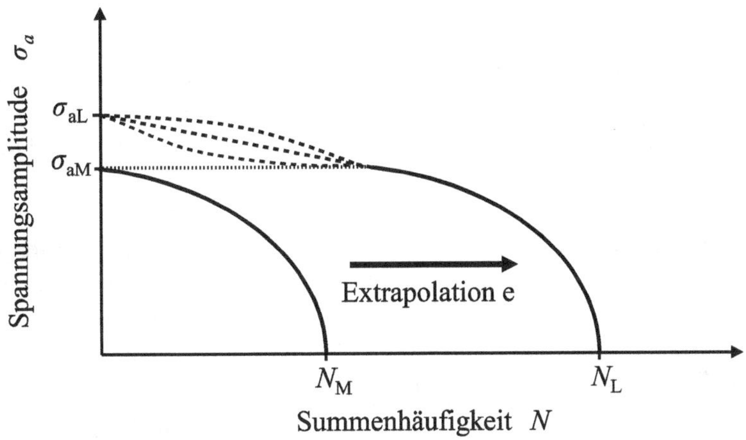

Abb. 5.11 Herausforderung bei der Extrapolation von Lastkollektiven [227]. (© IMA 2026. All Rights Reserved)

5.3.2.3 Schädigungsunabhängige repräsentative Lastkollektivermittlung

Schädigungsunabhängige Lastkollektive werden basierend auf den kumulierten Schwingspielzahlen und den Lastklassen ermittelt. Dabei wird das $p\ \%-$ Quantil für die Summenhäufigkeit jeder Lastklasse berechnet. Das resultierende Lastkollektiv deckt damit $p\ \%$ der Messwerte ab. Vorteil der schädigungsunabhängigen Lastkollektive ist, dass bei der Ermittlung keine Gewichtung durch ein Lebensdauermodell erfolgt, wodurch es unabhängig davon gültig ist. Ein Nachteil besteht jedoch darin, dass sich ein einhüllendes Kollektiv aus einer Anzahl von Messungen, entsprechend der Anzahl der Lastklassen, zusammensetzen kann. Diese Kombination von verschiedenen Einsätzen macht das schädigungsunabhängige Lastkollektiv konservativer im Vergleich zu einem schädigungsabhängigen Lastkollektiv. Der Ablauf zur Ermittlung dieser Art von repräsentativen Lastkollektiven ist in Abb. 5.12 dargestellt. Ausgangspunkt sind die erfassten

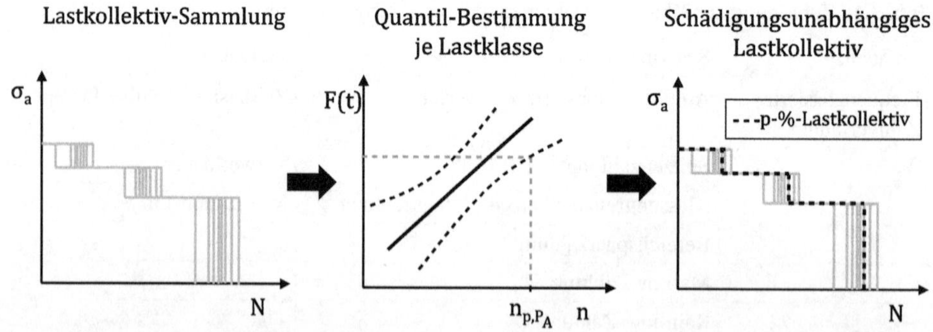

Abb. 5.12 Schädigungsunabhängige repräsentative Lastkollektive [227]. (© IMA 2026. All Rights Reserved)

Lastkollektive. Bei der Quantil-Ermittlung wird die kumulierte Häufigkeit der jeweiligen Lastklasse der Messung verwendet. Aus den Summenhäufigkeiten aller Messungen erfolgt die Quantil-Bestimmung der Lastklassen mittels statistischer Verteilungsfunktionen oder empirisch für große Datensätze.

5.3.2.4 Schädigungsabhängige repräsentative Lastkollektivermittlung

Ist ein repräsentatives Lastkollektiv für einen spezifischen Schadensmechanismus zu ermitteln, sollte ein schädigungsabhängiges Lastkollektiv ermittelt werden. Dabei wird ein p %− Lastkollektiv unter Berücksichtigung der Lastkollektive und des Schadensmodells abgeleitet. Dies hat den Vorteil, dass das Kollektiv weniger konservativ als das schädigungsunabhängige Lastkollektiv ist. Darin liegt jedoch auch ein Nachteil. Für einen anderen Schadensmechanismus ist das Lastkollektiv nicht länger gültig. Der Prozess zur Ermittlung eines schädigungsabhängigen Lastkollektivs ist in Abb. 5.13 dargestellt. Nach der Klassierung der Lastkollektive werden diese in Schädigungswerte D umgerechnet. Für jedes Lastkollektiv wird mittels Schadensakkumulation ein Schädigungswert berechnet. Der resultierende Datensatz der Schädigungswerte der Lastkollektive wird einer statistischen Analyse unterzogen. Durch Verteilungsidentifikation wird deren statistische Verteilungsfunktion ermittelt. Das gewünschte p %− Quantil kann daraus unter Berücksichtigung des Konfidenzniveaus ermittelt werden. Basierend auf dem ermittelten Schädigungswert D_{p,P_A} wird das entsprechende Lastkollektiv ausgewählt und ggfs. mittels linearer Interpolation oder Extrapolation auf den exakten Schädigungswert hin angepasst.

5.3.3 Bedeutung für die Anwendung in der Produktentwicklung

Im Folgenden wird für einige gängige Problematiken aufgezeigt, wie sich repräsentative Lastkollektive bilden lassen. Anhand der NKW-Bremsanlage in Abschn. 5.3.3.1

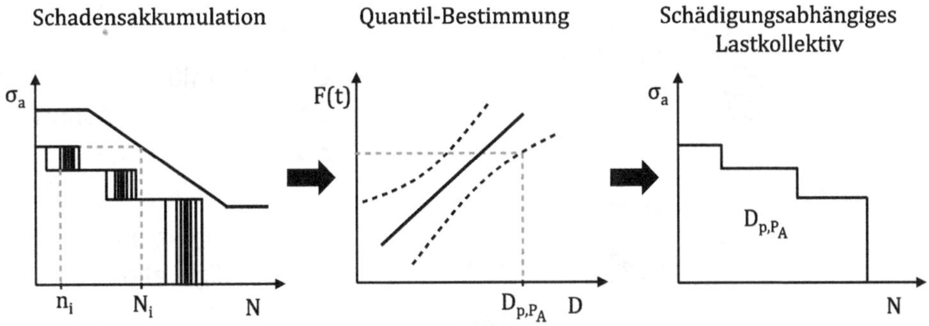

Abb. 5.13 Schädigungsabhängige repräsentative Lastkollektive [227].

wird aufgezeigt, wie der gesamte Prozess zur Bildung repräsentativer Lastkollektive gestaltet werden kann. Anhand von zwei Beispielen aus dem PKW (Sportwagen in Abschn. 5.3.3.2) und NKW-Bereich (Batteriegehäuse in Abschn. 5.3.3.3) wird aufzeigt wie der komplette Datenverarbeitungsprozess für eine Drehmomentbelastung und eine Vibrationsbelastung im Detail gestaltet werden muss.

5.3.3.1 Ableitung synthetischer Lastkollektive am Beispiel Nutzfahrzeugbremse

An diesem Beispiel aus der Nutzfahrzeugbranche wird gezeigt, wie aus Felddaten synthetische Basis-Lastkollektive ermittelt und zu applikationsspezifischen repräsentativen Lastkollektiven synthetisch superpositioniert werden können. Die nachfolgend beschriebenen Inhalte wurden im Arbeitskreis „Standard Lastkollektive für die Nutzfahrzeugbremse" erarbeitet, um einen branchenspezifischen Standard zur Auslegung und Absicherung der Nutzfahrzeugbremse zu definieren. Dies macht es erforderlich, dass die Lastkollektive designunabhängig und damit schädigungsunabhängig zu ermitteln sind. Eine detaillierte Beschreibung der Lastkollektivermittlung für die Nutzfahrzeugbremse ist in [227] zu finden.

Wie aus Abb. 5.14 ersichtlich wird, unterliegt die Nutzfahrzeugbremse diversen Einsatzszenarien, Fahrzeugkonfiguration und Umgebungseinflüsse, die für eine repräsentative Lastkollektivermittlung zu berücksichtigen sind. Dies und der Aufbau des Bremssystems wird nachfolgend beschrieben.

5.3.3.1.1 System- und Nutzraumanalyse

Die Nutzfahrzeugbremse ist als pneumatisches System aufgebaut und erfüllt drei zentrale Funktionen: Betriebsbremse, Feststellbremse und Hilfsbremse. Die Bremskraft wird mithilfe von Druckluft erzeugt, die in den Bremszylindern in eine mechanische Kraft umgewandelt wird. Zum Einsatz kommen Scheiben- oder Trommelbremsen. Die Feststellbremse wird über einen Federspeicher-Zylinder betätigt und funktioniert auch im

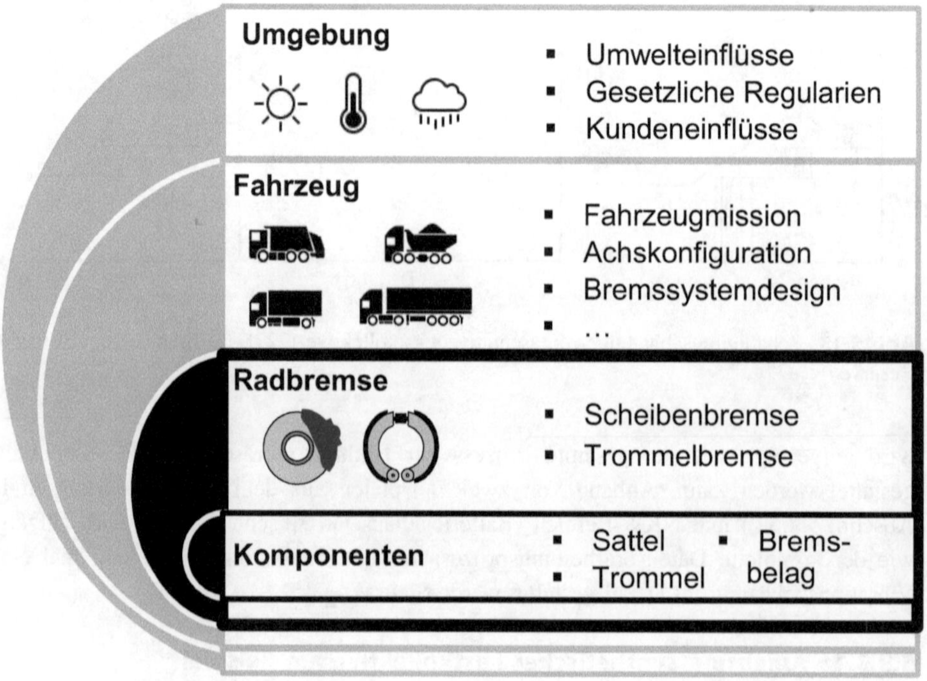

Abb. 5.14 Die NFZ-Bremse als Teil von Fahrzeug und Umgebung [227]. (© IMA 2026. All Rights Reserved)

drucklosen Zustand, z. B. beim Abstellen des Fahrzeuges. Für die Systemanalyse wird ein Blockdiagramm der Nutzfahrzeugbremse erstellt. Die Systemgrenze hierbei umfasst neben der Radbremse auch die Bremszylinder und den Rotor. Der Rotor überträgt die kinetische Energie und bestimmt das maximale Bremsmoment. Im System wandeln die Bremszylinder Druckluft in die Zylinderkraft um. Über eine Übersetzung bis zur Radbremse wird daraus die Klemmkraft, die über Scheiben- oder Trommelbremse das Bremsmoment erzeugt. Dabei entstehen Abwärme, Bremsstaub, Vibrationen und Geräusche. Klemmkraft und Bremsmoment wirken innerhalb und außerhalb der Systemgrenze. Alle Zusammenhänge sind in Abb. 5.15 dargestellt.

Als bestimmend für die Dimensionierung der Radbremse werden die Klemmkraft und das Bremsmoment in der Lastanalyse identifiziert. Weitere Umgebungseinflüsse werden aus der Lastkollektivermittlung daher ausgeschlossen. In der Nutzraumanalyse erfolgt die Ermittlung des erforderlichen Nutzraumes. Zunächst werden alle relevanten Nutzraum-Parameter gesammelt und in drei Kategorien unterteilt: Gesamtsystem, Umgebung und Fahrer. Dabei umfassen die Parameter für das Gesamtsystem unter anderem: Fahrzeugtyp, Gesamtgewicht, Achsanzahl, Radgröße und Motorleistung. Klimatische Bedingungen,

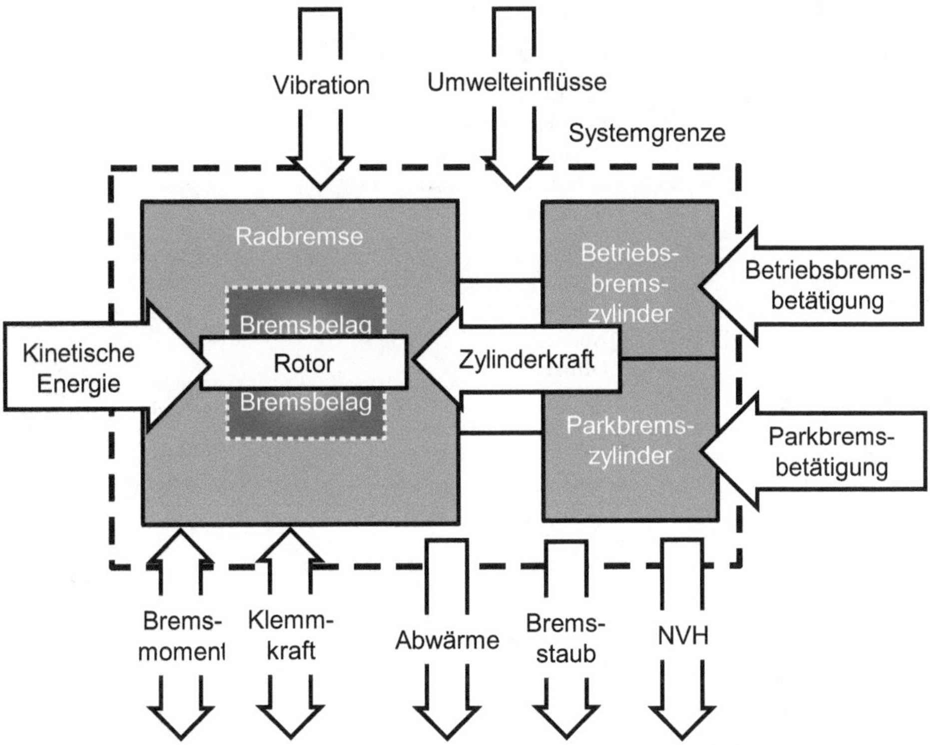

Abb. 5.15 Blockdiagramm der Nutzfahrzugbremse [227]. (© IMA 2026. All Rights Reserved)

Region, Straßentypen, Straßenqualität, Verkehrsdichte und Topografie beschreiben die Umgebung. Für den Kunden sind das Fahrerverhalten auf Grundlage seiner Fahrweise und Erfahrung maßgeblich. Da der beschriebene Nutzraum auch irrelevante Einflüsse für die Lastkollektivermittlung enthält, wird dieser auf die relevanten Einflussgrößen für Klemmkraft und Bremsmoment reduziert. Der so definierte Nutzraum (Tab. 5.2) bildet die Grundlage zur Ermittlung der Lastkollektive und stellt sicher, dass die Belastungen auf die Nutzfahrzeugbremse repräsentativ abgebildet werden.

5.3.3.1.2 Zielsetzung und Daten

Für die Lastkollektivermittlung der Nutzfahrzeugbremse hat der Arbeitskreis anwendungsspezifische Lastkollektive definiert, die je nach Fahrzeugmission 99 % der Kundeneinsätze abdeckt. Die Missionen umfassen Fernverkehr, Distributionsverkehr, Baustellenverkehr, Kommunalen Verkehr und Stadtbusse in Europa. Dabei sind separate Lastkollektive für Vorder- und Hinterachse erforderlich. Außerdem ist eine technische Differenzierung nach Bremssystemen notwendig, insbesondere ob die Nutzfahrzeugbremse mit einem Betriebsbrems- oder einem Tristop-Zylinder mit Parkbremse ausgestattet ist. Ebenso

Tab. 5.2 Relevanter Nutzraum für eine Nutzfahrzeugbremse [227]

Nutzraum-Parameter	Parameterstufen
• Fahrzeugmission	• Fernverkehr • Distributionsverkehr • Baustellenverkehr • Kommunaler Verkehr • Stadtbus • Trailer
• Straßentypen	• Stadt • Landstraße • Autobahn • Offroad
• Gesamtgewicht	• Leergewicht bis 110 % zulässiges Gesamtgewicht
• Topographie	• Flach bis bergig
• Fahrer	• Schonend bis aggressiv
• Verkehrsdichte	• Niedrig bis hoch
• Retarder	• Vorhanden oder nicht vorhanden
• Zylindergröße	• 17“ – 24“
• Zylindertyp	• Betriebsbremszylinder • Betriebsbremszylinder mit Federspeicher
• Systemdruck	• Truck: 10 bar • Trailer: 8,5 bar

ob die Nutzfahrzeugbremse Überlastfälle, die Überlagerung von Betriebs- und Feststellbremse, ertragen können muss. Um diese Differenzierung zu ermöglichen, wird definiert, dass modulare Basiskollektive zu ermitteln sind, die entsprechend den Leitfäden in Abb. 5.16 individuell für das jeweilige Bremssystem superpositioniert werden. Für die Ermittlung dieser repräsentativen Gesamtkollektive werden folgenden Basiskollektive benötigt: Betriebsbremsmodul, Parkbremsmodul, Überlastmodul sowie Vorwärtsfahrtmodul, Rückwärtsfahrtmodul und das Knockback-Modul für das Bremsmoment. Die Superpositionierung erfolgt spezifisch je nach Fahrzeugmission.

Als Datengrundlage dienen Betriebsdaten aus Nutzfahrzeugen in Europa, um eine repräsentative Abdeckung des Nutzraums zu gewährleisten. Diese Daten spiegeln Parameter wie Gesamtgewicht, Retarder, Straßentyp, Topografie, Fahrerverhalten und Verkehrsdichte repräsentativ wider. Sie beinhalten die nachfolgenden Messgrößen und Randbedingungen:

- *Messgrößen:* Betriebsbremsdruck (Vorder- und Hinterachse), Parkbremsbetätigung, Fahrzustand, Fahrtrichtung

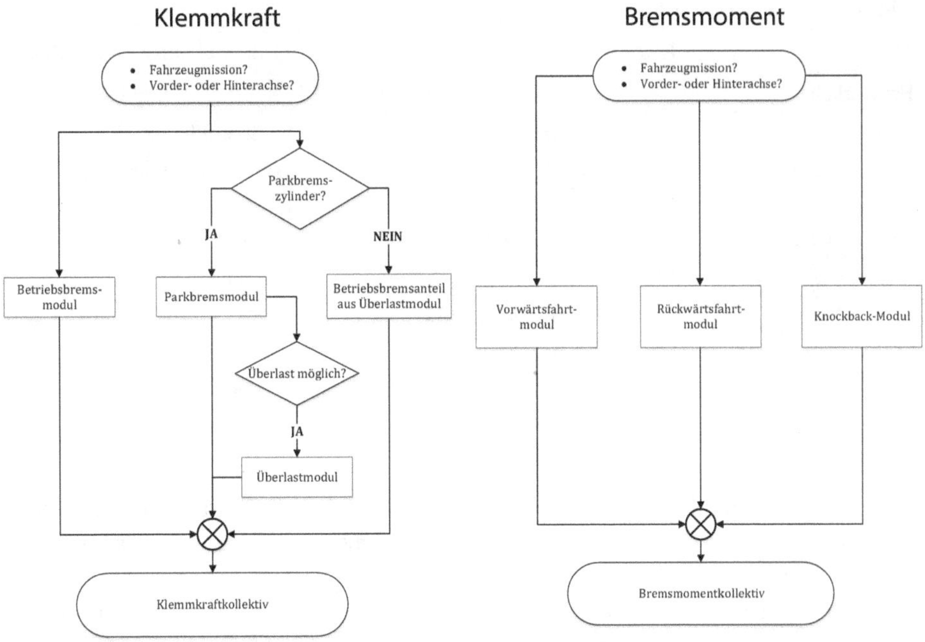

Abb. 5.16 Leitfäden zur Superpositionierung der Basiskollektive [227]. (© IMA 2026. All Rights Reserved)

- *Randbedingungen:* Radformel, Durchschnittsgeschwindigkeit, Fahrzeuggewicht, Betriebszeit

5.3.3.1.3 Lastkollektivermittlung

Die Datenbasis zur Lastkollektivermittlung besteht aus Betriebsdaten von 100.000 Fahrzeugen. Sie liefern Informationen über Park- und Fußbremsbetätigungen sowie Bremsdruckkollektive, aus denen die Basismodule abgeleitet werden. Diese Module sind in 1-bar-Schritten bis maximal 10 bar aufgelöst. Eine Umrechnung in Klemmkraft und Bremsmoment ist wegen fehlender Informationen zur Zylindergröße nicht möglich und muss individuell bei der Anwendung des Standards erfolgen. Die Datensätze werden vor der Lastkollektivermittlung auf Plausibilität geprüft und bereinigt.

Die Klassifikation der Einsatzdaten erfolgt anhand der Radformel, Durchschnittsgeschwindigkeit und der Fahrzeugart, wie in Tab. 5.3 beschreiben. So wird sichergestellt das die vorgegeben Fahrzeugmissionen möglichst repräsentativ im Lastkollektiv abgebildet werden.

Ziel der Lastkollektivermittlung ist die Bereitstellung designunabhängiger Lastkollektive, die 99 % aller Einsätze innerhalb einer spezifischen Mission abdecken. Daher

Tab. 5.3 Einsatz-Klassifikation von Nutzfahrzeugen [227]

Mission	Radformel	Durchschnittsgeschwindigkeit
Fernverkehr	Sattelzugmaschine: 4 × 2, 6 × 2	Keine Einschränkung
Regionaler Verteiler	Chassis: 4 × 2, 6 × 2	< 40 km/h
Baustelle/Offroad	Chassis: 4 × 4, 6 × 4, 6 × 6, 8 × 4, 8 × 6, 8 × 8	Keine Einschränkung
Kommunalverkehr	Chassis: 4 × 2, 6 × 2, 6 × 4, 8 × 2	Keine Einschränkung
Stadtbus	Chassis: 4 × 2	< 40 km/h
Semitrailer Fernverkehr	Semitrailer an Stallzugmaschine mit: 4 × 2, 6 × 2	Keine Einschränkung
Semitrailer Offroad	Semitrailer an Stallzugmaschine mit: 4 × 4, 6 × 4, 6 × 6, 8 × 4	Keine Einschränkung

wird der Ansatz zur Ermittlung von schädigungsunabhängigen Lastkollektiven verwendet. Anhand dieses Ansatzes werden aus den beschriebenen Betriebsdaten standardisierte Basiskollektive abgeleitet, die 99 % der Kundeneinsätze je Fahrzeugmission abdecken. Die Daten hierfür liegen klassifiziert vor und werden auf eine einheitliche Bezugslebensdauer von 100.000 km linear inter- oder extrapoliert. Jeder Hersteller muss demnach eine eigene Extrapolation entsprechend seiner Lebensdaueranforderung durchführen. Alle Basiskollektive für die Nutzfahrzeugbremse sind in Abb. 5.17 und Tab. 5.4 abgebildet. Die Fahrzeug-Missionen zeigen deutliche Unterschiede im Bremsverhalten: Kommunalverkehr weist die höchste und Fernverkehr die geringste Bremshäufigkeit auf 100.000 km auf. Die Auswirkung dessen auf die Nutzfahrzeugbremse ist im Kontext der Fahrzeuglebensdauer herstellerindividuell zu bewerten.

5.3.3.2 Ableitung eines schädigungsabhängigen Lastkollektivs am Beispiel einer Sportwagenachse

Giuseppe Mannone, Marco Arndt und Martin Dazer

Im vorherigen Beispiel wurde bewusst der gesamte Prozess zur Bildung von repräsentativen Lastkollektiven veranschaulicht. Da für die schlussendliche Ableitung von Kollektiven immer Daten benötigt werden, liegt der Fokus in diesem Beispiel gezielt auf der Datenverarbeitung, -auswertung und der Lastkollektivberechnung.

Dieses Anwendungsbeispiel zeigt die Ableitung eines schädigungsabhängigen Lastkollektivs für die Antriebswelle einer Sportwagenachse. Der Fokus liegt auf ereignisbasierten Drehmomentbelastungen aus Betriebsdaten von Nutzerfahrzeugen, die im Rahmen dieses Beispiels *normiert* wurden. Die größte Herausforderung ist die Heterogenität der Daten durch unterschiedliche Fahrstile sowie die Bereinigung von Messfehlern in den Daten.

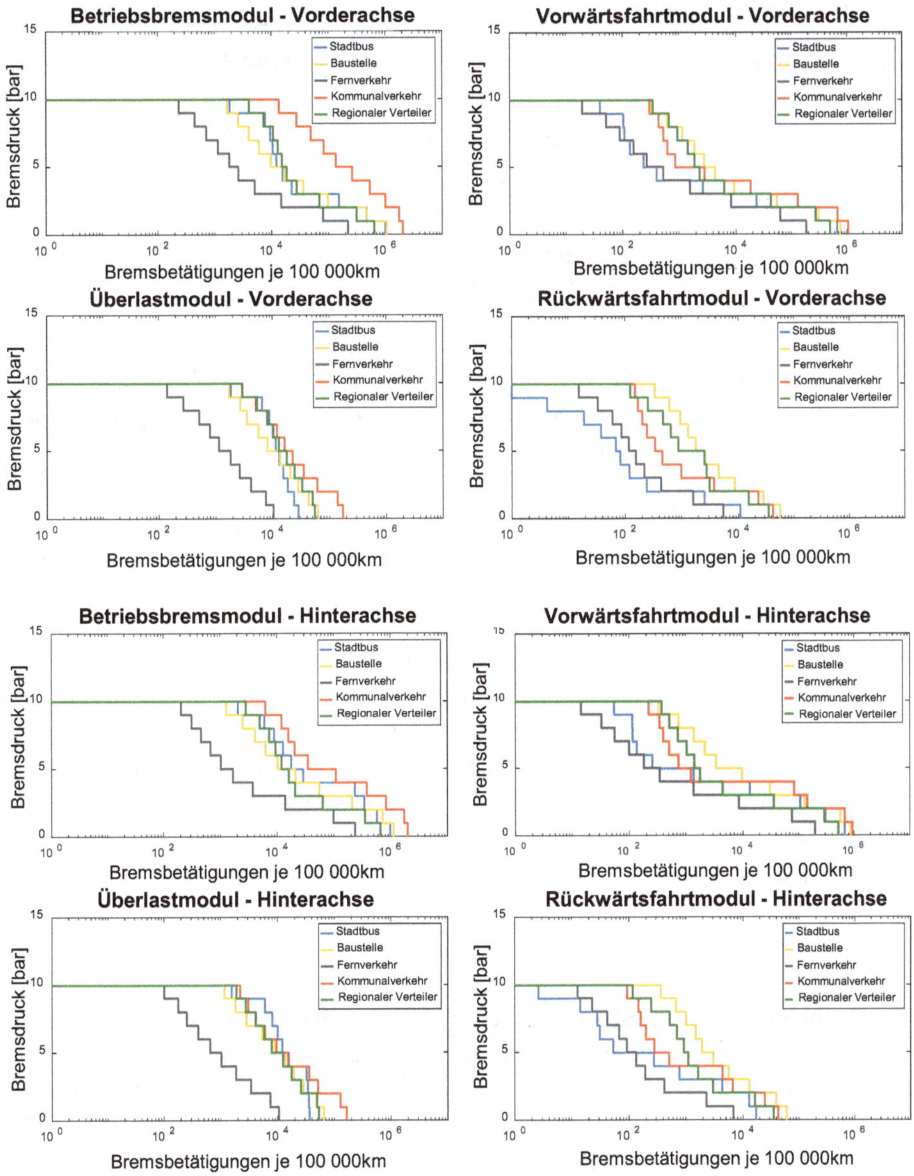

Abb. 5.17 Repräsentative 99-%-Basiskollektive für Nutzfahrzeugbremsen an Vorder- und Hinterachse [227]. (© IMA 2026. All Rights Reserved)

Tab. 5.4 Parkbremsmodul für Nutzfahrzeuge, Busse und Trailer (100.000 km) [227]

Fahrzeug-Mission	Parkbremsbetätigungen
Fernverkehr	28.350
Regionaler Verteiler	191.710
Baustelle/Offroad	170.061
Kommunalverkehr	260.110
Stadtbus	39.115
Semitrailer Fernverkehr	28.350
Semitrailer Offroad	58.100

Um diesen Prozess systematisch zu strukturieren, orientiert sich die Definition der Rahmenbedingungen an den ersten Phasen der allgemeinen Methodik nach Lucan, die in Abschn. 5.3.1 vorgestellt wurde.

5.3.3.2.1 Rahmenbedingungen und Zielsetzung

Vor der eigentlichen Berechnung werden die Systemgrenzen, die Zielsetzung und die Datenbasis definiert:

System- und Lastanalyse Die Systemgrenze umfasst die Hinterachse inklusive Radträger, Querlenker und Antriebswelle. Als maßgebende, ermüdungsrelevante Größe wird das Antriebswellendrehmoment identifiziert. Positive Momente (Vortrieb) und negative Momente (Rekuperation/Bremsung) werden für die Analyse zu einem betragsmäßigen Gesamtmoment zusammengefasst und somit richtungsunabhängig bewertet.

Nutzraumanalyse Die Lastkollektive sollen den technisch möglichen Parameterraum abbilden, von typischen Alltagsfahrten bis hin zu anspruchsvollen Einsätzen wie gelegentlichen Rennstreckeneinsätzen.

Zielsetzung und Datenspezifikation Ziel ist die Ableitung eines schädigungsabhängigen Lastkollektivs, das einen *p*-%-Nutzer repräsentiert. Als Datenquelle dienen hierfür Betriebsdaten aus Nutzerfahrzeugen im Feld, die eine statistisch relevante Abdeckung des Nutzraums gewährleisten.

5.3.3.2.2 Vorgehensweise

Der Prozess zur Ableitung eines repräsentativen Lastkollektivs aus einer Vielzahl von Nutzerdaten lässt sich in mehrere Schritte unterteilen. Tab. 5.5 fasst den gesamten Ablauf zusammen.

Tab. 5.5 Prozessschritte zur Ableitung des schädigungsäquivalenten Lastkollektivs

Schritt	Zweck
1. Datenvorverarbeitung	Sicherstellung der Datenqualität durch Plausibilisierung der Sensorwerte und Filterung des Nutzerkollektivs auf Repräsentativität
2. Lastkollektiv-Bildung	Erstellung eines individuellen Lastkollektivs (Anzahl der Umdrehungen pro Drehmomentklasse) für jeden Nutzer zur Quantifizierung der Belastungszyklen
3. Individuelle Schädigungsrechnung	Berechnung eines rohen Gesamtschädigungswertes (D) für jeden Nutzer mittels S-N-Modell und Schadens-Akkumulations-Hypothese nach Palmgren-Miner
4. Normierung & Statistische Analyse	Schaffung einer Vergleichbarkeit der Nutzer durch Normierung der Schädigung (z. B. auf km) und statistische Analyse der resultierenden Verteilung
5. Ableitung des Zielkollektivs	Auswahl eines repräsentativen Lastkollektivs, das einem definierten Schädigungs-Quantil (z. B. 90 %) der Nutzerdaten entspricht

5.3.3.2.3 Datenvorverarbeitung und Plausibilisierung

Die Qualität der Eingangsdaten ist entscheidend für die Gültigkeit des finalen Lastkollektivs. In Anlehnung an den allgemeinen Prozess aus Abschnitt 5.3.2.1 wird daher eine mehrstufige Datenbereinigung durchgeführt.

Plausibilisierung auf Sensorebene

In einem ersten Schritt werden die rohen Zeitreihen der relevanten Messgrößen (z. B. Antriebswellendrehmoment, Raddrehzahl) auf physikalische und technische Plausibilität geprüft:

- **Schwellenwertfilter:** Messwerte, die die physikalischen Grenzen des Fahrzeugs überschreiten, werden als fehlerhaft identifiziert und entfernt. Ein Beispiel liefert Abb. 5.18, in der eindeutige Ausreiser in der Geschwindigkeit zu erkennen sind, die so nicht im Fahrzeug auftreten dürften. Diese Messfehler lassen sich mithilfe eines Schwellenwerts bereinigen.
- **Fehler- und Lückenerkennung:** Datenlücken, die durch temporäre Sensor- oder Übertragungsausfälle entstehen, werden detektiert. Dafür kann in Abb. 5.18 der Bereich zwischen 30 s und 60 s betrachtet werden. Hier fehlen in der Messung Werte, die man in der Auswertung der Zeitdaten beachten muss. So werden Leerlaufzeiten eliminiert.
- **Rauschfilterung:** Insbesondere im Stillstand kann es zu einem Sensorrauschen um den Nullpunkt kommen. Solche für die Ermüdung irrelevanten Signale werden durch einen Schwellenwertfilter eliminiert. Ähnlich dem vorherigen Bereinigungsbeispiel kann im

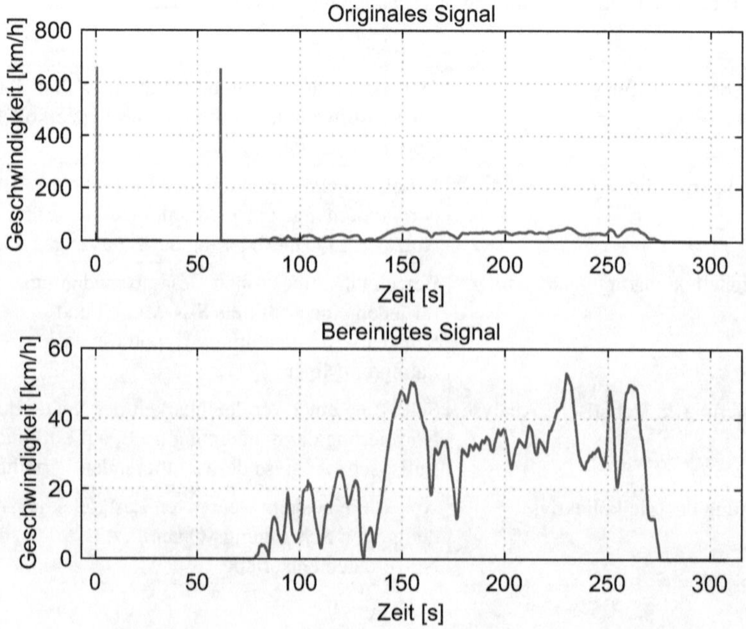

Abb. 5.18 Beispiel für die Bereinigung eines Geschwindigkeitssignals von Ausreißern. (© IMA 2026. All Rights Reserved)

Stillstand Drehzahl- oder Drehmoment-Rauschen um die Nulllage auftreten, was über das Histogramm in Abb. 5.19 identifizierbar und ebenfalls zu bereinigen ist.

Filterung auf Nutzerebene zur Sicherstellung der Repräsentativität
Nicht jeder Nutzer im Feld ist für die Bildung eines repräsentativen Kollektivs geeignet. Das Ziel ist die Beschreibung eines typischen, aber anspruchsvollen Nutzungsverhaltens. Daher wird das Nutzerkollektiv bereinigt:

- **Definition der Nutzung:** Es wird eine Metrik für die Nutzungsintensität festgelegt, z. B. die durchschnittliche Fahrleistung pro Jahr [km/Jahr]. Daraus resultierend wird ein Zeit-zu-Distanz Verhältnis gebildet, welches als Maß für die Nutzungsintensität interpretiert werden kann. Ein Beispiel hierfür kann der Abb. 5.20 entnommen werden.
- **Ausschluss von Ausreißern:** Fahrer, die eine definierte Mindestnutzung deutlich unterschreiten (z. B. „Sammlerfahrzeuge" und „Extrem-Seltenfahrer"), werden aus dem Datensatz entfernt, da ihr Fahrprofil statistisch nicht ausreichend aussagekräftig ist. Dieses Vorgehen ist ein praktisches Beispiel für die Eingrenzung des relevanten Nutzraums, wie in Abschn. 5.3.1.2 beschrieben.

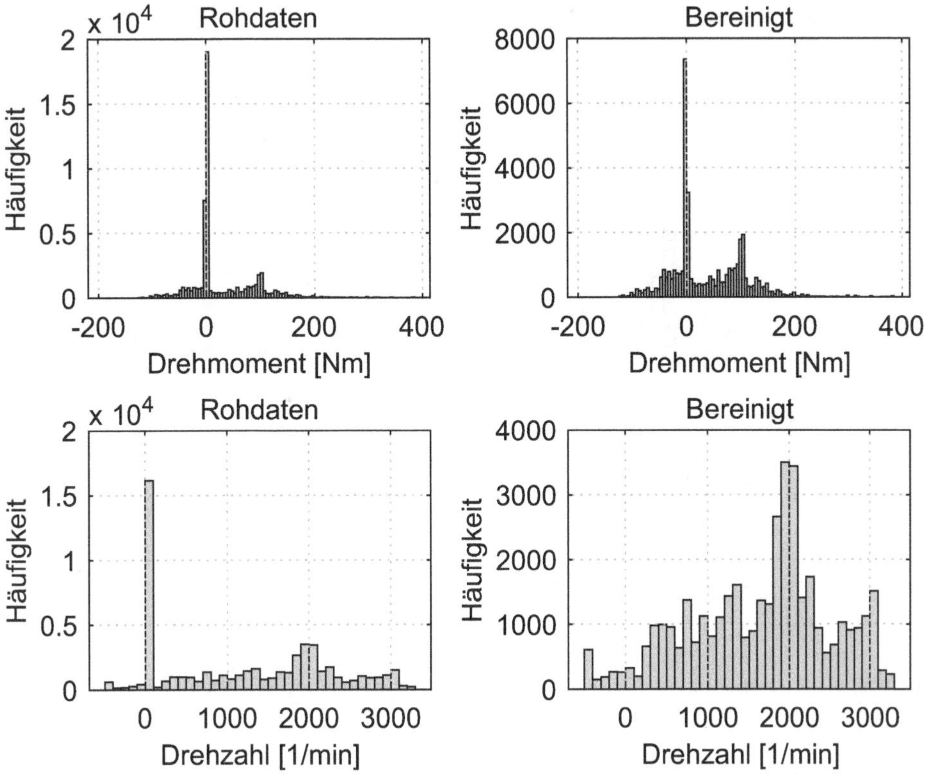

Abb. 5.19 Beispiel für die Bereinigung von Rohdaten (Drehmoment und Drehzahl).

5.3.3.2.4 Lastkollektivermittlung

Nach der Datenvorverarbeitung liegen bereinigte Zeitreihen für die Bildung eines repräsentativen Nutzerkollektivs vor. Die Zeitreihen entsprechen den Fahrweisen der Nutzer und bilden somit das gesamte Feld ab. Durch die vorangegangene Datenvorverarbeitung wird sichergestellt, dass die resultierenden Lastkollektive frei von unplausiblen Ausreißern sind, die das Ergebnis der Schädigungsrechnung verfälschen könnten.

Aus den Zeitreihen müssen nun die Lastkollektive gebildet werden, die die Anzahl der Belastungszyklen pro Lastniveau in Form von Überrollungen je Drehmomentklasse quantifizieren.

Klassierung und Umrechnung in Zyklen

Für rotierende Komponenten wie Antriebswellen definiert jede volle Umdrehung einen Lastzyklus. Das Vorgehen zur Ermittlung der Zyklenzahlen ist wie folgt:

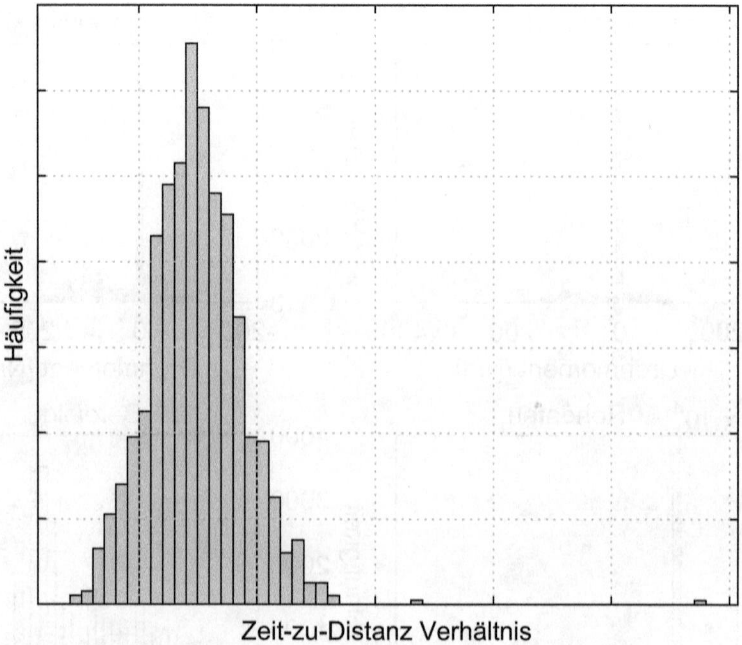

Abb. 5.20 Histogramm des Zeit-zu-Distanz-Verhältnisses zur Identifikation von Ausreißern auf Nutzerebene. (© IMA 2026. All Rights Reserved)

1. Der gesamte Drehmomentbereich wird in diskrete Klassen unterteilt.
2. Für jeden Nutzer wird die Verweildauer in jeder Drehmomentklasse durch Zählung ermittelt (siehe Abb. 5.21).
3. Anschließend erfolgt die Umrechnung dieser Zeitabschnitte in Lastzyklen. Dazu wird die Verweildauer in einer Klasse mit der durchschnittlichen Achsdrehzahl, die während dieser Zeit in dieser spezifischen Klasse gemessen wurde, multipliziert. Das Ergebnis dieser Berechnung sind die Überrollungen (Umdrehungen) der Achse pro Drehmomentklasse.

Nachdem dieser Prozess der Klassierung und Umrechnung in Zyklen für jeden Nutzer der repräsentativen Flotte durchgeführt wurde, liegt für jeden Fahrer ein individuelles Lastkollektiv vor.

Abb. 5.22 visualisiert das Ergebnis dieser Auswertung, indem sie die Lastkollektive aller untersuchten Nutzer in einem einzigen Diagramm zusammenfasst. Jede einzelne Linie repräsentiert die Überrollungen eines Nutzers pro Drehmomentklasse. Diese Darstellung verdeutlicht die enorme Streuung im Nutzungsverhalten und bildet die datenbasierte Grundlage für die nachfolgende schädigungsabhängige Bewertung, deren Ziel es ist, aus dieser Vielfalt einen statistisch abgesicherten repräsentativen Nutzer zu ermitteln.

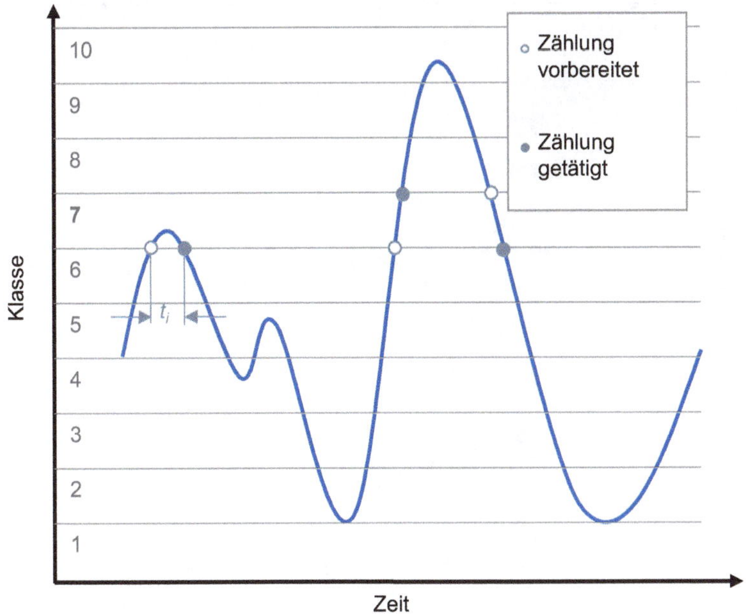

Abb. 5.21 Verweildauerzählung in der jeweiligen Drehmomentklasse. ()

5.3.3.2.5 Schädigungsrechnung und Normierung

Um die aus den unterschiedlichen Fahrstilen resultierenden Lastkollektive quantitativ zu bewerten und vergleichbar zu machen, wird für jedes Kollektiv eine individuelle Gesamtschädigung D berechnet. Dieser mehrstufige Prozess, der von der Schädigungsakkumulation des Einzelnen bis zur statistischen Absicherung der Gesamtheit reicht, wird für dieses Anwendungsbeispiel in Abb. 5.23 dargestellt. Die Vorgehensweise orientiert sich dabei an der in Abschn. 5.3.2.4 beschriebenen allgemeinen Methodik.

Der erste Schritt entspricht der Schadensakkumulation für jeden einzelnen Nutzer. Hierfür wird das individuelle Lastkollektiv herangezogen. Anhand einer für das Material der Antriebswelle gültigen Wöhlerlinie (S-N-Modell) wird für jede Drehmomentamplitude die ertragbare Zyklenzahl N_i bestimmt, siehe Abb. 5.24 links. Anschließend wird die Gesamtschädigung D_k für den Nutzer k mittels der linearen Schadensakkumulationshypothese nach Palmgren-Miner berechnet [240].

Da die so ermittelten Schädigungswerte D_k aufgrund der unterschiedlichen Gesamtfahrstrecken nicht direkt vergleichbar sind, erfolgt im zweiten Schritt eine Normierung der Schädigung. Um eine fahrstilbasierte Vergleichbarkeit zu schaffen, wird der Schaden auf eine Referenzstrecke normiert:

$$D_{\text{norm},k} = \frac{D_k}{L_k} \cdot L_{\text{ref}} \tag{5.1}$$

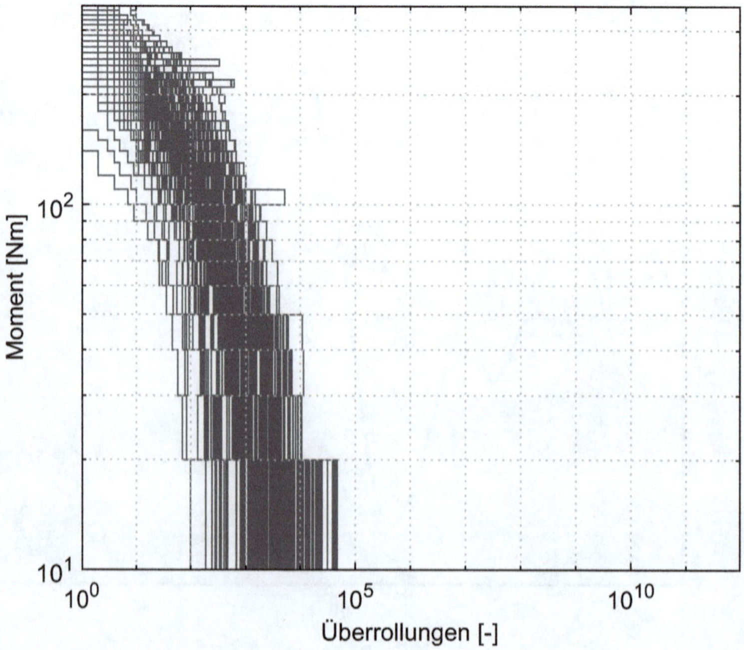

Abb. 5.22 Lastkollektivbildung aller Nutzer. (© IMA 2026. All Rights Reserved)

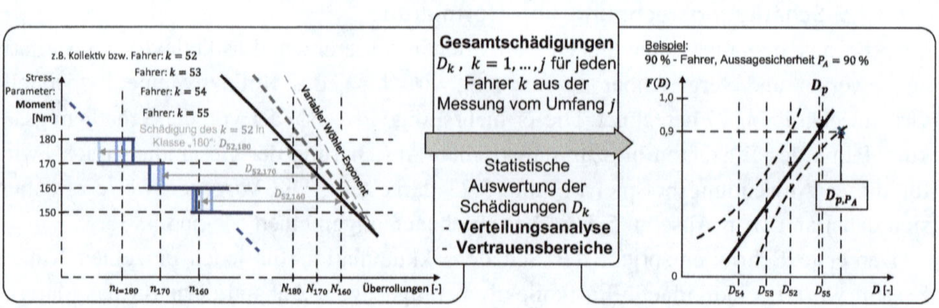

Abb. 5.23 Methodik zur Ableitung eines repräsentativen, schädigungsabhängigen Lastkollektivs aus individuellen Nutzerdaten in Anlehnung an [227]. (© IMA 2026. All Rights Reserved)

Dabei sind:

- D_{norm}, k: Die normierte Schädigung für den Nutzer k.
- D_k: Die berechnete Schädigung für den Nutzer k.
- L_k: Die gesamte Nutzungsdauer des Nutzers k (z. B. in km, Betriebsstunden).
- L_{ref}: Die gewählte Bezugsnutzungsdauer (z. B. 1000 km).

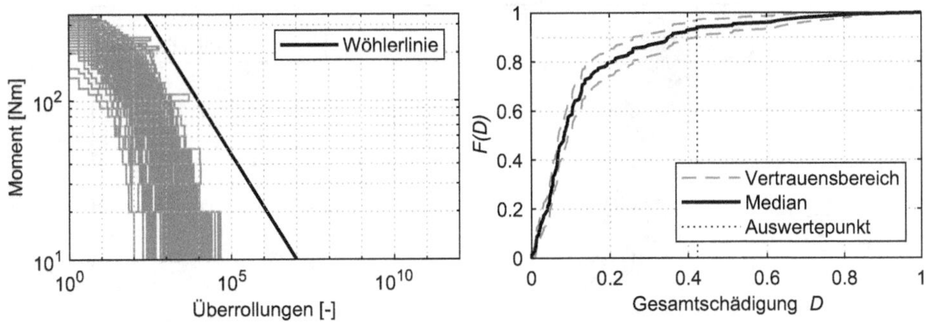

Abb. 5.24 Gegenüberstellung der Nutzerkollektive mit der Wöhlerlinie zur Schadensberechnung (links) und die daraus abgeleitete empirische Verteilungsfunktion der normierten Gesamtschädigung (rechts).

In diesem Anwendungsfall entspricht die Nutzungsdauer L_k der Gesamtlaufleistung des Fahrzeugs. Als Bezugsnutzungsdauer L_{ref} werden 1000 km gewählt. Das Ergebnis ist die Metrik „Schädigung pro 1000 km", welche die Schädigung der unterschiedlichen Fahrstile direkt vergleichbar macht und als Eingangsgröße für die finale statistische Auswertung dient.

Im finalen Schritt werden die normierten Schädigungswerte aller Nutzer statistisch ausgewertet, siehe Abb. 5.24 rechts. Durch eine Verteilungsanalyse wird eine passende statistische Verteilung an die Datenpunkte angepasst. Dies ermöglicht die Ermittlung eines Ziel-Quantils der Schädigung D_p (z. B. 90 %). Der resultierende Auslegungspunkt D_p berücksichtigt die Streuung der Nutzung sowie die statistische Unsicherheit und dient als konservative, abgesicherte Grundlage für die weitere Auswertung.

5.3.3.2.6 Ableitung des repräsentativen Zielkollektivs

Nachdem im vorherigen Schritt der statistisch abgesicherte Ziel-Schädigungswert D_p ermittelt wurde, erfolgt die finale Auswahl des repräsentativen Lastkollektivs. Dieses Kollektiv soll die perspektivische und statistisch abgesicherte repräsentative Schädigung bestmöglich abbilden und als verbindliche Grundlage für die weitere Auslegung und Erprobung dienen. Damit wird schließlich eine beanspruchungsgerechte Auslegung begünstigt.

Der Prozess der Auswahl ist zielgerichtet: Aus der Menge aller normierten Schädigungswerte der Nutzerflotte wird jener Nutzer identifiziert, dessen individuelle Schädigung D_{normiert} dem zuvor definierten Ziel-Schädigungswert D_p am nächsten kommt. Dieser Nutzer wird als „Referenznutzer" deklariert.

Das Lastkollektiv (Überrollungen vs. Drehmomentklassen) des spezifischen Referenznutzers wird daraufhin als das finale, repräsentative und schädigungsabhängige Zielkollektiv ausgewählt. Der Vorteil dieses Vorgehens liegt darin, dass das resultierende

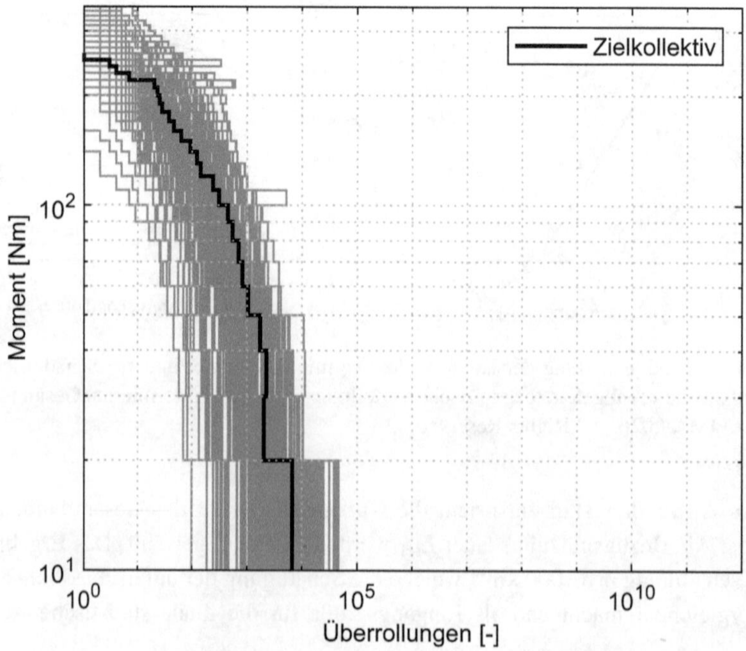

Abb. 5.25 Auswahl des repräsentativen Zielkollektivs (schwarz) aus der Gesamtheit der Nutzerkollektive (grau).

Kollektiv nicht künstlich oder synthetisch ist, sondern der realen Beanspruchungscharakteristik eines Nutzers entspricht, dessen Fahrstil ein angestrebtes Anforderungsniveau (z. B. das 90-%-Quantil) wiedergibt, entspricht. Sollte dies nicht deckungsgleich mit einem bestehenden Fahrerdatensatz umsetzbar sein, wird gemäß Abschn. 5.3.2 auf den nächstgelegenen Nutzer extrapoliert bzw. interpoliert.

Abb. 5.25 visualisiert diesen letzten Schritt. Die grauen Kurven stellen die Gesamtheit der Lastkollektive aller analysierten Nutzer dar. Die hervorgehobene schwarze Kurve ist das ausgewählte Zielkollektiv des identifizierten Referenznutzers. Dieses Kollektiv dient fortan als verbindliche Lastvorgabe für alle nachfolgenden numerischen Simulationen und experimentellen Erprobungen auf dem Prüfstand.

5.3.3.3 Ableitung eines schädigungsabhängigen Lastkollektivs bei Vibrationsbelastungen am Beispiel eines Batteriegehäuses

Während im vorangegangenen Beispiel aus Abschn. 5.3.3.2 (Sportwagen-Hinterachse) die Drehmomentbelastung durch unterschiedliche Fahrer im Vordergrund steht, steht in diesem Beispiel die Vibrationsbelastung eines Batteriegehäuses im Fokus. Im Gegensatz zur ereignisbasierten Belastung der Sportwagenachse handelt es sich nun dabei um einen stochastischen Vorgang, wie er in der Einleitung zu Abschn. 5.3 beschrieben wurde. Beide

Fälle folgen derselben Grundmethodik zur Ableitung schädigungsäquivalenter Lastkollektive, unterscheiden sich jedoch in der Hauptlastart und Berechnungsweise. Die Signalklassifizierung erfolgt nicht über definierte Fahrereignisse (z. B. Verzögern, Beschleunigen), sondern über eine frequenzselektive Betrachtung der Beschleunigungsantwort. Daher wird das Fatigue Damage Spectrum (FDS), das Frequenz und Schädigung in Beziehung setzt, für die Berechnung verwendet [241]. Entsprechend der in Abschn. 5.3.2.2 erläuterten Methodik wird hier ein frequenzbasiertes Verfahren gewählt, da die Schädigung durch Resonanzeffekte stark von der Frequenz abhängt.

Das FDS eignet sich entsprechend gut zur Visualisierung, da es die berechnete Ermüdungsschädigung als Funktion der Frequenz darstellt. Die Hauptaussage ist der Schädigungsbeitrag jedes einzelnen Frequenzbandes zur Gesamtermüdung des Bauteils. Durch das FDS lassen sich somit schädigungsdominante Frequenzen identifizieren, die beispielsweise mit Bauteilresonanzen, bei denen selbst geringe Anregungen zu vergleichsweise hohen lokalen Spannungen und damit Schädigungen führen, korrelieren könnten [241, 242].

Aus diesem Grund wird das FDS auch als Werkzeug für den relativen Vergleich genutzt. Weitere Annahmen in der Berechnung wie beispielsweise Eigenfrequenzen, Dämpfungsverhalten, Elastizitäten usw. führen zwangsläufig dazu, dass der resultierende Schädigungswert (auch unter der Annahme fiktiver S-N-Modelle, vgl. Abschn. 5.3.2.4) damit als Pseudo-Schädigungswert zu betrachten ist. Dies beantwortet zentrale Fragen der Betriebsfestigkeitsanalyse:

- Welche Frequenzen verursachen welche Schädigungswerte,
- Identifikation besonders schädigender Betriebslasten (z. B. Autobahn vs. Kopfsteinpflaster),
- Bewertung von Designanpassungen durch schadensbasierte Bewertung kritischer Frequenzen.

Für die Ableitung eines schädigungsäquivalenten Prüfprofils ist dieser relative Vergleich jedoch als ausreichend und aussagekräftig zu betrachten, da er sicherstellt, dass die Prüfmethode jene Frequenzen priorisiert und relativ vergleicht, welche im realen Betrieb die größte Schädigung verursachen. So können frequenzbasiert auch Beschleunigungsstrategien in der Erprobung umgesetzt werden.

5.3.3.3.1 Rahmenbedingungen und Zielsetzung

Die Vorgehensweise orientiert sich, wie im vorherigen Beispiel, an der Methodik nach Lucan (siehe Abschn. 5.3.1), um die Rahmenbedingungen des Anwendungsfalls zu definieren:

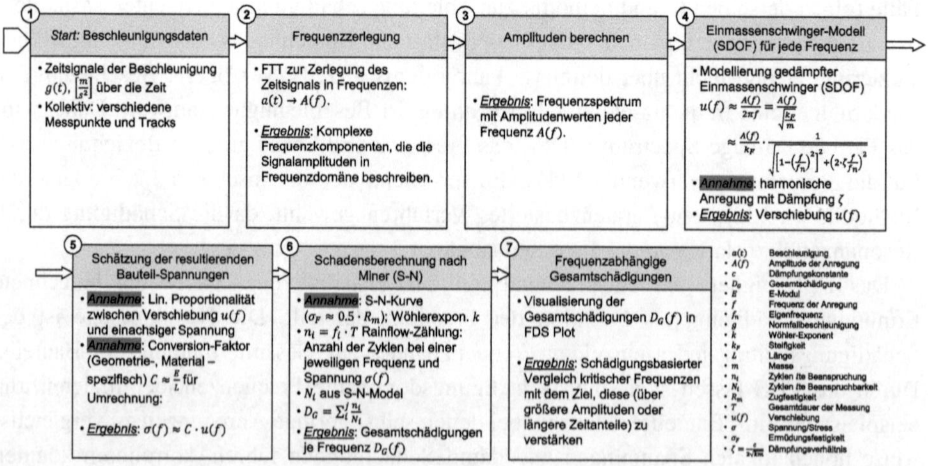

Abb. 5.26 Schematischer Ablauf der FDS-Berechnung von den Rohdaten (1) bis zur frequenzabhängigen Gesamtschädigung (7) in Anlehnung an [241, 242].

System- und Lastanalyse Die Systemgrenze umfasst das Batteriegehäuse als Subsystem eines Fahrzeugs. Die maßgebliche Belastung ist eine breitbandige Vibration, die durch Fahrbahnunebenheiten induziert wird. Diese wird durch triaxiale Beschleunigungsaufnehmer an den Eckpunkten des Gehäuses erfasst.

Nutzraumanalyse Der abzubildende Nutzraum besteht aus einer Messkampagne mit vier unterschiedlichen Fahrzyklen und einer Gesamtdauer von 16 h, um ein breites Spektrum realer Anregungsbedingungen abzudecken.

Zielsetzung und Datenspezifikation Als Zielsetzung wird die Erstellung eines repräsentativen Lastkollektivs (p %-Quantil, Worst-Case, etc.) definiert. Dieses soll die damit repräsentative Schädigung aus allen Fahrzyklen abdecken. Als Datenquelle dient eine gezielte Messkampagne, die speziell für diesen Zweck ausgelegt wurde. Das finale Lastkollektiv wird als FDS dargestellt und kann später in ein verarbeitbares PSD-Signal zur Prüfstandanwendung transformiert werden.

5.3.3.3.2 Vorgehensweise

Das FDS wird in einem mehrstufigen Prozess ermittelt, der in Abb. 5.26 schematisch dargestellt ist.

Tab. 5.6 Schritte der Datenverarbeitung für Vibrationssignale

Schritt	Zweck
1. Rohdaten erfassen	Gültigkeit und Vollständigkeit der Messsignale sicherstellen
2. Frequenzzerlegung	Aufspaltung des Beschleunigungssignals in diskrete Frequenzanteile
3. Amplitudenberechnung (Bin-Logging)	Bildung eines rauscharmen Energiediagramms $A(f)$ pro Frequenzklasse
4. SDOF-Antwort je Bin	Umrechnung der Anregung in eine designabhängige Verschiebung $u(f)$
5. Spannungsäquivalenz	Projektion der Verschiebung auf die kritische Gehäusestelle $\rightarrow \sigma(f)$

5.3.3.3.3 Datenverarbeitung

Die Datenverarbeitung, siehe Tab. 5.6, stellt sicher, dass aus den erfassten Beschleunigungszeitreihen (Rohdaten) ein konsistenter, frequenzaufgelöster und statistisch abgesicherter Datensatz entsteht, der direkt in die schädigungsabhängige Auswertung (FDS) überführt werden kann. Die Schritte orientieren sich am allgemeinen Workflow aus Abschn. 5.3.2, sind jedoch auf die Besonderheiten breitbandiger Vibrationssignale zugeschnitten.

Sensorik und Rohdaten

Die triaxialen Sensoren liefern Beschleunigungsdaten mit einer Abtastrate von 1 kHz. Das relevante Frequenzspektrum für die Analyse erstreckt sich von 5 Hz bis 500 Hz. Vor der Verarbeitung werden die Signale auf Plausibilität (Spitzenwerte, Rauschen, Synchronität) geprüft. Detektierte Ausreißer werden mittels Interpolation ersetzt; größere Defekte führen zum Ausschluss des Segments, wie in Abb. 5.27 beispielhaft gezeigt wird.

Frequenzzerlegung

Die FDS-Berechnung erfordert Amplituden- und Phaseninformationen in Frequenzbändern, da die nachfolgende Schädigungsbilanzierung frequenzselektiv erfolgt. Dazu wird das Leistungsdichtespektrum (PSD) aus der Verarbeitung des Beschleunigungssignals ermittelt. Die Frequenzzerlegung erfordert hier neben einer Fast Fourier Transformation (FFT) gegebenenfalls spezifische Anpassungen in der Segmentierung, Fensterung und Mittelung zur Minimierung von Spectral Leakage (z. B. durch Blackman-Harris-Fenster [243]), um in ein komplexes Spektrum $\bar{A}c(f)$ überführt zu werden. Die Anwendung eines solchen Fensters auf ein 8 s Signal ist in Abb. 5.28 visualisiert.

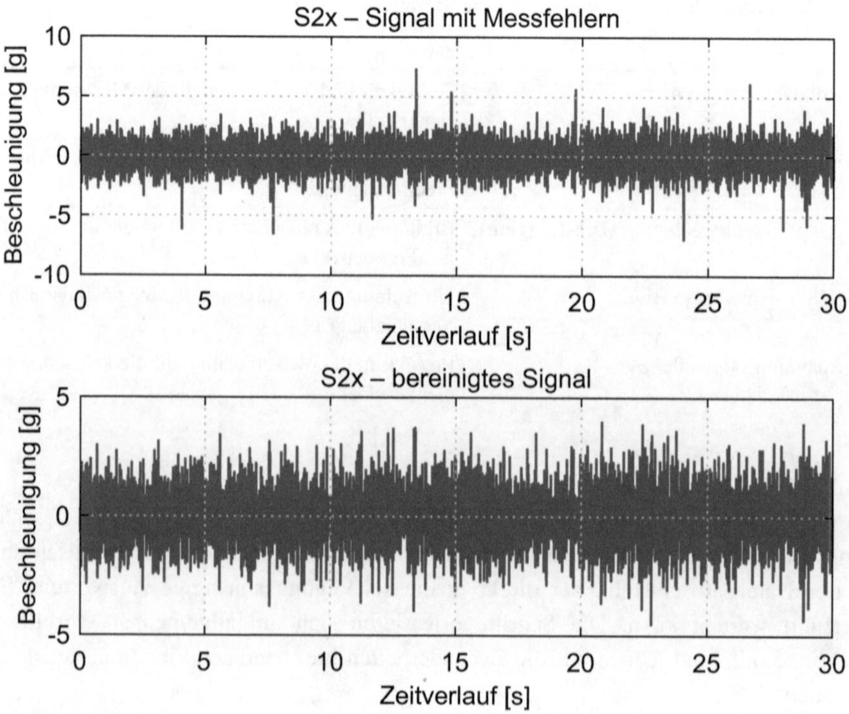

Abb. 5.27 Beispielhafte Bereinigung eines Beschleunigungssignals von Messfehlern.

Amplitudenermittlung und Log-Binning

Für die weitere Analyse genügt der Betrag der Spektralkomponenten. Das resultierende Amplitudenspektrum $\bar{A}(f)$ wird in passendem Umfang in logarithmisch aufgelöste Bins über das vorliegende Frequenzspektrum gemittelt. So ergibt sich eine diskrete Aufteilung des Frequenzbereichs in einzelne Fenster: z. B. Aufteilung in 100 Bins im Frequenzbereich 5 *Hz* bis 500 *Hz*, falls so vorliegend.

Vorteile des Log-Binnings:

- konstante Auflösung in dB
- Reduktion zufälliger Schwankungen ohne Verlust der Resonanzlagen,
- geringerer Rechenaufwand in den folgenden Berechnungsschritten.

Der Mittelwert jedes Bins liefert ein geglättetes Energiediagramm $A(f)$, dass die realen Anregungsverhältnisse repräsentiert.

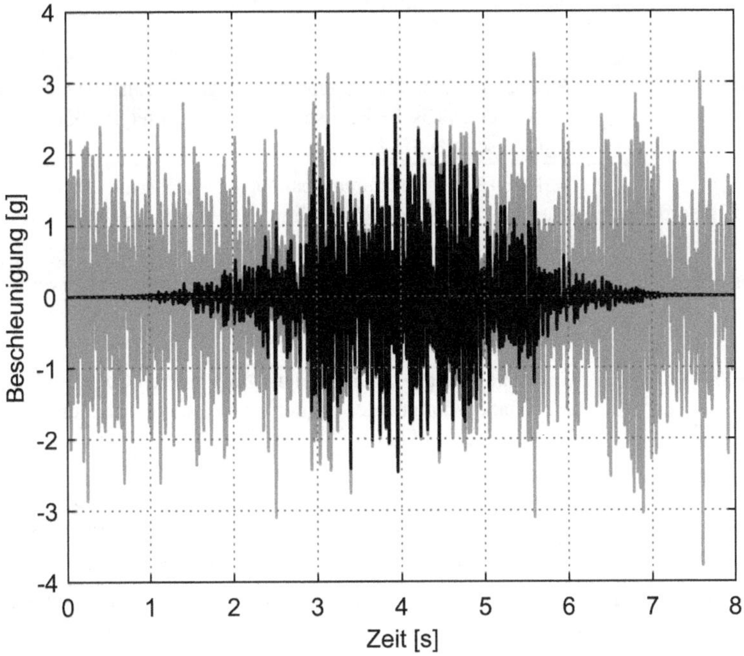

Abb. 5.28 Beispielhafte Anwendung eines Blackman-Harris-Fensters auf ein Zeitsignal.

Übertragung in ein Einmassenschwinger-Model (SDOF).
Da vollständige Modalanalysen komplexer Designstrukturen wie Batteriegehäusen in der Regel für eine Beanspruchungsrechnung nicht vorhanden sind, wird jede Frequenzklasse mit einem gedämpften Single-Degree-of-Freedom-Model (SDOF) idealisiert. Hier werden systembezogene Federkonstanten C und Dämpfungsraten ζ angesetzt.

Die Anregungsamplitude $A(f)$ wird mit der SDOF-Übertragungsfunktion multipliziert und ergibt die relative Verschiebung $u(f)$ des virtuellen Oszillators. Damit fließen sowohl Steifigkeiten als auch Dämpfungsverluste in die weitere Rechnung ein. Das SDOF-Modell ermöglicht damit, die aus den Anregungen bekannten Beschleunigungswerte über entsprechende Amplituden und Verschiebungen in Spannungen zu überführen, vgl. nachfolgender Abschnitt. Letztere sind schließlich für die Schädigungsbetrachtung unerlässlich.

Spannungsäquivalenz
Um die später benötigte Ermüdungskennlinie anzuwenden, wird die Verschiebung $u(f)$ weiter in eine ortsbezogene Spannung $\sigma(f)$ umgerechnet. Dazu genügt bei linearem Verhalten ein skalarer Umrechnungsfaktor c: Er beschreibt, wie stark eine Verschiebung an entsprechender Struktur eine mechanische Spannung induziert. Detaillierte FEM-Analysen

Tab. 5.7 Schritte der FDS-basierten Schädigungsauswertung

Schritt	Zweck
6a. Rainflow-Zählung	Zerlegen der zeitabhängigen Spannungen in Einzelzyklen, um die tatsächlich zyklische Beanspruchung jeder Frequenzklasse zu erfassen. (vgl. Abschn. 5.3.2.2)
6b. S-N-Modellzuordnung	Verknüpfen der gezählten Spannungsbereiche mit einer materialspezifischen Wöhlerlinie, damit jedem Zyklus eine zulässige Lebensdauer zugeordnet werden kann
6c. Miner-Summation	Umrechnen der Zykluszahlen in anteilige Lebensdauerverbräuche und Aufsummieren zu einem Schadenswert pro Frequenzband. (vgl. Abschn. 5.3.2.4 sowie 5.3.3.2.5)
7. FDS-Plot	Grafische Darstellung der frequenzabhängigen Gesamtschädigungen, um schadensdominante Frequenzbereiche und Kanalunterschiede identifizieren zu können

könnten diesen Schritt in höherem Detaillierungsgrad ersetzen, wobei in der Praxis detaillierte Auswertungen zu einzelnen Strukturabschnitten eines Modells oft nicht verfügbar sind. In beiden Fällen ist das Ergebnis ein frequenzabhängiges Spannungsspektrum, in dem sowohl die Energieverteilung des Betriebssignals als auch die dynamische Verstärkung durch die Bauteilgeometrie enthalten sind.

Mit dem Abschluss von Schritt 5 liegt für jeden Messkanal ein qualitätsgeprüftes Spannungsspektrum $\sigma(f)$ vor, das bereits sämtliche Signal-, Struktur- und Dämpfungseinflüsse berücksichtigt. Damit sind alle informationsrelevanten Größen vorhanden, um die eigentliche Schädigungsauswertung durchzuführen.

5.3.3.3.4 Schädigungsauswertung

Während die vorangegangene Datenverarbeitung die rohen Beschleunigungssignale in ein strukturspezifisches Spannungsspektrum $\sigma(f)$ überführt hat, stellt die nun folgende Schädigungsauswertung den entscheidenden Bezug zur Bauteillebensdauer her. Ziel dieses Schrittes ist es, aus dem abstrakten Spannungsspektrum eine quantifizierbare, frequenzabhängige Schädigung abzuleiten. Das Ergebnis ist das FDS, welches für jede Anregungsfrequenz den spezifischen Pseudobeitrag des Bauteils in Form der frequenzabhängigen Gesamtschädigung $D(f)$ ausweist. So resultiert ein schädigungsäquivalentes Lastkollektiv für die analysierten Anregungen.

Der Berechnungsprozess gliedert sich in die Einzelschritte in Tab. 5.7.

FDS-Plot

Im letzten Schritt werden die resultierenden Schädigungswerte je Frequenzband über der Frequenz aufgetragen. Das Ergebnis ist der FDS-Plot, dargestellt in Abb. 5.29. Diese grafische Darstellung visualisiert damit unmittelbar, welche Frequenzbereiche den signifikantesten Beitrag zur Gesamtschädigung des Batteriegehäuses leisten. Schadensdominante

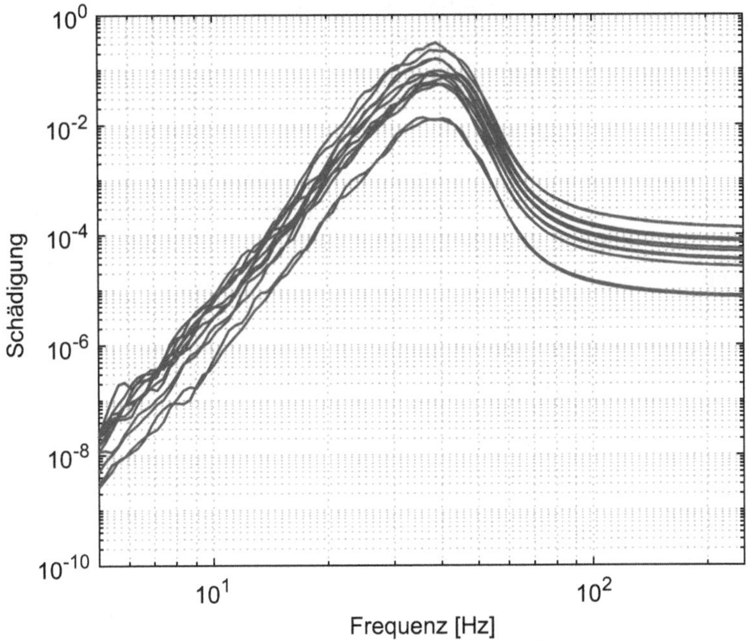

Abb. 5.29 Frequenzabhängige Schädigungsverteilung (FDS) der einzelnen Messkanäle.

Frequenzen, die oft mit Bauteilresonanzen korrelieren, manifestieren sich als ausgeprägte Maxima (Peaks) im Diagramm.

Interpretation der Ergebnisse

Für die Interpretation eines FDS-Plots wird beispielhaft die in Abb. 5.29 vorliegende Datengrundlage herangezogen. Im log-log-Diagramm weist $D(f)$ anschaulich lokale oder globale Maxima auf, die letztendlich entweder für Lebensdauernachweise (Zuverlässigkeitsnachweis) oder explorative Analysen (Lebensdaueranalyse) herangezogen werden könnten. Mit dem hier vorliegenden Maximum wäre zunächst ersichtlich: ein kritischer Anteil der Gesamtschädigung findet im Bereich von ca. 40 *Hz* statt, sodass perspektivisch genau jenes Frequenzband zur Anregung ausgenutzt werden könnte, um ein entsprechendes EOL-Testprozedere zeitgünstig durchzuführen – sodass zügig ein Bauteilversagen provoziert wird. Soll hingegen ein schädigungsäquivalenter Nachweis der Lebensdauer erfolgen, so lässt sich dieser Frequenzbereich als für die Bauteillebensdauer sensibel interpretieren. Im hier beispielhaften Fall korrespondiert dieser Peak nun mit einer Resonanzfrequenz des Batteriegehäuses. Die verstärkte strukturelle Schwingungsantwort bei dieser Frequenz resultiert in hohen Relativverschiebungen und daraus resultierenden Spannungen, die maßgeblich zur

Schädigung beitragen. Die Kenntnis über diesen Zusammenhang und die Verteilung der Teilschädigungen über unterschiedliche Frequenzbereiche kann für spezifische Testsetups also sehr wertvoll sein.

5.3.3.3.5 Lastkollektivermittlung

Nach der Schädigungsauswertung liegen für die Messkanäle der Rohdaten separate FDS vor. Um nun ein schädigungsabhängiges, repräsentatives Lastkollektiv auf Basis der besprochenen Vibrationsdaten abzuleiten, ist aus der Vielzahl der Einzelspektren jenes entsprechende Lastkollektiv zu identifizieren. Für eine robuste und sichere Auslegung wird beispielhaft eine Worst-Case-Betrachtung gewählt, die durch eine zweistufige Hüllkurvenbildung realisiert werden kann.

Daher wird für jedes Frequenzband f der maximale Schadenswert über alle Messkanäle und jeden Fahrzyklus ausgewählt:

$$FDS_{\text{Hüllkurve}}(f) = {}_{i=1...48}{}^{\max}(FDS_i(f)) \tag{5.2}$$

Das Resultat dieses Prozesses entspricht einer Gesamthüllkurve. Dieses Spektrum ist ein synthetisches, aber realistisches Worst-Case-Lastkollektiv. Es aggregiert beispielhaft für jede Frequenz die schädigungsintensivste Anregung, die an einem beliebigen Punkt des Bauteils in einem der untersuchten Fahrszenarien aufgetreten ist. Diese finale Kurve dient als verbindliche und konservative Grundlage für die Auslegung sowie die Erstellung eines beschleunigten, schädigungsäquivalenten Prüfprofils. Wäre also klar, dass die Messkampagne realistische Fahrmodi des Feldes abdeckt und diese somit abzusichern ist, deckt das hier ermittelte Lastkollektiv frequenzbasiert die kritischste Kombination aller möglichen Anregungen ab.

Abb. 5.30 zeigt die Einzel-FDS je Messkanal sowie die resultierende Gesamthüllkurve. Diese umschließt jedes Teilspektrum und liefert damit das schädigungsmaximale Lastkollektiv über die gesamte Messpopulation.

Das so gewonnene Worst-Case-Lastkollektiv stellt eine robuste und konservative Grundlage für die beschleunigte Lebensdauererprobung des Batteriegehäuses dar und stellt sicher, dass die im realen Betrieb schädigungsrelevantesten Frequenzen im Test abgebildet werden.

Mit geeigneter Rücktransformation kann die zugrunde liegende Anregung des als repräsentativ identifizierten Kollektivs wieder in ein PSD überführt werden, welches in der Regel zur Implementierung auf Shaker-Prüfständen geeignet ist.

5.4 Ausfallbasierte Testverfahren

Sind die repräsentativen Zuverlässigkeitstests durchgeführt liegt eine auswertbare Stichprobe aus Lebensdauerdaten vor, die mithilfe von statistischen Methoden ausgewertet werden muss, um eine valide Aussage für die Grundgesamtheit machen zu können.

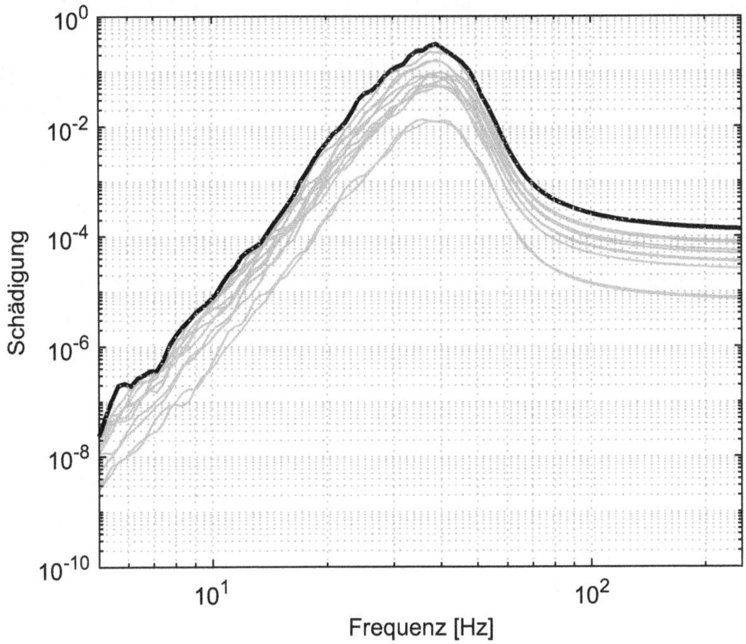

Abb. 5.30 Ermittlung des Worst-Case-Lastkollektivs durch Hüllkurvenbildung (schwarz) über alle Einzelspektren (grau).

Sowohl für die Punkt- als auch für die Intervallschätzung können verschiedene Methoden verwendet werden, die alle bestimmte Vor- und Nachteile aufweisen. Aufgrund der unterschiedlichen mathematischen Vorgehensweise erhält man unter Anwendung von unterschiedlichen Methoden unterschiedliche Ergebnisse für exakt die gleiche Datenbasis. Aus diesem Grund ist die Kenntnis über die zentrale Idee hinter den Methoden, die prinzipielle Vorgehensweise und den erwartbaren Informationsgehalt essentiell, um eine möglichst präzise Schätzung des Ausfallverhaltens zu bestimmen. In diesem Abschnitt werden deshalb die wichtigsten Punkt- und Intervallschätzmethoden ausführlich beschrieben, anhand von Beispielen exemplarisch angewendet sowie deren Vor- und Nachteile vergleichend diskutiert.

5.4.1 Bestimmung der Ausfallverteilung – Punktschätzverfahren

In diesem Abschnitt liegt der Fokus auf der Bestimmung der Ausfallverteilung mithilfe von Punktschätzverfahren. Die bedeutendsten sind die Methode der kleinsten Fehlerquadrate auf Basis des Medianrangverfahrens (Median Rank Regression MRR) sowie die

Maximum-Likelihood Methode (Maximum-Likelihood Estimation MLE) [54]. Grundsätzlich kann auch die Momentenmethode verwendet werden [5]. Diese wird aufgrund ihrer Einschränkungen (z. B. lassen sich nur vollständige Stichproben auswerten [5]) jedoch sehr selten zur Bestimmung der Ausfallverteilung genutzt [5] und deshalb hier nicht weiter betrachtet. Bei der MRR und der MLE handelt es sich um völlig verschiedene mathematische Ansätze, die demnach auch bei exakt identischer Stichprobe zu anderen Ergebnissen kommen. Während man für die MRR mit der Ranggrößenberechnung einen Zwischenschritt in der Berechnung benötigt, kommt die MLE rein mit den zugrunde liegenden Lebensdauerdaten aus. Zunächst werden in diesem Abschnitt die Methoden einzeln erläutert und anschließend anhand von Beispielen verglichen.

5.4.1.1 Medianrang Regression

Die Methode der kleinsten Fehlerquadrate, im Zuverlässigkeitskontext auch bekannt als Median Rank Regression (MRR), ist eine Schätzmethode, die eine Ausgleichsgerade an Datenpunkte anpasst [149]. Mit diesem Verfahren können sowohl vollständige als auch unvollständige, bzw. zensierte, Stichproben ausgewertet werden [5]. Dabei wird die gesuchte Verteilung über eine Gerade ermittelt, sodass die Summe der quadrierten Abstände zwischen den Wertepaaren $(t_i,\ F(t_i))$ und der angepassten Geraden minimal wird.

Zur Ermittlung der Ausgleichsgeraden mittels MRR werden zunächst die Ausfallzeiten der Versuchswerte der Größe nach sortiert. Existieren aus einem Gesamtstichprobenumfang n, r Ausfallzeiten t_i, $i = 1(1)r$, so werden diese Versuchswerte in aufsteigender Reihenfolge sortiert, dass $t_1 \leq t_2 \leq t_3 \leq \cdots \leq t_r$ gilt. Die Ausfallzeiten in der sortierten Reihenfolge werden als Ranggrößen bezeichnet, wobei der Index i als Rangzahl fungiert [5].

Über das Medianrangverfahren, kann jeder Ranggröße eine entsprechende Ausfallwahrscheinlichkeit F_i zugewiesen werden. Diese Ausfallwahrscheinlichkeiten werden für Ranggrößen unter Verwendung der Ordnungsstatistik, welche auf der Betaverteilung basiert, geschätzt [58, 244]. Die Ordnungsstatistik befasst sich mit den Eigenschaften von sortierten Werten einer Stichprobe. Durch die Verknüpfung der Ordnungsstatistik mit der Betaverteilung wird eine präzise Schätzung der Ausfallwahrscheinlichkeiten ermöglicht.

Für die Berechnung der Ausfallwahrscheinlichkeit wird eine Betaverteilung mit den Parametern $A = i$ und $B = n - i + 1$ verwendet. Der Parameter i beschreibt dabei die Rangzahl und der Parameter n den Stichprobenumfang. Der Verteilungsparameter A der Betaverteilung beschreibt somit die Anzahl der ausgefallenen Einheiten bis zu einem bestimmen Zeitpunkt und der Verteilungsparameter B beschreibt die zu diesem Zeitpunkt noch als intakt zu berücksichtigenden Einheiten. Die Median-Ausfallwahrscheinlichkeit F_i kann entsprechend über die folgende Betafunktion beschrieben werden $F_i \sim \mathcal{B}(A = i; B = n - i + 1)$ [5].

Für praktische Anwendungen, insbesondere wenn die Berechnungen mit weniger Rechenaufwand erfolgen sollen, wird häufig die Approximation von Benard verwendet

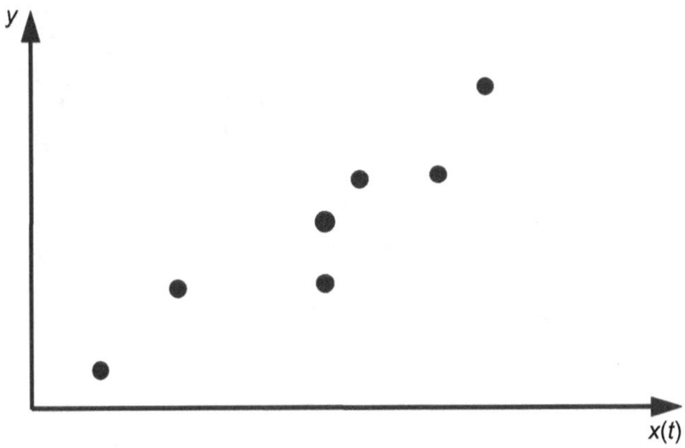

Abb. 5.31 X-Y-Plot mit Versuchspunkten für die Regressionsanalyse. (© IMA 2026. All Rights Reserved)

[186]. Diese approximiert die Median-Ausfallwahrscheinlichkeit für jeden Rang und wird durch folgende Gl. (5.3) beschrieben:

$$F_i \approx \frac{i - 0{,}3}{n + 0{,}4}, \; i = 1(1)r \tag{5.3}$$

Die Approximation ist mathematisch leicht zu handhaben und erfordert keine komplexen Berechnungen, die mit der exakten Betaverteilung verbunden wären.

Durch die Zuordnung von Ausfallzeiten t_i zu Ausfallwahrscheinlichkeiten F_i entstehen r Wertepaare, die in ein entsprechendes Diagramm eingetragen werden können, siehe Abb. 5.31.

Ziel ist es eine Gerade (Gl. (5.4)), an die gegeben Wertepaare anzupassen, die die Datenpunkte bzw. deren lineare Korrelation bestmöglich approximiert. Die Ausfallzeit t ist die Variable in der Geradengleichung, siehe Gl. (5.5). Diese Gleichung beschreibt den Funktionswert y, der die Ausfallwahrscheinlichkeit F repräsentiert.

$$y(x) = m \cdot x + c \tag{5.4}$$

$$x = x(t) \tag{5.5}$$

Durch die Bestimmung der Geradensteigung m und des Wertes des Achsenabschnitts c der Geradengleichung, ist die Funktion der Geraden eindeutig definiert. Wendet man die Definition der Ranggrößen auf die entsprechende Geradengleichung an, gelten die folgenden Zusammenhänge:

$$x_i = x(t_i) \tag{5.6}$$

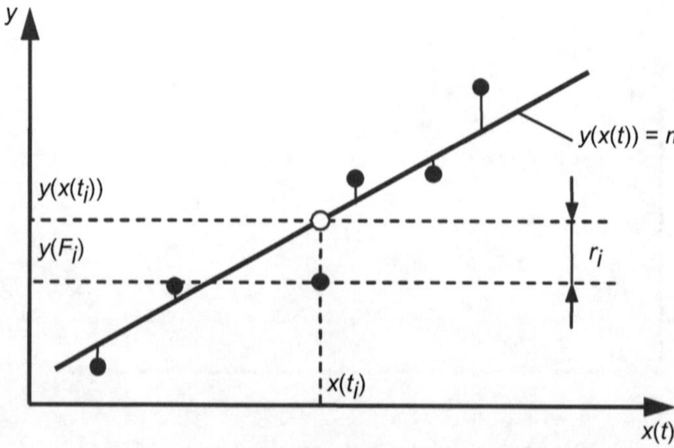

Abb. 5.32 Veranschaulichung der MRR-Methode [5].

$$y(x(t_i)) = y(x_i) \tag{5.7}$$

$$y_i = y(F_i). \tag{5.8}$$

In Abb. 5.32 sind die Wertepaare sowie die Ausgleichsgerade unter Verwendung der Rangzahlen dargestellt. Die Parameter m und c der Ausgleichsgerade werden so gewählt, dass die Summe der Residuen r_i^2 zwischen den Wertepaaren minimal ist.

Die Berechnung der Abstandswerte r_i sowie die Geradengleichung der Ausgleichsfunktion ist in Gl. (5.9) gegeben.

$$r_i = y(F_i) - y(x(t_i)) = y_i - mx_i - c. \tag{5.9}$$

Die Summe der quadratischen Abstandswerte r_i wird auch als Fehlerquadratsumme ρ^2 bezeichnet. Um das Quadrat aller Abstandswerte r_i zu minimieren, wird die Fehlerquadratsumme ρ^2 nach den Parametern m und c differenziert und gleich Null gesetzt. Die entsprechenden partiellen Ableitungen sind in den Gl. (5.10) und (5.11) dargestellt [5].

$$\frac{\partial \rho^2}{\partial c} = -\sum_{i=1}^{n} 2 \cdot (y_i - m{\cdot}x_i - c) \Rightarrow \sum\nolimits_{i=1}^{n} (y_i - m \cdot x_i - c) = 0, \tag{5.10}$$

$$\frac{\partial \rho^2}{\partial m} = -\sum_{i=1}^{n} 2 \cdot x_i \cdot (y_i - m \cdot x_i - c) \Rightarrow \sum\nolimits_{i=1}^{n} x_i \cdot (y_i - m \cdot x_i - c) = 0. \tag{5.11}$$

Die beiden Gl. (5.10) und (5.11) bilden ein lineares Gleichungssystem, mit welchem die Parameter m und c bestimmt werden können. Durch Umformungen und mithilfe der arithmetischen Mittelwerte $\overline{x}$ und $\overline{y}$ erhält man für die Steigung m folgende Gleichung:

$$m = \frac{\sum_{i=1}^{n}(x_i - \overline{x}) \cdot (y_i - \overline{y})}{\sum_{i=1}^{n} x_i^2 - n \cdot \overline{x}} = \frac{\sum_{i=1}^{n}(x_i - \overline{x}) \cdot (y_i - \overline{y})}{\sum_{i=1}^{n}(x_i^2 - \overline{x})}. \tag{5.12}$$

Der Achsenabschnitt c kann anschließend durch Einsetzen in die Geradengleichung (5.9) bestimmt werden:

$$c = \overline{y} - m \cdot \overline{x}. \tag{5.13}$$

Wie bereits in Abschn. 3.5 beschrieben, können Lebensdauerdaten entweder vollständig, zensiert oder gemischt vorliegen. Je nachdem in welcher Form die Daten vorliegen müssen diese entsprechend anders ausgewertet werden. Im Folgenden soll dies am Beispiel einer zweiparametrigen Weibullverteilung erfolgen.

5.4.1.1.1 Vollständige Daten

Im Weibullnetz (doppelt logarithmisch aufgetragen) entspricht eine solche Weibullverteilung durch entsprechende logarithmische Transformation einer Geraden [5]. Mathematisch kann die Geradengleichung (5.14) folgendermaßen aufgestellt werden:

$$\ln(-\ln(1 - F(t))) = b \cdot \ln(t) - b \cdot \ln(T). \tag{5.14}$$

Mit der logarithmischen Transformation der Rangzahl i ergibt sich für die x – Werte der benötigten Wertepaare:

$$x_i = \ln(t_i). \tag{5.15}$$

Um die entsprechenden Wahrscheinlichkeiten F_i zu bilden wird das Medianrangverfahren verwendet. Diese ergeben sich nach Benard [186] zu

$$F_i = \frac{i - 0{,}3}{n + 0{,}4}. \tag{5.16}$$

Der Parameter n beschreibt dabei die Stichprobengröße und ist bei einer vollständigen Stichprobe gleich der Anzahl der ausgefallenen Einheiten.

Für eine zweiparametrige Weibullverteilung, können die y – Werte der Wertepaare folgendermaßen berechnet werden:

$$y_i = \ln(-\ln(1 - F_i)) = \ln\left(-\ln\left(1 - \frac{i - 0{,}3}{n + 0{,}4}\right)\right). \tag{5.17}$$

Man erkennt deutlich die zweifache logarithmische Transformation der Ausfallwahrscheinlichkeit. Dies ist erforderlich, um der Geradengleichung gerecht zu werden [5]. Bei der Auswertung von vollständigen Daten können n Wertepaare gebildet werden.

Zu Bestimmung der Weibullparameter sind sowohl die Wertepaare selbst, als auch deren arithmetische Mittelwerte notwendig. Mit

$$\overline{y} = \frac{1}{n}\sum_{i=1}^{n} \ln(-\ln(1 - F_i)) \tag{5.18}$$

$$\overline{x} = \frac{1}{n}\sum_{i=1}^{n} \ln(t_i) \tag{5.19}$$

ergibt sich für den Formparameter b der Weibullverteilung die folgende Gleichung:

$$b = \frac{\sum_{i=1}^{n}(x_i - \overline{x}) \cdot (y_i - \overline{y})}{\sum_{i=1}^{n}(x_i - \overline{x})^2}. \tag{5.20}$$

Mit dem Formparameter b der Weibullverteilung kann anschließend die charakteristische Lebensdauer T berechnet werden:

$$T = e^{\left(-\frac{\overline{y} - b \cdot \overline{x}}{b}\right)}. \tag{5.21}$$

Im Falle von vollständigen Daten kann dies durch Interpolation erfolgen, da sich die Ausfallwahrscheinlichkeit gleichmäßig über den gesamten Definitionsbereich [0,1] erstreckt. Sollten die Daten in Form einer dreiparametrigen Weibullverteilung vorliegen, ist das grundsätzliche Vorgehen gleich. Allerdings gestaltet sich die Berechnung der Weibullparameter b und T erheblich aufwendiger, da die Laufvariable t eine zusätzliche Variable, nämlich die ausfallfreie Zeit t_0, einschließt. Der Zusammenhang $t = t - t_0$ führt dazu, dass die Weibullparameter nur iterativ bestimmt werden können. Dadurch ergibt sich ein erhöhter Rechenaufwand im Vergleich zur zweiparametrigen Weibullverteilung [5].

Beispiel

Im Folgenden wird die Vorgehensweise zur MRR anhand der Ergebnisse eines Lebensdauertests mit Zahnrädern vorgestellt.

Bei einer vollständigen Stichprobe liegen für die acht Versuche jeweils 8 Ausfallzeiten vor. Zunächst werden die Ausallzeiten ihrer Größe nach geordnet. Dies ist in Tab. 5.8 dargestellt. In der ersten Spalte steht die Rangzahl i und in der dritten Spalte steht die mit dem Medianrangverfahren bzw. der Approximation nach Benard berechnete Ausfallwahrscheinlichkeit.

Mit der Gl. (5.18) und (5.19) ergeben sich für $\overline{x}$ und $\overline{y}$ durch einsetzen der entsprechenden Ausfallzeiten t_i und Ausfallwahrscheinlichkeiten F_i aus Tab. 5.8 die folgenden Werte:

$$\overline{y} = \frac{1}{n}\sum_{i=1}^{n} ln(-ln(1 - F_i(t_i))) = -0{,}514 \tag{5.22}$$

Tab. 5.8 Lebensdauerdaten für die Auswertung vollständiger Daten

Rangzahl i	Ausfallzeit t_i [10^6LW]	Ausfallwahrscheinlichkeit $F(t_i)$ [%]
1	7,9	6,7
2	10,0	16,3
3	12,2	25,9
4	13,5	35,6
5	14,3	45,2
6	15,1	54,8
7	17,3	64,4
8	18,2	74,1

$$\overline{x} = \frac{1}{n}\sum_{i=1}^{n} ln(t_i) = 2{,}575. \tag{5.23}$$

Im nächsten Schritt, können mit diesen Werten die Parameter b und T der Weibullverteilung mit den Gl. (5.20) und (5.21) berechnet werden:

$$b = \frac{\sum_{i=1}^{n}(x_i - \overline{x}) \cdot (y_i - \overline{y})}{\sum_{i=1}^{n}(x_i - \overline{x})^2} = 3{,}9 \tag{5.24}$$

$$T = e^{\left(-\frac{\overline{y} - b\cdot\overline{x}}{b}\right)} = 14{,}9 \cdot 10^6 \text{ LW}. \tag{5.25}$$

Abb. 5.33 zeigt das Ergebnis im Weibullplot.

5.4.1.1.2 Zensierte Daten

Liegen die ermittelten Lebensdauerdaten als Ausfallzeiten und als Durchlaufzeiten vor, kann das über eine angepasste Auswertung im Medianrangverfahren berücksichtigt werden.

Die Auswertung der Wertepaare mit der Methode der kleinsten Fehlerquadrate, bleibt dabei unverändert. Es ändert sich nur die Lage der Wertepaare, bzw. der Datenpunkte, die ausgewertet werden. Das bedeutet, dass die Berechnung der Ausfallwahrscheinlichkeit F_i entsprechend angepasst werden muss. Diese Anpassung erfolgt über die Rangzahl i bei der Berechnung der Ausfallwahrscheinlichkeit F_i. Wie bereits erläutert stellt i die Rangzahl der Ausfälle und n die Stichprobengröße dar. Bei einer vollständigen Stichprobe ist $r = n$. Dies bedeutet, dass alle Einheiten ausgefallen sind und jeweils eine Ausfallzeit zu jedem Prüfling vorliegt. Bei einer zensierten Stichprobe ist $r < n$ [5]. Da das Medianrangverfahren auch weiterhin seine Gültigkeit behält und weniger Ausfälle als

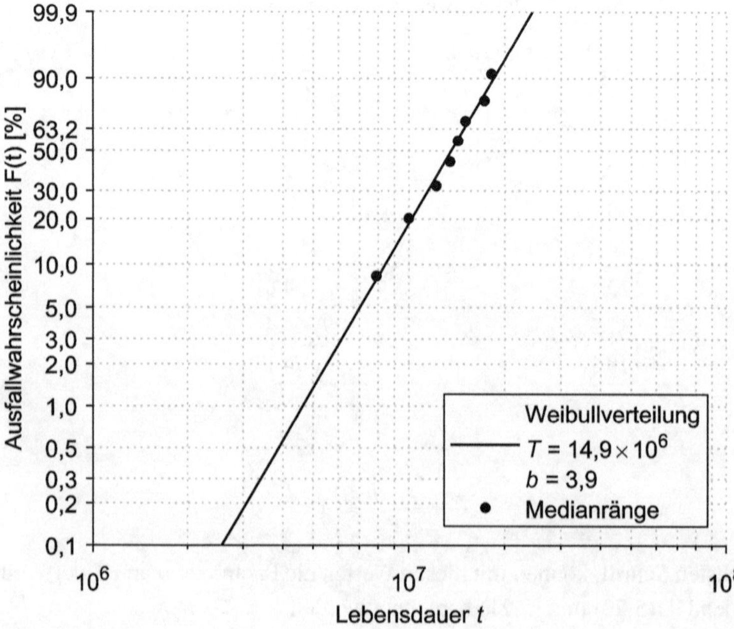

Abb. 5.33 MRR-Schätzung für die vollständigen Daten des Beispieldatensatzes. (© IMA 2026. All Rights Reserved)

Prüflinge vorliegen, ändern sich ausschließlich die berechneten Ausfallwahrscheinlichkeiten. Im Folgenden wird die Auswertung für rechtszensierte Daten, intervallzensierte Daten und multipel zensierte Daten beschrieben.

5.4.1.1.3 Rechtszensierte Daten

Bei rechtszensierten Daten sind alle Lebensdauermerkmale der ausgefallenen Prüflinge kleiner als die der noch intakten. Diese Art von Zensierung liegt häufig vor, wenn ein Test bei einer bestimmten Laufzeit abgebrochen wird (auch als Typ-I Zensierung bezeichnet), oder eine definierte Anzahl von Ausfällen erreicht ist (auch als Typ-II Zensierung bezeichnet), unabhängig davon, ob die Abbruchzeit erreicht wurde oder nicht.

Dementsprechend können die Ausfallzeiten der Größe nach sortiert werden. Die Reihenfolge der Ausfallzeiten entspricht nach wie vor der Rangzahl i, beginnend mit der Rangzahl 1, da alle Intakten größere Ausfallzeiten besitzen werden als die bereits ausgefallenen. Bei Rechtszensierung ist also auszuschließen, dass zusätzliche Ausfälle zwischen oder vor den bereits beobachteten Ausfällen auftreten. Für die Stichprobengröße wird hingegen die Summe aller Prüflinge verwendet, unabhängig davon, ob der Prüfling zensiert ist oder nicht, denn trotz einer geringeren Anzahl an Ausfällen, wurden trotzdem n Prüflinge getestet. Sind die Wertepaare bestimmt, erfolgt die Auswertung der Wertepaare analog zur Auswertung bei einer vollständigen Stichprobe.

Tab. 5.9 Lebensdauerdaten für die Auswertung rechtszensierter Daten

Rangzahl i	Ausfallzeit t_i [10^6LW]	Ausfallwahrscheinlichkeit $F(t_i)$ [%]
1	7,9	6,7
2	10,0	16,3
3	12,2	25,9
4	13,5	35,6
5	14,3	45,2
6	Z	-
7	Z	-
8	Z	-

Die resultierende Weibullgerade kann so in einen Interpolationsbereich und einen Extrapolationsbereich unterteilt werden [5]. Problematisch kann dies vor allem dann sein, wenn nur wenige Ausfälle bei einer großen Anzahl von Prüflingen existieren, also das Verhältnis von Ausfällen zu Intakten sehr klein ist. In einem solchen Fall, ist der Interpolationsbereich in dem die Steigung und damit der Formparameter b bestimmt wird vergleichsweise klein. Dadurch kann es zu einer unpräzisen Schätzung des Formparameters b kommen. Gleiches gilt für die Schätzung der charakteristischen Lebensdauer. Diese wird nach Gl. (5.21) durch Extrapolation mithilfe des Formparameters bestimmt. Eine ungenauere Bestimmung des Formparameters führt also unweigerlich auch zu einer ungenaueren Schätzung der charakteristischen Lebensdauer.

Je größer dabei das Verhältnis von zensierten Daten zu Ausfallzeiten ist, desto kleiner wird der Interpolationsbereich im Vergleich zum Extrapolationsbereich.

Beispiel

Als Beispiel eignet sich ein ähnlicher Datensatz wie zuvor bei den vollständigen Daten, sodass die Ergebnisse verglichen werden können. Es werden also erneut die Ergebnisse des Zahnradversuchs aus vorherigem Abschnitt verwendet, nur dass die Laufzeiten der letzten drei Prüflinge in diesem Fall nicht bekannt sind. Entweder könnte der Versuch nach dem fünften Ausfall abgebrochen worden sein oder es wurde eine maximale Prüfzeit (beispielsweise $15 \cdot 10^6$LW) erreicht ($r = 5$, siehe Tab. 5.9). Beide Varianten werden im Folgenden gleich ausgewertet, da lediglich bekannt ist, dass die verbleibenden drei Prüflinge eine höhere Lebensdauer haben als $14{,}3 \cdot 10^6$LW.

Um die Ausfallzeiten mit Ausfallwahrscheinlichkeiten zu verknüpfen wird genau wie bei der Auswertung mit vollständigen Daten die Näherungsformel des Medianrangverfahrens verwendet [186].

Die Stichprobengröße ist somit immer noch $n = 8$, allerdings können nur noch $r = 5$ Wertepaare gebildet werden, aus denen mittels MRR die Parameter der Weibullverteilung geschätzt werden können. Mit den fünf Wertepaaren ergibt sich für den Formparameter mit

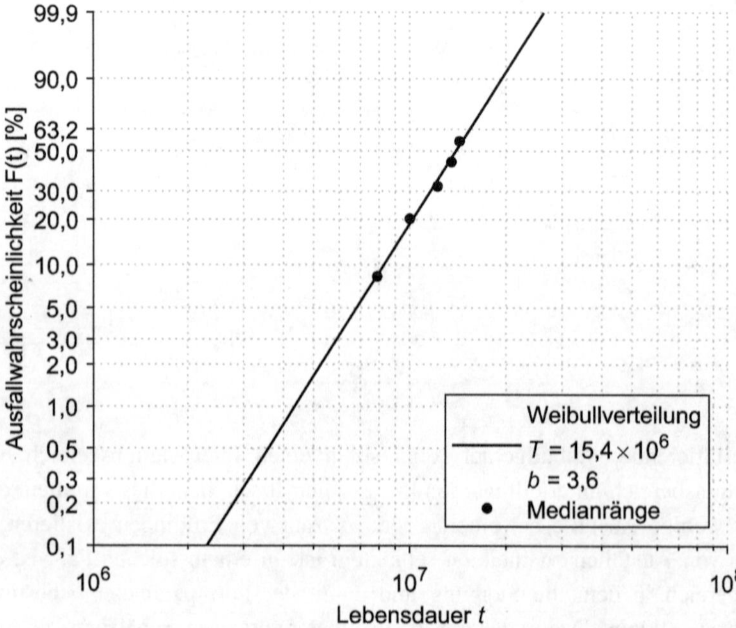

Abb. 5.34 MRR-Schätzung für die rechtszensierten Daten des Beispieldatensatzes. ()

der Gl. (5.20) ein Wert von $b = 3{,}6$. Mit Gl. (5.21) lässt sich der Wert der charakteristischen Lebensdauer zu $T = 15{,}4 \cdot 10^6$ LW bestimmen. In Abb. 5.34 ist die entsprechende Weibullverteilung dargestellt.

Die entstehende Differenz der Weibullparameter b und T zwischen der vollständigen Stichprobe und der zensierten Stichprobe ist den fehlenden drei Wertepaaren geschuldet. Der Formparameter wird durch die geringere Ausfallanzahl ein wenig unterschätzt, was folglich zu einer Überschätzung der charakteristischen Lebensdauer führt (eine flachere gerade schneidet die Ausfallwahrscheinlichkeit 62,3 % bei höheren Lebensdauern). Man kann erkennen, dass eine zensierte Stichprobe also zu einem verzerrten Ergebnis führen kann, da Ausfälle im Medianrangverfahren einen deutlich höheren Informationsgehalt bieten als Zensierungen.

Würde man die Stichprobe fälschlicherweise als vollständige Stichprobe betrachten, würden der Formparameter b bei 4,22 und die charakteristische Lebensdauer bei $12{,}72 \cdot 10^6$LW liegen. In Abb. 5.35 sind die drei Weibullverteilungen gegenübergestellt.

Der Unterschied zwischen dem richtig ausgewertetem Datensatz und dem falsch ausgewertetem Datensatz ist in Abb. 5.35 gut zu erkennen. Die Weibullgerade des falsch ausgewertetem Datensatz ist deutlich steiler als die der Auswertung unter Berücksichtigung der zensierten Einheiten. Dies zeigt, dass bei der Lebensdauerdatenauswertung die Berücksichtigung der zensierten Einheiten unbedingt notwendig ist.

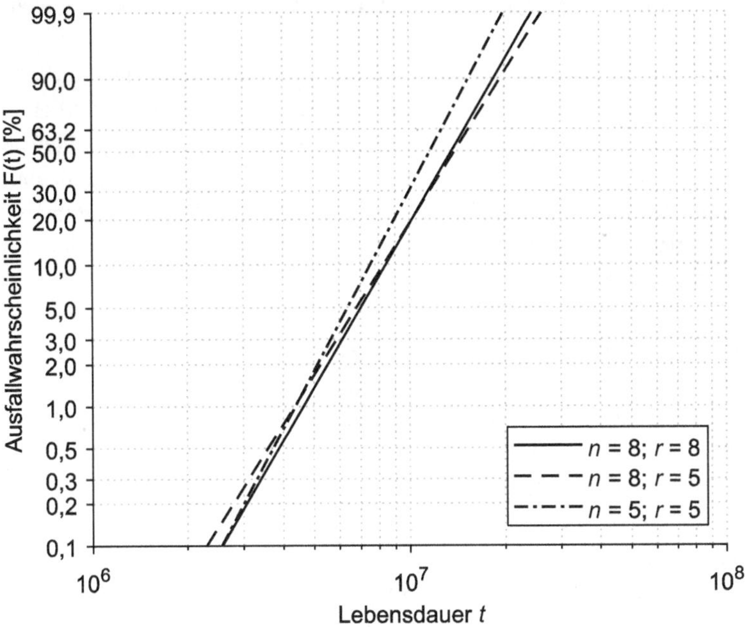

Abb. 5.35 Vergleich von Schätzergebnissen für rechtszensierte Daten mit unzensierten Daten. (© IMA 2026. All Rights Reserved)

Eine Tendenz bezüglich der Verzerrung bzgl. Unter- oder Überschätzung der verteilungsbestimmenden Parameter lässt sich hieraus nicht ableiten, da die Berücksichtigung der zensierten Daten ausschließlich über die Anpassung der Rangzahl erfolgt. Ob beispielsweise die Steigung der ermittelten Gerade steiler oder flacher ist (Formparameter b), hängt von der Datengrundlage ab. Dementsprechend sind die Schätzungen der Parameter erwartungstreu [245].

Die Weibullverteilung aus der vollständigen Stichprobe ($n = 8, r = 8$), die Weibullverteilung die aus den rechtszensierten Lebensdauerdaten ($n = 8, r = 5$) sowie die Weibullverteilung, wenn der rechtszensierte Datensatz fälschlicherweise unter Annahme eines vollständigen Datensatzes ausgewertet wurde ($n = 5, r = 5$) sind in Abb. 5.35 abgebildet.

5.4.1.1.4 Multipel zensierte Daten

Wenn ein Datensatz multipel zensiert ist, bedeutet das, dass einzelne Datenpunkte zu unterschiedlichen und zufälligen Zeitpunkten als zensierte Daten vorliegen. Häufig tritt dies bei Feld- oder Testdaten auf, wenn Ausfälle mit unterschiedlichen Ausfallmechanismen auftreten. Bei der Auswertung von Lebensdauerdaten ist es aber zwingend notwendig, dass immer der gleiche Ausfallmechanismus bei den betrachteten Ausfällen vorliegt.

Ist das Ziel die Lebensdauerverteilung bezüglich Grübchenbildung auf Zahnrädern zu bestimmen, kann ein Ausfall der aufgrund von Gewaltbruch am Zahnrad entstanden ist, nicht dazugezählt werden. Dieser Ausfall müsste somit als zensiert betrachtet werden. Aus diesem Grund können bei der multiplen Zensierung zufällige und damit unterschiedliche Zeitpunkte der Zensierung auftreten. Eine detailliertere Betrachtung unterschiedlicher Ausfallmechanismen innerhalb eines Datensatzes, inklusive eines Beispiels zur Auswertung ist im Abschn. 5.4.1.5 gegeben.

Zu beachten sind bei der Auswertung von multipel zensierten Daten, welche Informationen über die intakten Einheiten vorhanden sind. Hier sind zwei Fälle zu unterscheiden. Zum einen, dass nur Informationen über das Lebensdauermerkmal (Laufzeiten, Lastwechsel) der ausgefallenen Einheiten vorliegen und zum anderen, dass auch Informationen über die intakten Einheiten vorliegen.

Für den Fall, dass nur Lebensdauerinformationen der ausgefallenen Einheiten vorliegen, würde eine Nichtbetrachtung der noch intakten Einheiten der Auswertung einer vollständigen Stichprobe entsprechen. Wie schon zuvor bei den rechtszensierten Daten gezeigt, würde eine solche Annahme die Zuverlässigkeit des zu untersuchenden Produktes unterschätzen. Es erscheint zunächst naheliegend, in einer multipel zensierten Stichprobe lediglich die Ausfälle auszuwerten. In diesem Fall würden die Daten als vermeintlich vollständig angenommen und die noch intakten Einheiten würden nicht berücksichtigt werden. Die zur Verfügung stehenden Ausfälle repräsentieren die „schwächsten Quantile" der realen Ausfallverteilung. Diese Ausfälle als repräsentative Stichprobe der Grundgesamtheit anzunehmen, wäre eine fehlerhafte Annahme und führt zu einer falschen Zuverlässigkeitsbewertung.

Somit muss eine sinnvolle Annahme getroffen werden, wie viele zensierte Einheiten jeweils zwischen den Ausfällen liegen. Diese Annahme ist notwendig, um allen Ausfällen eine korrekte Rangzahl zuzuweisen und mittels der Näherungsgleichung nach Benard [186] eine Ausfallwahrscheinlichkeit zuordnen zu können. Anstatt anzunehmen, dass alle zensierten Einheiten nach dem letzten bekannten Ausfallzeitpunkt liegen, ist eine bessere Annahme, dass die Laufleistungen der intakten Einheiten gleichmäßig zwischen den Ausfallzeiten der ausgefallen Einheiten verteilt sind.

Bei dieser Art der Auswertung werden die Lebensdauerwerte der ausgefallenen Einheiten zunächst in aufsteigender Reihenfolge geordnet. Anschließend wird die Stichprobengröße n in genauso viele hypothetische Prüflose eingeteilt, wie Ausfälle r vorliegen, sodass in jedem Prüflos exakt ein Ausfall vorkommt. Abb. 5.36 verdeutlicht das Vorgehen für eine Stichprobengröße von $n = 20$ mit $r = 4$ Ausfällen. Die Ausfälle werden also gleichmäßig auf die gesamte Stichprobe verteilt, was einer Gleichverteilung entspricht.

Mit der Stichprobenzahl n und der Anzahl der bekannten Ausfälle r, ist die Prüflosgröße k definiert. Sie beschreibt, wie viele Einheiten sich in einem Prüflos befinden und kann für Felddaten mit der folgenden Formel berechnet werden [5]:

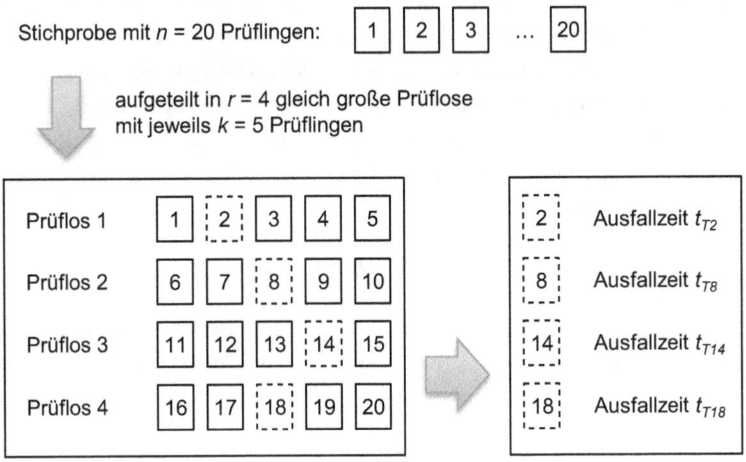

Abb. 5.36 Einteilung in hypothetische Prüflose bei multipler Zensierung. ()

$$k = \frac{n - r}{r + 1} + 1. \tag{5.26}$$

Gl. (5.26) kommt bei der Auswertung von Felddaten zum Einsatz, weswegen die intakten Einheiten (Zähler) nicht nur auf die Anzahl der Ausfälle r, sondern auf $r+1$ aufgeteilt werden. Berücksichtigt wird damit die Tatsache, dass selbst beim ersten beobachteten Ausfall der Stichprobe nicht davon ausgegangen werden kann, dass dies auch wirklich der erste Ausfall der Grundgesamtheit ist. Aus diesem Grund wird ein weiteres hypothetisches Prüflos vor dem ersten Ausfall berücksichtigt.

Sollen Testdaten ausgewertet werden ist dieses Vorgehen nicht notwendig. Es kann folgende Näherungsgleichung verwendet werden:

$$k = \frac{n}{r}. \tag{5.27}$$

Die Prüflosgröße k muss ganzzahlig sein und muss somit gerundet werden, da nur ganze Einheiten auf Prüflose verteilt werden können. Zwangsläufig kann dies zu Approximationsfehlern führen. Dieser Approximationsfehler spielt jedoch für das weitere Vorgehen der Auswertung nur eine untergeordnete Rolle. Insbesondere bei sehr großen Felddatensätzen hat ein geringer Approximationsfehler der Prüflosgröße nur einen sehr geringen Einfluss auf das Schätzergebnis der Parameter.

Mit dieser Basis werden, wie bei den vollständigen und rechtszensierten Datensätzen, wieder Wertepaare gebildet, die anschließend mit der Methode der kleinsten Fehlerquadrate ausgewertet werden können. Hierzu müssen zunächst wiederum den Ausfallzeiten

Rangzahlen zugeordnet werden. Um die intakten Einheiten bei der Vergabe der Rangzahlen zu berücksichtigen, werden bei der Auswertung von multipel zensierten Datensätzen sogenannte hypothetische Rangzahlen $j(t_i)$ verwendet. Diese berechnen sich schrittweise. Zu der davorliegenden hypothetischen Rangzahl $j(t_{i-1})$ wird der aktuelle Zuwachs $N(t_i)$ addiert und somit die aktuelle hypothetische Rangzahl $j(t_i)$ berechnet, vgl. Gl. (5.28). Der Index i entspricht weiterhin der Rangzahl, die durch die Sortierung der Ausfallzeitpunkte nach ihrer Größe entsteht.

$$j(t_i) = j(t_{i-1}) + N(t_i), \quad j(t_0) = 0 \tag{5.28}$$

Der für die Gl. (5.28) notwendige Zuwachs $N(t_i)$ beschreibt die Anzahl der Einheiten, die zwischen bzw. vor den Ausfallzeitpunkten liegen. Bei der Annahme einer Gleichverteilung der intakten Einheiten zwischen den Ausfällen ist $N(t_i)$ konstant. Es ergibt sich:

$$N(t_i) = \frac{n + 1 - j(t_{i-1})}{1 + n - \text{Davorliegende}}, \tag{5.29}$$

bzw:

$$N(t_i) = \frac{n + 1 - j(t_{i-1})}{1 + n - (i \cdot (k-1) + (i-1))} \quad \forall i = 1(1)r. \tag{5.30}$$

Dabei gilt:

$$\begin{aligned} i \cdot (k-1) &\equiv \text{Dazwischenliegende Teile,} \\ i - 1 &\equiv \text{Davorliegende Teile.} \end{aligned} \tag{5.31}$$

Mit den dargestellten Formeln für den Zuwachs $N(t_i)$ und die hypothetische Rangzahl $j(t_i)$ kann die Ausfallwahrscheinlichkeit des Medians $F(t_i)$ berechnet werden:

$$F(t_i) \approx \frac{j(t_i) - 0{,}3}{n + 0{,}4}. \tag{5.32}$$

Als Resultat erhält man Wertepaare aus Ausfallzeiten t_i und Ausfallwahrscheinlichkeiten $F(t_i)$, die abschließend mittels der Methode der kleinsten Fehlerquadrate ausgewertet werden können.

Die Annahme einer Gleichverteilung der intakten Einheiten zwischen den ausgefallenen Einheiten bietet eine Methode den Ausfallzeiten eine Ausfallwahrscheinlichkeit zuzuweisen. Dies ist notwendig, um Wertepaare (Ausfallzeit, Ausfallwahrscheinlichkeit) mittels des Medianrangverfahrens zu bestimmen, wodurch die Methode der kleinsten Fehlerquadrate anwendbar wird. Die hypothetische Rangzahl $j(t_i)$ ermöglicht die Auswertung von Lebensdauerdaten mittels des MRR-Verfahrens, wenn über die intakten Einheiten keine Informationen vorliegen. Neben der Gleichverteilung der intakten Einheiten ist auch die Annahme einer alternativen Verteilung der Prüflinge möglich. Ist

Tab. 5.10 Lebensdauerdaten für die Auswertung multipel zensierter Daten ohne Informationen über die Intakten

Rangzahl i	Ausfallzeiten/ Laufleistungen bei Ausfall t_i [km]	Davorliegende	Zuwachs $N(t_i)$	Hypothetische Rangzahl $j(t_i)$	Ausfallwahrscheinlichkeit $F(t_i)$ in [%]
1	1600	90	1,098	1,098	0,079
2	2400	181	1,219	2,318	0,201
3	2700	272	1,369	3,688	0,338
4	3300	363	1,563	5,251	0,495
5	3800	454	1,820	7,071	0,677
6	4300	545	2,179	9,251	0,895
7	4900	636	2,717	11,968	1,166
8	5100	727	3,609	15,578	1,527
9	5400	818	5,384	20,962	2,065
10	5500	909	10,652	31,615	3,130

explizites Wissen über die Verteilung der intakten Einheiten bekannt, so kann auch diese herangezogen werden, um die Medianränge zu bestimmen. Dieses Vorgehen kann auch mit einer Laufleistungsverteilung realisiert werden, wie es in Abschn. 5.4.1.1.5 bei den intervallzensierten Daten gezeigt ist.

Sind die Laufleistungen von intakten Einheiten bekannt, können und sollten diese in der Auswertung berücksichtigt werden. Jede Mehrinformation, die in die Schätzung einfließt, erhöht die Repräsentativität und damit auch die Güte der Schätzung. Derartige Datensätze werden mit dem Johnson-Verfahren ausgewertet. Es kann somit auf die Annahme, dass die intakten Prüflinge zwischen den Ausfällen gleichverteilt sind, verzichtet werden. Die davorliegenden Prüflinge, die in die Berechnung des Zuwachses $N(t_i)$ eingehen, können exakt bestimmt werden.

Alle weiteren Schritte der Auswertung verlaufen analog zur Auswertung mittels Gleichverteilung. Zur Veranschaulichung beider Varianten ist im Folgenden jeweils ein Beispiel gegeben.

Beispiel: Gleichverteilung der intakten Einheiten zwischen den ausgefallenen Einheiten

Existiert eine Stichprobe mit $n = 1000$ Einheiten und insgesamt 10 Ausfällen ($r = 10$) mit gleichem Ausfallmechanismus, sowie bekannten Ausfallzeitpunkten, werden die Ausfallzeiten zunächst nach ihrer Größe sortiert. Jeder Ausfallzeit wird eine Rangzahl i zugeordnet, siehe Tab. 5.10.

In diesem Beispiel sind keine Informationen über die intakten Einheiten vorhanden, somit wird angenommen, dass diese gleichmäßig zwischen den Ausfällen verteilt sind. Dazu wird die Gesamtstichprobenanzahl n in Prüflose mit der der Prüflosgröße k eingeteilt.

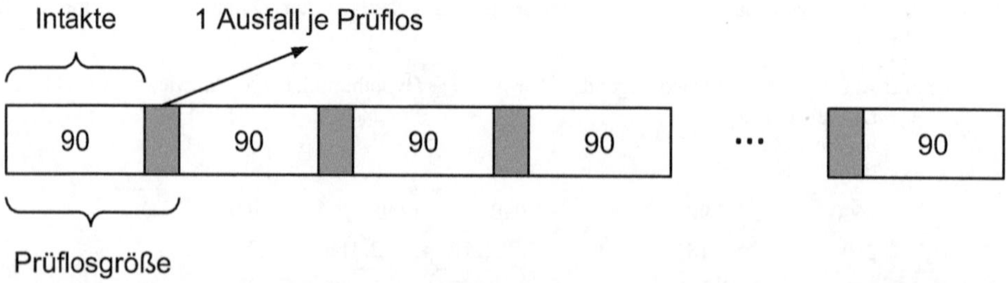

Abb. 5.37 Einteilung in hypothetische Prüflose für den Beispieldatensatz. (© IMA 2026. All Rights Reserved)

Die Prüflosgröße k berechnet sich nach

$$k = \frac{n-r}{r+1} + 1 = \frac{1000-10}{10+1} + 1 = 91. \tag{5.33}$$

Ein Prüflos besteht somit aus 90 intakten Einheiten und einer ausgefallenen Einheit, vgl. Abb. 5.37.

Mit der Kenntnis über die Prüflosgröße kann der Zuwachs $N(t_i)$ über die dazwischenliegenden und davor ausgefallenen Teile bestimmt werden. Die Summe der dazwischenliegenden und der davor ausgefallenen Teile ist die Anzahl der insgesamt davorliegenden Teile:

$$N(t_i) = \frac{n+1-j(t_{i-1})}{1+n-(i\cdot(k-1)+(i-1))} \quad \forall i = 1(1)r. \tag{5.34}$$

Hier exemplarisch für den ersten Schritt aufgezeigt:

$$N(t_1) = \frac{1000+1-0}{1+1000-(1\cdot(91-1)+(1-1))} = 1{,}0988. \tag{5.35}$$

Bei der Auswertung mittels Gleichverteilung ist die Anzahl der zwischen den Ausfällen liegenden Teile immer konstant, da als Grundannahme eine Gleichverteilung der intakten Einheiten zwischen den Ausfällen angenommen wurde.

Mit dem Zuwachs $N(t_i)$ können die hypothetischen Rangzahlen $j(t_i)$ anschließend schrittweise berechnet werden:

$$j(t_i) = j(t_{i-1}) + N(t_i), \quad j(t_0) = 0. \tag{5.36}$$

Die Berechnung der Median-Ausfallwahrscheinlichkeit $F(t_i)$ erfolgt anschließend mit der Näherungsgleichung von Benard [186], siehe Gl. (5.37):

$$F(t_i) = \frac{j(t_i)-0{,}3}{n+0{,}4}. \tag{5.37}$$

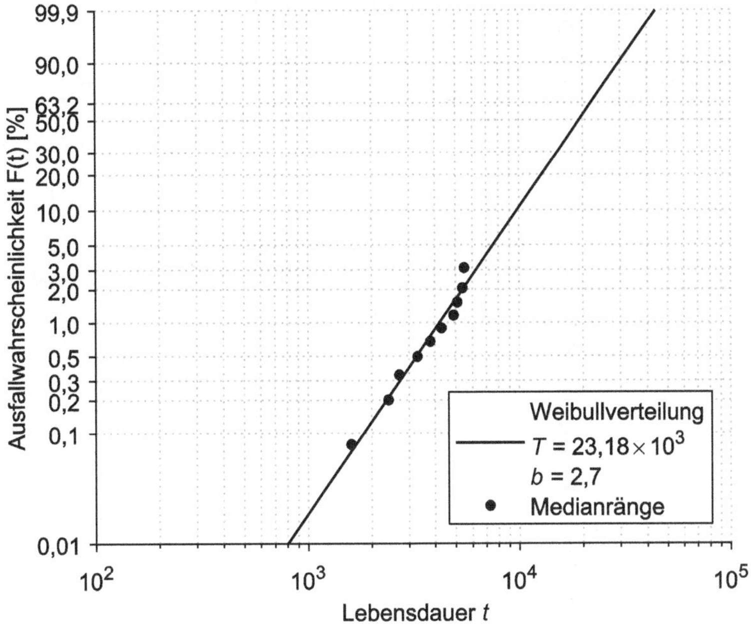

Abb. 5.38 MRR-Schätzung für die multipel zensierten Daten des Beispieldatensatzes ohne Informationen zu den Intakten. (© IMA 2026. All Rights Reserved)

Aufgrund der schrittweisen Bestimmung der hypothetischen Rangzahlen, kann die Erstellung einer Tabelle hilfreich sein, vgl. Tab. 5.10.

Sind die Wertepaare des Lebensdauermerkmals und der Ausfallwahrscheinlichkeit berechnet, können diese, wie zu Beginn des Kapitels beschrieben, mit der Methode der kleinsten Fehlerquadrate ausgewertet werden. Durch das Einsetzen dieser Wertepaare in die Gl. (5.18) bis (5.21) ergibt sich für den Formparameter b der Weibullverteilung ein Wert von 2,70 und für die charakteristische Lebensdauer T eine Laufleistung von 23.176,3 km. In Abb. 5.38 ist die entsprechende Weibullverteilung dargestellt.

Beispiel: Lebensdauermerkmal der intakten Einheiten ist bekannt (Johnson-Verfahren)

Zunächst werden die vorliegenden Daten, unabhängig davon ob ausgefallen oder nicht, nach ihrem Lebensdauermerkmal, in diesem Fall der Laufzeit, sortiert. Im darauffolgenden Schritt wird jedem Prüfling die Information intakt oder ausgefallen zugewiesen. Anschließend kann die genaue Anzahl an Einheiten ermittelt werden, welche einem ausgefallenen Prüfling vorausgehen, siehe Tab. 5.11. Im dargestellten Beispiel sind die Prüflinge mit einer Laufzeit von $10 \cdot 10^6$ h und $12{,}2 \cdot 10^6$ h noch intakt, der erste Ausfall eines Prüflings ist jedoch schon nach einer Laufzeit von $7{,}9 \cdot 10^6$ h eingetreten. Entsprechend liegen drei Prüflinge

Tab. 5.11 Lebensdauerdaten für die Auswertung multipel zensierter Daten mit Informationen über alle Teile

Laufzeit [10^6LW]	Ausfall	Intakt	Anzahl der davor liegenden Teile
7,9	X		0
10,0		X	
12,2		X	
13,5	X		3
14,3	X		4
15,1		X	
17,3	X		6
18,2		X	
24,6	X		8
30,5	X		9

mit einer geringeren Laufleistung vor dem Prüfling mit einer Ausfallzeit von $13{,}5 \cdot 10^6$ h. Bei der Zählung der davorliegenden Teile werden sowohl intakte als auch ausgefallene Teile mitgezählt, vgl. Tab. 5.11.

Mit dem Wissen der Anzahl der davorliegenden Teile kann der Zuwachs $N(t_i)$ und die hypothetische Rangzahl $j(t_i)$ mit der Gl. (5.28) und (5.29) bestimmt werden:

$$\begin{aligned} j(t_0) = 0 \text{ mit } N(t_1) &= \frac{10+1-0}{1+(10-0)} = \frac{11}{11} = 1 \\ j(t_1) &= 0 + N(t_1) = 1 \end{aligned}$$

$$\begin{aligned} j(t_2) = j(t_1) + N(t_2) \text{ mit } N(t_2) &= \frac{10+1-1}{1+(10-3)} = \frac{10}{8} = 1{,}25 \\ j(t_2) &= 1 + 1{,}25 = 2{,}25 \end{aligned}$$

$$\begin{aligned} j(t_3) = j(t_2) + N(t_3) \text{ mit } N(t_3) &= \frac{10+1-2{,}25}{1+(10-4)} = \frac{8{,}75}{7} = 1{,}25 \\ j(t_3) &= 2{,}25 + 1{,}25 = 3{,}5 \\ &\text{usw. } j(t_4)\ldots j(t_6) \end{aligned}$$

Wie zuvor bei den Zensierungsarten, kann nun mit dem Medianrangverfahren die Median-Ausfallwahrscheinlichkeit $F(t_i)$ mithilfe der Näherungsgleichung (5.32) berechnet werden.

$$F(t_1) \approx \frac{j(t_1) - 0{,}3}{n + 0{,}4} \cdot 100\% = \frac{1 - 0{,}3}{10 + 0{,}4} \cdot 100\% = 6{,}73\%$$

$$F(t_2) \approx \frac{j(t_2) - 0{,}3}{n + 0{,}4} \cdot 100\% = \frac{1{,}25 - 0{,}3}{10 + 0{,}4} \cdot 100\% = 9{,}13\%$$

$$F(t_3) \approx \frac{j(t_3) - 0{,}3}{n + 0{,}4} \cdot 100\% = \frac{3{,}64 - 0{,}3}{10 + 0{,}4} \cdot 100\% = 32{,}12\%$$

$$\text{usw.} F(t_4) \ldots F(t_6)$$

Für das dargestellte Beispiel sind die berechneten Werte in der Tab. 5.12 aufgeführt.

Sind die Wertepaare des Lebensdauermerkmals und der Ausfallwahrscheinlichkeit berechnet, können diese Wertepaare wie zu Beginn des Kapitels mit der Methode der kleinsten Fehlerquadrate ausgewertet werden.

Durch das Einsetzen der Wertepaare in die Gl. (5.18) und (5.19) können die Parameter b und T der Weibullverteilung bestimmt werden. Für den Formparameter b ergibt sich ein Wert von 2,41 und die charakteristische Lebensdauer T beträgt $23{,}46 \cdot 10^6$LW. Die daraus resultierende Weibullverteilung ist in Abb. 5.39 dargestellt.

5.4.1.1.5 Intervallzensierte Daten

Intervallzensierte Daten entstehen, wenn die Ausfallzeitpunkte zeitlich nicht genau bestimmt werden können. Es lässt sich somit nur eine Zeitspanne, d. h. ein Intervall, angeben, in dem der Ausfallzeitpunkt liegt. Zudem ist häufig auch nicht die exakte Laufzeit der zensierten Einheiten bekannt. Als Resultat liegen dann nur Laufzeitbereiche vor, in denen sich eine bestimme Anzahl an Ausfällen ereignet haben. Diese Bereiche werden als Intervalle bezeichnet.

Oft tritt diese Art der Zensierung bei Prüfstandsversuchen auf, bei denen die Funktionsfähigkeit des Prüflings nur durch eine zusätzliche, zeitdiskrete Kontrolle festgestellt werden kann. Bei der Analyse von Felddaten kann diese Art der Zensierung bei Garantiedaten vorliegen. Bei Garantiedaten kann der Ausfallzeitpunkt häufig nicht genau genug bestimmt werden, sodass Ausfälle in einem Intervall zusammengefasst werden müssen. Die zensierten Daten können über eine Laufleistungsverteilung berücksichtigt werden, anhand derer Laufleistungsklassen erstellt werden können.

Die Laufleistungsverteilung ist genau wie die Annahme einer Gleichverteilung ein pragmatisches Vorgehen, um die zensierten Daten für die Auswertung nutzbar zu machen. Im Unterschied zur Gleichverteilung wird bei der Laufleistungsverteilung angenommen, dass die Laufleistung aller Produkte über eine passendere statistische Verteilung beschrieben werden kann. Dadurch können zukünftige Ausfälle, die aufgrund der Laufleistungsverteilung noch nicht eingetreten sind, berücksichtigt werden. Im Folgenden wird ein Beispiel aufgezeigt, das intervallzensierte Ausfalldaten in Kombination mit der Annahme einer bekannten Laufleistungsverteilung mittels MRR auswertet.

Beispiel: Intervallzensierung – Kenntnis der Laufleistungsverteilung

Angenommen es sind 3000 baugleiche Fahrräder verkauft worden. Die Ausfälle bzw. die Garantieleistungen sind nur in bestimmten Intervallen dokumentiert, da die genaue Laufleistung jedes einzelnen Fahrrads nicht bekannt ist. Deshalb werden die ausgefallenen Fahrräder

Tab. 5.12 Auswertung multipel zensierter Daten mit Informationen über alle Teile

Aufsteigende Reihenfolge der Ausfälle t_i [10^6LW]	Anzahl der Ausfälle	Anzahl der intakten	Anzahl der davorliegenden	Zuwachs $N(t_i)$	Hypothetische Rangzahl $j(t_i)$	Ausfallwahrscheinlichkeit $F(t_i)$ in [%]
7,9	1	0	0	1	1	6,73
13,5	1	2	3	1,25	2,25	18,66
14,3	1	0	4	1,25	3,5	30,77
17,3	1	1	6	1,5	5	45,19
24,6	1	1	8	2	7	64,44
30,5	1	0	9	2	9	83,65

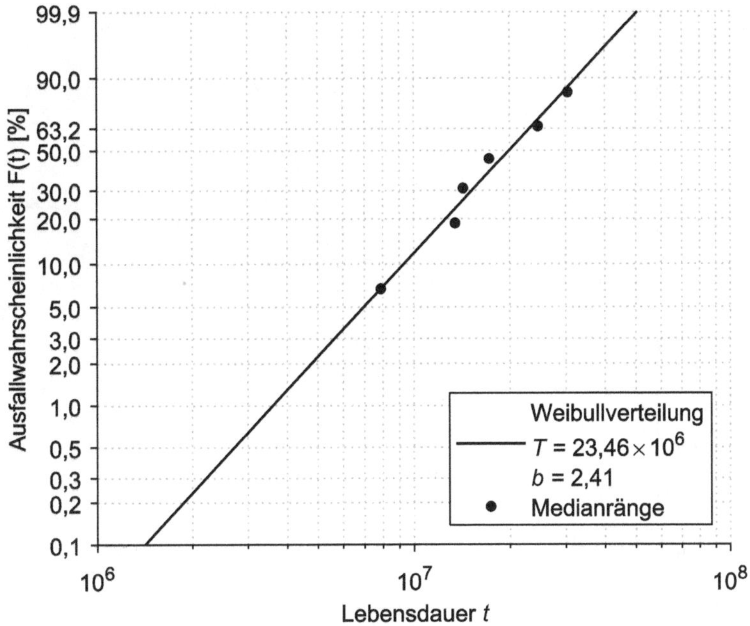

Abb. 5.39 MRR-Schätzung für die multipel zensierten Daten des Beispieldatensatzes mit Informationen zu den Intakten. (© IMA 2026. All Rights Reserved)

Tab. 5.13 Intervallzensierte Daten des Beispieldatensatzes

Fahrstreckenklassen in [km]	Ausfälle
0 … 1000	2
1000 … 2000	4
2000 … 3000	3
3000 … 4000	5
4000 … 5000	2
5000 … 6000	3
6000 … 7000	1

in sogenannte Laufleistungsklassen eingeordnet. In diesem Beispiel sind die Laufleistungsklassen wie in Tab. 5.13 aufgeteilt. Die Anzahl der aufgetretenen Ausfälle innerhalb dieser Laufleistungsklasse ist in der zweiten Spalte derselben Tabelle dargestellt.

Im nächsten Schritt wird über die Laufleistungsverteilung die Anzahl der noch intakten Fahrräder in jeder Fahrstreckenklasse ermittelt. Für die Laufleistungsverteilung kann in diesem Beispiel angenommen werden, dass die Verteilung durch eine Normalverteilung mit dem Mittelwert bei 4000 km und einer Standardabweichung von 1000 km beschrieben

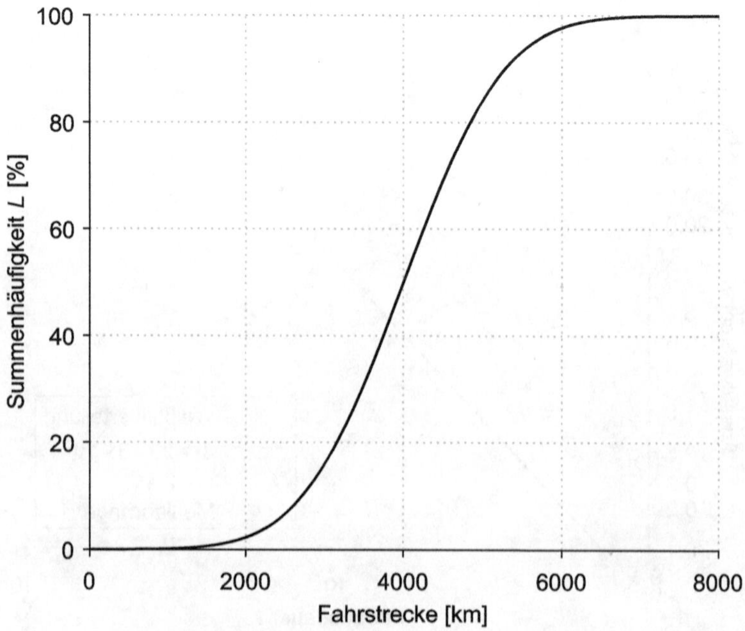

Abb. 5.40 Fahrstreckenverteilung für den Beispieldatensatz. (© IMA 2026. All Rights Reserved)

werden kann, siehe Abb. 5.40. Für andere Produkte können bzw. müssen für die Laufleistungsverteilung andere Verteilungen angenommen werden. Für jede Fahrklasse kann nun die Anzahl der noch intakten Fahrräder über die Laufleistungsverteilung berechnet werden.

Zur Berechnung der intakten Einheiten wird die Einzelhäufigkeit l_i der jeweiligen Fahrstreckenklasse mit der Anzahl der insgesamt noch intakten Fahrrädern multipliziert. Die Anzahl der insgesamt intakten Fahrräder entspricht den 3000 verkauften Fahrräder abzüglich der 20 ausgefallenen Fahrräder, also 2980 Fahrräder. Für die erste Fahrstreckenklasse bedeutet dies, dass sich vier intakte Fahrräder in diesem Intervall befinden, vgl. Tab. 5.14.

Es gibt somit Intervalle in denen sowohl mehrere intakte als auch mehrere ausgefallene Fahrräder liegen. Für eine Auswertung der Daten mittels MRR muss jeder Fahrstreckenklasse eine hypothetische Rangzahl zugewiesen werden mit der anschließend die Median-Ausfallwahrscheinlichkeit bestimmt werden kann. Die Berechnung der hypothetischen Rangzahl $j(t_i)$ erfolgt mit der folgenden Gleichung:

$$\begin{aligned} j(t_0) &= 0, \\ j(t_i) &= j(t_{i-1}) + [r_i \cdot N(t_i)]. \end{aligned} \tag{5.38}$$

Treten mehrere Ausfälle in derselben Fahrstreckenklasse (r_i) auf, werden diese aufgrund der Unkenntnis der genauen Ausfallzeit zusammengefasst. Der Zuwachs beschreibt den Zuwachs pro Ausfall. Bei mehreren Ausfällen innerhalb einer Klasse muss dieser Zuwachs

Tab. 5.14 Auswertung intervallzensierter Daten mit Laufleistungsverteilung

Intervall Ende [km]	Ausfälle im Intervall r_i	Summenhäufigkeit L	Einzelhäufigkeit $l_i = L_i - L_{i-1}$	Intakte	Anzahl der davor-liegenden	Zuwachs $N(t_j)$	Rangzahl $j(t_i)$	Ausfallwahrscheinlichkeit $F(t_i)$ in [%]
1000	2	0,00135	0,00135	4	4	1,001	2,003	0,057
2000	4	0,02275	0,0214	64	70	1,024	6,098	0,193
3000	3	0,1587	0,13595	405	479	1,187	9,660	0,312
4000	5	0,5	0,3413	1017	1499	1,992	19,618	0,644
5000	2	0,8413	0,3413	1017	2521	6,212	32,0426	1,058
6000	3	0,9772	0,1359	405	2928	40,702	154,148	5,128
7000	1	0,9987	0,0215	64	2995	484,653	638,801	21,280

entsprechend mit der Anzahl der Ausfälle im Intervall multipliziert werden, um den Gesamtzuwachs innerhalb des Intervalls zu bestimmen. Die hypothetische Rangzahl berechnet sich dann mit dem Gesamtzuwachs $(r_i \cdot N(t_i))$ und der vorherigen hypothetischen Rangzahl.

Der in der Gl. (5.38) verwendete Parameter $N(t_i)$, der den Zuwachs beschreibt, wird wie bei den zuvor vorgestellten Zensierungsarten berechnet:

$$N(t_i) = \frac{n + 1 - j(t_{i-1})}{1 + (n - \text{davorliegende Teile})}. \tag{5.39}$$

Ist die hypothetische Rangzahl $j(t_i)$ bestimmt, kann daraus mit der Näherungsgleichung von Benard (Gl. (5.32)) die Median-Ausfallwahrscheinlichkeit $F(t_i)$ bestimmt werden:

$$F(t_i) \approx \frac{j(t_i) - 0{,}3}{n + 0{,}4} \cdot 100\%. \tag{5.40}$$

Mit den gegebenen Gleichungen können die Werte für die hypothetischen Rangzahlen und die Median-Ausfallwahrscheinlichkeiten $F(t_i)$ schrittweise berechnet werden. Hierfür empfiehlt sich die Anfertigung einer Tabelle, siehe Tab. 5.14.

Im Folgenden sind die Rechenschritte für das erste und zweite Intervall gegeben, Die Rechenschritte für die folgenden Intervalle sind analog zu diesen Schritten auszuführen. Rechenschritte für das erste Intervall:

$$N(t_1) = \frac{n + 1 - j(t_0)}{1 + (n - \text{davorliegende Teile})} = \frac{3000 + 1 - 0}{1 + (3000 - 4{,}02)} = 1{,}0013 \,\text{mit}\, j\,(t_0) = 0$$

$$j(t_1) = j(t_0) + [r_i \cdot N(t_1)] = 0 + 2 \cdot 1{,}0013 = 2{,}0027$$

$$F(t_1) \approx \frac{j(t_1) - 0{,}3}{n + 0{,}4} \cdot 100\% = \frac{2{,}0027 - 0{,}3}{3000 + 0{,}4} \cdot 100\% = 0{,}05675\%$$

Rechenschritte für das zweite Intervall:

$$N(t_2) = \frac{n + 1 - j(t_1)}{1 + (n - \text{davorliegende Teile})} = \frac{3000 + 1 - 2{,}0027}{1 + (3000 - 69{,}80)} = 1{,}0231$$

$$j(t_2) = j(t_1) + [r_i \cdot N(t_2)] = 2{,}0027 + 4 \cdot 1{,}0231 = 6{,}095$$

$$F(t_2) \approx \frac{j(t_2) - 0{,}3}{n + 0{,}4} \cdot 100\% = \frac{6{,}095 - 0{,}3}{3000 + 0{,}4} \cdot 100\% = 0{,}193\%$$

Die Verwendung der Gl. (5.18) und (5.19), führt zu der Weibullverteilung: $b = 2{,}74$ und $T = 19{,}34 \cdot 10^3$km. Die entsprechende Weibullverteilung ist in Abb. 5.41 dargestellt.

Beispiel: Intervallzensierung – bei bekannter Anzahl intakter Einheiten pro Intervall
Eine Möglichkeit, in der intervallzensierte Daten vorliegen können, ist, dass sowohl die Anzahl der ausgefallenen als auch die Anzahl der intakten Einheiten in einem Intervall bekannt sind. Beispielsweise können Fahrräder regelmäßigen Inspektionen unterliegen, bei denen diese nach bestimmten Laufleistungen oder Zeitintervallen in einer Werkstatt

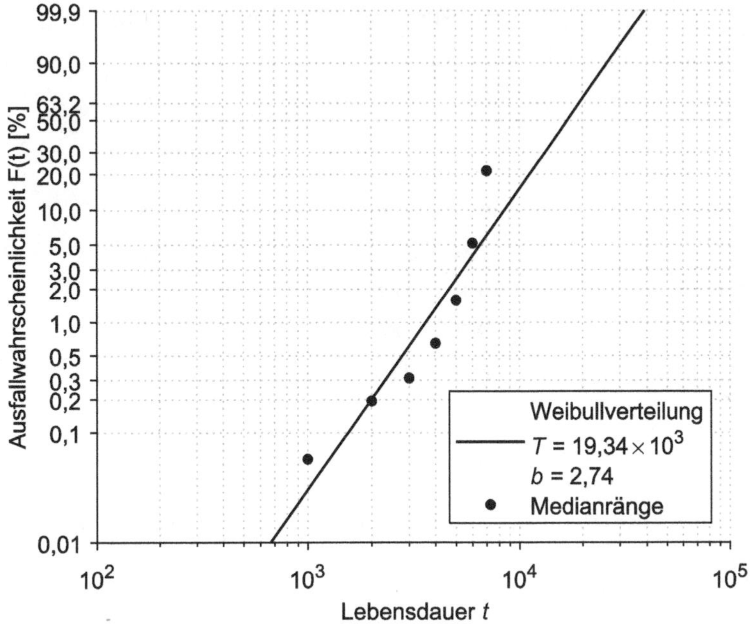

Abb. 5.41 MRR-Schätzung für die intervallzensierten Daten des Beispieldatensatzes mit Berücksichtigung einer Laufleistungsverteilung.

vorgestellt werden. In der Werkstatt werden dann mögliche Defekte oder der allgemeine Zustand der Fahrräder dokumentiert. Da die tatsächlichen Laufleistungen von Fahrrädern oft nur geschätzt werden können, ist es sinnvoll diese in Intervalle einzuteilen. Basierend darauf kann eine Tabelle erstellt werden, die Informationen über ausgefallene und intakte Einheiten sowie deren geschätzte Laufleistung in km enthält. In Tab. 5.15 ist ein entsprechendes Beispiel geben. In der ersten Spalte wird die Ober- und Untergrenze des jeweiligen Inspektionsintervalls bezogen auf die Laufleistung, in diesem Fall Kilometer, aufgeführt. Die Spalten zwei und drei listen jeweils die Anzahl der Ausfälle und intakten Einheiten des entsprechenden Laufleistungsintervalls auf.

Damit die MRR verwendet werden kann, muss jedem Intervall, das Ausfälle beinhaltet, eine Ausfallwahrscheinlichkeit zugewiesen werden. Hierzu werden zunächst die davorliegenden Einheiten bestimmt. Diese berechnen sich aus der Summe der Ausfälle der vorherigen Klasse addiert mit der Anzahl der davorliegenden Einheiten aus der vorherigen Klasse. Sind innerhalb eines Intervalls mehrere Ausfälle r_i vorhanden, wird die hypothetische Rangzahl $j(t_i)$ entsprechend der folgenden Gl. (5.39) berechnet.

Eine Multiplikation des Zuwachses $N(t_i)$ mit der Anzahl der Ausfälle ist notwendig, damit die Anzahl der Ausfälle pro Intervall berücksichtigt werden kann:

$$j(t_0) = 0$$

Tab. 5.15 Intervallzensierte Daten des Beispieldatensatzes mit Information über die intakten Teile

Inspektionsintervall in [km]	Ausfälle	Intakte
0 ... 1000	0	0
1000 ... 2000	10	0
2000 ... 3000	28	0
3000 ... 4000	79	0
4000 ... 5000	145	0
5000 ... 6000	250	10
6000 ... 7000	278	20
7000 ... 8000	120	30
8000 ... 9000	110	0

$$j(t_i) = j(t_{i-1}) + [r_i \cdot N(t_i)]. \tag{5.41}$$

Mit der Anzahl der Davorliegenden und der hypothetischen Rangzahl j, kann der Zuwachs N_i pro Intervall berechnet werden, vgl. Gl. (5.42):

$$N(t_j) = \frac{n + 1 - j(t_{j-1})}{1 + (n - \text{davorliegende Teile})}. \tag{5.42}$$

Die Median-Ausfallwahrscheinlichkeit $F(t_j)$ kann anschließend über die Approximation von Benard [186] bestimmt werden:

$$F(t_j) \approx \frac{j(t_j) - 0{,}3}{n + 0{,}4}. \tag{5.43}$$

Durch das schrittweise Anwenden der dargestellten Gleichungen resultiert Tab. 5.16. Bei der Auswertung mittels MRR bildet man aus dem Ende jedes Intervallbereichs und der entsprechenden Ausfallwahrscheinlichkeit ein Wertepaar. Die Nutzung der oberen Intervallgrenze hat sich als zweckmäßig erwiesen [5]. In dem vorliegenden Beispiel resultieren daraus acht Wertepaare, die mittels der Gleichungen (5.18) und (5.19) zu den Weibullparametern $b = 4{,}23$ und $T = 6{,}47 \cdot 10^3$ km führen. Die dazugehörige Weibullverteilung ist in Abb. 5.42 dargestellt.

5.4.1.2 Maximum-Likelihood Methode

Die Maximum-Likelihood Methode (MLE, engl. Maximum-Likelihood Estimation) nach R. A. Fisher [59, 60] stellt eine weitere statistische Methode zur Schätzung von unbekannten Parametern zur Beschreibung einer Verteilung dar. Grundsätzlich unterscheidet sich diese Methode schon in der Herangehensweise von der MRR. Es kann direkt aus Ausfallzeiten auf die Ausfallverteilung geschlossen werden und es kann auf die Bestimmung der

Tab. 5.16 Auswertung der intervallzensierte Daten des Beispieldatensatzes mit Information über die intakten Teile

Intervall Ende [km]	Ausfälle im Intervall r_i	Intakte	Anzahl der davor-liegenden	Zuwachs $N(t_j)$	Rangzahl $j(t_i)$	Ausfallwahrscheinlichkeit $F(t_i)$ in [%]
1000	0	0	-	-	-	-
2000	10	0	0	1	10	0,90
3000	28	0	10	1	38	3,49
4000	79	0	38	1	117	10,80
5000	145	0	117	1	262	24,22
6000	250	10	262	1	512	47,36
7000	278	20	522	1,018	794,973	73,55
8000	120	30	820	1,096	926,480	85,73
9000	110	0	970	1,392	1079,608	99,89

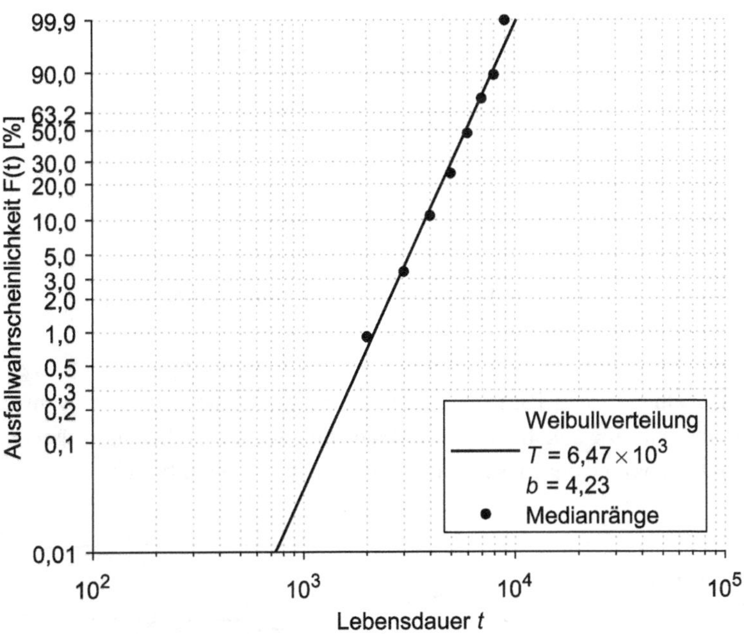

Abb. 5.42 MRR-Schätzung für die intervallzensierten Daten mit Informationen zu den intakten Teilen. (© IMA 2026. All Rights Reserved)

Medianrangzahlen verzichtet werden. Die Ausfallverteilung wird mittels der Dichtefunktion der empirisch ermittelten Ausfalldaten beschrieben. Dichtefunktionen können mit verschiedenen Funktionsarten beschrieben werden: Polynomfunktionen, Exponentialfunktionen, Betafunktionen etc. In der Zuverlässigkeitstechnik hat sich die Weibullfunktion, bzw. Weibullverteilung, mit zwei oder drei Parametern etabliert. Ziel der MLE ist es jene Schätzparameter der Dichtefunktion zu bestimmen, welche vorhandene Daten, bspw. Lebensdauerdaten, am wahrscheinlichsten beschreibt [5].

Betrachtet wird die MLE zunächst anhand eines anschaulichen Beispiels. Gegeben sei eine Urne mit unbekannter Anzahl schwarzer und weißer Kugeln, siehe Abb. 5.43. Ziel ist es mittels MLE das Verhältnis zwischen den weißen und schwarzen Kugeln anhand einer Stichprobe zu bestimmen.

Die Wahrscheinlichkeit P, dass eine weiße Kugel gezogen wird, sei

$$P(n_{\text{weiß}}) = \rho. \tag{5.44}$$

Komplementär dazu sei die Wahrscheinlichkeit eine schwarze Kugel zu ziehen

$$P(n_{\text{schwarz}}) = 1 - \rho. \tag{5.45}$$

Daraus ergeben sich die Auftretenswahrscheinlichkeiten

$$f_{\text{weiß}}(n_{\text{weiß}}) = \rho^{n_{\text{weiß}}} \tag{5.46}$$

und

$$f_{\text{schwarz}}(n_{\text{schwarz}}) = (1 - \rho)^{n_{\text{schwarz}}}. \tag{5.47}$$

Dabei sei ρ der verteilungsbestimmende Parameter innerhalb des Parameterraums [0,1].

In einer Stichprobe mit 10 Zügen ergeben sich exemplarisch 8 weiße und 2 schwarze Kugeln. Um den Parameter zu bestimmen, der die Daten am wahrscheinlichsten beschreibt, wird die Likelihood, bzw. Wahrscheinlichkeit L herangezogen, welche aus dem Produkt der vorhandenen Auftretenswahrscheinlichkeiten besteht:

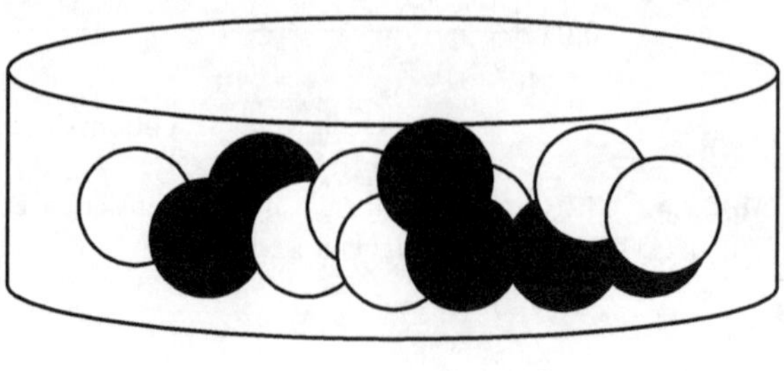

Abb. 5.43 Urne mit weißen und schwarzen Kugeln. (© IMA 2026. All Rights Reserved)

$$L(\rho) = f_{\text{weiß}} \cdot f_{\text{schwarz}} = \rho^8 \cdot (1-\rho)^2. \tag{5.48}$$

Mittels iterativer Variation des Parameters ρ lässt sich das Maximum der Likelihood-Funktion ermitteln. In diesem Fall liegt dieser bei $\rho = 0{,}8$ mit einer Likelihood $L = 0{,}0068$, siehe Abb. 5.44.

Analytisch lässt sich dieses Maximum mittels der ersten Ableitung bestimmen. Die Nullstelle dieser entspricht der Position des Maximums. Die Ableitung muss somit gleich Null gesetzt werden. Zu beachten ist, dass bei einer Parameteranzahl größer 1 die partiellen Ableitungen aller Parameter herangezogen werden müssen. In diesem Beispiel ergibt sich:

$$\frac{\mathrm{d}L(\rho)}{\mathrm{d}\rho} = 8\rho^7(1-\rho)^2 - 2\rho^8(1-\rho) \stackrel{!}{=} 0$$
$$\rightarrow \rho = 0{,}8. \tag{5.49}$$

Es liegen hier ebenso die Lösungen $\rho = 0$ und $\rho = 1$ vor, jedoch sind diese Lösungen aufgrund der erhobenen Datengrundlage nicht als sinnvolle Lösungen anzusehen, denn

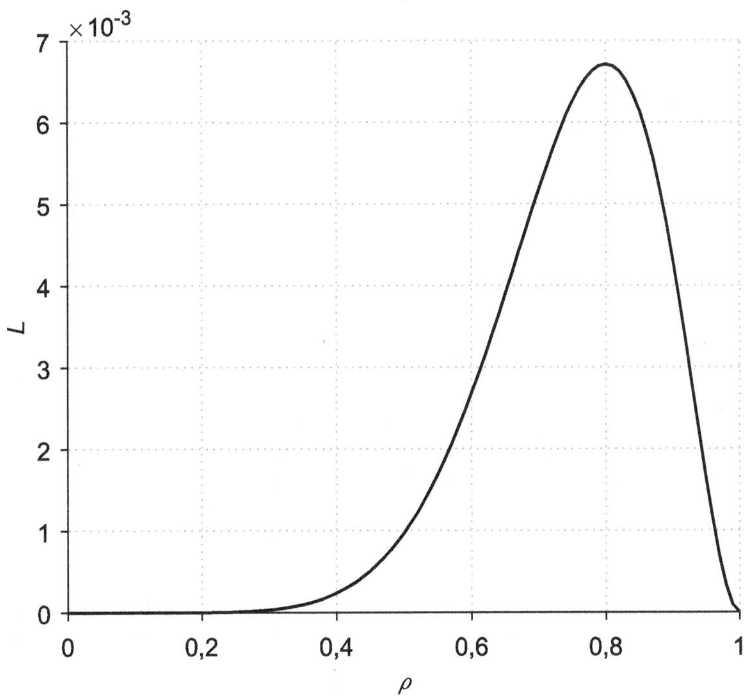

Abb. 5.44 Likelihood für die Bestimmung der Verteilung der Kugeln. (© IMA 2026. All Rights Reserved)

dadurch suggeriert wird, dass 0 % oder 100 % weiße Kugeln vorlägen. Anhand der empirischen Daten ist dies jedoch nicht möglich. Nach der Maximum-Likelihood-Methode ist somit $\rho = 0{,}8$ der beste Schätzer und es liegen somit 80 % weiße Kugeln in der Urne vor.

Die Maximum-Likelihood-Methode lässt sich ebenso auf die Auswertung von Lebensdauerdaten in der Zuverlässigkeitstechnik anwenden. Man nehme an es werden Ausfälle über der Zeit, bzw. über der Anzahl der Lastwechsel aufgezeichnet, siehe dazu ein exemplarischer Lastwechseldatensatz, siehe Abb. 5.45.

Zusammenfassen lassen sich diese Ausfälle pro Klasse als Histogramm, siehe Abb. 5.46. Es lässt sich entnehmen, welcher Anteil der Ausfälle innerhalb eines jeweiligen Intervalls liegen. In benanntem Beispiel liegen exemplarisch 53 % der Ausfälle im Bereich von 250 bis 300 Lastwechseln.

Bei steigendem Versuchsumfang und großer Anzahl an Intervallen geht das Histogramm zur Dichtefunktion über und es kann damit entsprechend dem Gesetz der großen Zahlen von Häufigkeiten auf Wahrscheinlichkeiten geschlossen werden [32]. In einem

Abb. 5.45 Exemplarische Lastwechselzahlen für die Bestimmung der Ausfallverteilung mit MLE.

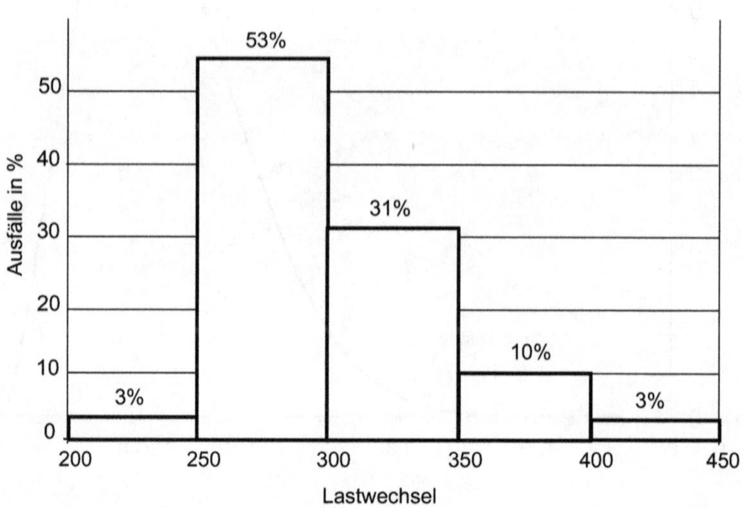

Abb. 5.46 Darstellung der Lastwechselzahlen in einem Histogramm.

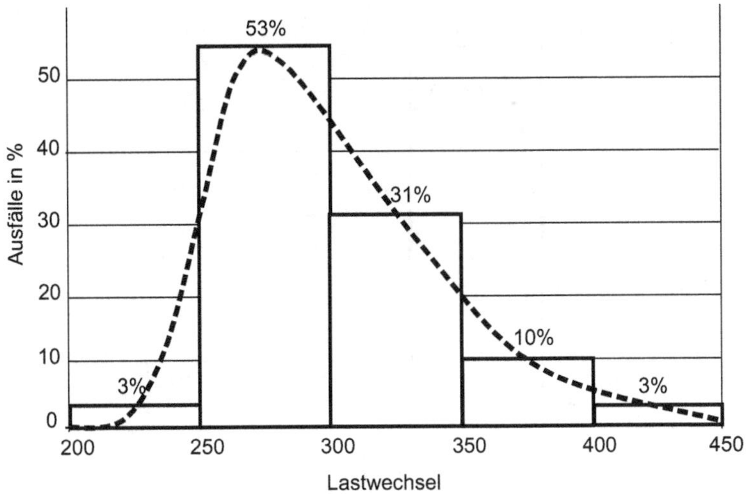

Abb. 5.47 Darstellung der Lastwechselzahlen in einem Histogramm und angepasste Dichtefunktion. (© IMA 2026. All Rights Reserved)

nächsten Schritt wird eine Funktion ermittelt, welche die Ausfälle am besten abbildet, siehe Abb. 5.47. Diese stellt die Dichtefunktion f dar.

Die Dichtefunktion f ist von den ermittelten Lastwechselzahlen der Ausfallzeiten abhängig. Mittels verteilungsbestimmender unbekannter Parameter ψ (z. B. einer Weibullverteilung) wird die Dichtefunktion an die Ausfallzeitpunkte angepasst. Diese Parameter sind so zu bestimmen, dass die Wahrscheinlichkeit L (engl. „Likelihood") maximiert und somit die Datengrundlage akkurat wiedergegeben wird. Für eine zweiparametrige Weibullverteilung sind diese der Formparameter b und die charakteristische Lebensdauer T. Sollte eine ausfallfreie Zeit t_0 in einer dreiparametrigen Weibullverteilung miteinbezogen werden, wird diese ebenfalls als Komponente des Parametervektors gezählt. Die Likelihood berechnet sich entsprechend des Gesetzes der totalen Wahrscheinlichkeit aus dem Produkt der Auftretenswahrscheinlichkeiten der vorhandenen Daten [26, 246]:

$$\begin{aligned} L(t;\psi) =& f((200;250);\psi)\cdot f((250;300);\psi)\cdot f((300;350);\psi) \\ &\cdot f((350;400);\psi)\cdot f((400;450);\psi). \end{aligned} \tag{5.50}$$

Entsprechend des Beispiels werden in Abb. 5.48 zwei exemplarische Dichtefunktionen dargestellt. f_1 trifft dabei die empirischen Daten genau und die Likelihood-Funktion wird einen maximalen Wert annehmen und Parameterschätzungen ψ liefern, wohingegen f_2 nicht alle Daten wiederspiegelt und somit eine geringere Likelihood ergibt. Gemäß dem Ansatz der MLE ist f_1 die wahrscheinlich beste Dichtefunktion zur Beschreibung des Ausfallverhaltens.

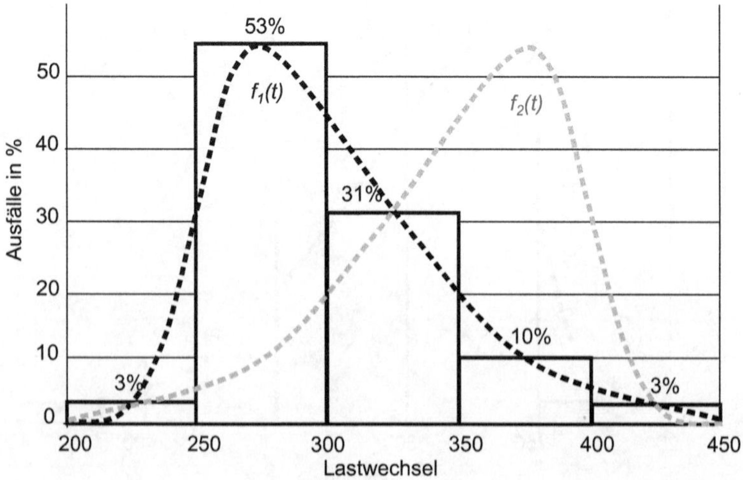

Abb. 5.48 Vergleich von verschiedenen Dichtefunktionen.

Allgemeiner formuliert geht es prinzipiell darum die k Parameter $\psi = [\psi_1, \psi_2, \ldots, \psi_k]^T$ einer Verteilung $f(\cdot; \psi)$ zu schätzen, sodass die Likelihood L maximiert wird. Liegt eine Stichprobe mit n Beobachtungen $t = (t_1, t_2, \ldots, t_n)$ vor, gilt für die Parameterschätzung ψ folgender Zusammenhang [247]:

$$L(\psi) = \max_{\psi} L(t; \psi). \tag{5.51}$$

Die Likelihood-Funktion selbst bestimmt sich aus dem Gesamtprodukt der Auftretenswahrscheinlichkeiten der vorhandenen Daten:

$$L(t; \psi) = \prod_{i=1}^{n} f(t_i; \psi). \tag{5.52}$$

Ermittelt wird die optimale Parameterschätzung ψ, welche die Likelihood maximiert mittels Differentiation. Wird die Likelihood-Funktion nach den k Parametern partiell differenziert, so können durch Nullsetzen der partiellen Ableitungen die Parameter bestimmt werden:

$$\frac{\partial L(t; \psi)}{\partial \psi_1} \stackrel{!}{=} 0, \ldots, \frac{\partial L(t; \psi)}{\partial \psi_k} \stackrel{!}{=} 0. \tag{5.53}$$

Im Umgang mit Likelihoodfunktionen ergeben sich bei Differentiation häufig unhandliche Ausdrücke, welche analytisch nur schwer handzuhaben sind [247]. Daher wird in der Praxis häufig die logarithmierte Likelihoodfunktion, die sogenannte Log-Likelihood-Funktion herangezogen. Diese erleichtert die partielle Differentiation erheblich, da aus der

Produktformel eine Summenformel hervorgeht [5]. Da das Anwenden des Logarithmus eine streng monoton wachsende Transformation darstellt, liefert sowohl das Maximum von $L(t;\, \psi)$ als auch von $\ln(L(t;\, \psi))$ denselben Wert für ψ [247]. Es ergibt sich:

$$\ln(L(t;\, \psi)) = \sum_{i=1}^{n} \ln(f(t_i;\, \psi)). \tag{5.54}$$

Die maximierte Log-Likelihood-Funktion und die damit statistisch gesehen optimalen Schätzparameter ψ erhält man erneut mittels partieller Ableitung:

$$\frac{\partial \ln(L(t;\, \psi))}{\partial \psi_k} = \sum_{i=1}^{n} \frac{1}{f(t_i;\, \psi)} \cdot \frac{\partial f(t_i;\, \psi)}{\partial \psi_k} \overset{!}{=} 0. \tag{5.55}$$

Grafisch lässt sich dieses Maximum der Likelihood in Abb. 5.49 veranschaulichen.

Da sich die Lösungen der z. T. nichtlinearen Gleichungen nicht analytisch bestimmen lassen, ist man auf geeignete numerische Verfahren, wie bspw. dem Newton-Raphson-Verfahren, angewiesen, um Lösungen zu bestimmen [5, 248, 249]. Es kann ebenso die negierte Likelihood-Funktion verwendet werden, also ein Negativsetzen der Likelihoodfunktion. Hier muss die Funktion numerisch minimiert werden, um optimale Parameter zu schätzen. Bei manchen Implementierungen kann das je nach Optimierungsalgorithmus von Vorteil sein.

5.4.1.2.1 Vollständige Daten

Zur Erläuterung der Vorgehensweise wird die Anpassung der Weibullverteilung an erhobenen vollständigen Lebensdauerdaten mit den Ausfallzeitpunkten t_i und der Prüflingsanzahl, bzw. Stichprobengröße n herangezogen. Es sollen der Formparameter b sowie die charakteristische Lebensdauer T ermittelt werden. Die Dichtefunktion der Ausfälle f wird entsprechend einer zweiparametrigen Weibullverteilung wie folgt beschrieben:

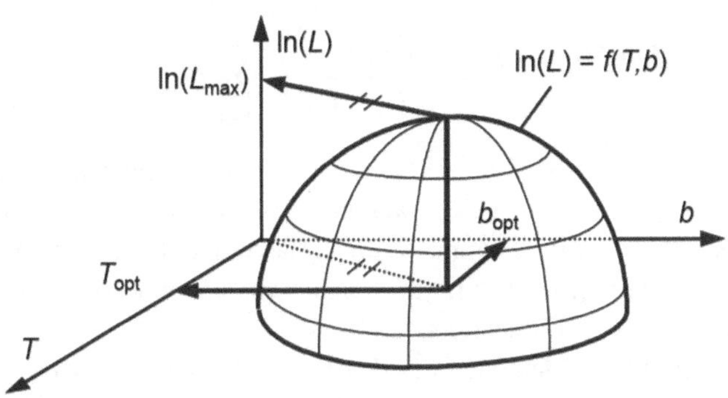

Abb. 5.49 Likelihood in Abhängigkeit der Weibullparameter. (© IMA 2026. All Rights Reserved)

$$f(t;b,T)=\frac{b}{T}\left(\frac{t}{T}\right)^{b-1}\cdot e^{-\left(\frac{t}{T}\right)^{b}}. \tag{5.56}$$

Für eine dreiparametrige Weibullverteilung ist der Ausfallzeitpunkt t mit $t - t_0$, sowie die charakteristische Lebensdauer T mit $T - t_0$ zu ersetzen.

Zunächst ist der Formparameter b und die charakteristische Lebensdauer T unbekannt. Die Likelihood-Funktion lautet wie folgt und hängt ebenfalls von b und T ab.

$$\begin{aligned} L(t;b,T) &= f(t_1;b,T)\cdot\dots\cdot f(t_n;b,T)=\prod_{i=1}^{n} f(t_i;b,T)\\ &= \prod_{i=1}^{n}\left(\frac{b}{T}\left(\frac{t_i}{T}\right)^{b-1}\cdot e^{-\left(\frac{t_i}{T}\right)^{b}}\right). \end{aligned} \tag{5.57}$$

Daraus ergibt sich durch Logarithmieren folgende Log-Likelihoodfunktion:

$$\begin{aligned} \ln(L(t;b,T)) &= \sum_{i=1}^{n}\ln(f(t_i;b,T))\\ &= n\cdot\ln\left(\frac{b}{T^b}\right)+\sum_{i=1}^{n}\left[(b-1)\cdot\ln(t_i)-\left(\frac{t_i}{T}\right)^{b}\right]. \end{aligned} \tag{5.58}$$

Die partiellen Ableitungen der Log-Likelihood-Funktion nach den Parametern der Weibullverteilung b und T sollen gleich Null gesetzt werden, also:

$$\frac{\partial\ln(L(t;b,T))}{\partial b}=\frac{\partial\ln(L(t;b,T))}{\partial T}\stackrel{!}{=}0. \tag{5.59}$$

Es ergeben sich für die partiellen Ableitungen folgende Zusammenhänge:

$$\begin{aligned} \frac{\partial\ln(L(t;b,T))}{\partial b} &= \frac{n}{b}+\sum_{i=1}^{n}\ln\left(\frac{t_i}{T}\right)\cdot\left(1-\left(\frac{t_i}{T}\right)^{b}\right)\\ \frac{\partial\ln(L(t;b,T))}{\partial T} &= -\frac{nb}{T}+\frac{b}{T^{b+1}}\cdot\sum_{i=1}^{n}t_i^{b}. \end{aligned} \tag{5.60}$$

Aus den gleich Null gesetzten, partiellen Ableitungen erhält man ein nichtlineares Gleichungssystem, das iterativ gelöst werden muss. Mittels numerischer Berechnung kann das globale Maximum bestimmt werden. Das ermittelte globale Maximum liefert ein geschätztes Lösungspaar (b, T), für welches die Likelihood maximal ist und die Ausfallverteilung am besten beschreibt.

Wendet man erläuterte Methoden auf den beispielhaften Datensatz (Tab. 5.8) an, so erhält man folgende Loglikelihoodfunktion, die es numerisch zu maximieren gilt:

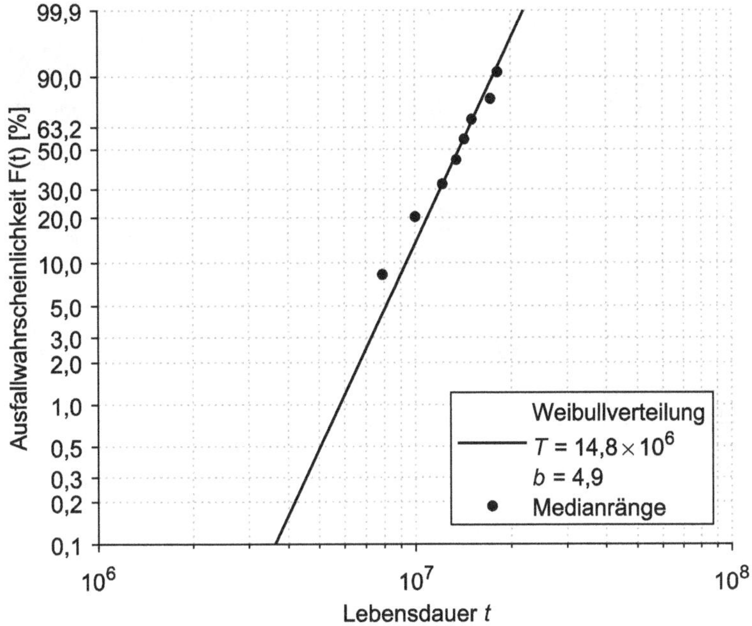

Abb. 5.50 MLE-Schätzung für die vollständigen Daten des Beispieldatensatzes. (© IMA 2026. All Rights Reserved)

$$\ln(L(b,T)) = 8 \cdot \ln\left(\frac{b}{T^b}\right) + \left[(b-1)\cdot\ln(7{,}9) - \left(\frac{7{,}9}{T}\right)^b\right] + \left[(b-1)\cdot\ln(10{,}0) - \left(\frac{10{,}0}{T}\right)^b\right] + \ldots + \left[(b-1)\cdot\ln(18{,}2) - \left(\frac{18{,}2}{T}\right)^b\right]. \tag{5.61}$$

Die dazugehörigen geschätzten verteilungsbestimmenden Parameter der Weibullverteilung ergeben sich zu $b = 4{,}9$ und $T = 14{,}8 \cdot 10^6$, siehe Abb. 5.50.

5.4.1.2.2 Rechtszensierte Daten

Rechtszensierte Daten können dann in der MLE berücksichtig werden, sofern die Laufzeiten der überlebenden Prüflinge bekannt sind. In diesem Fall wird die Likelihood-Funktion um die Überlebenswahrscheinlichkeit R der intakt gebliebenen Prüflinge zum dazugehörigen Zeitpunkt t_i erweitert. Damit wird berücksichtigt, dass der Ausfallzeitpunkt eines zum Zeitpunkt t_Z noch intakten Prüflings nur noch im Bereich $[t_Z, \infty]$ auftreten kann. Bei der Stichprobe n mit r Ausfällen lässt sich die allgemeine Log-Likelihood-Funktion wie folgt formulieren [5]:

$$\ln(L(t;\psi)) = \sum_{i=1}^{r} \ln(f(t_i;\psi)) + \sum_{i=r+1}^{n} \ln(R(t_i;\psi)). \tag{5.62}$$

Die Überlebenswahrscheinlichkeit bzw. Zuverlässigkeit R ergibt sich gemäß Gl. (3.10) zu

$$R(t) = e^{-\left(\frac{t}{T}\right)^b}. \tag{5.63}$$

Wird diese logarithmiert, so erhält man

$$\ln(R(t)) = \ln\left(e^{-\left(\frac{t}{T}\right)^b}\right) = -\left(\frac{t}{T}\right)^b. \tag{5.64}$$

Daraus lässt sich folgende Log-Likelihood-Funktion formulieren:

$$\ln(L(t;b,T)) = r \cdot \ln\left(\frac{b}{T^b}\right) + \sum_{i=1}^{r}\left[(b-1)\cdot\ln(t_i) - \left(\frac{t_i}{T}\right)^b\right] + \sum_{i=r+1}^{n}\left[-\left(\frac{t_i}{T}\right)^b\right]. \tag{5.65}$$

Werden die partiellen Abteilungen nach b und T der Log-Likelihoodfunktionen gleich Null gesetzt erhält man erneut ein nicht-lineares Gleichungssystem. Löst man dieses, so resultiert das in einem geschätzten Lösungspaar (b, T), welches die Weibullverteilung der zensierten Ausfalldaten am besten beschreibt. Für das gegebene Beispiel (siehe oben) mit $r = 5$ Ausfällen und 3 rechtszensierten Lebensdauern gilt folgende Loglikelihoodfunktion:

$$\begin{aligned}\ln(L(b,T)) = 5\cdot\ln\left(\frac{b}{T^b}\right) &+ \left[(b-1)\cdot\ln(7{,}9) - \left(\frac{7{,}9}{T}\right)^b\right] \\ &+ \left[(b-1)\cdot\ln(10{,}0) - \left(\frac{10{,}0}{T}\right)^b\right] + \ldots \\ &+ \left[(b-1)\cdot\ln(14{,}3) - \left(\frac{14{,}3}{T}\right)^b\right] + \left(-\left(\frac{14{,}3}{T}\right)^b\right) + \left(-\left(\frac{14{,}3}{T}\right)^b\right) \\ +\left(-\left(\frac{14{,}3}{T}\right)^b\right).\end{aligned} \tag{5.66}$$

Maximieren dieser Funktion liefert die Schätzwerte $b = 3{,}2$ und $T = 16{,}6 \cdot 10^6$, siehe Abb. 5.51.

5.4.1.2.3 Multipel zensierte Daten

Liegen Lebensdauerdaten als multipel zensierte Daten vor, so sind häufig Daten verschiedenartiger Ausfallmechanismen vermischt. Da jedoch eine ermittelte Weibullverteilung

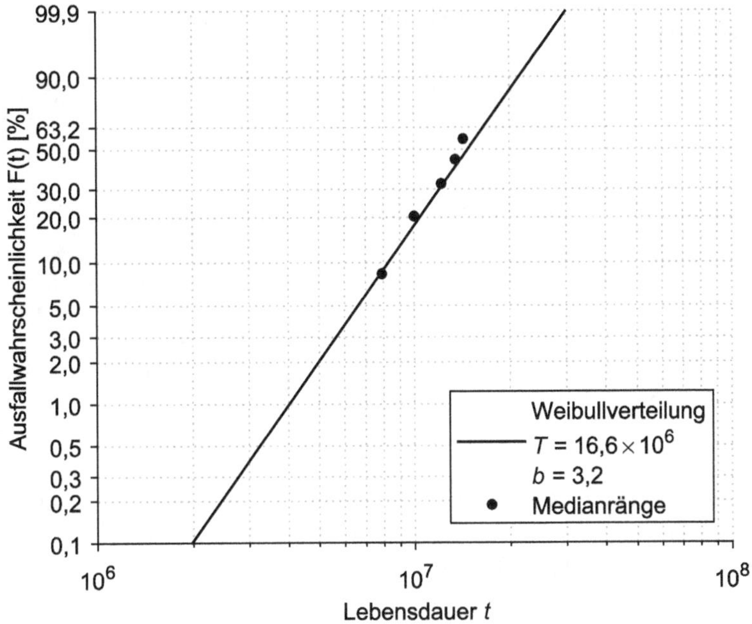

Abb. 5.51 MLE-Schätzung für die rechtszensierten Daten des Beispieldatensatzes. (© IMA 2026. All Rights Reserved)

jeweils nur für einen Ausfallmechanismus gültig ist, so können auch nur solche Ausfälle berücksichtigt werden, die mit dem gesuchten Mechanismus übereinstimmen. Ausfälle eines anderen Ausfallmechanismus sind als rechtszensierte Daten zu betrachten, da diese bezüglich des untersuchten Ausfallmechanismus noch intakt sind. Gleiches gilt für entnommene Prüflinge, die rechtszensiert sind und keinen Ausfall aufweisen. In diesem Fall tragen die zensierten Daten zur Überlebenswahrscheinlichkeit bei und sind dort in der (Log)Likelihood-Funktion einzubeziehen. Ansonsten erfolgt die Bestimmung des Formparameters b und der charakteristischen Lebensdauer T einer Weibullverteilung analog zu derer bei der Analyse rechtszensierter Daten. Die resultierende Loglikelihood-Funktion ist ebenso dieselbe, wie bei rechtszensierten Daten:

$$\ln(L(t;b,T)) = r \cdot \ln\left(\frac{b}{T^b}\right) + \sum_{i=1}^{r}\left[(b-1)\cdot\ln(t_i) - \left(\frac{t_i}{T}\right)^b\right] + \sum_{i=r+1}^{n}\left[-\left(\frac{t_i}{T}\right)^b\right]. \tag{5.67}$$

In Abschn. 5.4.1.5 ist ein anschauliches Beispiel zur Auswertung multipler Zensierung mit verschiedenen Ausfallmechanismen aufgezeigt.

Das Beispiel des Johnson-Verfahrens, siehe Abschn. 5.4.1.1.4 lässt sich ebenfalls mit MLE auswerten. Dabei liegen Ausfälle und intakte Prüflinge vor. Der Unterschied

Tab. 5.17 Lebensdauerdaten für die Auswertung multipler Zensierung

Laufzeit [km]	Ausfall	Intakt
7,9	X	
10,0		X
12,2		X
13,5	X	
14,3	X	
15,1		X
17,3	X	
18,2		X
24,6	X	
30,5	X	

zur klassischen Rechtszensierung liegt darin, dass intakte Prüflinge kürzere Laufzeiten aufweisen können als Ausfälle. Die betrachteten Daten lassen sich Tab. 5.17 entnehmen.

Die daraus resultierende LogLikelihood-Funktion

$$\begin{aligned}\ln(L(b,T)) = {} & 6\cdot\ln\left(\frac{b}{T^b}\right) + \left[(b-1)\cdot\ln(7{,}9) - \left(\frac{7{,}9}{T}\right)^b\right] \\ & + \left[(b-1)\cdot\ln(13{,}5) - \left(\frac{13{,}5}{T}\right)^b\right] \\ & + \left[(b-1)\cdot\ln(14{,}3) - \left(\frac{14{,}3}{T}\right)^b\right] \\ & + \left[(b-1)\cdot\ln(17{,}3) - \left(\frac{17{,}3}{T}\right)^b\right] \\ & + \left[(b-1)\cdot\ln(24{,}6) - \left(\frac{24{,}6}{T}\right)^b\right] \\ & + \left[(b-1)\cdot\ln(30{,}5) - \left(\frac{30{,}5}{T}\right)^b\right] + \left(-\left(\frac{10{,}0}{T}\right)^b\right) + \left(-\left(\frac{12{,}2}{T}\right)^b\right) \\ & + \left(-\left(\frac{15{,}1}{T}\right)^b\right) + \left(-\left(\frac{18{,}2}{T}\right)^b\right) \end{aligned} \tag{5.68}$$

liefert bei einer Likelihood von $\ln L = -21{,}694$ die Schätzwerte $b = 3{,}02$ und $T = 22{,}32\cdot10^6$, siehe Abb. 5.52. Allerdings kann, wie schon bei den Beispielen der MRR, der Fall vorliegen, dass die Laufzeiten der überlebenden Prüflinge nicht exakt bekannt sind. Streng genommen lässt sich hier die MLE nicht anwenden, da die Laufzeiten der Ausfälle sowie der Überlebenden bekannt sein müssen.

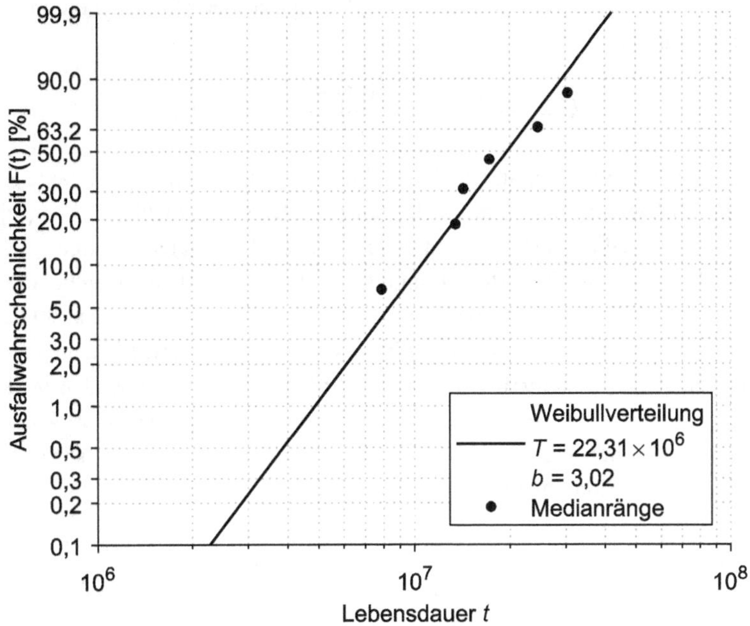

Abb. 5.52 MLE-Schätzung für die multipel zensierten Daten des Beispieldatensatzes. (© IMA 2026. All Rights Reserved)

Tab. 5.18 Lebensdauerdaten für die Auswertung multipler Zensierung ohne Information über die Intakten

$t_{f1} = 1600\,\text{km}$	$t_{f6} = 4300\,\text{km}$
$t_{f2} = 2400\,\text{km}$	$t_{f7} = 4900\,\text{km}$
$t_{f3} = 2700\,\text{km}$	$t_{f8} = 5100\,\text{km}$
$t_{f4} = 3300\,\text{km}$	$t_{f9} = 5400\,\text{km}$
$t_{f5} = 3800\,\text{km}$	$t_{f10} = 5500\,\text{km}$

Eine mögliche Abhilfe kann die Anwendung der Logik des Sudden-Death-Verfahrens der MRR sein. Hier wird die Stichprobengröße in gleich große Prüflose verteilt, mit einem Ausfall am Ende des Prüfloses. Dieselbe Herangehensweise ließe sich auf die Auswertung der MLE übertragen. Überlebende werden gleichverteilt zwischen den Ausfällen angeordnet und können dann jeweils als rechtszensierte Lebensdauerdaten betrachtet werden, welche mindestens den jeweils davorliegenden Ausfall überlebt haben.

Beispielhaft sei die Stichprobe $n = 1000$ Fahrzeuge in Umlauf. Darunter sind $r = 10$ Ausfälle mit exakten Ausfalllaufleistungen bekannt, siehe Tab. 5.18. Über die Überlebenden sei keine weitere Information vorhanden.

Zunächst ist die Stichprobe analog zur MRR aufgrund der zehn Ausfälle in 10 Prüflose der Größe k zu unterteilen [5]:

$$k = \frac{n - r}{r + 1} + 1 = \frac{1000 - 10}{10 + 1} + 1 \approx 91.$$

Somit liegen vor, zwischen und nach den Ausfällen gleichverteilt 90 intakte Fahrzeuge. Die intakten Fahrzeuge können als rechtszensierte Daten betrachtet werden, da sie die davorliegenden Ausfälle überlebt haben, aber keine exakte Laufzeit bekannt ist.

Das erste Prüflos, bzw. die ersten 90 intakten Fahrzeuge sind demnach bei der Laufleistung 0 km rechtszensiert. Das zweite Prüflos, bzw. die nächste Gruppe von 90 Fahrzeugen ist bei 1600 km rechtszensiert. Das dritte Prüflos bei 2400 km usw. Bis zum zehnten Prüflos werden auf diese Weise 910 Fahrzeuge betrachtet. Die verbleibenden 90 Fahrzeuge ragen dabei über den zehnten Ausfall hinaus und sind somit bei 5500 km rechtszensiert. In Summe ergeben sich die 1000 betrachteten Fahrzeuge. Daraus lässt sich folgende Log-Likelihood-Funktion ableiten:

$$\begin{aligned}
\ln(L(b, T)) = {} & 10 \cdot \ln\left(\frac{b}{T^b}\right) + \left[(b-1) \cdot \ln(1600\,\text{km}) - \left(\frac{1600\,\text{km}}{T}\right)^b\right] \\
& + \left[(b-1) \cdot \ln(2400\,\text{km}) - \left(\frac{2400\,\text{km}}{T}\right)^b\right] + \ldots \\
& + \left[(b-1) \cdot \ln(5500\,\text{km}) - \left(\frac{5500\,\text{km}}{T}\right)^b\right] + 90 \cdot \left(-\left(\frac{0\,\text{km}}{T}\right)^b\right) + 90 \\
& \cdot \left(-\left(\frac{1600\,\text{km}}{T}\right)^b\right) + \cdots + 90 \cdot \left(-\left(\frac{5400\,\text{km}}{T}\right)^b\right) + 90 \\
& \cdot \left(-\left(\frac{5500\,\text{km}}{T}\right)^b\right).
\end{aligned} \tag{5.69}$$

Die minimierte negative Loglikelihood $L = -130{,}579$ liefert die Schätzparameter $b = 3{,}56$ und $T = 15.394{,}5$, siehe Abb. 5.53.

5.4.1.2.4 Intervallzensierte Daten

Fallen die Ausfallzeiten in ein bekanntes Intervall, so lassen sich diese intervallzensierten Daten in der Schätzung ebenfalls mit der MLE-Methode auswerten. Hierfür bedarf es erneut einer Anpassung der Likelihoodfunktion. Die exakten Ausfallzeiten der Prüflinge sind bei der Intervallzensierung unbekannt. Lediglich das Inspektionsintervall $t_i(i = 1(1)m)$ mit Anzahl der Inspektionsintervalle m in denen Ausfälle r_i eintreten ist bekannt. Die Wahrscheinlichkeit L, dass ein Ausfall innerhalb eines jeweiligen Intervalls i mit den Grenzen $(t_{i-1}, t_i]$ liegt, lässt sich wie folgt beschreiben [5, 149]:

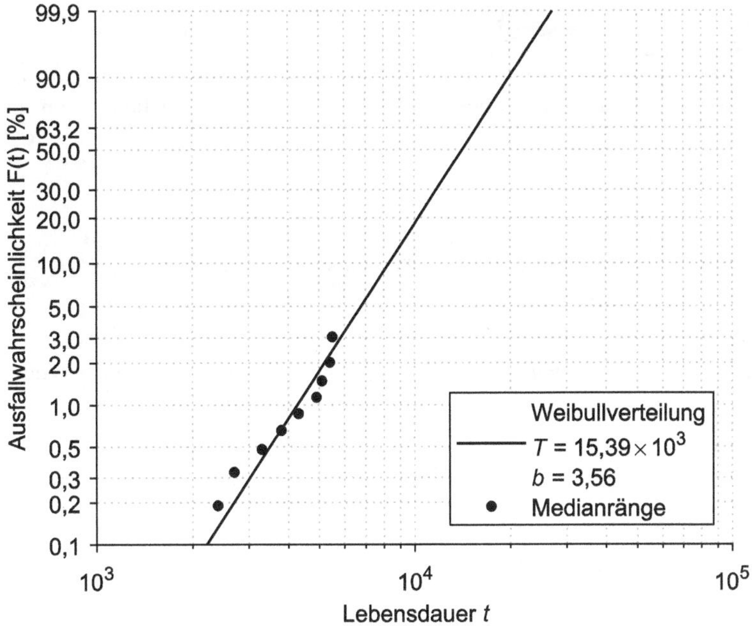

Abb. 5.53 MLE-Schätzung für die multipel zensierten Daten des Beispieldatensatzes ohne Information über die noch intakten Bauteile.

$$L_i(t;\psi) = \int_{t_{i-1}}^{t_i} f(t;\psi)dt = F(t_i;\psi) - F(t_{i-1};\psi). \tag{5.70}$$

Die Wahrscheinlichkeitsverteilung $F(t)$ für eine zweiparametrige Weibullverteilung kann wie folgt beschrieben werden:

$$F(t;b,T) = 1 - e^{-\left(\frac{t}{T}\right)^b}. \tag{5.71}$$

Für vollständige, intervallzensierte Daten lässt sich die Log-Likelihood-Funktion wie folgt aufstellen:

$$\ln(L(t;\psi)) = \sum_{i=1}^{m} r_i \cdot \ln(F(t_i;\psi) - F(t_{i-1};\psi)). \tag{5.72}$$

Für eine zweiparametrige Weibullverteilung gilt dann folgende Log-Likelihood-Funktion für vollständige, intervallzensierte Daten:

$$\ln(L(t;b,T)) = \sum_{i=1}^{m} r_i \cdot \ln\left(1 - e^{-\left(\frac{t_i}{T}\right)^b} - \left(1 - e^{-\left(\frac{t_{i-1}}{T}\right)^b}\right)\right)$$

$$= \sum_{i=1}^{m} r_i \cdot \ln\left(e^{-\left(\frac{t_{i-1}}{T}\right)^b} - e^{-\left(\frac{t_i}{T}\right)^b}\right). \tag{5.73}$$

Dabei ergibt sich die Stichprobenzahl aus der Summe der Ausfälle jeden Intervalls:

$$n = \sum_{i=1}^{m} r_i. \tag{5.74}$$

Bei der Inspektion können intakte Prüflinge entnommen werden, oder es können Prüflinge die Gesamttestdauer überleben. In diesem Fall werden intervall- mit rechts- und multipel zensierten Daten kombiniert. Durch Anpassung der Likelihood-Funktion lässt sich ein solches Szenario ebenfalls abbilden. Die Zensierungen werden dann der Überlebenswahrscheinlichkeit R zugeschrieben:

$$\ln(L(t;\psi)) = \sum_{i=1}^{m} r_i \cdot \ln(F(t_i;\psi) - F(t_{i-1};\psi)) + \sum_{i=1}^{m} d_i \cdot \ln(R(t_i;\psi)), \tag{5.75}$$

bzw. für zweiparametrige Weibullverteilungen:

$$\ln(L(t;b,T)) = \sum_{i=1}^{m} r_i \cdot \ln\left(e^{-\left(\frac{t_{i-1}}{T}\right)^b} - e^{-\left(\frac{t_i}{T}\right)^b}\right) + \sum_{i=1}^{m} d_i \cdot -\left(\frac{t_i}{T}\right)^b. \tag{5.76}$$

Die Anzahl zensierter Prüflinge zum Zeitpunkt t_i wird durch d_i beschrieben. Es gilt:

$$\sum_{i=1}^{m} d_i = n - \sum_{i=1}^{m} r_i. \tag{5.77}$$

Beispielhaft werden die Ausfälle von Fahrrädern in 1000 km Intervallen überprüft und aufgezeichnet, siehe Tab. 5.19. Dabei werden folgende Ausfallhäufigkeiten je Intervall verzeichnet.

Die Loglikelihoodfunktion

$$\begin{aligned}\ln(L(b,T)) = &\left[0 \cdot \ln\left(e^{-\left(\frac{0}{T}\right)^b} - e^{-\left(\frac{1000}{T}\right)^b}\right)\right] + \left[10 \cdot \ln\left(e^{-\left(\frac{1000}{T}\right)^b} - e^{-\left(\frac{2000}{T}\right)^b}\right)\right] \\ &+ \cdots + \left[110 \cdot \ln\left(e^{-\left(\frac{8000}{T}\right)^b} - e^{-\left(\frac{9000}{T}\right)^b}\right)\right]\end{aligned} \tag{5.78}$$

liefert bei minimaler negativer Likelihood $L = -1885{,}214$ die optimalen Schätzparameter $b = 4{,}5$ und $T = 6484{,}5$, siehe Abb. 5.54.

Nach den Intervallen werden individuelle, weitere Fahrräder inspiziert, welche nicht ausgefallen sind. Diese sind in dem Fall rechtszensiert. Tab. 5.20 ist durch die inspizierten, intakten Fahrräder ergänzt.

Tab. 5.19 Lebensdauerdaten bei intervallzensierten Daten des Beispieldatensatzes

Inspektionsintervall in [km]	Ausfälle
0 … 1000	0
1000 … 2000	10
2000 … 3000	28
3000 … 4000	79
4000 … 5000	145
5000 … 6000	250
6000 … 7000	278
7000 … 8000	120
8000 … 9000	110

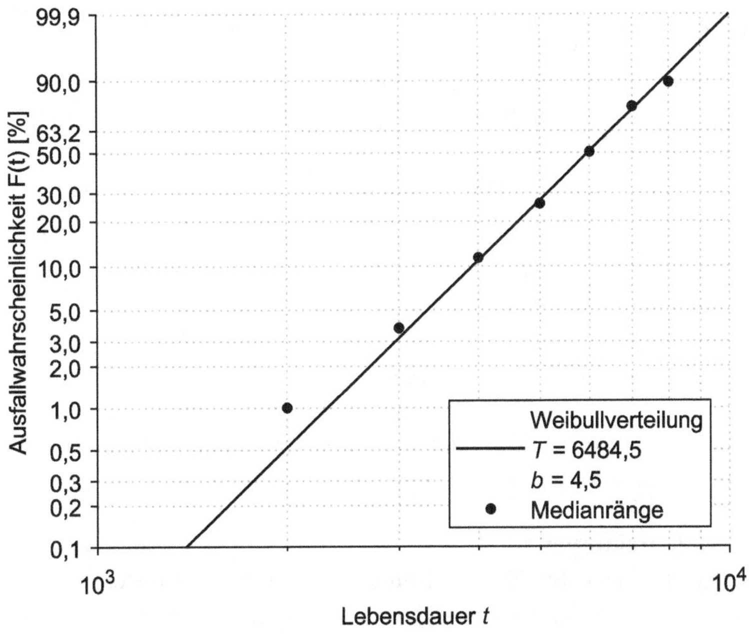

Abb. 5.54 MLE-Schätzung für die intervallzensierten Daten des Beispieldatensatzes. (© IMA 2026. All Rights Reserved)

Die vorherige Likelihood-Funktion wird nun durch die überlebenden Prüflinge, bzw. Fahrräder, zu folgender Loglikelihood ergänzt. Dabei wird als betrachteter Zeitpunkt t_i die obere Intervallgrenze ausgewählt, da diese Laufzeit nachweislich überlebt wurde:

Tab. 5.20 Lebensdauerdaten bei konkurrierenden Ausfallmechanismen

Inspektionsintervall in [km]	Ausfälle	Intakte
0 ... 1000	0	0
1000 ... 2000	10	0
2000 ... 3000	28	0
3000 ... 4000	79	0
4000 ... 5000	145	0
5000 ... 6000	250	10
6000 ... 7000	278	20
7000 ... 8000	120	30
8000 ... 9000	110	0

$$\begin{aligned}\ln(L(b,T)) = &\left[0\cdot\ln\left(e^{-\left(\frac{0}{T}\right)^b} - e^{-\left(\frac{1000}{T}\right)^b}\right)\right] + \left[10\cdot\ln\left(e^{-\left(\frac{1000}{T}\right)^b} - e^{-\left(\frac{2000}{T}\right)^b}\right)\right]\\ &+\cdots+\left[110\cdot\ln\left(e^{-\left(\frac{8000}{T}\right)^b} - e^{-\left(\frac{9000}{T}\right)^b}\right)\right]\\ &+\left[0\cdot\ln\left(e^{-\left(\frac{9000}{T}\right)^b} - e^{-\left(\frac{10000}{T}\right)^b}\right)\right] + 10\cdot\left(-\left(\frac{6000}{T}\right)^b\right) + 20\\ &\cdot\left(-\left(\frac{7000}{T}\right)^b\right) + 30\cdot\left(-\left(\frac{8000}{T}\right)^b\right).\end{aligned} \tag{5.79}$$

Die Parameter $b = 4{,}37$ und $T = 6.634{,}34$ liefern die minimale negative Likelihood $L = -1990{,}801$, siehe Abb. 5.55. Durch die Zensierungen wurde die Weibullverteilung flacher geschätzt, was dem Effekt der Rechtszensierung entspricht. Abb. 5.55 zeigt die beiden Datensätze im Vergleich.

5.4.1.2.5 Biaskorrekturverfahren

In der Praxis sind kleine Stichproben häufig anzutreffen, insbesondere wenn es um kostenintensive Prüfobjekte in der Prototypenerprobung geht. Aufgrund des Bias, bzw. der Verzerrung bezüglich der Formparameterschätzung der Weibullverteilung, kann gerade in solchen Fällen der Formparameter überschätzt werden, was folglich zu einer Überschätzung der Zuverlässigkeit bei geringen und damit praxisrelevanten Lebensdauern führt. Daher wurden Ansätze entwickelt, um dem Problem der verzerrten Schätzung des Formparameters entgegenzuwirken. Diese Methoden dienen dazu, den Bias der Parameterschätzung nach MLE zu korrigieren [5].

Der „reduced bias adjustment" (RBA) und das Verfahren nach Hirose und Ross (HR) zählen zu den gängigsten Bias-Korrektur Methoden [64, 65, 133]. Beide Ansätze zielen darauf ab, den Bias der bereits durchgeführten Maximum-Likelihood-Schätzung zu

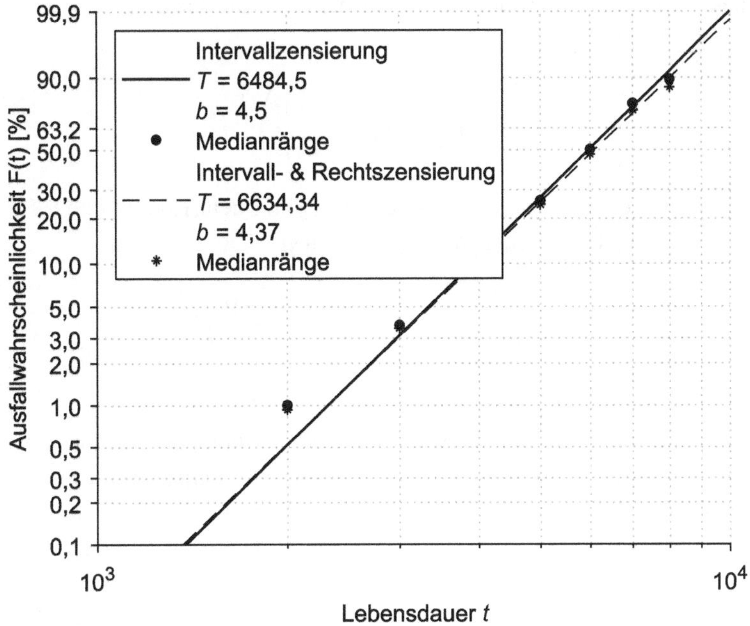

Abb. 5.55 MLE-Schätzung – Vergleich der intervallzensierten und der intervall- und rechtszensierten Daten. (© IMA 2026. All Rights Reserved)

korrigieren, indem ein Korrekturfaktor mit den geschätzten Verteilungsparametern multipliziert wird. Mittels empirischer Monte-Carlo-Simulationen wurden die Formeln für die jeweiligen Korrekturfaktoren ermittelt. Folgende Schritte unterteilen die Bias-Korrektur:

1. Initiale Parameterschätzung: Mittels MLE wird der Formparameter der Weibullverteilung entsprechend der vorliegenden Datenlage geschätzt. Grundlage hierfür sind die beschriebenen Vorgehensweisen.
2. Bias-Korrektur des Formparameters: Ein Korrekturfaktor wird berechnet und anschließend mit dem ursprünglich geschätzten Formparameter multipliziert.
3. (Optionale) Bias-Korrektur der charakteristischen Lebensdauer: In der Maximum-Likelihood-Schätzung ist die Likelihood-Funktion eine Funktion des Formparameters und der charakteristischen Lebensdauer. Eine Korrektur der charakteristischen Lebensdauer ist in der RBA Methode nicht vorgesehen [133]. Durch das Verfahren von Hirose und Ross ist es möglich, die korrigierte charakteristische Lebensdauer zu bestimmen, indem der korrigierte Formparameter in die Likelihood-Funktion eingesetzt und die Funktion bezüglich T maximiert wird. Die resultierende neue charakteristische Lebensdauer beruht somit auf einem Bias-korrigierten Formparameter.

Entsprechend der RBA Methode ergibt sich der Korrekturfaktor C mit der Anzahl an Ausfällen r wie folgt [133]:

$$C = \left(\sqrt{\frac{2}{r-1}} \cdot \frac{\left(\frac{r-2}{2}\right)!}{\left(\frac{r-3}{2}\right)!} \right)^{3,5}. \tag{5.80}$$

Durch Multiplizieren der ersten Schätzung b_{MLE} mit dem Korrekturfaktor C wird der nach RBA korrigierte Formparameter b_{RBA} berechnet:

$$b_{RBA} = b_{MLE} \cdot \left(\sqrt{\frac{2}{r-1}} \cdot \frac{\left(\frac{r-2}{2}\right)!}{\left(\frac{r-3}{2}\right)!} \right)^{3,5}. \tag{5.81}$$

Damit wird eine Bias-Korrektur lediglich für den Weibull-Formparameter durchgeführt, ohne zwischen zensierten und unzensierten Ausfalldaten zu unterscheiden. Die initial geschätzte charakteristische Lebensdauer bleibt erhalten. Obwohl Zensierungen explizit berücksichtigt werden, erwähnen die Entwickler der RBA Methode, dass der Korrekturfaktor bei geringen Zensierungsanteilen der Ausfalldaten gute Ergebnisse erziele [133].

In der Methode nach Hirose und Ross wird die charakteristische Lebensdauer explizit auf Basis des Bias-korrigierten Formparameters aktualisiert, zudem können Zensierungen berücksichtigt werden. Die Aktualisierung der charakteristischen Lebensdauer entspricht einer Bias-Korrektur mit der Grundlage eines plausibleren Formparameters b_{HR}. Dieser errechnet sich über eine Abschätzung des Bias mittels der Taylor Approximation.

Der korrigierte Formparameter errechnet sich für unzensierte Daten über [63, 64]:

$$b_{HR} = \frac{b_{MLE}}{1{,}0115 + \frac{1{,}278}{r} + \frac{2{,}001}{r^2} + \frac{20{,}35}{r^3} - \frac{46{,}98}{r^4}}. \tag{5.82}$$

Bei rechtszensierten Daten wird der korrigierte Formparameter b_{HR} wie folgt berechnet [65]:

$$b_{HR} = \frac{b_{MLE}}{1 + \frac{1{,}37}{r-1{,}92} \cdot \sqrt{\frac{n}{r}}}. \tag{5.83}$$

Tevetoglu und Bertsche [63] vergleichen beide Methoden mittels empirischer Simulation. Es lassen sich sowohl mit Korrekturen nach RBA als auch mit Hirose und Ross tendenziell präzisere Schätzungen des Formparameters ermitteln, siehe Abb. 5.56. Hier lässt sich der Verlauf des Bias unzensierter Daten über der Stichprobengröße entnehmen. Durch die erlaubte Berücksichtigung zensierter Daten wird die Methode nach Hirose und Ross empfohlen [5].

Werden Bias-Korrekturen durchgeführt, so ist zu beachten, dass dadurch nicht zwangsläufig präzisere Vertrauensbereiche geschätzt werden können [63]. Tendenziell fällt die

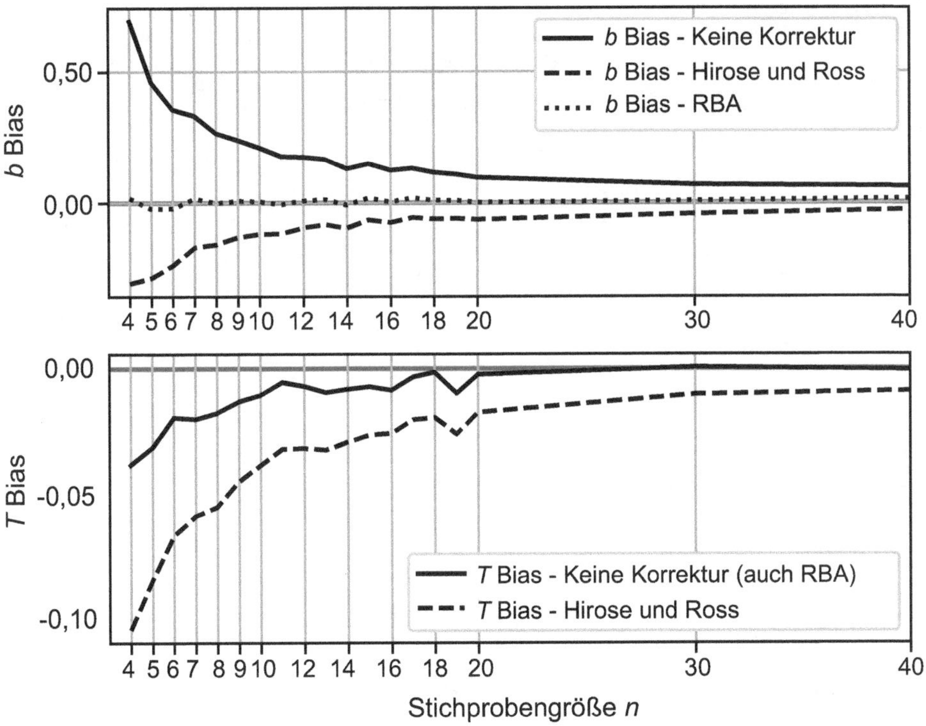

Abb. 5.56 Vergleich der Biaskorrekturverfahren [63].

Differenz der korrigierten Weibullparameterschätzungen und der Grundgesamtheit kleiner aus als für unkorrigierte Schätzungen, allerdings können Vertrauensbereiche inakkurater ausfallen. Da Bias-Korrekturen sich jeweils auf die Parameterschätzung und den Vertrauensbereich gegensätzlich auswirken können, müssen für eine aussagekräftige Weibullanalyse stets Parameterschätzungen und Vertrauensbereiche betrachtet werden [5]. Prinzipiell dürfen Schätzverfahren, sowie Bias-Korrekturen und Bestimmungsverfahren der Vertrauensbereiche nicht willkürlich gewählt werden, da die Ergebnisgüte bzgl. konkreter Nachweispunkte sinken kann [5].

Werden die Schätzungen der MRR und MLE für den beispielhaften vollständigen Datensatz ($r = 8$, siehe Abschn. 5.4.1.1.1) verglichen, so lässt sich die Diskrepanz zwischen den Ergebnissen der Schätzungen erkennen, siehe Tab. 5.21 und 5.57. Die charakteristische Lebensdauer ist dabei nicht nennenswert unterschiedlich, jedoch unterscheiden sich die Formparameter im Betrag um 1. Dies hat eine hohe Auswirkung auf die resultierende Weibullverteilung und somit auf das erwartete Ausfallverhalten.

Wird die Biaskorrektur nach RBA durchgeführt so erhält man für den Formparameter den Wert

Tab. 5.21 Ergebnisvergleich der Schätzverfahren

	b	T
MRR (vollständige Daten)	3,89	$14{,}990 \cdot 10^6$
MLE (vollständige Daten)	4,9	$14{,}8 \cdot 10^6$
MLE (korrigiert: RBA)	4,33	-
MLE (korrigiert: HR)	3,98	-

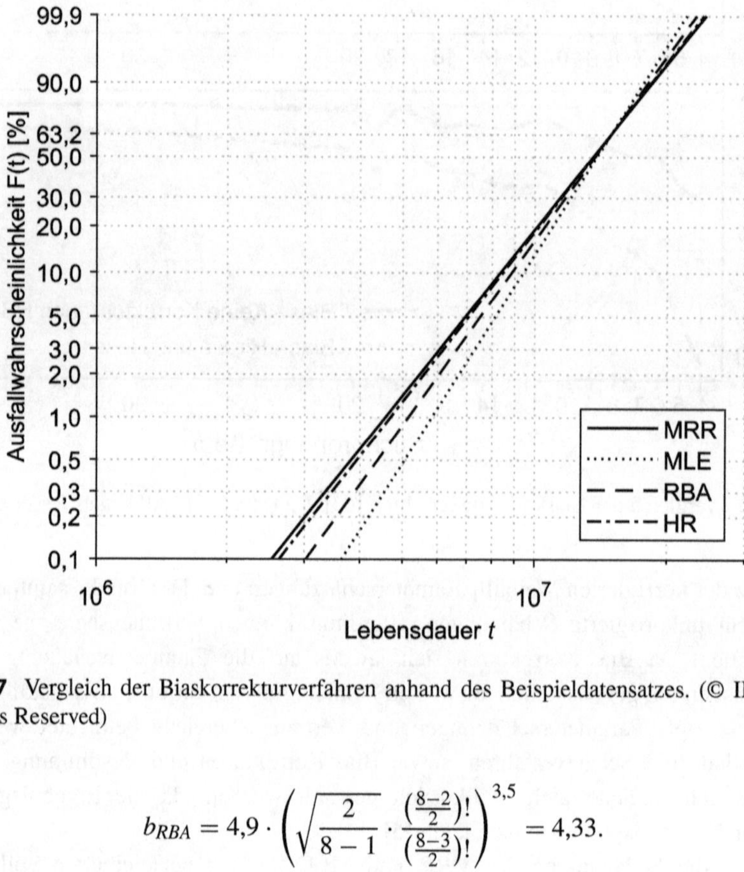

Abb. 5.57 Vergleich der Biaskorrekturverfahren anhand des Beispieldatensatzes. (© IMA 2026. All Rights Reserved)

$$b_{RBA} = 4{,}9 \cdot \left(\sqrt{\frac{2}{8-1}} \cdot \frac{\left(\frac{8-2}{2}\right)!}{\left(\frac{8-3}{2}\right)!} \right)^{3,5} = 4{,}33. \tag{5.84}$$

Für die Methode nach Hirose und Ross erhält man

$$b_{HR} = \frac{4{,}9}{1{,}0115 + \frac{1{,}278}{8} + \frac{2{,}001}{8^2} + \frac{20{,}35}{8^3} - \frac{46{,}98}{8^4}} = 3{,}98. \tag{5.85}$$

Zwar ergeben sich bei beiden Korrekturen nicht die Schätzung der MRR, jedoch sind beide näher an der erwartungstreuen Schätzung des MRR. Aufgrund der kleinen Diskrepanz zwischen den geschätzten charakteristischen Lebensdauern wird hier auf eine Korrektur verzichtet.

5.4.1.3 Weibayes-Verfahren

Das Weibayes-Verfahren geht zurück auf Ingenieure der Pratt & Whitney Aircraft Gesellschaft rund um Dr. Robert B. Abernethy [133]. Sie erkannten die Problematik einer teilweise sehr ungenauen Weibullschätzung, wenn sehr wenige Ausfalldaten zur Verfügung stehen. Die beschränkte Menge an verfügbaren Daten muss nämlich zur Abschätzung sowohl des Formparameters als auch der charakteristischen Lebensdauer herangezogen werden. Der methodische Ansatz des Weibayes-Verfahrens besteht darin, den Formparameter primär als Vorabinformation für die Abschätzung zu nutzen und sich auf die Ermittlung der charakteristischen Lebensdauer aus den vorhandenen Daten zu konzentrieren. Somit kann die Weibayes-Methode als ein Sonderfall der MLE-Schätzung mit vorgegebenem Formparameter verstanden werden. Dieser Ansatz fußt auf der Prämisse, dass der Formparameter das Ausfallverhalten abbildet und folglich von erfahrenen Ingenieuren auf der Grundlage bekannter Ausfallmechanismen abgeschätzt werden kann [133]. Die Bezeichnung Weibayes leitet sich vom Bayes'schen Theorem ab, das die Integration von Vorinformationen als bedingte Wahrscheinlichkeiten mit aktuellen Daten ermöglicht.

Wenn der Formparameter bekannt ist, bzw. aus einer Vorinformation oder einer Expertenschätzung angegebenen werden kann, lässt sich das in der MLE-Schätzung berücksichtigen [5, 133]. Die charakteristische Lebensdauer ergibt sich dann zu:

$$T = \left(\sum_{i=1}^{n} \frac{t_i^b}{x} \right)^{\frac{1}{b}} \tag{5.86}$$

Liegen in der Stichprobe nur Laufzeiten ohne Ausfälle x vor, so muss auf eine Annahme zurückgegriffen werden, da in Gl. (5.86) sonst durch 0 zu teilen wäre. Es wird demnach konservativ angenommen, dass der erste Ausfall kurz bevorsteht und somit $x = 1$ gesetzt. Man kann also auch schreiben:

$$T = \left(\sum_{i=1}^{n} t_i^b \right)^{\frac{1}{b}} \tag{5.87}$$

Aus statistischer Perspektive resultiert diese Art der Schätzung in einer unteren Vertrauensgrenze für die Bestimmung der charakteristischen Lebensdauer, mit einer Aussagesicherheit von 63,2 %. Folglich lässt sich ableiten, dass unter der Voraussetzung eines akkurat geschätzten Formparameters in 63,2 % der Fälle die tatsächliche Weibullverteilung oberhalb der Schätzung verläuft, wie in Abb. 5.58 dargestellt.

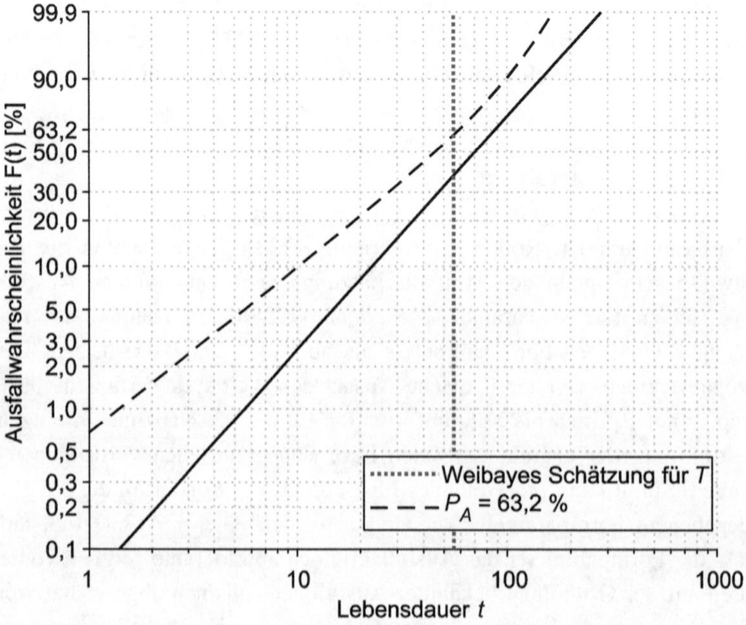

Abb. 5.58 Weibayes Schätzung der charakteristischen Lebensdauer [5]. (© IMA 2026. All Rights Reserved)

Soll eine andere Aussagesicherheit für die Schätzung verwendet werden kann die Binomialverteilung verwendet werden. Es ergibt sich:

$$T = \left(\frac{\sum_{i=1}^{n} t_i^b}{-\ln(1 - P_A)} \right)^{\frac{1}{b}}. \tag{5.88}$$

Dieser Ansatz gilt lediglich sofern keine Ausfälle im Test auftreten. Sollen Aussagesicherheit und unterschiedliche Anzahlen von Ausfällen zusammen ausgewertet werden, kann die Chi-Quadrat-Verteilung statt des Binomialansatzes verwendet werden:

$$T = \left(\frac{2\sum_{i=1}^{n} t_i^b}{\chi^2_{2(x+1);P_\mathrm{A}}} \right)^{\frac{1}{b}}. \tag{5.89}$$

Dabei ist χ^2 das Quantil der Chi-Quadrat-Verteilung mit den Parametern x und P_A. Für einen zweiseitigen Vertrauensbereich kann die minimale und maximale charakteristische Lebensdauer dann wie folgt bestimmt werden:

$$T_{\min} = \left(\frac{2\sum_{i=1}^{n} t_i^b}{\chi^2_{2(x+1);1-\frac{\alpha}{2}}} \right)^{\frac{1}{b}}, \tag{5.90}$$

$$T_{\max} = \left(\frac{2\sum_{i=1}^{n} t_i^b}{\chi^2_{2x;\frac{\alpha}{2}}} \right)^{\frac{1}{b}}. \tag{5.91}$$

Mithilfe der Weibullverteilung lassen sich damit Schätzungen für beliebige B_q-Lebensdauern realisieren:

$$B_q = T \cdot \sqrt[b]{-\ln(R(B_q))} = T \cdot \sqrt[b]{-\ln\left(1 - \frac{q}{100}\right)}$$
$$= \left(\ln\left(\frac{100}{100 - q} \right) \frac{2\sum_{i=1}^{n} t_i^b}{\chi^2_{2(x+1);P_A}} \right)^{\frac{1}{b}}. \tag{5.92}$$

5.4.1.4 Vergleich der Schätzverfahren

In diesem Abschnitt wird die MRR mit der MLE verglichen. Zunächst werden einige Ergebnisse der konkreten Beispiele, die bereits in den Abschn. 5.4.1.1 und 5.4.1.2 vorgestellt und erläutert wurden, gegenübergestellt. Anschließend werden die Vor- und Nachteile der beiden Methoden im Allgemeinen beschrieben.

5.4.1.4.1 Gegenüberstellung von Schätzergebnissen

Grundsätzlich können mit MLE und MRR dieselben Datensätze ausgewertet werden. Im Folgenden werden die unterschiedlichen Schätzergebnisse des Formparameters b und der charakteristischen Lebensdauer T der beiden Methoden MRR und MLE verglichen und gegenübergestellt.

Für vollständige Datensätze wurden die Schätzergebnisse und die daraus resultierenden Weibullverteilungen bereits im Abschn. 5.4.1.2.5 verglichen. Es konnte gezeigt werden, dass die Auswertung von Lebensdauerdaten mit geringer Stichprobengröße mittels MLE mit Biaskorrekturfaktor ähnlich gute Schätzergebnisse liefert wie die Methode der kleinsten Fehlerquadrate. Vergleicht man die Ergebnisse der Schätzparameter der Weibullverteilung für einen rechtszensierten Datensatz, ergibt sich das in Abb. 5.59 dargestellte Bild.

Aus Abb. 5.59 ist gut zu erkennen, dass der Formparameter b der Weibullverteilung bei der Methode der MLE geringer geschätzt wird und dadurch die Weibullverteilung flacher ist. Betrachtet man die berechneten B_5 – Lebensdauern der beiden Methoden, ergibt sich eine Differenz von $0{,}42 \cdot 10^6$LW. Dies entspricht einem Unterschied von ca. 7 % der B_5 – Lebensdauern. Die B_5 – Lebensdauer ist beispielhaft herangezogen, um den Unterschied der Lebensdauererwartung zwischen den Methoden bei geringen Ausfallzeiten zu

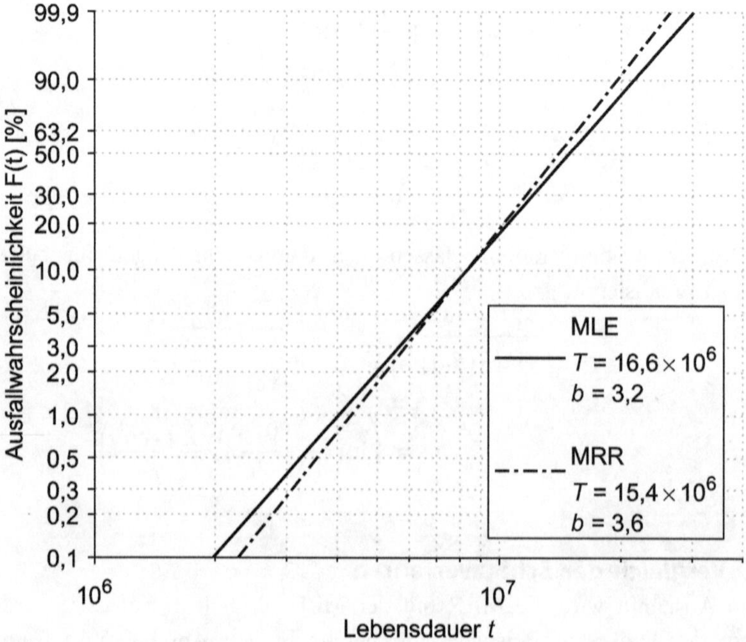

Abb. 5.59 Vergleich von MRR und MLE Schätzung bei rechtszensierten Daten. ()

darzustellen, da bei Lebensdauerbetrachtungen häufig gerade die erwarteten Lebensdauern bei kleinen Ausfallwahrscheinlichkeiten von Interesse sind. Liegen im Datensatz noch deutlich mehr Zensierungen vor als im Beispiel wird der Unterschied der Schätzung deutlich höher ausfallen. Der Grund für den Unterschied im Ergebnis ist, dass die MLE die Überlebenswahrscheinlichkeiten der Zensierungen berücksichtigt. Deshalb ist im Falle von rechtszensierten Daten die MLE zu bevorzugen.

Die Beobachtung, dass MRR und MLE unterschiedliche Verteilungsparameter liefern, kann auch bei multipel zensierten Daten gemacht werden. Bei multipel zensierten Daten kann jedoch keine Tendenz angegeben werden, welche der beiden Methoden einen größeren oder kleineren Formparameter liefert. In Abb. 5.60 sind die mit MLE und MRR ermittelten Weibullverteilungen für multipel zensierte Daten bei bekannten Informationen über die Intakten gegenübergestellt. Der entsprechende Datensatz wurde bereits in den Abschn. 5.4.1.1.4 und 5.4.1.2.3 vorgestellt.

Die unterschiedlichen Schätzergebnisse der beiden Methoden sind unschwer aus der Abb. 5.60 zu erkennen. In diesem Fall schätzt die MLE-Methode den Formparameter b deutlich größer und damit die Weibullverteilung steiler als die Methode der MRR. Die Betrachtung der B_5 – Lebensdauern zeigt, dass die erwartete B_5 – Lebensdauer der MLE um fast 15 % höher eingeschätzt wird als unter Verwendung der MRR. Bei MLE liegt

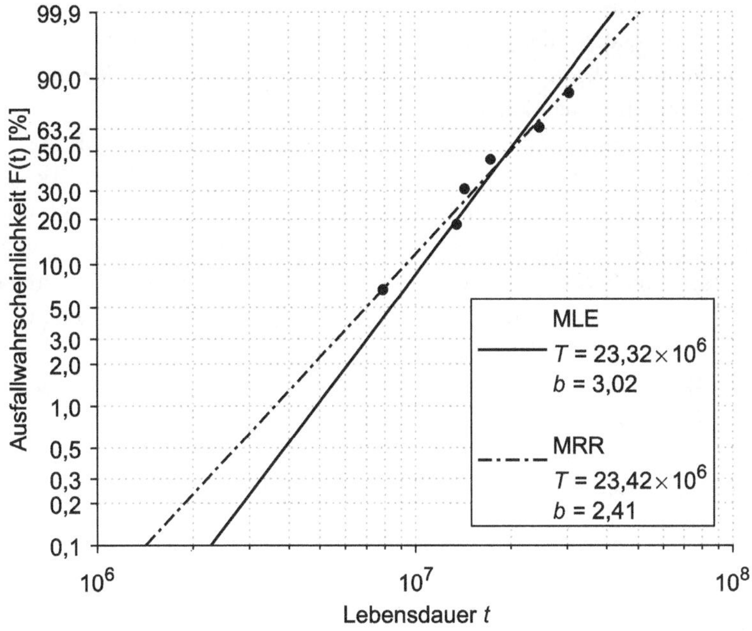

Abb. 5.60 Vergleich von MRR und MLE Schätzung bei multipel zensierten Daten. ()

die erwartete B_5 – Lebensdauer bei $8{,}35 \cdot 10^6$km bei MRR nur bei $6{,}54 \cdot 10^6$km. Dies ist bei der Abschätzung der erwarteten Lebensdauer ein relevanter Unterschied.

Auch hier äußert sich der Unterschied im Ergebnis dadurch, dass bei der MRR die intakten Einheiten nur über deren Anzahl berücksichtigt werden, nicht aber deren tatsächliche Laufleistung oder Betriebszeiten bzw. die zugehörigen Überlebenswahrscheinlichkeiten. Bei der Bestimmung der Schätzparameter mittels MLE fließen mehr Informationen ein. Es ist somit davon auszugehen, dass die Schätzparameter der MLE die Realität auch in diesem Fall besser abbilden.

Die vorgestellten Beispiele zeigen, dass die Wahl des Schätzverfahrens zur Bestimmung der Weibullverteilung einen Einfluss auf die Lebensdauerbetrachtung hat. Zusammenfassend kann festgehalten werden, dass die MLE Methode bei zensierten Datensätzen jeglicher Art entscheidende Vorteile bei der Schätzung bietet, da mehr Informationen für die Schätzung verwendet werden. Eine Ausnahme bilden vollständige Datensätze mit geringer Stichprobengröße. Hierbei kommt der Bias der MLE bzgl. der Schätzung des Formparameters besonders stark zum Tragen. Dabei empfiehlt es sich eine Biaskorrektur oder das MRR Verfahren zu verwenden.

5.4.1.4.2 Allgemeine Vor- und Nachteile der MRR und der MLE

Die einfache Anwendung der MRR ist ein wesentlicher Vorteil und ein Grund für die breite Anwendbarkeit dieser Methode. Beispielsweise kommt sie für eine zweiparametrige Weibullverteilung ohne Iteration aus.

Einer der größten Nachteile ist, dass für die Auswertung zwangsläufig das Medianrangverfahren angewendet werden muss, um die Wertepaare für die Auswertung zu erhalten. Bei der Auswertung werden somit nicht nur die erhobenen Lebensdauerdaten ausgewertet, sondern genau genommen auch die über das Medianrangverfahren gebildeten Ausfallwahrscheinlichkeiten, welche wiederum auf den Herleitungen der Ordnungsstatistik basieren. In der Auswertung der Lebensdauerdaten sind somit auch immer Einflüsse des Medianrangverfahrens vorhanden [5].

Mit der MRR können zwar zensierte Datensätze ausgewertet werden, allerdings kann die Berücksichtigung der zensierten Einheiten nur über die Anpassung der Rangzahlen, der sogenannten hypothetischen Rangzahlen, berücksichtigt werden. Dies führt dazu, dass verfügbare Lebensdauerinformationen von zensierten Einheiten bei der Auswertung nicht berücksichtigt werden können, was automatisch einen Informationsverlust beinhaltet. Dies führt vor allem dann zu Problemen, wenn relativ große Stichproben nur wenige Ausfälle aufweisen, weil die über das Medianrangverfahren geschätzten Ausfallwahrscheinlichkeiten dann sehr gering sind [5]. Wenn die charakteristische Lebensdauer einer Weilbullverteilung ermittelt werden soll, muss zwangsläufig bis zu einer Ausfallwahrscheinlichkeit von 63,2 % extrapoliert werden. Dies kann die Qualität der Schätzung negativ beeinflussen. Grundsätzlich gilt, je weiter extrapoliert werden muss, desto ungenauer ist die Schätzung der Steigung und dem damit verbundenen Formparameter b und der charakteristischen Lebensdauer T.

Dies lässt sich einfach an einem Beispiel zeigen. Werden aus einer Weibullverteilung mit Formparameter $b = 2$ und charakteristischer Lebensdauer $T = 1.000$ h, 100 zufällige Werte, also Pseudo-Ausfallzeiten generiert ($n = 100$), und anschließend nur 5 Zeitpunkte als Ausfälle ausgewertet, wie es bei einer rechtszensierten Datengrundlage vorkommen könnte, ergibt sich das in Abb. 5.61 dargestellte Bild.

Aus der in Abb. 5.61 dargestellten geschätzten Weibullverteilung inklusive der Verteilungsparameter ist die Abweichung der geschätzten Weibullparameter zu den realen Weibullparametern deutlich zu erkennen. Die Realität wird somit unzureichend beschrieben. Wird die Anzahl der Ausfälle auf $r = 50$ Ausfälle erhöht, ergibt sich das Ergebnis in Abb. 5.62.

Es ist ersichtlich, dass sich das Schätzergebnis mit steigender Anzahl an Ausfällen immer weiter der Realität nähert.

Ein entscheidender Vorteil der MLE gegenüber der MRR liegt in der weniger aufwendigen Datenaufbereitung. Bei der MLE kann auf die Bestimmung der (hypothetischen) Rangzahlen verzichtet und direkt die Parameter bestimmt werden. MLE ermöglicht die Bewertung verschiedenster Datensätze ohne Informationsverlust. Sie ist daher vielseitiger einsetzbar und grundsätzlich der MRR überlegen. Mathematisch betrachtet weist

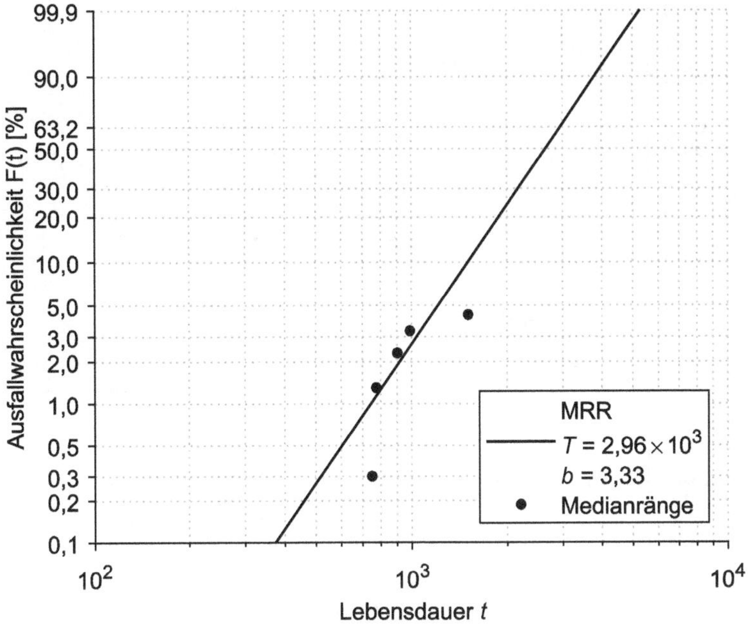

Abb. 5.61 MRR-Schätzung bei wenigen Ausfällen und vielen zensierten Teilen. ()

ein Maximum-Likelihood-Schätzer stets eine geringere Varianz auf, was quantitativ von Vorteil ist [54].

Ein potenzieller Nachteil liegt jedoch in der aufwendigeren Suche nach numerischen Lösungen. Insbesondere bei der dreiparametrigen Weibullverteilung, bei der viele lokale Optima in der Likelihood-Funktion vorliegen können, kann dies der Fall sein. Hier ist ein Algorithmus erforderlich, der das globale Optimum dennoch zuverlässig finden kann. Durch leistungsfähige Algorithmen verliert dieses Problem allerdings zunehmend an Relevanz.

Die Nicht-Erwartungstreue der Schätzung des Formparameters b mit MLE ist ein wesentlich größerer Nachteil. Für große Stichproben verhält sich dieser erwartungstreu, ist jedoch bei kleinen Stichproben verzerrt. Dies bedeutet, dass ein systematischer Fehler des Schätzers vorliegt, der auch als Verzerrung oder Bias bezeichnet wird. Der Formparameter b einer Weibullverteilung wird dadurch tendenziell überschätzt, weshalb es sich um einen positiven Bias handelt. Durch die Überschätzung des Formparameters wird die Varianz der Lebensdauerdaten unterschätzt. Zusätzlich verschieben sich gerade die relevanten Ausfallwahrscheinlichkeiten niedrigerer Quantile zu höheren, bzw. späteren, Zeitpunkten, wodurch die Zuverlässigkeit überschätzt wird. Insgesamt wird eine zu optimistische Lösung bestimmt, die in der Anwendung vermieden werden sollte.

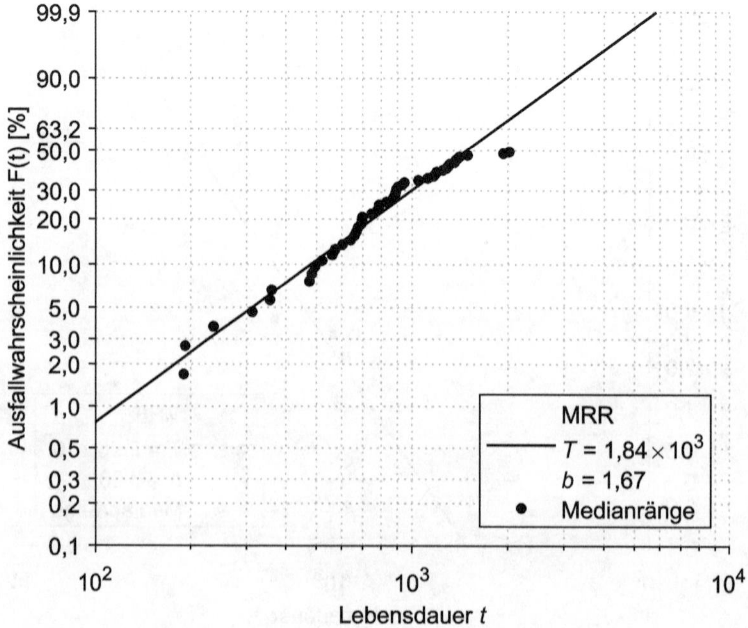

Abb. 5.62 MRR-Schätzung bei höherer Anzahl an Ausfällen.

Die Schätzung des Lageparameters ist hiervon nicht betroffen. Bei einer zweiparametrigen Weibullverteilung bleibt die charakteristische Lebensdauer unberührt. Bei kleinen und vollständigen Stichproben bis etwa $n = 20$ sollte daher ein geschätzter Formparameter mit MLE kritisch betrachtet und gegebenenfalls MRR verwendet werden. Im vorherigen Kapitel wurden Bias-Korrekturverfahren vorgestellt, um diesem Problem entgegenzuwirken, jedoch sollte ein Anwender sich dieser potenziellen Problematik bewusst sein.

Zusammenfassend kann festgehalten werden, dass die Methode der MLE rechenintensiver und nicht so intuitiv verständlich ist, wie die MRR. Aus statistischer Sicht ist die Methode der MLE der Methode der MRR jedoch aus den genannten Gründen vorzuziehen. Der Unterschied im Rechenaufwand kann durch die computergestützte Auswertung der Lebensdauerdaten ausgeglichen werden.

5.4.1.5 Auswertung konkurrierender Ausfallmechanismen

Bei einer Untersuchung von Lebensdauern bzw. in Lebensdauertests kommt es häufig zu mehreren Ausfallmechanismen. Vor allem bei System- und Feldtests sowie bei Felddaten kommt dies mit steigender Komplexität zunehmend vor. Beispielsweise kann ein Auto eine Vielzahl an Ausfallursachen vorweisen: Vom Antriebsstrang, Steuerelektronik, hin zum Kühlkreislauf gibt es eine unüberschaubare Menge an konkurrierenden

Ausfallmöglichkeiten, welche mal mehr, mal weniger zum kompletten Produktausfall führen.

Wichtig für die Zuverlässigkeitsabsicherung ist jedoch, dass Ausfalldaten nur bezüglich des Ausfalls betrachtet werden, der ausgewertet wird. Alle anderen Ausfälle sind als zensiert anzusehen. Grund dafür ist, dass die Weibullverteilung zwar in der Lage ist einen einzelnen Ausfallmechanismus sehr gut zu beschreiben, die Anpassung bei mehreren vermischten Ausfallmechanismen aber in aller Regel sehr schlecht ausfällt. Aus diesem Grund müssen sämtliche Ausfallmechanismen zunächst separat ausgewertet werden. Für die Berechnung der Systemzuverlässigkeit kann anschließend auf die Methoden aus Abschn. 3.4 zurückgegriffen werden.

Angenommen es werden am fiktiven Beispiel PKW die Ausfälle Achsbruch, Motorsteuerung und Wasserpumpe über der Laufleistung festgestellt, siehe folgende Tab. 5.22.

Nun wird eine Lebensdauerdatenanalyse des Falls „Achsbruch" durchgeführt. Es liegen dann $r = 4$ Ausfälle vor, bei denen der Produktausfall auf den Achsbruch zurückzuführen ist. Die anderen sechs Ausfälle beziehen sich auf andere Ausfallmechanismen, die Achse war jedoch noch intakt. Daher sind diese sechs Ausfälle als zensierte Daten zu bewerten und dementsprechend zu berücksichtigen, siehe Tab. 5.23.

Bei der Auswertung der anderen Ausfallmechanismen ist analog zu diesem Schema vorzugehen. Für die Analyse der Lebensdauerdaten eignet sich die MLE mit multipel zensierten Daten. Die vier Ausfälle werden im Likelihoodterm $f(t)$ und die sechs Zensierungen im Term der Überlebenswahrscheinlichkeit bzw. Zuverlässigkeit $R(t)$ berücksichtigt, siehe folgende Abb. 5.63.

Daraus wird die LogLikelihood-Funktion bestimmt:

$$\ln(L(b,T)) = 4 \cdot \ln\left(\frac{b}{T^b}\right) + \left[(b-1)\cdot\ln(14{,}3) - \left(\frac{14{,}3}{T}\right)^b\right]$$

Tab. 5.22 Lebensdauerdaten bei konkurrierenden Ausfallmechanismen

Laufleistung in [10^3 km]	Ausfallmechanismus
7,9	Motorsteuerung
10,0	Wasserpumpe
12,2	Motorsteuerung
13,5	Wasserpumpe
14,3	Achsbruch
15,1	Motorsteuerung
17,3	Achsbruch
18,2	Motorsteuerung
24,6	Achsbruch
30,5	Achsbruch

Tab. 5.23 Lebensdauerdaten für den Ausfallmechanismus Achsbruch

Laufleistung in [10^3 km]	Ausfallmechanismus
7,9	zensiert
10,0	zensiert
12,2	zensiert
13,5	zensiert
14,3	Achsbruch
15,1	zensiert
17,3	Achsbruch
18,2	zensiert
24,6	Achsbruch
30,5	Achsbruch

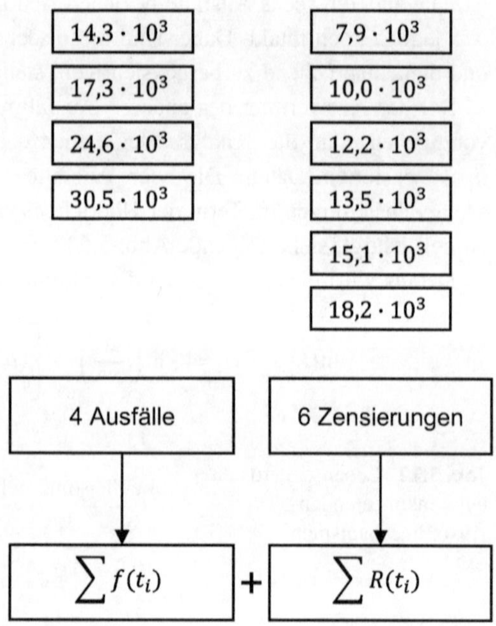

Abb. 5.63 Aufbereitung der Lebensdauerdaten bei konkurrierenden Ausfallmechanismen.

$$+\left[(b-1)\cdot\ln(17{,}3)-\left(\frac{17{,}3}{T}\right)^{b}\right]$$

$$+\left[(b-1)\cdot\ln(24{,}6)-\left(\frac{24{,}6}{T}\right)^{b}\right]$$

$$+\left[(b-1)\cdot\ln(30{,}5)-\left(\frac{30{,}5}{T}\right)^{b}\right]$$

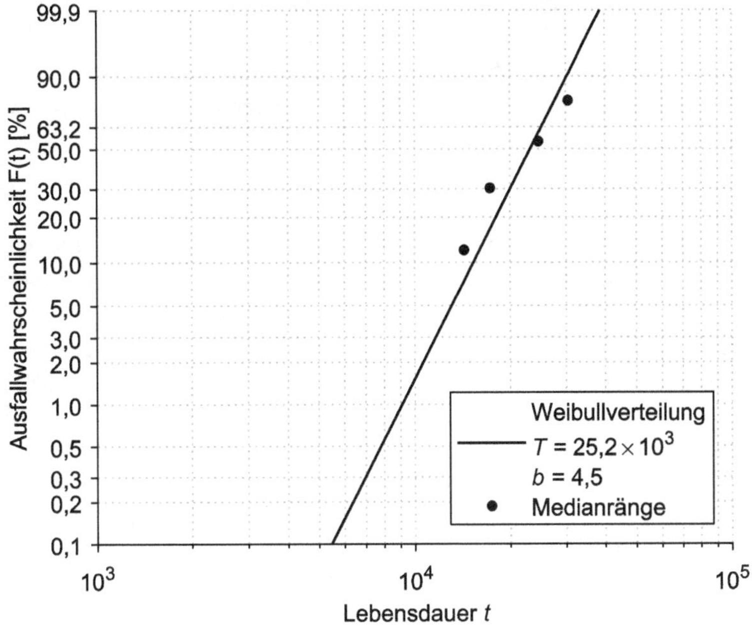

Abb. 5.64 MLE-Schätzung für die konkurrierenden Ausfallmechanismen am Beispiel Achsbruch.

$$
\begin{aligned}
&+\left(-\left(\frac{7{,}9}{T}\right)^b\right)+\left(-\left(\frac{10{,}0}{T}\right)^b\right) \\
&+\left(-\left(\frac{12{,}2}{T}\right)^b\right)+\left(-\left(\frac{13{,}5}{T}\right)^b\right) \\
&+\left(-\left(\frac{15{,}1}{T}\right)^b\right)+\left(-\left(\frac{18{,}2}{T}\right)^b\right).
\end{aligned}
\tag{5.93}
$$

Mit den Schätzwerten $b = 4{,}5$ und $T = 25{,}2 \cdot 10^3$ erhält man eine Loglikelihood von $\ln(L(b, T)) = -13{,}577$, siehe Abb. 5.64.

5.4.2 Bestimmung des Vertrauensbereichs – Intervallschätzverfahren

In diesem Abschnitt liegt der Fokus auf der Bestimmung der Vertrauensbereiche mithilfe von Intervallschätzverfahren. Vergleichbar mit den Punktschätzverfahren existieren auch für die Bestimmung des Vertrauensbereich verschiedene Intervallschätzverfahren [5, 53,

233]. Die verbreitetsten approximativen Methoden sind der Beta-Binomial, der Fisher und der Likelihood-Ratio Vertrauensbereich. Ebenfalls können numerische Verfahren für die Berechnung von Vertrauensbereichen in der Zuverlässigkeitstechnik eingesetzt werden. Dabei werden vor allem Bootstrap Ansätze verwendet. Die Methoden werden im Folgenden zunächst einzeln betrachtet und anschließend verglichen.

5.4.2.1 Beta-Binomial Vertrauensbereich

Die Berechnung des Vertrauensbereichs auf Basis der Beta-Binomialverteilung schließt nahtlos an die Herleitungen der Ordnungsstatistik im Medianrangverfahren an. Im Rahmen der Parameterschätzung wird stets der Median der Betaverteilung verwendet, welche die Ausfallwahrscheinlichkeit $F \sim \mathcal{B}(i; n-i+1)$ beschreibt. Möchte man eine Ausfallwahrscheinlichkeit angeben, die vom Median abweicht, so wird das Quantil der Betaverteilung verwendet, welches der geforderten Aussagewahrscheinlichkeit P_A entspricht. Da die Approximation von Benard sich ausschließlich auf den Median bezieht kann Gl. (5.3) nicht verwendet werden. Stattdessen muss die zugrunde liegende Betaverteilung selbst, bzw. deren Inverse für die Berechnung des Vertrauensbereichs herangezogen werden [5, 24]. Für einen zweiseitigen Vertrauensbereich berechnen sich die Grenzen der Ausfallwahrscheinlichkeit mit der Inversen der Betaverteilung zu:

$$F_{i,U} = \mathcal{B}^{-1}\Big(\frac{\alpha}{2}; i; n-i+1\Big), \tag{5.94}$$

$$F_{i,O} = \mathcal{B}^{-1}\Big(1-\frac{\alpha}{2}; i; n-i+1\Big). \tag{5.95}$$

Ein linksseitiger Vertrauensbereich berechnet sich analog dazu:

$$F_{i,O} = \mathcal{B}^{-1}(1-\alpha; i; n-i+1). \tag{5.96}$$

Die Inverse der Betaverteilung $\mathcal{B}^{-1}(q; i; n-i+1)$ bestimmt über das entsprechende Quantil q und die Parameter $A = i$ und $B = n-i+1$ die jeweilige Vertrauensgrenze.

Die Einschränkung bzgl. der Medianränge spiegelt sich auch in der Bestimmung der Vertrauensbereiche wider, denn die Vertrauensbereichsgrenzen können nur für die beobachteten Lebensdauern t_i berechnet werden. Werte für dazwischenliegende Lebensdauern müssen interpoliert und Werte für außerhalb liegender Lebensdauern müssen extrapoliert werden. Abb. 5.65 zeigt die Beta-Binomial Vertrauensbereiche für den vollständigen Datensatz aus Abschn. 5.4.1.1.1.

5.4.2.2 Fisher Vertrauensbereich

Werden Weibullparameter mittels Maximum-Likelihood Schätzung ermittelt, so finden meist Fischer und Likelihood-Ratio Vertrauensbereiche Anwendung. Die Varianz der Weibullparameter der MLE Schätzung dient als Basis beider Methoden. Analytisch lassen sich die Fischer Vertrauensbereiche über die Inverse der Fischer Informationsmatrix F

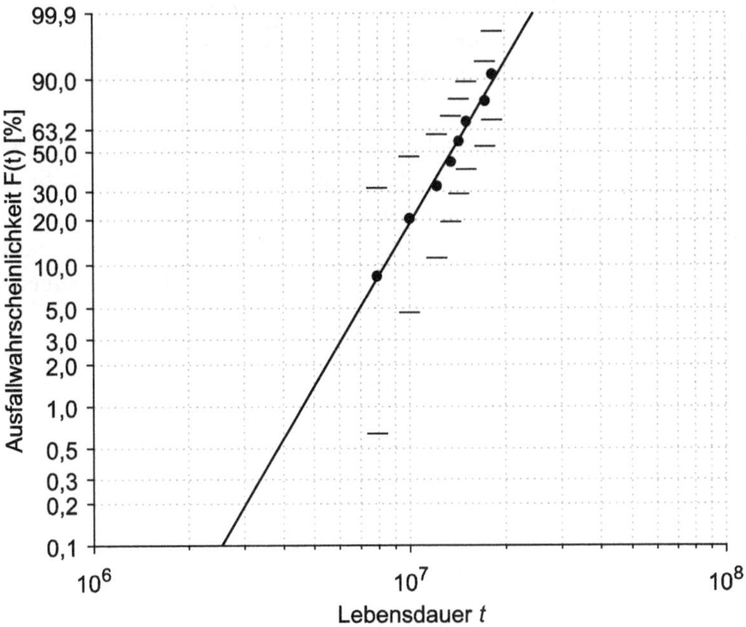

Abb. 5.65 90 % Beta-Binomial Vertrauensbereich. (© IMA 2026. All Rights Reserved)

bestimmen [250]. Zunächst werden die zweiten Ableitungen der Log-Likelihood-Funktion ermittelt und als Matrix aufgestellt. Diese entspricht gleichermaßen der Fischer Informationsmatrix F. Durch Invertieren resultiert die Varianz-Kovarianzmatrix F^{-1}. Diese enthält die Varianzen und Kovarianzen der geschätzten Parameter:

$$F^{-1} = \begin{bmatrix} \mathrm{Var}(b) & \mathrm{Cov}(b, T) \\ \mathrm{Cov}(b, T) & \mathrm{Var}(T) \end{bmatrix}. \tag{5.97}$$

Mittels der Punktschätzung einer vorausgehenden MLE und den Schätzungen der (Ko)-Varianzen können die Vertrauensgrenzen der für die Weibullverteilung bestimmenden Parameter bestimmt werden. Bei einem zweiseitigen Vertrauensbereich berechnen sich die Grenzen wie folgt:

$$[T_U, T_O] = T \pm z_{1-\frac{\alpha}{2}} \cdot \sqrt{\mathrm{Var}(T)}, \tag{5.98}$$

$$[b_U, b_O] = b \pm z_{1-\frac{\alpha}{2}} \cdot \sqrt{\mathrm{Var}(b)}. \tag{5.99}$$

Die charakteristische Lebensdauer T und der Formparameter b ergeben sich nach Durchführung der MLE Schätzung. $z_{1-\frac{\alpha}{2}}$ ergibt sich aus dem $100(1-\alpha/2)$ -Quantil der Standardnormalverteilung. Es gilt demnach die Annahme, dass T und b normalverteilt sind mit der Standardabweichung $\sqrt{\mathrm{Var}(T)}$ und $\sqrt{\mathrm{Var}(b)}$. Ggf. liefert die Lognormalverteilung als Grundannahme für manche Datensätze eine bessere Näherung [116].

Ist man an einem Vertrauensbereich einer bestimmten Ausfallwahrscheinlichkeit bzw. eines Lebensdauerquantils interessiert, lässt sich dieser ebenfalls mithilfe der Varianzen der geschätzten Parameter bestimmen. Für eine Ausfallwahrscheinlichkeit wird die kleinste Extremwertverteilung als Hilfsmittel verwendet. Die Ausfallwahrscheinlichkeit wird demnach durch die kumulative Verteilungsfunktion der kleinsten Extremwerte $G(w)$ substituiert [116]:

$$[F_U, F_O] = [G(w_U), G(w_O)], \tag{5.100}$$

mit:

$$G(w) = 1 - e^{-e^w}. \tag{5.101}$$

w_U und w_O ergeben sich zu:

$$[w_U, w_O] = w \pm z_{1-\frac{\alpha}{2}} \sqrt{\mathrm{Var}(w)}, \tag{5.102}$$

$$w = b \cdot \ln\left(\frac{t}{T}\right), \tag{5.103}$$

$$\mathrm{Var}(w) = \left(\frac{b}{T}\right)^2 \mathrm{Var}(T) + \left(\frac{w}{b}\right)^2 \mathrm{Var}(b) - \frac{2w}{T} \mathrm{Var}(T, b). \tag{5.104}$$

Für ein Lebensdauerquantil wird eine sehr ähnliche Vorgehensweise verwendet, die jedoch ohne eine Substitution auskommt. Für die Vertrauensgrenzen gilt:

$$\left[t_{q,U}, t_{q,O}\right] = t_q \pm z_{1-\frac{\alpha}{2}} \sqrt{\mathrm{Var}\left(t_q\right)} \tag{5.105}$$

mit:

$$\mathrm{Var}\left(t_q\right) = e^{\left(\frac{2u_q}{b}\right)\mathrm{Var}(T)} + \left(\frac{Tu_q}{b^2}\right)^2 e^{\left(\frac{2u_q}{b}\right)\mathrm{Var}(b)} - \left(\frac{2Tu_q}{b^2}\right) e^{\left(\frac{2u_q}{b}\right)\mathrm{Cov}(T,b)} \tag{5.106}$$

und:

$$u_q = \ln\left[-\ln(1-q)\right]. \tag{5.107}$$

Für die Berechnung eines einseitigen Vertrauensbereichs wird in allen Varianten das 100(1-α)-Quantil der Standardnormalverteilung statt dem 100(1-α/2)-Quantil verwendet.

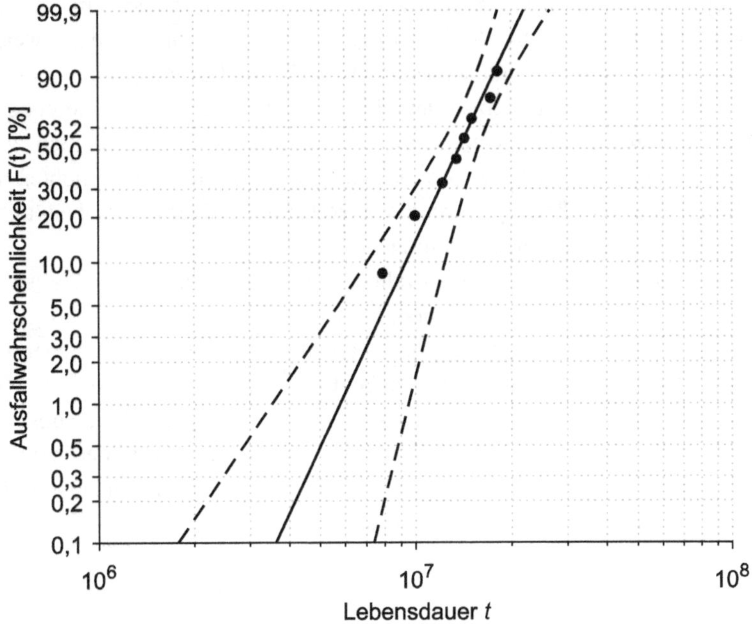

Abb. 5.66 90 % Fisher Vertrauensbereich. (© IMA 2026. All Rights Reserved)

Für den vollständigen Datensatz aus Abschn. 5.4.1.1.1 ist der Fisher Vertrauensbereich auf Basis der MLE Schätzung in Abb. 5.66 gezeigt.

5.4.2.3 Likelihood-Ratio Vertrauensbereich

Der Likelihood-Ratio Vertrauensbereich wird durch numerische Berechnung aller Lösungen des Likelihood-Ratio-Tests bestimmt [251]:

$$L(b,T) - L(\tilde{b},\tilde{T}) \cdot e^{-\frac{\chi^2_{\alpha;1}}{2}} \stackrel{!}{=} 0. \tag{5.108}$$

Dabei repräsentiert $\chi^2_{\alpha;1}$ die Chi-Quadrat-Verteilung bei einem Signifikanzniveau α und dem Freiheitsgrad 1. $L(\tilde{b},\tilde{T})$ repräsentiert den Likelihoodwert der Punktschätzungen, bspw. mittels MLE, und $L(b,T)$ die Likelihood des zu bestimmenden Lösungspaars (b,T). Man betrachtet also nicht nur das Maximum der Likelihood-Funktion sondern auch alle anderen Lösungspaare die der Gl. (5.108) entsprechend der gewählten Aussagesicherheit genügen. Somit entsteht ein Konturplot für den Formparameter b und die charakteristische Lebensdauer T, also mögliche Lösungspaare. Angenommen es soll die Vertrauensgrenze des 95 %-Quantils bestimmt werden, so wählt man aus entsprechender Tabelle den dazugehörigen Wert der Chi-Quadrat-Verteilung. In diesem Fall ist dieser

$\chi^2_{0,95;1} = 3{,}8415$ [247]. Dieser wird zusätzlich zum ermittelten b und T in Gl. (5.108) eingesetzt. Nun werden Wertepaare (b, T), vorzugsweise numerisch, bestimmt, welche obige Gl. (5.108) erfüllen. Dabei ist eine Vielzahl an möglichen Lösungspaaren erwünscht. Die Vertrauensgrenzen müssen numerisch aus den Extremwerten des resultierenden Konturplots berechnet werden [252]. Um akkurate Vertrauensgrenzen bestimmen zu können, werden viele (b, T)-Lösungspaare vorausgesetzt, was allerdings zu erhöhter benötigter Rechenleistung führt. Außerdem wird ein zuverlässiger Algorithmus benötigt, der für verschiedenartige Daten Lösungen ermittelt.

Sollen Vertrauensgrenzen für Ausfallwahrscheinlichkeiten bzw. Zuverlässigkeiten oder für Lebensdauerquantile bestimmt werden, ist das Verfahren prinzipiell das gleiche. Einzig die Likeihoodfunktion muss umgestellt, werden, sodass sie von der Lebensdauer, der Zuverlässigkeit und dem Formparameter abhängt also $L(r_i; t, b, R)$. Dazu wird die charakteristische Lebensdauer durch die Zuverlässigkeit der Weibullverteilung substituiert. Die Lebensdauer fließt dabei als bekannte Größe mit ein. Soll der Vertrauensbereich für ein Lebensdauerquantil bestimmt werden fließt die Zuverlässigkeit als bekannte Größe ein.

Die Likelihood-Funktion lässt sich dann schreiben zu [251]:

$$L(r_i; t, b, R) = \prod_{i=1}^{x} \frac{b}{\left(\frac{t}{(-\ln(R))^{\frac{1}{b}}}\right)} \cdot \left(\frac{r_i}{\left(\frac{t}{(-\ln(R))^{\frac{1}{b}}}\right)}\right)^{b-1} \cdot e^{\left[-\left(\frac{r_i}{\left(\frac{t}{(-\ln(R))^{\frac{1}{b}}}\right)}\right)^{b}\right]}. \tag{5.109}$$

In diesem Fall sind r_i die beobachteten Ausfallzeiten. Damit werden analog zur Bestimmung der Vertrauensgrenzen für die Weibullparameter alle Lösungspaare berechnen, die der Gl. (5.110) genügen:

$$L(t, b) - L\big(\tilde{b}, \tilde{T}\big) \cdot e^{-\frac{\chi^2_{\alpha;1}}{2}} \stackrel{!}{=} 0. \tag{5.110}$$

Abb. 5.67 zeigt exemplarisch den Likelihood-Ratio Vertrauensbereich des vollständigen Datensatzes aus Abschn. 5.4.1.1.1.

5.4.2.4 Bootstrap Vertrauensbereich

Die Bestimmung des Vertrauensbereichs mittels Bootstrap-Verfahren basiert auf dem Prinzip des Resamplings, siehe Abschn. 3.3. Dieses Verfahren ist deutlich rechenintensiver als die vorherigen approximativen Methoden der Beta-Binomial oder Fischer-Vertrauensbereiche. Dennoch kann nur mithilfe des Bootstrap eine vollständige Confidence Distribution für eine spezifische Lebensdauer ermittelt werden. Dies ist insbesondere bei Verfahren zur Nutzung von Vorwissen relevant, siehe Abschn. 6.3.

Der Bootstrap Vertrauensbereich kann durch parametrisches und nicht-parametrisches Bootstrapping berechnet werden. Der Unterschied liegt in der Erzeugung der Daten,

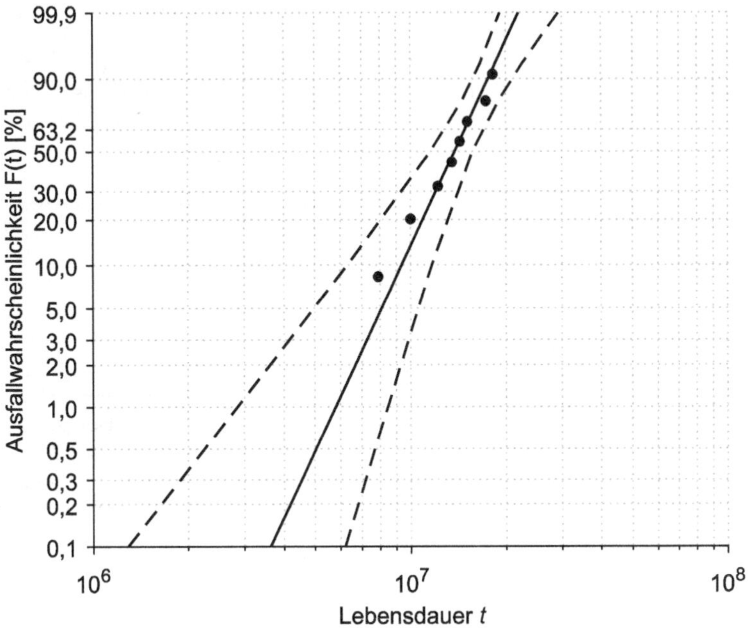

Abb. 5.67 90 % Likelihood-Ratio Vertrauensbereich. ()

die für das Resampling genutzt werden. Beim parametrischen Bootstrap-Verfahren wird zunächst anhand der Lebensdauerdaten der Stichprobe die Verteilung geschätzt. Anschließend werden Pseudozufallszahlen mit der originalen Stichprobengröße aus dieser Verteilung generiert. Im Gegensatz dazu werden beim nicht-parametrischen Bootstrap-Verfahren neue Pseudozufallszahlen direkt aus der originalen Stichprobe durch „Ziehen mit Zurücklegen" generiert, ebenfalls mit der originalen Stichprobengröße.

Die weitere Vorgehensweise ist bei beiden Verfahren identisch. Aus den Bootstrap Stichproben kann in jeder Iteration erneut eine Weibullverteilung geschätzt werden. Somit stehen für ein interessantes Lebensdauerquantil t_q Ausfallwahrscheinlichkeiten aus jeder Iteration zur Verfügung. Mit diesen Ausfallwahrscheinlichkeiten können die Vertrauensgrenzen $F_U(t)$ und $F_O(t)$ als empirische Quantile entsprechend P_A bestimmt werden. Alternativ kann aus den berechneten Ausfallwahrscheinlichkeiten für t_q eine Betaverteilung als Confidence Distribution, z. B. mit MLE, geschätzt werden. Abb. 5.68 zeigt das komplette Vorgehen für das parametrische und das nicht-parametrische Bootstrapping. Die Genauigkeit der Vertrauensbereiche kann durch die Erhöhung der Iterationsanzahl beliebig erhöht werden. Jedoch nimmt gleichzeitig die Berechnungszeit zu. Für den vollständigen Datensatz aus Abschn. 5.4.1.1.1 ist der parametrische Bootstrap Vertrauensbereich auf Basis der MLE Schätzung in Abb. 5.69 gezeigt.

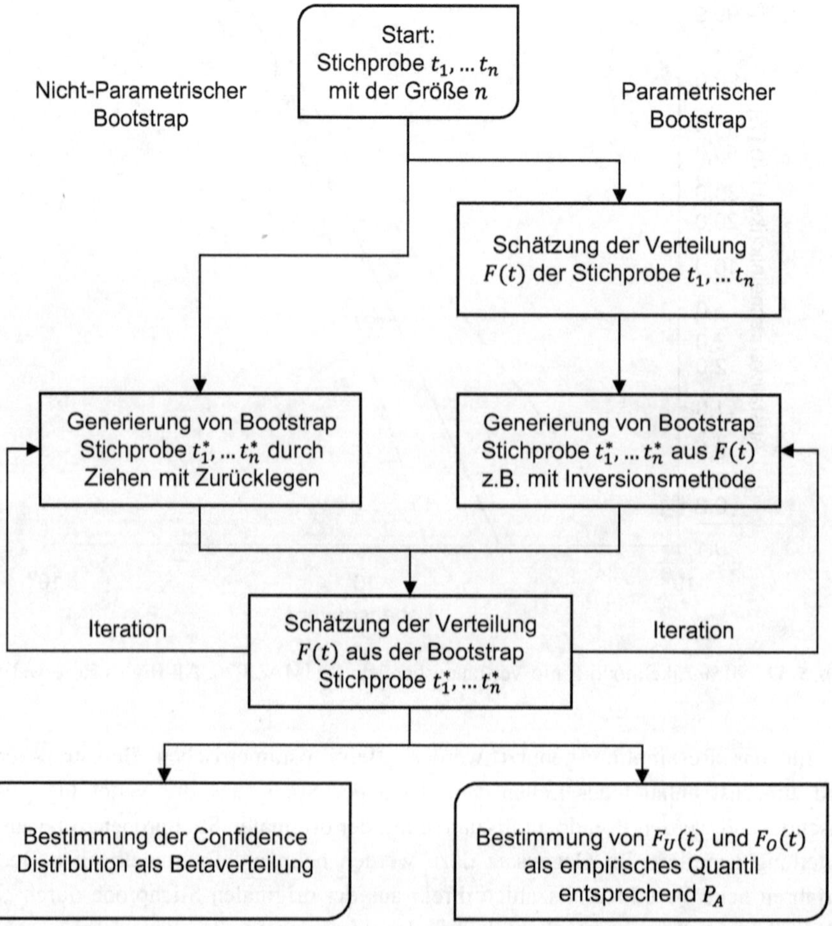

Abb. 5.68 Vorgehen zur Berechnung von Bootstrap Vertrauensbereichen.

5.4.2.5 Güte und Vergleich der Methoden

Der Vertrauensbereich ermöglicht es eine statistische Güte der Schätzung abzugeben, in dem er im frequentistischen Sinne aussagt, wie häufig die bestimmten Vertrauensbereichsgrenzen die tatsächliche Ausfallverteilung bzw. ein Lebensdauerquantil von Interesse einschließen. Wird also für das geschätzte Lebensdauerquantil t_q der 90 % Vertrauensbereich mit den Grenzen $t_{q,U}$ und $t_{q,O}$ bestimmt, dann würde man erwarten, dass in 90 von 100 Fällen das Lebensdauerquantil der Grundgesamtheit im Intervall $[t_{q,U}, t_{q,O}]$ liegt. Da es sich insbesondere beim Fisher- und dem Likelihood-Ratio-Verfahren um approximative Methoden handelt, die andere Berechnungsansätze verfolgen, entsteht dabei auch ein

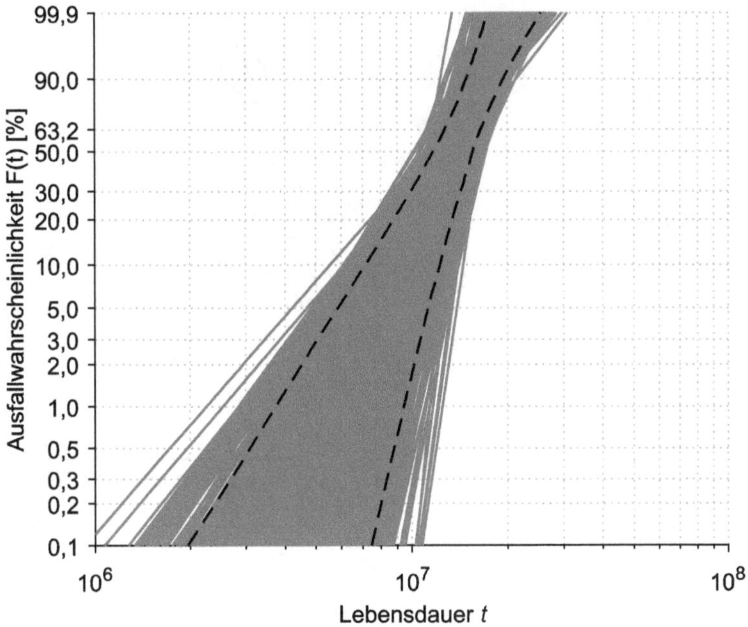

Abb. 5.69 90 % Bootstrap Vertrauensbereich berechnet aus 10.000 Iterationen. (© IMA 2026. All Rights Reserved)

anderes Vertrauensbereichsergebnis. Abb. 5.70 zeigt den Vergleich der Vertrauensbereiche für den vollständigen Datensatz aus Abschn. 5.4.1.1.1.

Deutlich ersichtlich ist, dass es insbesondere bei kleinen Lebensdauerquantilen zu Abweichungen der beiden Approximationsverfahren kommt.

Um die Berechnungsgüte insbesondere dieser approximativen Verfahren zu bewerten, wird die Coverage Probability (CP) berechnet. Dabei wird im Rahmen einer Monte-Carlo-Simulation das Ergebnis für die Grundgesamtheit (also per Definition das wahre Ergebnis) als Vorwissen verwendet und der Vertrauensbereich mithilfe des jeweiligen Verfahrens berechnet [66]. In jedem Durchlauf wird überprüft, ob der Vertrauensbereich das definierte wahre Ergebnis enthält oder nicht. Entsprechend dem Gesetz der großen Zahlen lässt sich dann aus dem Verhältnis der erfolgreichen Durchläufe (jene in denen die Wahrheit innerhalb des Vertrauensbereichs liegt) und der Gesamtanzahl der Iterationen die Coverage Probability bestimmen.

Bei größeren Stichproben ab ca. $n > 20$ liefern sowohl die Fisher als auch die Likelihood-Ratio Approximation sehr gute CP-Werte für eine B_{10} – Lebensdauer. Das gilt für vollständige und zensierte Datensätze, siehe Abb. 5.71 und Abb. 5.72. Bei kleinen Stichproben liefert der Fisher Vertrauensbereich bessere Ergebnisse als die Likelihood-Ratio Methode. Die Fisher Methode ist ohnehin sehr robust und liefert in allen Bereichen von unterschiedlichen Stichprobengrößen gute CP-Werte. Interessant zu sehen ist aber

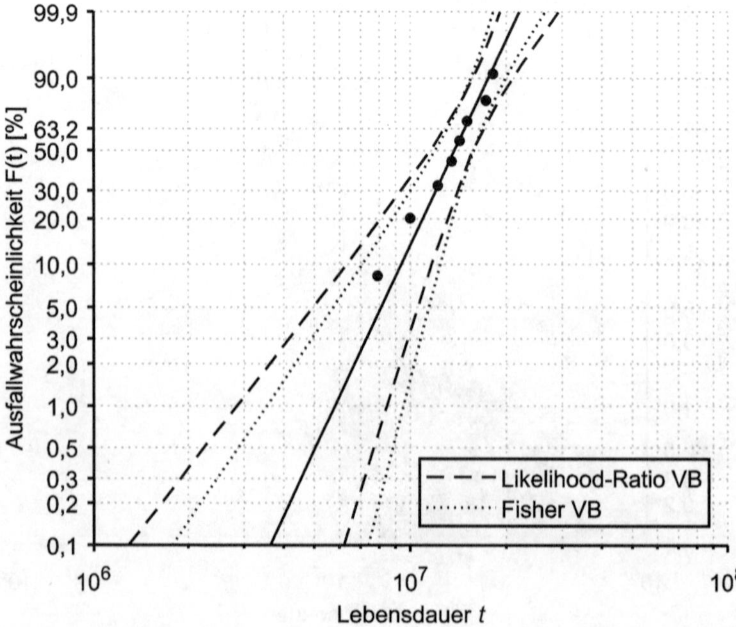

Abb. 5.70 Vergleich des 90 % Fisher und des Likelihood-Ratio Vertrauensbereichs. (© IMA 2026. All Rights Reserved)

auch ein entgegengesetzter Effekt sobald eine Biaskorrektur zum Einsatz kommt. Das führt dazu, dass bei der Fisher Methode die CP-Werte, gerade für kleinen Stichproben absinken. Wird der Likelihood-Ratio Vertrauensbereich zusammen mit der HR Biaskorrektur verwendet erhält man hingegen ein ähnlich robustes Ergebnis wie es die Fisher Methode ohne Biaskorrektur liefert.

5.4.3 Auswertung der Zuverlässigkeit mit Vertrauensbereich für streuende Feldlebensdauern

Um eine Zuverlässigkeitsaussage mit Vertrauensbereich zu erhalten, um beispielsweise mit einer Anforderung zu vergleichen, können die in den vorigen Abschnitten beschriebenen Methoden und Auswertungen verwendet werden. Die Zuverlässigkeit wird dann üblicherweise für einen festen Wert der Lebensdauer ausgewertet. Für bestimmte Zeitpunkte wie beispielsweise nach 12, 24 oder 36 Monaten im Feld, werden sich die Laufzeiten der Nutzer, wie beispielsweise Betriebsstunden oder gefahrene Kilometer, zum Teil stark unterscheiden. Ist eine solche Verteilung der Feldlebensdauer $f(t_{\text{Feld}})$ bekannt, kann diese genutzt werden um die tatsächlich im Feld zu erwartende Zuverlässigkeit mit Vertrauensbereich zu berechnen [253]. Um einen einzigen Wert der Zuverlässigkeit bei

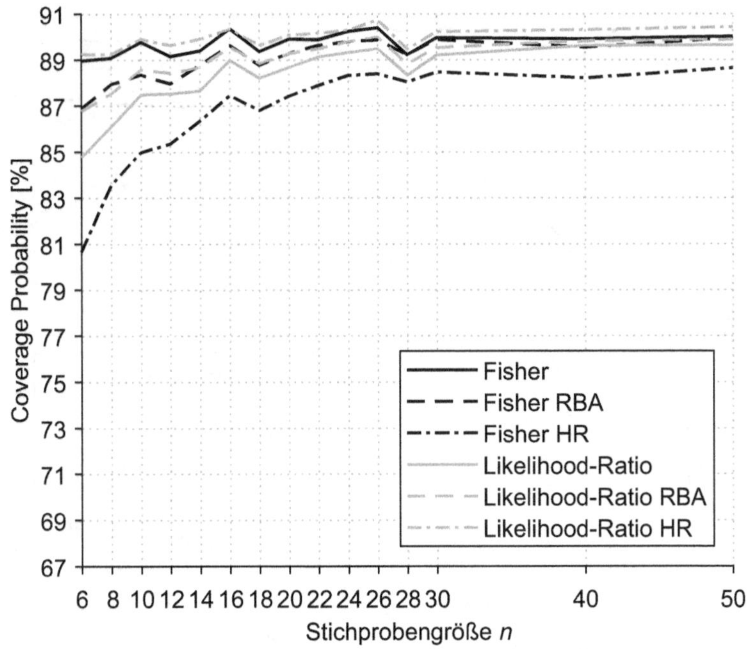

Abb. 5.71 Coverage Probability bei vollständigen Daten [66]. (© IMA 2026. All Rights Reserved)

vorgegebener Aussagewahrscheinlichkeit zu erhalten, werden die im Feld auftretenden Lebensdauern mit den nach (t_{Feld}) bestimmten Auftretenswahrscheinlichkeiten gewichtet und anschließend summiert. Für eine kontinuierliche Verteilung resultiert dies in infinitesimalen Summanden und die Gleichung lautet

$$R_{\text{Feld}} = \int_{0}^{+\infty} f(t_{\text{Feld}}) \cdot R_{P_A}(t_{\text{Feld}}) dt_{\text{Feld}}. \tag{5.111}$$

Dabei ist $R_{P_A}(t_{\text{Feld}})$ die Zuverlässigkeit mit Vertrauensbereich P_A ausgewertet bei t_{Feld} und mit den Methoden der vorangehenden Abschnitte berechnet. Mit Lebensdauern sind hier nicht Ausfallzeiten im Feld gemeint, sondern die Nutzung des Produkts durch den jeweiligen Nutzer im Feld. Beispielsweise Betriebsstunden, Kilometer etc. Für diese Nutzung wird die über alle Nutzer zusammengerechnete, erwartete Zuverlässigkeit bestimmt. Hierdurch erhält man einen Wert der Zuverlässigkeit für die Feldnutzung. Man kann also direkt angeben, mit wie vielen Ausfällen im Feld tatsächlich zu rechnen ist. Für das Produkt, die Planung und Risikobetrachtungen ist dies die relevante Größe. Im Gegensatz beispielsweise zu einer Zuverlässigkeit des 95 % Nutzers.

Handelt es sich bei den bekannten Werten der Feldlebensdauer um m diskrete Werte $t_{\text{Feld},j}$, statt einer Verteilung – also einer repräsentativen Stichprobe aus dem Feld – so

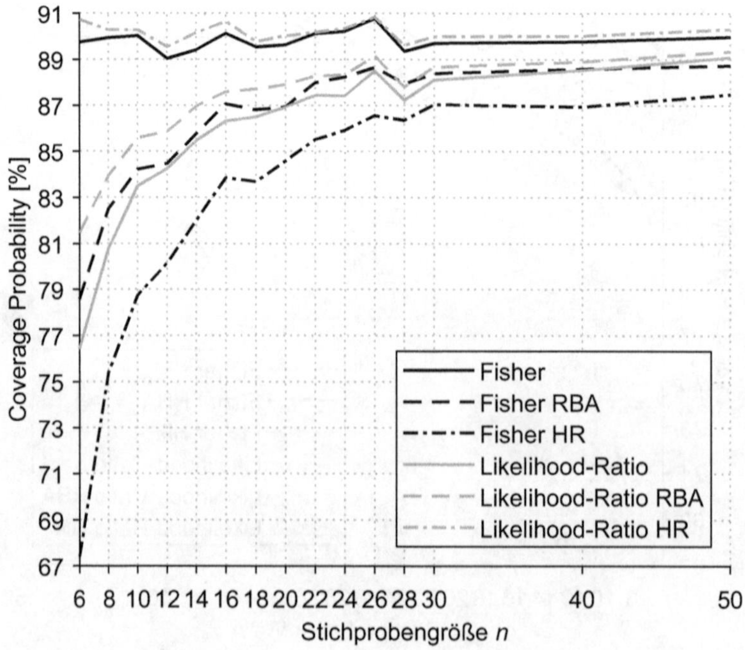

Abb. 5.72 Coverage Probability bei zensierten Daten [66]. (© IMA 2026. All Rights Reserved)

kann das Integral auch direkt mit diesen Werten als Summe berechnet werden [253]:

$$R_{\text{Feld}} = \frac{1}{m} \sum_{j=1}^{m} R_{P_A}\left(t_{\text{Feld},j}\right). \tag{5.112}$$

Aufgrund der repräsentativen Stichprobe gewichten sich die Werte selbst, denn häufiger auftretende Werte werden auch in der Stichprobe häufiger auftreten.

Betrachtet man obige Gleichungen genau, so fällt auf, dass diese die Grundform der Definition des Erwartungswerts aufweisen. Dies ist anschaulich, denn der berechnete Wert der Zuverlässigkeit soll die zu erwartende Zuverlässigkeit im Feld darstellen. Das Vorgehen ist schematisch in Abb. 5.73 dargestellt. Dabei beschreibt $f_{\text{test}}(t)$ die Zuverlässigkeit, welche aus einem Test bestimmt wurde, die dabei evtl. zugehörigen beobachteten Ausfälle sind als Kreuze eingezeichnet. Die Größe t_{Feld} beschreibt die Laufzeit, die ein Nutzer im Feld fordern würde, da er das Produkt entsprechend nutzt. Zusammen mit der Kurve der geforderten Aussagewahrscheinlichkeit P_A lässt sich die Zuverlässigkeit für jeden Nutzer im Feld mit Aussagewahrscheinlichkeit bestimmen.

Anschaulich gesprochen, werden die Werte der Lebensdauer aus der Feldverteilung t_{Feld} an der ausgewerteten Kurve des Vertrauensbereichs entsprechend der gewünschten Aussagewahrscheinlichkeit „gespiegelt" und auf die Achse der Zuverlässigkeit projiziert.

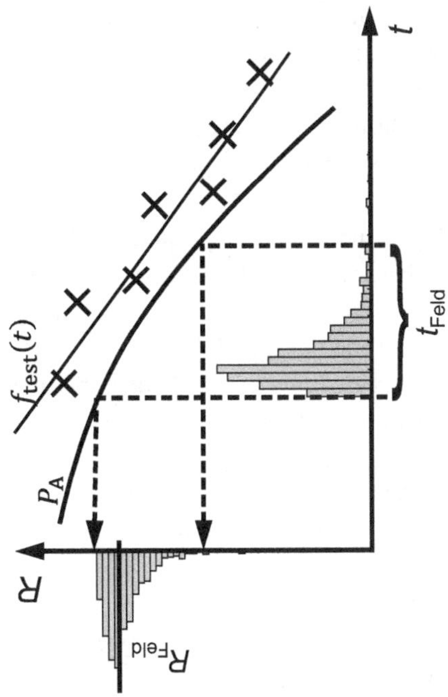

Abb. 5.73 Vorgehen zur Berechnung der Zuverlässigkeit mit Vertrauensbereich bei bekannter Verteilung der Lebensdauer im Feld aufgrund der Streuung der Nutzung.

Dort ergibt sich dann die Verteilung der Zuverlässigkeiten mit Vertrauensbereich welche im Feld zu erwarten sind. Durch das Integral aus Gleichung (5.111) beziehungsweise einer Mittelwertsbildung erhält man den zu erwartenden Wert der Zuverässigkeit mit Vertrauensbereich im Feld.

5.4.4 Allgemeingültige Erkenntnisse bei der Testplanung und Auswertung

Die verschiedenen Möglichkeiten Schätzungen mit den unterschiedlichen Verfahren durchzuführen wie auch die Möglichkeit unterschiedliche Datensätze im Test zu erzeugen – nämlich vollständige oder zensierte – lassen logischerweise die Frage aufkommen, welche Verfahren bzw. Datensätze für bestimmte Anwendungsfälle prädestiniert sind. Aus den grundlegenden statistischen Zusammenhängen als auch den angestellten Vergleichen aus Abschn. 5.4.1 und 5.4.2 können einige wertvolle allgemeingültige Planungs- und Auswerteempfehlungen abgeleitet werden, die im Folgenden beschrieben sind.

5.4.4.1 Vollständige oder zensierte Tests

Grundsätzlich können vollständige und zensierte Tests unterschiedliche Vor- und Nachteile für bestimmte Zwecke aufweisen. In der Praxis können Fragestellungen über die

Bestimmung der Produktzuverlässigkeit grundsätzlich in zwei zentrale Themen gruppiert werden:

1. Bestimmung der gesamten Verteilung der Lebensdauern
2. Bestimmung von praxisrelevanten (kleinen) Lebensdauerquantilen.

Zum einen kann die gesamte Ausfallverteilung – also die Gesamtstreuung der Lebensdauerdaten interessant sein, insbesondere wenn z. B. die Garantiezeiträume sehr lang sind. In vielen Fällen sind jedoch nur die kleinen Lebensdauerquantile – also nur Lebensdauern bis zu einer maximal definierten Ausfallwahrscheinlichkeit – wirklich interessant, z. B. bei sicherheitskritischen Systemen die ohnehin nur sehr geringe Ausfallwahrscheinlichkeiten aufweisen dürfen.

Im Allgemeinen gilt, dass für die Bestimmung der gesamten Ausfallverteilung die vollständigen Datensätze deutlich besser geeignet sind als solche mit Zensierung. Insbesondere bei starker Zensierung bzw. einem sehr hohen Verhältnis zwischen Zensierungen und Ausfällen lässt sich der Formparameter und damit auch die charakteristische Lebensdauer nur sehr unpräzise bestimmen [72], siehe auch Abschn. 5.4.1.4. In Parameterstudien, in denen bei konstant vorgegebener Weibullverteilung unterschiedliche Zensierungsstärken untereinander und ebenfalls mit vollständigen Datensätzen verglichen werden, kann eindeutig nachgewiesen werden, dass die Schätzgüte der Verteilungsanpassung mit zunehmender Zensierungsstärke (d. h. mehr Prüflinge werden zensiert) kontinuierlich abnimmt – unabhängig vom verwendeten Schätzverfahren [22, 72]. Erklären lässt sich dieser Effekt sehr einfach mithilfe des Medianrangverfahrens bzw. der zugrunde liegenden Ordnungsstatistik. Werden alle Prüflinge der Stichprobe bis zum Ausfall getestet, verteilen sich die Medianränge stets gleichmäßig um den Median von $F = 50\ \%$ und decken bei größeren Stichproben einen immer größeren Bereich in beide Richtungen ab, siehe Abb. 5.74 und Abb. 5.75.

Liegen dagegen Zensierungen vor, können nur die Medianränge der Ausfälle festgelegt werden. Der Ausfallzeitpunkt der Durchläufer kann zwar eingrenzt aber nicht exakt festgelegt werden. D. h. die Medianränge sind zugunsten der kleineren Ausfallwahrscheinlichkeiten verschoben. Dieser Effekt wird bei steigender Anzahl an Zensierungen weiter verstärkt. Je mehr die Medianränge in kleinere Ausfallwahrscheinlichkeitsbereiche „zusammengeschoben" werden, desto schlechter lässt sich die gesamte Weibullgerade bestimmen.

Genau gegenteilig verhält es sich bei den entstehenden Testkosten und der Testzeit. Diese sinken mit zunehmender Zensierungsstärke kontinuierlich, während bei den vollständigen Tests stets die höchsten Aufwände hinsichtlich Kosten und Zeit entstehen.

Liegt das Interesse hingegen ausschließlich auf einer möglichst präzisen Schätzung von kleinen Lebensdauerquantilen sind die zensierten Datensätze überlegen. Die Begründung dafür erfolgt wiederum über den bereits oben beschriebenen Zusammenhang der Zensierungsanteile und der Lage der Medianränge. Denn diese befinden sich bei hohen

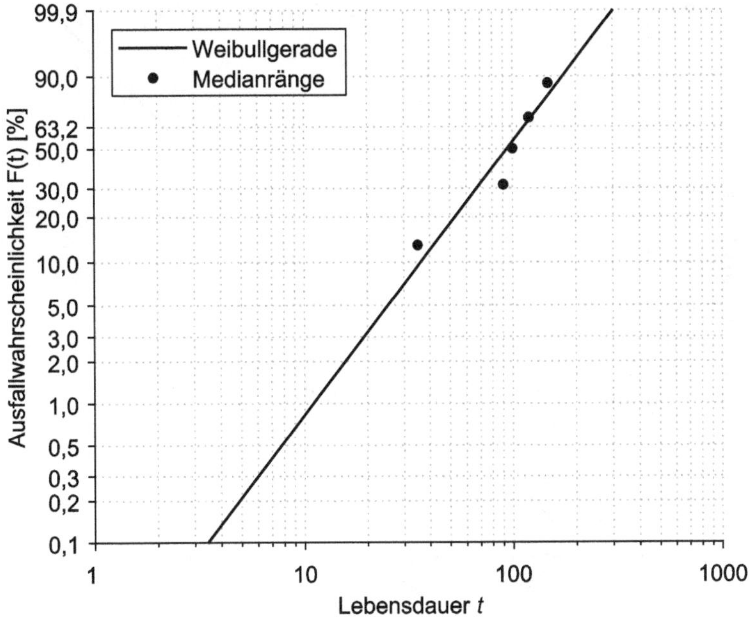

Abb. 5.74 Medianränge bei Stichprobengröße $n = 5$. (© IMA 2026. All Rights Reserved)

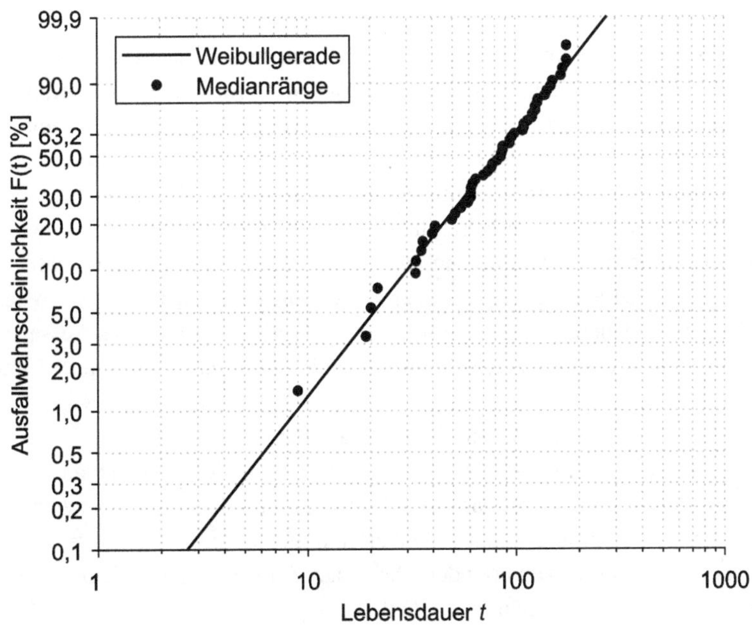

Abb. 5.75 Medianränge bei Stichprobengröße $n = 50$. (© IMA 2026. All Rights Reserved)

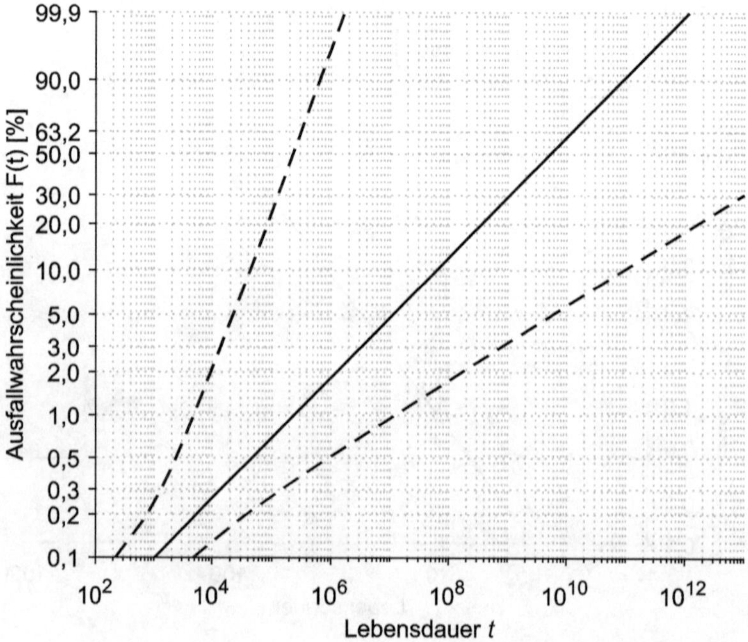

Abb. 5.76 Vertrauensbereich bei extremer Zensierung. (© IMA 2026. All Rights Reserved)

Zensierungsanteilen bei immer kleineren Ausfallwahrscheinlichkeiten, weshalb in diesem Bereich die Ausfallverteilung sehr gut beschrieben werden kann. In derartigen Fällen ist es also durchaus ratsam die Stichprobengröße zu erhöhen und gleichzeitig ein Zensierungskriterium im Test zu definieren, um die relevanten kleinen Lebensdauerquantile möglichst präzise bestimmen zu können. Es sei an dieser Stelle nochmal angemerkt, dass diese Schätzung der Ausfallverteilung aufgrund beschriebener Zusammenhänge ggf. nicht mehr für eine akkurate Bestimmung von größeren Lebensdauerquantilen verwendet werden kann. Gerade bei sehr großen Zensierungsanteilen ist der Vertrauensbereich bei großen Lebensdauerquantilen derartig groß, dass keine sinnvolle Aussage über die Lebensdauer mehr möglich ist. Abb. 5.76 verdeutlicht dieses Problem im Weibullnetz.

5.4.4.2 Wahl des passendsten Schätzverfahrens

Auf rein statistischer Basis ist die MLE der MRR überlegen, denn das Schätzergebnis enthält stets die geringere Varianz. Genschel und Meeker vergleichen die beiden Schätzverfahren in allen relevanten Belangen und zeigen die Vorteile der MLE auf [54]. Insbesondere wenn im auszuwertenden Datensatz Zensierungen vorhanden sind, was in der praktischen Anwendung häufig der Fall ist, sollte auf jeden Fall die MLE verwendet werden, da im Schätzverfahren mehr Informationen der zensierten Daten berücksichtigt werden. Das bedeutet folglich, dass das Schätzergebnis unweigerlich an Repräsentativität gewinnt, d. h. der Grundgesamtheit näherkommt.

Einzig bei vollständigen Stichproben, die zudem eine sehr geringe Anzahl an Prüflingen aufweisen, kann die MRR aufgrund des Bias der MLE eine Alternative sein. Hierbei empfiehlt es sich zumindest die Ergebnisse beider Schätzungen zu vergleichen. Eine Überschätzung des Formparameters ist grundsätzlich zu vermeiden, da die Zuverlässigkeit im Bereich kleiner Lebensdauerquantile überschätzt wird. In diesen Fällen können jedoch auch die Biaskorrekturverfahren der MLE verwendet werden, die diesen Nachteil kompensieren.

Ist der Formparameter aus verlässlichen, validen Quellen bekannt, so kann die MLE Schätzung ggf. zusätzlich durch die Anwendung des Weibayes-Verfahrens optimiert werden.

5.4.5 Bedeutung für die Anwendung in der Produktentwicklung

Paula Fischer, Erich Rittmaier und Martin Dazer

Die Bestimmung der Produktzuverlässigkeit ist für die Industrie von entscheidender Bedeutung, denn sie kann über den Erfolg oder Misserfolg von Produkten entscheiden. Ein hoher Formparameter sorgt z. B. für eine geringe Streuung der Lebensdauer und niedrige Ausfallwahrscheinlichkeiten bei kurzen Lebensdauern. Es hat aber ebenso die Folge, dass die Reaktionszeit während des Feldbetriebs sehr kurz ausfällt, wenn bereits Ausfälle auftreten, da bei hohen Formparametern in kurzer Zeit viele Ausfälle auftreten. Auch bei der Lage der Ausfallverteilung ist man an einer bestmöglichen und realitätsnahen Schätzung interessiert. Im Falle einer fehlerhaften Schätzung könnten so Rückrufe angeordnet werden, die garnicht nötig sind oder umgekehrt. Im Folgenden wird anhand von zwei Beispielen die Bestimmung der Produktzuverlässigkeit anhand von Prüfstandsdaten und anhand von Felddaten besprochen.

5.4.5.1 Bestimmung der Ausfallverteilung eines NKW-Bremssattels

Die Bremsanlage ist im NKW-Betrieb ein sicherheitsrelevantes Subsystem. Von besonderem Interesse ist das Ausfallverhalten für eine Gefahrenbremsung, also wenn die maximale Last auf die Bremseinheit wirkt. Da der Bremssattel alle Komponenten im Sinne eines Gehäuses als auch die gesamte Kraft der Bremsung aufnimmt, muss ist das strukturmechanische Ausfallverhalten dieser Komponente von besonderem Interesse.

In einem Resonanzprüfstand wurden deshalb 10 Bremssättel bis zum Ausfall getestet, siehe Abb. 5.77. Aufgrund der hohen Last der Gefahrenbremsung und der hohen Testfrequenz bis 50 Hz, ist die Testzeit akzeptabel. Die Testergebnisse können Tab. 5.24 entnommen werden.

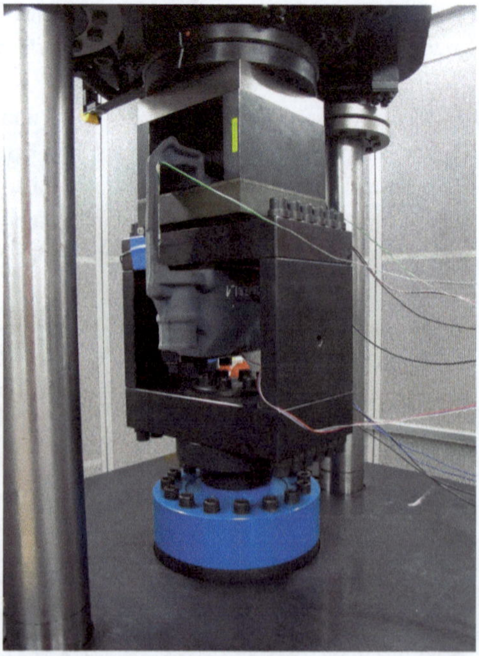

Abb. 5.77 Prüfaufbau für den Lebensdauertest des Bremssattels. (© IMA 2026. All Rights Reserved)

Tab. 5.24 Lebensdauerdaten des Bremssatteltests

Laufzeit [LW]
115.561
84.739
111.442
134.088
58.255
103.958
58.970
38.113
71.364
72.808

Aufgrund der vergleichsweise kleinen Stichprobengröße werden die MLE und die MRR Ergebnisse verglichen, siehe Abb. 5.78, um einen eventuellen Bias der MLE zu bewerten.

Der Bias ist nicht stark ausgeprägt. Es wird also davon ausgegangen, dass die Ergebnisse der MLE aussagekräftig sind. Als zentrale erste Erkenntnis kann aus den Ergebnissen eine klare Ermüdungscharakteristik identifiziert werden. Die Volllastbremsung

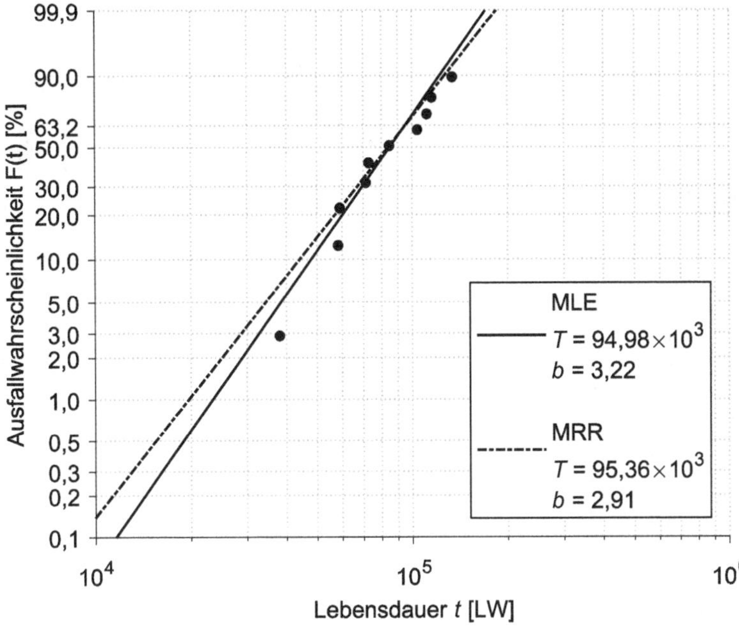

Abb. 5.78 MLE und MRR Ergebnisse des Lebensdauertests im Vergleich. (© IMA 2026. All Rights Reserved)

verursacht demnach keinen anderen, unter Umständen kritischeren, Ausfallmechanismus, sondern es besteht nach wie vor normales Ermüdungsversagen. Legt man die MLE Schätzung zugrunde lässt sich festhalten, dass 99 % der Bremsen 23.400 Volllastbremsungen überstehen, d. h. nur ein Prozent der Bremsen fällt aus. Um die Aussagegüte zu erhöhen, wird die Untergrenze des 90 % Fisher Vertrauensbereich im zweiten Schritt berechnet, siehe Abb. 5.79. Mit einer Aussagesicherheit von 90 % kann immer noch eine Lastwechselzahl von 14.080 LW für eine Überlebenswahrscheinlichkeit attestiert werden. Diese Prognose muss im letzten Schritt lediglich mit der gestellten Anforderung verglichen werden, um den Entsprechenden Meilenstein im Entwicklungsplan abzuschließen.

5.4.5.2 Bestimmung der Ausfallverteilung eines Sauerstoffversorgungssystems

Während im vorherigen Beispiel mit Prüfstandsdaten gearbeitet wurde, die gut zu kontrollieren und zu überprüfen sind, soll in diesem Abschnitt die Auswertung eines Felddatensatzes im Fokus stehen. Typisch für Felddaten ist neben mehr Fehlern in den Daten häufig das Vorhandensein von mehreren Ausfallmechanismen. Beim Sauerstoffversorgungssystem von US-Kampfflugzeugen gab es ein derartiges Szenario. Durch die Verteilung auf unterschiedliche „Airbases“ kam es zu unterschiedlichen Ausfallmechanismen. Flugzeuge, die an Stationen nah des Meeres oder auf Flugzeugträgern stationiert

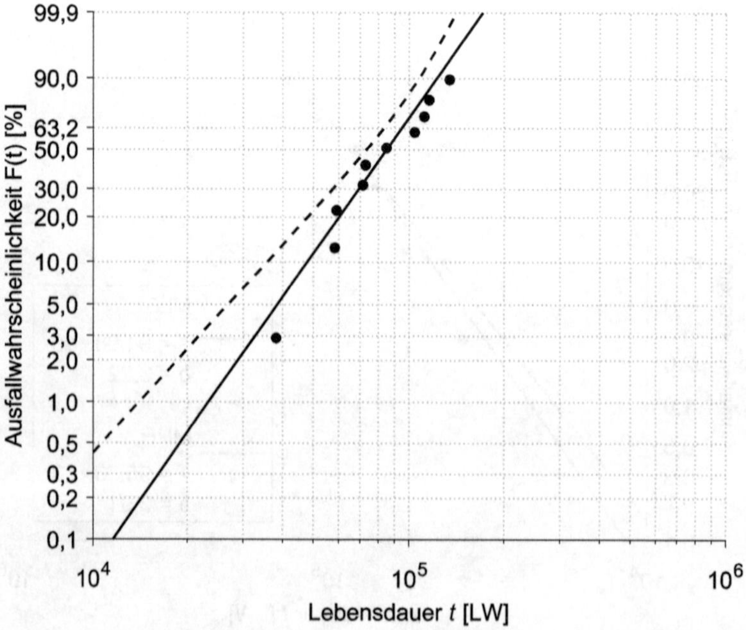

Abb. 5.79 Ausfallverhalten des NKW Bremse mit unterer 90 % Fisher Vertrauensgrenze. (© IMA 2026. All Rights Reserved)

waren, hatten Korrosionsprobleme als Ausfallursache im Versorgungssystem, während es an anderen Stationen zu fehlerhaften Wartungen kam, was schlussendlich zu zufälligen Ausfällen führte. Neben den Ausfällen gab es auch Informationen über alle anderen noch intakten Systeme. Die Daten sind [133] entnommen und in Tab. 5.25 vollständig aufbereitet.

Die Auswertung wird anhand der Vorgehensweise aus Abschn. 5.4.1.5 durchgeführt und sind in Abb. 5.80 dargestellt. Sofort ist ersichtlich, dass es sich um eine völlig unterschiedliche Ausfallcharakteristik handelt. Die Weibullgerade der Korrosionsausfälle hat trotz der vielen Zensierungen einen vergleichsweise hohen Formparameter und ist somit eindeutig den Ermüdungsausfällen zuzuordnen. Die Weibullgerade der wartungsbedingten Ausfälle ist dagegen sehr flach, mit einem Formparameter der nahezu bei eins liegt, d. h. die Ausfälle werden mit einer großen Streuung immer wieder auftreten. Vergleicht man die B_{10} – Lebensdauern (Korrosion $\approx$ 4900 h, Wartung $\approx$ 37.000 h), so ist ersichtlich, dass die Korrosion deutlich kritischer für das Gesamtsystemausfallverhalten ist.

Würde man, aufgrund von Unzulänglichkeiten, fälschlicherweise beide Ausfallmechanismen gemeinsam auswerten, so ergibt sich das Ergebnis in Abb. 5.81. Bereits am Fit der Weibullgerade zu den Medianrängen lässt sich eine Tendenz erkennen, dass eine Weibullgerade alle Daten nicht gut abbilden kann. Es ergibt sich eine Art mittlerer Fit der aber sowohl für die Korrosion also auch für die wartungsbedingten Ausfälle nicht optimal ist,

Tab. 5.25 Felddaten des Sauerstoffversorgungssystems

Zeit [h]	Status	Anzahl „Korrosion“	Anzahl „Wartung“
12	Zensiert	0	39
20	Zensiert	0	52
30	Zensiert	0	46
32	Ausgefallen	0	1
50	Zensiert	0	31
64	Ausgefallen	1	1
85	Zensiert	0	48
150	Zensiert	0	102
153	Ausgefallen	0	1
212	Ausgefallen	0	1
250	Zensiert	2	158
400	Zensiert	0	312
550	Zensiert	2	101
650	Zensiert	2	101
708	Ausgefallen	1	0
750	Zensiert	9	100
808	Ausgefallen	0	1
828	Ausgefallen	1	0
850	Zensiert	23	100
872	Ausgefallen	0	1
884	Ausgefallen	2	0
950	Zensiert	27	56
1013	Ausgefallen	1	0
1050	Zensiert	20	55
1082	Ausgefallen	1	0
1105	Ausgefallen	1	0
1150	Zensiert	22	56
1198	Ausgefallen	1	0
1249	Ausgefallen	1	0
1250	Zensiert	22	55
1251	Ausgefallen	1	0
1350	Zensiert	11	56
1405	Ausgefallen	0	1

(Fortsetzung)

Tab. 5.25 (Fortsetzung)

Zeit [h]	Status	Anzahl „Korrosion“	Anzahl „Wartung“
1428	Ausgefallen	0	1
1450	Zensiert	11	53
1550	Zensiert	20	55
1568	Ausgefallen	0	1
1650	Zensiert	8	55
1750	Zensiert	4	55
1850	Zensiert	2	55
1950	Zensiert	3	152
2050	Zensiert	3	152
2150	Zensiert	1	0

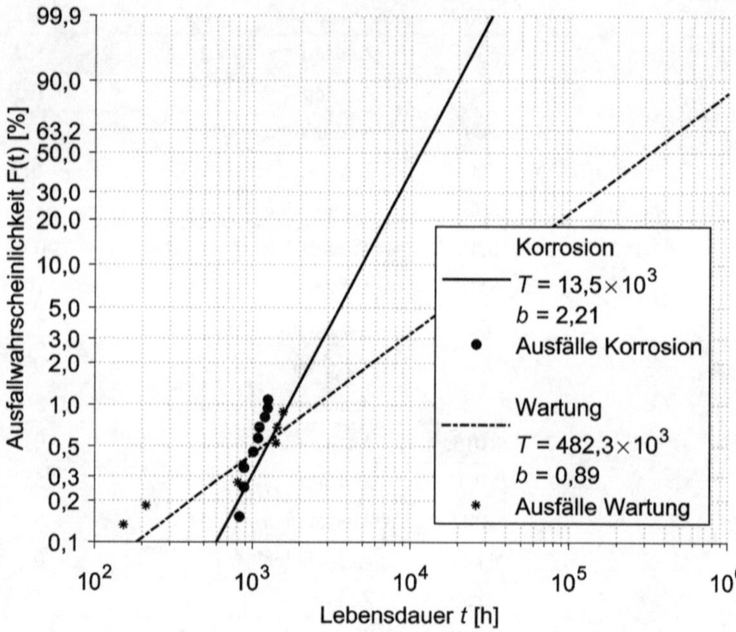

Abb. 5.80 Ausfallverhalten der beiden Ausfallmechanismen des Sauerstoffsystems.

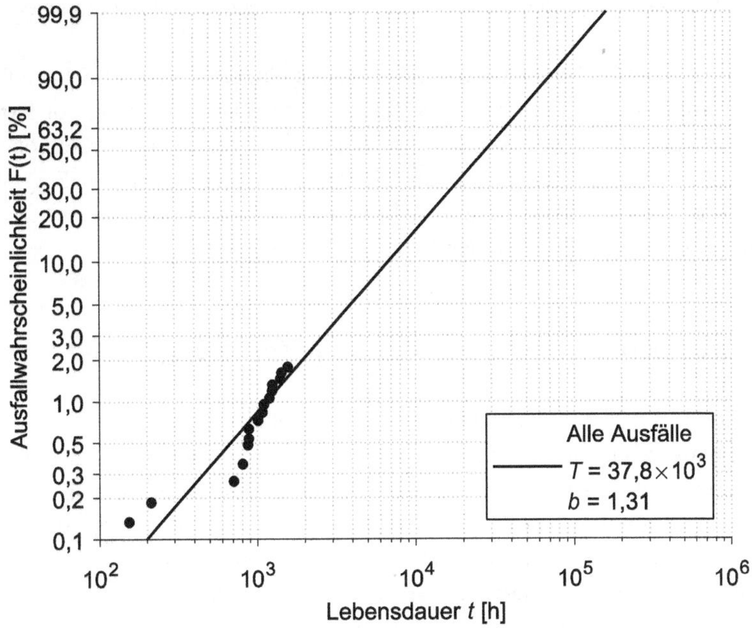

Abb. 5.81 Ausfallverhalten des Sauerstoffsystems ohne die Ausfallmechanismen zu trennen. (© IMA 2026. All Rights Reserved)

sondern irgendwo in der Mitte liegt. Dies verdeutlicht auch die B_{10} – Lebensdauern, die bei ca. 4500 h liegt. Allein die Korrosion erzielt eine wesentlich niedrigere Lebensdauer. D. h. man würde die Lebensdauer überschätzen.

5.5 Ausfallbasierte beschleunigte Testverfahren

In konventionellen ausfallbasierten Testverfahren wird ein Prüfling mit einem für die reale Anwendung repräsentativen Lastkollektiv getestet. Auf diese Weise wird die Lebensdauer ermittelt. Sehr lange Produktlebensdauern wie z. B. im Bereich der Photovoltaik oder der Windenergie in denen mittlerweile eine Betriebszeit von bis zu 35 Jahren für die Wirtschaftlichkeitsrechnung herangezogen werden, stellen diese Vorgehensweise vor eine Herausforderung. Derartig lange Testzeiten sind praktisch nicht zu realisieren. Selbst bei vergleichsweise geringen Einsatzzeiten von 2–10 Jahren ist ein Zuverlässigkeitstest mit Feldbelastung kaum umsetzbar, denn der Test muss im Rahmen der Entwicklungszeit umgesetzt werden. Dementsprechend bedarf es in vielen Fällen einer Testbeschleunigung, weil ansonsten gar kein Zuverlässigkeitstest realisiert werden könnte. Eine dementsprechend hohe Bedeutung wird den ausfallbasierten beschleunigten Testverfahren zuteil. Nach der Erläuterung der Vorgehensweise werden zunächst die Tests, die Ausfallmechanismen und deren Modelle mit einem Einflussparameter abbilden, thematisiert.

Wird ein Ausfallmechanismus von zwei oder mehreren Parametern beeinflusst, wie z. B. die Korrosion [18], dann muss der Test auf Grundlage von Design of Experiments [85] geplant und durchgeführt werden, bei dem die Lebensdauer als Zielgröße verwendet wird, siehe Abschn. 5.6. Es werden alle zuverlässigkeitsrelevanten Fragestellungen aus dem DOE Kontext adressiert, sodass Tests mit mehreren Einflussparametern geplant, durchgeführt und ausgewertet werden können.

5.5.1 Grundlegende Vorgehensweise, Anforderungen und Ziele

Das zentrale Ziel der Zuverlässigkeitsbestimmung über der Einsatzzeit für eine repräsentative Feldbelastung ändert sich auch bei den beschleunigten Testverfahren nicht. Die Ausfallwahrscheinlichkeit bzw. die Parameter der Ausfallverteilung bei normalen Betriebsbedingungen sind von Interesse und werden bestimmt, analog zu den konventionellen quantitativen Testverfahren. Die Anforderungen an die statistischen Methoden hinsichtlich Erwartungstreue und Coverage Probability bleiben auch bei den beschleunigten Tests erhalten. Die Vorgehensweise ändert sich insofern, dass die Testzeit verkürzt wird ohne signifikante Einbußen bei der Zuverlässigkeitsschätzung hinzunehmen. Die Testzeit kann auf verschiedene Arten verkürzt werden. Neben einer zeitlichen Beschleunigung (Omission von Stillstandzeiten und Frequenzerhöhung bei zyklischer Belastung) kommen die Einführung von Zensierungen oder die Ausnutzung eines Degradationsmerkmals infrage. Die am häufigsten verwendete Art der Beschleunigung ist die gezielte Belastungsüberhöhung, um bewusst schneller Ausfälle zu erzeugen. Die Belastungsüberhöhung steht im zuverlässigkeitstechnischen Sprachgebrauch sinnbildlich für einen beschleunigten Zuverlässigkeitstest. Durch optimierte Testplanung kann ein Lebensdauermodell ermittelt werden, mit dem sich für alle Belastungshöhen bzw. für ganze Lastkollektive Zuverlässigkeitsprognosen realisieren lassen. Liegt eine einstufige Feldbelastung für das Produkt vor, kann über das Lebensdauermodell auf die einstufige Belastung extrapoliert werden, um eine Lebensdauer bzw. Zuverlässigkeitsprognose zu erhalten, siehe Abb. 5.82.

Besteht ein Feldlastkollektiv muss über die lineare Schadensakkumulation die Beziehung von Zuverlässigkeit und Schädigung sowohl für das Feldlastkollektiv als auch für das Lebensdauermodell hergestellt werden. Werden die relativen Schädigungen D_{rel} der getesteten Prüflinge berechnet, die dem Lebensdauermodell zugrunde liegen, kann aus diesen eine Verteilung mitsamt Vertrauensbereich bestimmt werden. Die berechnete Schadenssumme des Feldlastkollektiv schneidet die Verteilung der relativen Schädigungen des Lebensdauermodells. Aus dieser Schnittgeraden lässt sich die Zuverlässigkeitsverteilung für das zugrunde liegende Feldlastkollektiv berechnen. Die genaue mathematische

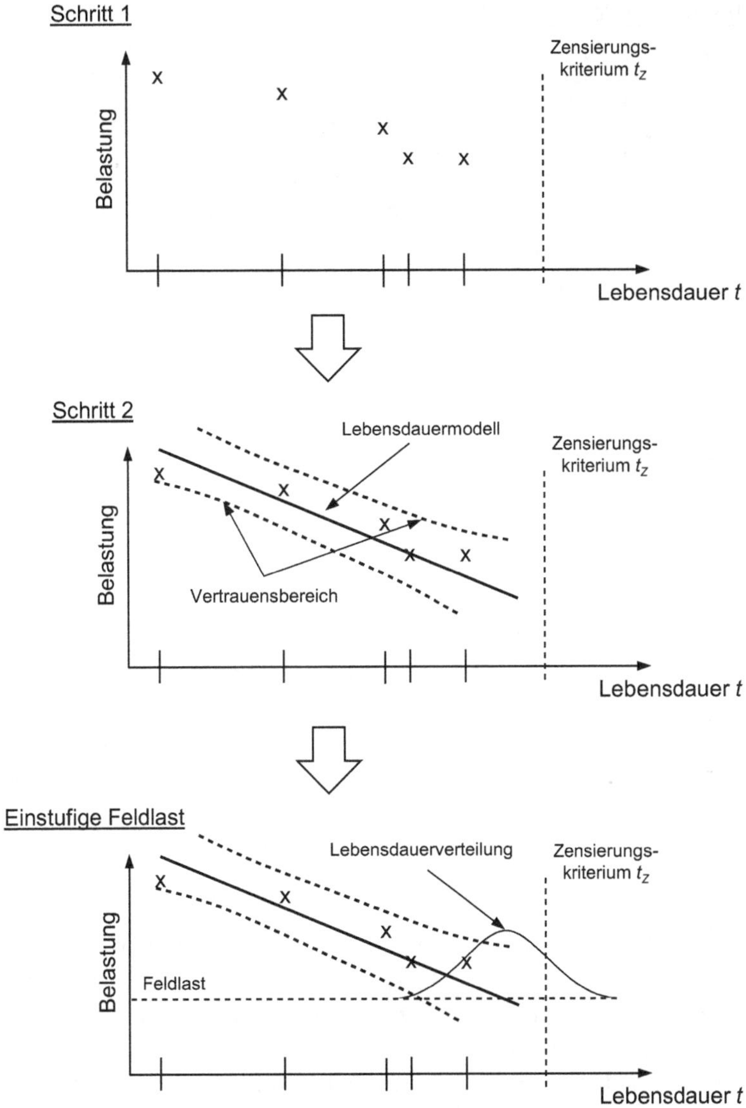

Abb. 5.82 Grundlegende Vorgehensweise der beschleunigten Testmethoden bei einstufigen Feldbelastungen. (© IMA 2026. All Rights Reserved)

Berechnung wird in Abschn. 5.5.5 beschrieben. Die prinzipielle Vorgehensweise für ist schematisch in Abb. 5.83 gezeigt.

Ein Lebensdauermodelle kann immer genau einen spezifischen Ausfallmechanismus adressieren, der durch bestimmte Einflussfaktoren und damit Belastungsarten verursacht bzw. verstärkt wird [254]. Deshalb müssen die kritischen Ausfallmechanismen im System

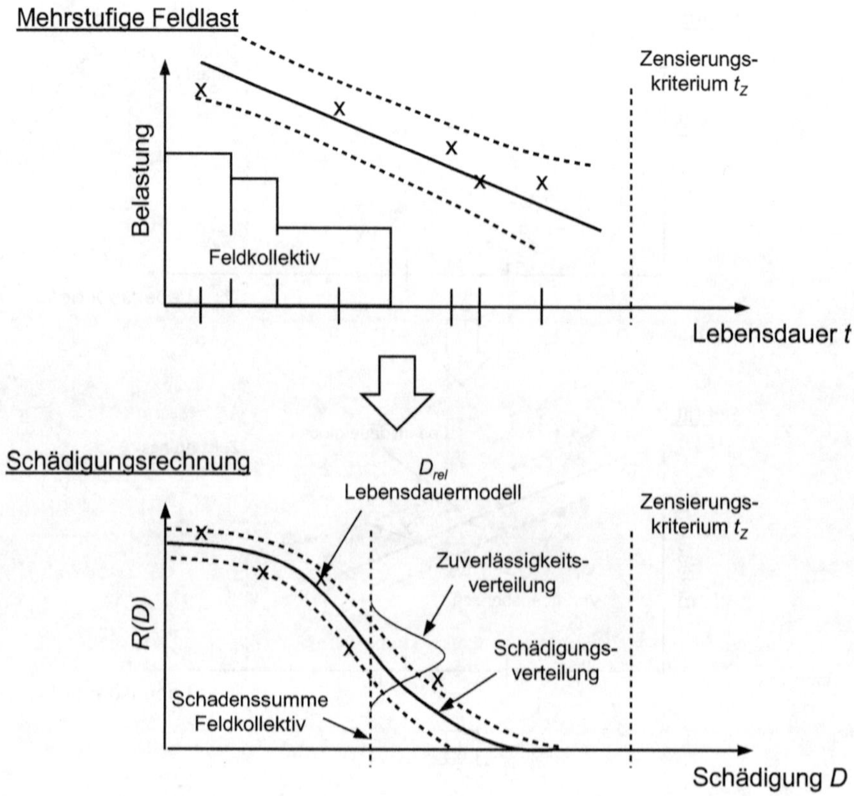

Abb. 5.83 Prinzipielle Vorgehensweise der beschleunigten Testmethoden bei Belastungskollektiven. ()

verstanden sein, bzw. eingegrenzt werden. Das kann durch heuristisches Screening, Experteneinschätzungen oder Vorversuche, siehe z. B. HALT Abschn. 4.1, erfolgen [226]. Sind die den Ausfallmechanismen zugehörigen Belastungsarten bekannt, müssen für belastbare Ergebnisse alle Prüflinge bei identischer Belastungsart geprüft werden. Eine Ausnahme stellen Versuche dar, bei denen die Belastungsart nach einem Versuchsplan verändert wird [23, 255].

Für eine Testbeschleunigung nach dem Prinzip der Laststeigerung besteht eine besondere Herausforderung. Das zu ermittelnde Lebensdauermodell unterstellt einen bestimmten Ausfallmechanismus, z. B. Strukturmechanisches Versagen durch zyklische Belastung (Dauerbruch). Wird die Last jedoch so weit gesteigert, dass sich als Folge ein Gewaltbruch ergibt kann dieses Ergebnis nicht zusammen mit Ergebnissen des anderen Ausfallmechanismus für die Auswertung verwendet werden. Die Belastungssteigerung ist also nur dann möglich, wenn sich keine Veränderung des Ausfallmechanismus ergibt oder dass sich physikalische oder chemische Eigenschaften der Prüflinge verändern [116, 255].

5.5.2 Typische Lebensdauermodelle

Die ersten Lebensdauermodelle im Bereich der Zuverlässigkeitstechnik entstanden im Zusammenhang mit der Schadensphysik (Physics of Failure PoF) [256]. PoF lieferte grundlegende wissenschaftliche Erkenntnisse und Daten, die für die Entwicklung und Validierung von Zuverlässigkeitsmodellen unerlässlich waren [256]. Aufgrund der hohen Bedeutung der Zuverlässigkeit, insbesondere für sicherheitskritische Bauteile haben sich eigene Wissenschaftsbereiche entwickelt, wie z. B. die Betriebsfestigkeit bei der mithilfe von statistischen und probabilistischen Methoden die Schwingfestigkeit in der Strukturmechanik untersucht und beschrieben wird [257].

Das wohl bekannteste Lebensdauermodell ist aufgrund seiner langen Historie das Wöhlermodell [9]. In den nachfolgenden Abschnitten werden neben dem Wöhlermodell weitere relevante Modelle erläutert.

5.5.2.1 Wöhlermodell

Das Wöhlermodell, benannt nach dem deutschen Eisenbahningenieur August Wöhler [9], dient zur Vorhersage der Lebensdauer von Materialien unter zyklischer Beanspruchung und ist damit ein bedeutender Ansatz in der Materialermüdungsforschung. Es beschreibt die Beziehung zwischen der Amplitude der Beanspruchung, die auf ein Material wirkt und der Anzahl der Belastungszyklen, die das Material ertragen kann, bevor es versagt. Beispiele für Anwendungen, für welche das Ermüdungsverhalten unter zyklischen Beanspruchungen mit dem Wöhlermodell beschrieben werden kann, sind beispielsweise Brücken, Flugzeuge oder Maschinenteile. Das Wöhlermodell bildet die Basis für die Entwicklung von Design- und Sicherheitsrichtlinien in der Ingenieurpraxis. In diesem Kontext soll das Wöhlermodell detailliert beschrieben werden.

Zentrales Element des Wöhlermodells ist die Wöhler-Kurve, welche die Beziehung zwischen der Spannungsamplitude und der Anzahl der Lastwechsel bzw. der Lebensdauer bis zum Bruch des Materials beschreibt. Typischerweise wird die Spannungsamplitude auf der Ordinate und die logarithmierte Anzahl der Lastwechsel auf der Abszisse aufgetragen. Die Wöhler-Kurve kann in drei charakteristische Bereiche unterteilt werden:

- Bereich I: Kurzzeitfestigkeit/statische Festigkeit ($N \leq 10^2 - 10^4$): In diesem Bereich führen bereits wenige Lastwechsel bei hohen Spannungsamplituden zum Bruch des Materials. Das Verhalten ist stark plastisch, und es kommt zu einer deutlichen Verformung des Materials vor dem Bruch. Der Übergang zum Zeitfestigkeitsbereich liegt im Bereich der Fließ- bzw. Formdehngrenze [15].
- Bereich II: Zeitfestigkeitsbereich ($10^3 < N \leq 10^6 - 10^7$): Mit abnehmender Spannungsamplitude steigt die Anzahl der Lastwechsel, die ein Material erträgt, bevor es bricht. In diesem Bereich erfolgt der Übergang von plastischer zu elastischer Verformung, und die Anzahl der Lastwechsel bis zum Bruch erhöht sich signifikant [10, 15].

- Bereich III: Dauerfestigkeitsbereich (10^6 – $10^7 < N$): Unterhalb einer bestimmten Spannungsamplitude, der Dauerfestigkeit, kann das Material theoretisch unendlich viele Lastwechsel ertragen, ohne zu brechen. Diese Schwelle ist von entscheidender Bedeutung für die Lebensdauerprognose, da sie die maximal zulässige Belastung definiert, unter der ein Material unendlich belastet werden kann, ohne zu versagen [10]. Es ist anzumerken, dass manche Materialien, wie austenitische Stähle, keine deutlich ausgeprägte Dauerfestigkeit haben [10].

Im Zeitfestigkeitsbereich lässt sich die Beziehung der Wöhler-Kurve bei doppeltlogarithmischer Darstellung als Gerade annähern. Die Gerade kann dabei mathematisch durch

$$N = N_D \cdot \left(\frac{\sigma_a}{\sigma_D}\right)^{-k} \tag{5.113}$$

beschrieben werden [10]. Dabei ist σ_a die Spannungsamplitude, die im Material wirkt und N die Anzahl der Zyklen, bis zum Materialversagen. N_D ist die Ecklastwechselzahl und beschreibt die Anzahl der Lastzyklen ab dem der Bereich der Dauerfestigkeit, Bereich III, mit einer maximalen Spannung von σ_D erreicht wird. Der Materialkoeffizient k beschreibt die Neigung der Wöhlerlinie in einem doppeltlogarithmischen Diagramm angibt. Abb. 5.84 zeigt das Wöhlermodell mit seinen drei charakteristischen Bereichen für drei typische Ausfallwahrscheinlichkeiten.

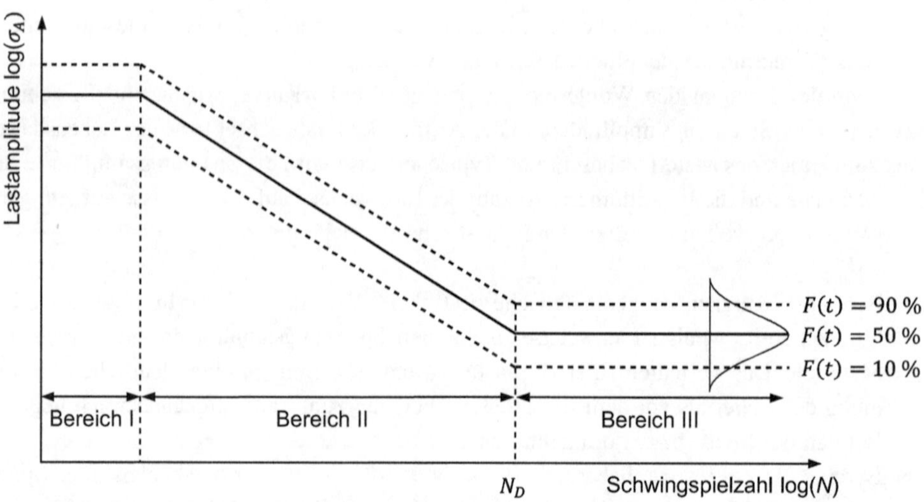

Abb. 5.84 Wöhlermodell in doppellogarithmischer Darstellung. ()

Durch Zusammenfassen der Parameter N_D und σ_D lässt sich die Gl. (5.113) in folgende Form überführen [5]:

$$N = C \cdot \sigma_a{}^{-k} \tag{5.114}$$

Diese Gleichung ist als Basquin-Gleichung bekannt, wobei C eine Konstante zur Beschreibung der Lage der Zeitfestigkeitsgerade ist.

Im Wöhlermodell wird die Schwingspielzahl bis zum Versagen in Bezug auf die Spannungsamplitude dargestellt. Basquin stellte fest, dass unter reiner Wechselbeanspruchung (d. h., die Mittelspannung beträgt 0) die Wöhlerlinie von der einmaligen Belastung bis zur Dauerschwingfestigkeit linear verläuft, wenn sowohl die Amplituden der tatsächlichen Spannung als auch die Schwingspielzahlen in logarithmischer Form aufgezeichnet werden. Dies kann durch die modifizierte Basquin-Gleichung

$$\sigma_a = \sigma_{f'} \cdot (2N_f)^b \tag{5.115}$$

für reine Wechselbeanspruchung beschrieben werden [258]. Die Parameter der Gleichung sind:

- σ_a: Die Spannungsamplitude,
- $\sigma_{f'}$: Die Ermüdungsfestigkeit bei einer einzigen Belastung, auch bekannt als Ermüdungsgrenze. Dieser Parameter gibt die Spannungsamplitude an, bei der das Material bei einem einzigen Lastwechsel versagt.
- $2N_f$: Die Anzahl der Lastwechsel bis zum Versagen bei Beanspruchung σ_a. Der Faktor 2 berücksichtigt, dass ein vollständiger Belastungszyklus sowohl eine Belastungs- als auch eine Entlastungsphase umfasst.
- b: Der Basquin-Exponent, ein materialabhängiger Parameter, der die Neigung der Geraden in der doppellogarithmischen Auftragung der Wöhler-Kurve darstellt. Dieser Exponent ist ein Maß für die Empfindlichkeit des Materials gegenüber Ermüdung und variiert je nach Material.

5.5.2.2 Arrheniusmodell

Das Arrheniusmodell wurde 1889 vom schwedischen Chemiker Svante Arrhenius entwickelt. Es beschreibt eine Temperaturabhängigkeit bei physikalischen und chemischen Prozessen, bei denen auf molekularer Ebene eine Aktivierungsenergie überwunden werden muss. Das Arrheniusmodell spielt damit eine zentrale Rolle in der chemischen Kinetik und ist ein wichtiges Werkzeug zur Untersuchung der Temperaturabhängigkeit chemischer Reaktionen. In der Praxis wird das Modell angewendet, um den Einfluss der Temperatur auf die Reaktionsgeschwindigkeit zu modellieren. In der Zuverlässigkeitstechnik lässt sich mithilfe des Arrheniusmodells die Ausfallzeit unter verschiedenen Temperaturbedingungen modellieren. Das Modell kann zur Vorhersage der Lebensdauer von Materialien, insbesondere unter thermischen Belastungen, genutzt werden. Beispielsweise kann untersucht werden, wie die Alterung von Polymeren, die Korrosion von Metallen oder die Diffusion von Feuchtigkeit in elektronischen Bauteilen unter erhöhten Temperaturen beschleunigt wird. Durch Anwendung des Modells wird eine präzise Prognose der Lebensdauer eines Produkts unter normalen Umgebungsbedingungen ermöglicht. Die Prognose der Lebensdauer bei Umgebungstemperatur basiert auf Tests mit erhöhter Temperatur. Die Beziehung zwischen der Lebensdauer und der Temperatur lässt sich durch die Arrhenius-Gleichung formulieren [116, 163]:

$$L = A \cdot e^{\frac{E_a}{K \cdot Temp}} \tag{5.116}$$

Dabei ist L die Lebensdauer und A eine zu ermittelnde Konstante, die Materialeigenschaften, Ausfallkriterien, Produktdesign sowie weitere Faktoren berücksichtigt. E_a ist die Aktivierungsenergie der Reaktion in eV, K die Boltzmannkonstante (8,6171•10^{-5} eV/K) und *Temp* die absolute Temperatur in Kelvin. Das Modell beschreibt also die Lebensdauer aufgrund über der Zeit anhaltender Temperaturniveaus. Im Gegensatz z. B. zum Wöhlermodell ist dabei lediglich die Verweildauer der jeweiligen Temperatur relevant, nicht jedoch die Wechsel oder gar Amplitude dieser.

5.5.2.3 Coffin-Manson Modell

Das Coffin-Manson Modell wurde in den 1950er Jahren von L. F. Coffin und S. S. Manson entwickelt. Es wird in der Materialwissenschaft und dem Ingenieurwesen insbesondere in seiner Grundform genutzt, um die Beziehung zwischen der Ermüdungslebensdauer von Materialien und der plastischen Dehnungsamplitude bei zyklischer Belastung zu beschreiben. Aufgrund der zyklischen Belastungen findet das Coffin-Manson Modell Anwendung in der Luft- und Raumfahrt, Automobilindustrie und Elektronik. Das Coffin-Manson Modell wird durch die Gleichung

$$\Delta\varepsilon_p = \varepsilon_f \cdot (2N_f)^c \tag{5.117}$$

ausgedrückt [163]. Dabei ist $\Delta\varepsilon_p$ die plastische Dehnungsamplitude pro Lastzyklus, ε_f der Duktilitätskoeffizient, N_f die Anzahl der Belastungszyklen bis zum Versagen und c der Ermüdungsexponent, der die Neigung der Coffin-Manson Kurve in doppellogarithmischer Darstellung beschreibt.

In der Literatur findet sich auch die Coffin-Manson Gleichung in einer Abwandlung, welche die Lebensdauer eines Produkts unter thermischer Wechselbeanspruchungen beschreibt [116]:

$$N_f = \frac{A}{(\Delta T)^B} \tag{5.118}$$

Die Gleichung gibt die Beziehung zwischen der Anzahl der Belastungszyklen bis zum Versagen N_f bei thermischer Wechselbeanspruchung mit Temperaturdifferenz ΔT wieder. Die Konstanten A und B beschreiben die Materialeigenschaften und das Produktdesign.

Im Bereich Zuverlässigkeit hilft das Modell bei der Untersuchung und Beschreibung von Hochtemperaturermüdung, bei denen thermische Zyklen die Hauptursache für Materialermüdung sind.

5.5.2.4 Inverse-Power-Law

Das Inverse-Power-Law, auch bekannt als das Inverse Potenzgesetz, ist ein mathematisches Modell, das die Abnahme oder Zunahme einer Größe in Abhängigkeit einer anderen Größe durch eine Potenzfunktion beschreibt. Dieses Modell findet breite Anwendung in verschiedenen wissenschaftlichen und technischen Disziplinen, wie der Physik, Materialwissenschaft und auch der Zuverlässigkeitstechnik.

In der Zuverlässigkeitstechnik wird die Annahme genutzt, dass die Lebensdauer einer Komponente umgekehrt proportional zu einer Potenz der Belastung ist. Die Formel des Inverse-Power-Law lautet dann [116, 163]:

$$N = \frac{K}{\sigma^n} \tag{5.119}$$

Hierbei ist N die erwartete Lebensdauer bzw. die Anzahl der Lastzyklen bis zum Ausfall, K eine materialspezifische Konstante, σ die applizierte Beanspruchung und n der Materialermüdungsindex, der die Sensitivität des Materials gegenüber Belastungsänderungen beschreibt.

Mithilfe des Modells können die Auswirkungen von Beanspruchungsänderungen auf die Lebensdauer einer Komponente quantifiziert werden. Dadurch lässt sich vorhersagen, wie Materialien unter realen Einsatzbedingungen altern oder versagen. Der Exponent n gibt dabei an, wie empfindlich die Lebensdauer gegenüber Beanspruchungsänderungen ist. Ein höherer Wert von n bedeutet eine größere Empfindlichkeit.

Speziell in der Zuverlässigkeitstechnik wird das Inverse-Power-Law in der beschleunigten Lebensdauererprobung verwendet, um die Lebensdauer von Materialien unter mechanischer Belastung, elektrischer Spannung und Strom, aber auch Druck zu prognostizieren [116, 163]. Beispielsweise kann es genutzt werden, um die Ermüdung von Polymeren unter wiederholter Belastung zu analysieren.

5.5.2.5 Eyring-Life-Stress Modell

Das Eyring-Life-Stress Modell wird verwendet, um die Lebensdauer von Komponenten unter thermischer Belastung vorherzusagen. Darüber hinaus kann es aber auch andere Belastungsgrößen, wie beispielsweise die Feuchtigkeit abbilden. Zum Beispiel wird es in der Elektronik eingesetzt, um vorherzusagen, wie Variationen in Feuchtigkeit und Temperatur die Lebensdauer der Komponenten beeinflussen.

Das Modell lässt sich durch folgende Gleichung mathematisch beschreiben [163]:

$$L(V) = \frac{1}{V} \cdot e^{-\left(A - \frac{B}{V}\right)} \tag{5.120}$$

Dabei ist $L(V)$ die von der Belastung abhängige Lebensdauer. V ist das jeweilige Belastungsniveau. Nach Gl. (5.120) verhält sich die Lebensdauer $L(V)$ reziprok mit dem Belastungsniveau V und ist zudem exponentiell von dem Parameter $\left(A - \frac{B}{V}\right)$ abhängig. A und B sind dabei Modellparameter, die empirisch durch experimentelle Daten bestimmt werden müssen. Das Modell ermöglich es, unterschiedliche Umgebungsbedingungen zu modellieren.

5.5.3 Bestimmung des Lebensdauermodells und der Ausfallverteilung

Zur Bestimmung der Feldlebensdauer muss zunächst das Lebensdauermodell und die Streuung (Formparameter b), also die Ausfallverteilung bestimmt werden. Liegt eine einstufige Feldbelastung vor, muss lediglich auf diese Feldbelastung extrapoliert werden.

MRR ist zwar eine sehr intuitive und einfach umsetzbare Berechnungsmethode, jedoch ist sie der nachfolgend vorgestellten Maximum-Likelihood Methode (MLE) aufgrund geringerer Informationsgewinnung aus zensierten Daten unterlegen. Die Maximum-Likelihood Methode ermöglicht es außerdem die Ausfallverteilung und das Lebensdauermodell gemeinsam aus allen Testdaten zu schätzen. Dazu wird die Loglikelihood Funktion für rechtszensierte Ausfalldaten für Weibullverteilungen erstellt [53]:

$$\ln(L(t; b, T)) = \sum_{i=1}^{r} \ln\left(\frac{b}{T} \cdot \left(\frac{t_i}{T}\right)^{b-1} \cdot e^{-\left(\frac{t_i}{T}\right)^b}\right) + \sum_{i=r+1}^{n} \ln\left(e^{-\left(\frac{t_i}{T}\right)^b}\right) \tag{5.121}$$

In der beschleunigten Erprobung ist die Lage der Lebensdauer und damit die charakteristische Lebensdauer abhängig von der Belastung. Deshalb wird die charakteristische Lebensdauer der Weibullverteilung in Gl. (5.121) durch das jeweilige Lebensdauermodell ersetzt. Prinzipiell lässt sich auch jede andere Verteilungsfunktion verwenden. In nachfolgenden Abschnitten werden die Likelihoodfunktionen für die oben eingeführten Lebensdauermodelle vorgestellt.

5.5.3.1 Wöhler-Weibull Modell

Für das Wöhlermodell liegen die Daten der beschleunigten Lebensdauerversuche beispielsweise auf zwei Lastniveaus σ_1 und σ_2 vor. Auf dem höheren Lastniveau σ_1 handelt es sich dabei um vollständige Daten, während auf dem niedrigeren Lastniveau σ_2 rechtszensierte Daten vorliegen.

Zunächst kann die charakteristische Lebensdauer T der Weibullfunktion durch das jeweilige Lebensdauermodell ersetzt werden. Für die Basquin-Gleichung gilt [258]:

$$T_i = N_i = C \cdot {\sigma_i}^{-k} \tag{5.122}$$

Wird diese nun in die Log-Likelihood-Funktion entsprechend für die zwei Lastniveaus, unter Berücksichtigung der rechtszensierten Daten eingesetzt, ergibt sich die nachfolgende Gleichung:

$$\begin{aligned}\ln(L(t; b, C, k)) = &\sum_{i=1}^{n_1} \ln\left(\frac{b}{C \cdot \sigma_1{}^{-k}} \cdot \left(\frac{t_i}{C \cdot \sigma_1{}^{-k}}\right)^{b-1} \cdot e^{-\left(\frac{t_i}{C \cdot \sigma_1{}^{-k}}\right)^b}\right) \\ &+ \sum_{i=1}^{r_2} \ln\left(\frac{b}{C \cdot \sigma_2{}^{-k}} \cdot \left(\frac{t_i}{C \cdot \sigma_2{}^{-k}}\right)^{b-1} \cdot e^{-\left(\frac{t_i}{C \cdot \sigma_2{}^{-k}}\right)^b}\right) \\ &+ \sum_{i=r_2+1}^{n_2} \ln\left(e^{-\left(\frac{t_i}{C \cdot \sigma_2{}^{-k}}\right)^b}\right). \end{aligned} \tag{5.123}$$

Mithilfe der MLE-Schätzung können die Parameter k und C des Lebensdauermodells sowie der Formparameter b bestimmt werden. T kann wiederum entsprechend Gl. (5.122) aus k, C und dem relevanten Belastungsniveau z. B. für das Feldlastniveau σ_{Feld} berechnet werden. Abb. 5.85 zeigt das Wöhler-Weibull Modell für drei ausgewählte Ausfallwahrscheinlichkeiten $F(t)$ für ein Graugussmaterial. Die der Abb. 5.85 zugrunde liegenden Daten sind in Tab. 5.26 aufgeführt.

5.5.3.2 Arrhenius-Weibull Modell

Auch für das Arrheniusmodell wird beispielhaft angenommen, dass die Daten der beschleunigten Lebensdauerversuche auf zwei Lastniveaus $Temp_1$ und $Temp_2$ ermittelt wurden. In diesem Beispiel liegen beide Datensätze als vollständige Daten vor. Analog zum Wöhlermodell wird zunächst die charakteristische Lebensdauer T der Weibullfunktion gleich der Lebensdauervariable des Modells aus Gl. (5.116) gesetzt [116, 163]:

$$T_i = L_i = A \cdot e^{\frac{E_a}{K \cdot Temp_i}}. \tag{5.124}$$

Wird die charakteristische Lebensdauer nun in die Log-Likelihood-Funktion entsprechend für die zwei Lastniveaus eingesetzt, ergibt sich die nachfolgende Likelihoodfunktion:

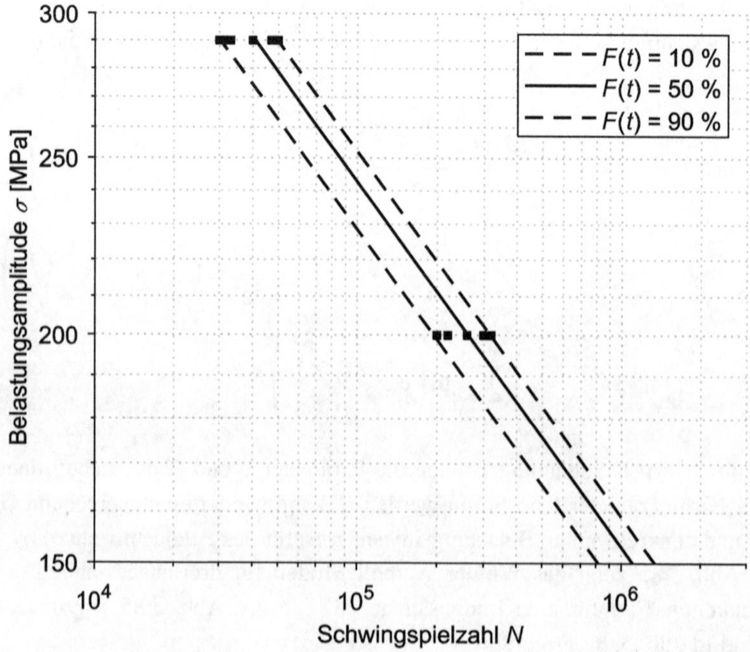

Abb. 5.85 MLE-Schätzung des Weibull-Wöhler Modells mit $k = 5$; $b = 6,2$; $C = 39,04$. ()

Tab. 5.26 Lebensdauerdaten inkl. deren Testniveau des Wöhler-Weibull Modells

Beanspruchung [MPa]	Ausfallzeit
200	260.000
200	220.000
200	200.000
200	300.000
200	320.000
290	30.000
290	32.000
290	33.000
290	40.000
290	47.000
290	48.000
290	50.000

$$\ln(L(t; b, E_A, A)) = \sum_{i=1}^{n_1} \ln\left(\frac{b}{A \cdot e^{\frac{E_a}{K \cdot Temp_1}}} \cdot \left(\frac{t_i}{A \cdot e^{\frac{E_a}{K \cdot Temp_1}}} \right)^{b-1} \cdot e^{-\left(\frac{t_i}{A \cdot e^{\frac{E_a}{K \cdot Temp_1}}} \right)^b} \right)$$
$$+ \sum_{i=1}^{n_2} \ln\left(\frac{b}{A \cdot e^{\frac{E_a}{K \cdot Temp_2}}} \cdot \left(\frac{t_i}{A \cdot e^{\frac{E_a}{K \cdot Temp_2}}} \right)^{b-1} \cdot e^{-\left(\frac{t_i}{A \cdot e^{\frac{E_a}{K \cdot Temp_2}}} \right)^b} \right) \quad (5.125)$$

Mithilfe der MLE-Schätzung können die Parameter A und E_a des Lebensdauermodells sowie der Formparameter b bestimmt werden. T kann entsprechend Gl. (5.124) aus A, E_a und dem Belastungsniveau des Feldes $Temp_{\text{Feld}}$ berechnet werden.

5.5.3.3 Coffin-Manson-Weibull Modell

Für das Coffin-Manson-Modell bei thermischer Wechselbeanspruchung wird beispielhaft angenommen, dass die Daten der beschleunigten Lebensdauerversuche auf zwei Lastniveaus ΔT_1 und ΔT_2 ermittelt wurden und als vollständige Daten vorliegen. Analog zur Vorgehensweise mit anderen Modellen wird die charakteristische Lebensdauer T der Weibullfunktion gleich der Lebensdauervariable des Modells aus Gl. (5.118) gesetzt:

$$T_i = N_{f,i} = \frac{A}{(\Delta T_i)^B}. \quad (5.126)$$

Wird diese nun in die Log-Likelihood-Funktion entsprechend für die zwei Lastniveaus eingesetzt, ergibt sich die nachfolgende Gleichung:

$$\ln L(t; b, A, B) = \sum_{i=1}^{n_1} \ln\left(\frac{b}{\frac{A}{(\Delta T_1)^B}} \cdot \left(\frac{t_i}{\frac{A}{(\Delta T_1)^B}} \right)^{b-1} \cdot e^{-\left(\frac{t_i}{\frac{A}{(\Delta T_1)^B}} \right)^b} \right)$$
$$+ \sum_{i=1}^{n_2} \ln\left(\frac{b}{\frac{A}{(\Delta T_2)^B}} \cdot \left(\frac{t_i}{\frac{A}{(\Delta T_2)^B}} \right)^{b-1} \cdot e^{-\left(\frac{t_i}{\frac{A}{(\Delta T_2)^B}} \right)^b} \right). \quad (5.127)$$

Mithilfe der MLE-Schätzung können dann die Parameter A und B des Lebensdauermodells sowie der Formparameter b bestimmt werden. T kann wiederum entsprechend Gl. (5.126) aus A, B und dem Belastungsniveau des Feldes ΔT_{Feld} berechnet werden.

5.5.3.4 Inverse-Power-Weibull Modell

Für das Inverse-Power-Law nehmen wird angenommen, dass die Daten der beschleunigten Lebensdauerversuche auf zwei Lastniveaus σ_1 und σ_2 ermittelt wurden und als vollständige Daten vorliegen. Analog wird wieder die charakteristische Lebensdauer T der Weibullfunktion gleich der Lebensdauervariable des Modells aus Gl. (5.119) gesetzt:

$$T_i = N_i = \frac{K}{\sigma_i{}^n}. \tag{5.128}$$

Wird diese nun in die Log-Likelihood-Funktion entsprechend für die zwei Lastniveaus eingesetzt, ergibt sich die nachfolgende Gleichung:

$$\begin{aligned}\ln L(t; b, K, n) = &\sum_{i=1}^{n_1} \ln\left(\frac{b}{\frac{K}{\sigma_1{}^n}} \cdot \left(\frac{t_i}{\frac{K}{\sigma_1{}^n}}\right)^{b-1} \cdot e^{-\left(\frac{t_i}{\frac{K}{\sigma_1{}^n}}\right)^b}\right)\\ &+ \sum_{i=1}^{n_2} \ln\left(\frac{b}{\frac{K}{\sigma_2{}^n}} \cdot \left(\frac{t_i}{\frac{K}{\sigma_2{}^n}}\right)^{b-1} \cdot e^{-\left(\frac{t_i}{\frac{K}{\sigma_2{}^n}}\right)^b}\right).\end{aligned} \tag{5.129}$$

Mithilfe der MLE-Schätzung können dann die Parameter K und n des Lebensdauermodells sowie der Formparameters b bestimmt werden. T kann wiederum entsprechend Gl. (5.128) aus K, n und dem Belastungsniveau des Feldes σ_{Feld} berechnet werden.

5.5.3.5 Eyring-Weibull Modell

Für das Eyring-Life-Stress Modell nehmen wir an, dass die Daten der beschleunigten Lebensdauerversuche auf zwei Lastniveaus V_1 und V_2 ermittelt wurden und als vollständige Daten vorliegen. Analog wird wieder die charakteristische Lebensdauer T der Weibullfunktion gleich der Lebensdauervariable des Modells aus Gl. (5.120) gesetzt:

$$T_i = L_i(V) = \frac{1}{V_i} \cdot e^{-\left(A - \frac{B}{V_i}\right)}. \tag{5.130}$$

Wird diese nun in die Log-Likelihood-Funktion entsprechend für die zwei Lastniveaus eingesetzt, ergibt sich die nachfolgende Gleichung:

$$\ln L(t; b, A, B) = \sum_{i=1}^{n_1} \ln\left(\frac{b}{\frac{1}{V_1} \cdot e^{-\left(A - \frac{B}{V_1}\right)}} \cdot \left(\frac{t_i}{\frac{1}{V_1} \cdot e^{-\left(A - \frac{B}{V_1}\right)}}\right)^{b-1} \cdot e^{-\left(\frac{t_i}{\frac{1}{V_1} \cdot e^{-\left(A - \frac{B}{V_1}\right)}}\right)^b}\right)$$

$$+\sum_{i=1}^{n_2}\ln\left(\frac{b}{\frac{1}{V_2}\cdot e^{-\left(A-\frac{B}{V_2}\right)}}\cdot\left(\frac{t_i}{\frac{1}{V_2}\cdot e^{-\left(A-\frac{B}{V_2}\right)}}\right)^{b-1}\cdot e^{-\left(\frac{t_i}{\frac{1}{V_2}\cdot e^{-\left(A-\frac{B}{V_2}\right)}}\right)^{b}}\right). \tag{5.131}$$

Mithilfe der MLE-Schätzung können dann die Parameter A und B des Lebensdauermodells sowie die des Formparameters b bestimmt werden. T kann wiederum entsprechend Gl. (5.130) aus A, B und dem Belastungsniveau des Feldes V_{Feld} berechnet werden.

Betriebsfestigkeitsingenieure arbeiten häufig mit der Lognormal-, statt der Weibullverteilung. Das Prinzip des Einsetzens des Lebensdauermodells in die Dichtefunktion der jeweiligen Verteilung, in diesem Fall Lognormal statt Weibull, bleibt völlig identisch.

5.5.4 Bestimmung des Vertrauensbereichs

In Abschn. 5.4.2 wurde das Vorgehen zur Berechnung der Vertrauensbereiche grundlegend beschrieben. Nachfolgend wird die modifizierte Anwendung für Lebensdauermodelle dargestellt. Das Vorgehen wird anhand des Wöhlermodells und des Fisher Vertrauensbereichs aufgezeigt. Für andere Lebensdauermodelle ist das Vorgehen analog. Die Fisher-Matrix wird dabei um die Parameter des jeweiligen Lebensdauermodells erweitert. Für das Wöhlermodell ergibt sich in diesem Fall:

$$F=\begin{bmatrix} -\frac{\partial^2 \log L}{\partial b^2} & -\frac{\partial^2 \log L}{\partial b \partial C} & -\frac{\partial^2 \log L}{\partial b \partial k} \\ -\frac{\partial^2 \log L}{\partial C \partial b} & -\frac{\partial^2 \log L}{\partial C^2} & -\frac{\partial^2 \log L}{\partial C \partial k} \\ -\frac{\partial^2 \log L}{\partial k \partial b} & -\frac{\partial^2 \log L}{\partial k \partial C} & -\frac{\partial^2 \log L}{\partial k^2} \end{bmatrix}. \tag{5.132}$$

Aus der Fisher-Matrix kann die Inverse gebildet werden, welche dann der Varianz-Kovarianz-Matrix entspricht und die Varianzen und Kovarianzen der geschätzten Parameter enthält:

$$F^{-1}=\begin{bmatrix} var(b) & cov(b,C) & cov(b,k) \\ cov(C,b) & var(C) & cov(C,k) \\ cov(k,b) & cov(k,C) & var(k) \end{bmatrix}. \tag{5.133}$$

Auf diese Weise können die Varianzen und Kovarianzen der einzelnen geschätzten Parameter bestimmt werden.

Das Ziel ist es für ein beliebiges Lebensdauerquantil von Interesse t_q, also für eine definierte Ausfallwahrscheinlichkeit q, den Vertrauensbereich zu erhalten. Der Erwartungswert der Schätzung kann mit den aus der MLE geschätzten Parametern mithilfe der Weibullverteilung und des Lebensdauermodells wie folgt berechnet werden:

$$t_q = C \cdot \sigma_{\text{Feld}}{}^{-k}(-\ln(R))^{\frac{1}{b}} \tag{5.134}$$

mit:

$$T = C \cdot \sigma_{\text{Feld}}{}^{-k}. \tag{5.135}$$

Für die Berechnung des Vertrauensbereichs muss die Varianz des Lebensdauerquantils aus den Varianzen der geschätzten Modellparameter berechnet werden. Für die Varianz eines Lebensdauerquantils lässt sich auf Basis von Abschn. 5.4.2 schreiben:

$$\text{Var}(t_q) = e^{\left(\frac{2u_q}{b}\right)}\text{Var}(T) + \left(\frac{Tu_q}{b^2}\right)^2 e^{\left(\frac{2u_q}{b}\right)}\text{Var}(b) - \left(\frac{2Tu_q}{b^2}\right)e^{\left(\frac{2u_q}{b}\right)}\text{Cov}(T, b), \tag{5.136}$$

mit:

$$u_q = \ln[-\ln(1-q)]. \tag{5.137}$$

Die Varianz der charakteristischen Lebensdauer ist in diesem Fall abhängig vom Lebensdauermodell und kann als Funktion $T = g(C, k)$ ausgedrückt werden. Die Varianz von T berechnet sich damit zu [116]:

$$\text{Var}(T) \approx \left(\frac{\partial g}{\partial C}\right)^2 \text{Var}(C) + \left(\frac{\partial g}{\partial k}\right)^2 \text{Var}(k) + 2\left(\left(\frac{\partial g}{\partial C}\right)\left(\frac{\partial g}{\partial k}\right)\text{Cov}(C, k)\right). \tag{5.138}$$

Die Vertrauensgrenzen von t_q ergeben sich dann analog nach Abschn. 5.4.2.2 zu:

$$[t_{q,U}, t_{q,O}] = t_q \pm z_{1-\frac{\alpha}{2}}\sqrt{\text{Var}(t_q)}. \tag{5.139}$$

$z_{1-\alpha/2}$ ist hierbei das $100(1-\alpha/2)$ – Quantil der Standardnormalverteilung. Abb. 5.86 zeigt den 90 % Fisher Vertrauensbereich für das exemplarische Wöhler-Weibull Modell aus Abschn. 5.5.3.1.

5.5.5 Zuverlässigkeitsbasierte Schädigungsrechnung

Liegt ein Feldlastkollektiv vor, muss mit der Schädigungsrechnung ein Zwischenschritt eingefügt werden, um die Zuverlässigkeit zu bestimmen. Dazu wird als mathematische Basis die lineare Schadensakkumulation verwendet. Die Zuverlässigkeit mit Aussagesicherheit für das gegebene Feldlastkollektiv kann dann entweder approximativ oder numerisch berechnet werden.

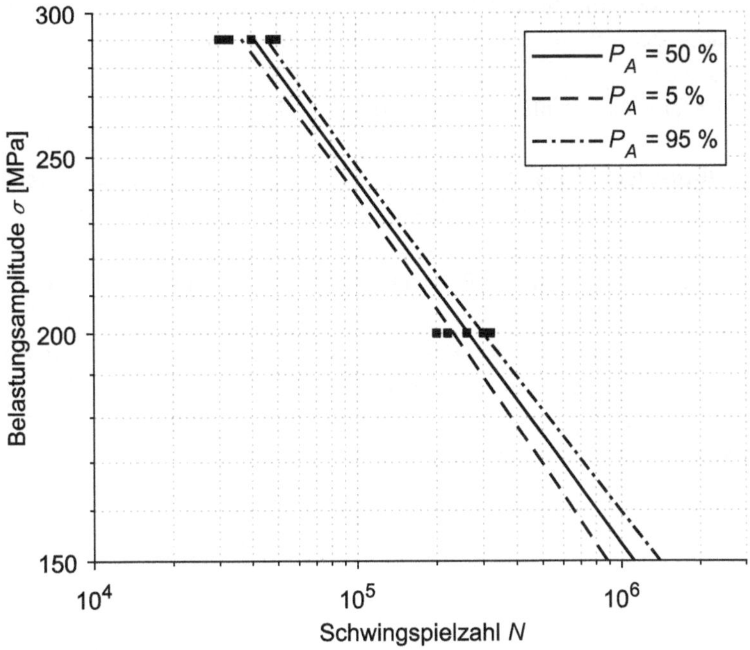

Abb. 5.86 90 % Fisher Vertrauensbereich für das Weibull-Wöhler Modell mit $k = 5$; $b = 6,2$; $C = 39,04$. (© IMA 2026. All Rights Reserved)

5.5.5.1 Lineare Schadensakkumulation

Beschleunigte Lebensdauertests werden meist entweder nach dem Horizontenverfahren, bei dem alle Prüflinge auf eigens bestimmten Lastniveaus getestet werden, oder nach dem Perlenschnurverfahren, bei dem jeder Prüfling auf einem eigenen Lastniveau getestet wird, durchgeführt. Aus den Ergebnissen kann mithilfe von Parameterschätzverfahren das Lebensdauermodell bestimmt werden. Liegt ein Feldlastkollektiv vor, für das die Zuverlässigkeit bzw. Lebensdauer bestimmt werden soll, kann nicht einfach vom Lastniveau des beschleunigten Tests auf eine Feldlastniveau extrapoliert werden, wie beim einstufigen Kollektiv. Daher wird der Schädigungsanteil jeder Kollektivstufe berechnet und aufsummiert. Zumeist wird eine lineare Gewichtung aller Schädigungsanteile verwendet, weshalb das Verfahren auch als lineare Schadensakkumulation bezeichnet wird. Ist der Wert der Schadenssumme $D_S = 1$ erreicht, resultiert theoretisch ein Ausfall. Eine Schädigungsrechnung kann aus jedem Lebensdauermodell mittels Schadensakkumulationshypothesen, meist in linearer Form nach Miner berechnet werden:

$$D_S = \frac{N_i}{N_{\text{ber}}} = \frac{N_i}{N_D}\left(\frac{\sigma_{A,i}}{\sigma_D}\right)^k. \tag{5.140}$$

Gl. (5.140) zeigt die lineare Schadensakkumulation exemplarisch für das Wöhlermodell. Dabei steht σ für die Beanspruchung und N für die Schwingspielzahl. Die Schwingspielzahl N_{ber} repräsentiert dabei die erreichbaren Lastwechsel der Wöhlerlinie mit einer Ausfallwahrscheinlichkeit von $F(t) = 50\,\%$.

5.5.5.2 Numerische Berechnung der Schädigung mit Aussagesicherheit

Abb. 5.87 zeigt ein exemplarisches Feldlastkollektiv für das eine Zuverlässigkeit mit Vertrauensbereich angegeben werden soll.

Im Rahmen der numerischen Berechnung werden zunächst die relativen Schadenssummen für das Lebensdauermodell berechnet. Dieser Rechenschritt überführt einerseits die erreichte Lebensdauer in die Dimension der Schädigung und andererseits kann so direkt die aufgetretene Streuung der Testergebnisse bestimmt werden. Die Berechnung erfolgt auf Basis der linearen Schadensakkumulation nach der Miner-Regel [240], hier exemplarisch anhand des Wöhlermodells:

$$D_{\text{rel}} = \frac{N_i}{N_{\text{ber}}} = \frac{N_i}{N_D}\left(\frac{\sigma_{A,i}}{\sigma_D}\right)^k \tag{5.141}$$

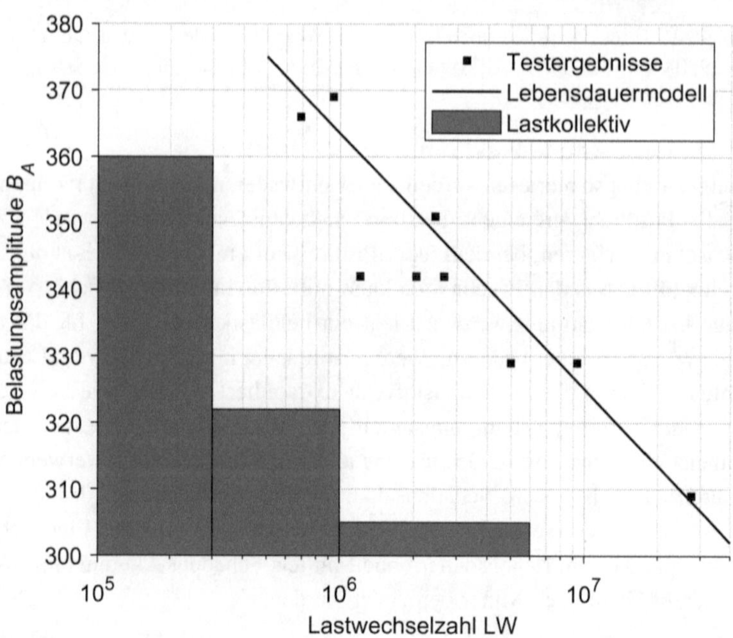

Abb. 5.87 Feldlastkollektiv und durch Versuche bestimmtes Lebensdauermodell. (© IMA 2026. All Rights Reserved)

Mit diesen relativen Schädigungen kann eine Schädigungsverteilung, z. B. mit der MLE-Methode geschätzt werden, üblicherweise wird hierbei eine Weibullverteilung verwendet. Diese ist in Analogie zu Gl. (3.10) mit eingesetzter Schädigung wie folgt definiert:

$$R(D) = e^{-\left(\frac{D}{T}\right)^b} \tag{5.142}$$

Man erhält als Ergebnis eine vollständige Schädigungsverteilung [127]. Da die Schädigungen mit der erreichbaren Lebensdauer über das Lastkollektiv korrelieren, lassen sich Schädigungen auch sehr einfach in Lebensdauern überführen, denn es gilt:

$$t^* = \frac{t_{\text{req}}}{D}. \tag{5.143}$$

Dabei entspricht t_{req} der geforderten Lebensdauer, die über das Lastkollektiv definiert ist. Deshalb kann die gewonnene Schädigungsverteilung auch als Lebensdauerverteilung interpretiert werden. In manchen Fällen ergibt es Sinn das Lebensdauermodell mit einer zu Eins abweichenden Schädigung als theoretischen Ausfall zu kalibrieren. Diese kritische Schädigung ist dann $D_{\text{krit}} \neq 1$, wobei sie häufig kleiner Eins ist. In solch einem Fall lässt sich die Lebensdauer als $t^* = t_{\text{req}} \cdot \frac{D_{\text{krit}}}{D}$ berechnen.

Anstatt eine einzige Wöhlerlinie zu finden, die genau einer festgelegten Ausfallwahrscheinlichkeit entspricht, wird durch die Überführung in relative Schädigungen ein kontinuierlicher Zusammenhang zwischen der berechneten Schädigung und der Zuverlässigkeit hergestellt. Damit wird das Ergebnis einer Lebensdauer von einer modellinhärenten Zuverlässigkeit gelöst. Somit kann für ein beliebiges Beanspruchungskollektiv mit Schadenssumme $D_{S,K}$ eine Zuverlässigkeit bestimmt und z. B. auch mit gegebenen Zuverlässigkeitsanforderungen verglichen werden.

Zur Berechnung der Unsicherheit der Stichprobe wird ein flexibles Bootstrap-Verfahren [259, 260] genutzt. Die Stichprobenvarianz wird durch eine Vielzahl von Bootstrap-Iterationen in die Unsicherheit des Lebensdauermodells überführt. Dazu werden künstliche Stichproben aus den berechneten relativen Schädigungen durch Ziehen mit Zurücklegen erzeugt. Die Stichprobengröße entspricht derjenigen der Original-Teststichprobe. Abb. 5.88 zeigt das Vorgehen und Abb. 5.89 das Ergebnis exemplarisch anhand einer Wöhlerlinie.

Somit entstehen eine Vielzahl von Weibullverteilungen, entsprechend der Iterationsanzahl, die die Schädigungsverteilung beschreiben. Sind ggf. mehrere Stichprobenumfänge involviert, weil beispielsweise auch das Lastkollektiv mithilfe von wenigen Daten bestimmt wurde, so kann der Bootstrap Ansatz zu einem doppelten Bootstrap-Verfahren erweitert werden. Dabei muss ggf. mit parametrischem und nicht parametrischen Bootstrapping gearbeitet werden, um die Berechnung zu ermöglichen. Ein Beispiel anhand einer Hochvoltbatterie findet sich in [195].

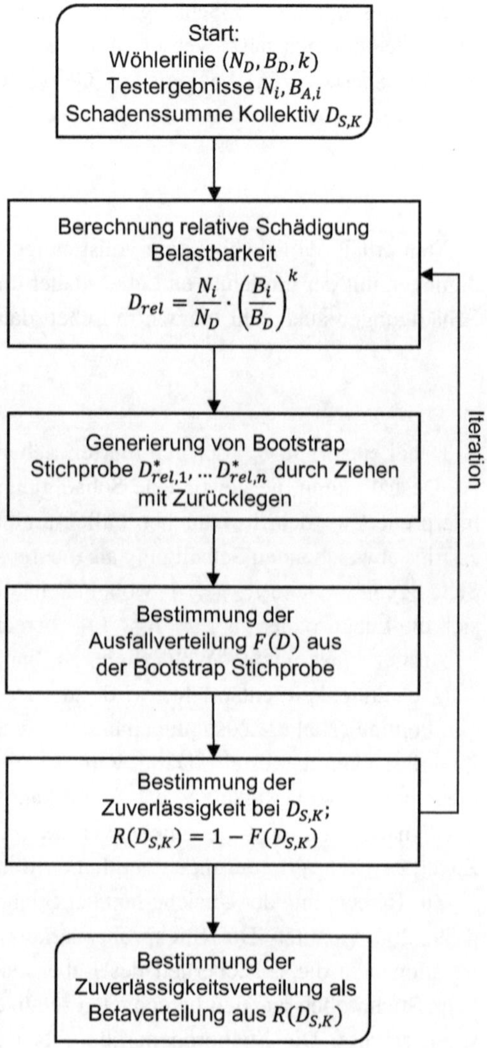

Abb. 5.88 Schema zur Berechnung einer Zuverlässigkeitsverteilung bei vorliegendem Feldlastkollektiv.

Für die Berechnung der Zuverlässigkeit muss lediglich aus jeder Schädigungsverteilung diejenige Zuverlässigkeit bestimmt werden, die der Schadenssumme $D_{S,K}$ des Feldlastkollektivs entspricht. Aus der Vielzahl der berechneten Zuverlässigkeiten kann eine Betaverteilung geschätzt werden, siehe Abb. 5.90. Aus dieser Betaverteilung kann dasjenige Quantil bestimmt werden, das beispielsweise der geforderten Aussagewahrscheinlichkeit entspricht.

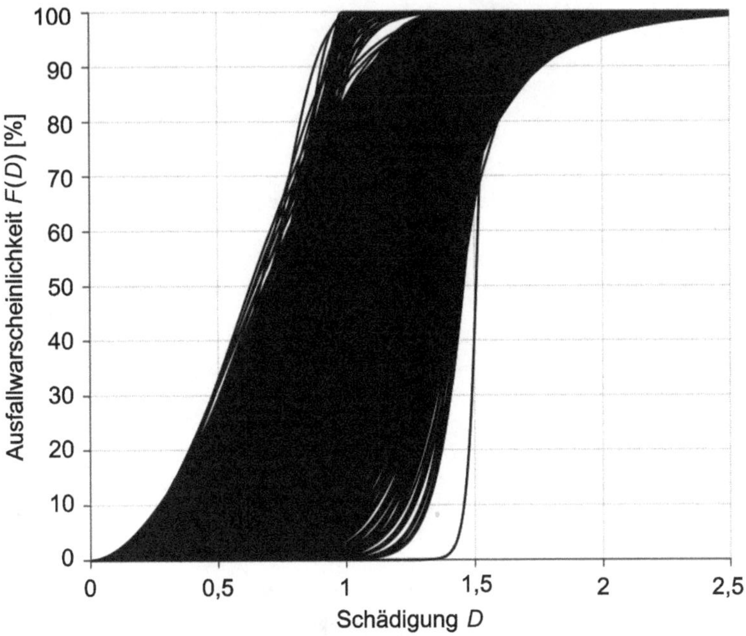

Abb. 5.89 Durch Bootstrap erzeugte Schädigungsverteilungen. (© IMA 2026. All Rights Reserved)

5.5.5.3 Approximative Berechnung der Schädigung mit Aussagesicherheit

Die Zuverlässigkeit mit Aussagesicherheit kann auch approximativ berechnet werden. Dazu muss die Berechnung des Vertrauensbereichs für die Schadenssumme des Feldlastkollektivs erfolgen. Der Vertrauensbereich kann nicht einzeln für die Stufen des Lastkollektivs berechnet werden, da dieser sonst mehrfach „aufaddiert würde" und ein zu konservatives Ergebnis entsteht [261]. Nachfolgende Formeln sind am Beispiel des Wöhlermodells erstellt, für die übrigen Lebensdauermodelle kann das Vorgehen analog übernommen werden.

Die Schadenssumme wird hierbei als Erwartungswert analog zu Gl. (5.140) bestimmt. Die Formulierung für das Wöhlermodell, jedoch auf Basis der Weibullverteilung ergibt [261]:

$$D_S = \sum\nolimits_{i=1}^{n} \frac{n_i}{\left(\frac{N_D}{\sigma_{A,i}^k}\right) \cdot \ln\left(\frac{1}{R}\right)^{\frac{1}{b}}}. \tag{5.144}$$

Die Varianz $\mathrm{Var}(D_S)$ wird aus den Ableitungen von D_S nach k, N_D und b gebildet, wobei die einzelnen Lasten des Lastkollektivs berücksichtigt werden [261]:

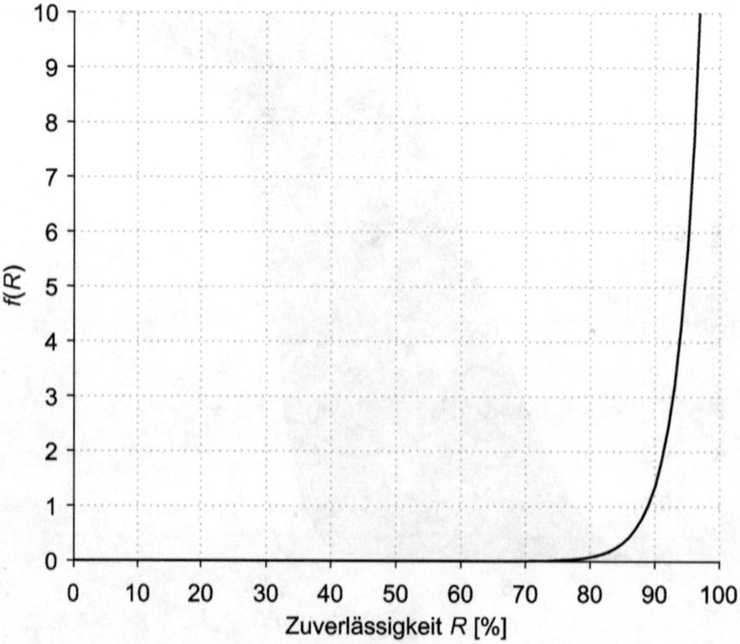

Abb. 5.90 Zuverlässigkeitsverteilung für das Feldlastkollektiv mit Schadenssumme $D_{S,K} = 0{,}4$.

$$\mathrm{Var}(D_S) = \mathrm{d}D_S \cdot \mathrm{COV} \cdot \mathrm{d}D_{S'}. \tag{5.145}$$

COV steht dabei für die Varianz-Kovarianz Matrix. Daraus können die Vertrauensgrenzen der Gesamtschädigung des Kollektivs berechnet werden [261]:

$$\left[D_{S,U}, D_{S,O}\right] = D_S \pm \left(z_{1-\frac{\alpha}{2}} \cdot \sqrt{\mathrm{Var}(D_S)}\right) \tag{5.146}$$

5.5.6 Auswertung der Zuverlässigkeit mit Vertrauensbereich für streuende Feldlastkollektive

Wie bereits in Abschn. 5.4.4 beschrieben, wird die Nutzung des Produkts im Feld streuen. Greift man sich einen kalendarischen Zeitpunkt heraus, wie beispielsweise 24 Monate und betrachtet alle Produkte, die diese Zeitspanne im Feld sind, so erkennt man, dass beispielsweise die gefahrenen Kilometer eines PKW stark streuen. Dies gilt jedoch nicht nur für die Lebensdauer, sondern auch für die während dieser Zeitspanne erfahrenen Last. Folglich werden auch die Lastkollektive im Feld einer Streuung unterworfen sein. Das heißt die Angabe eines einzigen Lastkollektivs mit Laststufen und Zyklenzahlen für das

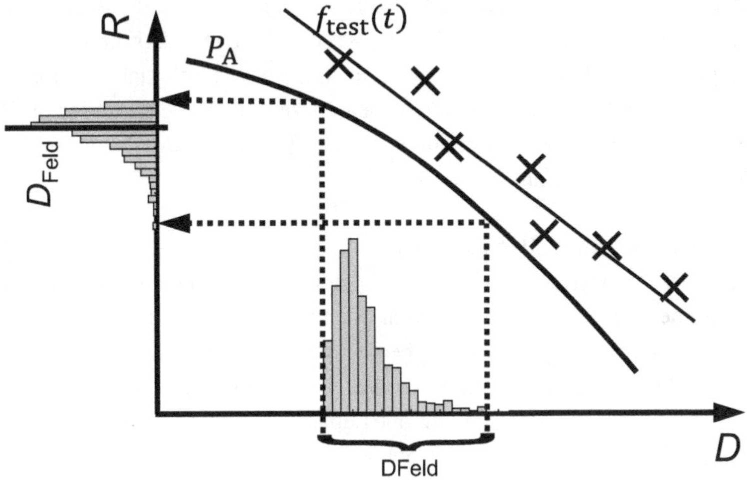

Abb. 5.91 Vorgehen zur Berechnung der Zuverlässigkeit mit Vertrauensbereich bei bekannter Streuung der Feldlastkollektive. (© IMA 2026. All Rights Reserved)

Feld ist eigentlich unmöglich, siehe auch Abschn. 5.3. Üblicherweise wird versucht ein 95 % Quantil als konservativen Ansatz zu verwenden. Sind jedoch die Lastkollektive aus dem Feld bekannt, so können diese auch gemeinsam für eine ganzheitliche Auswertung des Felds verwendet werden.

Um diese Auswertung vornehmen zu können, kann sehr ähnlich zu dem bereits in Abschn. 5.4.4 beschriebenen Ablauf vorgegangen werden. Wird zu jedem der m bekannten Kollektive aus dem Feld eine Schädigung $D_{\text{Feld},j}$ mit den aus dem Test ausgewerteten Lebensdauermodellparametern berechnet, so kann damit mit den entsprechenden Methoden zur Berechnung des Vertrauensbereichs eine Zuverlässigkeit mit Aussagewahrscheinlichkeit bestimmt werden. Das Vorgehen ist in Abb. 5.91 schematisch dargestellt.

Anschließend können die Zuverlässigkeiten aus diesen Feldlastkollektiven mittels Gleichung (5.110) zu einer, dem Feld repräsentierenden, Zuverlässigkeit berechnet werden.

5.5.7 Allgemeingültige Erkenntnisse bei der Testplanung und Auswertung

Bei den beschleunigten Testverfahren zur Bestimmung der Produktzuverlässigkeit existieren einige grundlegende vorteilhafte Zusammenhänge, die sich für eine effiziente und möglichst gewinnbringende Testplanung und -auswertung nutzen lassen. Diese wurden in verschiedenen wissenschaftlichen Studien erforscht und entwickelt. Bei einem beschleunigten Test stehen zumeist zwei zentrale Kriterien im Vordergrund. Zum einen die möglichst präzise Modellschätzung und zum anderen die möglich präzise Lebensdauerschätzung für die Feldbelastung. Diese beiden zentralen Ziele werden im Folgenden näher beleuchtet. Im dritten Abschnitt wird die Bedeutung für die Realerprobung der besprochenen Effekte zusammengefasst.

5.5.7.1 Güte der Modellschätzung

Im Rahmen der Auswertung von beschleunigten Zuverlässigkeitstests müssen mindestens drei Parameter geschätzt werden, wenn man von einem einfachen linearen Modell in der log/log Transformation ausgeht. Es bedarf der Schätzung der Steigung zur Beschreibung der Last-Lebensdauer Korrelation, eines Lageparameters und des Formparameters der Weibullverteilung, um die Streuung der Lebensdauer zu beschreiben.

Abb. 5.92 zeigt die Genauigkeit der Schätzung des Steigungsparameters in Abhängigkeit der Stichprobengröße und der Prüflingsverteilung am Beispiel des Wöhlermodells. Die Zusammenhänge sind jedoch grundlegend für jedes log-linear-Modell (Wöhler, Arrhenius, Coffin-Manson usw., siehe [18]) gültig.

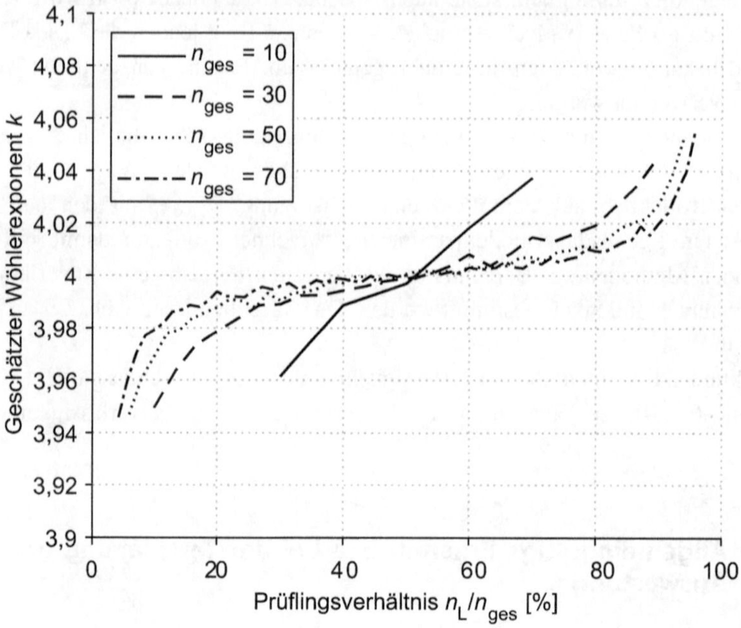

Abb. 5.92 Genauigkeit der Schätzung des Wöhlerexponenten bei verschiedenen Prüflingsaufteilungen [23].

Die Vorgabe liegt in der Untersuchung für die Steigung bei $k = 4$. Sofort ersichtlich ist, dass der Wöhlerexponent bei einer 50 % Aufteilung der Prüflinge am präzisesten geschätzt wird. Werden mehr Prüflinge auf dem tieferen Lastniveau n_L getestet, wird der Wöhlerexponent leicht überschätzt. Kehrt man das Prüflingsverhältnis um, so wird der Wöhlerexponent leicht unterschätzt. Über den gesamten Bereich unterschiedlicher Prüflingsverhältnisse prägt sich ein S-förmiger Verlauf für die Schätzung des Wöhlerexponenten aus. Außerdem fällt auf, dass für alle Gesamtprüflingszahlen die Schätzung insgesamt nur kleine Abweichungen von der Vorgabe aufweist, selbst bei der kleinsten Stichprobengröße von $n = 10$. Je mehr Prüflinge getestet werden desto robuster fällt die Schätzung bei Abweichung von der optimalen Prüflingsaufteilung aus [23].

In Abb. 5.93 ist die Güte der Schätzung in Abhängigkeit der Lage des unteren Lastniveaus abgebildet. Das obere Lastniveau liegt standardisiert bei $\text{load}_H = 1$. Hier zeigt sich der Kompromiss, der stets zwischen Genauigkeit und Testaufwand eingegangen werden muss. Aus betriebswirtschaftlicher Sicht sind höhere Lagen des unteren Lastniveaus anzustreben, weil so schneller Ausfälle zu erwarten sind, was die Testzeit und damit den allgemeinen Aufwand reduziert. Dabei gilt es zu berücksichtigen, dass die Schätzung auch für höhere Lagen des unteren Lastniveaus noch passable Schätzgüten erlaubt. Erst bei sehr hohen Lagen von $\text{load}_L = 0{,}8$ divergiert die Güte der Schätzung. Es bestätigt sich auch die gleichmäßige Aufteilung der Prüflinge aus Abb. 5.92 denn diese führen auch bei höheren Lagen des unteren Lastniveaus zu einer robusteren Schätzung [23].

Abb. 5.94 zeigt die Schätzung des Formparameters für unterschiedliche Prüflingsverhältnisse. Die Vorgabe liegt bei $b = 3$. Es ist zu erkennen, dass die Prüflingsaufteilung keinen Einfluss auf die Erwartungstreue der Schätzung des Formparameters hat. Lediglich die Gesamtstichprobengröße beeinflusst die Schätzgüte. Besonders stark ausgeprägt ist der Schätzfehler bei der kleinsten Stichprobengröße, woran auch der Bias der MLE Schätzung mitverantwortlich ist. Die Parameterschätzung des Formparameters kann somit nur durch zusätzliche Prüflinge verbessert werden und nicht durch eine optimale Prüflingsaufteilung auf den Lastniveaus [23].

In Abb. 5.95 ist die Schätzung des Formparameters in Abhängigkeit der Lage des niedrigen Lastniveaus dargestellt. Deutlich erkennbar ist, dass auch die Lage des niedrigen Lastniveaus keinen Einfluss auf die Güte der Parameterschätzung hat. Die Genauigkeit der Schätzung des Formparameters kann also weder durch eine bestimmte Prüflingsverteilung noch durch die Lage des niedrigen Lastniveaus verbessert werden. Einzig die Anzahl getesteter Prüflinge hat einen Einfluss auf die Genauigkeit der Formparameterschätzung [23]. Mathematisch optimieren lässt sich die Testplanung für eine möglichst präzise Parameterschätzung mit der D- oder der E-Optimalität [23, 262]. Die A-Optimalität minimiert zwar auch die Varianz der Parameterschätzung [263, 264], allerdings unter Vernachlässigung der Kovarianz, also der Wechselwirkung der drei Parameter [23, 265]. Bei der D-Optimalität [266, 267] wird die Determinante der inversen Fisher-Informationsmatrix minimiert. Damit werden sowohl die Varianzen der Parameter als auch deren Kovarianz berücksichtigt (Abb. 5.94 und 5.95).

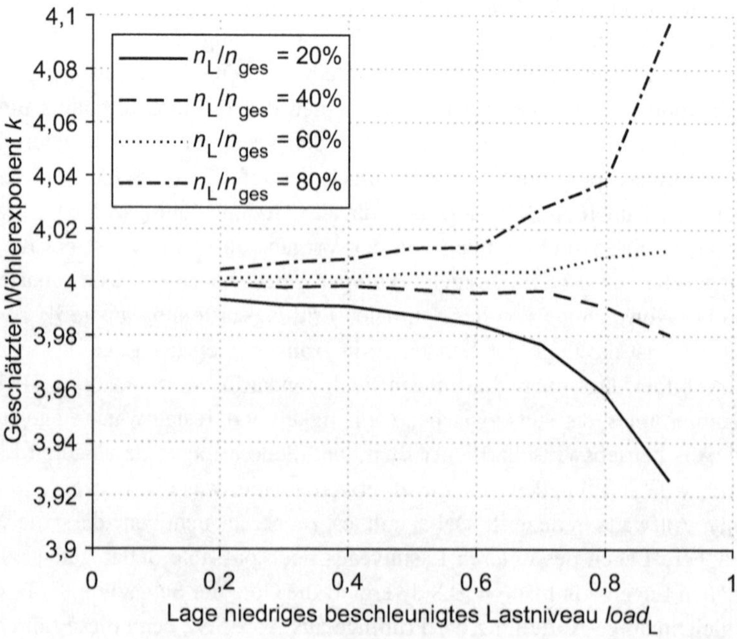

Abb. 5.93 Genauigkeit der Wöhlerexponenten-Schätzung bei verschiedenen Lagen von load_L [23].

Nachteil beim D-Optimalitätskriterium ist, dass eine sehr schlechte Schätzung eines Parameters durch eine besonders gute Schätzung eines anderen ausgeglichen werden kann [268]. Diese Eigenschaft kann ggf. zu unbefriedigenden Ergebnissen führen.

Beim E-Optimalitätskriterium wird die Varianzminimierung durch die Minimierung des maximalen Eigenwerts der inversen Fisher-Informationsmatrix erzielt. Das minimiert die maximale Varianz der möglichen Linearkombinationen der Parameterschätzung [23, 262, 263]. Folglich wird die größte Varianz aller Schätzungen reduziert, was der Minimierung der Vertrauensbereichsbreite der Parameterschätzung entspricht [269]. Nachteil der E-Optimalität ist, dass die kleineren Varianzen und Kovarianzen nicht berücksichtigt werden [23].

5.5.7.2 Minimierung des Extrapolationsfehlers

Die Arbeiten von Meeker und Escobar [149] bieten allgemeine Richtlinien für die Planung beschleunigter Lebensdauertests und beschreiben Methoden für deren Durchführung und Analyse. Zudem wurde das Thema der optimalen Testplanung bei beschleunigten Lebensdauertests, insbesondere unter Berücksichtigung von zwei beschleunigten Lastniveaus, in diesen wissenschaftlichen Arbeiten umfassend behandelt. Nelson [166] und Meeker [167]

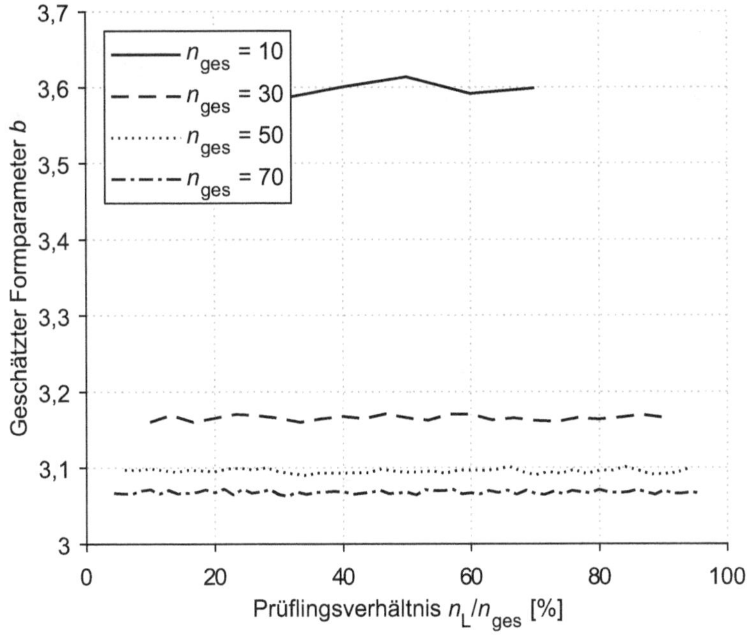

Abb. 5.94 Genauigkeit der Schätzung des Formparamterers bei verschiedenen Prüflingsaufteilungen [23].

haben sich intensiv mit der statistisch optimalen Gestaltung von Testplänen auseinandergesetzt. Ein zentraler Aspekt dieser Forschungen ist die Verteilung der Prüfobjekte auf die verschiedenen Lastniveaus. Nelson und Meeker argumentieren, dass eine Mehrheit der Prüfobjekte auf einem niedrigeren Beschleunigungsniveau geprüft werden sollte, um optimale Ergebnisse zu erzielen, d. h. die Varianz der Prädiktion auf Feldniveau zu minimieren. Nelson [270] stellt eine Methode zur Bestimmung dieser optimalen Prüflingsverteilung vor, die mathematisch auf einem I-Optimalitätskriterium basiert. Dabei wird die Testmatrix so definiert, dass die Prädiktionsvarianz unter Berücksichtigung der Kovarianz minimal wird [74, 262, 263, 271]. Das bedeutet, dass die Prädiktionsgüte gegenüber einer möglichst präzisen Modellschätzung bevorzugt wird. Die optimale Verteilung der Prüflinge wird dabei über einen Extrapolationsfaktor ermittelt. Dieser setzt die Lagen der getesteten Lastniveaus ins Verhältnis und ermittelt so die Extrapolationsdistanz:

$$\xi_0 = \frac{\text{load}_H - \text{load}_0}{\text{load}_H - \text{load}_L} \tag{5.147}$$

Dabei entsprechen die Indizes H, L und 0 den Lagen des hohen, niedrigen und dem Feldlastniveau. Mithilfe des Extrapolationsfaktors werden die Prüflinge auf die beiden Lastniveaus verteilt:

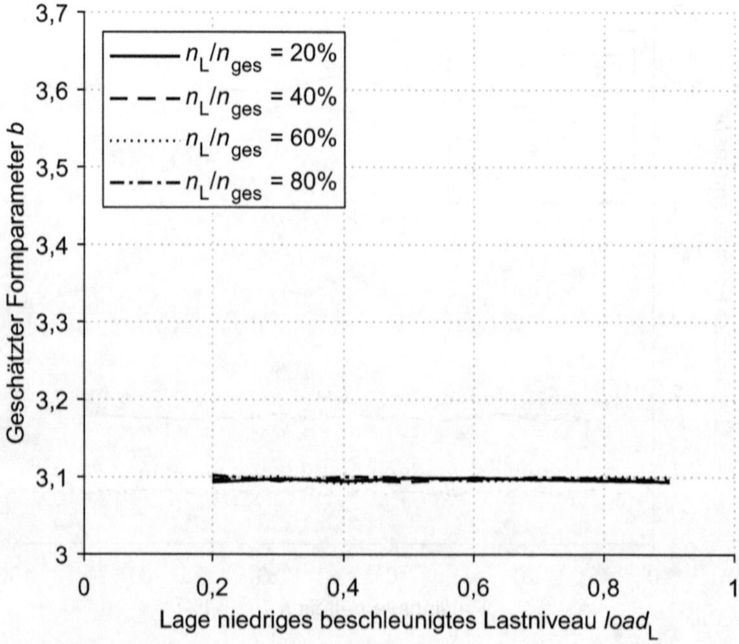

Abb. 5.95 Genauigkeit der Schätzung des Formparameters bei verschiedenen Lagen von load_L [23]. (© IMA 2026. All Rights Reserved)

$$p^* = \frac{\xi_0}{(2 \cdot \xi_0 - 1)} \tag{5.148}$$

Die Prüflinge auf dem niedrigen Lastniveau ergeben sich zu:

$$n_L = n_{\text{ges}} \cdot p^* \tag{5.149}$$

und die des hohen Lastniveau zu:

$$n_H = n_{\text{ges}} \cdot \left(1 - p^*\right). \tag{5.150}$$

n_L ist dabei die Anzahl der Prüflinge auf dem niedrigen Lastniveau load_L, n_H die Anzahl der Prüflinge auf dem hohen Lastniveau load_H und n_{ges} die Gesamtstichprobengröße. Nach den Gleichungen (5.143) bis (5.146) ist die optimale Verteilung der Gesamtstichprobe ausschließlich von den Lagen des niedrigen und des hohen beschleunigten Lastniveaus sowie dem Feldlastniveau abhängig. Die Formeln zur Ermittlung dieser optimalen Verteilung basieren auf den Annahmen von nur zwei beschleunigten Lastniveaus und dass alle Prüfobjekte dem gleichen Ausfallmechanismus unterliegen.

Wertet man das prädiktionsvarianzminimierende I-Optimalitätskriterium für unterschiedliche Prüflingsverteilungen aus ist ersichtlich, dass es sich um ein sehr robustes

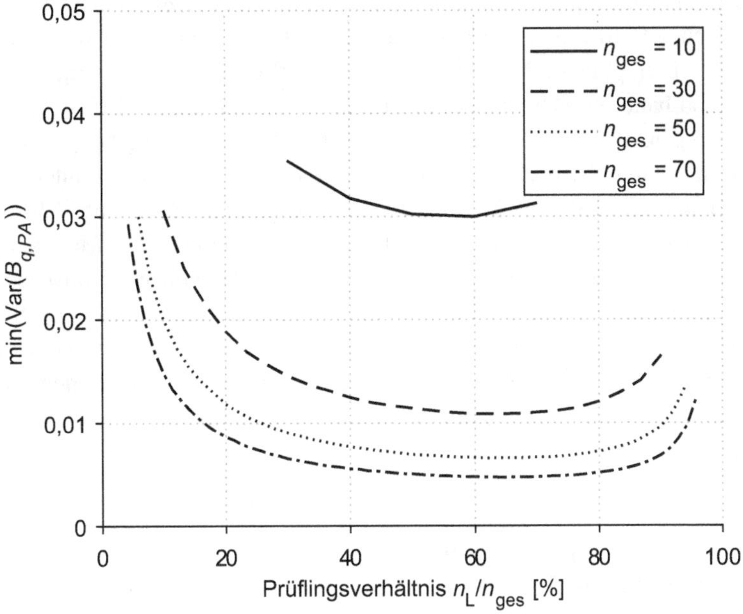

Abb. 5.96 I-Optimalität bei verschiedenen Prüflingsaufteilungen. ()

Varianzminimum handelt. In Abb. 5.96 ist zu erkennen, dass das Varianzminimum des I-Optimalitätskriteriums für einen vergleichsweise großen Bereich unterschiedlicher Prüflingsverteilungen wenig Veränderung erfährt.

Dieses Verhalten ist auch bei unterschiedlichen Lagen des niedrigen Lastniveaus zu beobachten [23, 262]. Daraus lässt sich ableiten, dass auch für niedrigere Prüflingsanteile, die auf dem niedrigen Lastniveau getestet werden, die Prädiktionsvarianz nicht sehr stark steigt. Erst bei $\frac{n_L}{n_{\text{ges}}} < 20\ \%$ steigt die Prädiktionsvarianz deutlich an.

5.5.7.3 Schlussfolgerungen für die praktische Erprobungsplanung

Mit den Betrachtungen aus den beiden vorangegangenen Abschnitten ergibt sich für die Realplanung von beschleunigten Tests ein Zielkonflikt. Aus Kostengründen sollten beide Lastniveaus so hoch wie möglich liegen und zugleich möglichst viele Prüflinge auf dem höheren Lastniveau getestet werden. Eine derartige Testplanung würde sehr schnell zu Ausfällen führen und damit die Testzeit minimieren. Die obigen Betrachtungen zeigen ein reziprokes Verhalten dieser wirtschaftlichen Optimierung zur statistischen Genauigkeit. Für eine erhöhte statistische Genauigkeit ist eher eine niedrige Lage des tiefen Lastniveaus anzustreben. Außerdem sollte die Prüflingsverteilung ausgeglichen sein, oder eine bevorzugte Testung auf dem niedrigen Lastniveau stattfinden.

Es lässt sich dennoch ein Kompromiss für die meisten Testszenarien identifizieren. Aus den statistischen Betrachtungen ist zu erkennen, dass die Lage des niedrigen Lastniveaus aufgrund des Extrapolationsproblems einen höheren Einfluss auf das Ergebnis hat. Aus diesem Grund bietet es sich an das hohe Lastniveau im Sinne der Effizienz so hoch wie möglich zu legen, also mit der maximal zulässigen Beschleunigung bei gleichbleibendem Ausfallmechanismus. Ist man nun an einer präzisen Modellschätzung interessiert, wählt man die Höhe des niedrigen Lastniveaus als Kompromiss nach Abb. 5.96 sodass die Schätzgüte nicht zu sehr absinkt. Auch die Prüflingsverteilung kann bei sehr kostenintensiven (hohe Testzeitkosten) Prüflingen zu Gunsten des hohen Lastniveaus ausfallen, denn die Schätzung ist bis ca. 70 % Prüflingsanteil auf dem hohen Lastniveau sehr robust. Für eine möglichst präzise Schätzung der Lebensdauer unter Feldbedingungen kann ähnlich vorgegangen werden, außer dass der Prüflingsanteil auf dem hohen Lastniveau bis maximal 60 % erhöht werden sollte, aufgrund der geringeren Robustheit des I-Optimalitätskriteriums.

5.5.8 „Pitfalls" bei der Planung beschleunigter Zuverlässigkeitstests

Kim Hintz und Martin Dazer

Anhand von zwei Beispielen werden im Folgenden zwei typische Anwendungsfehler und deren Konsequenzen für das Ergebnis beleuchtet.

5.5.8.1 Großer Vertrauensbereich bei großer Extrapolation

Ein Schaltkreis wurde einem beschleunigten Lebensdauertest (150–300°C) unterzogen, wobei Ausfälle erst ab 250°C auftraten. Das Feldniveau liegt bei 100°C. Da direkte Ausfallerkennung nicht möglich war (Klimakammer-Test), entstanden intervall- und rechtszensierte Daten, siehe Tab. 5.27.

Das Ergebnis der MLE Auswertung nach dem Arrhenius-Weibull Modell ist in Abb. 5.97 dargestellt. Es fällt auf, dass nur sehr wenige Ausfälle in intervallzensierter Form vorliegen, was den Informationsgehalt zusätzlich schmälert. Die meisten Prüflinge, insbesondere auf den niedrigeren Lastniveaus wurden als Durchläufer aus dem Test genommen. Was den Informationsgehalt der Ergebnisse angeht, muss jedoch beachtet werden, dass der Vertrauensbereich für das relevante Feldniveau aufgrund der großen Extrapolationsdistanz sehr breit ausfällt. Die Vertrauensbereichsgrenzen für die Feldlebensdauer liegen für einen 95 % Fisher Vertrauensbereich bei:

$$t_{0,95} = 4{,}66 \cdot 10^5\text{h}$$

$$t_{0,05} = 2{,}34 \cdot 10^9\text{h}$$

Tab. 5.27 Lebensdauerdaten und Testniveaus des Schaltkreises

Stunden		Status	Anzahl der Geräte	Temperatur [°C]
Unteres Niveau	Oberes Niveau			
	1536	Rechtszensiert	50	150
	1536	Rechtszensiert	50	175
	96	Rechtszensiert	50	200
384	788	Ausgefallen	1	250
788	1536	Ausgefallen	3	250
1536	2304	Ausgefallen	1	250
	2304	Rechtszensiert	41	250
192	384	Ausgefallen	2	300
384	788	Ausgefallen	1	300
788	1536	Ausgefallen	5	300
	1536	Rechtszensiert	3	300

Man erkennt deutlich, dass die Feldlebensdauerprognose einer erheblichen Unsicherheit unterliegt, die bei den Schlussfolgerungen im Rahmen der Ergebnisinterpretation unbedingt zu berücksichtigen ist. Die ermittelte Last-Lebensdauerbeziehung ist trotz Unsicherheit eine wichtige Informationsbasis und kann natürlich als wichtige Grundlage für die weitere Testplanung genutzt werden. Man sollte sich nur stets über die Unsicherheit bewusst sein, die mit der getesteten Stichprobe einhergeht.

5.5.8.2 Zu hohe Beschleunigung

Im zweiten Beispiel wurde eine Isolierung aus Polyurethan in einem beschleunigten Lebensdauertest untersucht. Die Testdaten sind in Tab. 5.28 aufgeführt. Die elektrische Belastung wurde auf fünf Lastniveaus zwischen $E = 100{,}3$ kV/mm und $E = 361{,}4$ kV/mm getestet. Das Feldniveau lag in diesem Beispiel bei $E = 50$ kV/mm. Ausgewertet wird mit dem Inverse-Power-Weibull Modell.

Bestimmt man für jedes Lastniveau die Weibullverteilung, siehe Abb. 5.98 ist auffällig, dass die charakteristische Lebensdauer auf dem höchsten Lastniveau extrem niedrig ausfällt – sie liegt im Bereich < 1 min.

In diesem Fall änderte sich der Ausfallmechanismus auf höchstem Lastniveau aufgrund zu starker Beschleunigung. Werden dennoch alle Daten ausgewertet, entsteht eine deutlich zu optimistische Schätzung der Feldlebensdauer. Abb. 5.99 zeigt zwei Lebensdauermodelle: einmal mit allen Daten und einmal ohne die Werte des höchsten Lastniveaus. Bereits grafisch zeigt sich eine deutliche Überschätzung der Feldlebensdauer. Quantitativ beträgt diese Überschätzung der Median-Feldlebensdauer 147.000 min – ein Faktor von 7. Dieses Beispiel verdeutlicht, dass eine Veränderung des Ausfallmechanismus

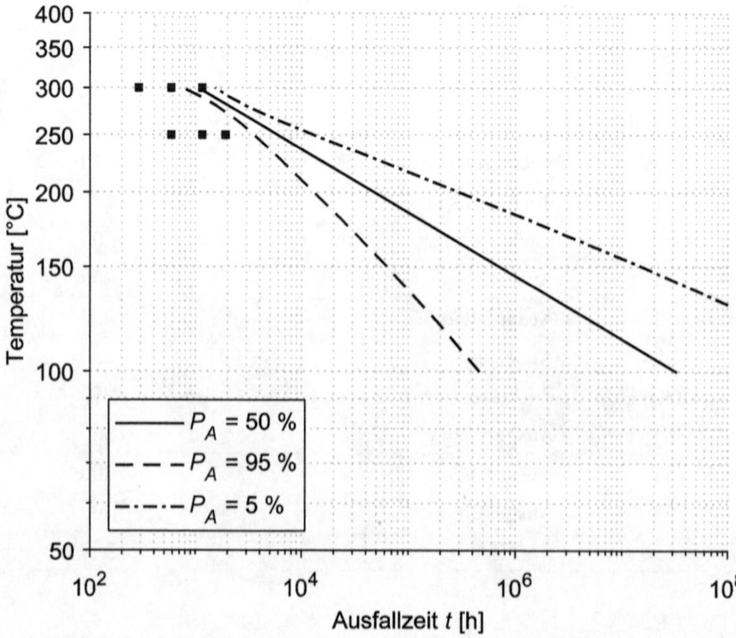

Abb. 5.97 Median-Lebensdauermodell des Schaltkreises mit Vertrauensbereich.

Tab. 5.28 Lebensdauerdaten und Testniveaus der Isolierung

E_i	361,4 kV/mm	219,0 kV/mm	157,1 kV/mm	122,4 kV/mm	100,3 kV/mm
	t_i [min]	t_i [min]	t_i [min]	t_i [min]	t_i [min]
	0,1	15	49	188	606
	0,33	16	99	297	1012
	0,5	36	154,5	405	2520
	0,5	50	180	744	2610
	0,9	55	291	1218	3988
	1	95	447	1340	4100
	1,55	122	510	1715	5025
	1,65	129	600	3382	6842
	2,1	625	1656		
	4	700	1721		

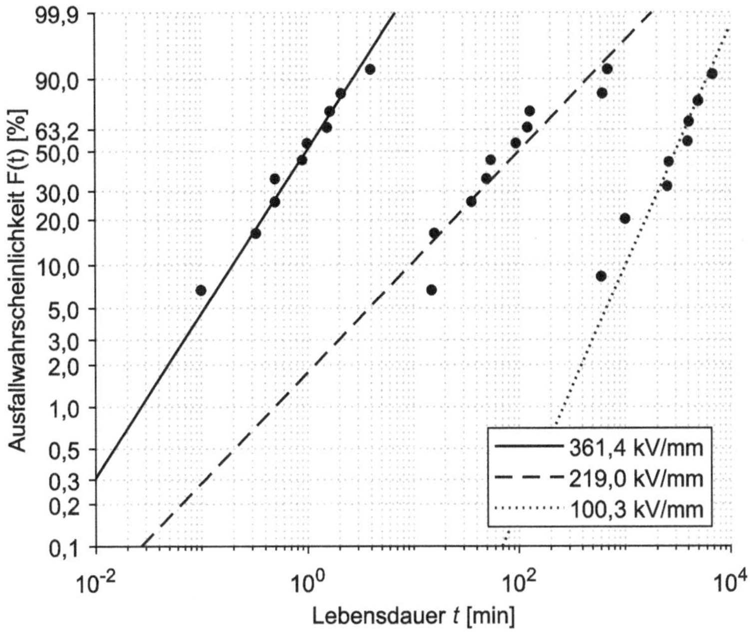

Abb. 5.98 Weibullverteilungen der Lastniveaus. (© IMA 2026. All Rights Reserved)

durch Überbelastung vermieden werden muss. Liegt ein neuer Ausfallmechanismus durch Bauteilbegutachtung vor, dürfen diese Lebensdauerdaten nicht ausgewertet werden.

5.5.9 Bedeutung für die Anwendung in der Produktentwicklung

Die beschleunigte Erprobung ist für die praktische Erprobung von entscheidender Bedeutung, denn in den allermeisten technischen Anwendungen ist die Feldlebensdauer deutlich zu hoch, um diese im Test abzufahren. In diesem Abschnitt wird anhand eines Piezopositionierers der in der Photonik zum Einsatz kommt, aufgezeigt wie die Zuverlässigkeit in einer Realanwendung ermittelt werden kann.

Der NanoCube® ist ein kompakter, parallelkinematischer 6-Achs Piezo-Versteller mit Hebelübersetzung für die Faserausrichtung im Bereich Photonics, siehe Abb. 5.100. Er bietet 3 translatorische Achsen (X, Y, Z) und drei rotatorische Achsen (A, B, C). Er besitzt einen linearen Stellweg von ± 250 µm und einen rotatorischen Stellweg von ± 26 mrad je Achse [272].

In einem Parallelkinematik-Mehrachsensystem wirkt eine bewegte Plattform, auf die alle Aktoren einwirken, wodurch unerwünschte Bewegungen oder äußere Krafteinflüsse in Echtzeit ausgeglichen werden können [272]. Diese aktive Führung gewährleistet hohe

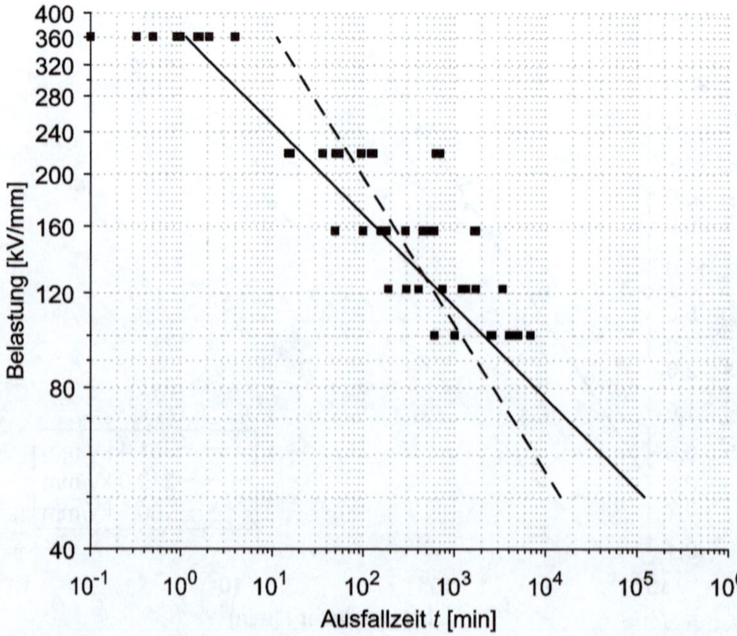

Abb. 5.99 Median-Lebensdauermodelle mit (durchgezogene Linie) und ohne Berücksichtigung der fehlerhaften Daten (gestrichelte Linie). (© IMA 2026. All Rights Reserved)

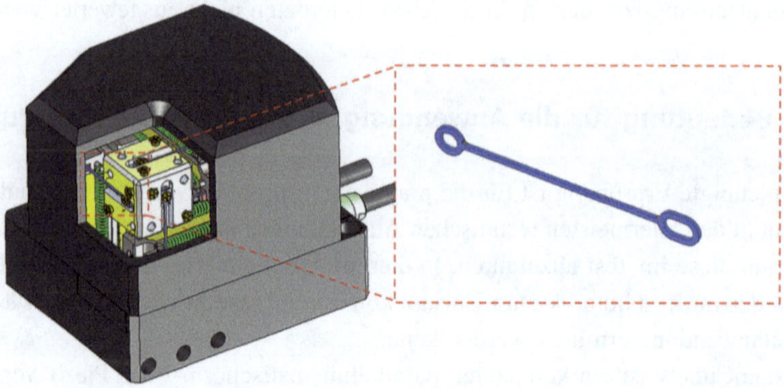

Abb. 5.100 Nanocube® und seine Drahtmitnehmer [272]. (© IMA 2026. All Rights Reserved)

Bahntreue im Nanometerbereich, auch dynamisch. Nutzer können Referenz- und Werkzeugkoordinatensysteme sowie Drehpunkte individuell einstellen. Photonik wird u. a. in optischer Datenkommunikation, Bildgebung, Fertigung, Biowissenschaften und Sicherheit eingesetzt, besonders dort, wo konventionelle Technologien bezüglich Geschwindigkeit, Kapazität und Genauigkeit limitiert sind. Zentral ist das „Fast Multichannel Fiber Alignment“ (FMPA), ein iterativer Prozess zur Ausrichtungsoptimierung zwischen Lichtleitern oder Lichtleiter und Chip hinsichtlich Lichtintensität. Schon kleine Abweichungen (2 μm lateral oder 2,3 mrad Rotation) führen zu ca. 20 % Kopplungsverlust, was die hohen Genauigkeitsanforderungen zeigt. Ein typisches Einsatzgebiet des FMPA ist die Wafer-Inspektion [272].

Im Rahmen des Risikomanagement-Prozesses wurden Ausfallmechanismen (AM) ermittelt, welche die Lebensdauer des Produkts beeinflussen und mit gewichteten Kriterien bewertet. Die am stärksten gewichteten Kriterien sind die Ausfallfolgen und die Eintrittswahrscheinlichkeit, analog zur FMEA. Das Ziel der Schwachstellenanalyse ist es, eine Rangliste der AM nach Priorität zu erstellen und die Top AM im Produkt zu identifizieren, um diese im Anschluss gezielt im Detail untersuchen zu können. Alle lebensdauereinschränkenden Mechanismen werden gesammelt, wobei die Frühausfälle durch geeignete Maßnahmen der präventiven Qualität abgestellt werden. Der Fokus im weiteren Verlauf der Schwachstellenanalyse liegt damit auf den Langzeitzuverlässigkeitsthemen wie beispielsweise Ermüdung oder Verschleiß. Als kritischste Komponente hinsichtlich eines verbleibenden Ermüdungsausfalls wurde der Drahtmitnehmer identifiziert. Zu einem frühen Entwicklungszeitpunkt wurden in einem Dauerlauf auf Systemebene Ausfälle des Drahtmitnehmers beobachtet. Das Bruchbild zeigt einen klassischen Ermüdungsbruch aufgrund zyklischer Belastung im Betrieb. Der Drahtmitnehmer unterliegt aufgrund der häufigen Verfahrwege in der Anwendung einer ständigen mechanischen Belastung. Dadurch wird stetig Schädigung akkumuliert bis schließlich der Ermüdungsbruch eintritt [272].

Für den potenziellen Eintritt eines Ermüdungsbruchs des Drahtmitnehmers muss die Lebensdauer und Zuverlässigkeit bestimmt und überprüft werden. Aufgrund der langen Laufzeiten ist ein Test mit Feldbedingungen keine zielführende Möglichkeit. Stattdessen wird ein beschleunigter Lebensdauertest der Drahtmitnehmer durchgeführt, um deren Beanspruchbarkeit zu bestimmen. In Kombination mit dem Feldbelastungskollektiv und einer FE-Simulation wird die Beanspruchung ermittelt. Mithilfe der Berechnungsansätze aus Abschn. 5.5.5 wird die Zuverlässigkeitsverteilung aus Beanspruchung und Beanspruchbarkeit ermittelt.

Die Beanspruchung wird als Lastkollektiv definiert, da Kunden unterschiedliche Positionen anfahren. Ein repräsentatives Bewegungsprofil ergibt sich aus operativen Kundendaten. Aus diesem Profil werden per FE-Simulation die Beanspruchungsamplituden für jeden angefahrenen Punkt berechnet. Die zugehörigen Zyklenzahlen stammen aus den Kundenanforderungen. Daraus ergibt sich das Lastkollektiv für die gesamte Produktlebensdauer des Drahtmitnehmers. Der relevante Abschnitt des Bewegungsprofils aus dem FMPA-Zyklus umfasst überlagerte Kreisbewegungen der Rotationsachsen A (RotX) und B (RotY) sowie eine Scanbewegung der C-Achse (RotZ). Diese Bewegungen erfolgen hochdynamisch mit 50 Hz über je 0,5 s. Der Bewegungszyklus tritt während

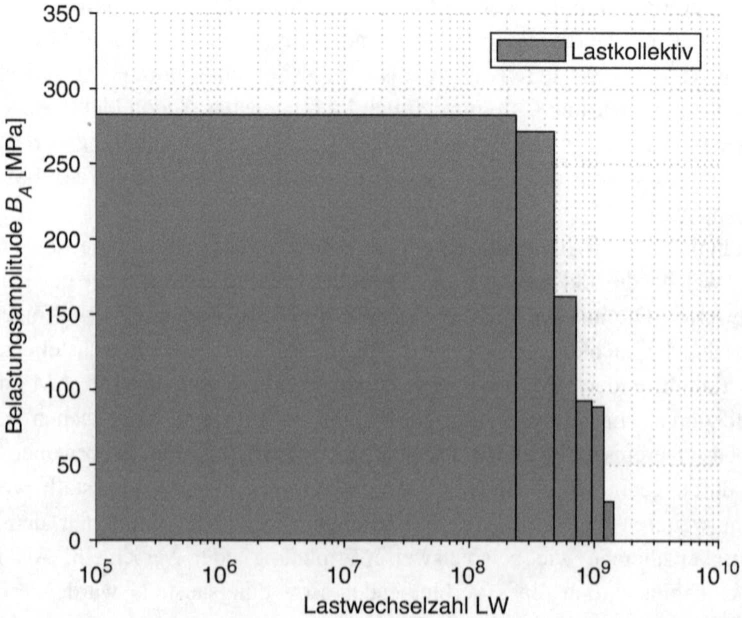

Abb. 5.101 Lastkollektiv des Nanocubes. (© IMA 2026. All Rights Reserved)

der Gebrauchsdauer 9,5 Mio. Mal auf, was insgesamt zu einer Lastwechselzahl von $2,375 \cdot 10^9$ je Amplitudenspannung des Kollektivs führt, siehe Abb. 5.101 [272].

Zur Bestimmung der Beanspruchbarkeit wurden die Drahtmitnehmer einem beschleunigten Lebensdauertest unterzogen. Aufgrund des hochfesten Werkstoffs mussten hohe Lastniveaus gewählt werden, um akzeptable Prüfzeiten zu erzielen, siehe Abb. 5.102. Die Testergebnisse beider Lastniveaus wurden mittels Maximum-Likelihood-Methode ausgewertet, siehe Abschn. 5.5.3, um die Parameter des Wöhler-Weibull Modells zu bestimmen: Formparameter (Streuungsmaß), Wöhlerexponent und die Konstante für die Lage bzw. den Y-Achsenabschnitt, siehe Abb. 5.102 [272].

Mithilfe der zuverlässigkeitsbasierten numerischen Schädigungsrechnung wurden die Testergebnisse des Beanspruchbarkeitstests in relative Schädigungen überführt und die Unsicherheit durch Bootstrap ermittelt, siehe Abb. 5.103.

Die Schadenssumme für das zugrunde liegende Lastkollektiv aus Abb. 5.101 ergibt sich zu:

$$D_S = \sum_{i=1}^{m} \frac{LW_{\text{Test}}}{LW_{\text{Modell}}} = 0{,}0219 \tag{5.151}$$

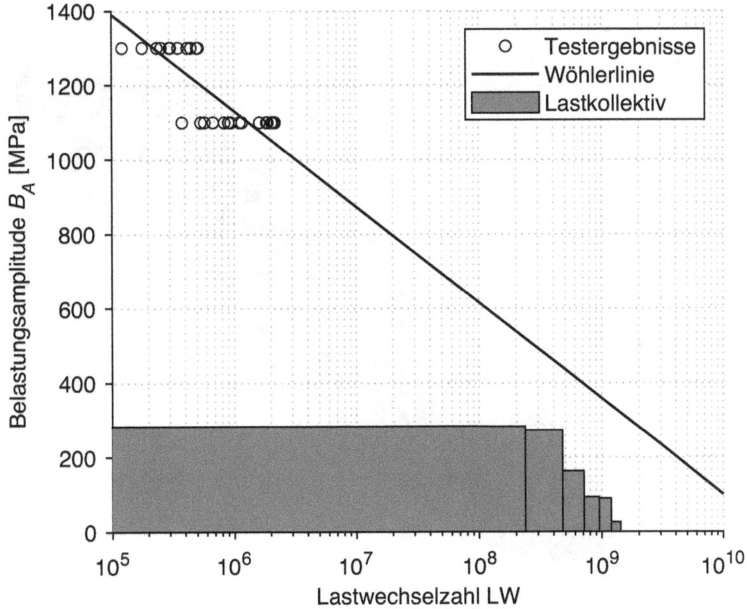

Abb. 5.102 Wöhlerlinie und Lastkollektiv des Drahtmitnehmers [272].

Diese Schädigung erfährt der Drahtmitnehmer also über sein gesamtes Produktleben. Für die Zuverlässigkeitsberechnung bedeutet das, dass die Kurvenschar der Beanspruchbarkeiten bei $D_S = 0{,}0219$ ausgewertet werden muss, siehe Abb. 5.104.

Es lässt sich aus jeder Verteilung eine Zuverlässigkeit für die bestimmte Feldschädigung berechnen. Aus diesen Zuverlässigkeiten kann wiederrum mithilfe der MLE eine Betaverteilung geschätzt werden, die als Zuverlässigkeitsverteilung (engl. Confidence Distribution) interpretiert werden kann, siehe Abb. 5.105.

Die Aussagesicherheit kann dann über das Intergral der Betaverteilung bestimmt werden:

$$P_A(R) = \int_R^1 \frac{R'^{A-1} \cdot \left(1 - R'\right)^{B-1}}{\beta(A,B)} \mathrm{d}R' \tag{5.152}$$

Für den Nanocube® lässt sich mit damit also die Zuverlässigkeitsverteilung als Betaverteilung mit den Parametern $A = 2500$ und $B = 0{,}91$ für die berechnete Feldschädigung bestimmen. Da die Zuverlässigkeit und Aussagesicherheit über die Betaverteilung verknüpft sind, lässt sich für eine geforderte Zuverlässigkeit von z. B. $R = 99{,}9\ \%$ die Aussagesicherheit bestimmen:

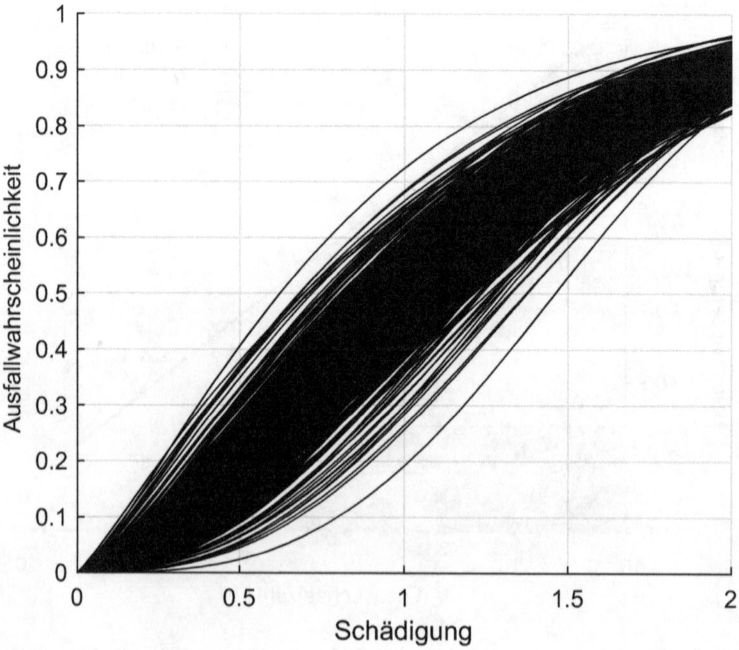

Abb. 5.103 Beanspruchbarkeitsverteilung des Drahtmitnehmers [272].

$$P_A(0,999) = \int_{0,999}^{1} \frac{R'^{2,5\cdot 10^3-1} \cdot \left(1 - R'\right)^{0,91-1}}{\beta(2,5 \cdot 10^3, 0,91)} \mathrm{d}R' = 0,928 \equiv 92,8\,\% \tag{5.153}$$

5.6 Beschleunigte Testverfahren mit mehreren Einflussparametern

Angesichts moderner technologischer Entwicklungen werden Produkte zunehmend komplexer. Wie nie zuvor kann die Lebensdauer eines Produkts dadurch von einer Vielzahl an Einflüssen direkt abhängig sein. Die fortschreitende Digitalisierung mit dominierendem Einzug elektronischer Komponenten in mechanische Antriebsstränge sowie Komfort – oder Infotainmentsysteme moderner Automobile und damit zusammenhängende, vielfältigste Möglichkeiten zu Schädigungshergängen sei nur ein Beispiel hierfür. Zeitgleich wird es für Forscher und Ingenieure, die ohnehin schon durch Ressourcen und Zeit in ihrem Handeln eingeschränkt sind, zunehmend erschwert, auf effizienteste Weise die „entscheidenden wenigen" Faktoren (oder Parameter), die maßgeblich und unmittelbar oder wechselwirkend Einfluss auf die Lebensdauer eines Produkts nehmen oder die verbleibende Restlebensdauer in ein bestmögliches Optimum lenken könnten,

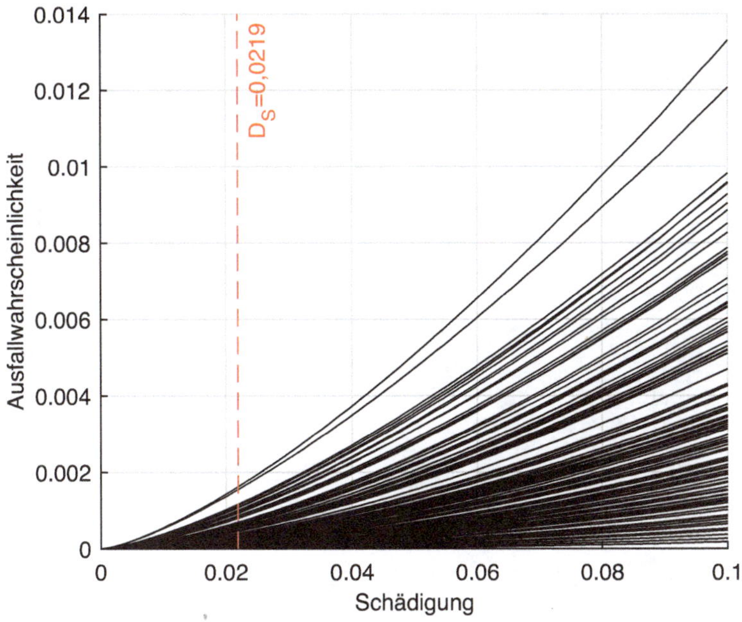

Abb. 5.104 Berechnung der Zuverlässigkeitsverteilung für die Feldschädigung [272]. (© IMA 2026. All Rights Reserved)

zunächst zu identifizieren und schließlich in Bezug auf deren Einflusscharakteristik zu analysieren. Dieser Umstand fordert damit erst ein Verständnis über die prinzipiellen Anforderungen in der Testplanung mit mehreren Faktoren, weshalb dieser Abschnitt entgegen dem gewohnten inhaltlichen Aufbau zunächst die Hintergründe und Grundlagen der statistischen Versuchsplanung, engl. Design of Experiments (DOE), beleuchtet.

Die Methoden der statistische Versuchsplanung können im Kontext multivariater Testplanung eine leistungsfähige Abhilfe schaffen. Insbesondere im Vergleich zu One-Factor-at-a-Time (OFAT) Experimenten, welche schrittweise Änderungen einzelner Faktoren zur zugehörigen Effektuntersuchung vorsehen, wird hier eine effizientere und umfassendere Informationsbeschaffung formuliert [85, 228, 273]. Zwar scheinen OFAT Experimente zunächst trivial bezüglich der Ergebnisinterpretation zu sein (der Effekt durch Änderung einzelner Faktoreinstellungen ist direkt über die Antwort in der Zielgröße messbar), jedoch erlauben diese in der Regel keinen generischen Erkenntnisgewinn über die Art und den Umfang der Beeinflussung eines Faktors auf die Lebensdauer – insbesondere wenn Wechselwirkungen zwischen Faktoren vorhanden sind. An dieser Stelle ermöglicht DOE neben der direkten Effektermittlung von Einflussfaktoren die umfassende Identifikation von Wechselwirkungen, die sich aus dem Zusammenspiel eines Faktors und dessen Effekt mit einem oder mehreren weiteren Faktoren und deren Effekte in Bezug auf die Lebensdauer ergeben. Zeitgleich erfolgt die multivariate Einflussanalyse nach der Vorgabe

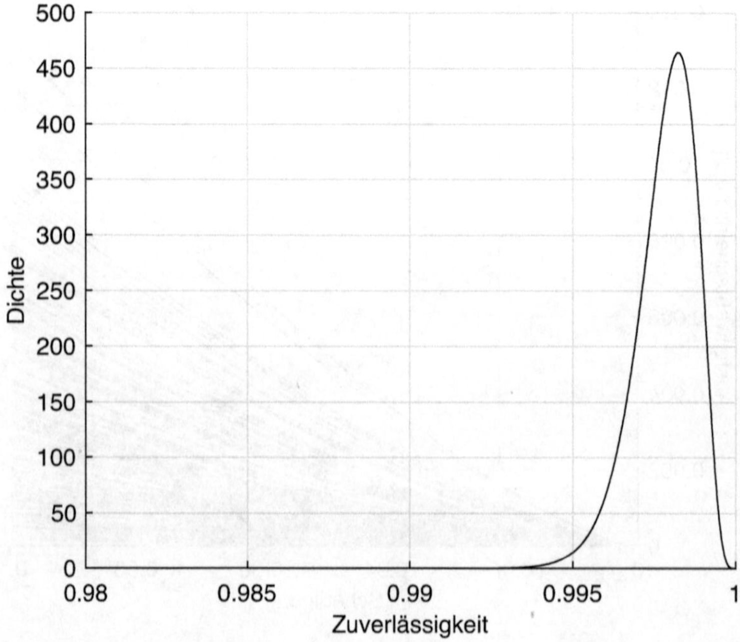

Abb. 5.105 Berechnung der Zuverlässigkeitsverteilung für die Feldschädigung [272]. (© IMA 2026. All Rights Reserved)

statistischer Versuchspläne derart systematisch und strukturiert, dass unter Berücksichtigung einer zu treffenden Auswahl an Einflussfaktoren sowohl der minimal erforderliche Versuchsaufwand als auch der perspektivische Erkenntnisgewinn vordefiniert ist. Mit der Berücksichtigung der nachfolgend aufgeführten Grundlagen zur statistischen Versuchsplanung, der multivariaten Lebensdauermodellierung sowie der Signifikanzanalyse mit Bildung von Vertrauensbereichen wird die Analyse von Einflussparametern bezüglich der Produktlebensdauer damit maximal beherrschbar.

5.6.1 Grundlagen der statistischen Lebensdauertestplanung

Die Planung und Analyse von Tests zielt im Rahmen des DOE und der perspektivisch vorliegenden empirischen Datengrundlage durch einen strukturierten Testplan gemäß den Prinzipien der Regressionsmodellierung auf die Erstellung einer multidimensionalen Ursachen-Effekt-Beziehung zwischen unabhängigen Variablen (den Einflussfaktoren) und der davon abhängigen Zielvariable (die Design-Antwort, also eine ausfallbasierte Lebensdauer) ab. Parameter, die in Bezug auf die Änderung der Zielgröße Lebensdauer keine relevanten (signifikanten) Einflüsse erzeugen, werden dabei unter dem Begriff Störgrößen

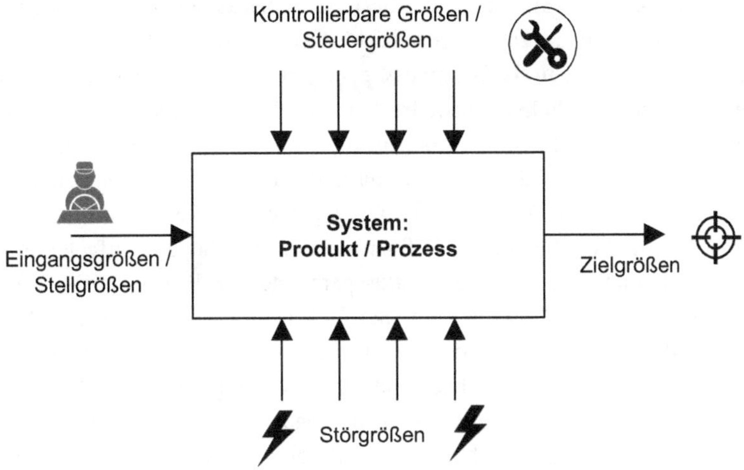

Abb. 5.106 P-Diagramm als Basis der Systemanalyse. (© IMA 2026. All Rights Reserved)

vereint, siehe Abb. 5.106. Im Zuge der experimentellen Datenerhebung sind diese unter den Randbedingungen des Systems sofern möglich vollends zu neutralisieren, jedenfalls aber deren unkontrollierten Einfluss und Varianz zu verhindern.

Einzelne Testdurchläufe (Versuchspunkte) sind dabei durch Einstellungen der Faktoren (Stufen oder Level) zu definieren und abzutesten. Dabei gilt es jedoch zwei wesentliche Unterschiede zu berücksichtigen, die die Analyse von Lebensdauerdaten mittels DOE gegenüber anderen Datengrundlagen (anderen Messgrößen wie beispielsweise der menschlichen Körpergröße, Außendurchmesser von Antriebswellen, Schichtdicken von Lackierungen, usw.) auszeichnen [53, 274]. Der erste ist, dass Lebensdauerdaten in den meisten praktischen Anwendungen in der Regel gut durch eine parametrische Ausfallverteilung wie die Lognormal- oder die Weibullverteilung modelliert werden können, üblicherweise aber nicht der Normalverteilung folgen. Bei konventionellen DOE-Methoden wird jedoch davon ausgegangen, dass die Antwortwerte einer Normalverteilung folgen und die Fehlerterme der Regression daher ebenfalls als normal- und unabhängig verteilt angenommen werden können. Diese Annahme gilt in der Regel jedoch nicht für Antwortdaten, die in den Datenanalysen hinsichtlich der Lebensdauer verwendet werden. Zweitens können die erhaltenen Lebensdauerdaten entweder vollständig oder zensiert vorliegen, weshalb in solchen Fällen Regressionsverfahren, die bei konventionellen DOE-Methoden auf die Antwortdaten anwendbar sind, nicht mehr verwendet werden können.

Ist geklärt, durch welche technischen oder physikalischen Randbedingungen ein System durch die Einstellstufen der Faktoren sowie deren Kombinationen (engl. treatment) funktionsfähig ist und zeitgleich einen relevanten sowie signifikanten Unterschied in der

Antwort (Effekt) der Zielvariable (ausfallbasierte Lebensdauer) bewirkt, wird in der Praxis ein geeigneter Testplan zu den jeweiligen Faktorstufenkombinationen definiert und kompakt in kodierter Form als Testmatrix generiert. Gängige Konventionen zur Kodierung von niedrigen oder hohen Einstellstufen sind dabei beispielsweise –/ + oder -1/1. Die Testmatrix gibt schließlich den Plan für die Umsetzung der Versuche vor: testen der Prüflinge bis Lebensdauerende unter den durch die Faktoren gegeben Randbedingungen entsprechend der Parameterkombination. Werden mehrere Replikationen (Wiederholungen) vorgesehen, sind die Versuche der Testmatrix entsprechend mehrfach durchzuführen. Erzeugt die Änderung der Stufe eines Einflussparameters (z. B. von -1 zu +1) direkt einen Unterschied in der durchschnittlich erreichten Lebensdauer, liegt ein Haupteffekt vor und kann während der Analyse der Ergebnisse aus dem Versuchsplan als solcher quantifiziert werden. Abhängig von der zu beobachtenden Auswirkung auf die Zielgröße (ausfallbasierte, erreichte Lebensdauer), kann dieser als negativer oder positiver Effekt auftreten. Bedingt jedoch erst eine spezifische Einstellstufe eines weiteren Parameters einen Effekt auf die Lebensdauer durch einen Faktor, liegt eine (2-Faktoren-) Wechselwirkung (auch Interaktion) vor. Tritt dies erst bei mehr als zwei Parametern auf, liegen Mehrfachwechselwirkungen vor [85, 273]. Die Information der Versuchsdurchführung durch Analyse der jeweiligen Effekte kann im letzten Schritt schließlich zur Bildung eines statistisch abgesicherten Lebensdauermodells führen, werden die Einflüsse der untersuchten Parameter auf die Zielgröße aufbereitet.

Wie die Selektion eines geeigneten Versuchsplans nun in Abhängigkeit einer zu treffenden Auswahl entscheidend relevanter Einflussfaktoren gelingt und wie diese zu identifizieren sind, wird vorbereitend zum eigentlichen Testing und der Modellierung geklärt. Die vollständige Vorgehensweise einer DOE basierten Lebensdauererprobung und -modellierung ist in Abb. 5.107 zusammengefasst.

1. Definition der Zielgröße
2. Identifikation der Einflussparameter und einer messbaren Systemantwort
3. Auswahl der Untersuchungsfaktoren, Parameterbereiche, Stufen
4. Auswahl eines statistischen Versuchsplans
5. Durchführung der EOL-Versuche gemäß gewähltem Versuchsplan
6. Statistische Auswertung der Versuchsdaten
7. Ergebnisinterpretation und Schlussfolgerung

Abb. 5.107 Systematische Vorgehensweise: DOE bei Lebensdauerversuchen [226]. (© IMA 2026. All Rights Reserved)

5.6.2 Vorbereitung und Parameter-Screening

Für die multivariate Untersuchung der Einflussparameter bezüglich der Lebensdauer eines Produkts sind vorbereitend mehrere Randbedingungen zu berücksichtigen, die sich im Zielkonflikt befinden können. Einerseits soll unter Zuhilfenahme statistischer Versuchspläne ein effizientes Vorgehen zur ganzheitlichen Untersuchung relevanter Einflüsse und deren Wechselwirkungen herangezogen werden, wobei deren Auswirkungen perspektivisch unabhängig und getrennt voneinander statistisch erfassbar sein sollen. Andererseits führt dann jedoch genau die Auswahl eines spezifischen Versuchsplans, der Genanntes begünstigt, zu einer inhärenten Beschränkung des möglichen Umfangs an Versuchsparametern und damit des Informationsgehalts der zu modellierenden Ursachen-Effekt-Beziehungen: wie viele Faktoren sollen letztendlich untersucht werden? Mit welchem Typ Versuchsplan und welchem Umfang an Versuchen muss geplant werden? Inwieweit wird der Test-Aufwand vervielfacht, wenn mit einem bereits gewählten Versuchsplan noch ein weiterer Faktor berücksichtigt werden soll? Wie detailliert soll das zu erstellende Modell für die Ursachen-Effekt-Beziehung ausgeprägt sein?

Bestenfalls muss also bereits vorab geklärt sein, wie viele und welche möglicherweise signifikanten und effektstarken Einflussparameter experimentell im Rahmen des DOE untersucht werden sollen – in Bezug auf deren Haupteffekte, sowie hinsichtlich der initialen und sich perspektivisch über die Lebensdauer eines Produkts ändernden Wechselwirkungen. Neben technisch realisierten Vorversuchen gemäß der in Kap. 4 aufgeführten qualitativen Testverfahren oder numerischen Simulationen zur Identifikation dominierender Einflussgrößen und deren Wechselwirkungen dient dabei das heuristische Screening der Bildung einer potenziellen Vorauswahl an DOE-Parametern (Größenordnung: 10 + Einflussparameter). Eine detaillierte Beschreibung des Vorgehens kann [226] entnommen werden, weshalb hier nur ein prinzipieller Überblick zum Ablaufschema wiedergegeben wird. Um demnach die „entscheidenden wenigen" Parameter (vgl. Abschn. 5.6.1) systematisch zu identifizieren, soll zunächst sowohl das System, als auch die statistische Test-Methodik verstanden und gegeneinander abgeglichen werden. Dafür eignet sich zuerst eine fundierte Systemanalyse, während zweiteres im nachfolgenden Abschnitt besprochen wird. Auf die Systemanalyse folgen anschließend Kreativmethoden zur Bewertung der Einflussstärken sowie möglicher Wechselwirkungen. Daraus resultiert eine rationale und vorerst test-freie Vorauswahl eines priorisierten Parametersatzes [136]. In der Systemanalyse wird das betrachtete Produkt oder System als Blackbox, basierend auf Eingangsgrößen, der Hauptfunktion und der Ausgangsgrößen, in einem Systemblockschaltbild und einer Funktionsstruktur detailliert und so eine Grundlage für das systematische Aufstellen aller Topfunktionen und Teilfunktionen erfasst [5]. Für die Informationsbeschaffung haben sich hierbei Workshops und Brainstormings in Expertenrunden sowie Recherche in Fachliteratur und Handbüchern für die jeweiligen Produkte als äußerst wirksam erwiesen. So werden im Systemblockschaltbild erst alle vorhandenen Komponenten in ihrer Anordnung abstrahiert dargestellt, die Schnittstellen definiert und anschließend sämtliche Funktionen dieser Komponenten in einer Funktionsstruktur erfasst. Komplementär dazu befähigt dieser Schritt konsequenterweise zur Identifikation von Fehlern – also dem Nichterfüllen der jeweiligen Funktionen. Aus der Systemanalyse wird daher die Grundlage für das Verständnis des Systemverhaltens im Fehlerfall gewonnen. Darüber hinaus können in der Analyse der Fehlermöglichkeiten alle dazu vorliegenden Einflussfaktoren gesammelt werden.

Im nächsten Schritt ist zu klären, welche dieser Einflüsse nun als höchstrelevant, potenziell wechselwirkend, verstärkend oder gar doch als irrelevant in Bezug auf die Antwortvariable Lebensdauer zu bewerten sind. Dafür wird die Gesamtheit der erfassten Einflussparameter in ein Ursache-Wirkungs-Diagramm formiert, um potenzielle Wechselwirkungen zu identifizieren. Bei einer entsprechenden Größe des identifizierten Parametersatzes kann beispielsweise ein Ishikawa-Diagramm dafür geeignet sein. In Bezug auf die Wechselwirkungen ist hierbei vor allem zu berücksichtigen, dass diese sich im Laufe der Nutzung bzw. der Alterung des Produktes verstärken, abmindern oder gänzlich verändern können. Der Effekt von Wechselwirkungen kann sich deshalb vom Anfangszustand (anfängliche Verteilung der Leistungsfähigkeit) des Produktes unterscheiden. In anderen Worten: die Schädigung eines Produkts kann über die gesamte Nutzungszeit gesehen durch sich verändernde Einflussparameter bzw. Fehlermechanismen dominiert werden sowie durch sich verändernde Einflussparameter oder Wechselwirkungen bedingt sein. Schließlich ist der dann vorliegende, strukturierte Satz an Einflussparametern nach Einfluss-Priorität zu ordnen, um eine Auswahl der wesentlichen Einflussfaktoren im Abgleich mit dem Umfang eines abgezielten Versuchsplans zu treffen. Bestenfalls können zwei Informationsquellen dafür dienen: der unmittelbare Erfahrungswert von Experten oder der Literatur, sowie die Identifikation potenziell relevanter Parameter mit den quantitativ meisten Wechselwirkungen. Zur Identifikation der größten Häufigkeit einer durch einen spezifischen Parameter auftretenden Wechselwirkung eignet sich beispielsweise die Parameter-Analyse durch eine Design-Structure Matrix (DSM) [275, 276]. Die DSM ist ein Werkzeug zur Erfassung und Analyse der Vernetzung von Parametern: welcher Einflussparameter wirkt in Zusammenhang mit einem weiteren Parameter einen direkten, wechselwirkenden Einfluss auf die Zielgröße (die Lebensdauer eines Produktes) aus. Diejenigen Einflussparameter mit den häufigsten Wechselwirkungen bzw. Einflüssen auf die Zielgröße sind dann zusammen mit qualitativ erfassten, priorisierten Parametern für die Aufnahme in einen Versuchsplan in die Auswahl des zu untersuchenden Parameterraums aufzunehmen. Das heißt, eine individuelle Favorisierung auf Basis von Expertenwissen, das Ergebnis der Wechselwirkungsanalyse durch die DSM sowie die Kenntnis über einen möglichen Umfang im Versuchsfeld und die Anforderungen durch DOE-Methodik (siehe nachfolgender Abschn. 5.6.3) filtern als Ergebnis die entscheidenden Versuchsparameter heraus, vgl. Abb. 5.108.

Stoßen heuristische Methoden an ihre Grenzen und eine rationale Priorisierung der gesammelten Einflussparameter, die den Umfang eines geeigneten Versuchsplans definieren, kann nicht erfolgen, sind Screening-Experimente umzusetzen (Größenordnung: 6–15

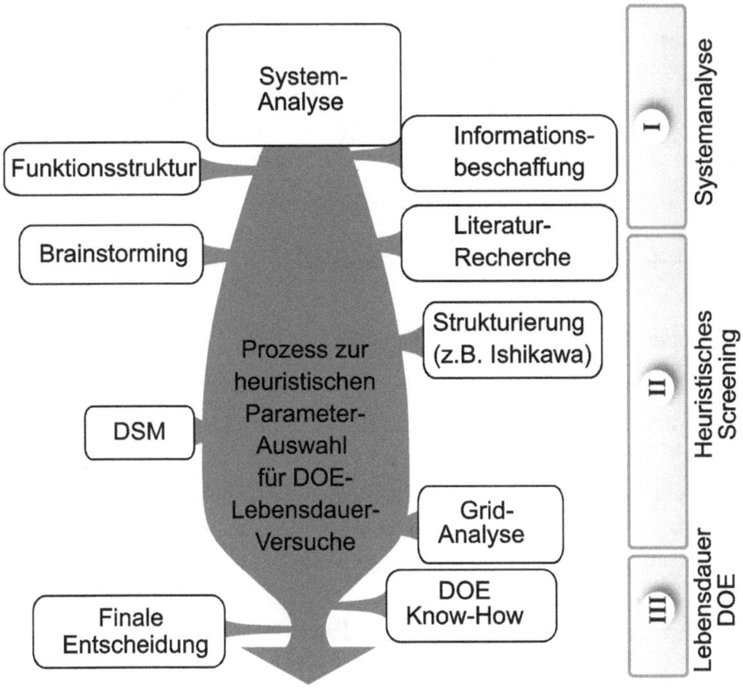

Abb. 5.108 Heuristisches Parameter-Screening [226]. (© IMA 2026. All Rights Reserved)

Einflussparameter). Durch sie können aus einer Vielzahl potenzieller Faktoren experimentell die wesentlichen, signifikanten Parameter ermittelt werden. Ziel dieser Experimente ist es, durch eine systematische Untersuchung und unter Einbeziehung des vorhandenen Vorwissens über das System, untergeordnete Faktoren auszuschließen. Damit konzentriert sich die experimentelle Untersuchung auf die Identifikation der Schlüsselfaktoren (diejenigen Einflussfaktoren, die den größten Effekt aufweisen), die für eine weiterführende, detaillierte Analyse erforderlich sind. Charakteristisch für Screening-Experimente ist ihre Effizienz. Sie erfordern vergleichsweise wenige Durchführungen und dienen primär der Identifikation der entscheidenden Faktoren, wobei Wechselwirkungen zwischen den Faktoren eine untergeordnete Rolle spielen. Wie die Versuchsplanung dieser Experimente und generell Testpläne im Rahmen der systematischen Untersuchung definiert sein können, wird weiter in Abschn. 5.6.3 geklärt. Die finale Untersuchung der als wesentlich identifizierten Einflussparameter (Größenordnung: 2–5 Einflussparameter) im Sinne der Beschreibung der Ursachen-Effekt-Beziehung oder des Optimierungsvorhabens erfolgt dann im eigentlichen DOE-Prozess. Auch hierfür vorgesehene DOE-basierte Versuchspläne werden nachfolgend skizziert.

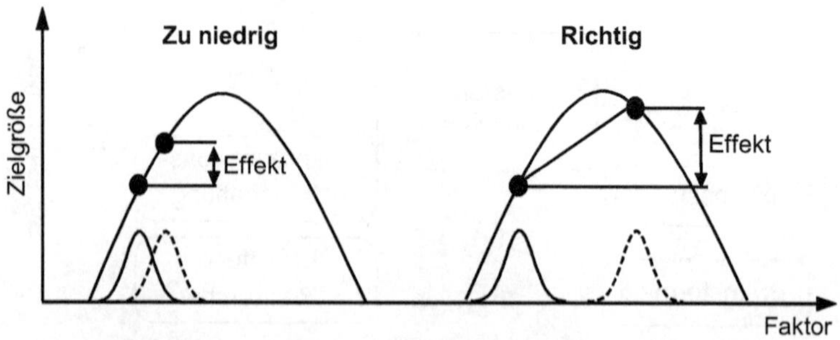

Abb. 5.109 Festlegung der Faktorstufen [228].

5.6.3 Definition der Testniveaus

Dieser Abschnitt zeigt bewährte Testpläne auf, beginnend mit Screening-Designs für Vorversuche. Weiter werden vollfaktorielle Versuchspläne sowie Wirkungsflächen-Versuchspläne, engl. Response Surface Design (RSD), besprochen. Die Erstellung maßgeschneiderter Pläne und deren Optimalitätskriterien ergänzen den Umfang gängiger DOE-Versuchspläne in Bezug auf die Lebensdauer- bzw. Zuverlässigkeits-Erprobung.

5.6.3.1 Definition der Faktorstufen

Inwiefern der Stichprobenumfang oder die Festlegung der Höhe von Faktorstufen zu erfolgen hat, kann bedingt vorab geklärt werden. Bei einer erwarteten nichtlinearen Abhängigkeit der Zielgröße von Einflussfaktoren integrieren Versuchspläne typischerweise drei bis fünf Faktorstufen. Bei mehr als fünf Faktoren empfiehlt es sich, aus Gründen der Aufwandsreduzierung nur zwei Faktorstufen zu verwenden. Diese Stufen umfassen den für den Prozess und das System üblicherweise relevanten Wertebereich der Einflussfaktoren (das Feld-Niveau der Beanspruchungen). Eine Anpassung des Wertebereichs in ein beschleunigtes Niveau (das Test-Niveau) mit Absicht der Versuchszeitreduktion geht dabei in der Regel mit der Notwendigkeit einher, im Nachgang extrapolieren zu müssen – also Prädiktionen auf das eigentliche Feld-/ bzw. Beanspruchungsniveau zu übertragen. Beim Festlegen des Abstands zwischen zwei Stufen ist sicherzustellen, dass dieser nicht zu klein ist. Aufgrund der Zufallsstreuung steigt der Versuchsaufwand, um einen signifikanten Einfluss des Faktors auf die Zielgröße nachzuweisen. Abb. 5.109 ergänzt grafisch diesen Zusammenhang [228].

5.6.3.2 Definition des Stichprobenumfangs

Mit zunehmendem Stichprobenumfang verengt sich der Vertrauensbereich für einen Effekt. Das bedeutet, dass der Bereich, der einen tatsächlich vorhandenen Effekt mit einer festgelegten Wahrscheinlichkeit umschließt, schmaler wird. Um also auch einen geringfügigen wahren Effekt zuverlässig identifizieren zu können, ist unter Umständen ein großer Stichprobenumfang erforderlich. Wird zunächst für die Effektverteilung eine Normalverteilung angenommen, liefert [228] einen überschlägigen Zusammenhang für die erforderliche Stichprobengröße neben der durch den Versuchsplan erforderlichen Mindestzahl an Versuchen. Die Anzahl der Kombinationen der Faktorstufen n und die Anzahl der Durchführungen m (Replikationen) bestimmen so die Gesamtgröße des Designs bzw. Versuchsaufwandes. Wenn ein experimentelles Design zwei Mal repliziert wird, so finden für die Faktorstufenkombination $m = 2$ Experimente statt. Die Gesamtanzahl der Experimente lässt sich im Vorfeld durch das Verhältnis der erwarteten Standardabweichung σ zum erwarteten, tatsächlich vorhandenen Effekt $\Delta\mu$, abschätzen. Der entsprechende Zusammenhang ergibt sich damit zu [228]:

$$N \sim 60 \cdot \left(\frac{\sigma}{\Delta\mu}\right)^2. \tag{5.154}$$

Für die Anzahl N aller Versuchspunkte gilt damit für m Replikationen weiter:

$$N = m \cdot n. \tag{5.155}$$

Insbesondere bei EoL-Lebensdauerversuchen und in Abhängigkeit der Komponente bzw. des Systems kann dies bereits einem erheblichem Versuchsaufwand entsprechen. Ist also bestenfalls das Systemverhalten bei Ausfall über die Standardabweichung bekannt, kann eine Replikationszahl $m \geq 1$ mit etabliertem Versuchsdesign bereits Mindestanforderungen erfüllen.

5.6.3.3 Voll-Faktorielle Versuchspläne

Für die Ermittlung aller Effekte in der experimentellen Untersuchung von Zielgrößen (in diesem Fall der Lebensdauer), eignen sich unter Berücksichtigung mehrerer Einflussparameter in der Regel vollfaktorielle Versuchspläne. Darunter versteht man einen Versuchsablauf, in dem alle sich aus k Faktoren bzw. Einflussparameter ergebenden Parameterkombination durch die Versuchspunkte vollständig abgedeckt und untersucht werden. Die vollfaktorielle Untersuchung ermöglicht es dadurch, Haupteffekte sowie (Mehrfach-) Wechselwirkungen zu analysieren und zu quantifizieren. Der Umfang an Versuchspunkten im Erprobungsplan mit 2 Stufen (-1 und + 1) ergibt sich damit zu [85]:

$$n = 2^k. \tag{5.156}$$

Generell ist es möglich, mit einem Versuchsplan, der über zwei Stufen verfügt, $n - 1$ Effekte zu ermitteln, die als Regressionskoeffizienten im Regressionsmodell beschrieben werden, siehe Abschn. 5.6.5. In jedem Regressionsmodell muss neben allen Regressionskoeffizienten auch die Konstante bestimmt werden, woraus $n - 1$ beschreibbare Effekte resultieren [273]. Mit der Anzahl der Faktoren und deren Stufen steigt die Anzahl der erforderlichen Versuchsdurchführungen exponentiell an, was die Praktikabilität solcher

Faktorstufen-kombination	Faktoren und Wechselwirkung		
#	x_1	x_2	x_1x_2
1	-1	-1	+1
2	+1	-1	-1
3	-1	+1	-1
4	+1	+1	+1

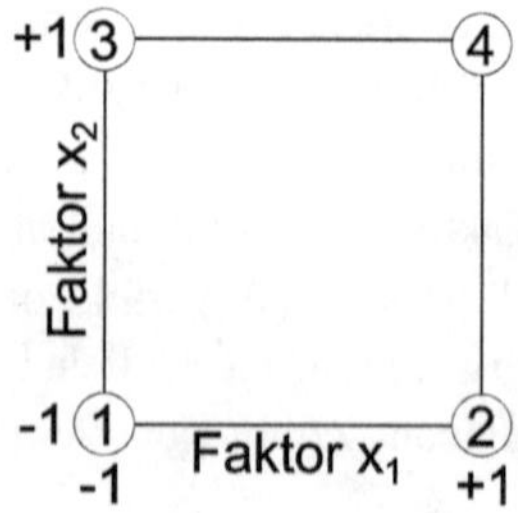

Abb. 5.110 Struktur des vollfaktoriellen Versuchsplans.

Designs insbesondere bei einer hohen Faktorenanzahl einschränken kann. Abb. 5.110 zeigt den allgemeinen Aufbau des vollfaktoriellen Versuchsplans anhand eines Beispiels.

5.6.3.4 Testpläne für das Parameter-Screening

Im Falle einer umfangreichen Anzahl von Einflussfaktoren erweist sich der vollfaktorielle Versuchsplan in der Regel als unpraktikabel, woraus die Notwendigkeit für teilfaktorielle Versuchspläne entsteht. Mit der Zunahme der Faktorenanzahl in einem zweistufigen faktoriellen Design für beispielsweise Screening-Zwecke wächst die Anzahl der Durchläufe erheblich. Zum Beispiel erfordert eine einzelne Replikation eines Experiments mit acht Faktoren auf zwei Stufen 256 Durchläufe. Teilfaktorielle Versuchspläne zielen daher darauf ab, mit einer reduzierten Anzahl an Versuchen und minimalem Informationsverlust diejenigen Effekte zu beschreiben, die für den jeweiligen Anwendungsfall am wichtigsten sind. Sie nutzen eine selektive Teilmenge aller möglichen Kombinationen von Variablen, um mit einer verringerten Anzahl an Experimenten dennoch signifikante Erkenntnisse über betrachtete Einflussparameter zu gewinnen [273]. Das Prinzip basiert auf der Erstellung eines Beschreibungsmodells, bei dessen Nutzung angenommen wird, dass höhergradige Interaktionen zwischen den Faktoren vernachlässigbar sind, wodurch sich die Analyse auf eine geringere Anzahl relevanter Haupteffekte und Wechselwirkungen niedrigerer Ordnung konzentrieren kann. Dieses Vorgehen führt zu einer effizienten Nutzung der Versuchsressourcen, woraus sich

$$n = 2^{k-p} \tag{5.157}$$

Versuchspunkte ergeben [85]. p beschreibt in Gl. (5.157) die Anzahl zusätzlicher Parameter im Versuchsplan im Vergleich zum vollfaktoriellen 2^k „Basisversuchsplan". Der Preis dieser Einsparung ist jedoch die *Vermengung* von Effekten. Eine klare Trennung von Haupteffekten mit beispielsweise Wechselwirkungen höherer Ordnung ist dadurch nicht mehr klar durchführbar. Der Grad der Vermengung wird dabei in der Auflösung gemessen.

Eine detailliertere Übersicht zu Vermengung und Auflösung teilfaktorieller Versuchspläne liefert [228, 273].

5.6.3.5 Wirkungsflächen-Versuchspläne

Die bisher genannten Versuchspläne ermöglichen die mathematische Darstellung linearer Beziehungen, jeweils mit untersuchten Faktoren in den Versuchen auf nur zwei Stufen. Jedoch ist die Modellierung komplexerer Effekte mit diesen Plänen nicht möglich, da hierfür zusätzliche Stützstellen durch zusätzliche Faktorstufen für die Modellierung erforderlich sind. Für die Analyse nicht-linearer Effekte sind damit spezielle Versuchspläne notwendig, die gemeinhin als Wirkungsflächen-Versuchspläne, engl. Response-Surface-Design (RSD) bekannt sind. Die entsprechende Modellierung zielt darauf ab, die quantitativen Beziehungen zwischen den Faktoren und der Zielgröße detaillierter zu beschreiben, wodurch Optimierungen durchgeführt werden können, bei denen die ausgewählten Modellparameter je nach Optimierungsziel angepasst werden. Zentral zusammengesetzte Designs, engl. Central-Composite-Designs (CCD), sind in der Gruppe der Wirkungsflächen-Versuchspläne besonders geeignet, um nichtlineare Beziehungen zwischen Zielgrößen und Faktoren zu untersuchen. Im Gegensatz zu herkömmlichen vollständigen oder teilfaktoriellen faktoriellen Versuchsplänen verfügen CCDs über zusätzliche Stern- und Zentralpunkte, vgl. Abb. 5.111.

Ein CCD mit zwei Faktoren verfügt neben den $n_\mathrm{F} = 4$ Eckpunkten eines vollständigen faktoriellen Plans auch über vier Sternpunkte und weitere Zentralpunkte [85]. Die Zentralpunkte dienen dazu, das Vorhandensein eines quadratischen Zusammenhangs zu überprüfen, während die Sternpunkte eine genauere Bestimmung dieses Zusammenhangs ermöglichen. Idealerweise sind CCDs sowohl orthogonal als auch drehbar, beides Metriken für Qualitäten von Versuchsplänen, für die Abschn. 5.6.4 weitere Details beinhaltet. Bei den Zentralpunkten wird üblicherweise empfohlen, eine Anzahl von 3 bis 5 zu verwenden. Um ebenso eine effektive Drehbarkeit zu gewährleisten, die vom Abstand der Sternpunkte zu den Zentralpunkten abhängt. Der Abstand der Sternpunkte vom Zentralpunkt [273, 277] orientiert sich an der Anzahl der faktoriellen Versuchspunkte n_F:

$$\alpha = n_F{}^{\frac{1}{4}}. \tag{5.158}$$

Abwandlungen dieser Ausprägung, beispielsweise in Form von *Box-Behnken-* oder *flächenzentrierten* Versuchsplänen, erfüllen dabei andere Bedarfe mit unterschiedlichen Änderungen des resultierenden Versuchsaufwandes, wofür ebenfalls [228, 273] einen vertiefenden Einblick gewähren.

5.6.3.6 Optimale Versuchspläne

Optimale Versuchspläne gewähren dem Versuchsingenieur grundsätzlich eine umfassende Flexibilität bei der Gestaltung des Versuchsplans. Diese Versuchspläne kommen insbesondere dann zum Einsatz, wenn nicht alle Faktorstufen aufgrund von gegenseitigen

Faktorstufen-kombination	Faktoren	
#	x_1	x_2
1	-1	-1
2	+1	-1
3	-1	+1
4	+1	+1
5	-α	0
6	+α	0
7	0	-α
8	0	+α
9	0	0
10	0	0
11	0	0
12	0	0
13	0	0

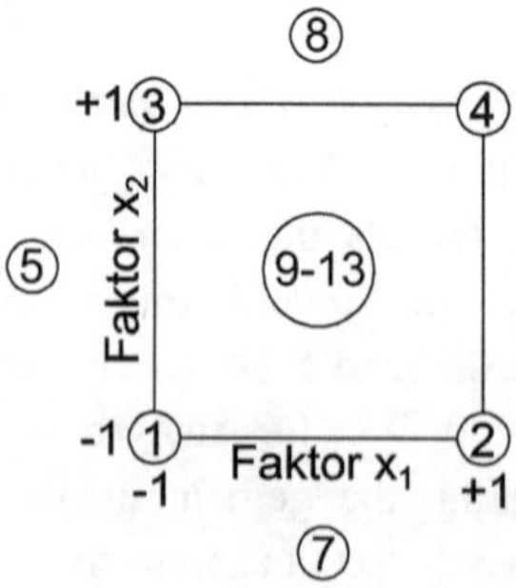

Abb. 5.111 Struktur des zentral zusammengesetzten Versuchsplans. ()

Einschränkungen realisierbar sind oder wenn die Anzahl der durchführbaren Experimente durch verfügbare Kapazität limitiert ist. Sie gewähren mehr Freiheitsgrade hinsichtlich der Anzahl der Faktorstufenkombinationen, die Modelldetaillierung und den Versuchsumfang. Solche speziell auf die jeweilige Problemstellung zugeschnittenen Versuchspläne werden anhand von Optimalitätskriterien bewertet und mit den ursprünglich vorgesehenen Standardversuchsplänen verglichen. Die verschiedenen dazugehörigen Optimalitätskriterien, die eine detaillierte Bewertung dieser Pläne ermöglichen, werden in Tab. 5.29 zum Zweck der Orientierung aufgelistet [228, 273, 278].

5.6.4 Erfolgsprinzipien im DOE

Der Erkenntnisgewinn, der durch die Nutzung statistischer Versuchspläne in der Untersuchung von Systemen erzielt wird, ist laut aktuellem Forschungsstand hauptsächlich auf die

Tab. 5.29 Bekannteste Optimalitätskriterien in der multivariaten Lebensdauererprobung

Optimalität	Zielgröße
A-Optimalität	Minimierung der durchschnittlichen Breite des Vertrauensbereichs der Regressionskoeffizienten
D-Optimalität	Minimierung des Vertrauensbereichs-Volumens durch die Regressionskoeffizienten
E-Optimalität	Minimierung der maximalen Breite des Vertrauensbereichs eines Regressionskoeffizienten
G-Optimalität	Minimierung der erwarteten, maximalen Prädiktionsvarianz im Parameterraum
I-Optimalität	Minimierung der durchschnittlichen Prädiktionsvarianz im Parameterraum
S-Optimalität	Harmonisierung des Abstandes der Versuchspunkte im Parameterraum

mathematischen Eigenschaften dieser Pläne zurückzuführen. Hierbei spielen insbesondere Strategien wie Blockbildung und Randomisierung sowie Eigenschaften wie Orthogonalität, Ausgewogenheit und Drehbarkeit eine zentrale Rolle. Während Orthogonalität oft als grundlegende Anforderung gesehen wird, sind Ausgewogenheit und Drehbarkeit zwar nicht zwingend erforderlich, bieten jedoch deutliche mathematische Vorteile. Diese Eigenschaften stehen zudem in Wechselwirkung miteinander und können sich gegenseitig beeinflussen sowie bedingen.

5.6.4.1 Blockbildung

Das Ziel der Blockbildung in experimentellen Designs besteht darin, die Zufallsstreuung (durch kategoriale Unterschiede bei Kalendertagen, Produkt-Batches, Prüfstands-Bedienern, etc.) zu minimieren, um mit einer möglichst geringen Anzahl von Einzelversuchen zuverlässige Ergebnisse zu erzielen. Blockbildung bezeichnet die systematische Gruppierung von Versuchsobjekten oder Einzelversuchen in sogenannte Blöcke [228, 273]. In jedem dieser Blöcke werden die Versuchsbedingungen so gestaltet, dass die zufälligen Unterschiede minimiert werden und jede Faktorstufenkombination gleichmäßig über alle Blöcke verteilt ist [228]. Diese Konfiguration fördert die Konsistenz innerhalb der Blöcke und stellt sicher, dass repräsentative Versuchsbedingungen gewährleistet sind. Unterschiede zwischen den Blöcken können durch die Ausgewogenheit der Blöcke eindeutig identifiziert und in der statistischen Analyse berücksichtigt werden [228]. Dadurch wird die Genauigkeit der Schätzung der Effekte der untersuchten Faktoren verbessert und die Zufallsstreuung über die Versuche hinweg reduziert, was zu robusteren und verlässlicheren experimentellen Ergebnissen führt.

5.6.4.2 Randomisierung

Zur Gewährleistung der Genauigkeit bei der Abschätzung der Effekte der Faktoren in einem Experiment, ist es entscheidend, dass die Durchführung der einzelnen Versuche innerhalb jedes Blocks in einer zufälligen, jedoch nicht willkürlichen Reihenfolge erfolgt. Diese Methode wird als Randomisierung bezeichnet [228, 273]. Dabei wird die Reihenfolge der Versuche vorab durch Zufallszahlen festgelegt und muss bei der Versuchsdurchführung konsequent beibehalten werden, um die Integrität der Ergebnisse zu sichern. Eine nachträgliche Änderung dieser Reihenfolge, zum Beispiel um seltener zwischen Faktorstufen wechseln zu müssen, könnte die Repräsentativität der Resultate gefährden. Diese Strategie verursacht zwar zusätzlichen Aufwand, trägt jedoch erheblich zur Verlässlichkeit der experimentellen Ergebnisse bei. Durch die Verbindung von Blockbildung und Randomisierung wird ein umfassender Schutz vor Veränderungen in den Versuchsbedingungen erreicht [228]. Zuerst eliminiert die Blockbildung alle bekannten und steuerbaren Veränderungen aus der Streuung der Daten. Danach wird innerhalb dieser Blöcke eine Randomisierung durchgeführt, um jegliche Beeinträchtigung der Faktoreneffekte durch noch vorhandene, unkontrollierbare Veränderungen auszuschließen.

5.6.4.3 Ausgewogenheit

Die Ausgewogenheit in Versuchsplänen spielt eine entscheidende Rolle, um sicherzustellen, dass selbst geringfügige Effekte verschiedener Faktorstufenkombinationen identifiziert werden können. Ein Versuchsplan gilt als ausgewogen, wenn jeder Faktor über alle seine Stufen hinweg eine gleichmäßige Anzahl von Einstellungen erhält. Dies gewährleistet, dass alle Faktorstufenkombinationen im Versuchsplan gleichbehandelt werden und somit die Varianzschätzung an jedem Versuchspunkt auf einer konsistenten Stichprobengröße basiert. Im Gegensatz dazu können unausgewogene Versuchspläne die Zuordnung kleiner Effekte zu spezifischen Variationen der Faktorstufen erschweren [228].

5.6.4.4 Orthogonalität

Die Orthogonalität von Versuchsplänen ist ein entscheidendes Kriterium, um die Einflüsse der Parameter präzise voneinander trennen zu können [228]. Ein Versuchsplan wird als orthogonal bezeichnet, wenn keine Korrelation zwischen den Spalten der Versuchsmatrix besteht – die Parameter sind demnach unabhängig voneinander. Mathematisch wird diese Unabhängigkeit dadurch definiert, dass das Skalarprodukt der Versuchsmatrix mit ihrer transponierten Matrix gleich Null ist. Diese Anforderung wird nicht nur in allen faktoriellen Versuchsplänen, sondern auch in sogenannten orthogonalen Feldern (englisch: Orthogonal Array, OA) umgesetzt [228, 273]. Durch die Gewährleistung der Unabhängigkeit der Effekte ist es möglich, diese korrekt und separat zu analysieren, selbst bei der Mehrfachnutzung von Versuchen und gleichzeitiger Veränderung mehrerer Faktoren im Versuchsplan. Die Einhaltung der Orthogonalität ist in der wissenschaftlichen Literatur häufig gefordert, um präzise Ergebnisse zu erzielen und eine Vermengung von Effekten zu vermeiden. Mathematisch führt die Beachtung der Orthogonalität zu engeren Vertrauensbereichen für die geschätzten Modellkoeffizienten im Vergleich zu Plänen, die von dieser Bedingung abweichen.

5.6.4.5 Drehbarkeit

Drehbarkeit beschreibt die Fähigkeit eines Versuchsplans, konsistente Varianzen der Modellergebnisse in alle Richtungen des Parameterraums zu gewährleisten. Dies bedeutet, dass die Breite des Vertrauensbereichs sowie die Genauigkeit der geschätzten Regressionskoeffizienten nicht von spezifischen Faktoren beeinflusst werden, sondern ausschließlich von der Entfernung zum Zentrum des Parameterraums abhängen. Drehbarkeit ist eine anspruchsvollere Eigenschaft als Orthogonalität und setzt diese in der Regel voraus. Diese Eigenschaft wird vor allem in Versuchsplänen zweiter oder höherer Ordnung relevant, insbesondere bei zentralzusammengesetzten Versuchsplänen (CCDs). Die Erreichung der Drehbarkeit kann durch Anpassungen in der Anzahl der Replikationen des Zentralpunkts oder durch Veränderungen des Abstands der Sternpunkte gesteuert werden [273, 278].

5.6.5 Multivariate Lebensdauermodellierung

Es existieren zahlreiche Anwendungsfälle, in denen die Lebensdauer eines Produkts als Funktion mehrerer unabhängiger Variablen zu modellieren ist. Hier werden in der Regel Stressfaktoren wie eine Temperatur, Feuchtigkeit oder die elektrische bzw. mechanische Spannung, welche beschleunigt werden können im Sinne einer Verschärfung der Belastung und damit Beanspruchung sind, in Korrelation zur Lebensdauer gesetzt. Grundsätzlich können aber Effekte von jeglichen Einflussfaktoren auf die Lebensdauer abgebildet werden. Solche Modelle werden üblicherweise klassifiziert in [273, 279]:

1. Physikalische Modelle,
2. Quasi-Physikalische Modelle und
3. Empirische Modelle.

Die in Abschn. 5.5.2 erläuterten Zusammenhänge sind dabei unter den physikalischen Modellen anzuordnen. Empirische Modelle wiederum werden vor allem dann verwendet, wenn Produkteigenschaften und -Beziehungen gänzlich neu oder unabhängig von bestehenden Gesetzmäßigkeiten explorativ analysiert werden [116]. Wie auch im Anwendungsfall von normalverteilten Daten, zu denen entsprechend der standardmäßigen Vorgehensweise in der statistischen Versuchsplanung eine Ursachen-Effekt-Beziehung in Form einer Regressionsanalyse zu modellieren ist (vergleiche [228, 273]), kann auch hier die Lebensdauer als Zielvariable $e^y = T$ in Abhängigkeit von Regressionsvariablen $x_n, i = 1, \ldots, n$ und Regressionskoeffizienten β_i beschrieben werden. Sind also gemäß den Abschnitten zuvor bereits Lastniveaus identifiziert und ein geeigneter

Versuchsplan mit entsprechendem Stichprobenumfang definiert worden, kann durch Versuche eine empirische, nutzbare Datenlage geschaffen werden. Nach abgeschlossener Versuchsumsetzung folgt schließlich die empirische Auswertung und Modellierung.

So ergibt sich für $j = 1, \ldots, k$ betrachtete Regressionskoeffizienten damit auf Basis von n Versuchen ein empirisches Beschreibungsmodel in Matrixschreibweise nach

$$y = X\beta + \epsilon, \tag{5.159}$$

wie auch [273, 278] definiert. In Gl. (5.159) steht y für einen $n \times 1$ Vektor und X für die Versuchsplan-Matrix über $n \times p$ Einträge mit $p = k + 1$. Auf Basis eines geeigneten Schätzverfahrens, siehe Abschn. 3.2.2, sind demnach $p \times 1$ Regressionskoeffizienten β zu identifizieren [116, 278]. Ergänzend beschreibt ϵ die Fehlerterme in der Modellierung in Bezug zur empirischen Datenlage (Residuen) und folgt in der Regel einer statistischen Verteilung – unter Handhabung von Lebensdauerdaten jedoch üblicherweise keiner Normalverteilung.

Enthält ein Versuchsdesign ausreichend Stufen und damit Stützpunkte für ein Beschreibungsmodell mit Termen mindestens der zweiten Ordnung, ergibt sich beispielsweise ein quadratisches Beschreibungsmodell mit Wechselwirkungen zu der Form eines Polynoms [116, 273, 278]:

$$y = \underbrace{\beta_0}_{\text{Konstante}} + \underbrace{\sum_{i=1}^{k} \beta_i x_i}_{\text{Lineare Effekte}} + \underbrace{\sum_{i=1}^{k} \beta_{ii} x_i^2}_{\text{Quadratische Effekte}} + \underbrace{\sum_{i=1}^{k} \sum_{\substack{j=1 \\ i \neq j}}^{k} \beta_{ij} x_i x_j}_{\text{Interaktionseffekte}} + \underbrace{\epsilon}_{\text{Fehlerterm}} \tag{5.160}$$

Für die erfolgreiche Schätzung von β_i, ist eine Handhabung der Daten anders als in üblichen DOE-Anwendungen unter Zuhilfenahme der Varianzanalyse, engl. Analysis of Variance (ANOVA), bzw. der Methode der kleinsten Fehlerquadrate, engl. Ordinary Least Squares (OLS), innerhalb der multiplen linearen Regression (MLR) notwendig. Dies gilt selbst dann, sollten die quadratischen Terme und Wechselwirkung mithilfe von Substitutionen nach $x_{k+1} = x_1^2$, $x_{k+2} = x_2^2$, $x_{k+3} = x_1 x_2$ usw. (ebenso für β_{ij}, β_{ii}) in entsprechende lineare Form gebracht werden können, vgl. [279]. Die Eigenschaft der Versuchsdaten bzw. der Residuen, in der Regel keiner Normalverteilung zu folgen, erfordert somit eine andere Teststatistik zur Berechnungsgrundlage [53]. In nachfolgenden Abschn. 5.6.5.1, 5.6.5.2 und 5.6.5.3 werden deshalb unter anderem die Strategien zur Datenhandhabung nach dem Ansatz der Box-Cox-Transformation, der Proportional-Hazard Modellierung sowie der Generalized-Log-Linear (GLL) Modellierung, beschrieben. Schließlich werden diese Ansätze mit der Übersicht zur Parameterschätzung mittels MLE ergänzt, sodass für eine modellierte charakteristische Lebensdauer

$$\ln(T) = y = \beta_0 + \sum_{i=1}^{k+1} \beta_i x_i \tag{5.161}$$

die dazugehörigen Modellparameter geschätzt werden können.

5.6.5.1 Box-Cox Transformation

Transformationen werden aus drei Gründen eingesetzt: die Stabilisierung der Varianz der Antwortvariable, die Annäherung ihrer Verteilung an eine Normalverteilung und die Optimierung der Modellanpassung an die Daten [228, 273, 279, 280]. Letzteres kann auch die Vereinfachung des Modells umfassen, beispielsweise durch das Entfernen von Interaktionsbedingungen. Es ist nicht ungewöhnlich, dass eine Transformation gleichzeitig mehrere dieser Ziele effizient erreicht. Bei der Box-Cox Transformation wird ein zunächst unbekannter Transformationsparameter λ gemeinsam mit anderen Modellparametern wie dem Gesamtdurchschnitt β_0 und den Regressionskoeffizienten β_i geschätzt, um die empirische Datengrundlage zu normalisieren [281]. Der Berechnungsvorgang beinhaltet die Ausführung einer konventionellen Varianzanalyse für verschiedene Werte von λ. Die Normalisierung ist ein Nebeneffekt der vorbereitend für eine dann durchführbare, multilineare Regressionsanalyse sein kann, aber nicht muss. Schließlich wird die Zielvariable gemäß einer Potenztransformation nach y^λ transformiert und zur Vermeidung von Diskontinuität in $\lambda = 0$ mit dem geometrischen Mittelwert der Beobachtungen $\dot{y} = \ln^{-1}\left[1/n\sum_{i=1}^{n} \ln y_i\right]$ definiert als [281]:

$$y^\lambda = \begin{cases} \frac{y^\lambda - 1}{\lambda \dot{y}^{\lambda-1}}, & \lambda \neq 0 \\ \dot{y} \ln y, & \lambda = 0. \end{cases} \tag{5.162}$$

Die Methode basiert durch die Schätzung der Modellparameter sowie des Transformationsparameters damit ebenfalls auf einer Schätzung durch MLE, vgl. Abschn. 5.4.1.2.

5.6.5.2 Proportional-Hazard Modell

Das Proportional-Hazard Modell (PH-Modell) dient der Abschätzung von Einflüssen diverser Kovariaten auf die Lebensdauer von Produkten. Die approximative Vorgehensweise ähnelt der Modellierung durch ein GLL-Modell, wie im nächsten Abschnitt beschrieben. In seiner Grundform ist das Modell nicht-parametrisch, verzichtet also auf spezifische Annahmen bezüglich der Ausfallverteilung. Eine parametrische Variante, die auf der Weibullverteilung basiert, kann jedoch wie folgt formuliert werden [53, 163]:

$$f(t, X) = \lambda(t, X) \cdot R(t, X) = b \cdot t^{b-1} \cdot e^{\left(y - t^b e^y\right)}. \tag{5.163}$$

Die Lösung für die Parameter, die die Log-Likelihood-Funktion maximieren, ergibt die Parameter für das PH-Weibull-Modell analog zum nachfolgenden Abschnitt.

5.6.5.3 Generalized-Log-Linear – Weibull Modell

Bei einem DOE mit mehreren beschleunigten Belastungen sowie unter Berücksichtigung beliebiger weiterer Variablen (z. B. technologische Parameter) wird eine allgemeine multivariate Beziehung üblicherweise durch das GLL-Modell generiert. Eine grundlegende

Annahme bei der Verwendung des GLLs ist, dass die Zielvariable statistisch mit einer Verteilung aus der Gruppe der Exponentialfamilie parametrisierbar ist. Diese Gruppe umfasst unter anderem die Normalverteilung, Binomialverteilung, Poisson-Verteilung, inverse Normalverteilung, Exponentialverteilung, die Gamma-Verteilung sowie insbesondere die Weibullverteilung. In parametrisierter Form befähigt letztere eine Ausfallcharakteristik entsprechend der Weibull-Dichtefunktion nach Gl. (3.12) in Abhängigkeit von mehreren Belastungen zu definieren. Das damit verbundene GLL-Weibull-Modell (GLM) kann abgeleitet werden, indem die allgemeine log-lineare Beziehung in die Weibull-Verteilung eingesetzt wird. In Form der Dichtefunktion resultiert daraus folglich:

$$f(t, X) = b \cdot t^{b-1} \cdot e^{-b(y)} e^{-t^b e^{-b(y)}}. \tag{5.164}$$

Auch hier kann eine MLE-Schätzung verwendet werden, um die Parameter für die GLL-Beziehung und die ausgewählte Lebensdauerverteilung zu bestimmen. Über eine MLE-Schätzung kann für jede angenommene Verteilung die Likelihood-Funktion abgeleitet werden und die Parameter des Modells (die Verteilungsparameter und die GLL-Parameter) können durch Maximierung der Log-Likelihood-Funktion erhalten werden. Am Beispiel weibullverteilter Daten ergibt sich mit Berücksichtigung des GLL-Modells folgender Zusammenhang für die Log-Likelihood Funktion:

$$\Lambda = \ln\left(L\left(t_i; b, \widehat{\beta}_0, \ldots, \widehat{\beta}_k\right)\right) = \sum_{i=1}^{n} \ln(f(t_i; b, y)). \tag{5.165}$$

Für eine unzensierte empirische Datenlage $r = n$ lässt sich die Log-Likelihood-Funktion für die multivariate Beziehung damit weiter formulieren zu:

$$\Lambda_F = \sum_{i=1}^{n} \left(\ln b - b \cdot y + (b-1) \cdot \ln t_i - t_i^b \cdot e^{-b \cdot y}\right). \tag{5.166}$$

Durch Maximierung der Log-Likelihood-Funktion in Gl. (5.166) lassen sich schließlich die Schätzwerte der Regressionskoeffizienten sowie der Verteilungsparameter bestimmen [116]. Auch hier können weiter zensierte Daten im Stil der Ausführung in Abschn. 5.4.1.2 berücksichtigt werden, wobei Gl. (5.166) für alle d_i zensierte Daten wie folgt durch einen Term zensierter Daten Λ_S ergänzt wird:

$$\Lambda = \Lambda_F - \sum_{i=1}^{d_i} \left(\frac{t_i}{e^y}\right)^b, \text{ mit } \Lambda_S = \sum_{i=1}^{d_i} \left(\frac{t_i}{e^y}\right)^b. \tag{5.167}$$

Sind physikalische Lebensdauerbeziehungen nach Abschn. 5.5.2 bekannt oder sollen berücksichtigt werden, kann ein jeweiliger Beanspruchungsfaktor x in Gl. (5.164) durch den Einsatz einer Transformation x_V modifiziert werden. Typische Transformation sind in Tab. 5.30 in Abhängigkeit des Beanspruchungsparameters gegeben:

Tab. 5.30 Bekannte Beanspruchungstransformationen

Art der Transformation	Transformation	Lebensdauer-Modell	Anwendungsfall
Keine	$x_V = x$	Exponentiell	Mechanisch
Reziprok	$x_V = 1/x$	Arrhenius	Thermisch
Logarithmisch	$x_V = e^x$	Potenzmodell	Elektrisch

5.6.6 Signifikanzanalyse in multivariaten Lebensdauermodellen

Ergeben sich nun Schätzungen der Regressionskoeffizienten β_i und der Verteilungsparameter aus Gl. (5.167) in Form von Modelloptimierungsparametern $\widehat{\theta}_i$, die zur Maximierung der Log-Likelihood-Funktion geeignet sind, kann der Likelihood-Ratio-Test (LRT) als Hypothesentest nach den Prinzipien aus Abschn. 3.7 verwendet werden. Der LRT ist ein statistisches Verfahren, das zur Bewertung der Signifikanz von Modellparametern in GLLs eingesetzt wird. Damit wird in gleicher Weise eine Signifikanzbewertung durchführt wie mit der ANOVA bei normalverteilten Daten (bzw. normalverteilten Residuen). Dieser Test basiert auf dem Vergleich der Likelihoods zweier Modelle: eines vollständigen Modells, das den Parameter oder die Parametergruppe von Interesse enthält ($L(\theta_i)$) und eines reduzierten Modells, das diese Parameter ausschließt ($L(\theta_{-i})$). Die Grundlage des Likelihood-Ratio-Tests ist das Verhältnis der maximalen Likelihoods beider Modelle. Mathematisch wird der Testwert LR definiert als:

$$LR = -2\ln\frac{L(\theta_{-i})}{L(\theta_i)}. \tag{5.168}$$

Unter der Nullhypothese, dass im reduzierten Modell df $= 1$ ausgeschlossener Parameter keinen signifikanten Einfluss auf die Zielgröße hat, folgt der Testwert LR einer χ^2-Verteilung mit df Freiheitsgraden. Der p-Wert wird damit bestimmt durch:

$$p = P\left(\chi^2_{\text{df}} \geq LR\right). \tag{5.169}$$

und ist wie üblich mit dem Signifikanzniveau α zu vergleichen.

5.6.7 Bestimmung von Vertrauensbereichen

Liegen nun die Modelloptimierungsparameter $\widehat{\theta}_i$ vor, kann darüber die Vorhersagegenauigkeit durch Vertrauensbereiche approximiert werden. Dabei zeigen sich Vertrauensbereiche nach Fisher (vgl. Abschn. 5.4.2.2) als besonders effektiv in Bezug auf den Rechenaufwand und die resultierende Ergebnisgüte, siehe Abschn. 5.4.2.5. Die Vorgehensweise orientiert sich an jener in Abschn. 5.4.2.2. Die Varianzen werden aus der inversen Fisher-Matrix F bestimmt. Die Matrix nimmt entsprechend der Anzahl der zu schätzenden Modellparameter $\widehat{\theta}_1 \ldots \widehat{\theta}_k$ folgende Form an:

$$F = \begin{bmatrix} -\frac{\partial^2 \Lambda}{\partial \theta_1^2} & \cdots & -\frac{\partial^2 \Lambda}{\partial \theta_1 \partial \theta_k} \\ \vdots & \ddots & \vdots \\ -\frac{\partial^2 \Lambda}{\partial \theta_k \partial \theta_1} & \cdots & -\frac{\partial^2 \Lambda}{\partial \theta_k^2} \end{bmatrix}. \tag{5.170}$$

Hierüber lässt sich schließlich die Varianz der multivariaten Lebensdauerschätzung – genauer der geschätzten charakteristischen Lebensdauer $\widehat{T}$ sowie auch der geschätzten Ausfallwahrscheinlichkeit $\widehat{F} = 1 - \widehat{R}$, der geschätzten Systemzuverlässigkeit $\widehat{R}$ oder jeder beliebigen Schätzung $\widehat{g} = g(\widehat{\theta}_1, \cdots, \widehat{\theta}_i)$, wie folgt herleiten [116]:

$$\mathrm{Var}(T) \approx \sum_{i=1}^{k} \left(\frac{\partial T}{\partial \theta_i}\right)^2 \mathrm{Var}(\theta_i) + \sum_{i=1}^{k} \sum_{\substack{j=1 \\ i \neq j}}^{k} \left(\frac{\partial T}{\partial \theta_i}\right)\left(\frac{\partial T}{\partial \theta_j}\right) \mathrm{Cov}(\theta_i, \theta_j). \tag{5.171}$$

Ist daraus ein zweiseitiges Konfidenzintervall zu bestimmen, ergibt sich demnach ein Konfidenzniveau zu $100 \cdot (1 - \alpha)$ % aus der entsprechenden unteren (L) und oberen (U) Vertrauensgrenze [53, 116, 273, 274]. Unter Verwendung des $100 \cdot (1 - \alpha/2)$ Perzentils der Standardnormalverteilung $z_{1-\alpha/2}$ resultieren diese wiederum aus:

$$[g_L, g_U] = \widehat{g}_i \pm z_{1-\alpha/2} \cdot \sqrt{\widehat{\mathrm{V}}\mathrm{ar}(\widehat{g}_i)}. \tag{5.172}$$

Alternativ können diese Ansätze natürlich weiter angepasst werden. So könnten für die Schätzung der Vertrauensgrenze einerseits parametrische Verteilungen für andere Zahlenräume als die der Standardnormalverteilung genutzt werden. Andererseits bietet auch ein numerisches Resampling im Rahmen eines Bootstrap-Verfahrens die Möglichkeit, die Vertrauensbereiche zu approximieren, siehe Abschn. 5.4.2.4. In der Gegenüberstellung mit der approximativen Berechnung des Vertrauensbereichs nach Fisher ist für die numerische Berechnung durch zweiteres jedoch meist ein gesteigerter Rechenaufwand erforderlich.

5.6.8 Anwendung in der Produktentwicklung

Marco Arndt und Martin Dazer

Die Anwendung der beschleunigten, multivariaten Lebensdauererprobung bietet immer dann einen unmittelbaren Vorteil für die Produktentwicklung, wenn eine präzise, datenbasiert konstruktive Auslegung von Produkten beanspruchungsgerecht erfolgen soll. Das in Abschn. 5.6 geschilderte Vorgehen lässt sich hervorragend am Beispiel von Elementen der

Umschlingungsgetriebe wie einem Zahnriemen aufzeigen. Zahnriemen unterliegen typischen physikalischen Schädigungsmechanismen, darunter Zahnverschleiß, Delamination sowie Rissbildung im Strang oder im Zahnfuß – um nur einige zu nennen. Diese Schäden entstehen meist infolge individueller Alterungs- und Degradationsprozesse sowie Überbeanspruchungen, weshalb zwar vereinzelte Untersuchungen belastbare Zusammenhänge im Sinne der PoF herstellen [282–285], eine ganzheitliche Betrachtung multivariater Einflussnahmen in Bezug auf die komplexe Materialkomposition jedoch noch nicht zulassen konnten. Insbesondere im zunehmend sicherheitskritischen und performancegetriebenen Einsatzumfeld können OEMs und Zulieferer demnach noch dazu gezwungen sein, Zahnriemen, die verschiedenen Einflussfaktoren gleichzeitig ausgesetzt sind, allein durch geeignete Wartungsstrategien abzusichern, um ungeplanten Ausfällen vorzubeugen. Die gilt beispielsweise für die Automobilindustrie mit fortschreitendem Grad des autonomen Fahrens. Der Grund: die simultanen, unter Umständen wechselwirkenden Effekte mehrerer lebensdauerrelevanter Parameter sind häufig nicht vollständig verstanden. Die Situation wird nicht unkritischer, sollen zudem auch noch komplexe Zusammenspiele innerhalb der Werkstoffstruktur über Elastomere, Zugfasern, Gewebe und Haftvermittlern eingepreist werden, für die sich perspektivisch keine wirkliche Alternative durch physikalische Modelle entwickeln lässt. Die bisherige Auslegungsphilosophie berücksichtigt damit oftmals nur einzelne Einflussgrößen, etwa über Katalogwerte in Bezug auf die Umfangskraft oder die Riemenbreite, und greift damit zu kurz. Ein empirischer, mehrdimensionaler Ansatz zur Korrelation von Beanspruchung mit mehreren Einflussgrößen und Lebensdauer bietet hier entscheidende Sicherheits- und Wettbewerbsvorteile, während zeitgleich Methoden wie Lebensdauer-DOE sowie die GLL-Modellierung bestens dafür geeignet sind. Damit soll nachfolgendes Beispiel einer Zahnriemenuntersuchung herangezogen werden, um das Vorgehen und dessen Vorteile entsprechend den Grundlagen aus [226, 286] zu verdeutlichen.

Aus einer multivariaten Datenerhebung liegen beispielhafte Prüfstanddaten vor, die Ergebnis einer beschleunigten EOL Versuchsreihe (vgl. Abschn. 5.5) an Zahnriemen auf einem Verspannungsprüfstand sind. Die Versuchsreihe wurde mit dem Ziel und entsprechend einer Parameterauswahl nach den Abschn. 5.6.2–5.6.5 konzeptioniert, die Lebensdauer des Zahnriemens in Abhängigkeit zweier Einflussparameter so zu untersuchen, dass eine zweidimensionale Modellierung mit Wechselwirkungen und nicht-linearen Zusammenhängen erfolgen kann. Der damit gewählte Versuchsplan entspricht einem CCD nach dem Vorbild aus Abschn. 5.6.3.5, wobei dessen Konfiguration mit für die hier wiedergegebene Ausführung normierten Versuchsergebnisse aus Tab. 5.31 entnommen werden kann.

Die Werte der Versuchsergebnisse entsprechen erreichten Lastwechselzahlen, die bis zum Versagen des jeweiligen Zahnriemens je Durchführung unter gleichbleibendem Ausfallmechanismus beobachtet wurden. Mit vorliegendem Datensatz wurde der Versuchsplan dementsprechend zwei Mal repliziert und der Stichprobenumfang von 26 Prüflingen ist vollständig unter gleichbleibendem Mechanismus ausgefallen. In Folge dessen kann über

Tab. 5.31 DOE an Zahnriemen mittels CCD

Versuchsnummer	Faktor x_1	Faktor x_2	1. Ergebnis in Lastwechsel [LW]	2. Ergebnis in Lastwechsel [LW]
1	−1	−1	39.268	26.323
2	+1	−1	180	957
3	−1	+1	78.222	94.117
4	+1	+1	595	658
5	$-\alpha$	0	100.000	88.667
6	$+\alpha$	0	363	180
7	0	$-\alpha$	4009	5341
8	0	$+\alpha$	9796	6105
9	0	0	5434	2617
10	0	0	5018	8968
11	0	0	8805	7245
12	0	0	5662	2804
13	0	0	5570	8227

die Annahme einer weibullverteilten Datengrundlage die Log-Likelihood-Beziehung entsprechend Gl. (5.166) maximiert werden, sodass gesuchtes GLL-Model parametrisiert werden kann. Über Gl. (5.154) und Gl. (5.157) resultiert so zunächst die geschätzte, zweidimensionale charakteristische Lebensdauer:

$$\widehat{T} = \exp\Big(\widehat{\beta}_0 + \widehat{\beta}_1 x_1 + \widehat{\beta}_2 x_2 + \widehat{\beta}_{11} x_1^2 + \widehat{\beta}_{22} x_2^2 + \widehat{\beta}_{12} x_1 x_2\Big) \tag{5.173}$$

wobei sich durch einen geeigneten Optimierer (z. B. Newton-Raphson-Verfahren, Patternsearch, etc.) und den LR-Test aus GL. (5.161–5.162) die Schätzwerte nach Tab. 5.32 ergeben.

Die Wirkungsfläche der charakteristischen Lebensdauer ergibt sich unter Berücksichtigung eines beispielhaften Signifikanzniveaus von $\alpha = 0,05$ damit zu

$$\ln\widehat{T} = 8{,}75 - 2{,}09 x_1 + 0{,}18 x_2 - 0{,}26 x_1 x_2 \tag{5.174}$$

Tab. 5.32 Ergebnisse GLL Parameterschätzung

Koeffizient	$\widehat{\beta}_0$	$\widehat{\beta}_1$	$\widehat{\beta}_2$	$\widehat{\beta}_{11}$	$\widehat{\beta}_{22}$	$\widehat{\beta}_{12}$
Schätzwert	8,75	−2,09	0,18	-	-	−0,26
p-Wert	0,00	0,00	0,02	0,08	0,77	0,01

und entspricht der Visualisierung in Abb. 5.112. Der Weibull-Formparameter wurde in dieser Anordnung zu $\hat{b} = 3{,}24$ geschätzt, quadratische Effekte sind außerdem als nicht signifikant bewertet. Ebenfalls in Abb. 5.112 zu sehen, ist die Anordnung der Versuchspunkte sowie der Versuchsergebnisse entsprechend der in Tab. 5.31 aufgeführten Konfiguration und Beobachtung. Klar zu erkennen ist hier, dass sich im unteren Spektrum des Einstellbereichs von Versuchsparameter x_1 ein dominanter Anstieg der Lebensdauer entwickelt, was sich über die modellierte Wirkungsfläche mit den beobachteten Messergebnissen deckt. So ist hier direkt zu erkennen, dass mit Beschleunigung des Testniveaus entsprechend Abschn. 5.5 ein handhabbares Testniveau getroffen wird, welches für Prädiktionen im Parameterraum genutzt werden kann.

Die Durchführung der Prädiktionen lässt sich ebenfalls visualisieren, wird ein jeweiliger Parameter im Schnitt zu unterschiedlichen Beanspruchungsniveaus des jeweiligen anderen Parameterraums ausgewertet, vergleiche Abb. 5.113 sowie Abb. 5.114. Unterschiedliche Beschleunigungsniveaus können hier prognostiziert werden, wobei die Unsicherheit der Parameterschätzung der Koeffizienten (vgl. Tab. 5.32) sowie der Systemantwort durch Vertrauensbereiche von beispielsweise 95 % berücksichtigt werden kann. Wird, wie hier zur Veranschaulichung, eine Schnittebene durch Versuchspunkte gelegt und die Zeitachse logarithmisch skaliert, kann zudem die Modellierungsgüte qualitativ analysiert weredn. So wird auch eine graphische Bewertung des Fits in Relation zur Datenlage

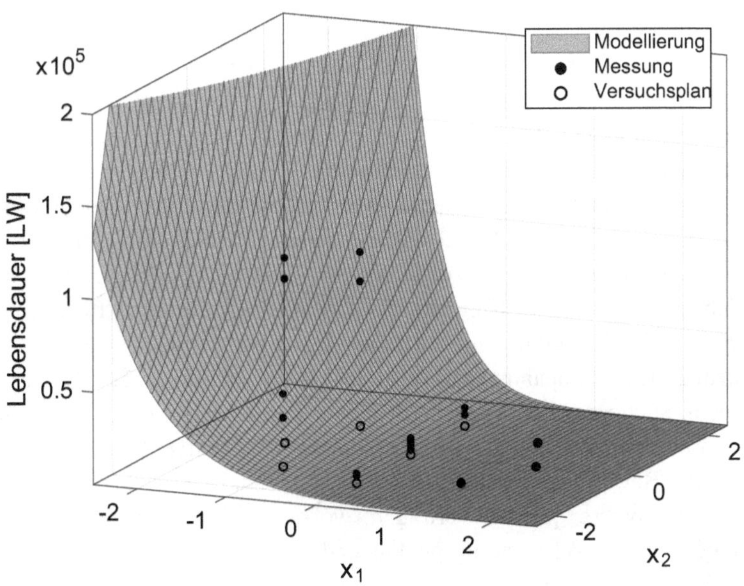

Abb. 5.112 Modell der Wirkungsfläche auf Basis von Tab. 5.31. (© IMA 2026. All Rights Reserved)

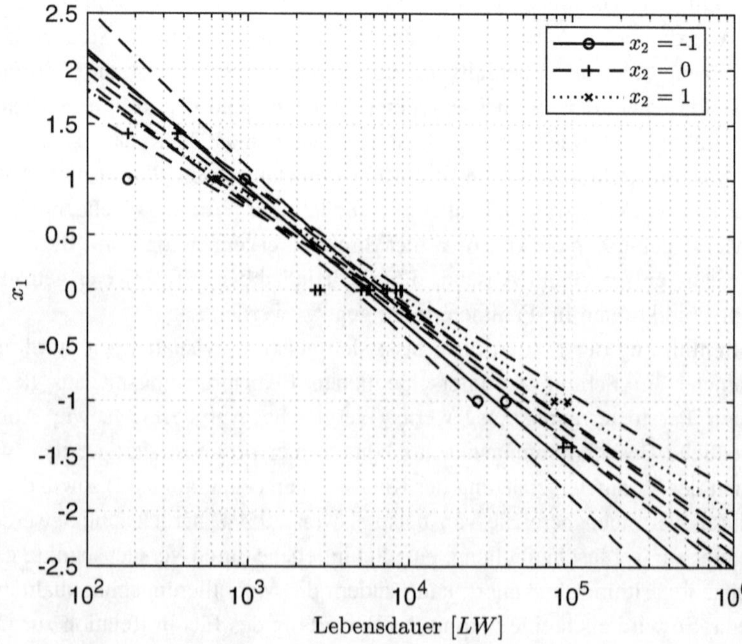

Abb. 5.113 Plot S-N-Modell mit Vertrauensbereichen auf spezifischen Lastniveaus (Faktor x_1). ()

aus der Messung möglich. Selbiges gilt im Vergleich zu Abb. 5.112 auch für die Systemantwort im Wirkungsflächendiagram – vgl. Abb. 5.115. Auch hier wird ersichtlich, dass ein quadratischer Einfluss der Parameter nicht berücksichtigt ist, also keine Krümmung in der logarithmierten Darstellung verzeichnet ist.

Liegen bei nur wenig global verteilten Versuchspunkten (also im Fall von nur zwei Replikationen eines CCDs mit $k = 2$ Faktoren) ausschließlich im Zentralpunkt umfangreich (zehn Datenwerte) Versuchsergebnisse vor, kann für den Abgleich auch hier eine Weibull-Schätzung mittels MLE durchgeführt werden. Diese liefert für das vorliegende Beispiel eine Weibullverteilung zur Ausfallcharakteristik entsprechend Abb. 5.116. Die Überschätzung des Formparameters durch MLE im Vergleich zur Berücksichtigung der gesamten Stichprobeninformation aus dem Versuchsplan muss hier zunächst für Prädiktionen im Parameterraum erkannt, jedenfalls aber vorerst akzeptiert werden.

Die weitere Bewertung der Modellierungsgüte kann schließlich entsprechend etablierter Vorgehensweise qualitativ erfolgen, wobei das Model gegebenenfalls genauer angepasst oder durch Verifizierungspunkte und ergänzende Testpunkte erweitert werden kann. Auch Feldinformationen und Vorwissen kann hier flexibel integriert werden, vgl. [277, 287]. Histogramme, Wahrscheinlichkeitsplots sowie die Gegenüberstellung der Residuen zur Beobachtungsreihenfolge und dem Prognosewert werden dieser Aufgabe

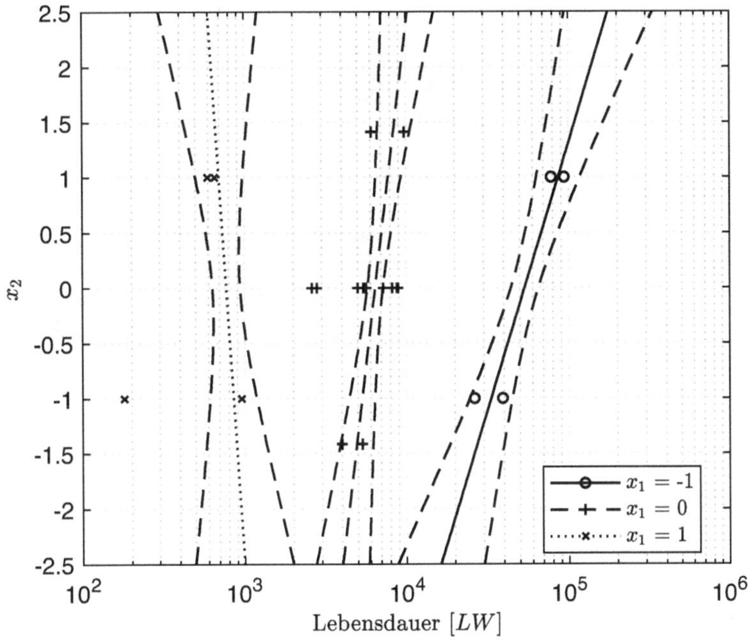

Abb. 5.114 Plot S-N-Modell mit Vertrauensbereichen auf spezifischen Lastniveaus (Faktor x_2). (© IMA 2026. All Rights Reserved)

zunächst gerecht, vgl. Abb. 5.117. Gerade hier zeigen beispielsweise die Beobachtungen Nummer 5 und 18 entsprechend der Versuchsagenda aus Tab. 5.31 verhältnismäßig starke Abweichungen zum Fit, was dafürspricht, dass das Model für eine optimalere Prognosefähigkeit im Extrapolationsbereich zu gemäßigteren Beanspruchungen und umfangreicheren Lebensdauern mit Informationen weiter angereichert werden könnte.

Die Schätzung der Zuverlässigkeit zu einem beliebigen Auswertepunkt der Beanspruchungsparameter kann so jedoch bereits über Gl. 5.164, was auch die Berücksichtigung von Vertrauensintervallen ermöglicht, erfolgen – vgl. Abb. 5.118.

Das Ergebnis dieses Beispiels zeigt also, dass mit den in Abschn. 5.6.5 ermittelten Grundlagen und einem geeigneten Versuchsplan direkt empirische Grundlagen geschaffen und ausgewertet werden können. Das resultierende Model bildet damit ein auf Basis von Beanspruchungen gebildetes Prognosetool zur Vorhersage von Lebensdauern bzw. Zuverlässigkeit in Abhängigkeit mehrerer (zweier) Einflussparameter, wobei ausschließlich statistisch signifikante Terme (Effekte) im Lebensdauermodell berücksichtigt werden. Gl. 5.159 lässt dazu außerdem zu, flexibel viele ergänzende Modelterme zu berücksichtigen, die die multivariaten Zusammenhänge für eine präzisiere Prädiktionsfähigkeit optimieren. Das resultierende Lebensdauermodell kann im Anschluss schließlich

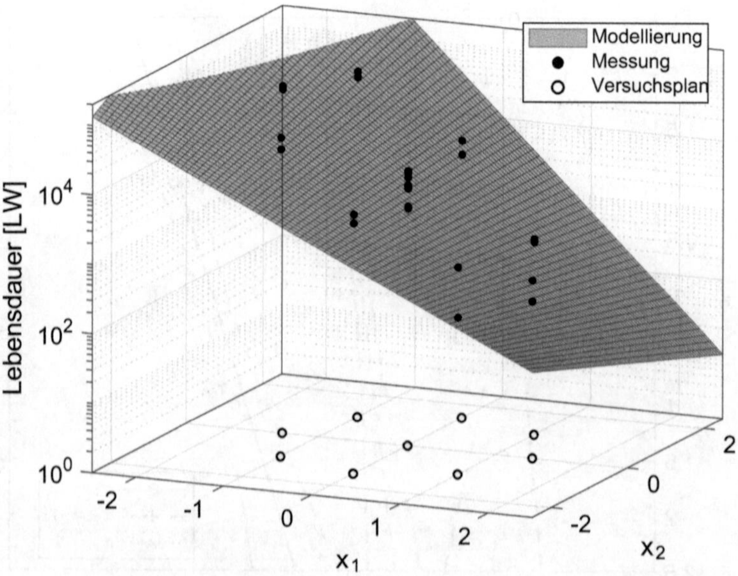

Abb. 5.115 Log. Modell der Wirkungsfläche auf Basis von Tab. 5.31. (© IMA 2026. All Rights Reserved)

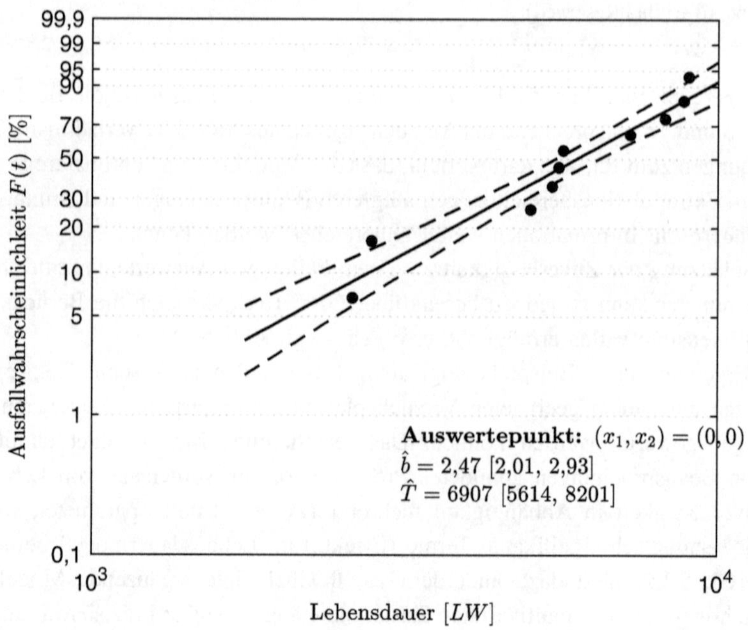

Abb. 5.116 Weibull-MLE im Zentralpunkt des Versuchsplans aus Tab. 5.31. (© IMA 2026. All Rights Reserved)

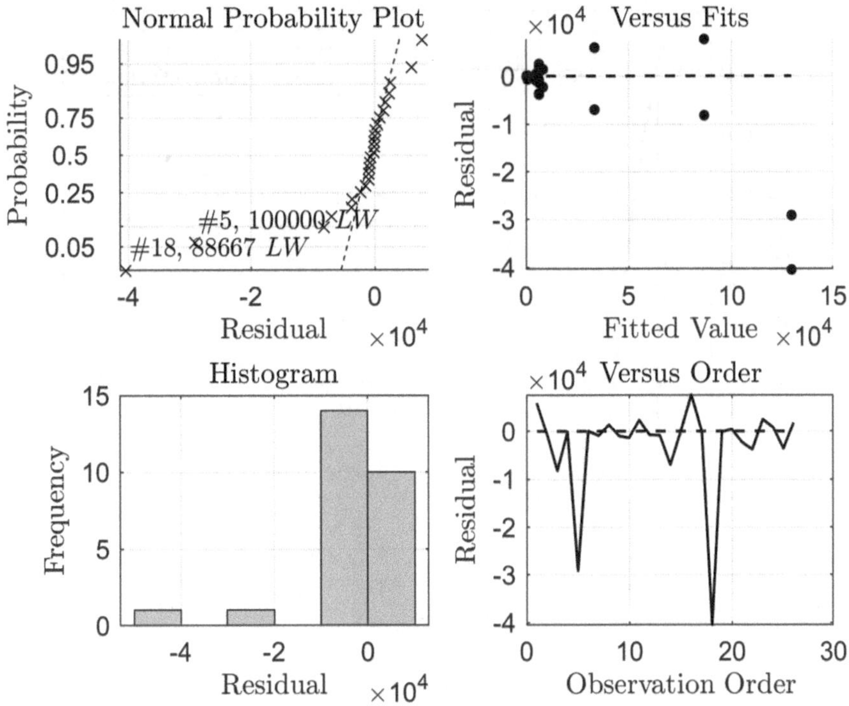

Abb. 5.117 Residuen-Plots der GLL Schlätzung. (© IMA 2026. All Rights Reserved)

jenseits von Einzelbeanspruchungen auch gegenüber ganzen Lastkollektiven ausgewertet werden, um so auch multivariate Beanspruchungsmuster zu berücksichtigen, vgl. [288]. Eine konstruktive Auslegung im Produktentwicklungsprozess kann so idealerweise beanspruchungsgerecht und damit effizient erfolgen.

5.6.9 Anwendungsbezogener Forschungsstand

Das Beispiel in Abschn. 5.6.8 zeigt bereits anschaulich einen sehr pragmatischen Ansatz zur Umsetzung einer multivariaten Lebensdauermodellierung am Beispiel eines Zahnriemens. Gleichzeitig wird in der Auswertung der empirischen Datenlage auch direkt ersichtlich, dass bei doch überschaubarem Umfang an Beobachtungen auf einzelnen, multivariat beschleunigten Versuchspunkten Unsicherheiten einhergehen, die eine Optimierung der Prognosefähigkeit hin zum Extrapolationsbereich unabdingbar machen können. Dies dient dem Zweck die Prognosegenauigkeit zu schärfen – das Model also zunehmend anzupassen. Eine Anpassung des Versuchsplans in dieser Logik hat jedoch auch direkte Auswirkungen auf die in Abschn. 5.6.4 aufgeführten Erfolgsprinzipien wie

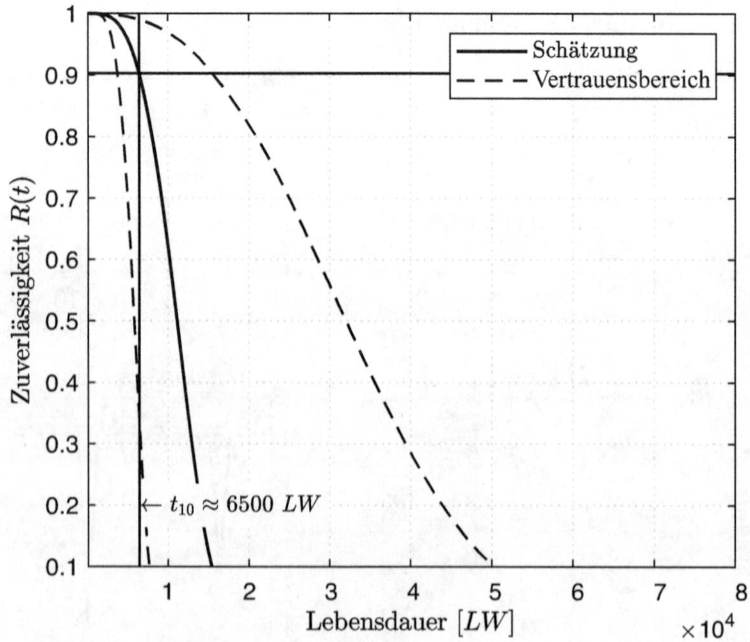

Abb. 5.118 Lebensdauerschätzung für $R = 90\ \%$, $P_{\mathrm{A}} = 90\ \%$, A = -0,15 und B = 1,44. (© IMA 2026. All Rights Reserved)

der Orthogonalität. Nachdem hier bereits Zahran, Giovannetti-Jensen und andere versucht haben, statistische Eigenschaften zu identifizieren und diese interpretierbar zu machen [289, 290], bestehen inzwischen weitere Untersuchungen, die mittels Prädiktionsvarianz als Metrik versuchen, die Prognosefähigkeit von Versuchs-Setups zu bewerten. Arndt und Dazer haben hier festgehalten, dass über die Richtung $\vec{c}$ und den Radius r eines möglichen Prognosepunkten mit der gewünschten Gesamtzahl an Versuchsdurchführungen N die Skalierte Prognose Varianz (SPV) herangezogen und analysiert werden kann, um ein optimales Versuchssetup in X zu finden [291]. Über

$$SPV = v(r, c) = Nr\vec{c}^{\,T}\left(X^T X\right)^{-1} r\,\vec{c} \tag{5.175}$$

kann schließlich ein Setup bei gewünschter Maximalanzahl von Versuchspunkten gefunden werden, welches die Varianz in einer späteren Prognose rein auf Basis der Testmatrix optimiert. Einzelne Setups zeigen entsprechend der Autoren auch anschließend eine tolerierbar moderate Abweichung von zu erwarteten Trennschärfe-, Koeffizientenschätz- und Varianz-Werten, was ein effizientes Tuning ermöglicht [292].

5.7 Degradationstests

Philipp Mell und Martin Dazer

Die bisher vorgestellten Testverfahren zeichnen sich dadurch aus, dass der Versagenszeitpunkt von Prüflingen als zentrale Informationsquelle dient, wobei sich (noch) nicht ausgefallene Einheiten mittels Zensierung in begrenztem Maße ebenfalls auswerten lassen. Degradationstests heben die strikt binäre Trennung zwischen „intakt" und „defekt" auf und fassen den dazwischenliegenden Übergang als kontinuierliche Zustandsgröße auf [163, 223, 252, 293]. Die zunehmende Verschlechterung des Zustands eines Prüflings über der Zeit wird als Degradation (lat. „herabsetzen") bezeichnet, was den Namen dieser Testart erklärt.

Degradationstests stellen, ebenso wie die ab Abschn. 5.5 beschriebene Lasterhöhung im Testprozess, eine Maßnahme zur Beschleunigung von Tests dar. Ausfälle entsprechen der maximal möglichen Degradation der Bauteileigenschaften und sind nicht zwingend erforderlich, da die bereits vorher stattfindende Degradation der eigentliche Modellierungsgegenstand ist. Um diese Degradation mathematisch erfassen zu können, sind diverse Anforderungen sowie zusätzliche Auswertungsschritte erforderlich, welche im Folgenden beschrieben werden [116, 223].

5.7.1 Prinzipielle Vorgehensweise, Anforderungen und Ziele

Um einen Degradationstest an einem Prüfling durchführen zu können, muss eine Reihe von Anforderungen erfüllt sein [163, 293]. Zunächst muss überhaupt eine Größe existieren, welche geeignet ist, den Gesundheitszustand des Prüflings in Bezug auf den zu betrachtenden Schadensmechanismus zu beschreiben. Dies erscheint trivial, schränkt die Anwendbarkeit jedoch direkt auf Ermüdungs- bzw. Verschleißausfälle ein, da nur hier von einer degradierenden Charakteristik ausgegangen werden kann (vgl. Abschn. 3.2). Weiterhin ist vorauszusetzen, dass der zukünftige Prüflingszustand nur vom aktuellen Zustand sowie den wirkenden Lasten abhängt (sog. Markoveigenschaft), der Prüfling also über kein „Gedächtnis" verfügt [115]. Beispiele für Degradationsvorgänge sind das Risswachstum am höchstbelasteten Querschnitt bei strukturmechanischem Versagen sowie die Abnahme des Isolationswiderstands oder die Zunahme eines Leckstroms bei elektrotechnischen Anwendungen.

Neben diesen theoretischen Voraussetzungen besteht die praktische Herausforderung, dass die degradierende Zustandsgröße messbar sein muss. Betrachtet man die o. g. Beispiele, ist die kontinuierliche Bestimmung der Rissgröße i. A. erheblich schwieriger als die Messung elektrischer Größen. Ggf. muss für die spezifische Kombination aus Bauteil und Schadensmechanismus in Rücksprache mit den Entwicklungsingenieuren bewertet werden, welche sinnvoll messbare Größe als (Ersatz-)Degradationsindikator dienen kann. Das beispielhaft aufgeführte Risswachstum kann möglicherweise durch akustische Sensoren anhand einer Veränderung des Vibrationsspektrums detektiert werden.

Die Degradationsgröße darf durch die Messung oder evtl. zusätzlich verbaute Sensorik nicht wesentlich beeinflusst werden. Durch entsprechende Untersuchungen muss dies im Vorfeld eines Degradationstests sichergestellt werden. Findet eine Beeinflussung der Degradationsgröße durch die Messung statt, muss dieser Einfluss bekannt sein, um ihn korrigieren zu können. Eine zerstörende Prüfung als größtmögliche Beeinflussung des Bauteilzustands ist nicht grundsätzlich ausgeschlossen. Um Degradationseinfluss und Stichprobenstreuung zu unterscheiden, ist dann jedoch eine deutlich höhere Anzahl von Prüflingen erforderlich. Im Folgenden wird daher von einer beeinflussungs- und zerstörungsfreien Messung der Degradationsgröße ausgegangen.

Die wiederholte Messung der Degradationsgröße an einem Bauteil erlaubt es, den Degradationspfad zu ermitteln. Dies ist in Abb. 5.119 dargestellt. Aufgrund von unsystematischen Einflüssen (bspw. Messungenauigkeit) sind Abweichungen zu erwarten, die durch Anpassung an ein Degradationspfadmodell ausgeglichen werden. Es ist möglich, dass aufgrund der genannten Zufallseinflüsse eine kurzzeitige leichte Verbesserung der Bauteileigenschaften gemessen wird. Es muss überprüft werden, ob dies physikalisch plausibel ist und entsprechend vom Degradationspfadmodell abgebildet werden muss. Meistens ist dies nicht der Fall, wie im o. g. Beispiel des Risswachstums, wo eine Selbstheilung ausgeschlossen werden kann. Degradationskenngrößen, die sich monoton entwickeln – bei denen also keine Heilungseffekte auftreten – sind zu bevorzugen, da bei diesen ein passendes Degradationspfadmodell wesentlich leichter gefunden werden kann. Deuten die Messwerte auf eine relevante Selbstheilung des Bauteils hin, obwohl dies physikalisch unplausibel ist, muss die Tauglichkeit der gewählten Messgröße bzw. des Messverfahrens kritisch hinterfragt werden.

Die Richtung der Degradation, d. h. ob eine Verschlechterung des Bauteilzustands mit der Erhöhung oder Verringerung einer physikalischen Größe einhergeht, ist unerheblich und kann durch Vorzeichenwechsel beliebig modifiziert werden. Im Folgenden wird, wie auch in Abb. 5.119, ohne Beschränkung der Allgemeinheit von einer abnehmenden Zustandsgröße ausgegangen. Auch die Frage, ob der Absolutwert der Zustandsgröße, die Differenz zu einem Referenzwert oder das Verhältnis zu einem Referenzwert betrachtet wird, ist für die weiteren Ausführungen unerheblich.

Wie bei anderen Testarten ist auch bei Degradationstests zu beachten, dass sich einzelne Prüflinge aufgrund zufälliger Streuungen unterschiedlich verhalten. Auch hier ist daher stets eine Stichprobe von Prüflingen notwendig. Je nach Stärke der Streuung zwischen den Einheiten (Unit-to-unit-variation) sowie der Streuung von Messung zu Messung desselben Prüflings (In-unit-variation) ist aufgrund der zusätzlichen Unsicherheiten eine höhere Prüflingsanzahl als bei klassischen Zuverlässigkeitstests erforderlich. Der Vorteil von Degradationstests ist hier, dass sich die Streuung zwischen den Bauteilen nicht nur auf der Achse der Lebensdauer, sondern auch auf der Achse der Zustandsgröße betrachten

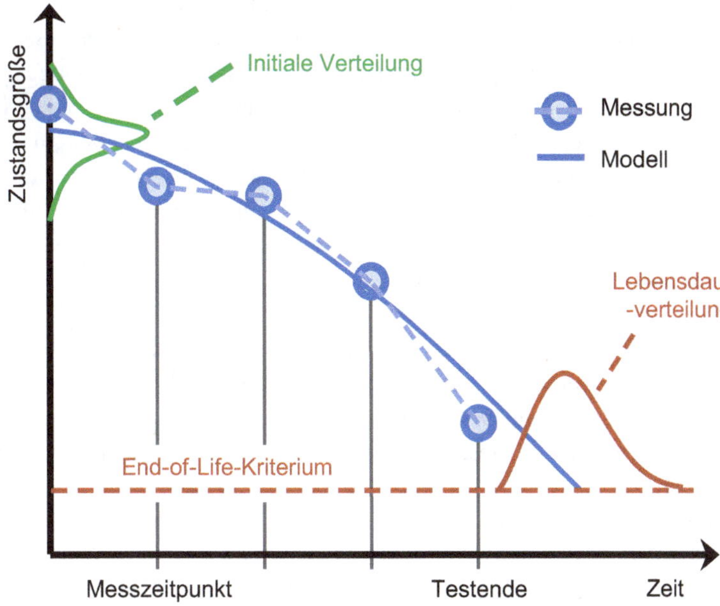

Abb. 5.119 Beispielhafter Degradationsverlauf mit Messwerten und angepasstem Modell. (© IMA 2026. All Rights Reserved)

lässt. Aus der Verteilung der Zustandsgröße zum Testbeginn kann so die Produktionsstreuung quantifiziert werden. Mit fortschreitender Testdauer nimmt die Streuung zwischen den Prüflingen aufgrund unterschiedlicher Lastempfindlichkeit häufig zu.

Ein großer Vorteil von Degradationstests ist, dass aufseiten der Lebensdauer die Verteilung zu einem beliebig definierten Ausfallkriterium (End-of-Life-Kriterium) ermittelt werden kann [115, 223]. Hierbei muss es sich also nicht um den faktischen Ausfall des Prüflings (engl. hard failure) handeln, sondern das Überschreiten eines beliebigen Grenzwerts (engl. soft failure) kann als Ausfall definiert werden. Ein Beispiel aus dem elektrotechnischen Kontext ist die Gegenüberstellung von Kurzschluss (hard failure) und das Unterschreiten eines Isolationswiderstands von 80 % des Nennwerts (soft failure). Dies ermöglicht einerseits, Sicherheitspuffer bzgl. der Degradationsgröße umzusetzen, die evtl. auch im späteren Produkteinsatzort gelten. Andererseits ist es so möglich, aufgrund derselben Daten die Lebensdauer zu verschiedenen Ausfallkriterien zu bestimmen. Dies ist bspw. für Zulieferer von Relevanz, die dasselbe Produkt an verschiedene Systemintegratoren liefern, welche unterschiedliche End-of-Life-Kriterien vorschreiben.

Für die praktische Durchführung der Degradationsversuche ist Folgendes zu beachten:

- Es müssen ausreichend viele Messungen pro Bauteil durchgeführt werden, um das Degradationspfadmodell inkl. Fehlerfreiheitsgrad zu schätzen, um so die Güte des

Modells zu überprüfen. Üblicherweise sind dafür min. 4, besser 6 Messungen erforderlich. Setzt sich der Degradationspfad aus mehreren Abschnitten zusammen oder erfordert ein komplexes Modell, erhöht sich die Anzahl nötiger Messungen.
- Je nachdem, wie groß die Gefahr einer Beeinflussung der Degradationsgröße durch die Messung ist, sollte die Anzahl der Messungen gering gehalten werden. Ist der Einfluss der Messungen unklar, können die Versuche hälftig aufgeteilt und mit (deutlich) verschieden vielen Messungen (z. B. 4 in Gruppe 1 und 8 in Gruppe 2) durchgeführt werden. Bei der anschließenden Auswertung wird analysiert, ob es einen signifikanten Unterschied zwischen den Gruppen gibt.
- Der zeitliche Abstand zwischen je zwei Messungen sollte ausreichend groß sein, dass davon ausgegangen werden kann, dass deren Messfehler unabhängig voneinander sind.
- Das Messintervall muss nicht identisch sein, sodass sich der Testablauf an den zeitlichen Möglichkeiten und Einschränkungen am Prüfstand orientieren kann.
- Die erste Messung sollte zu Testbeginn stattfinden, um die Produktionsvarianz bewerten zu können.
- Soweit umsetzbar sollte mindestens ein Prüfling bis zum End-of-Life-Kriterium geprüft werden. Andernfalls besteht die Gefahr, dass sich der Degradationspfad nach der letzten Messung aufgrund von Effekten, die unbeobachtet blieben, drastisch ändert. Außerdem wird so der Extrapolationsfehler verringert.

Im Folgenden wird zunächst beschrieben, wie Degradationsvorgänge unter stochastischer Streuung modelliert werden. Dies bildet die Grundlage für die Auswertung von Degradationsversuchen, die in Abschn. 5.7.3 thematisiert wird. Anschließend wird eine Kombination mit Tests unter variiert Last betrachtet. Es folgt ein Anwendungsbeispiel in Abschn. 5.7.5.

5.7.2 Modellierung von Degradationsvorgängen

Zur Modellierung von Degradationsvorgängen – und in der Folge auch der Auswertung der zugehörigen Degradationsdaten – können zahlreiche verschiedene Modelle eingesetzt werden [163, 223, 294, 295]. Aufgrund der systematischen Nähe zum Prognostics and Health Management (PHM) können hier ähnliche Machine-Learning-Ansätze verwendet werden, auf die mit Verweis auf die Literatur nicht näher eingegangen wird [296]. Stattdessen werden die beiden verbreitetsten physikalisch motivierten Modelle gezeigt und verglichen. Diese finden bei Problemstellungen im Bereich der Zuverlässigkeitstechnik klassischerweise Anwendung und bieten gegenüber rein datengetriebenen Ansätzen insb. eine bessere Plausibilisierung und Erklärbarkeit. Die degradierende Größe wird im Folgenden mit $D(t)$ bezeichnet.

5.7.2.1 Stochastic Process Models

Stochastic Process Models (SPMs) modellieren den Degradationspfad als stochastischen Prozess, bspw. als Wiener-Prozess (Brownsche Bewegung), Gamma-Prozess oder inversen Gaußprozess [171, 297–301]. Das Modell setzt sich aus einem potenziell belastungsabhängigen Term für die systematische Degradation, $\eta(t)$, und einem Term der zufälligen Schwankungen auf Basis des gewählten Prozesses, $P(t)$, zusammen. Es lautet somit

$$D(t) = \eta(t) + \xi P(t), \tag{5.176}$$

wobei ξ ein Gewichtungsfaktor für den Einfluss der zufälligen Schwankungen ist. Die systematische Degradation folgt einem parametrisierten Modell, wobei gefordert wird, dass sich $\eta(t)$ monoton entwickelt [163, 297]. Heilungseffekte oder eine inhärente Streuung der Zustandsgröße können somit nicht abgebildet werden. Abgesehen davon ist die Wahl der Modellform beliebig (bspw. linear, quadratisch, exponentiell, Wurzelfunktion, ...). Durch die Modellierung als stochastischer Prozess sind die Inkremente je Zeitschritt

$$\Delta D(t) = D(t + \Delta t) - D(t), \tag{5.177}$$

unabhängig voneinander. Für die Form der stochastischen Verteilung der Zustandsgröße wie auch der Lebensdauer ist ausschließlich der angenommene Prozess $P(t)$ und nicht $\eta(t)$ verantwortlich. Im Falle des Wiener-Prozesses folgen die Inkremente einer Normalverteilung

$$\Delta D(t) \sim \mathcal{N}\big(\mu = \Delta\eta(t), \sigma^2 = \xi^2 \Delta\eta(t)\big), \tag{5.178}$$

wobei analog zu $\Delta D(t)$ für die Mittelwertzunahme

$$\Delta\eta(t) = \eta(t + \Delta t) - \eta(t) \tag{5.179}$$

gilt [297]. Für einen linearen Drift $\eta(t)$ und eine normalverteilte Zustandsgröße $D(t)$ ist die Verteilung der Lebensdauer t_f für ein beliebiges Ausfallkriterium $D_f = D(t_f)$ als Inverse Normalverteilung $\mathcal{IG}$ mit Mittelwert μ und Formparameter λ bekannt [223],

$$t_f \sim \mathcal{IG}\left(\mu = D_f, \lambda = \frac{D_f^2}{\xi^2}\right). \tag{5.180}$$

Ein weiteres, häufig angewandtes SPM basiert auf dem Gamma-Prozess, bei dem die Inkremente sowie die Lebensdauer gammaverteilt und dementsprechend immer positiv sind [223, 297]. Die Lebensdauer ist dann ebenfalls gammaverteilt. Weitere häufig angenommene Verteilungen sind die geometrische brownsche Bewegung und der inverse Gauß-Prozess [223]. Es gibt zahlreiche weitere Varianten von SPMs für Spezialfälle, Weibull-verteilte Inkremente bzw. resultierende Weibull-verteilte Lebensdauern sind jedoch selten [299–303].

5.7.2.2 Random Coefficient Models

Random Coefficient Models (RCMs) – auch General Degradation Path Models oder Random Effects Path Models [116, 295, 297] – setzen sich aus einem Pfadmodell für den systematischen Anteil der Degradation, $y(t|B)$, und einem zufällig verteilten Fehlerterm, $\varepsilon(t)$, zusammen,

$$D = y(t|B) + \varepsilon(t). \tag{5.181}$$

Der systematische Anteil ist in Abhängigkeit eines Vektors $B = [b_1, \ldots, b_k]$ mit k Parametern definiert und kann prinzipiell nichtmonoton sein, also Heilungseffekte abbilden. Der Fehlerterm $\varepsilon(t)$ ist, anders als bei SPMs, kein stochastischer Prozess, sondern eine Zufallsvariable, für die häufig – aber nicht zwangsläufig – eine Normalverteilung

$$\varepsilon \sim \mathcal{N}(\mu = 0, \sigma^2 = \sigma_\varepsilon^2) \tag{5.182}$$

angenommen wird [116, 295, 297]. Die Modellierung entspricht somit der DoE-Vorgehensweise, die unerklärte Varianz als eigene Variable abzubilden. Ein weiterer Unterschied zu SPMs ist, dass die Variation zwischen den Prüflingen durch einheitenindividuelle Degradationspfade ausgedrückt wird. Die gemessene Degradation von Einheit i zu Zeitpunkt t_j lautet

$$D_i(t_j) = y_i(t_j|B_i) + \varepsilon_i(t_j|\sigma_{\varepsilon,i}^2). \tag{5.183}$$

Während das zugrunde liegende Pfadmodell $y(t)$ der Form nach identisch für alle Einheiten ist, sind die Parameter $\theta_i = \left[B_i, \sigma_{\varepsilon,i}^2\right]$ für jede Einheit unterschiedlich. Der Einfluss der Materialeigenschaften, des Produktionsprozesses, des Einbaus, der Lastapplikation und weiterer unkontrollierbarer Quellen auf einzelne Prüflinge lässt sich somit abbilden [116]. Der Parametervektor θ folgt i. A. einer multivariaten Verteilung mit Mittelwertvektor μ_θ und Kovarianzmatrix Σ_θ. Häufig wird eine multivariate Normalverteilung

$$\theta \sim \mathcal{N}_{k+1}(\mu_\theta, \Sigma_\theta) \tag{5.184}$$

mit $k + 1$ Dimensionen angenommen [297]. Wenn erforderlich, wird die Normalverteilungsannahme für einzelne Bestandteile des Parametervektors auf deren Logarithmus bezogen. Dies ist bspw. dann erforderlich, wenn eine Größe per Definition positiv ist.

Im Vergleich erlauben RCMs eine größere Flexibilität als SPMs [304–306]. Jegliche Varianzen – Unit-to-unit-variation und In-unit-variation – lassen sich getrennt modellieren. Die Datenauswertung kann schrittweise erfolgen. Dass die Lösung in aller Regel numerisch ermittelt werden muss, ist meistens kein Nachteil, da auch bei SPMs nur für Spezialfälle analytische Lösungen bekannt sind. Einschränkungen bzgl. der Verteilung des

Messfehlers müssen bei RCMs nicht gemacht werden, was gerade bei stark oder nicht-normal streuenden Messfehlern, wie sie bei komplexen Systemen vorkommen, von Vorteil ist.

5.7.2.3 Degradationspfadmodelle

Für die Modellierung des systematischen Degradationspfads ($\eta(t)$ bei SPMs bzw. $y(t)$ bei RCMs) kommen verschiedene Formen in Betracht [115, 293, 297]. Lineare Modelle stellen die einfachste Annahme dar. Aus physikalischen Überlegungen sind jedoch oft progressive bzw. degressive Pfade plausibler. So treten einerseits bei vielen Schadens-mechanismen schrittweise Schädigungen auf, die das Bauteil schwächen und weitere Schädigungen begünstigen. Ein Beispiel hierfür ist das Risswachstum bei mechanischer Belastung oder die Verringerung der Isolationsfestigkeit bei elektrischer Belastung. In diesen Fällen beschleunigt sich die Schädigung in einer positiven Feedbackschleife und der resultierende Degradationspfad ist progressiv. Eine andere Systematik weisen Schadensmechanismen auf, welche auf reaktionskinetischen Vorgängen beruhen. Verringert sich durch schädigende Zustandsübergänge die Menge zur Verfügung stehender Reaktionspartner, wird eine weitere Schädigung zunehmend unwahrscheinlicher. Der resultierende Degradationspfad ist dann degressiv.

In anderen Quellen wird an dieser Stelle von konvexen und konkaven Modellen gesprochen. Diese Unterscheidung ist in der praktischen Anwendung missverständlich, da sie – je nachdem, ob die Zustandsgröße bei Degradation zu- oder abnimmt – zu gegenteiligen Aussagen führt. Daher wird im Folgenden nur von progressiver (sich mit der Zeit verstärkender) und degressiver (sich mit der Zeit abschwächender) Degradation gesprochen. Beide Formen lassen sich im simpelsten Fall je als Potenz- und Exponentialfunktion umsetzen. Eine Auswahl ist in Abb. 5.120 für eine abnehmende Zustandsgröße $f(t)$ gezeigt. Die nicht-linearen Modelle können bei Bedarf so gestaltet werden, dass ein asymptotischer Grenzwert für die Zustandsgröße für $t \to \infty$ (degressive Exponentialfunktion) oder $t \to 0$ (progressive Potenzfunktion) erreicht wird. Die Gleichungen der Degradationspfadmodelle in Abb. 5.120 lauten:

• Linear: $f(t) = b_1 - b_2 t$	$b_2 > 0$	(5.185)
• Degressiv (Potenz): $f(t) = b_1 - b_2 t^{b_3}$ oder $f(t) = b_1 - b_2 \sqrt[b_3]{t}$	$b_2 > 0, 0 < b_3 < 1$ $b_2 > 0, b_3 > 1$	(5.186)
• Degressiv (Exponentiell): $f(t) = b_1 + b_2 \exp(-b_3 t)$ oder $f(t) = b_1 - b_2 \exp(t/b_3)$	$b_2 > 0, b_3 > 1$ $b_2, b_3 < 0$	(5.187)
• Progressiv (Potenz): $f(t) = b_1 - b_2 t^{b_3}$	$b_2 > 0, b_3 > 1$	(5.188)
• Progressiv (Exponentiell): $f(t) = b_1 - b_2 \exp(t/b_3)$	$b_2 > 0, b_3 > 0$	(5.189)

Eine Übersicht von Anwendungsfällen verschiedener Degradations(pfad)modelle ist in diversen Veröffentlichungen zu finden [115, 116, 223, 247, 295, 297, 307, 308].

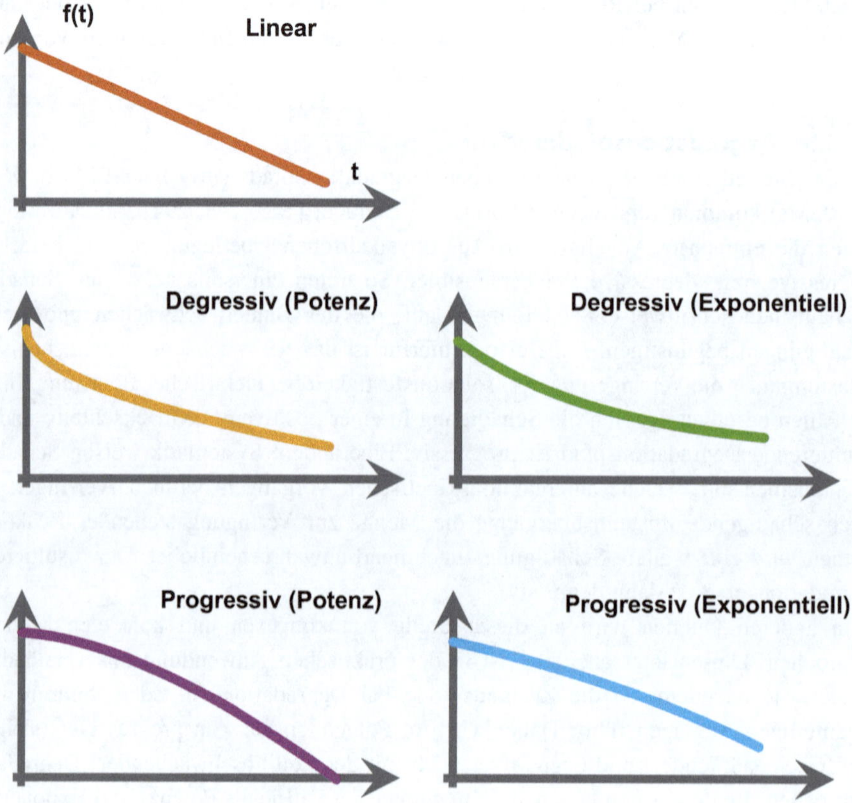

Abb. 5.120 Beispiele für lineare, progressive und degressive Degradationspfade eines über der Zeit abnehmenden Degradationsindikators $f(t)$. Das exponentielle degressive Modell nähert sich für $t \to \infty$ asymptotisch einem Grenzwert an, das progressive Potenzmodell für $t \to 0$.

5.7.3 Auswertung von Degradationsdaten

Der Vorteil von SPMs besteht darin, dass sich die Form der Verteilung der Ausfallzeiten t_f auf einem beliebigen kritischen Niveau $D_f = D(t_f)$ anhand der Eigenschaften des angenommenen stochastischen Prozesses bestimmen lässt. Dies ermöglicht in vielen einfachen Fällen eine analytische Ermittlung der Parameter der gesuchten Lebensdauerverteilung aus den Messdaten. Für viele praxisnahe Fälle existieren jedoch keine analytischen Lösungen. Der Vorteil der Modellierung als SPM geht dadurch verloren und die simulative Parameterbestimmung wird komplizierter [116, 295, 297]. Für RCMs werden grundsätzlich numerische Lösungsverfahren verwendet.

5.7.3.1 Parameterschätzung

Abseits von vereinfachten Lösungen für Spezialfälle werden sowohl SPMs als auch RCMs via MLE gelöst [295, 297]. Dabei wird zunächst auf Prüflingsebene angenommen, dass jeder einzelne Degradationspfad mit einer Zufallsstreuung überlagert ist ($P(t)$ in Gl. (5.176) bzw. $\varepsilon(t)$ in Gl. (5.181)), welche sich durch zu schätzende Parameter beschreiben lässt. Darüberhinaus wird angenommen, dass die Parameter des systematischen Degradationspfadmodells je Prüfling ($\eta(t)$ in Gl. (5.176) bzw. $y(t)$ in Gl. (5.181)) unterschiedlich sind, insgesamt jedoch ebenfalls einer gemeinsamen Verteilung folgen.

Diese zweistufige Wahrscheinlichkeitsverteilung spiegelt sich in der resultierenden Likelihoodfunktion wider, wie im Folgenden beispielhaft für RCMs gezeigt wird. Nimmt man, wie in Gl. (5.182), einen unsystematischen und normalverteilten Fehler an, ist die gemessene Degradation von Prüfling i zu Zeitpunkt t_j normalverteilt,

$$D_i(t_j) \sim \mathcal{N}\left(\mu = y_i(t_j|B_i), \sigma^2 = \sigma^2_{\varepsilon,i}\right). \tag{5.190}$$

Die Likelihoodgleichung in Abhängigkeit der Parameter $\theta_i = \left[B_i, \sigma^2_{\varepsilon,i}\right]$ lautet

$$L_i\left(\theta_i|D_i(t_j)\right) = \prod_{j=1}^{m} f_{N,1}\left(y_i(t_j|B_i), \sigma^2_{\varepsilon,i}\right) \tag{5.191}$$

für m Messungen an Prüfling i. Finden unterschiedlich viele Messungen je Prüfling statt, oder Messungen zu unterschiedlichen Zeitpunkten, müssen m und t_j nach Prüfling unterschieden werden (m_i, $t_{i,j}$). Mit $f_{N,1}(\mu, \sigma^2)$ wird die Dichtefunktion der univariaten Normalverteilung mit Mittelwert μ und Varianz σ^2 bezeichnet. Da B_i für einen einzelnen Prüfling konstant ist, wirken sich die entsprechenden Koeffizienten nur auf den Mittelwert aus. Der Fehler variiert jedoch je Messpunkt entsprechend der per MLE zu findenden Varianz $\sigma^2_{\varepsilon,i}$.

Um nun gleichzeitig zu berücksichtigen, dass die prüflingsindividuellen Größen θ_i einer gemeinsamen Verteilung entspringen, muss Gl. (5.191) mit der Auftretenswahrscheinlichkeit der konkreten Realisierung θ_i erweitert werden, welche hier

$$L(\theta|\theta_i) = \prod_{i=1}^{n} f_{N,k+1}(\mu_\theta, \Sigma_\theta) \tag{5.192}$$

für n Prüflinge lautet. Dabei stellt $f_{N,k+1}$ eine $(k+1)$-dimensionale Normalverteilung mit Mittelwertvektor $\boldsymbol{\mu_\theta}$ und Kovarianzmatrix $\boldsymbol{\Sigma_\theta}$ dar. Gl. (5.191) und (5.192) sind nun so zu verknüpfen, dass zunächst die Likelihood für die prüflingsindividuellen Größen auf Basis der zugrundeliegenden Verteilung über alle Prüflinge ermittelt wird. Anschließend wird anhand dieser prüflingsindividuellen Größen die Likelihood für das Auftreten der konkret gemessenen Werte eines jeden Prüflings ermittelt:

$$L\left(\boldsymbol{\theta}|D_i(t_j)\right) = L(\boldsymbol{\theta}|\boldsymbol{\theta}_i) \cdot L_i\left(\boldsymbol{\theta}_i|D_i(t_j)\right). \tag{5.193}$$

Wie bei der MLE üblich wird nicht die Likelihoodfunktion selbst, sondern ihr Logarithmus betrachtet, um einfachere Berechnungen zu ermöglichen. Die resultierende Loglikelihoodfunktion lautet

$$\ln L(\boldsymbol{\theta}|D_i(t_j)) = \sum_{i=1}^{n}\left(\ln f_{N,k+1}(\boldsymbol{\mu}_{\boldsymbol{\theta}}, \boldsymbol{\Sigma}_{\boldsymbol{\theta}}|\boldsymbol{\theta}_i) + \sum_{j=1}^{m}\ln f_{N,1}(\boldsymbol{\theta}_i|D_i(t_j))\right) \tag{5.194}$$

und wird in einem iterativen Prozess maximiert. Da dies üblicherweise numerisch geschieht, ist es prinzipiell möglich, die bisher beispielhaft angenommene Normalverteilung durch eine beliebige andere Verteilung zu ersetzen. Da diese jedoch multivariat und identisch für alle zu schätzenden Parameter sein muss, da sonst keine Kovarianzen beachtet werden können, ist die Auswahl an Alternativen begrenzt. In der Regel wird daher die Normalverteilung beibehalten und einzelne Größen ggf. transformiert einbezogen. So kann bei Parametern, die nicht negativ sein können, ihr Logarithmus in $\boldsymbol{\theta}$ integriert werden. Dies entspricht einer Lognormalverteilung der untransformierten Größe. Dieses Vorgehen bietet sich bspw. bei der Fehlervarianz oder der Steigung des Degradationspfadmodells an.

Ebenso können ausgewählte Elemente der Kovarianzmatrix vorgegeben werden, was in folgenden Fällen genutzt wird:

- Lässt sich sinnvoll annehmen, dass der Fehler $\sigma_{\varepsilon,i}^2$ nicht von den Bauteileigenschaften, sondern vom Messverfahren herrührt, kann die Kovarianz zwischen σ_ε^2 und den Degradationspfadkoeffizienten $\boldsymbol{B}_i$ zu Null gesetzt werden.
- Soll ein Koeffizient des Degradationspfadmodells nicht einheitenindividuell, sondern identisch für alle Prüflinge sein, wird seine Varianz auf Null festgelegt.
- Statt der multivariaten Verteilung kann eine univariate Verteilung für jeden einzelnen Parameter b_i und $\sigma_{\varepsilon,i}^2$ verwendet werden, wenn deren Wechselwirkung vernachlässigbar ist.

Wenn zutreffend, vereinfachen diese Annahmen die MLE, da weniger Parameter ermittelt werden müssen. Dies ist bei der Berechnung vorteilhaft, da bereits bei relativ einfachen Modellen eine große Menge an zu schätzenden Größen anfällt. Mit zunehmenden Parametern steigt der Rechenaufwand exponentiell an, was die MLE schnell rechenintensiv werden lässt.

Die Aufteilung der Analyse in die beiden Bestandteile von Gl. (5.194) ermöglicht es einerseits, für die Parameterschätzung der einzelnen Einheiten ein anderes Verfahren einzusetzen, bspw. Ordinary Least Squares (OLS). Andererseits kann an dieser Stelle bereits eine erste Analyse der Ergebnisse erfolgen, insbesondere ein Vergleich verschiedener Degradationspfadmodelle. Dabei ist darauf zu achten, eine ausreichend große Stichprobe an Prüflingen zur Schätzung aller unbekannten Verteilungsparameter zu haben. Auf Ebene der Prüflinge muss die Anzahl an Messwerten im Zeitverlauf groß genug sein, um das komplexeste in Betracht zu ziehende Degradationspfadmodell mit mindestens einem Fehlerfreiheitsgrad schätzen zu können.

5.7.3.2 Ausfallverteilung mit Vertrauensbereich

Den letzten Schritt in der Auswertung stellt die Ermittlung der Lebensdauer t_f zum End-of-Life-Kriterium $D_f = D(t_f)$ dar, sowie deren Verteilungsfunktion $F(t_f)$. In den meisten Fällen ist dies nur simulativ möglich, bspw. durch Nutzung der Monte-Carlo-Methode [295, 297]. Hierbei werden aus der geschätzten Verteilung $\widehat{\theta}$ wiederholt Werte gesampled, was der künstlichen Erzeugung von Prüflingen entspricht. Deren Degradationspfade werden bis zum Erreichen des Ausfallkriteriums D_f aufgezeichnet. Bei ausreichend vielen synthetischen Degradationspfaden – bspw. 10^5 – ergibt sich die Lebensdauer t_f und deren Summenfunktion $F(t_f)$ zum Ausfallkriterium in beliebiger Genauigkeit. Auf eine Modellierung der Streuung σ_ε^2 kann verzichtet werden, wenn diese ausschließlich eine Messstreuung darstellt und keine inhärente Streuung der Degradationsgröße $D(t)$.

Üblicherweise sind Vertrauensbereiche um $F(t_f)$ gefordert, was zusätzlich den Einsatz von Bootstrapping erfordert [297]. Aus der Parameterschätzung $\widehat{\theta}$, die anhand von n realen Prüflingen ermittelt wurde, werden dafür n synthetische Degradationspfade erzeugt, mit denen wiederum die Bootstrap-Schätzung $\widehat{\theta}_{BS}$ ermittelt wird. Die Streuung σ_ε^2 darf hierbei keinesfalls vernachlässigt werden. Ausgehend von $\widehat{\theta}_{BS}$ wird nun $F_{BS}(t_f)$ ermittelt. Dieses Vorgehen wird iteriert, bspw. 10^3 mal, um aus der Schar von resultierenden Ausfallkurven $F_{BS}(t_f)$ die Quantile zum gewünschten Vertrauensniveau zu ermitteln [297].

5.7.3.3 Beispielhafte Berechnung bei linearem Degradationspfad

Die Loglikelihoodgleichung für einen linearen Degradationspfad nach Gl. (5.185) an einer Einheit i, gegeben die $j = 1, \ldots, m$ Messwerte $D_i(t_j)$, lautet

$$\ln L_i(\theta_i | D_i(t_j)) = -\frac{1}{2}\sum_{j=1}^{m}\left(\ln(2\pi) + \ln(\sigma_{\varepsilon,i}^2) + \left(\frac{D_i(t_j) - y_i(t_j)}{\sigma_{\varepsilon,i}}\right)^2\right), \tag{5.195}$$

bzw. nach Einsetzen der zu schätzenden Koeffizienten $B_i = [b_{1,i}, b_{2,i}]$

$$\begin{aligned}\ln L_i(b_{1,i}, b_{2,i}, \sigma_{\varepsilon,i} | D_i(t_j)) = -\frac{1}{2}\Bigg(& m\ln(2\pi) + m\ln(\sigma_{\varepsilon,i}^2) \\ &+ \sum j = 1^m \left(\frac{D_i(t_j) - (b_{1,i} + b_{2,i} t_j)}{\sigma_{\varepsilon,i}}\right)^2\Bigg).\end{aligned} \tag{5.196}$$

Die Loglikelihood der als mutlivariat normalverteilt angenommenen Parameter $\theta = (b_1, b_2, \sigma_\varepsilon)$ mit Mittelwerten μ_θ und Kovarianzmatrix Σ_θ lautet, gegebenen einen einzigen Parametervektor θ_i,

$$\ln L_i(\mu_\theta, \Sigma_\theta | \theta_i) = -\frac{1}{2}\big(3\ln(2\pi) + \ln(\det(\Sigma_\Theta)) + (\theta_i - \mu_\theta)^{-1}\Sigma_\theta(\theta_i - \mu_\theta)\big). \tag{5.197}$$

Die Loglikelihood für den Parametervektor θ in Abhängigkeit der Messwerte $D_i(t_j)$ ergibt sich dann durch Einsetzen der vorstehenden Gleichungen in Gl. (5.194). Zur computergestützten Optimierung wird der Vorfaktor $-1/2$ sowie der konstante Term in Gl. (5.197) vernachlässigt und die resultierende modifizierte negative Loglikelihoodgleichung

$$-\ln L\big(\theta \mid D_i(t_j)\big) = \sum_{i=1}^{n}\left(\ln(\det(\Sigma_\theta)) + (\theta_i - \mu_\theta)^{-1}\Sigma_\theta(\theta_i - \mu_\theta) + m\ln\big(2\pi\sigma_{\varepsilon,i}^2\big)\right.$$
$$\left. + \sum_{j=1}^{m}\left(\frac{D_i(t_j) - (b_{1,i} + b_{2,i}t_j)}{\sigma_{\varepsilon,i}}\right)^2\right) \tag{5.198}$$

minimiert. Falls jeder Prüfling über gleich viele Messwerte m verfügt, kann zusätzlich der konstante Term $m\ln\left(2\pi\sigma_{\varepsilon,i}^2\right)$ ignoriert werden.

Pro Einheit sind 3 Größen – 2 Pfadkoeffizienten B_i und der Fehler $\sigma_{\varepsilon,i}$ – zu schätzen; zusätzlich die jeweils 3 Mittelwerte, Varianzen und Kovarianzen der multivariaten Normalverteilung. Bei vielen gemessenen Einheiten ergibt sich somit schnell ein hochdimensionales Optimierungsproblem. Zum zeiteffizienten Lösen dieses Problems müssen die initialen Schätzwerte nah am vermuteten Optimum liegen. Dies lässt sich umsetzen, indem die einheitenindividuellen Größen vorab mit einem klassischen Lösungsverfahren (bspw. MLE oder OLS) ermittelt werden.

5.7.4 Lastabhängigkeit (Accelerated Degradation Testing)

Analog zu beschleunigten End-of-Life-Tests kann auch bei Degradationstests eine Lastvariation stattfinden. Diese kann einerseits dem Ziel dienen, zusätzliches Produktverständnis zu generieren, andererseits kann sie zur Beschleunigung genutzt werden. Die Kombination von beschleunigten Tests und Degradationstests wird als Accelerated Degradation Testing (ADT) bezeichnet [55, 115, 163, 252, 309].

Grundsätzlich ist bei ADT zu bedenken, dass durch die zusätzliche Untersuchung der Lastabhängigkeit bei Degradationstests neben dem Degradationspfad eine weitere Unsicherheitsquelle hinzugefügt wird. Dies gilt umso mehr, wenn für die Lebensdauerermittelung im Feld sowohl der Degradationspfad als auch die Laststufen außerhalb des getesteten Bereichs extrapoliert werden müssen. Eine möglicherweise vorhandene Änderung im Degradationspfad bleibt dann nicht nur für Zeiträume zwischen maximaler Testdauer und Erreichen des Ausfallkriteriums bei Testlast unentdeckt, sondern auch bei Feldlast. In jedem Fall ist eine hohe Prüflingszahl unerlässlich, weshalb sich ADT vor allem für verhältnismäßig kleine und günstige Bauteile eignet, die stark parallelisiert getestet werden können (häufig Elektronikkomponenten).

Bezüglich der Auswahl von Lastgrößen und ihren Stufen gelten dieselben Zusammenhänge wie bei beschleunigten End-of-Life-Tests: Der zu beschreibende Bereich von Laststufen sollte möglichst gut im Versuch abgedeckt werden und ausreichend viele Stufen enthalten, um das unterstellte Lastmodell zu schätzen. Bei Vergleich mehrerer Modelle sind ausreichend viele Laststufen erforderlich, um mindestens einen Fehlerfreiheitsgrad aufzuweisen. Die Last sollte dabei je Prüfling nicht variiert werden, da sonst die Schätzung des Degradationspfads abschnittsweise erfolgen muss, was schwierig im Lösungsverfahren umzusetzen ist.

Die Abbildung der Lastabhängigkeit für i. A. mehrere Lastgrößen V_i erfolgt dabei in anwendungsspezifischem Ausmaß. Sind nur die effektiven Pfadkoeffizienten nach Gl. (5.191) als lastabhängig anzunehmen, $B_i = B_i(V_i)$, wird dies durch einen Einfluss der Last auf den Mittelwertvektor $\mu_\theta = \mu_\theta(V_i)$ abgebildet. Zusätzlich kann eine Lastabhängigkeit des ebenfalls in μ_θ enthaltenen Fehlers σ_ε^2 angenommen werden. Ist auch anzunehmen, dass die Streuung der Degradationspfadkoeffizienten mit der Last variiert, ist dies in $\Sigma_\theta = \Sigma_\theta(V_i)$ abzubilden. Auf die letztgenannte Abhängigkeit wird unter Verweis auf eine rein produktionsbedingte Streuung der Bauteilparameter oft verzichtet.

5.7.5 Beispiel: Auswertung von Degradationsdaten

In einem Forschungsprojekt wurden Folienkondensatoren unter definierten Umgebungsbedingungen betrieben und wiederholt gemessen. Aus den Messdaten soll ein empirisches Modell für die Degradation der Kondensatoren ermittelt werden. Als degradierende Größe wird der Ersatzwiderstand betrachtet, welcher über der Lebensdauer systematisch zunimmt. Eine erste Datenanalyse legt nahe, dass die beobachteten Degradationspfade gut linear angenähert werden können und dass keine starke Abhängigkeit von einem der Umgebungsparameter besteht. Nach Vorverarbeitung der Messdaten (inkl. Ausschluss unplausibler Messwerte) stehen Messwerte von 37 Kondensatoren zur Verfügung, die sich jeweils über ca. 1 Woche (165 h) erstrecken. Je Kondensator wurden in diesem Zeitraum 6 Messungen durchgeführt, wobei die Daten stellenweise lückenhaft sind oder aufgrund von Messfehlern entfernt werden mussten. Alle auswertbaren Messdaten sind in Abb. 5.121 dargestellt.

Ziel ist (a) die Ermittlung der Produktionsvarianz anhand der initialen Verteilung der Widerstandswerte, (b) die Schätzung der Verteilung der Ausfallzeiten, sowie (c) die Ermittlung der Zuverlässigkeit zur Lebensdauer 2500 h mit 80-%-Vertrauensbereich (einseitig). Als Ausfall gilt das Erreichen eines Ersatzwiderstandes von 0,25 Ω. Dabei ist anzunehmen, dass der Ersatzwiderstand in keinem Fall systematisch absinken kann. Der Fehler σ_ε ist als einheitenunabhängig zu betrachten.

Zur Modellierung der Degradationspfade wird auf das lineare Modell nach Gl. (5.185) zurückgegriffen. Die Degradationsdaten werden darauf aufbauend nach folgendem Ablauf ausgewertet:

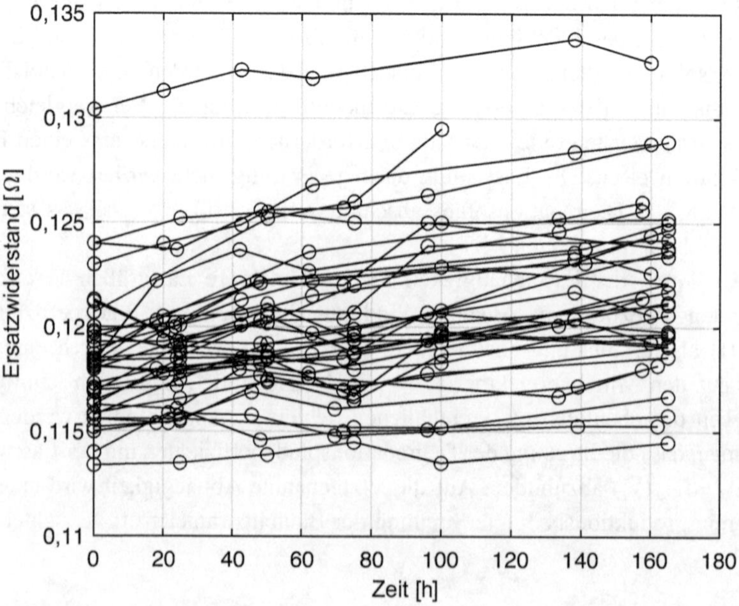

Abb. 5.121 Messwerte des Ersatzwiderstandes der 37 Kondensatoren, welcher durch Degradation systematisch ansteigt. (© IMA 2026. All Rights Reserved)

1. Für jeden Kondensator werden per MLE die Degradationspfadkoeffizienten B_i sowie der Fehler $\sigma_{\varepsilon,i}$ geschätzt.
2. Die multivariate Verteilung der Parametervektoren θ_i wird per MLE geschätzt. Dabei ist als Zwangsbedingung vorgegeben, dass die Kovarianz zwischen den Degradationspfadkoeffizienten und dem Fehler 0 sei, da der Fehler einheiten-unabhängig zu modellieren ist. Um entsprechend den Anforderungen sicherzustellen, dass der Ersatzwiderstand stets systematisch ansteigt, wird $b_{2,i}$ als lognormalverteilt angenommen. Somit wird $\theta_i = (b_{1,i}, \ln(b_{2,i}), \sigma_{\varepsilon,i})$ als mutlivariat normalverteilt angenommen und der zugehörige Mittelwertvektor und die Kovarianzmatrix

$$\mu_\theta = \begin{bmatrix} \mu(b_1) \\ \mu(\ln(b_2)) \\ \mu(\sigma_\varepsilon) \end{bmatrix}, \Sigma_\theta = \begin{bmatrix} \mathrm{Var}(b_1) & \mathrm{Cov}(b_1, \ln(b_2)) & 0 \\ * & \mathrm{Var}(\ln(b_2)) & 0 \\ * & * & \mathrm{Var}(\sigma_\varepsilon) \end{bmatrix} \tag{5.199}$$

   werden geschätzt.
3. Die so unabhängig voneinander ermittelten Schätzwerte werden als Ausgangspunkt zur Minimierung der negativen Loglikelihood nach Gl. (5.198) verwendet.

4. Nach ausreichender Konvergenz des Optimierungsalgorithmus stehen einerseits Schätzwerte für die Degradationspfadkoeffizienten der beobachteten Einheiten und andererseits deren allgemeine, multivariate Verteilungsparameter zur Verfügung.
5. Die Auswertung der Kovarianzmatrix Σ_θ bzw. der daraus abgeleiteten Korrelationsmatrix zeigt, ob die Kovarianz zwischen den Degradationspfadkoeffizienten oder die Varianz einer der Zielgrößen vernachlässigt werden kann. Die Zwangsbedingungen in Gl. (5.199) werden entsprechend angepasst und die Parameterschätzung wird wiederholt. Darüberhinaus können alternative Degradationspfadmodelle gewählt und verglichen werden.
6. Die finale Schätzung der multivariaten Verteilung der Degradationskoeffizienten wird ausgewählt. Anhand des in Abschn. 5.7.3.2 beschriebenen Ablaufs wird die Lebensdauerverteilung zum definierten Ausfallkriterium ermittelt.

Dieses Vorgehen liefert nach Schritt 4 die in Abb. 5.122 dargestellten einheitenindividuellen Degradationspfade; auf eine zahlenmäßige Angabe wird verzichtet. Als multivariate Verteilungsparameter ergeben sich die Mittelwerte

$$\begin{aligned}\widehat{\mu}(b_1) &= 118{,}74\,\mathrm{m}\Omega,\\ \widehat{\mu}(b_2) &= 35{,}636\,\mu\Omega/\mathrm{h},\\ \widehat{\mu}(\sigma_\varepsilon) &= 591{,}12\,\mu\Omega\end{aligned}\tag{5.200}$$

sowie die Standardabweichungen

$$\begin{aligned}\widehat{\sigma}(b_1) &= 3{,}1562\,\mathrm{m}\Omega,\\ \widehat{\sigma}(b_2) &= 14{,}237\,\mu\Omega/\mathrm{h},\\ \widehat{\sigma}(\sigma_\varepsilon) &= 246{,}53\,\mu\Omega.\end{aligned}\tag{5.201}$$

Dabei ist zu beachten, dass die vergleichsweise hohe Standardabweichung des Koeffizienten b_2 wegen seiner Lognormalverteilung dennoch nicht zu negativen Werten führen kann. Eine genauere Analyse liefert eine Korrelation von $+0{,}27$ zwischen den beiden Degradationspfadkoeffizienten. Dieser Wert ist gering genug, als dass eine alternative Modellierung, bei der diese Korrelation als 0 vorgegeben wird, in Betracht gezogen werden kann. In diesem Beispiel wird jedoch darauf verzichtet.

Die gewünschte Analyse der Produktionsvarianz ist nun anhand der Modellierung von b_1 möglich, da dieser Parameter den y-Achsenabschnitt der Degradationspfade darstellt. Dessen Verteilung zeigt einen Variationskoeffizienten von $\sigma/\mu = 2{,}7\ \%$ an. Weiterhin ist anhand der Darstellung in Abb. 5.122 ersichtlich, dass es einen Ausreißer gibt, der ca. 10 % über dem Mittelwert liegt. Angesichts der relativ hohen Anzahl an Prüflingen ist es möglich, die Messwerte dieses Prüflings bei Wunsch von der Auswertung auszuschließen. Zu Bedenken ist dabei jedoch, dass dadurch die Gefahr einer Überschätzung der Lebensdauer besteht. Im Folgenden werden die Daten dieses Prüflings daher beibehalten.

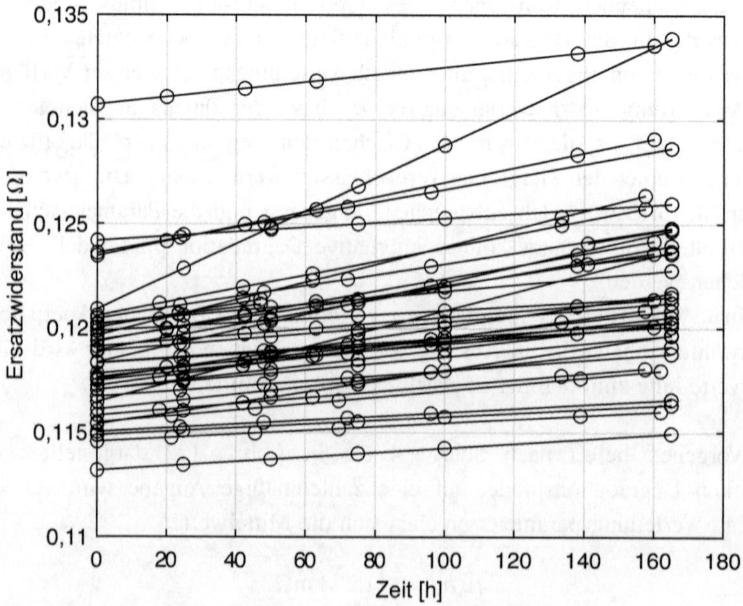

Abb. 5.122 Degradationspfade je beobachteter Einheit. Zur besseren Übersichtlichkeit ist der geschätzte Messfehler nicht dargestellt. (© IMA 2026. All Rights Reserved)

Zur Ermittlung der Lebensdauerverteilung zum Ausfallkriterium (Erreichen eines Ersatzwiderstands von 0, 25 Ω) wird Bootstrapping angewandt, s. Abschn. 5.7.3.2. Es kommen 1000 Bootstrap-Iterationen zum Einsatz, in denen je 37 synthetische Degradationspfade erzeugt werden. Aus diesen wird mit dem ursprünglich verwendeten Auswerteverfahren eine Bootstrap-Parameterschätzung erzeugt, welche wiederum als Grundlage für 1000 simulierte Ausfallzeiten dient. Abb. 5.123 stellt die resultierende Verteilung der Ausfallzeiten dar.

Die Ausfallwahrscheinlichkeit zum gewünschten einseitigen Vertrauensbereich (80 %) beträgt 9,3 % (vgl. Abb. 5.124). Die nachgewiesene Zuverlässigkeit zur Lebensdauer 2500 h mit 80 % Aussagesicherheit beträgt somit 90,7 %.

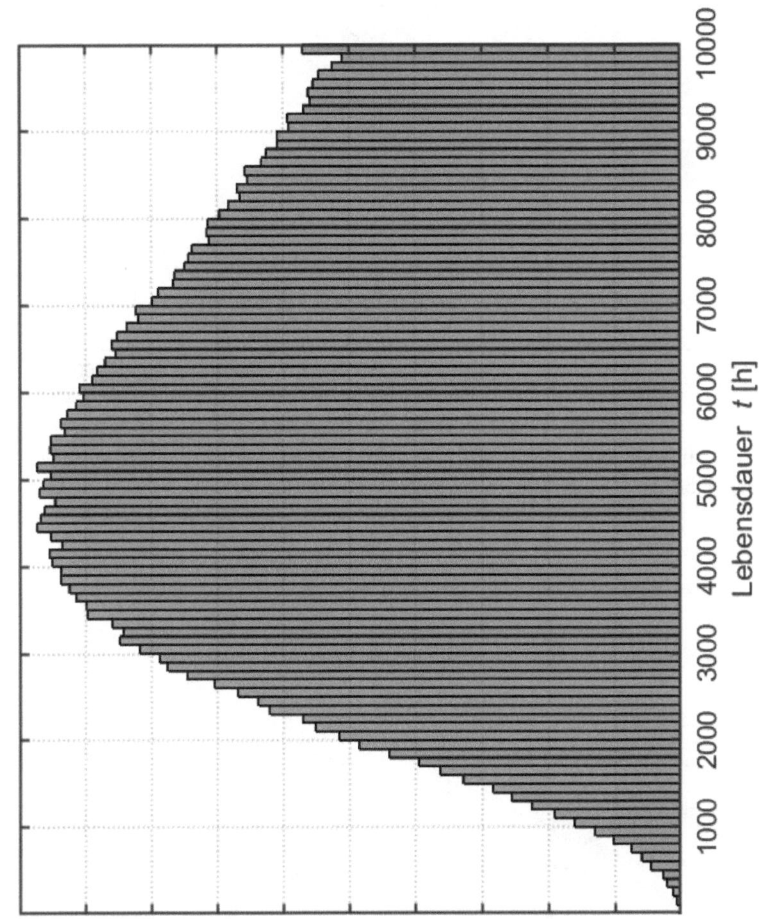

Abb. 5.123 Ergebnisse der Bootstrap-Simulation, dargestellt als gemittelte Lebensdauerverteilung zum Ausfallkriterium Erreichen eines Ersatzwiderstands von $0,25\ \Omega$.

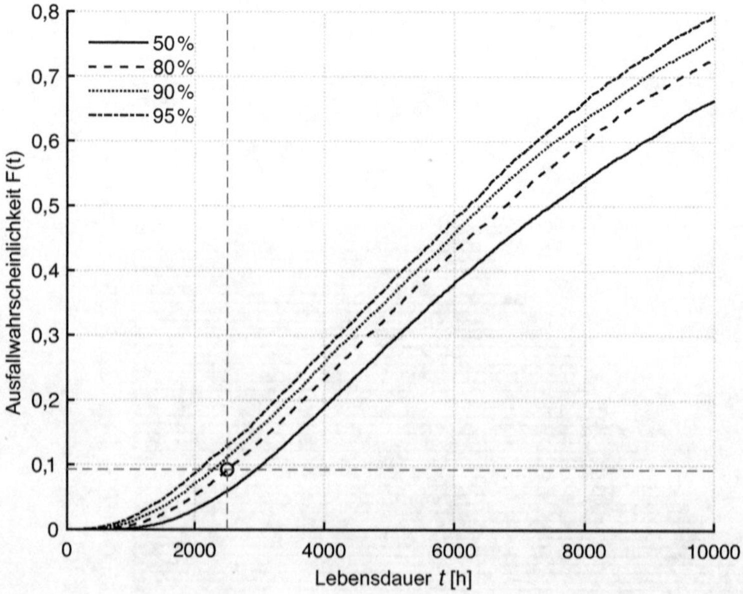

Abb. 5.124 Ausgewählte Quantile der Ausfallwahrscheinlichkeit. Markiert ist die gesuchte Ausfallwahrscheinlichkeit bei 2500 h mit einseitigem 80-%-Vertrauensbereich. ()

6 Testmethoden für den Zuverlässigkeitsnachweis

Inhalt dieses Kapitels sind die Zuverlässigkeitsnachweistests zur Erbringung von Zuverlässigkeitsnachweisen. In der Regel wird an ein fertig entwickeltes technisches System bzw. ein Produkt eine Zuverlässigkeitsanforderung gestellt, die es nachzuweisen gilt. Nach Durchlaufen der vorherigen Entwicklungsschritte und den jeweilig assoziierten Zuverlässigkeitsmethoden ist die Produktzuverlässigkeit soweit optimiert und verstanden, dass mit dem finalen Nachweis begonnen werden kann.

Zu Beginn dieses Kapitels werden zunächst die Voraussetzungen für die Durchführung von Zuverlässigkeitsnachweistests erläutert sowie die zentralen Ziele und Anforderungen definiert. Die prinzipielle Vorgehensweise eines Zuverlässigkeitsnachweistests kann nicht allgemein erläutert werden, da sich die ausfallbasierten und die ausfallfreien Testverfahren grundsätzlich in ihrer Vorgehensweise unterscheiden. Aus diesem Grund wird die Vorgehensweise für jedes Testverfahren individuell erläutert. Für jedes Testverfahren werden weiterhin die Berechnungsgrundlagen für die Testplanung und -auswertung geklärt sowie die wichtigsten allgemeingültigen Erkenntnisse der Teststrategien aufgezeigt. Aufgrund der stochastischen Eigenschaften der Lebensdauer ist eine Vorinformation über das Ausfallverhalten für die Testplanung unerlässlich. Aus diesem Grund wird außerdem auf die Ableitung von belastbarem Vorwissen aus unterschiedlichen Quellen eingegangen.

M. Dazer et al., *Zuverlässigkeitstests für eine effiziente und entwicklungsbegleitende Absicherung von Bauteilen und Systemen*, https://doi.org/10.1007/978-3-662-72967-0_6

6.1 Voraussetzungen

Die statistischen sowie die versuchs- bzw. messtechnischen Voraussetzungen der quantitativen Testverfahren, siehe Abschn. 5.1, gelten genauso für einen Zuverlässigkeitsnachweistest, denn auch hier ist eine valide Zuverlässigkeitsaussage unter möglichst repräsentativen Bedingungen oberste Priorität.

6.2 Anforderungen und Ziele von Zuverlässigkeitsnachweistests und deren Planung

Während bei den quantitativen Testverfahren die Bestimmung des Produktausfallverhaltens im Vordergrund steht, ist das zentrale Ziel eines Zuverlässigkeitsnachweistests die gestellten Anforderungen hinsichtlich Zuverlässigkeit und Lebensdauer mit einer festgelegten Aussagesicherheit nachzuweisen. Die Anforderungen sind formuliert über die Zuverlässigkeit R selbst bzw. die Ausfallwahrscheinlichkeit F, bei einer bestimmten Lebensdauer t. Da in einem Zuverlässigkeitsnachweistest ebenfalls immer mit Stichproben gearbeitet wird, muss zusätzlich die Güte der Aussage über die Aussagesicherheit bewertet werden. Eine typische Anforderung lautet daher z. B.:

$$R(t = 200.000\,\text{km}) = 95\,\% \text{ mit } P_A = 90\,\%.$$

Die Lebensdauer kann dabei jede für das Produkt spezifische Einheit (Tage, Wochen, Zyklen usw.) annehmen. Eine solche Zuverlässigkeitsanforderung ist auch im VDA [310] und der IEC [311] genormt.

Die größte Herausforderung für Zuverlässigkeitsingenieure ist es für die definierte Anforderung eine passende Teststrategie abzuleiten, weil es eine beträchtliche Anzahl an Möglichkeiten dafür gibt. Für die jeweilige Strategie müssen dann zentral

- die Anzahl der notwendigen Prüflinge
- die erforderliche Testzeit
- die erforderlichen Kosten

ermittelt und definiert werden.

Zusätzlich zu den ausfallbasierten Testverfahren eignen sich auch ausfallfreie Testverfahren für den Zuverlässigkeitsnachweis. Für letztere gelten aufgrund der anderen Herangehensweise gänzlich andere Rahmenbedingungen.

Die Herausforderung eine möglichst passende Teststrategie aus der Fülle der Möglichkeiten auszuwählen, wird zusätzlich durch die immer vorliegende Unsicherheit der getesteten Stichprobe verstärkt. Diese Unsicherheit ist zwangsläufig vorhanden, da nie die Grundgesamtheit getestet werden kann. Dadurch besteht die Möglichkeit eines fehlschlagenden Tests, wenn zum Beispiel beim Success-Run Test ein oder mehrere Bauteile vor dem Testzeitpunkt ausfallen oder wenn beim End-of-Life Test die geforderte Lebensdauer innerhalb des Vertrauensbereichs liegt. Daher ist es von entscheidender Bedeutung, die Genauigkeit der Teststrategien in Bezug auf ihre Erfolgsaussicht zu quantifizieren, um eine optimale Testplanung zu gewährleisten. Neben der Genauigkeit sind auch die Testkosten und die kumulierte Testdauer von zentraler Bedeutung, was zu einem Zielkonflikt führt. Höhere Genauigkeiten erfordern in der Regel höhere Investitionen sowohl in Kosten als auch in Zeit. Das Ziel einer anforderungsgerechten bzw. optimalen Testplanung besteht darin, den besten Kompromiss unter Berücksichtigung der jeweiligen Randbedingungen zu finden. Neben diesem Zielkonflikt spielen auch andere individuelle Kriterien wie Kundenanforderungen, die vorhandene Testinfrastruktur und ihre Kapazität sowie die verfügbare Stichprobengröße eine Rolle bei der Testplanung.

6.3 Ableiten von Vorwissen

Technische Produkte und Systeme werden in den seltensten Fällen komplett neu entwickelt [312]. Selbst wenn einzelne neue Funktionalitäten mit neuen Technologien entstehen, wird ein (Groß-)Teil bestehender Komponenten oder Subsysteme mit ggf. angepasster Peripherie übernommen [313]. Viele Produkte sind zudem modular aufgebaut und teilen sich bestimmte Subsysteme oder Komponenten, die Teil einer großen Produktpalette bzw. eines Modulbaukastens sind [314]. Die Entwicklung neuer Produkte findet somit immer mit einer gewissen Übernahme von bisherigen Produktgenerationen statt [315, 316]. Durch die Übernahme sind demnach auch die Funktionsprinzipien und die zugehörigen Ausfallmechanismen inklusive der spezifischen Lebensdauerverteilung, die beispielsweise durch Prototypentests oder Lebensdauerberechnungen gewonnen wurden, bekannt. Dieses Wissen ist aufgrund der stochastischen Eigenschaft der Produktlebensdauer von elementarer Bedeutung für die Planung von Zuverlässigkeitsnachweistests [19, 72, 317]. Kenntnisse über die Lebensdauerverteilung bereits bekannter Ausfallmechanismen unterstützen die Kritikalitätsbewertung und die Aufwandsplanung, siehe Kap. 5. Grundsätzlich empfehlen sich folgende Quellen zur Ableitung von Zuverlässigkeits-Vorwissen [24]:

- Expertenschätzungen
- Probabilistische Lebensdauerberechnungen
- Bereits bestehende Felddaten (Betriebszeitdaten) mit oder ohne bekannte Ausfälle
- Prototypentests
- Zuverlässigkeitstests ähnlicher Produkte
- Zuverlässigkeitstests von Vorgängerprodukten
- Zuverlässigkeitstests von Komponenten- oder Subsystemzulieferern

Für fast alle Quellen liegen die Informationen in unterschiedlicher Form vor.

Grundsätzlich ist zu sagen, dass die Genauigkeit und die Präzision des Vorwissens (im Folgenden zusammengefasst unter Aussagegüte) mit steigender Datenverfügbarkeit zunehmen. Allein aus diesem Grund ist die Expertenschätzung mit der höchsten Unsicherheit verbunden. Zudem kann aus einer Expertenaussage, die sehr vielfältig formuliert sein kann, nicht ohne Weiteres eine quantifizierbare Aussage über das Ausfallverhalten eines Ausfallmechanismus getroffen werden [198, 318, 319]. Der Formparameter der Weibullverteilung kann ggf. für gut bekannte Ausfallmechanismen abgeschätzt werden. Die Schätzung einer charakteristischen Lebensdauer kann bereits eine größere Herausforderung darstellen, da die Lage der zu erwartenden Lebensdauer bereits von geringen unbekannten Effekten stark beeinflusst werden kann. Die Unsicherheit der Aussage zu beziffern und in eine handhabbare Form zu überführen ist ebenfalls herausfordernd, denn es müsste z. B. ein äquivalenter Stichprobenumfang bestimmt werden [127].

Viele Berechnungskonzepte für Produktlebensdauern basieren immer noch auf deterministischen Berechnungsvorschriften, in denen die vernachlässigte Streuung mit Sicherheitsfaktoren kompensiert wird. Einziger probabilistischer Anteil in solchen „semiprobabilistischen Berechnungskonzepten“ ist es im Belastbarkeitsmodell eine Ausfallwahrscheinlichkeit vorzugeben, die kleiner ist als 50 %. Beispielsweise wird in der FKM-Richtlinie für die Bauteilauslegung eine Ausfallwahrscheinlichkeit von 2,75 % verwendet [320, 321], während die sehr bekannte Lagerlebensdauer stets mit einer Ausfallwahrscheinlichkeit von 10 % erfolgt [5]. Bei Zahnrädern hingegen wird nach der DIN 3990 noch konservativer mit einer 1 % Ausfallwahrscheinlichkeit ausgelegt. Generell kann aus Belastbarkeitsmodellen, die für Lebensdauerberechnungen herangezogen werden, jedoch auch eine vollständige probabilistische Aussage abgeleitet werden, die dann als Vorwissen herangezogen wird, siehe Abschn. 5.5.5 und 6.3.2.

Zuverlässigkeitstests mit Prototypen, ähnlichen Produkten oder Vorgängerprodukten sind im relativen Vergleich als sicherste Quelle für Vorwissen einzuordnen, denn als Resultat liefern sie in der Regel Ausfallzeiten oder wenigstens Laufzeiten ohne Ausfall die direkt vom Produkt stammen. Analog verhält es sich bei erhobenen Felddaten. Obwohl die Daten aus Tests (auch Felddaten können in diesem Zusammenhang als Feldtest mit realen Randbedingungen betrachtet werden) stammen, muss grundsätzlich zwischen Datensätzen mit Ausfällen und stark zensierten Datensätzen – also Datensätze mit sehr wenigen oder gar keinen Ausfällen – unterschieden werden. Liegen Ausfälle vor, kann direkt eine Ausfallverteilung daraus bestimmt werden. Liegen keine oder sehr wenige Ausfälle vor, kann lediglich eine Mindestzuverlässigkeit zu einem bestimmten Zeitpunkt berechnet werden, da die genaue Lage aufgrund der fehlenden Kenntnis über das Ausfallverhalten unbekannt bleibt. Es wird also in die folgenden zwei Typen von Vorwissen unterschieden:

1. Vorwissen über eine Zuverlässigkeitsverteilung: Aus den stark zensierten Daten kann eine Zuverlässigkeitsverteilung z. B. als Betaverteilung bestimmt werden.

Tab. 6.1 Notwendiges Vorwissen für das zu planende Testverfahren

		Typ des zu planenden Tests	
		Success-Run	EoL Test
Typ des Vorwissens	Success-Run (Zuverlässigkeitsverteilung)	Ok	Nicht möglich
	EoL Test (Ausfallverteilung)	Ok	Ok

2. Vorwissen über eine Lebensdauerverteilung: Aus den Daten mit Ausfällen mit der Stichprobengröße n_0 kann eine Lebensdauerverteilung für einen bestimmten Ausfallmechanismus, z. B. als Weibullverteilung bestimmt werden.

Diese explizite Trennung des Vorwissens basiert auf der Tatsache, dass sich die zu planenden Tests ebenso unterscheiden. Die ausfallbasierten Testverfahren basieren im Wesentlichen auf Ausfällen, weshalb eine Vorkenntnis in Form einer Lebensdauerverteilung notwendig ist, um die notwendigen Aufwände für den testbasierten Zuverlässigkeitsnachweis zu schätzen. Ausfallfreie Testverfahren hingegen basieren auf vordefinierten Laufzeiten ohne Ausfall, weshalb in diesem Fall Vorwissen über die Verteilung der Zuverlässigkeit genügt. Aufgrund des höheren Informationsgehalts einer Lebensdauerverteilung kann diese Art des Vorwissens zur Planung von beiden Testverfahren verwendet werden, denn aus einer stichprobenbasierten Lebensdauerverteilung lässt sich zu jedem Zeitpunkt eine Confidence Distribution (bzw. Zuverlässigkeitsverteilung) berechnen. Tab. 6.1 zeigt die Zusammenhänge.

6.3.1 Vorwissen aus Versuchen oder Felddaten ableiten

Zunächst muss die Zuordnung der vorliegenden Datenbasis in eine der beiden oben genannten Kategorien erfolgen, denn das beeinflusst maßgeblich die Vorgehensweise zur Ableitung von belastbarem Vorwissen.

Liegen keine oder nur wenige Ausfälle vor, so kann lediglich eine Zuverlässigkeitsverteilung zu einem bestimmten Zeitpunkt berechnet werden, die dann als Vorwissen dient. Das Vorwissen lässt sich als Verteilung der Zuverlässigkeit in diesem Fall wie folgt berechnen [322]:

$$f(R) = \frac{R^{\sum\left(\frac{r_i t_i}{t_{\text{req}}}\right)^b} \cdot \prod_j \left(1 - R^{\left(\frac{r_j t_j}{t_{\text{req}}}\right)^b}\right)}{\int_0^1 R'^{\sum\left(\frac{r_i t_i}{t_{\text{req}}}\right)^b} \cdot \prod_j \left(1 - R'^{\left(\frac{r_j t_j}{t_{\text{req}}}\right)^b}\right) \mathrm{d}R'}. \tag{6.1}$$

Dabei repräsentiert der Index i diejenigen Daten oder Prüflinge die zum Zeitpunkt t_i noch intakt waren während der Index j die Ausfälle darstellt. Für die Verteilungsbildung muss der Formparameter b der Ausfallverteilung bekannt sein und demnach abgeschätzt werden. Anders ist eine Umrechnung von beliebigen Lebensdauer- bzw. Ausfallzeiten auf die geforderte Lebensdauer t_{req} nicht möglich. Wird statt einer Weibullverteilung eine andere Verteilung verwendet, so ist obige Gleichung entsprechend anzupassen. Mit r_j besteht ebenfalls die Möglichkeit eine potenzielle Beschleunigung als Raffungsfaktor zu berücksichtigen. Die Formulierung in Gl. (6.1) lässt sich nicht mehr als Betaverteilung auffassen, die häufig als Zuverlässigkeitsverteilung genutzt wird. Dennoch ist diese Formulierung die flexibelste Art aus beliebigen Datensätzen Vorwissen abzuleiten.

Liegt bereits eine Betaverteilung für einen bestimmten Zeitpunkt t_1 als Grundlage vor, z. B. durch einen bereits durchgeführten Success-Run Test, dann kann diese auf die geforderte Lebensdauer wie folgt umgerechnet werden [24]:

$$f\big(R(t_{\text{req}})\big) = \frac{R^{\left(\frac{t_1}{t_{\text{req}}}\right)^b (A-1)} \cdot \left(1 - R^{\left(\frac{t_1}{t_{\text{req}}}\right)^b}\right)^{B-1}}{\int_0^1 R'^{\left(\frac{t_1}{t_{\text{req}}}\right)^b (A-1)} \cdot \left(1 - R'^{\left(\frac{t_1}{t_{\text{req}}}\right)^b}\right)^{B-1} \mathrm{d}R'}. \tag{6.2}$$

Auch in dieser Formulierung erhält man eine Zuverlässigkeitsverteilung die nicht mehr direkt einer Betaverteilung entspricht, jedoch trotzdem als Vorwissen verwendet werden kann. Auch für diese Umrechnung ist der Formparameter b der Ausfallverteilung erforderlich. Da durch die Ableitung einer kompletten Zuverlässigkeitsverteilung als Vorwissen auch maximale Flexibilität bei der Weiterverwendung herrscht, kann nun jeder beliebige Wert aus der Verteilung genutzt werden. Besonders prädestiniert ist der Median oder der Erwartungswert, als beste Schätzung. Es kann jedoch auch die komplette Verteilung als Grundlage für die Testplanung dienen, siehe Abschn. 6.4.5.2, 6.4.5.3, 6.6.6.2 und 6.6.6.3.

In der praktischen Anwendung kann es auch vorkommen, dass aufgrund von Unzulänglichkeiten nur ein Zuverlässigkeitswert R_p für eine bestimmte Lebensdauer vorliegt. In diesem Fall ist die einzige Option eine sehr konservative Abschätzung der zugrunde liegenden Stichprobengröße mit dem Binomialsatz [185]:

$$n = \frac{\ln(0{,}5)}{\ln(R_p)}. \tag{6.3}$$

Mit der berechneten Stichprobengröße kann die Betaverteilung als $\mathcal{B}(n, 1)$ definiert werden. Auch wenn dieser Ansatz mit 50 % Aussagewahrscheinlichkeit sehr konservativ formuliert ist, so ist er optimistischeren Schätzungen in diesem Fall vorzuziehen, denn für optimistischere Schätzungen fehlen schlicht die Informationen.

Die Bestimmung einer Ausfallverteilung als Vorwissen ist analog zum Auswerten von Lebensdauerdaten immer wertvoller für die Testplanung, da Aussagen über die

Zuverlässigkeit inklusive Vertrauensbereich zu jeder Lebensdauer möglich sind. Zur Bestimmung einer Ausfallverteilung z. B. als Weibullverteilung können die jeweiligen Vorgehensweisen aus Abschn. 5.4.1.2 verwendet werden.

Dass die Informationen über Ausfallzeiten aus Perspektive der Zuverlässigkeit immer wertvoller sind, zeigt sich auch in der Tatsache, dass aus einer Datenbasis mit genügend Ausfällen auch zu jedem Zeitpunkt eine Zuverlässigkeitsverteilung z. B. als Betaverteilung abgeleitet werden kann, wenn diese beispielsweise für die Planung eines Success-Run Tests benötigt wird. Dafür eignen sich besonders Bootstrap-Verfahren.

Für die Berechnung können sich drei Szenarien ergeben:

- Es liegt nur die Information über die Ausfallverteilung und der zugrundliegenden Stichprobengröße vor,
- Es liegen die ursprünglichen einzelnen Ausfallzeiten vor,
- Es liegt nur eine Ausfallverteilung vor ohne Information über die Stichprobengröße.

Im ersten Fall kommt ein parametrischer Bootstrap-Ansatz zum Einsatz, mit dem neue künstliche Stichproben entsprechend der vorgegebenen Stichprobengröße erzeugt werden. Pro Iteration kann damit eine neue Ausfallverteilung z. B. mit der MLE-Methode geschätzt werden. Aus dieser kann die Zuverlässigkeit zur geforderten Zeit t_{req} berechnet werden. Aufgrund der Vielzahl der Bootstrap-Iterationen ergeben sich eine Vielzahl berechneter Zuverlässigkeiten aus denen wiederum mit der MLE-Methode die Parameter der gesuchten Betaverteilung bestimmt werden [24]. Abb. 6.1 zeigt das Vorgehen in einem Ablaufplan.

Liegt die Originalstichprobe vor wird ein nicht parametrischer Bootstrap verwendet, bei dem neue künstliche Stichproben direkt aus eben dieser originalen Stichprobe erzeugt werden. Hier bleibt die originale Stichprobeninformation also komplett erhalten, deshalb sollte dieser Berechnungsvariante bei entsprechender Datenverfügbarkeit der Vorzug gegeben werden. Die restliche Berechnung läuft identisch zum parametrischen Bootstrap ab [24].

In der praktischen Anwendung kann es aufgrund von unzureichender Dokumentation oder mangelnder Informationsübermittlung auf Zuliefererseite vorkommen, dass lediglich eine Ausfallverteilung ohne Kenntnis über die originale Stichprobe vorliegt. In diesem Fall müsste mit der konservativen Annahme gearbeitet werden, dass eine minimale Stichprobengröße vorgelegen haben muss, die zur Bestimmung der Parameter der Ausfallverteilung nötig gewesen ist. Im Falle einer 2-parametrigen Weibullverteilung wäre das eine Mindestanzahl von 2 Ausfällen. Stammt die Information aus einem Lebensdauermodell sind mindestens 3 Ausfälle nötig. Ähnlich wie bei der Ableitung der Betaverteilung aus einem einzelnen Zuverlässigkeitswert ist dieser Ansatz ebenfalls sehr konservativ. Für optimistischere Schätzungen fehlen aber in diesem Szenario ebenfalls schlicht mehr Informationen.

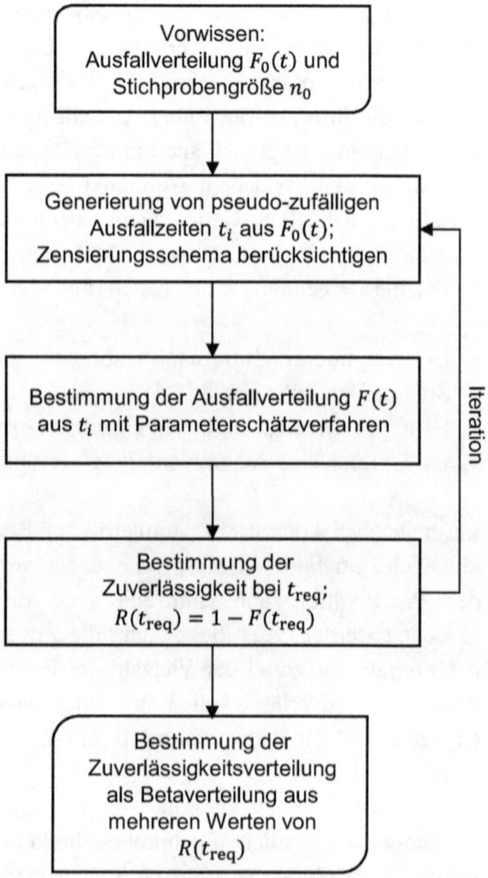

Abb. 6.1 Schema zur Berechnung einer Betaverteilung als Zuverlässigkeitsverteilung. (© IMA 2026. All Rights Reserved)

6.3.2 Vorwissen aus numerischen Lebensdauerberechnungen ableiten

Numerische Lebensdauerberechnungen können heutzutage zum Stand der Technik in Entwicklungsprozessen gezählt werden [5]. Vor allem im Bereich der mechanischen Auslegung bilden die Berechnungen eine große Unterstützung, um bereits in sehr frühen Entwicklungsphasen eine Abschätzung über die erreichbare Lebensdauer zu treffen [10]. Grundsätzlich folgen alle Berechnungsansätze einem ähnlichen Muster – einer Berechnung der Beanspruchung und Beanspruchbarkeit und einem anschließenden Vergleich der beiden Kenngrößen, um die erreichbare Lebensdauer zu erhalten, siehe Abb. 6.2.

Die Beanspruchung wird mittels numerischer Simulation aus der Belastung berechnet. Die Beanspruchbarkeit wird durch empirische Lebensdauermodelle repräsentiert. Im Fall von mechanischer Belastung wird z. B. das Wöhlermodell verwendet [9]. Für thermische Belastung, die bei Kunststoffbauteilen oder Elektronik oft kritisch ist, wird

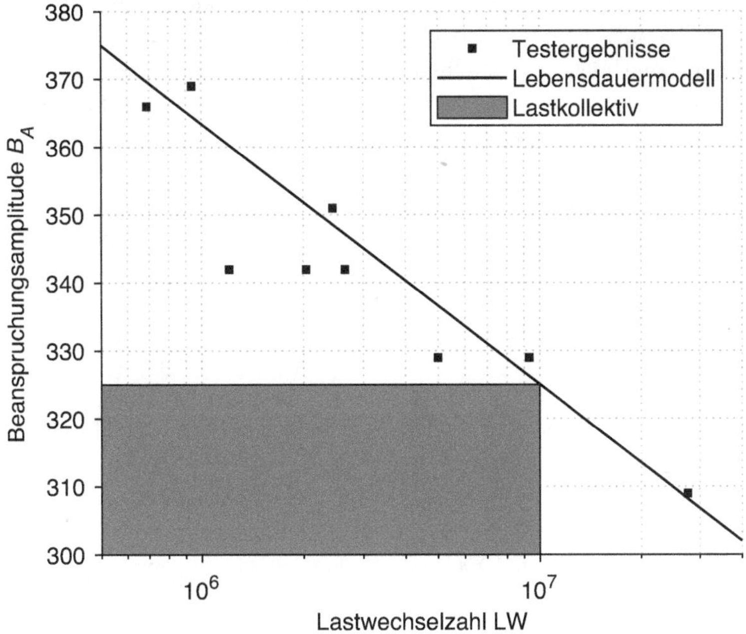

Abb. 6.2 Zusammenspiel von Belastung und Belastbarkeit [127].

das ebenso bekannte Arrheniusmodell [42, 323, 324] verwendet. Es existieren jedoch eine Vielzahl weiterer Belastbarkeitsmodelle, die übersichtsartig der Arbeit von Jakob entnommen werden kann [18]. Im Falle von sehr kostenintensiven Prototypen sind Lebensdauerberechnungen oft die einzige Möglichkeit überhaupt quantitative Lebensdauerabschätzungen zu erhalten. Mittels Schadensakkumulationshypothesen, die meist in linearer Form nach Miner verwendet werden, lässt sich eine Schadenssumme für das zugrunde liegende Lastkollektiv berechnen [10]. Per Definition tritt der Ausfall mit der gewählten Wahrscheinlichkeit der zugrunde gelegten Wöhlerlinie ein, wenn die Schadenssumme den Wert eins erreicht [240]. Die Berechnung liefert dann jedoch nur einen einzigen Zuverlässigkeitswert zur errechneten Lebensdauer, nämlich jenen der verwendeten Wöhlerlinie.

Die vollständig probabilistische Berechnung einer Lebensdauerverteilung bedient sich der Vorgehensweise nach Abschn. 5.5.5 [127], denn auch ein Belastbarkeitsmodell, das im Rahmen einer numerischen Simulation verwendet wird, wurde in einem Test bestimmt. Sind die originalen Testergebnisse zur Bestimmung des Belastbarkeitsmodells bzw. Lebensdauermodells bekannt, kann die Zuverlässigkeit mit Aussagesicherheit analog nach Abschn. 5.5.5 berechnet werden.

Es trifft sicherlich auf viele Szenarien zu, dass die ursprünglichen Testergebnisse bekannt sind, immer wird das jedoch nicht der Fall sein. Auch für Fälle, in denen die Ursprungsdaten nicht bekannt sind kann eine vollständig probabilistische Aussage abgeleitet werden, die als Vorwissen dienen kann. Jedoch sind dafür Annahmen notwendig. Kann der Formparameter der Weibullverteilung geschätzt werden, so kann die modellinhärente Zuverlässigkeit $P_{\ddot{U}}$ (in diesem Kontext auch Überlebenswahrscheinlichkeit genannt) genutzt werden, um die Zuverlässigkeit für die geforderte Lebensdauer zu berechnen [127, 128]:

$$R(t_{\mathrm{req}}) = P_{\ddot{U}}^{\left(\frac{t_{\mathrm{req}}}{t_{\mathrm{ber}}}\right)^b} \quad \text{mit } t_{\mathrm{ber}} = \frac{t_{\mathrm{req}}}{D} \tag{6.4}$$

t_{ber} ist dabei die ertragbare Lebensdauer die aus der Schädigung D und die dem Kollektiv zugehörigen Lebensdauer berechnet wird. Wird der Ausfall bei einer Abweichenden Schädigung als Eins angenommen, also $D_{\mathrm{krit}} \neq 1$, so ist $t_{\mathrm{ber}} = \frac{D_{\mathrm{krit}}}{D} t_{\mathrm{req}}$. Somit ist t_{ber} mit der modellinhärenten Zuverlässigkeit $P_{\ddot{U}}$ verknüpft. Die Unsicherheit wird anschließend in Form einer Betaverteilung abgebildet. Um deren Parameter zu bestimmen muss, analog zum Verfahren nach Bayer und Lauster, ein äquivalenter Stichprobenumfang berechnet werden [129, 185]:

$$n_{\ddot{a}q} = \frac{\ln(1 - P_{A_{\mathrm{ber}}})}{\ln(R(t_{\mathrm{req}}))} = \frac{\ln(1 - P_{A_{\mathrm{ber}}})}{\ln\left(P_{\ddot{U}}^{\left(\frac{t_{\mathrm{req}}}{t_{\mathrm{ber}}}\right)^b}\right)}. \tag{6.5}$$

Die Aussagewahrscheinlichkeit $P_{A_{\mathrm{ber}}}$ die der Lebensdauerberechnung zugewiesen wird kann nicht berechnet werden. In diesem Fall empfiehlt sich eine konservative Schätzung von 50 %. Der gewählte Binomialansatz in Gl. (6.5) übersetzt das Ergebnis der Lebensdauerberechnung in einen äquivalenten Success-Run Test, was konsistent mit den Überlegungen zum Beta-Binomial-Vertrauensbereich ist. Außerdem wird durch diese Vorgehensweise lediglich eine Mindestzuverlässigkeit ohne Ausfälle attestiert, was den Begebenheiten der fehlenden Ausfalldaten des Belastbarkeits- bzw. Beanspruchbarkeitsmodells entspricht. Die Betaverteilung zur Beschreibung der Zuverlässigkeit lautet in diesem Fall [127]:

$$f(R) = n_{\ddot{a}q} \cdot R^{n_{\ddot{a}q}-1}. \tag{6.6}$$

Alternativ sind die Parameter der Betaverteilung wie folgt definiert [127]:

$$A = \frac{\ln(1 - P_{\mathrm{Aber}})}{\ln(R(t_{\mathrm{req}}))}, \quad B = 1. \tag{6.7}$$

6.3.3 Beispielhafte Ableitung von Vorwissen in der Produktentwicklung

Wie in den vorherigen Abschnitten beschrieben, können Betaverteilungen als Vorwissen aus Lebensdauerberechnungen abgeleitet werden. Die dabei gewonnene Information ist umso wertvoller, je ausgereifter die Berechnungsmethode ist. So sollte beispielsweise die bei strukturmechanischen Problemen meist zum Einsatz kommende relevante Vergleichsspannung passend, fundiert entwickelt und bestenfalls umfassend validiert sein. Unsicherheiten und Unzulänglichkeiten in den dabei verwendeten Modellen schlagen sich ebenso und gegebenenfalls in unbekanntem Maße in der gewonnenen Zuverlässigkeitsaussage nieder.

Im folgenden Beispiel wurden Wöhlerversuche an einer abgesetzten Welle durchgeführt. Die damit beschriebene Ausfallmode ist der Ermüdungsbruch der Welle am Absatz aufgrund von Torionswechseln. Die Ausfalldaten sind in Tab. 6.2 gelistet.

Mittels MLE und einer Lognormalverteilung als Ausfallverteilungsannahme, können die Parameter der Wöhlerlinie zu $S_D = 309$ MPa, $N_D = 21.054.000$, $k = 18{,}84$ und $\sigma = 0{,}398$ geschätzt werden. Dem Vorgehen aus Abschn. 5.5.5 folgend, können mittels dem Bootstrap-Verfahren und einer gewählten Iterationszahl von 10.000 die Streuung dieser Parameter und damit die Streuung der Zuverlässigkeit für eine gewisse, berechnete Schädigung bestimmt werden. Hierfür werden zunächst die relativen Schädigungen der Versuchspunkte aus Tab. 6.2 berechnet um aus diesen anschließend in einem nichtparametrischen Bootstrap-Verfahren mit ziehen und zurücklegen 10.000 neue, künstlich erzeugte Stichproben der relativen Schädigungen zu erhalten. Mittels dieser Stichproben kann jeweils eine Schätzung der Verteilungsparameter erfolgen, bspw. mittels MLE. Die resultierenden Kurven sind in Abb. 6.3 dargestellt.

Das relevante Kollektiv entsprechend der Anforderung an die Welle berechnet sich mit obigen Parametern aus dem Wöhlerversuch zu einer Schädigung von $D_S = 0{,}3$. Um die

Tab. 6.2 Daten der Wöhlerlinie der abgesetzten Welle [127]

Prüflingnummer	Spannungsniveau in MPa	Lastwechsel bis Bruch
1	369	936.700
2	366	689.000
3	351	2.438.800
4	342	2.651.900
5	342	2.041.100
6	342	1.208.100
7	329	4.992.100
8	329	9.318.300
9	309	27.594.000

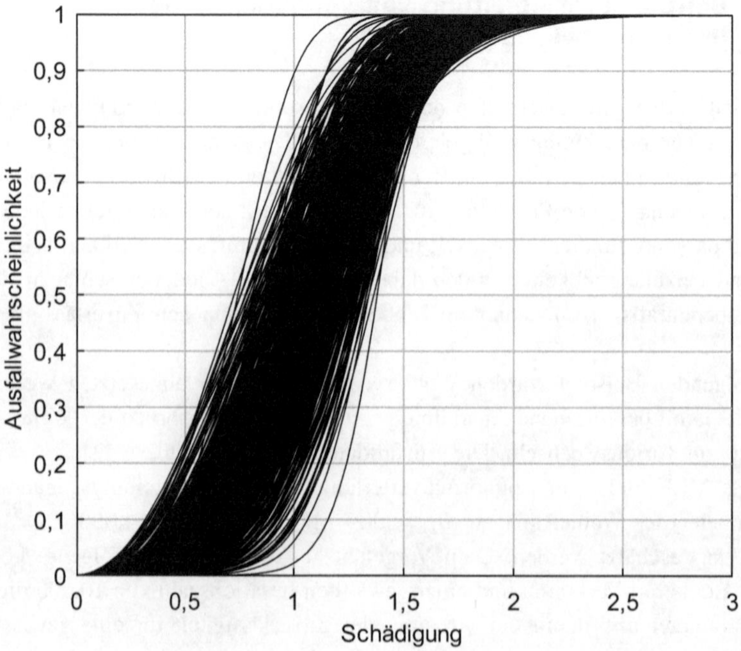

Abb. 6.3 Kurvenschaar der Verteilungen der relativen Schädigungen im Bootstrap-Verfahren. ()

Zuverlässigkeitsinformation mit Vertrauensbereich nun aus der Lebensdauerberechnung ableiten zu können und im Weiteren für die Planung von Zuverlässigkeitsnachweistests verwenden zu können, wird dieser Wert verwendet um die Kurvenschaar aus Abb. 6.3 bei $D_S = 0{,}3$ zu schneiden. Die Werte der Zuverlässigkeit, welche auf der y-Achse abgelesen werden können, stellen dann die Zuverlässigkeitsverteilung als Vorkenntnis aus der Lebensdauerberechnung dar, siehe Abb. 6.4.

Damit lässt sich mittels MLE eine Betaverteilung bestimmen, welche für die Planung von Zuverlässigkeitsnachweistests verwendet werden kann. In diesem Fall berechnen sich die Betaparameter zu $A = 49{,}42$ und $B = 0{,}283$. Sollen EoL Tests geplant werden, so können statt der relativen Schädigungen auch deren reziproken Werte verwendet werden, welche die Lebensdauern darstellen (für den Fall von $D_{\text{krit}} \neq 1$ werden die reziproken Werte jeweils noch mit D_{krit} multipliziert). Diese Werte stellen dann eine Stichprobe dar, welche im Weiteren für die Planung von EoL Tests verwendet werden können. Weitere Ausführungen dazu, siehe auch [325].

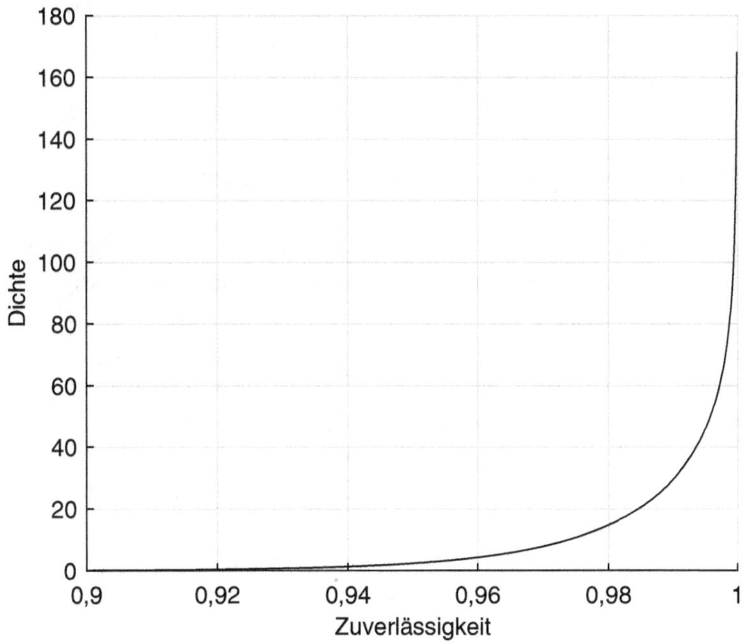

Abb. 6.4 Werte der Zuverlässigkeit für das relevante Lastkollektiv aus der Anforderung mit einer Schädigung von $D_S = 0{,}3$. (© IMA 2026. All Rights Reserved)

6.4 Ausfallbasierte Testverfahren für den Zuverlässigkeitsnachweis

Die ausfallbasierten Testverfahren werden häufig nur mit der Bestimmung der Produktzuverlässigkeit in Verbindung gebracht. Aufgrund ihrer Flexibilität, die aus der grundlegenden statistischen Vorgehensweise resultiert, können Sie jedoch auch für den Zuverlässigkeitsnachweis verwendet werden. Im Folgenden wird die Testplanung von ausfallbasierten Testverfahren für den Zuverlässigkeitsnachweis behandelt. Zunächst wird die grundsätzliche statistische und versuchstechnische Vorgehensweise beschrieben. Anschließend wird die Aufwandsplanung zusammen mit der Berechnung der Probability of Test Success thematisiert. Den Abschluss bilden einige allgemeingültige Zusammenhänge, die in jeder Testplanung Berücksichtigung finden können.

Grundsätzlich werden im industriellen Kontext die meisten EoL Tests (auch für den Zuverlässigkeitsnachweis) aus Effizienzgründen nicht mit der Feldbelastung durchgeführt, sondern beschleunigt. Dennoch folgen die beschleunigten Testverfahren größtenteils den gleichen grundlegenden statistischen und versuchstechnischen Gesetzmäßigkeiten. Sie können als eine Art Erweiterung der konventionellen EoL Tests verstanden werden. Diese grundlegenden statistischen und versuchstechnischen Gesetzmäßigkeiten werden in diesem Kapitel behandelt, während Abschn. 6.5 die Besonderheiten und Ergänzung für die beschleunigten Verfahren thematisiert.

6.4.1 Einordnung und grundsätzliche Vorgehensweise

Die grundsätzliche Vorgehensweise unterscheidet sich nur geringfügig durch das veränderte Ziel – d. h. statt der Bestimmung der gesamten Produktzuverlässigkeitsverteilung, soll der Zuverlässigkeitsnachweis für eine gegebene Anforderung erbracht werden. Der Lebensdauertest wird unter der Berücksichtigung des gewählten Testtyps, d. h. mit festgelegtem Zensierungsschema durchgeführt. Es resultieren Ausfallzeiten und ggf. Durchläufer, die zur Schätzung der Ausfallverteilung genutzt werden können. Die Vorgehensweise bei einem Zuverlässigkeitsnachweis unterscheidet sich erst bei der Bestimmung des Vertrauensbereichs. Dieser muss nicht zwingend für die gesamte Lebensdauer berechnet werden, sondern eben nur für die geforderte Lebensdauer, siehe Abb. 6.5.

Auch kommt bei einem Zuverlässigkeitsnachweis immer ein einseitiger Vertrauensbereich zum Einsatz, da nur die Worst-Case Schätzung relevant ist. Die optimistischste Schätzung für die Zuverlässigkeit der Grundgesamtheit ist demzufolge für einen Zuverlässigkeitsnachweis irrelevant. Übersteigt die Schätzung der Mindestzuverlässigkeit auf Basis der unteren Vertrauensgrenze die geforderte Zuverlässigkeit, ist der Nachweis erbracht. Dem gegenübergestellt: wird der Vertrauensbereich für die Ausfallwahrscheinlichkeit bestimmt, muss die maximal resultierende Vertrauensobergrenze mit entsprechender Aussagesicherheit die Anforderung unterschreiten.

Somit wird für die Schätzung der Zuverlässigkeit stets ein rechtsseitiger und für die Schätzung der Ausfallwahrscheinlichkeit ein linksseitiger Vertrauensbereich bestimmt und genutzt. Abb. 6.6 zeigt einen erfolgreichen Zuverlässigkeitsnachweis auf Basis eines EoL Tests für die geschätzte Zuverlässigkeit und Ausfallwahrscheinlichkeit.

6.4.2 Test-Erfolgswahrscheinlichkeit – Probability of Test Success

Neben der Aufwandsplanung ist eine hohe Erfolgsaussicht der definierten Teststrategie entscheidend. Scheitert ein Zuverlässigkeitsnachweis, muss er ggf. mit mehr Aufwand wiederholt oder das Produkt nochmals optimiert werden. Die Aufwandsplanung kann bei End-of-life Teststrategien aufgrund der stochastisch verteilten Ausfallzeiten nur zusammen mit der Trennschärfebewertung durchgeführt werden. Für die Berechnung der Trennschärfe muss deshalb auch Vorwissen vorliegen, da eine Lage und Streuungsabschätzung der Null- und der Alternativhypothese erfolgen muss. Im Folgenden wird die Berechnung der Probability of Test Success für verschiedene Teststrategien der End-of-life Tests gezeigt.

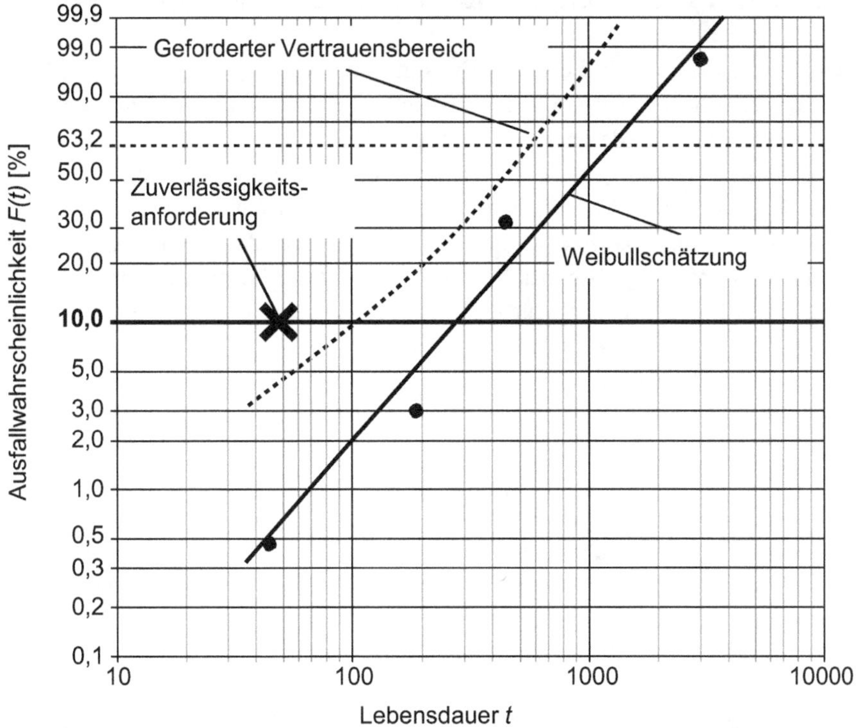

Abb. 6.5 Vorgehensweise beim Zuverlässigkeitsnachweis auf Basis eines EoL Tests. (© IMA 2026. All Rights Reserved)

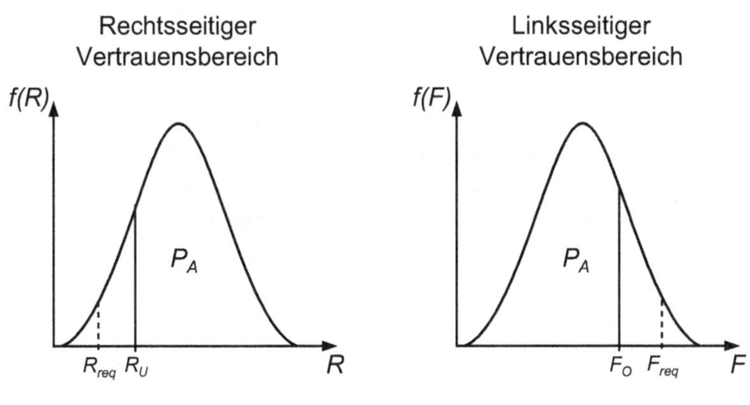

$P_A = P(R_U \leq R)$ $\quad$ $P_A = P(F_O \geq F)$

Abb. 6.6 Einseitige Vertrauensbereiche für Zuverlässigkeit und Ausfallwahrscheinlichkeit. (© IMA 2026. All Rights Reserved)

6.4.3 Statistischer Kontext und Formulierung der Hypothesen

Produkte können ihre volle Leistungsfähigkeit nur erreichen, wenn ihre Zuverlässigkeit über der vorgesehenen Nutzungszeit entsprechend hoch ist. D. h. es muss die gestellten Zuverlässigkeitsanforderungen erfüllen. Dies wiederum muss in einem Test bestätigt werden. Dieser Zuverlässigkeitsnachweistest kann auch als Hypothesentest interpretiert werden, denn die Zuverlässigkeitsanforderungen können entweder bestätigt oder widerlegt werden. Ohne eine Beobachtung der Erfüllung der Anforderungen kann niemals angenommen werden, dass sie erfüllt wären. Über diesen Sachverhalt können die Hypothesen für den End-of-Life Test für einen Zuverlässigkeitsnachweis wie folgt formuliert werden [326, 327]:

$$H_0 : t_{R,\mathrm{req}} < t_{\mathrm{req}}, \tag{6.8}$$

$$H_1 : t_{R,\mathrm{req}} \geq t_{\mathrm{req}}. \tag{6.9}$$

Dabei ist $t_{R,\mathrm{req}}$ die geschätzte Lebensdauer bei geforderter Zuverlässigkeit und t_{req} die geforderte Lebensdauer. Diese Hypothesen müssen durch den Test entweder bestätigt oder verworfen werden. Da ein Test stets nur Informationen darüber liefern kann, ob eine Hypothese aufgrund der Abwesenheit eines zu untersuchenden Ereignisses abzulehnen ist, repräsentiert die Nullhypothese H_0 die Nichterfüllung des Zuverlässigkeitsziels. Ziel des Tests ist es damit also, ausreichend Informationen zu liefern, um die Nullhypothese zu verwerfen und die Alternativhypothese anzunehmen. Diese entspricht dem Nachweis der gestellten Zuverlässigkeitsanforderungen, in dem mithilfe der Testresultate gezeigt wird, dass die ermittelte Zuverlässigkeit mindestens so hoch ist wie die geforderte. Die Trennschärfe ist assoziiert mit der Wahrscheinlichkeit, die Alternativhypothese zu entdecken bzw. anzunehmen.

Ingenieurwissenschaftlich formuliert könnte man sagen, dass die Nullhypothese den entwicklungstechnischen Ausgangszustand repräsentiert. Denn bevor nicht empirisch gezeigt wurde, dass die Zuverlässigkeit des Produkts die Anforderungen erfüllt, muss von der Worst-Case Annahme ausgegangen werden – nämlich, dass das Produkt die Anforderungen nicht erfüllt. Das vorgegebene α – Fehlerlevel bestimmt das Signifikanzniveau, bei dem die Ablehnung der Nullhypothese erfolgt. Es repräsentiert die Wahrscheinlichkeit, mit der die Nullhypothese fälschlicherweise abgelehnt wird, obwohl sie tatsächlich zutrifft. Die geforderte Aussagewahrscheinlichkeit P_A eines Zuverlässigkeitsnachweistests ergibt sich als Komplement zum geforderten Signifikanzniveau, da sie die Wahrscheinlichkeit beschreibt, mit der die Nullhypothese korrekterweise als wahr angenommen wird, also das Zuverlässigkeitsziel tatsächlich nicht erfüllt ist. Diese geforderte Aussagewahrscheinlichkeit gewährleistet, dass die durch den Test gewonnene Zuverlässigkeitsinformation mit der vorgegebenen Wahrscheinlichkeit korrekt ist.

Der Fehler vom Typ II, bzw. β – Fehler, repräsentiert die Wahrscheinlichkeit, dass die Nullhypothese fälschlicherweise nicht abgelehnt wird. Dieser Fehler hängt von verschiedenen Faktoren ab, darunter das Testverfahren, die Stichprobengröße, der tatsächliche Wert des Lebensdauerquantils, die Ausfallverteilung, die Stichprobenstreuung und die geforderte Aussagewahrscheinlichkeit [327]. Das Komplement des Fehlers vom Typ II wird als Trennschärfe bezeichnet und beschreibt die Wahrscheinlichkeit, mit der die Nullhypothese korrekterweise abgelehnt wird [144]. Im Kontext von Zuverlässigkeitsnachweistests repräsentiert die Trennschärfe die Wahrscheinlichkeit, durch den Test das Zuverlässigkeitsziel erfolgreich nachzuweisen. Die Gl. (6.8) und (6.9) definieren Hypothesen, die im Rahmen eines Zuverlässigkeitsnachweistests stets identisch sind. Die Probability of Test-Success P_{ts} kann daher als Trennschärfe eines Zuverlässigkeitsnachweistests interpretiert werden. Es ist unzureichend, allein die geforderte Aussagewahrscheinlichkeit bei der Planung von Tests zu berücksichtigen, da dies die Überprüfung der Eignung des Tests für das spezifische Szenario vernachlässigt [19, 75]. Diese Erkenntnis ergibt sich aus dem hergestellten statistischen Kontext.

Die Bestimmung der Probability of Test-Success P_{ts} ist stets auf eine spezifische, sogenannte „Effektstärke" bezogen [85]. Die Mindesthöhe der Effekthöhe, die im Test gerade noch erkannt werden soll, wird dabei aus technologischen Aspekten festgelegt. Dieser Sachverhalt muss nun auf die Zuverlässigkeitsnachweistests übertragen werden. Zu diesem Zweck wurde der Begriff des Sicherheitsabstands [317] eingeführt. Dieser Sicherheitsabstand beschreibt den relativen Unterschied zwischen der geforderten t_{req} und der tatsächlichen Lebensdauer t_{real} des Produkts. Da letztere Information in der Regel nicht bekannt ist, sondern nur abgeschätzt werden kann, wird dafür Vorwissen t_p verwendet. Der Sicherheitsabstand wird folgendermaßen definiert:

$$s \equiv 1 - \frac{t_{\text{req}}}{t_{\text{real}}} \text{ mit } t_{\text{real}} := t_p. \tag{6.10}$$

Der Sicherheitsabstand kann damit der Auslegungssicherheit des Designs [7] (oft auch Sicherheitsbeiwert genannt) gleichgesetzt werden. Gleichzeitig ist er damit auch ein Maß für die Überdimensionierung des Produkts [20, 328], denn ist der Sicherheitsabstand gleich Null, dann besagt die Information des Vorwissens, dass die geforderte Lebensdauer exakt der Produktlebensdauer entspricht. Die Effektstärke kann damit wie folgt formuliert werden [326]:

$$E \equiv t_p - t_{\text{req}} = s \cdot t_p. \tag{6.11}$$

Als Differenz zwischen dem bestimmten Lebensdauerquantil des Tests zum Erwartungswert des Lebensdauerquantils der Anforderung (entspricht der Nullhypothese) ist sie eine entscheidende Größe für die Planung des Zuverlässigkeitsnachweistests und wird daher auch als Teststatistik verwendet. Statt des Lebensdauerquantils des Vorwissens wird dann das real bestimmte Lebensdauerquantil für die Formulierung verwendet [326]:

$$\tau \equiv t_{R_{\text{req}}} - t_{\text{req}}. \tag{6.12}$$

Zur Berechnung der P_{ts} und der Aussagesicherheit P_A muss die Verteilung der Teststatistik unter Gültigkeit der Null- und der Alternativhypothese bekannt sein bzw. berechnet werden. Abb. 6.7 zeigt alle notwendigen Zusammenhänge. Zur Vereinfachung werden im weiteren Verlauf der Ausführungen die Verteilung unter Gültigkeit der Null- und Alternativhypothese mit Nullverteilung $f_{H_0}(\tau)$ und Alternativverteilung $f_{H_1}(\tau)$ benannt.

Da die Lage der Alternativhypothese nicht bekannt ist, kann sie lediglich abgeschätzt werden, was an dieser Stelle einmal mehr die Wichtigkeit von belastbarem Vorwissen in der Testplanung unterstreicht. Durch die abgeschätzte Lage der Alternativverteilung wird demnach auch der unterstellte Sicherheitsabstand festgelegt, womit schließlich die P_{ts} für die zugrunde liegende Stichprobengröße berechnet werden kann. Somit wird auch klar, dass das Vorwissen immer mit der Alternativhypothese assoziiert ist. Wäre von vornherein durch Vorwissen klar, dass ein Erfüllen der Anforderungen an das Produkt zweifelhaft ist, wäre ein Nachweistest ohnehin obsolet.

Die Aussagesicherheit P_A und die P_{ts} werden aus den Verteilungen wie folgt bestimmt [326]:

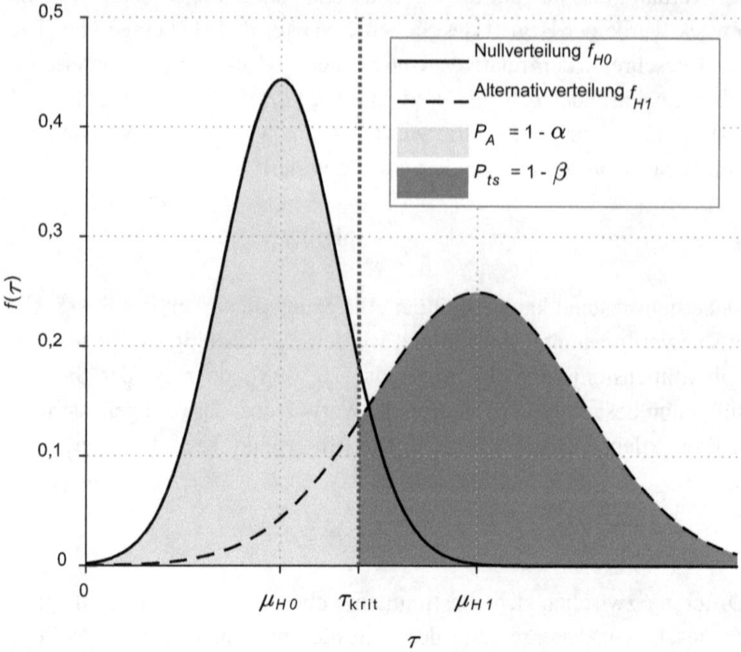

Abb. 6.7 Verteilungen der Null- und Alternativhypothese zur Berechnung von P_A und P_{ts}. (© IMA 2026. All Rights Reserved)

Tab. 6.3 Übersicht über die Begrifflichkeiten des Zuverlässigkeitsnachweises

Nullhypothese	$H_0 = t_{R,\text{req}} < t_{\text{req}}$	Die Zuverlässigkeitsanforderung ist nicht erfüllt
Alternativhypothese	$H_1 = t_{R,\text{req}} \geq t_{\text{req}}$	Die Zuverlässigkeitsanforderung ist erfüllt
P_A	$P_A = 1 - \alpha$	Wahrscheinlichkeit, dass die Zuverlässigkeitsaussage des Tests richtig ist
P_{ts}	$P_{\text{ts}} = 1 - \beta$	Wahrscheinlichkeit, dass der Zuverlässigkeitsnachweis des Tests richtig ist

$$P_A = 1 - \alpha = \int_0^{\tau_{\text{krit}}} f_{H_0}(\tau)\mathrm{d}\tau, \tag{6.13}$$

$$P_{ts} = 1 - \beta = \int_{\tau_{\text{krit}}}^{\infty} f_{H_1}(\tau)\mathrm{d}\tau. \tag{6.14}$$

Tab. 6.3 fasst die wesentlichen Zusammenhänge übersichtsartig zusammen.

Die Bestimmung der Verteilungen und damit auch die Berechnung der P_{ts} kann auf unterschiedliche Arten erfolgen, mit jeweils eigenen Vor- und Nachteilen. Diese Berechnungsverfahren werden im Folgenden vorgestellt.

6.4.4 Berechnung der Probability of Test Success für einfache Systeme

Die P_{ts} kann mit verschiedenen Vorgehensweisen berechnet werden, die nachfolgend beschrieben sind. Alle haben ihre Vor- und Nachteile, die im Detail erläutert werden.

6.4.4.1 Numerische Vorgehensweise

Aufgrund der potenziell hochkomplexen und hoch variativen Zensierungsschemas, die sich aus den Ausfall- und Laufzeiten der Prüflinge in verschiedenen Zuverlässigkeitstests ergeben können, sowie der Vielzahl möglicher Testkonfigurationen, ist es erstrebenswert, eine Berechnungsmethode zu entwickeln, die eine hohe Flexibilität aufweist, um sämtliche Szenarien abzudecken. Um dieser Flexibilität gerecht zu werden, wird ein Bootstrap-Ansatz gemäß der Referenz angewandt(siehe Abschn. 2.2.2) [93]. Dieser Ansatz erfordert keinerlei analytische Untersuchungen und Berechnungen, um die P_{ts} für den jeweiligen Test zu ermitteln.

Die Bootstrap-Methode wird genutzt, um die Null- und Alternativverteilung gemäß Abb. 6.7 zu schätzen. Da diese Verteilungen f_{H_0} und f_{H_1} in einer empirischen, verteilungsfreien Form bestimmt werden, ermöglicht dies nicht nur die Berücksichtigung der Varianz, sondern auch die Erfassung der gesamten Form der Verteilungen und sämtlicher statistischer Momente. Somit bedarf es keinerlei Annahmen über die vorliegenden statistischen Verteilungen. Die Daten bilden damit rein die zugrunde liegenden Daten ab.

Die Berechnungsgrundlage bildet die vorhandene Vorkenntnis über das Ausfallverhalten des Produkts, von der aus die Verteilungen der Ausfallzeiten unter Gültigkeit der beiden Hypothesen abgeleitet werden.

Die gesamte Vorgehensweise zur Berechnung der P_{ts} auf Basis des Bootstrap Ansatzes ist in Abb. 6.8 gezeigt.

Im ersten Schritt der Berechnung werden n Pseudozufallszahlen aus der Ausfallverteilung des Vorwissens erzeugt, die als Ausfallzeiten dienen. Der Stichprobenumfang und das Zensierungsschema muss dem des zu planenden Zuverlässigkeitsnachweistests entsprechen. Liegt also beispielsweise eine Zensierungszeit als Abbruchkriterium vor, werden alle Pseudozufallszahlen, die größer als die Zensierungszeit sind, zu Durchläufern. All diejenigen, die kleiner sind, werden wie Ausfälle behandelt. Aus der erzeugten Lebensdauerdatengrundlage wird erneut eine Ausfallverteilung $F(t)$ geschätzt. Mit dieser kann die Lebensdauer bei geforderter Zuverlässigkeit $t_{R_{\text{req}}}$ berechnet werden [326]:

$$t_{R_{\text{req}}} = F^{-1}\big(1 - R_{\text{req}}\big). \tag{6.15}$$

Da dieses Lebensdauerquantil der Vorkenntnis entstammt und damit der Alternativhypothese zuzuordnen ist, kann ein Wert der Teststatik unter Gültigkeit der Alternativhypothese berechnet werden. Es gilt [326]:

$$\tau_{H_1} = t_{R_{\text{req}}} - t_{\text{req}} \equiv F^{-1}\big(1 - R_{\text{req}}\big) - t_{\text{req}}. \tag{6.16}$$

Durch mehrfache Iteration kann mit dieser Vorgehensweise schließlich die empirische Alternativverteilung bestimmt werden.

Auch die Nullverteilung kann mithilfe der Alternativverteilung berechnet werden. Dazu muss letztere um die geforderte Lebensdauer t_{req} verschoben werden, siehe Gl. (6.17) da die Nullhypothese immer mit der Zuverlässigkeitsanforderungen verbunden ist. Dafür werden die erzeugten Pseudozufallszahlen mit $(1-s)$ multipliziert, was genau den Grenzfall $s = 0$ ergibt. Bei der Transformation der Lebensdauerdaten darf ausschließlich die Lage und nicht die Form der Ausfallverteilung verändert werden, da letztere den zugrunde liegenden Ausfallmechanismus charakterisiert [5]. Die multiplikative Transformation wird diesen Kriterien gerecht, d. h. der Formparameter eines weibullverteilten Ausfallverhaltens bleibt konstant. Mit diesen Überlegungen berechnet sich die Teststatistik unter Gültigkeit der Nullhypothese wie folgt [326]:

$$\tau_{H_0} = (1 - s) \cdot t_{R_{\text{req}}} - t_{\text{req}} \equiv t_{\text{req}}\left(\frac{t_{R_{\text{req}}}}{t_p} - 1\right) \equiv t_{\text{req}}\left(\frac{F^{-1}\big(1 - R_{\text{req}}\big)}{F_p^{-1}\big(1 - R_{\text{req}}\big)} - 1\right). \tag{6.17}$$

Durch mehrfaches Iterieren entsteht analog somit die Nullverteilung aus der Ausfallverteilung der Vorkenntnis $F_p(t)$. Die Intergrale für die Berechnung von P_A und P_{ts} können unter Zuhilfenahme des Gesetzes der großen Zahlen wie folgt berechnet werden [326]:

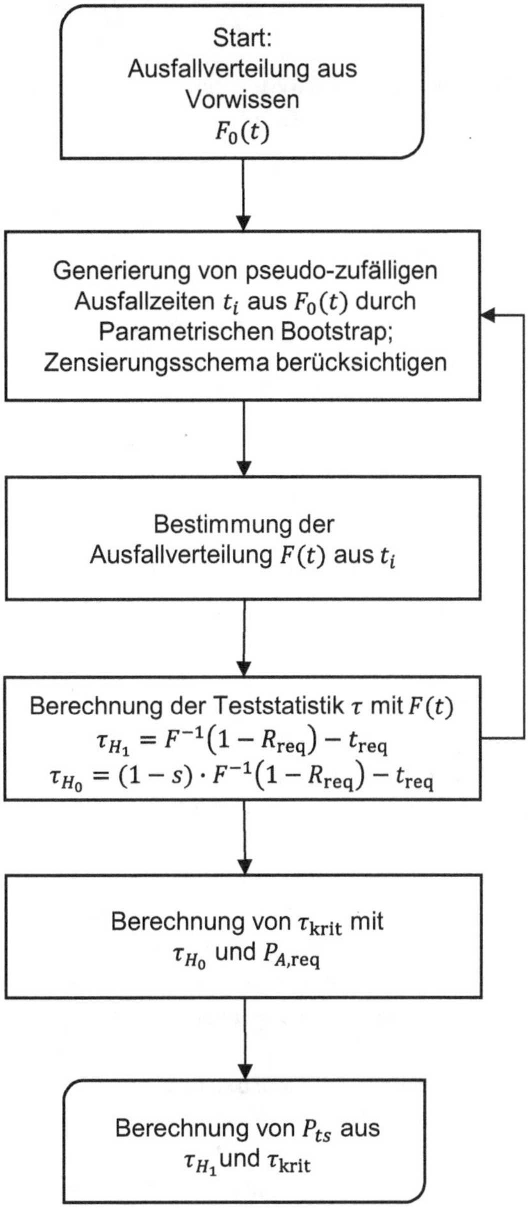

Abb. 6.8 Schema zur Berechnung der P_{ts} für einen EoL Test mit der numerischen Vorgehensweise. (© IMA 2026. All Rights Reserved)

$$P_A = \frac{\text{Anzahl } \tau_{H_0} < \tau_{\text{krit}}}{\text{Gesamtzahl der Iterationen}}. \tag{6.18}$$

Für die geforderte Aussagesicherheit P_A kann damit τ_{krit} berechnet werden. Schließlich ergibt sich die P_{ts} in ähnlicher Weise zu [326]:

$$P_{ts} = \frac{\text{Anzahl } \tau_{H_1} \geq \tau_{\text{krit}}}{\text{Gesamtzahl der Iterationen}}. \tag{6.19}$$

Die Lage der beiden Verteilung sind fest über deren Median mit den zugrundliegenden Hypothesen verbunden. Es gilt:

$$F_{H_0}^{-1}(0,5) = 0, \tag{6.20}$$

$$F_{H_1}^{-1}(0,5) = t_p - t_{\text{req}}. \tag{6.21}$$

Effekte aus verzerrten Parameterschätzungen, wie z. B. der bekannte Bias der MLE Schätzung [63], sind dabei irrelevant. Durch den Bootstrap Ansatz werden lediglich die Streuung und die Form der Confidence Distributions (hier Null- und Alternativverteilung) ermittelt.

Die P_{ts} wird für einen zu planenden Test inkl. dessen Konfiguration berechnet, also auch für eine entsprechend zugrunde gelegte Stichprobengröße. Liefert die angesetzte Stichprobengröße nicht den erhofften Wert der P_{ts}, muss die Berechnung ggf. mit einer größeren Stichprobengröße wiederholt werden. Die P_{ts} fungiert damit bei EoL Test als Mehrfachindikator für die Testplanung – mit ihr können die entsprechenden Aufwände und die Erfolgschance bestimmt und bewertet werden.

Aufgrund dieser Tatsache leitet Herzig in seiner Arbeit [23] die Notwendigkeit für Unternehmen ab, ihre Zuverlässigkeitsanforderungen um die P_{ts} zu ergänzen. Das würde in einem erweiterten Zuverlässigkeitsziel resultieren, dass neben der Zuverlässigkeit, der Lebensdauer und der Aussagesicherheit auch eine „Minimum-P_{ts}" von z. B. 90 % enthält. Mit einer derartigen Vorgabe kann dann eine adäquate Auswahl einer Teststrategie erfolgen, für die der Nachweis am effizientesten erbracht werden kann.

Die numerische Berechnungsmethode hat neben den genannten Vorteilen der Flexibilität und der Erwartungstreue einen nennenswerten Nachteil. Gerade wenn sehr viele Berechnungen notwendig werden, z. B. um in einem vergleichsweise großen Parameterbereich durch eine Parameterstudie eine optimal passende Teststrategie zu ermitteln, wird durch die Erzeugung der Pseudozufallszahlen die Rechenzeit stark erhöht.

6.4.4.2 Analytisch-Approximative Vorgehensweise

Um dem Effekt der steigenden Berechnungszeit entgegenzuwirken, kann die P_{ts} auch analytisch abgeschätzt werden. Diese Vorgehensweise kommt dabei ohne die Erzeugung von Zufallszahlen aus, was neben der Schätzung der Ausfallverteilung der zeitintensivste Rechenschritt ist.

Um die Erzeugung von Zufallszahlen zu substituieren, kommt als grundlegendes mathematisches Werkzeug der zentrale Grenzwertsatz [89, 329] zum Einsatz. Eigentlich gilt dieser bei unendlich großen Stichproben, bei denen dann viele statistische Größen normalverteilt sind. Für endliche und begrenzte Stichprobenumfänge im Zuverlässigkeitsnachweistest wird die Normalverteilung daher als Approximation für die Verteilung der relevanten statistischen Größen verwendet. D. h. obwohl bekannt ist, dass die Lebensdauer in der Regel nicht normalverteilt ist, kann die Verteilung eines Lebensdauerquantils zur Berechnungsvereinfachung dennoch mit der Normalverteilung approximiert werden. Nach der Definition des zentralen Grenzwertsatzes folgt die Verteilung eines empirischen Quantils q mit bekannter Verteilung $F(t)$ einer Normalverteilung mit den Parametern [44, 330]:

$$\mu = F^{-1}(q), \tag{6.22}$$

$$\sigma = \sqrt{\frac{q \cdot (1-q)}{n \cdot f\left(F^{-1}(q)\right)^2}}. \tag{6.23}$$

Mit der zuverlässigkeitsbezogenen Teststatistik und den Gl. (6.22) und (6.23) können die Nullverteilung sowie die Alternativverteilung approximiert werden [326]:

$$\tau_{H_0} \sim \mathcal{N}\left(0, \sqrt{\frac{R_{\text{req}} \cdot \left(1 - R_{\text{req}}\right)}{n \cdot f_0\left(t_{\text{req}}\right)^2}}\right), \tag{6.24}$$

$$\tau_{H_1} \sim \mathcal{N}\left(t_p - t_{\text{req}}, \sqrt{\frac{R_{\text{req}} \cdot \left(1 - R_{\text{req}}\right)}{n \cdot f\left(t_{\text{req}}\right)^2}}\right). \tag{6.25}$$

Während $f\left(t_{\text{req}}\right)$ direkt als Wert der Dichtefunktion aus dem Vorwissen bestimmt werden kann, muss für $f_0\left(t_{\text{req}}\right)$ die bereits bekannte multiplikative Transformation verwendet werden., sodass die Ausfallverteilung des Vorwissens der Nullhypothese entspricht. Liegt die Ausfallverteilung des Vorwissens als Weibullverteilung vor, so ergibt sich die charakteristische Lebensdauer T_{H_0} der Verteilung $f_0(t)$ zu [326]:

$$T_{H_0} = (1-s) \cdot T_{H_1} = \frac{t_{\text{req}}}{t_p} \cdot T_{H_1}. \tag{6.26}$$

Der Formparameter bleibt analog zur numerischen Berechnung konstant. Die Transformation kann ebenso auf die Standardabweichung der Null- und Alternativverteilung übertragen werden. Es gilt [326]:

$$\sigma_{H_0} = (1-s) \cdot \sigma_{H_1} = \frac{t_{\text{req}}}{T_{H_1}} \cdot \left(-\ln\left(R_{\text{req}}\right)\right)^{-1/b} \cdot \sigma_{H_1}. \tag{6.27}$$

Mit den bestimmten Verteilungen kann schließlich die P_{ts} auf Basis der Normalverteilung wie folgt approximiert werden [326, 327]:

$$P_{ts} = 1 - \Phi\left(\Phi^{-1}\left(P_{A,\text{req}}; 0, \sqrt{\frac{R_{\text{req}} \cdot \left(1 - R_{\text{req}}\right)}{n \cdot f_0\left(t_{\text{req}}\right)^2}}\right);\right.$$

$$t_p - t_{\text{req}}, \sqrt{\frac{R_{\text{req}} \cdot (1 - R_{\text{req}})}{n \cdot f(t_p)^2}} \Bigg). \tag{6.28}$$

Φ repräsentiert dabei die Verteilungsfunktion der Normalverteilung.

Auch wenn die P_{ts} geschlossen in einem Ausdruck formuliert und berechnet werden kann, so ist die Vorgehensweise dabei analog zum Vorgehen bei der numerischen Methode. Im inneren Ausdruck wird über die Inverse der Normalverteilung Φ^{-1} für die geforderte Aussagesicherheit der kritische Wert der Teststatistik τ_{krit} berechnet. Im äußeren Term wird schließlich der β-Fehler für τ_{krit} berechnet. Für dessen Komplement ergibt sich schließlich die P_{ts}.

In dieser Vorgehensweise wird das Lebensdauerquantil rein als empirisches Stichprobenquantil [330] berechnet, da keine Schätzung der Ausfallverteilung z. B. über eine MLE erfolgt. Daher können Zensierungen quasi nicht berücksichtigt werden. Diesem Umstand kann und sollte Rechnung getragen werden, da zum einen in der Praxis sehr oft zensierte Stichproben im Test eingeplant werden und zum anderen immer eine Schätzung der Ausfallverteilung mit einem Parameterschätzverfahren (in der Regel MLE) zum Einsatz kommt.

Dieser Umstand kann durch die asymptotischen Eigenschaften der MLE selbst berücksichtigt werden. Dabei wird die Varianz des Lebensdauerquantils nicht mehr auf Basis des empirischen Stichprobenquantils, sondern mit einer linearen Taylorreihenentwicklung approximiert [53, 331]. Wird wieder eine zugrunde liegende Weibullverteilung angenommen, kann für das Lebensdauerquantil auch definiert werden [326]:

$$t_q \sim \mathcal{N}\left(T\left(-\ln\left(R_{\text{req}}\right)\right)^{1/b}, \sqrt{\operatorname{Var}\left(t_q\right)}\right). \tag{6.29}$$

Die Varianz des Lebensdauerquantils ergibt sich nach der Taylorreihenentwicklung zu:

$$\begin{aligned}
\operatorname{Var}\left(t_q\right) &= \left(\frac{\partial t_q}{\partial T}\right)^2 \operatorname{Var}(T) + \left(\frac{\partial t_q}{\partial b}\right)^2 \operatorname{Var}(b) + 2\frac{\partial t_q}{\partial T}\frac{\partial t_q}{\partial b}\operatorname{Cov}(T, b) \\
&= (-\ln(1-q))^{2/b}\operatorname{Var}(T) + \frac{T^2}{b^4}\ln(-\ln(1-q))^2(-\ln(1-q))^{2/b}\operatorname{Var}(b) \\
&\quad - \frac{2T}{b^2}\ln(-\ln(1-q))(-\ln(1-q))^{2/b}\operatorname{Cov}(T, b).
\end{aligned} \tag{6.30}$$

Die partiellen Ableitungen in Gl. (6.30) können aus der Varianz-Kovarianz-Matrix gewonnen werden, die aus der Inversen der Fisher Informationsmatrix entsteht [53], siehe auch Abschn. 5.4.2. Diese wiederum entsteht durch zweifache Differenzierung der Likelihood-Funktion. Da letztere für Ausfallzeiten und Zensierungen gebildet werden können, entsteht kein Informationsverlust. Für die vollständige mathematische Herleitung von Gl. (6.30) sei auf Abschn. 5.4.2.2 und die entsprechenden Referenzen [24, 53, 55, 326, 332] verwiesen.

Da die Varianz in erster Linie auf die beobachteten Ausfall- bzw. Zensierungszeiten zurückgeht und diese daher auch für die Berechnung der partiellen Ableitungen der Varianz-Kovarianz-Matrix benötigt werden, müssen diese über das Vorwissen der Ausfallverteilung geschätzt werden. Denn es sollen ja explizit keine Ausfallzeiten wie im Bootstrap Verfahren erzeugt werden. Unter Zuhilfenahme der Ordnungsstatistik ist der Median einer Ausfallzeit als Funktion des Stichprobenumfangs bestimmt [58]:

$$t_i = F^{-1}\big(\mathcal{B}^{-1}(0{,}5; i, n-i+1)\big). \tag{6.31}$$

Vereinfachend kann auch die Approximation von Benard verwendet werden [186]:

$$t_i \approx T \cdot \left(-\ln\left(1 - \frac{i-0{,}3}{n+0{,}4}\right)\right)^{\frac{1}{b}}. \tag{6.32}$$

Mit den entsprechenden Zensierungsschemata können Ausfallzeiten von Zensierungszeiten getrennt werden.

Mit der berechneten Varianz kann schließlich die Teststatistik der Alternativverteilung wie folgt berechnet werden [326]:

$$t_{R_{\mathrm{req}},H_1} \sim \mathcal{N}\Big(T_{H_1}\big(-\ln\big(R_{\mathrm{req}}\big)\big)^{1/b_{H_1}}, \sigma_{H_1}\Big), \tag{6.33}$$

mit:

$$\begin{aligned}\sigma_{H_1} = \Bigg(&(-\ln(R_{\mathrm{req}}))^{2/b} \cdot \mathrm{Var}(T_{H_1}) + \frac{T_{H_1}^2}{b^4} \cdot \ln(-\ln(R_{\mathrm{req}}))^2 \cdot (-\ln(R_{\mathrm{req}}))^{2/b} \\ &\cdot \mathrm{Var}(b_{H_1}) - \frac{2T_{H_1}^2}{b^2} \cdot \ln(-\ln(R_{\mathrm{req}})) \\ &\cdot (-\ln(R_{\mathrm{req}}))^{2/b} \cdot \mathrm{Cov}(T_{H_1}, b)\Bigg)^{1/2}.\end{aligned} \tag{6.34}$$

Mit den bekannten multiplikativen Transformationen kann auf eine explizite Berechnung der Varianz der Nullverteilung verzichtet werden, da sich diese aus der Alternativverteilung berechnen lässt [327]. Schließlich ergibt sich die P_{ts} zu:

$$\begin{aligned}P_{ts} = 1 - \Phi\Bigg(&\Phi^{-1}\left(P_{A,\mathrm{req}}; 0, \frac{T_{H_1}}{t_{\mathrm{req}}}\big(-\ln\big(R_{\mathrm{req}}\big)\big)^{1/b}\sigma_{H_1}\right); \\ &T_{H_1}\big(-\ln\big(R_{\mathrm{req}}\big)\big)^{1/b} - t_{\mathrm{req}}, \sigma_{H_1}\Bigg).\end{aligned} \tag{6.35}$$

Das analytische Berechnungsverfahren bietet zwar einen enormen Rechenzeitvorteil ist aber aufgrund mehrerer Annahmen nur als approximatives Verfahren zu sehen. Die Annahme des normalverteilten Stichprobenquantils ist theoretisch gerade bei kleinen Stichprobengrößen nicht gültig. Weiterhin werden die benötigten Ausfallzeiten auf Basis der Ordnungsstatistik approximiert, da keine realen Lebensdauerinformationen vorliegen und auch keine mittels Bootstrap erzeugt werden sollen. Dennoch ist auch eine approximierte Lösung sinnvoll, gerade bei sehr großen Parameterräumen. Aufgrund der Tatsache, dass sehr viele unterschiedliche Teststrategien definiert werden können, kann eine schnelle Berechnung einen großen Vorteil bieten.

6.4.4.3 Simulativ-Praxisorientierte Vorgehensweise

Während die ersten beiden Berechnungsverfahren eine theoretisch fundierte Grundlage als Basis nutzen, lässt sich die P_{ts} aber auch auf eine sehr praktisch orientierte und einfache Weise berechnen. Grundidee ist dabei, einen Zuverlässigkeitstest simulativ nachzubilden [19, 317]. Statt realer Ausfallzeiten kommen erneut Pseudozufallszahlen in einem Bootstrap Verfahren zum Einsatz. Das komplette Vorgehen ist in Abb. 6.9 gezeigt.

Im ersten Schritt werden die Pseudozufallszahlen aus dem Vorwissen erzeugt. Zusammen mit dem gewählten Zensierungsschema entstehen auch hier wieder simulative Ausfall- und Zensierungszeiten. Mithilfe der generierten Datenbasis wird mit MLE die Ausfallverteilung als Weibullverteilung geschätzt. Für die geforderte Zuverlässigkeit kann anschließend die untere Vertrauensgrenze für das Lebensdauerquantil $t_{R_{req}}$ berechnet werden, siehe Abb. 6.10. Durch den Abgleich mit der geforderten Lebensdauer kann der simulative Testdurchlauf hinsichtlich des Erfolges oder Misserfolges bewertet werden. Ist die geschätzte Lebensdauer größer oder gleich der geforderten, so wird der Testdurchlauf als Erfolg gewertet, andernfalls als Misserfolg. Durch mehrfache Iteration entsteht eine Verteilung der berechneten Lebensdauerquantile mit entsprechend geforderter Aussagesicherheit, siehe Abb. 6.10 rechts. Der Anteil der Dichtefunktion, deren Quantile größer ausfallen als die Anforderung, entspricht der P_{ts}.

Nach dem Gesetz der großen Zahlen kann die P_{ts} sehr einfach wie folgt berechnet werden [19, 317]:

$$P_{\text{ts}} = \frac{\text{Anzahl } t_{R_{\text{req}},P_A} \geq t_{\text{req}}}{\text{Gesamtzahl der Iterationen}}. \tag{6.36}$$

Diese einfache simulative Vorgehensweise ist sehr einfach umzusetzen. Außerdem orientiert sich die Berechnung an der tatsächlichen Testdurchführung und Bewertung. Es werden also genau die Methoden eingesetzt, die in der realen Anwendung ebenfalls zum Einsatz kommen mit allen Vor- und Nachteilen der jeweiligen Verfahren (wie z. B. Bias des MLE-Schätzers [63, 317]). Lediglich die Berechnungszeit steigt analog zum numerischen Verfahren für eine Vielzahl an Berechnungen stark an.

6.4.4.4 Vergleich der Berechnungsmethoden

Um eine Einordnung hinsichtlich der Ergebnisgüte vorzunehmen, werden die drei vorgestellten Methoden verglichen. In Abb. 6.11 ist die P_{ts} für unterschiedliche Stichprobenumfänge als Resultat der drei verschiedenen Berechnungsverfahren aufgetragen. Dabei wurde ein typisches Zuverlässigkeitsziel von $R = P_A = 90\,\%$ verwendet. Um die

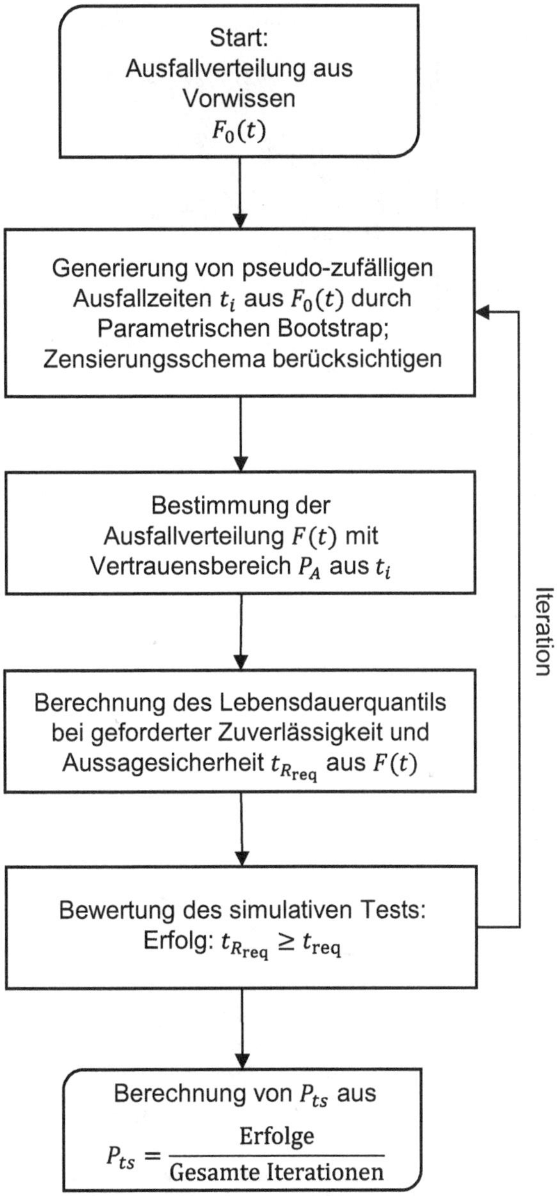

Abb. 6.9 Schema zur Berechnung der P_{ts} für einen EoL Test mit der simulativ-praxisorientierten Vorgehensweise. (© IMA 2026. All Rights Reserved)

Analyse möglichst vergleichbar zu machen, wurde für alle Verfahren die MLE Schätzung als Basis verwendet, d. h. dass bei der analytischen Vorgehensweise die Varianz auf Basis der MLE berechnet wurde, siehe Gl. (6.30).

Bei größeren Stichprobenumfängen von ca. $n = 100$ zeigen alle Methoden ein nahezu identisches Ergebnis. Bei kleineren und damit praxisrelevanteren Prüflingszahlen sind

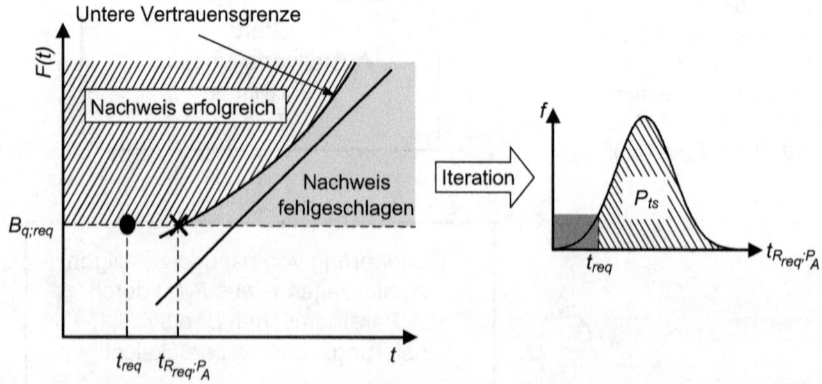

Abb. 6.10 P_{ts} – Berechnung durch Bootstrapping [19]. (© IMA 2026. All Rights Reserved)

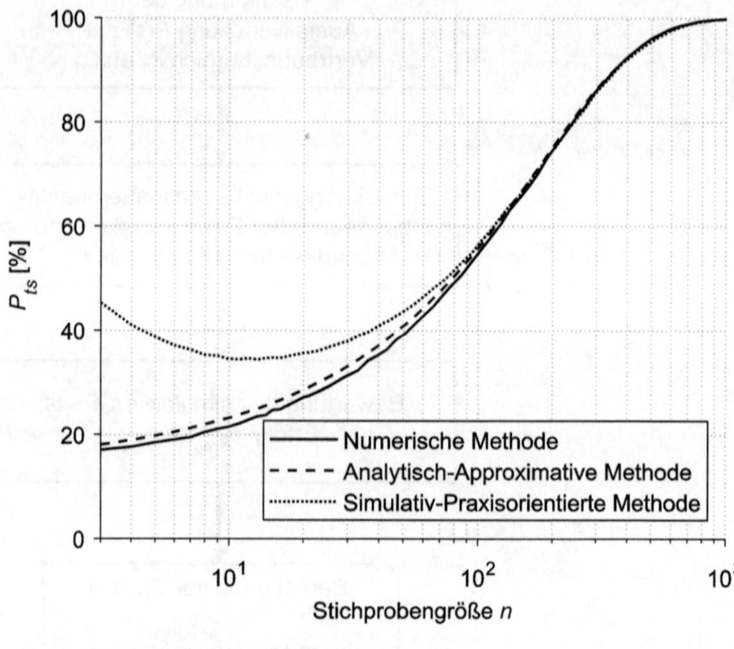

Abb. 6.11 Vergleich der P_{ts} Berechnungsmethoden für den EoL Test für verschiedene Stichprobengrößen [24]. (© IMA 2026. All Rights Reserved)

Abweichungen erkennbar. Während die numerische und die analytische Vorgehensweise auch hier sehr nah zusammenliegen, liefert die simulative Vorgehensweise höhere P_{ts} Werte. Ebenfalls ist ein Umkehrpunkt zu erkennen, bei dem die P_{ts} für sehr geringe Prüflingszahlen wieder ansteigt. Dieser Effekt ist aus Zuverlässigkeitsperspektive nicht zu erklären. Aufgrund der zunehmenden Informationsdichte würde man eine monoton steigende P_{ts} mit steigender Prüflingsanzahl erwarten, so wie numerische und analytische Methoden das auch zeigen. Tatsächlich kann dieser Effekt durch ein statistisches Phänomen erklärt werden.

Wie bereits beschrieben, orientiert sich die simulative Vorgehensweise stark an der realen Vorgehensweise eines Zuverlässigkeitsnachweistests. Das bedeutet, dass bei einer MLE- Schätzung der Ausfallverteilung mit kleinen Prüflingszahlen der positive Bias zum Tragen kommt – d. h. der Formparameter der Weibullverteilung wird überschätzt. In Folge werden auch die Lebensdauerquantile überschätzt, was in letzter Konsequenz zu einer überhöhten P_{ts} führt. Da dieser Effekt sich insbesondere für kleine Stichprobengrößen verstärkt, kommt es zum abgebildeten Effekt [19].

Die Überschätzung der P_{ts} ist auch in Abb. 6.12 zu erkennen. Dabei ist ersichtlich, dass die P_{ts} bei der simulativen Methode besonders bei kleineren Auslegungssicherheiten überschätzt wird. Liegt die Anforderung und damit die „Erfolgsgrenze" sehr nah an der Produktzuverlässigkeit, dann werden durch den positiven Bias mehr Durchläufe fälschlicherweise als Erfolg klassifiziert. Auch bei zensierten Zuverlässigkeitsnachweistests zeigt sich ein ähnliches Bild [326]. Bei der Verwendung der simulativen Methode müssen diese Effekte berücksichtigt werden.

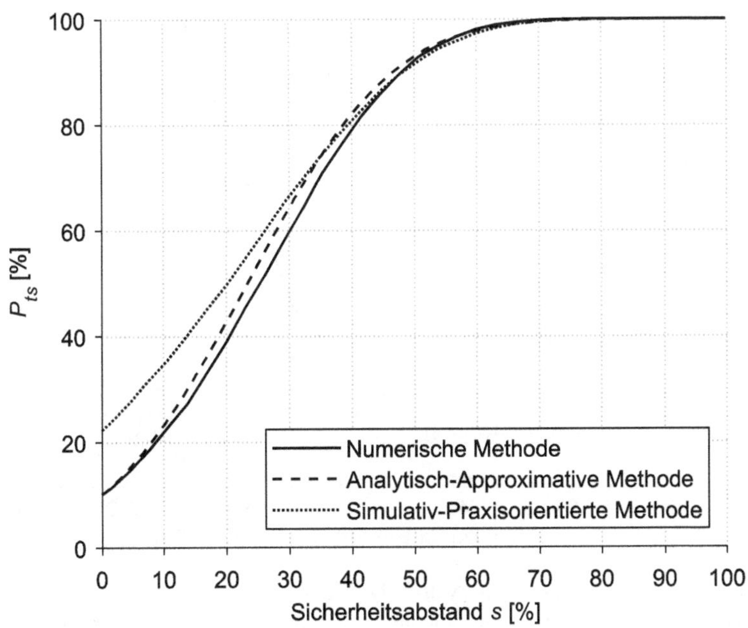

Abb. 6.12 Vergleich der P_{ts} Berechnungsmethoden für den EoL Test für verschiedene Sicherheitsfaktoren [24]. (© IMA 2026. All Rights Reserved)

6.4.4.5 Bedeutung für die Anwendung in der Produktentwicklung

Martin Dazer und Alexander Grundler

Im Folgenden soll die Zuverlässigkeit für einen Hochvolt-Akkumulator eines rein elektrisch betriebenen PKWs nachgewiesen werden. Hierbei wurden umfangreiche Messungen an Einzelzellen des eingesetzten Akkumulators zur Bestimmung der Belastbarkeit sowie Messungen im Feld zur Bestimmung der Belastung durchgeführt [195]. Durch ein erweitertes Vorgehen entsprechend Abschn. 6.3.2, konnte damit in einer umfassenden Simulation des Energiedurchsatzes des Akkumulators eine Ausfallverteilung abgeleitet werden, siehe [195]. Hierbei liegen Fahrzeugmessungen von 21.000 Fahrzeugen zugrunde und Messungen an Einzelzellen von 8 Zellen. Die resultierende Ausfallverteilung in Abhängigkeit des kumulierten Energiedurchsatzes in Form einer Weibullverteilung mit den Parametern $T = 596$ MWh und $b = 9,6$. Abb. 6.13 zeigt die Weibullverteilung und die zugrunde liegende Zuverlässigkeitsanforderung.

Anforderung an das Produkt

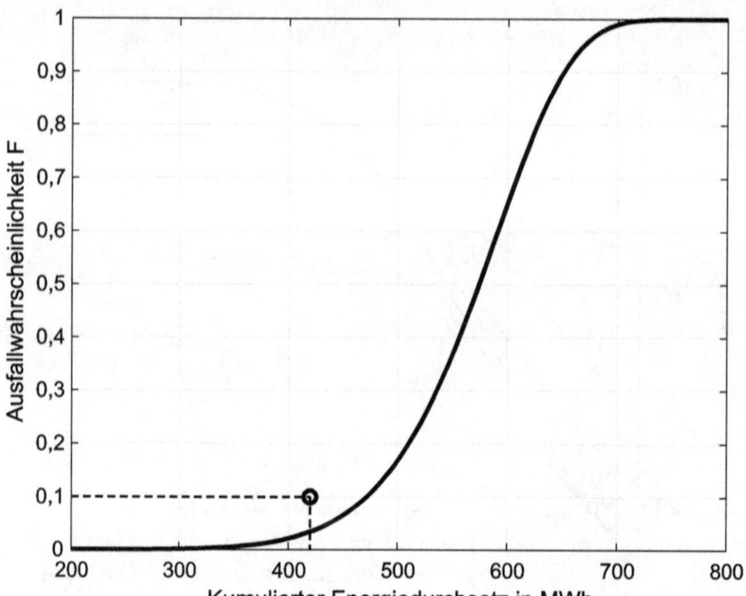

Abb. 6.13 Ausfallverteilung des Hochvolt-Akkumulators in Abhängigkeit des kumulierten Energiedurchsatzes und Zuverlässigkeitsanforderung. (© IMA 2026. All Rights Reserved)

Der Akkumulator soll bei einem kumulierten Energiedurchsatz von 420 MWh mit einer maximalen Wahrscheinlichkeit von 10 % ausfallen. Dies ergibt die Zuverlässigkeitsanforderung von $R_{\text{req}} = 90\,\%$ für $t_{\text{req}} = 420\,\text{MWh}$. Sie ist ebenfalls in Abb. 6.13 eingezeichnet.

Anforderung an den Zuverlässigkeitsnachweis

Um diese geforderte Zuverlässigkeit nachzuweisen, soll mit einer Aussagewahrscheinlichkeit von $P_A = 90\,\%$ sichergestellt werden, dass die gewonnene Zuverlässigkeitsaussage auch der Wahrheit entspricht. Zudem soll der Test mindestens mit einer Wahrscheinlichkeit von $P_{\text{ts}} = 80\,\%$ erfolgreich sein. Zudem muss ein Budget von 1,5 Mio. EUR eingehalten werden und der Test soll innerhalb von 15 Wochen abgeschlossen sein.

Zuverlässigkeitstestplanung

Mit diesen Anforderungen können nun mithilfe der in den vorherigen Abschnitten vorgestellten Methoden ein ausfallbasierter End-of-Life Test geplant werden, welcher sowohl fähig ist die gestellten Produktanforderungen nachzuweisen, als auch die gesetzten Grenzen aus Budget und Zeit einzuhalten.

Hierzu wird zunächst mittels der analytischen Berechnungsmethode der P_{ts} aus Abschn. 6.4.4.2, der Suchraum im Sinne der Stichprobengröße des Tests berechnet, da die analytische Berechnungsmethode sehr schnelle Ergebnisse liefern kann, siehe Abb. 6.14.

Um der Anforderung an den Test mit $P_{\text{ts}} = 80\,\%$ gerecht zu werden, ist zu sehen, dass dies im Bereich $n = [15, \ldots, 25]$ möglich ist. Um die Werte der P_{ts} mit hoher Genauigkeit berechnen zu können wird für diesen Bereich die Berechnung mittels Bootstrap nach Abschn. 6.4.4.1 mit einer Iterationszahl von 1 Mio. verwendet. Sie ist ebenfalls in Abb. 6.14 zu sehen. Beide Berechnungsmethoden liefern dasselbe Ergebnis, den EoL Test mit einer Stichprobengröße von $n = 19$ durchzuführen um mit einer Wahrscheinlichkeit von 80,6 % das gestellte Zuverlässigkeitsziel von $R_{\text{req}}(420\,\text{MWh}) = 90\,\%$ mit geforderter Aussagewahrscheinlichkeit von $P_A = 90\,\%$ nachzuweisen.

Um die Einhaltung der gesteckten Grenzen bezüglich Budget und Zeit zu untersuchen, kann ebenfalls die Bootstrap-Berechnungsmethode verwendet werden, denn die dabei generierten Ausfallzeiten bilden die Basis für die Berechnung. In diesem Beispiel wird die Testdauer durch den letzten Prüfling in der Stichprobe bestimmt mit einer Prüfstandsleistung von 300 KW. Die Testkosten sind durch folgendes Schema bestimmt: $\frac{0{,}12\,€}{\text{KWh}}$ und $\frac{400\,€}{\text{Prüfling}}$.

Die Verteilung der Testkosten und -dauern sind in Abb. 6.15 für die Stichprobengröße von $n = 19$ dargestellt.

Hierbei ist zu sehen, dass die Budget- und Testzeitgrenzen eingehalten werden können, denn die erwarteten Testkosten belaufen sich auf 1,299 Mio. € und die erwartete Testdauer beträgt 13,43 Wochen. An den Verteilungen ist ebenso zu erkennen, dass die Testkosten in keinem Fall überschritten werden und die Testzeit lediglich in 0,11 % aller Fälle.

Zusätzlich lässt sich betrachten, welche größere Stichproben innerhalb der gesteckten Grenzen noch realisierbar wären. Dies ist in Abb. 6.16 zu sehen.

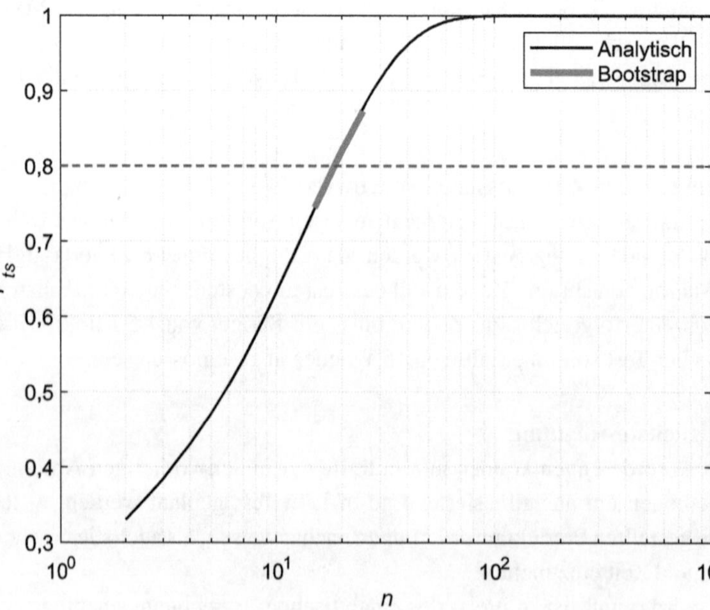

Abb. 6.14 Werte der P_{ts} für einen vollständigen EoL Test. Berechnet mit der analytischen Methode und dem Bootstrap-Ansatz. (© IMA 2026. All Rights Reserved)

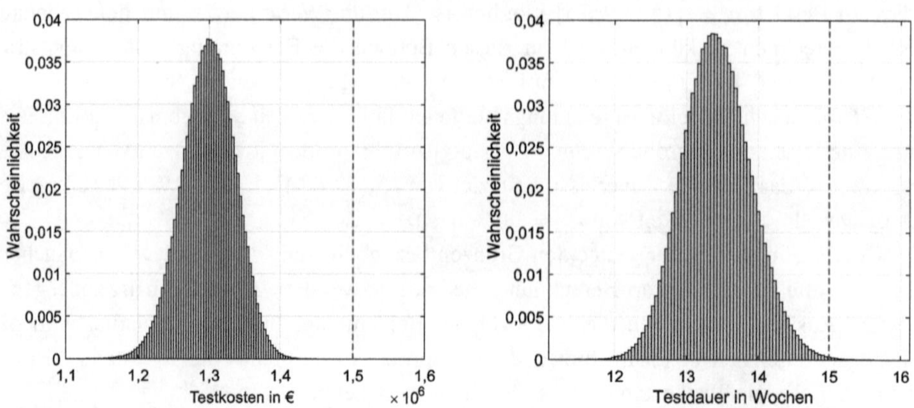

Abb. 6.15 Testkosten und Testdauern für einen vollständigen EoL Test mit Stichprobengröße $n = 19$. (© IMA 2026. All Rights Reserved)

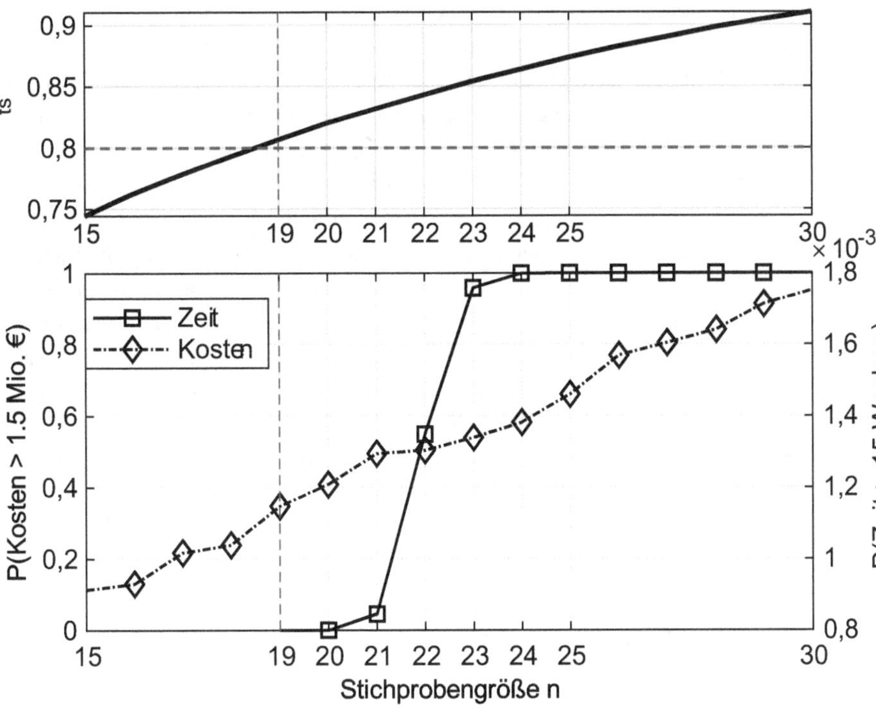

Abb. 6.16 Analyse der möglichen Stichprobenumfänge in Bezug auf Budget- und Zeitgrenzen. Unten: Wahrscheinlichkeit für ein Überschreiten der Kostengrenze (links, Quadrat) und Wahrscheinlichkeit für ein Überschreiten der Testzeitgrenze (rechts, Raute). Oben: Erreichbare P_{ts}. In Abhängigkeit des Stichprobenumfangs. (© IMA 2026. All Rights Reserved)

Aufgrund der Bootstrap-Stichproben lassen sich Wahrscheinlichkeiten für das Überschreiten der gesteckten Grenzen angeben. Es ist zu sehen, dass für eine Erhöhung von 19 auf 21 Prüflinge, die Wahrscheinlichkeit für ein Überschreiten der Budgetgrenze noch unterhalb 5 % liegt (4,5 % bei $n = 21$). Die Wahrscheinlichkeit für das Überschreiten der Testdauergrenze liegt für alle berechneten Stichprobengrößen unter 1 %. Durch die Erhöhung der Stichprobengröße auf 21 erhöht sich die Wahrscheinlichkeit für einen erfolgreichen Zuverlässigkeitsnachweis um 2,6 % von 80,6 % auf 83,2 %. Aufgrund der dadurch um 10,5 % gestiegenen Mehrkosten gegenüber $n = 19$, ist dies jedoch aus wirtschaftlicher Sicht genau abzuwägen. Ein erfolgreicher EoL Test mit größerer Stichprobe würde dagegen jedoch auch eine genauere Schätzung der Zuverlässigkeit zulassen.

Ergebnis und Fazit

Aufgrund der Anwendung der Analytischen Berechnungsmethode konnte der infrage kommende Bereich auf schnelle Weise identifiziert werden. Die Berechnung konnte für alle

Stichprobengrößen um Suchraum in deutlich weniger als einer Sekunde berechnet werden. Dies ermöglichte die Bereiche zu identifizieren in welchen der EoL Test 100 % P_{ts} erreicht und in welchem Bereich die geforderten P_{ts} erreicht werden können. Für eine genauere Untersuchung und Berechnung der entstehenden Kosten und Testzeit wurde der Bootstrap-Ansatz verwendet. Er ermöglicht eine beliebige Genauigkeit, welche hier durch eine Iterationszahl von 1 Mio. sichergestellt wurde. Durch den Bootstrap-Ansatz erlaubt er zudem die Berechnung der Streuung der Kosten und der Zeit, was mit der analytischen Methode so nicht möglich ist. Es zeigt sich, dass das Zuverlässigkeitsziel mit einer Wahrscheinlichkeit von 80 % erfolgreich nachgewiesen werden kann, wenn 19 Prüflinge im vollständigen EoL Test verwendet werden. Darüber hinaus erlaubte der Bootstrap-Ansatz eine Betrachtung des Risikos einer Kosten- sowie Testdauer-Überschreitung. Für ein akzeptiertes Risiko von maximal 5 %, kann damit auch ein Test mit 21 Prüflingen durchgeführt werden. Es ist jedoch zu erwarten, dass die Kosten hierbei um 10,5 % ansteigen und dagegen nur ein Anstieg der P_{ts} von 2,6 % zu erwarten ist. Die Entscheidung bleibt letztlich eine wirtschaftliche.

6.4.5 Berechnung der Probability Test Success für komplexe Systeme

Mit den Methoden, die bis zu diesem Abschnitt eingeführt wurden, lassen sich Tests mithilfe der Probability of Test Success für einen kritischen Ausfallmechanismus planen, über den Vorwissen vorhanden ist. In der angewandten Zuverlässigkeitstechnik ist das ein sehr gängiges Szenario für die Testplanung, denn in vielen Systemen liegt ein einziger kritischer Ausfallmechanismus vor.

Prinzipiell lassen sich die Methoden jedoch auf mit mehreren Ausfallmechanismen anwenden. Da jedoch für jeden Mechanismus Vorwissen vorliegen muss und die mathematische Berechnung noch komplizierter ist, richten sich die folgenden Abschnitte nur an sehr erfahrene Zuverlässigkeitsingenieure. Außerdem wird thematisiert, wie das Vorwissen zusätzlich mit dem Satz von Bayes in der Testplanung berücksichtigt werden kann und wie mit unsicherem Vorwissen umgegangen werden kann.

6.4.5.1 Berücksichtigung mehrerer Ausfallmechanismen und Testebenen

In den vorangegangenen Erläuterungen wurde zur Vereinfachung und Veranschaulichung nur ein einziger kritischer Ausfallmechanismus berücksichtigt. Grundsätzlich können mit den Methoden aber auch Tests für Systeme mit mehreren Ausfallmechanismen geplant werden. Auch Komponententests, die für die Absicherung der Systemzuverlässigkeit durchgeführt werden, können mit entsprechenden Anpassungen mit den Methoden geplant und bewertet werden. Jedoch wird aufgrund der negativen Eigenschaften der simulativen Methode diese im Folgenden nicht erweitert.

Im Gegensatz zu Produkten, die lediglich über einen einzigen Ausfallmechanismus verfügen, erfordern Systeme mit mehreren Subsystemen, Baugruppen und Komponenten möglicherweise die Anwendung mehrerer Tests, um die Systemzuverlässigkeit nachzuweisen. Denkbar sind beispielsweise mehrere Komponententests, die alle kritischen Ausfallmechanismen separat abdecken. Möglich ist zudem aber auch ein einzelner Systemtest der technisch ebenfalls in der Lage ist alle kritischen Ausfallmechanismen abzudecken. Die Wahl der Testebene hängt damit nicht nur von der statistischen Betrachtung ab, sondern auch ganz entscheidend davon, welche Prüfverfahren und Kapazitäten zur Verfügung stehen. Üblicherweise werden auch in Systemtests die verschiedenen Arten von Ausfallmechanismen in separaten Tests adressiert.

Die P_{ts}, die den Nachweis der Systemzuverlässigkeit erbringen soll, muss dabei gemeinsam für sämtliche Tests bestimmt werden. Eine grundlegende Voraussetzung für diese Berechnungen ist das Verständnis der Systemstruktur und der Ausfallarten sowie das Vorhandensein von Informationen über sämtliche relevanten Ausfallmechanismen, denn auch hier wird für die einzelnen Mechanismen Vorwissen benötigt. Für reine Success-Run Tests reicht das Vorwissen in Form eines Success-Run Tests (also eine Zuverlässigkeitsverteilung) aus. Bei ausfallbasierten Tests hingegen ist das Wissen über die Ausfallverteilung erforderlich. Die Berechnungen basieren auf den in Abschn. 6.4.4.1 vorgestellten Ansätzen. Diese werden für die Berücksichtigung der Systemstruktur erweitert. Das äußert sich vor allem dadurch, dass die Berechnung der Verteilungen der Teststatistik unter Gültigkeit der Null- und der Alternativhypothese angepasst werden müssen.

In Abb. 6.17 ist die Vorgehensweise zur Berücksichtigung von mehreren Ausfallmechanismen in Komponenten- und Systemtests für EoL Tests gezeigt. Auffallend an der Vorgehensweise ist die starke Ähnlichkeit zur Berechnung mit nur einem Ausfallmechanismus. Die Teststatistik für die Null- und Alternativverteilung wird identisch berechnet – allerdings aus der geschätzten Ausfallverteilung des Systems. Dem Umstand, dass nun nicht mehr ein einzelner Ausfallmechanismus, sondern eine Kombination von Mechanismen die Systemausfallverteilung charakterisieren, muss Rechnung getragen werden.

Dazu werden zu Beginn Pseudozufallszeiten für alle bekannten kritischen Ausfallmechanismen, zu denen Vorwissen vorliegt, erzeugt. Im Systemtest heißt das, dass für alle Ausfallmechanismen derselbe Stichprobenumfang n erzeugt wird. Entsprechend den Erläuterungen in Abschn. 2.1.2.6 und Abb. 2.3 sind für das Seriensystem aber nur die ersten n Ausfallzeiten als solche zu werten, die verbleibenden werden als Zensierung berücksichtigt. Beim Komponententest hingegen können aufgrund des Ansprechens eines bestimmten Ausfallmechanismus die Zensierungsschemas einfacher beeinflusst werden.

Aus den generierten pseudozufälligen Ausfallzeiten werden die Ausfallverteilungen entsprechend des testbedingten Zensierungsschemas, siehe Abschn. 2.1.2.6, geschätzt.

Abb. 6.17 Schema zur Berechnung der P_{ts} für einen EoL Test mit mehreren Ausfallmechanismen mit der numerischen Vorgehensweise.

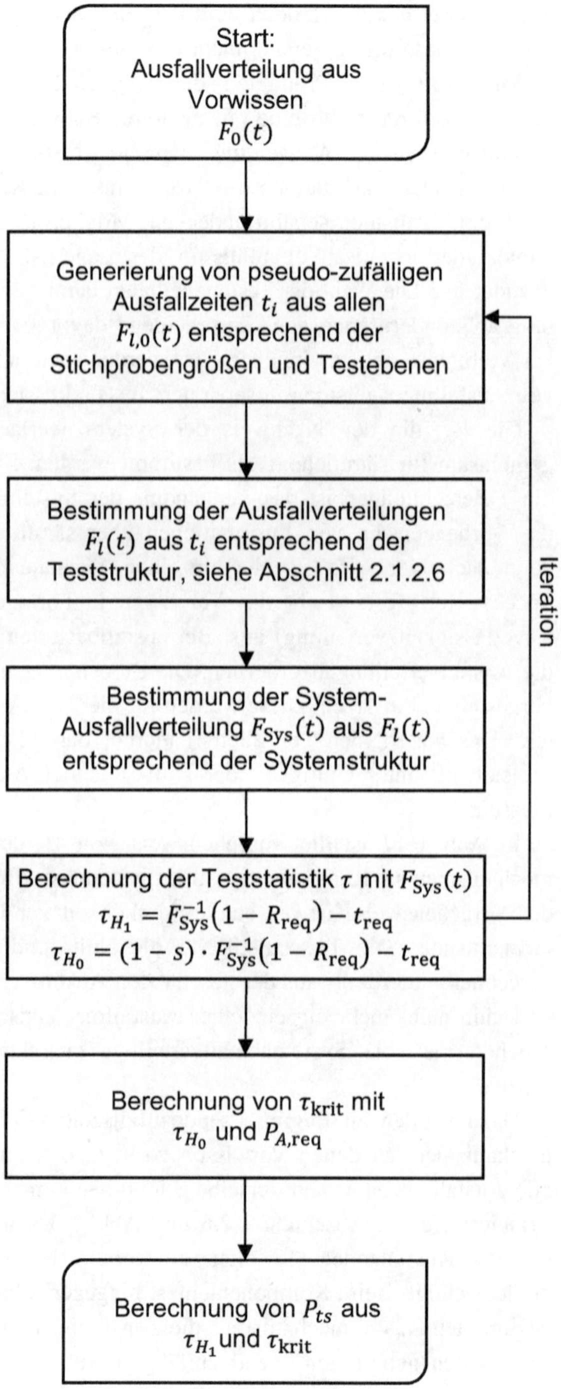

Liegen die Schätzungen aller Mechanismen vor, so kann daraus die Systemausfallverteilung, siehe Abschn. 3.4, bestimmt werden. Für Seriensysteme ergibt sie sich zu [327]:

$$R_{p,\text{Systen}} = \prod_l R_l(t) \equiv e^{-\sum_l \left(\frac{t}{T_l}\right)^{b_l}}. \tag{6.37}$$

Aus dieser Systemzuverlässigkeit des Vorwissens können dann wiederum die Teststatistiken der Null- und Alternativverteilung berechnet werden.

Auch die approximative, analytische Vorgehensweise über den zentralen Grenzwertsatz kann für die Berücksichtigung mehrerer Ausfallmechanismen in System- und Komponententests verwendet werden um die Probability of Test Success zu berechnen. Die Ausfallverteilung eines Systems ergibt sich aus den jeweiligen Ausfallverteilungen der individuellen Ausfallmechanismen gemäß der Systemstruktur. Aufgrund dieser Zusammensetzung entspricht die Varianz-Kovarianz-Matrix einer höheren Dimension, nämlich der Summe der Parameter aller Ausfallverteilungen der einzelnen Ausfallmechanismen.

Wenn die K Ausfallverteilungen der Ausfallmechanismen jeweils durch eine zweiparametrige Weibullverteilung beschrieben werden, hat die Varianz-Kovarianz-Matrix V die Dimension $2K$, d. h. $V \in \mathbb{R}^{2K}$. Es wird von unabhängigen Ausfallmechanismen ausgegangen, deshalb sind die Kovarianzen der Parameter zwischen zwei unterschiedlichen Ausfallmechanismen gleich Null. Bedenkt man, dass in der Regel auch die Auswertung von mehreren Ausfallmechanismen so erfolgt, ist diese Annahme legitim.

Berechnungstechnisch bedeutet das, dass die Varianz-Kovarianz-Matrix höherer Dimension dennoch mit den entsprechenden Gl. (6.30) bis (6.32) berechnet werden kann. Die Varianz-Kovarianz-Matrix V setzt sich dann aus den jeweiligen Varianz-Kovarianz-Matrizen V_l der K Ausfallarten wie folgt zusammen [327]:

$$\boldsymbol{V} = \begin{bmatrix} \boldsymbol{V}_1 & 0 & 0 & 0 \\ & \boldsymbol{V}_2 & 0 & 0 \\ & & \ddots & 0 \\ \text{sym.} & & & \boldsymbol{V}_K \end{bmatrix}. \tag{6.38}$$

Die Validität dieser Matrix erstreckt sich auf Operationen mit dem Parametervektor P, der sämtliche Parameter der Ausfallverteilungen in der entsprechenden Reihenfolge enthält. Falls, wie üblich, ausschließlich zweiparametrige Weibullverteilungen vorliegen, nimmt dieser Vektor beispielsweise die Form

$$P = [T_1, b_1, \ldots T_l, b_l, \ldots T_K, b_K] \tag{6.39}$$

an. Für die allgemeine Formulierung zur Berechnung der Varianz des Lebensdauerquantils resultiert dann [327]:

$$\mathrm{Var}(t_q) = \left[\frac{\partial t_q}{\partial P}\right]' V \left[\frac{\partial t_q}{\partial P}\right]. \tag{6.40}$$

Wird der Ausdruck ausformuliert, ergibt sich [327]:

$$\mathrm{Var}(t_q) = \sum_{l=1}^{K} \left(\left(\frac{\partial t_q}{\partial T_l}\right)^2 \cdot \mathrm{Var}(T_l) + 2\frac{\partial t_q}{\partial T_l} \cdot \frac{\partial t_q}{\partial b_l} \mathrm{Cov}(T_l, b_l) + \left(\frac{\partial t_q}{\partial b_l}\right)^2 \mathrm{Var}(b_l) \right). \tag{6.41}$$

Die Terme für die Varianzen $\mathrm{Var}(T_l)$, $\mathrm{Var}(b_l)$ und die Kovarianzen $\mathrm{Cov}(T_l, b_l)$ können gemäß den Gl. (6.30) bis (6.32) berechnet werden. Dabei werden die entsprechenden Parameterwerte der Ausfallverteilung jedes Ausfallmechanismus, wie sie durch Vorwissen gegeben sind, eingesetzt. Diese Vorgehensweise gilt ebenfalls für die Terme der partiellen Ableitungen.

Da die Quantils-Funktion nicht explizit als Gleichung vorliegt, müssen die Ableitungen in $\left[\frac{\partial t_q}{\partial P}\right]$ durch implizite Differentiation ermittelt werden. Hierzu ist es ratsam, die Systemgleichung der Zuverlässigkeit in logarithmierter Form zu verwenden. Für ein reines Seriensystem schreibt man daher:

$$\ln(1-q) = -\sum_{l=1}^{K} \left(\frac{t_q}{T_l}\right)^{b_l}. \tag{6.42}$$

Die partiellen Ableitungen lauten für die Weibullverteilung [327]:

$$\begin{aligned} \frac{\partial t_q}{\partial T_l} &= \frac{b_l t_q \cdot \left(\frac{t_q}{T_l}\right)^{b_l}}{T_l \cdot \sum_{p=1}^{K} b_p \cdot \left(\frac{t_q}{T_p}\right)^{b_p}}, \\ \frac{\partial t_q}{\partial b_l} &= \frac{t_q \cdot \ln\left(\frac{t_q}{T_l}\right)\left(\frac{t_q}{T_l}\right)^{b_l}}{\sum_{p=1}^{K} b_p \cdot \left(\frac{t_q}{T_p}\right)^{b_p}}. \end{aligned} \tag{6.43}$$

Man erhält schließlich für die Berechnung der Varianz des Systemquantils folgenden Ausdruck:

$$\begin{aligned} \mathrm{Var}(t_q) = \sum_{l=1}^{K} & \left(\frac{t_q \cdot \left(\frac{t_q}{T_l}\right)^{b_l}}{\sum_{p=1}^{K} b_p \cdot \left(\frac{t_q}{T_p}\right)^{b_p}} \right)^2 \\ & \cdot \left(\left(\frac{b_l}{T_l}\right)^2 \mathrm{Var}(T_l) - 2\frac{b_l}{T_l} \ln\left(\frac{t_q}{T_l}\right) \mathrm{Cov}(T_l, b_l) + \left(\ln\left(\frac{t_q}{T_l}\right)\right)^2 \mathrm{Var}(b_l) \right). \end{aligned} \tag{6.44}$$

Das Systemlebensdauerquantil lässt sich analog zur Berechnung mit nur einem Ausfallmechanismus beschreiben, indem die berechnete Varianz des Systems verwendet wird

[327]:

$$t_q \sim \mathcal{N}\left(t_q; \sqrt{\operatorname{Var}(t_q)}\right). \tag{6.45}$$

Das Lebensdauerquantil t_q wird als Mittelwert für die Normalverteilung benötigt und muss aus der Systemgleichung ermittelt werden. Eine analytische Lösung ist für den Ausdruck nicht möglich, weshalb t_q numerisch aus der Systemgleichung zu berechnen ist [327]:

$$1 - q = e^{-\sum_{l=1}^{K}\left(\frac{t_q}{T_l}\right)^{b_l}}. \tag{6.46}$$

Alle Berechnungen entstammen dem Vorwissen zu den Ausfallmechanismen, die der Alternativhypothese assoziiert sind. Das Lebensdauerquantil des Systems unter Gültigkeit der Alternativhypothese ergibt sich damit zu [327]:

$$t_{R_{req},H_1} \sim \mathcal{N}\left(t_p; \sigma_{H_1}\right) \tag{6.47}$$

mit der Standardabweichung σ_{H_1} [327]:

$$\sigma_{H_1} = \left(\sum_{l=1}^{K}\left(\frac{t_p \cdot \left(\frac{t_p}{T_l}\right)^{b_l}}{\sum_{p=1}^{K} b_p \cdot \left(\frac{t_p}{T_p}\right)^{b_p}}\right)^2 \left(\left(\frac{b_l}{T_l}\right)^2 \operatorname{Var}(T_l) - 2\frac{b_l}{T_l}\ln\left(\frac{t_p}{T_l}\right)\operatorname{Cov}(T_l, b_l)\right.\right.$$
$$\left.\left. + \left(\ln\left(\frac{t_p}{T_l}\right)\right)^2 \operatorname{Var}(b_l)\right)\right)^{1/2}. \tag{6.48}$$

t_p wird dabei entsprechend Gl. (6.46) numerisch bestimmt. Die Ausfallzeiten jedes Ausfallmechanismus müssen ebenfalls wieder über die Ordnungsstatik und die Approximation nach Benard mit Gl. (6.32) oder direkt aus Gl. (6.31) ermittelt werden. Für den Systemtest sind dann analog zum numerischen Verfahren die Ausfallzeiten entsprechend der Systemstruktur zu zensieren.

Auch die multiplikative Transformation zur Berechnung des Quantils der Nullverteilung behält ihre Gültigkeit, da auch die Ausfallmechanismen multiplikativ zum System verknüpft werden. Es ergibt sich demnach:

$$t_{R_{\text{req}},H_0} \sim \mathcal{N}\left(t_{\text{req}}; (1-s)\sigma_{H_1}\right) = \mathcal{N}\left(t_{\text{req}}; \frac{t_{\text{req}}}{t_p}\sigma_{H_1}\right). \tag{6.49}$$

Die P_{ts} für das Gesamtsystem resultiert schließlich zu [327]:

$$P_{\text{ts}} = 1 - \Phi\left(\Phi^{-1}\left(P_{A,\text{req}}; 0, \frac{t_{\text{req}}}{t_p}\sigma_{H_1}\right); t_p - t_{\text{req}}, \sigma_{H_1}\right). \tag{6.50}$$

Die vorstehenden Ausführungen gelten für reine Seriensysteme, die in technischen Systemen sehr viel häufiger vorkommen als parallele Systeme. Liegt dennoch eine redundante Systemstruktur vor, ist die Vorgehensweise der Berechnung sehr ähnlich. Da sich die Systemstruktur ändert, muss sich zwangsläufig auch die Berechnung des Systemlebensdauerquantils bzw. die Quantilberechnung der einzelnen Ausfallmechanismen ändern.

Statt Gl. (6.46) zur Bildung der Ableitung von $\left[\frac{\partial t_q}{\partial P}\right]$ durch implizite Differentiation, wird die parallele Grundstruktur zur Berechnung des Lebensdauerquantils verwendet. Es gilt [327]:

$$\ln(q) = -\sum_{l=1}^{K} \ln\left(1 - e^{-\left(\frac{t_q}{T_l}\right)^{b_l}}\right). \tag{6.51}$$

Damit können die partiellen Ableitungen für t_q wie folgt berechnet werden [327]:

$$\frac{\partial t_q}{\partial T_l} = \frac{b_l \cdot \left(\frac{t_q}{T_l}\right)^{b_l}}{T_l \cdot \left(e^{\left(\frac{t_q}{T_l}\right)^{b_l}} - 1\right) \sum_{p=1}^{K} \frac{b_p \cdot \left(\frac{t_q}{T_p}\right)^{b_p}}{t_q\left(e^{\left(\frac{t_q}{T_p}\right)^{b_p}} - 1\right)}},$$

$$\frac{\partial t_q}{\partial b_l} = \frac{\ln\left(\frac{t_q}{T_l}\right)\left(\frac{t_q}{T_l}\right)^{b_l}}{\left(1 - e^{\left(\frac{t_q}{T_l}\right)^{b_l}}\right) \sum_{p=1}^{K} \frac{b_p \cdot \left(\frac{t_q}{T_p}\right)^{b_p}}{t_q\left(e^{\left(\frac{t_q}{T_p}\right)^{b_p}} - 1\right)}}. \tag{6.52}$$

Daraus wiederum kann die Varianz berechnet werden:

$$\mathrm{Var}(t_q) = \sum_{l=1}^{K} \left(\frac{\left(\frac{t_q}{T_l}\right)^{b_l}}{\sum_{p=1}^{K} \frac{b_p \left(\frac{t_q}{T_p}\right)^{b_p}}{t_q\left(e^{\left(\frac{t_q}{T_p}\right)^{b_p}} - 1\right)}}\right)^2 \cdot \left(\left(\frac{b_l}{T_l\left(e^{\left(\frac{t_q}{T_l}\right)^{b_l}} - 1\right)}\right)^2 \mathrm{Var}(T_l)\right.$$

$$\left. -2\frac{b_l \ln\left(\frac{t_q}{T_l}\right)}{T_l\left(e^{\left(\frac{t_q}{T_l}\right)^{b_l}} - 1\right)^2} \mathrm{Cov}(T_l, b_l) + \left(\frac{\ln\left(\frac{t_q}{T_l}\right)}{\left(e^{\left(\frac{t_q}{T_l}\right)^{b_l}} - 1\right)}\right)^2 \mathrm{Var}(b_l)\right) \tag{6.53}$$

Für die Bestimmung von t_q als Mittelwert der Normalverteilung muss ebenfalls die parallele Systemstruktur verwendet werden. Auch hier existiert keine analytische Lösung, sodass t_q aus dem folgenden Ausdruck numerisch berechnet werden muss [327]:

$$q - 1 = \prod_{l=1}^{K}\left(1 - e^{-\left(\frac{t_q}{T_l}\right)^{b_l}}\right). \tag{6.54}$$

Damit ergibt sich die Standardabweichung zu [327]:

$$\sigma_{H_1} = \left(\sum_{l=1}^{K}\left(\frac{\left(\frac{t_q}{T_l}\right)^{b_l}}{\sum_{p=1}^{K}\frac{b_l\left(\frac{t_q}{T_p}\right)^{b_p}}{t_q\left(e^{\left(\frac{t_q}{T_p}\right)^{b_p}}-1\right)}}\right)^2 \cdot \left(\left(\frac{b_l}{T_l\left(e^{\left(\frac{t_q}{T_l}\right)^{b_l}} - 1\right)}\right)^2 \mathrm{Var}(T_l)\right.\right.$$
$$\left.\left. -2\frac{b_l \ln\left(\frac{t_q}{T_l}\right)}{T_l\left(e^{\left(\frac{t_q}{T_l}\right)^{b_l}} - 1\right)^2}\mathrm{Cov}(T_l, b_l) + \left(\frac{\ln\left(\frac{t_q}{T_l}\right)}{\left(e^{\left(\frac{t_q}{T_l}\right)^{b_l}} - 1\right)}\right)^2 \mathrm{Var}(b_l)\right)\right)^{1/2} \tag{6.55}$$

Die Verteilung des Lebensdauerquantils ist analog zum Seriensystem über die Normalverteilung nach Gl. (6.47) definiert. Die P_{ts} berechnet sich mit den berechneten Werten wieder analog zum Seriensystem nach Gl. 6.50.

6.4.5.2 Effizienzsteigerung mit dem Satz von Bayes

Da ohnehin Vorwissen für die Planung eines Zuverlässigkeitsnachweistests bestehen muss, ist es naheliegend dieses Wissen zusätzlich für eine Effizienzsteigerung mittels des Satz von Bayes zu verwenden. Die Idee ist dabei, dass durch das Vorwissen die Streuungsschätzung des aktuellen Tests mit den Informationen des Vorwissens präzisiert wird, was folglich zu einer Erhöhung der P_{ts} führt. Das gilt sowohl für die numerische als auch für die analytische Vorgehensweise. Für die Berücksichtigung des Informationsgehalts des Vorwissens muss zwischen zwei Szenarien unterschieden werden.

- Neben einer Ausfallverteilung $F_0(t)$ liegt zusätzlich die originale Stichprobe vor – also Anzahl und die jeweiligen Ausfallzeiten.
- Es liegt nur die Ausfallverteilung $F_0(t)$ mit der zugehörigen Stichprobengröße n_0 vor.

Im ersten Fall kann die Likelihood-Funktion erweitert werden. Dabei wird die Likelihood-Funktion L_1 des aktuell zu planenden Tests mit der Likelihood-Funktion des Vorwissens

L_0 erweitert. Man spricht dann von einer sogenannten Maximum-Aposteriori-Schätzung (MAP) [333, 334]. Nach dem Gesetz der totalen Wahrscheinlichkeit [246] ergibt sich die Gesamt-Likelihood-Funktion zu [327]:

$$L_{\text{post}} \propto L_1 \cdot L_0 = \prod_{i=1}^{n_1-z_1} f(t_i) \prod_{j=1}^{z_1} R(t_j) \cdot \prod_{l=1}^{n_0-z_0} f(t_l) \prod_{m=1}^{z_0} R(t_m). \tag{6.56}$$

Gl. (6.56) berücksichtigt rechtszensierte Daten, erkennbar an der Zuverlässigkeit im Produkt der Likelihoodfunktion. Prinzipiell kann auch hier für beliebige Zensierungsschemas erweitert werden. Der Index 1 kennzeichnet die Ausfallzeiten des aktuellen Tests während der Index 0 das Vorwissen kennzeichnet. Für eine Weibullverteilung gilt dann:

$$\begin{aligned} &L_{\text{post}}(T, b) \propto L_1(T, b) \cdot L_0(T, b) \\ &= \prod\nolimits_{i=1}^{n_1-z_1} \frac{b}{T}\left(\frac{t_i}{T}\right)^{b-1} e^{-\left(\frac{t_i}{T}\right)^b} \cdot \prod\nolimits_{j=1}^{z_1} e^{-\left(\frac{t_j}{T}\right)^b} \\ &\cdot \prod\nolimits_{l=1}^{n_0-z_0} \frac{b}{T}\left(\frac{t_l}{T}\right)^{b-1} e^{-\left(\frac{t_l}{T}\right)^b} \cdot \prod\nolimits_{m=1}^{z_0} e^{-\left(\frac{t_m}{T}\right)^b} \end{aligned} \tag{6.57}$$

Die MAP repräsentiert die Anwendung des Satzes von Bayes, indem die Likelihood-Funktion des Vorwissens als a-priori-Verteilung über die Parameter der Ausfallverteilung mit der Likelihood-Funktion aus dem aktuellen EoL Test aktualisiert wird. Die Zusammenführung dieser Informationen erfolgt durch die Multiplikation der beiden Likelihoodfunktionen. Eine Normierungskonstante ist nicht nötig (wie in Gl. 3.45), da die gesuchten Parameter durch das Maximum von L_{post} bestimmt sind und sich dieses Maximum durch einen multiplikativen Faktor nicht ändert. Aus diesem Grund sind die Gl. (6.56) und (6.57) als proportionale Ausdrücke formuliert.

Durch die einfache Multiplikation der beiden Likelihoodfunktionen entspricht die Anwendung der MAP in diesem Fall genau einer Maximum-Likelihood-Schätzung (MLE) der Parameter, wenn die Stichprobe aus den vorhandenen Kenntnissen mit der Stichprobe aus dem aktuellen EoL Test kombiniert wird. Dies erleichtert die Anwendung zusätzlich, da kein weiterer Implementierungsaufwand erforderlich ist.

Wenn das Vorwissen wie in Fall 2 in Form einer Ausfallverteilung nur mit einer zugrunde liegenden Stichprobengröße von n_0 vorliegt, kann die Likelihood-Funktion nicht zur MAP erweitert werden, weil dafür Ausfallzeiten nötig sind. D. h. die Ausfallzeiten müssen in diesem Fall analog zum Vorgehen in Abschn. 6.4.4.2 synthetisch aus der Ausfallverteilung erzeugt werden. Die synthetischen Ausfallzeiten ergeben sich damit analog zu Gl. (6.32) aus dem Vorwissen zu [327]:

$$t_i^* \approx T_0\left(-\ln\left(1 - \frac{i - 0{,}3}{n_0 + 0{,}4}\right)\right)^{1/b_0}. \tag{6.58}$$

Die kombinierte Stichprobe der MAP aus Vorwissen und noch zu testenden Ausfallzeiten beinhaltet also einen Varianzanteil des Vorwissens der fest ist und sich nicht verändert, denn das Vorwissen wird nur einmal definiert und ändert sich nicht – d. h. auch die Ausfallzeiten bleiben konstant, egal ob synthetisch oder real. Aus diesem Grund erzeugen diese auch keine Stichprobenstreuung der Lebensdauerquantile. Lediglich die noch zu testenden und damit ungewissen Ausfallzeiten erzeugen Streuung in der kombinierten Stichprobe. Dieser Umstand muss in die Vorgehensweise der numerischen Berechnung integriert werden.

Berücksichtigt wird dies, indem die Varianz der kombinierten Stichprobe $\mathrm{Var}_{\mathrm{komb}}$ aus zwei Schätzungen bestimmt wird. Dazu wird die Varianz mit einem Stichprobenumfang $n + n_0$ um den Anteil der nicht streuenden Vorkenntnis mit dem Stichprobenumfang n_0 reduziert.

Um effektiv die Varianz Var_{n+n_0} zu reduzieren, wird zunächst die Varianz des Quantils einer Stichprobe vom Umfang n_0 des Vorwissens Var_{n_0} berechnet. Anschließend werden die beiden Varianzen kombiniert, indem die beiden Verteilungen der Quantile, die diese Varianzen beschreiben, durch den Satz von Bayes kombiniert werden. Dieser Schritt entspricht einer Multiplikation der beiden Verteilungen (entsprechend $n + n_0$ und n_0), was auch als die gegenseitige Gewichtung der beiden Verteilungen verstanden werden kann. Die Varianz der resultierenden Quantilsverteilungen $\mathrm{Var}_{\mathrm{komb}}$ berechnet sich demnach zu [327]:

$$\mathrm{Var}_{\mathrm{komb}} = \frac{\mathrm{Var}_{n+n_0} \cdot \mathrm{Var}_{n_0}}{\mathrm{Var}_{n+n_0} + \mathrm{Var}_{n_0}}. \tag{6.59}$$

Die Gleichung resultiert aus der Anwendung des Satzes von Bayes auf zwei Normalverteilungen. Die daraus entstandene Verteilung stellt ebenfalls eine Normalverteilung dar, deren Varianz die Beziehung aus Gl. (6.59) zu den Ausgangsverteilungen besitzt [335]. Die Verwendung der Normalverteilung geht wiederum auf den Zentralen Grenzwertsatz zurück. Zur Berechnung der Varianzen Var_{n_0} und Var_{n+n_0} wird das parametrische Bootstrap-Verfahren angewandt. Hierbei werden Stichproben der Größe $n + n_0$ und n_0 unter Verwendung der Ausfallverteilung der Vorkenntnis $F(t)$ generiert.

Die Ausfallverteilungen werden auf Basis dieser Stichproben geschätzt, um die Quantile zu berechnen. Die neuen Lebensdauerquantile entsprechend dem ursprünglichen Stichprobenumfang $n + n_0$ und der korrigierten Varianz $\mathrm{Var}_{\mathrm{komb}}$ berechnen sich dann über folgende Transformation der Quantilswerte $t_{R_{\mathrm{req}},i}$. [327]:

$$\begin{aligned} t_{R_{\mathrm{req}},i,\mathrm{komb}} &= \bar{t}_{R_{\mathrm{req}}} + \left(t_{R_{\mathrm{req}},i} - \bar{t}_{R_{\mathrm{req}}}\right)\sqrt{\frac{\mathrm{Var}_{\mathrm{komb}}}{\mathrm{Var}_{n+n_0}}\bar{t}_{R_{\mathrm{req}}}} \\ &= \bar{t}_{R_{\mathrm{req}}} + \left(t_{R_{\mathrm{req}},i} - \bar{t}_{R_{\mathrm{req}}}\right)\sqrt{\frac{\mathrm{Var}_{n_0}}{\mathrm{Var}_{n+n_0} + \mathrm{Var}_{n_0}}}. \end{aligned} \tag{6.60}$$

Die Quantilswerte $t_{R_{\mathrm{req},i}}$ werden aus den Bootstrap Stichproben vom Umfang $n + n_0$ berechnet. Die Variable $\bar{t}_{R_{\mathrm{req}}}$ repräsentiert den arithmetischen Mittelwert der Stichprobe der Quantile. Grundsätzlich basiert Gl. (6.60) auf einer Skalierung der einzelnen Lebensdauerquantile entsprechend der gewünschten Varianz $\mathrm{Var}_{\mathrm{komb}}$. Dazu werden die Differenzen der Einzelwerte vom arithmetischen Mittelwert, mit dem Verhältnis der Varianzen multipliziert. Dieser relative Skalierungswert wird anschließend dem Mittelwert addiert.

Mit dem neu berechneten Lebensdauerquantil unter Berücksichtigung der kombinierten Varianz kann dann dem Ablauf der konventionellen numerischen Berechnungsmethode gefolgt werden, um die Teststatistik unter Gültigkeit der Null- und der Alternativhypothese zu berechnen. Daraus ergibt sich schließlich die P_{ts} unter Berücksichtigung des Vorwissens mit dem Satz von Bayes. Das komplette Vorgehen ist in Abb. 6.18 zusammengefasst.

Es ist zu beachten, dass diese konstruierte Methode für den Grenzfall $n \to 0$ keine korrekten Werte für die P_{ts} liefert, da in diesem Szenario allein die Stichprobe des Vorwissens für den Nachweis verantwortlich wäre. Aus diesem Grund sollte die Methode idealerweise erst für Werte ab $n > 3$ angewendet werden. Dennoch stellt dies für die praktische Anwendung keine Einschränkung dar, da die Zuverlässigkeit niemals ausschließlich durch die Vorkenntnis nachgewiesen werden sollte.

Bei der analytischen Methode erfolgt die Berechnung vergleichbar. Dabei werden wiederum die Varianzen bzw. Standardabweichungen aus den asymptotischen Eigenschaften der MLE berechnet, statt aus den Bootstrap Stichproben.

Die kombinierte Standardabweichung berechnet sich analog zu Gl. (6.59) zu [327]:

$$\sigma_{\mathrm{komb}} = \sqrt{\frac{\left(\sigma_{n+n_0}\right)^2 \cdot \left(\sigma_{n_0}\right)^2}{\left(\sigma_{n+n_0}\right)^2 + \left(\sigma_{n_0}\right)^2}}. \tag{6.61}$$

Die Standardabweichungen σ_{n+n_0} und σ_{n_0} für die Stichprobenumfänge n_0 und $n + n_0$ berechnen sich aus der Gl. (6.30) wobei ggf. die synthetischen Stichproben aus Gl. (6.32) berechnet und verwendet werden müssen. Damit ergibt sich die P_{ts} zu [327]:

$$P_{ts} = 1 - \Phi\left(\Phi^{-1}\left(P_{A,\mathrm{req}};\, 0,\, \frac{T_{H_1}}{t_{req}}\left(-\ln\left(R_{\mathrm{req}}\right)\right)^{1/b} \cdot \sigma_{\mathrm{komb}}\right);\right.$$
$$\left. T_{H_1}\left(-\ln\left(R_{\mathrm{req}}\right)\right)^{1/b} - t_{\mathrm{req}},\, \sigma_{\mathrm{komb}}\right). \tag{6.62}$$

6.4.5.3 Unsicherheit der Vorkenntnis

Die Informationen über Ausfallzeiten stammen in der Regel aus einer oder mehreren Beobachtungen. Da die Anzahl der Beobachtungen immer begrenzt ist, unterliegen die

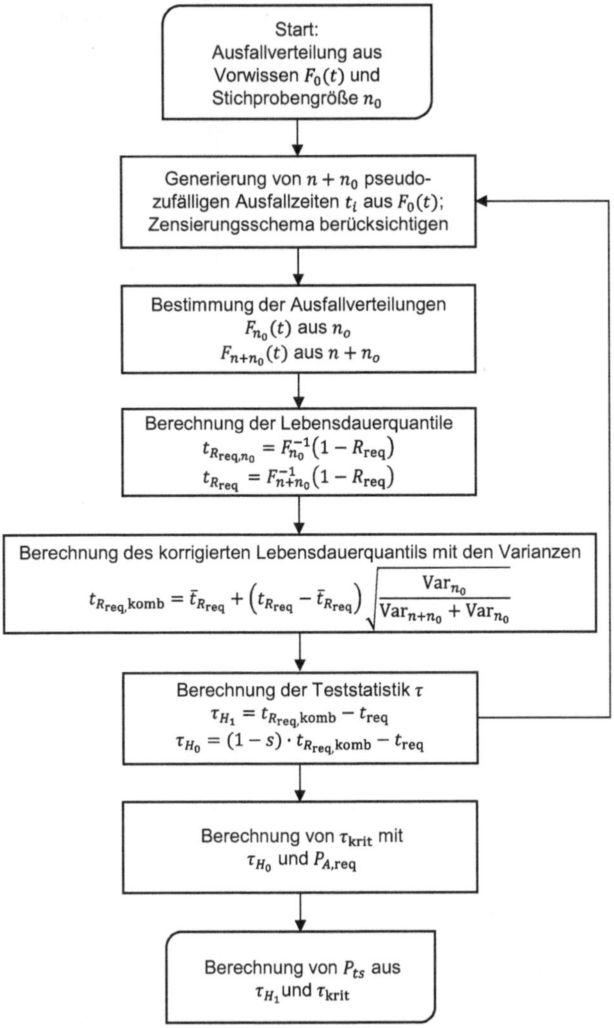

Abb. 6.18 Schema zur Berechnung der P_{ts} für einen EoL Test mit der numerischen Vorgehensweise unter zusätzlicher Verwendung des Vorwissens. ()

Informationen epistemischer Unsicherheit. Daher sind auch das Vorwissen über die Zuverlässigkeit und die Ausfallverteilung in der Regel unsicherheitsbehaftet. Um diese in die Überlegungen zur Planung der Zuverlässigkeitsnachweistests einbeziehen zu können, werden die Methoden zur Berechnung der P_{ts} erweitert. Die beiden Arten von Vorwissen, in festen Werten und unsicherer Form, werden in Abb. 6.19 dargestellt.

Die epistemische Unsicherheit im Vorwissen kann durch die Spezifikation der Zuverlässigkeitsverteilung bestimmt werden, beispielsweise durch eine Betaverteilung für einen

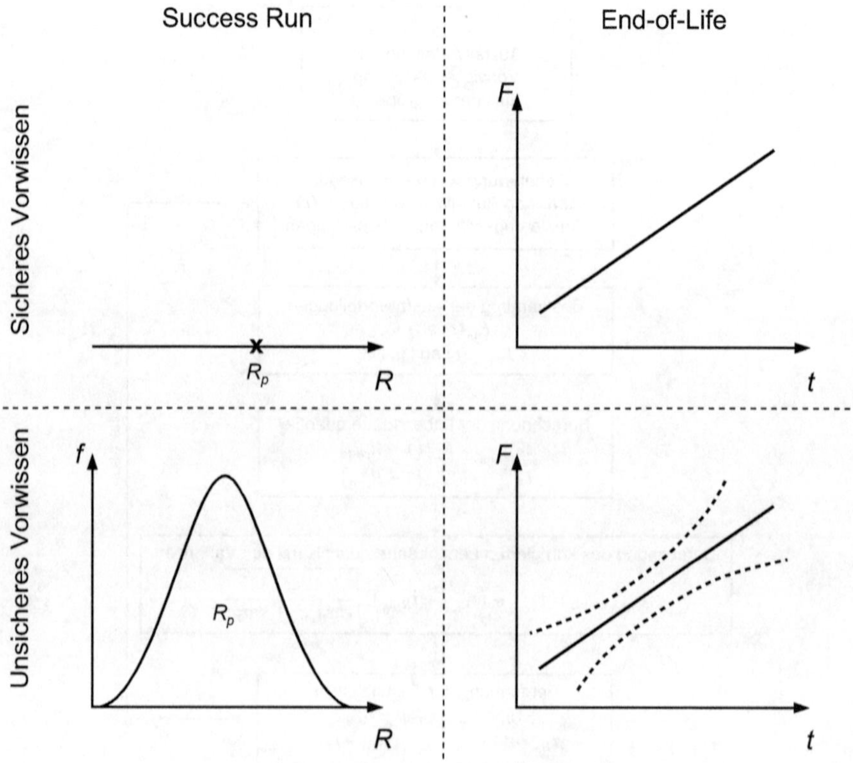

Abb. 6.19 Sicheres und unsicheres Vorwissen für den Success-Run und den EoL Test [24].

Success-Run Test. Die Unsicherheit im Vorwissen innerhalb eines EoL Tests kann beispielsweise durch die ursprüngliche Stichprobengröße der Ausfallverteilung bestimmt werden, siehe auch Abschn. 5.4.2.4 [5, 327].

Zur Berücksichtigung der Unsicherheit des Vorwissens in der numerischen Berechnungsmethode wird ein doppelter Bootstrap Ansatz verwendet. Abb. 6.20. zeigt die Vorgehensweise. Dabei wird nicht sofort die Stichprobe des zu planenden Tests erzeugt, sondern zuerst eine Stichprobe vom Umfang des Vorwissens n_0. Dieser Schritt kann mit einem parametrischen oder einem nicht parametrischen Bootstrap erfolgen, je nachdem wie das Vorwissen vorliegt. Aus den generierten pseudozufälligen Ausfallzeiten n_0 wird die Ausfallverteilung geschätzt. Aus dieser wiederum wird mit parametrischen Bootstrap dann die Stichprobe des zu planenden Tests generiert. Dabei muss analog zum konventionellen Vorgehen das entsprechende Zensierungsschema berücksichtigt werden.

Durch die Berücksichtigung beider Stichprobenumfänge (n_0 und n) wird die Streuung und Unsicherheit dieser kombinierten Umfänge genau erfasst. Die anschließende

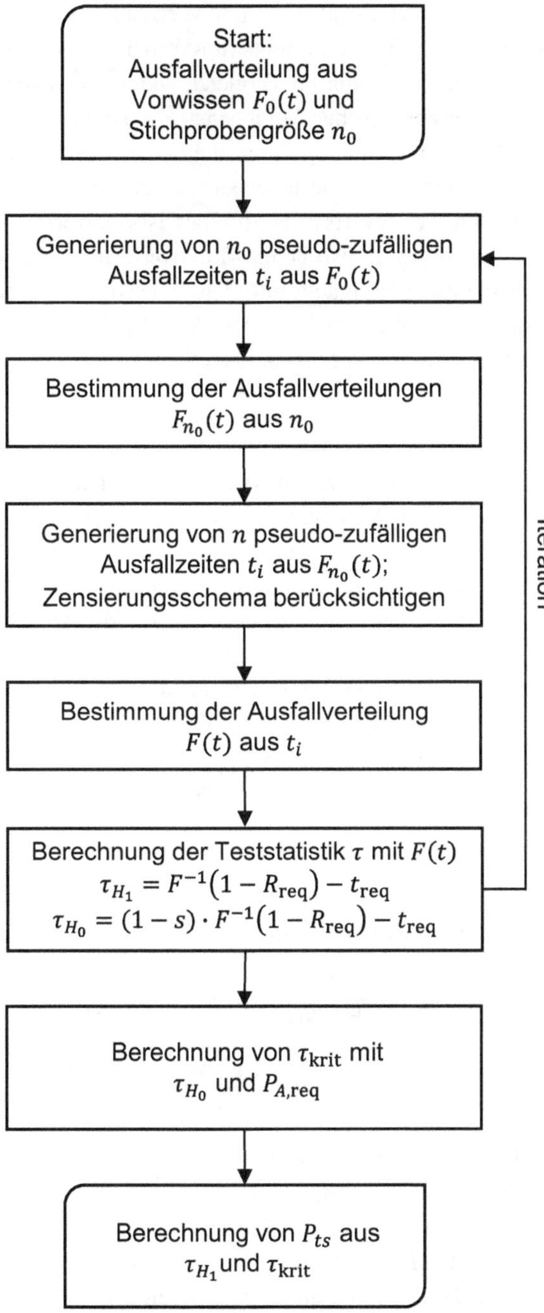

Abb. 6.20 Schema zur Berechnung der P_{ts} für einen EoL Test mit der numerischen Vorgehensweise unter Berücksichtigung der Unsicherheit des Vorwissens. (© IMA 2026. All Rights Reserved)

Berechnung erfolgt analog zum Vorgehen bei sicherer Vorkenntnis. Aufgrund der doppelten Anwendung des Bootstrap-Verfahrens ist es erforderlich, eine höhere Anzahl von Iterationen zu wählen im Vergleich zum einfacheren Fall ohne Unsicherheit.

Bei der analytischen Vorgehensweise können die Standardabweichungen der Null- und der Alternativverteilung durch die asymptotischen Eigenschaften der MLE mit der Taylorreihenapproximation berechnet werden. Die Verteilungen werden unter Annahme des Zentralen Grenzwertsatzes zu einer Normalverteilung angenommen. Die Lage der beiden Verteilungen, also deren Mittelwerte μ_{H_0} und μ_{H_1} werden rein über das Vorwissen bzw. die Zuverlässigkeitsanforderung bestimmt – sind also unabhängig vom Stichprobenumfang. Nur deshalb lässt sich der Mittelwert der Alternativverteilung direkt aus dem Weibullverteilten Vorwissen berechnen [336]:

$$\mu_{H_1} = T_{H_1}\big(-\ln(R_{\text{req}})\big)^{1/b}. \tag{6.63}$$

Soll ein unsicheres Vorwissen berücksichtigt werden, so kann der Mittelwert nicht mehr als fester Wert bestimmt werden. Die Parameter der Weibullverteilung des Vorwissens unterliegen auch der Unsicherheit. Folglich bedeutet dies, dass auch der Mittelwert streut. Diese Streuung unterliegt demnach den gleichen Gesetzmäßigkeiten und Randbedingungen und kann daher auch auf die gleiche Art und Weise wie die Streuung des zu planenden Tests bestimmt werden. Einzig der Stichprobenumfang muss demjenigen des Vorwissens entsprechen. Man kann also für den arithmetischen Mittelwert der Alternativverteilung definieren [336]:

$$\mu_{H_1} \sim \mathcal{N}\Big(T_{H_1}\big(-\ln(R_{\text{req}})\big)^{1/b}, \sigma_{H_1,n_0}\Big). \tag{6.64}$$

mit:

$$\begin{aligned}\sigma_{H_1,n_0} =& \Bigg(\big(-\ln(R_{\text{req}})\big)^{2/b} \cdot \text{Var}(T_{H_1}) + \frac{T_{H_1}^2}{b^4} \cdot \ln\big(-\ln(R_{\text{req}})\big)^2 \cdot \big(-\ln(R_{\text{req}})\big)^{2/b} \\ & \cdot \text{Var}(b_{H_1}) - \frac{2T_{H_1}^2}{b^2} \cdot \ln\big(-ln(R_{\text{req}})\big) \cdot \big(-\ln(R_{\text{req}})\big)^{2/b} \\ & \cdot \text{Cov}(T_{H_1}, b)\Bigg)^{1/2}.\end{aligned} \tag{6.65}$$

Die Berechnungen erfolgen dabei analog zum Vorgehen aus Abschn. 6.4.4.2. Einzig der Stichprobenumfang muss zu n_0 und nicht zu n gesetzt werden.

In diesem Fall, da der Lageparameter einer Normalverteilung folgt, ergibt sich eine Mischverteilung. Die resultierende Verteilung ergibt sich wieder zu einer Normalverteilung [337]. Die Lage dieser resultierenden Verteilung entspricht der Lage der Verteilung die den streuenden Lageparameter beschreibt – mit anderen Worten: der Lageparameter bleibt konstant. Die beiden Standardabweichungen bzw. die Varianzen hingegen müssen addiert werden. Die resultierende Standabweichung berechnet sich aus der geometrischen

Summe der einzelnen Standardabweichungen. Daher lässt sich für das Lebensdauerquantil unter Gültigkeit der Alternativhypothese schreiben [336]:

$$t_{R_{\mathrm{req}},H1} \sim \mathcal{N}(t_p, \sigma_{\Sigma,H1}) = \mathcal{N}\left(T_{H1}\left(-\ln(R_{\mathrm{req}})\right)^{1/b}, \sqrt{\sigma_{H1,n0}^2 + \sigma_{H1}^2}\right). \tag{6.66}$$

Für die Lage und die Standardabweichung der Nullverteilung gilt unter Berücksichtigung der bekannten Transformation [336]:

$$\begin{aligned} \mu_{H0} &\sim \mathcal{N}\left(t_{\mathrm{req}}, (1-s)\cdot\sigma_{H1,n0}\right) = \mathcal{N}\left(t_{\mathrm{req}}, \frac{t_{\mathrm{req}}}{T_{H1}}\left(-\ln(R_{\mathrm{req}})\right)^{-1/b}\cdot\sigma_{H1,n0}\right), \\ \sigma_{H0,n0} &= (1-s)\cdot\sigma_{H1,n0} = \frac{t_{\mathrm{req}}}{T_{H1}}\left(-\ln(R_{\mathrm{req}})\right)^{-1/b}\cdot\sigma_{H1,n0}. \end{aligned} \tag{6.67}$$

Analog gilt dann für das Lebensdauerquantil der Nullverteilung [336]:

$$t_{R_{\mathrm{req}},H0} \sim \mathcal{N}\left(t_{\mathrm{req}}, \sigma_{\Sigma,H0}\right), \tag{6.68}$$

mit:

$$\sigma_{\Sigma,H0} = \sqrt{\sigma_{H0,n0}^2 + \sigma_{H0}^2} = \frac{t_{\mathrm{req}}}{T_{H1}}\left(-\ln(R_{\mathrm{req}})\right)^{-1/b}\cdot\sqrt{\sigma_{H1,n0}^2 + \sigma_{H1}^2} = (1-s)\cdot\sigma_{\Sigma,H1}. \tag{6.69}$$

Die P_{ts} ergibt sich damit zu [336]:

$$P_{ts} = 1 - \Phi\left(\Phi^{-1}(P_{A,\mathrm{req}}; 0, \sigma_{\Sigma,H0}); T_{H1}\left(-\ln(R_{\mathrm{req}})\right)^{1/b} - t_{\mathrm{req}}, \sigma_{\Sigma,H1}\right). \tag{6.70}$$

Oder nur durch die Alternativverteilung ausgedrückt [336]:

$$\begin{aligned} P_{ts} = 1 - \Phi\Bigg(&\Phi^{-1}\left(P_{A,\mathrm{req}}; 0, \frac{t_{\mathrm{req}}}{T_{H1}}\left(-\ln(R_{\mathrm{req}})\right)^{-1/b}\cdot\sigma_{\Sigma,H1}\right); \\ &T_{H1}\left(-\ln(R_{\mathrm{req}})\right)^{1/b} - t_{\mathrm{req}}, \sigma_{\Sigma,H1}\Bigg). \end{aligned} \tag{6.71}$$

6.4.5.4 Vergleich der Testmethoden bei komplexen Testplanungsstrategien

Sowohl die numerische als auch die analytische Vorgehensweise zeigen auch bei komplexeren Testplanungsstrategien eine sehr gute Übereinstimmung. Es kann jedoch zu einem Einfluss der Verzerrung der MLE Schätzung bei sehr kleinen Stichproben kommen. Das tritt in relevantem Maße ausschließlich bei der numerischen Berechnungsmethode auf und betrifft hauptsächlich zwei Szenarien in der Testplanung. Grundsätzlich ist der Bias in allen Methoden vorhanden, die die MLE nutzen und ihn nicht korrigieren. Dieser ist jedoch meist so klein, dass er vernachlässigt werden kann. Aufgrund der Vorgehensweise in der numerischen Berechnung tritt er hier jedoch trotzdem für manche Parameterkombinationen in relevantem Maße auf.

In einem Systemtest mit mehreren Ausfallmechanismen kann es entsprechend den Ausführungen in Abschn. 5.1 zu starker Zensierung eines oder mehreren Mechanismen kommen. D. h. für die Schätzung der Ausfallverteilung dieser Ausfallmechanismen liegen nur sehr wenige Ausfallzeiten vor. Genau in diesem Fall kommt es häufig zu einer Überschätzung des Formparameters in der MLE [338] und damit zu einer Überschätzung der P_{ts}. In Abb. 6.21 wurde die P_{ts} mit zwei Ausfallmechanismen und in Abb. 6.22 mit vier Ausfallmechanismen berechnet. Man sieht sehr deutlich, dass mit steigender Anzahl der Ausfallmechanismen die Diskrepanz zwischen der numerischen und der analytischen Methode zunimmt, denn die analytische Methode unterliegt nicht dem Einfluss der Verzerrung des Schätzers.

Ein sehr vergleichbarer Effekt tritt auf, wenn die Unsicherheit des Vorwissens für die Testplanung berücksichtigt wird und diese zeitgleich ein sehr hohes Maß an Unsicherheit enthält. Abb. 6.23 und 6.24 zeigen den Vergleich der beiden Methoden für unterschiedliche Stichprobengrößen des Vorwissens, die gleichzeitig das Maß für die Höhe der Unsicherheit darstellt.

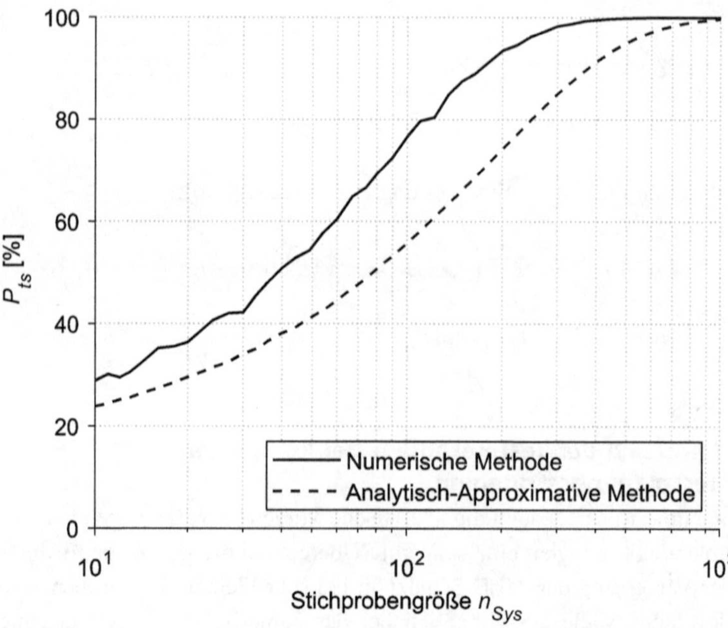

Abb. 6.21 P_{ts} für ein System mit zwei Ausfallmechanismen, getestet im Systemtest [24].

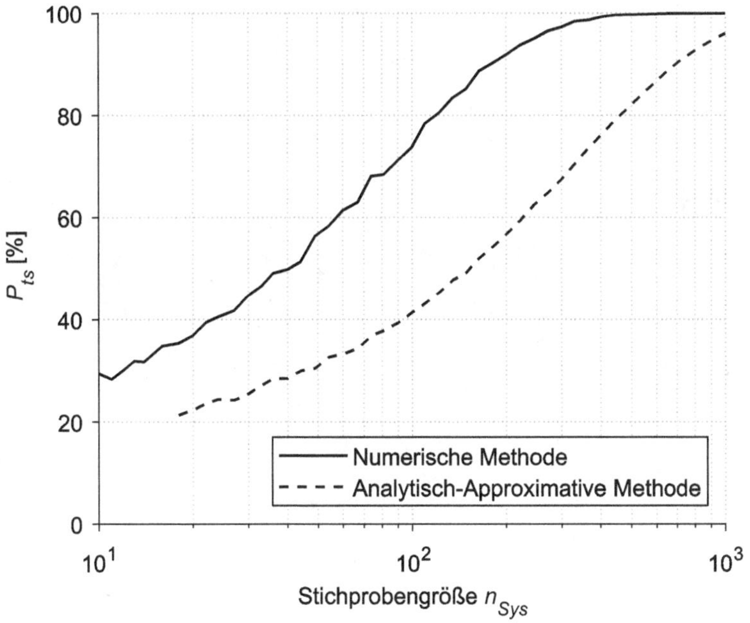

Abb. 6.22 P_{ts} für ein System mit vier Ausfallmechanismen, getestet im Systemtest [24]. (© IMA 2026. All Rights Reserved)

Die Antwortfläche der analytischen Methode weist eine perfekte Symmetrie auf. Diesen Effekt würde man erwarten, denn die Unsicherheit gibt quasi die maximal erreichbare P_{ts} vor – unabhängig von der Größe der Stichprobe des zu planenden Tests, siehe auch Abschn. 6.4.5.3. Die Antwortfläche der numerischen Methode ist jedoch im Bereich von kleinen Stichprobenzahlen des Vorwissens zu größeren P_{ts}-Werten verschoben. Grund dafür ist auch hier die Verzerrung des MLE-Schätzers, analog zu den Überlegungen beim Systemtest. Ggf. kann für eine Korrektur dieses Effekts eine Bias- Korrektur für den MLE Schätzer in die numerische Methode integriert werden, wie z. B. in [63, 339].

Zusammenfassend lässt sich sagen, dass gerade in solchen Fällen der analytischen Methode der Vorzug zu geben ist, es sei denn ein Verfahren zur Bias-Korrektur für die MLE wird berücksichtigt.

6.4.5.5 Bedeutung für die Anwendung in der Produktentwicklung

Im Folgenden wird anhand eines vereinfachten Beispiels einer Fahrradpumpe aufgezeigt, wie der Zuverlässigkeitsnachweis für das Gesamtsystem mithilfe der vorgestellten Methoden zur P_{ts} erfolgen kann. Um das Beispiel möglichst anschaulich und einfach zu halten, sind einige Details vernachlässigt.

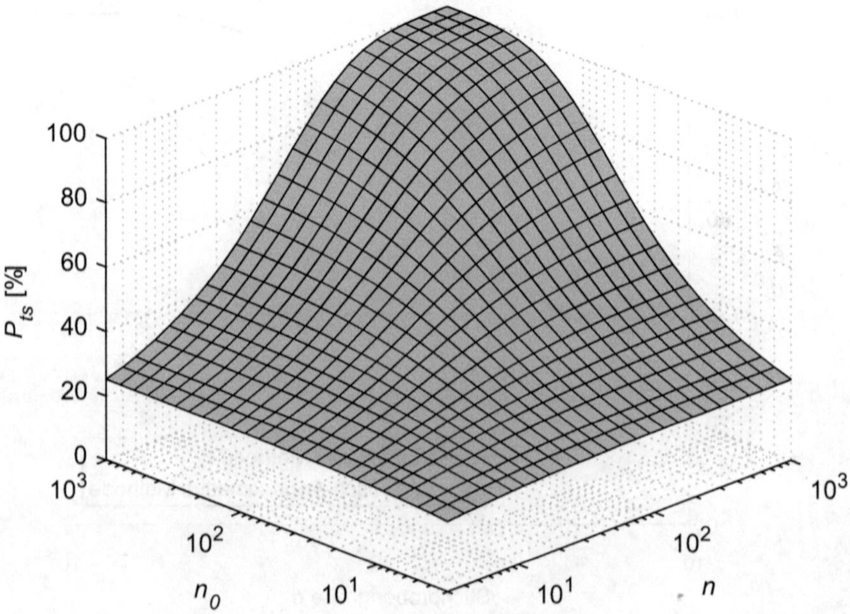

Abb. 6.23 P_{ts} – Ergebnis des analytisch approximativen Verfahrens bei unsicherem Vorwissen [24].

Systembeschreibung und Vorkenntnis

Die Fahrradpumpe besteht aus drei wesentlichen Baugruppen:

1. Der Kompressionseinheit, bestehend aus Zylinder, Kolben mit Kolbendichtungen und der Kolbenstange,
2. Der Betätigungseinheit bestehend aus einem Griff, welcher durch einen Bolzen mit der Kolbenstange verbunden ist und
3. Der Verbindungseinheit, welche eine dichte Verbindung mit dem Fahrradventil durch einen Hebelmechanismus herstellt.

Es besteht Vorwissen zu den wesentlichen Ausfallmoden bzw. Ausfallmechanismen (AM) im System aufgrund von vorherigen Produktgenerationen und ähnlichen Anwendungen. Das hier vereinfachte System Fahrradpumpe besitzt lediglich vier AM, die relevant sind. Sie sind in Tab. 6.4 aufgelistet. Ein Ausfall der Fahrradpumpe ist demnach durch diese AM definiert. Da die Komponenten lediglich einmalig im System vorhanden sind und ein Ausfall von nur einem der AM zum Versagen des Gesamtsystems führt, sind diese seriell verknüpft im Sinne eines Zuverlässigkeitsblockschaltbildes. Redundante Strukturen sind nicht vorhanden.

Da die Kolbendichtung, die Verbindungseinheit und der Griffbolzen bereits in einer ähnlichen Anwendung zum Einsatz kam, wurde die Vorwissen daraus abgeleitet. Beim

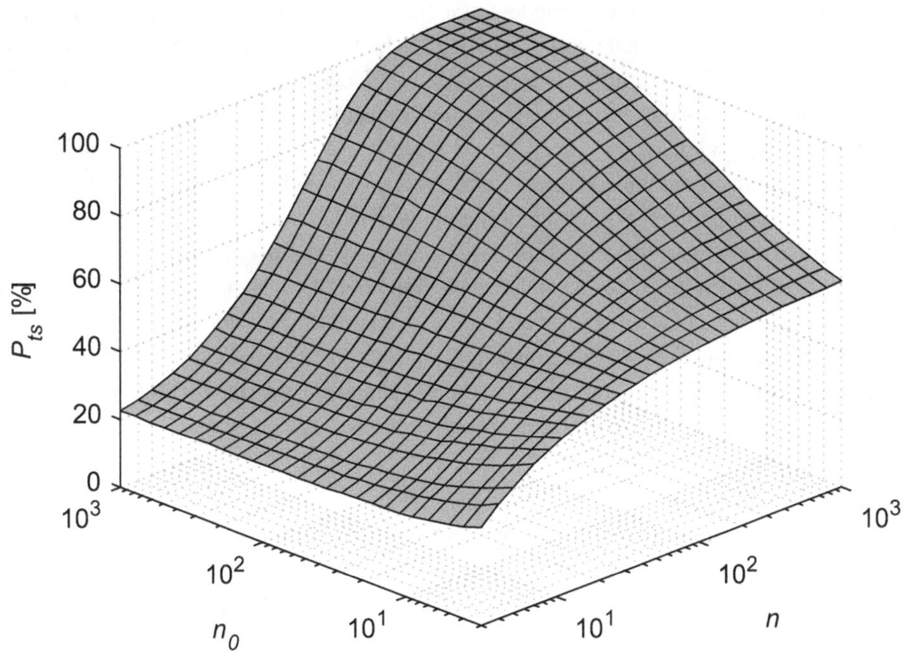

Abb. 6.24 P_{ts} – Ergebnis des numerischen Verfahrens bei unsicherem Vorwissen [24].

Tab. 6.4 Übersicht über AM des Beispielsystems Fahrradpumpe entsprechend der vorhandenen Vorkenntnis

Ausfallmode	Lebensdauermerkmal	Weibull Ausfallverteilung		Stichprobengröße Vorkenntnis n_0
		T	b	
1. Kolbendichtung mech. Verschleiß	Kompressionszyklen	800.000	2,5	18
2. Griffbolzen mech. Ermüdung	Kompressionszyklen	1.250.000	3	5
3. Ventilmechanik mech. Ermüdung	Pumpzyklen	4000	2,7	6
4. Kolbendichtung therm. Ermüdung	Stunden	135	2,9	24

Griffbolzen wurde aufgrund einer anderen Griffgeometrie und Druckkräften mithilfe einer FE-Simulation das Vorwissen auf das aktuelle Produkt übertragen. Die Stichprobengrößen, aus welchen das Vorwissen abgeleitet wurde, sind ebenfalls in Tab. 6.4 genannt. Die Ausfallwahrscheinlichkeit des Systems und der einzelnen AM in Abhängigkeit von vollständigen Pumpzyklen ist in Abb. 6.25 dargestellt. Als Lebensdauermerkmal kann für die Pumpe demnach die vollständigen Pumpzyklen verwendet werden, das heißt ein vollständiges Aufpumpen eines durchschnittlichen Fahrradreifens. Für die Kompressions- und Betätigungseinheit lässt sich ein vollständiger Pumpzyklus im statistischen Mittel in 125 Kompressionszyklen übersetzen, siehe auch Tab. 6.4. Die Dichtungen werden jedoch ständig – auch bei Nichtbenutzen der Pumpe – thermisch belastet. Entsprechend einem Arrhenis-Modell mit einer Aktivierungsenergie von 0,8 eV kann die thermisch äquivalente Belastung bei einer Referenztemperatur von 80 °C angegeben werden. Deswegen gilt für die Dichtung das Lebensdauermerkmal Stunden.

Anforderung an das System

Marktbefragungen und -Beobachtungen haben ergeben, dass der 95 % Kunde – also ein sehr sportlicher Fahrradfahrer, welcher mehrmals die Woche Fahrrad fährt – die Fahrradpumpe in 25 Jahren 800-mal benutzt, um einen Reifen vollständig aufzupumpen. Da der Einsatzzweck der Pumpe nicht das Aufpumpen des Reifens zuhause, sondern unterwegs

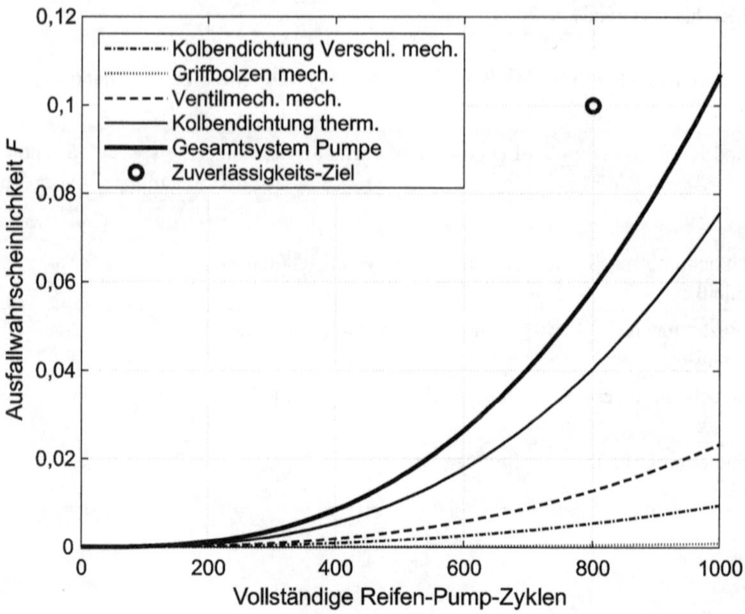

Abb. 6.25 Ausfallverteilung des Beispielsystems Fahrradpumpe und dessen AM. (© IMA 2026. All Rights Reserved)

im Pannenfall darstellt, wird diese Zahl als Anforderung an das System verwendet. Aufgrund der mechanischen Gestalt der Pumpe können auch Reifen mit größeren Luftmengen und -Drücken mit jeweils maximal 125 vollen Kompressionszyklen der Pumpe vollständig aufgepumpt werden. Die Pumpe wird weltweit verkauft, weshalb auch warme Klimata bezüglich einer thermischen Belastung der Kunststoff-Dichtungen berücksichtigt werden müssen. Die Zuverlässigkeitsanforderung lautet damit:

$R_{\text{req}} = 90\,\%$ bei 800 vollständigen Pumpvorgängen, oder 100.000 vollständigen Kompressionszyklen und 45 h bei 80 °C äquivalenter thermischer Belastung.

Anforderung an den Zuverlässigkeitsnachweis

Die Zuverlässigkeitsanforderung soll mit einer minimalen Aussagewahrscheinlichkeit von $P_A = 80\,\%$ nachgewiesen werden. Der Zuverlässigkeitsnachweis darf dabei das Budget von 100.000 EUR nicht übersteigen. Um den Nachweis durch den Test sicherstellen zu können und durch die damit verbundenen Aufwände kein übermäßiges Risiko eingehen zu müssen, soll die Probability of Test Success des Tests mindestens $P_{\text{ts,min}} = 80\,\%$ betragen.

Verfügbare Tests

Aufgrund der vorhandenen Testinfrastruktur sind die folgenden Tests zum Nachweis der Systemzuverlässigkeit durchführbar:

1. Gesamtsystemtest: Die Verbindungseinheit mit Ventilmechanik wird auf ein Schlauchventil aufgesetzt und es erfolgt ein realitätsgetreuer vollständiger Pumpvorgang eines Fahrradreifens mit 125 vollen Kompressionszyklen. Die Umgebungstemperatur ist dabei entsprechend dem statistischen Mix der Zielmärkte so eingestellt, dass die äquivalente thermische Last auf die Dichtungen mit den übrigen Lebensdaueranforderungen synchronisiert ist. Es werden damit alle AM in gleichem Maße und realitätsnah angesprochen.
2. Kolbenmechanik-Test: Es werden bei simuliertem Gegendruck Kompressionszyklen der Kompressions- und Betätigungseinheit durchgeführt. Hierbei werden die AM 1 Verschleiß Kolbendichtung und 2 Bolzenermüdung im Griff angesprochen.
3. Mechanik-Test Verbindungseinheit: Hierbei findet ein zyklisches Öffnen und Schließen der Verbindungseinheit an einem Fahrradventil statt. Es wird AM 3 Ermüdung Ventilmechanik angesprochen.
4. Griffbolzen-Test: Der Griffbolzen wird ähnlich einem Bauteilwöhlerversuch an einer Resonanzprüfmaschine zyklisch mit festgelegtem Amplitudenverhältnis belastet. Hierdurch wird AM 2 Ermüdung Griffbolzen angesprochen.
5. Thermik-Test Dichtungen: Die Kolbendichtung wird bei konstanter Temperatur von 80 °C im eingebauten Zustand belastet. Ein Ausfall findet bei Leckage statt, weswegen damit AM 4 die thermische Ermüdung der Kolbendichtung angesprochen wird. Die Undichtigkeit wird durch periodische Tests des mit der Dichtung aufbringbaren Drucks überprüft.

Die verfügbaren Tests sind zusammen mit den Prüfstandkosten und den jeweiligen Prüflingskosten in Tab. 6.5 gelistet. Die Tests unterscheiden sich auch in der Anzahl der Teile welche gleichzeitig geprüft werden können.

Testplanung mit Probability of Test Success P_{ts}

Da zum Nachweis der Systemzuverlässigkeit Informationen zu allen relevanten AM gesammelt werden müssen, kann mit der bestehenden Testinfrastruktur entweder mit einem Gesamtsystemtest, welcher alle AM gleichzeitig anspricht, oder allen Komponententests geprüft werden. Eine Kombination von Gesamtsystemtest und Komponententests ist zudem auch denkbar. Wird zunächst der Gesamtsystemtest betrachtet, so wird aus Abb. 6.26 ersichtlich, dass dieser erst ab einem Stichprobenumfang von $n_{\mathrm{Sys}} = 143$ die gefordert Probability of Test Success von $P_{\mathrm{ts,min}} = 80\,\%$ erreicht. Dies hat zur Folge, dass die Testkosten bereits das Budget von 100.000 EUR übersteigen. Der Gesamtsystemtest ist demnach ungeeignet, um den Zuverlässigkeitsnachweis alleinig für das Gesamtsystem zu erbringen.

Aufgrund der jeweiligen AM, welche die Komponententests ansprechen, müssen für einen Nachweis über Komponententests alle Komponententests gefahren werden. In Abb. 6.27 ist dazu die P_{ts} in Abhängigkeit der jeweiligen Stichprobenumfänge der Komponenten dargestellt. Es ist zu beachten, dass die P_{ts} hier kombiniert für alle Tests gleichzeitig gültig ist. Die Stichprobenumfänge auf der X-Achse jedoch jeweils pro Komponententest zu sehen sind. Sie werden also für die Berechnung der P_{ts} gemeinsam linear Ansteigen. Eine ungleiche Stichprobengröße ist in dieser ersten Betrachtung also zunächst nicht vorgesehen.

Hier ist zu sehen, dass die Forderung nach $P_{\mathrm{ts,min}} = 80\,\%$ durch einen Stichprobenumfang von $n_{\mathrm{Komp}} = 37$ jeweils in allen Komponententests erreicht werden kann ($n_{\mathrm{ges}} = 4 \cdot 37 = 148$). Allerdings wird das Testbudget überschritten und die Gesamttestkosten belaufen sich auf 130.000 EUR. Hier müssen also weitere Anpassungen an den Tests vorgenommen werden um die Zuverlässigkeit mit den zur Verfügung stehenden Mitteln nachweisen zu können.

Um die Aufwände im Nachweis zu reduzieren, wird die Vorwissen zusätzlich mittels des Satz von Bayes berücksichtigt. Das bedeutet die in Tab. 6.5 gezeigten Parameter der AM, insbesondere der dem Vorwissen zugrunde liegende Stichprobenumfang wird berücksichtigt. Hierzu ergibt sich für den Gesamtsystemtest und die Komponententests das Bild aus Abb. 6.28.

Es ist zu sehen, dass ein erfolgreicher Nachweis unter den gestellten Randbedingungen sowohl mit dem Gesamtsystemtest und einem Stichprobenumfang von $n_{\mathrm{Sys}} = 55$ als auch mit Komponententests und einem Gesamtstichprobenumfang von $\Sigma n_{\mathrm{Komp}} = 4 \cdot n_{\mathrm{Komp}} = 64$ möglich ist. Beide halten dabei die Budgetgrenze von 100.000 EUR ein, jedoch ist der Gesamtsystemtest etwas teurer mit 88.600 EUR gegenüber den Komponententests, welche lediglich Kosten in Höhe von 55.800 EUR verursachen. In diesem Falle sind also die Komponententests dem Gesamtsystemtest vorzuziehen.

Es ist wichtig zu bemerken, dass das Vorwissen in diesem Beispiel vollständig Berücksichtigung fand für den Nachweis der Systemzuverlässigkeit. Diese Übernahme des

Tab. 6.5 Übersicht der verfügbaren Tests sowie deren Kosten zum Nachweis der Zuverlässigkeit der Fahrradpumpe

Test-Typ	Angesprochene Ausfallmoden	Anzahl gleichzeitig prüfbarer Teile	Rüstkosten	Laufzeitkosten	Prüflings-kosten	Prüffrequenz
Gesamtsystemtest	Alle (1–4)	5	2000 EUR	120 EUR/h	130 EUR	1/60 Hz Pumpzyklen
Kolbenmechaniktest	1 & 2	10	1800 EUR	100 EUR/h	80 EUR	30 Hz Kompressionszyklen
Mechaniktest Verbindungseinheit	3	4	800 EUR	80 EUR/h	50 EUR	10 Hz Pumpzyklen
Griffbolzentest	2	8	800 EUR	100 EUR/h	40 EUR	300 Hz Kompressionszyklen
DieTemperatur-Test Dichtungen	4	20	100 EUR	110 EUR/h	10 EUR	Kontinuierlich 80 °C

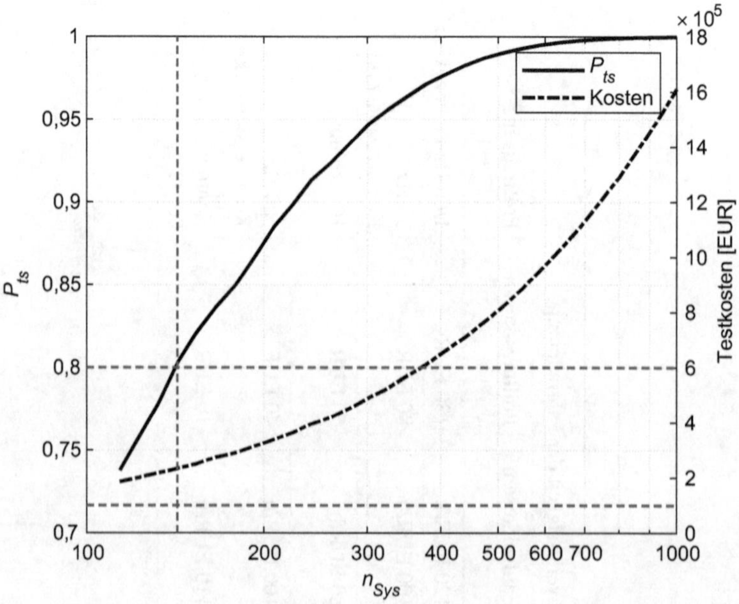

Abb. 6.26 P_{ts} und Testkosten des Gesamtsystemtests als vollständiger EoL in Abhängigkeit der Stichprobengröße. (© IMA 2026. All Rights Reserved)

Vorwissens auch im Nachweis bedarf es gründlich zu prüfen. Des Weiteren wurden hier lediglich einfache Betrachtungen der Stichprobengrößen durchgeführt. Mit den vorgestellten Methoden ließen sich jedoch auch ungleiche Aufteilungen der Stichprobengrößen bei den Komponententests – und somit ein weiteres Optimum und ein Gewinn an P_{ts} ohne größeren Mehraufwand – realisieren wie auch eine Kombination aus Gesamtsystemtest und Komponententests, wobei in jedem Falle nicht alle Komponententests genutzt werden müssten. Darüber hinaus wurde die evtl. vorhandene Unsicherheit in der Vorkenntnis hier nicht mitberücksichtigt. Aufgrund der Anführungen in den vorherigen Kapiteln sollte dies jedoch auch nur als ergänzende Betrachtung durchgeführt werden. Für die Planung letztlich relevante Werte ergeben sich so wie hier im Beispiel gezeigt.

6.4.6 Allgemeingültige Erkenntnisse bei der Testplanung und Auswertung

Durch die planungstechnischen Möglichkeiten, die die P_{ts} bietet, können einige allgemeingültige Erkenntnisse erlangt werden, die für jede Teststrategie Gültigkeit haben.

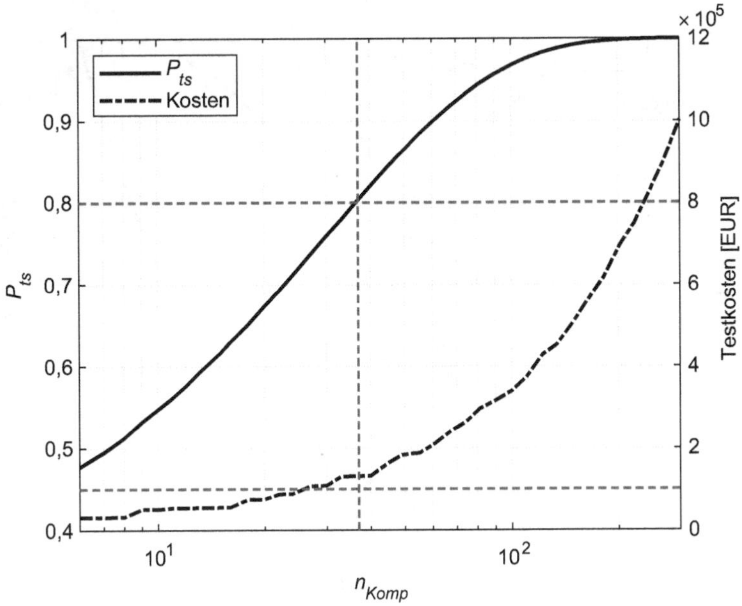

Abb. 6.27 P_{ts} und Testkosten der Komponententests als vollständige EoL in Abhängigkeit der Stichprobengröße. ()

Diese Zusammenhänge können somit auch unabhängig von quantitativen Berechnungen direkt für die Planung eines Nachweistests berücksichtigt werden, um z. B. einige Testverfahren von vorneherein auszuschließen.

6.4.6.1 Vollständige Tests vs. Zensierte Tests

Es ist naheliegend anzunehmen, dass zensierte Tests den vollständigen Tests grundsätzlich überlegen wären, denn es muss aufgrund des vordefinierten Zensierungskriteriums nicht so lange getestet werden. Problematisch an dieser vereinfachten Annahme ist, dass die Ergebnisgüte und damit die P_{ts} vernachlässigt wird.

Setzt man die gleiche Stichprobengröße voraus, so liegen beim vollständigen Test mehr Ausfallzeiten vor, als beim zensierten Test, was die Schätzung der Weibullverteilung verbessert. Deshalb erreicht der vollständige Test grundsätzlich auch eine höhere P_{ts} bei gleichen Bedingungen, siehe Abb. 6.29.

In Abb. 6.29 sind diejenigen Teststrategien zu sehen, die die größtmögliche P_{ts} erreichen mit konstanter Stichprobengröße von $n = 22$. Neben dem vollständigen Test sieht man die unterschiedlich stark zensierten Tests. Der Success Run ist als vollständig zensierter Test und damit als extremste Form der Zensierung ebenfalls vergleichend aufgeführt. Es kam dabei eine Zeitzensierung zum Einsatz, die sich auf die charakteristische Lebensdauer bezieht [19]. Die höchste P_{ts} erreicht immer derjenige Test mit

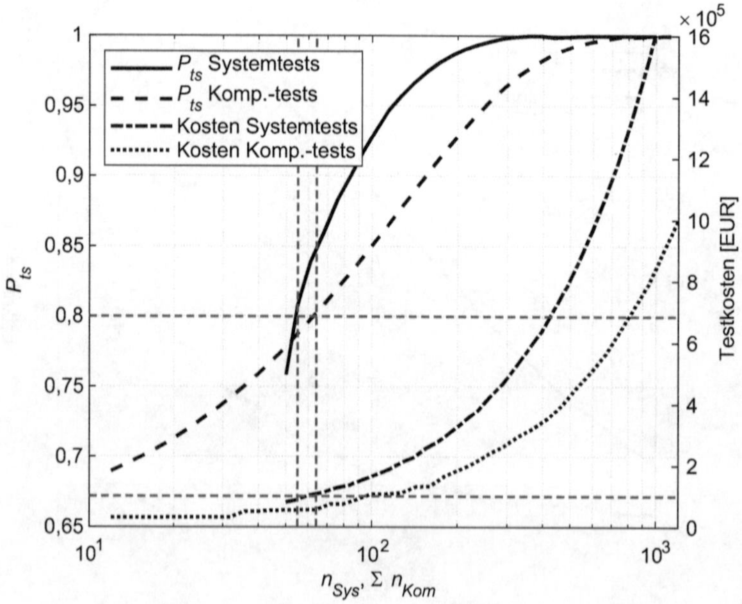

Abb. 6.28 P_{ts} und Testkosten des Gesamtsystemtests und der Komponententests als vollständige EoL in Abhängigkeit der Gesamtstichprobengröße unter zusätzlicher Berücksichtigung des Vorwissens mittels des Satz von Bayes. (© IMA 2026. All Rights Reserved)

einem sehr schwachen Zensierungskriterium, weil dann am meisten Ausfallzeiten entstehen. Es ist auch gut zu erkennen, dass der SRT mit der stärksten Zensierung in allen Auslegungsbereichen am schlechtesten abschneidet.

Auch wenn man zusätzlich die Kosten in den Vergleich mit einbezieht, schneiden die zensierten Tests nicht grundlegend besser ab, siehe Abb. 6.30. Um die Ergebnisse in Abb. 6.30 zu erzeugen wurden diejenigen Teststrategien verwendet, die am kostengünstigsten eine P_{ts} von 90 % erreichen. Die Kosten sind der Einfachheit wegen als Vielfaches der benötigen Prüflinge dargestellt. Auch die Testzeitkosten wurden dabei in Relation zu den Prüflingskosten mitberücksichtigt (siehe [19] für mehr Details). Damit lässt sich sehr einfach ein objektiver Vergleich realisieren.

Es ist deutlich zu erkennen, dass ein vollständiger und zensierter Test fast dasselbe Ergebnis liefern. Grund dafür ist, dass beim zensierten Test zwar Zeit eingespart wird – aber eben auch eine schlechtere Schätzung der Ausfallverteilung resultiert. Um die Ergebnisgüte des vollständigen Tests zu erreichen, müssen mehr Prüflinge getestet werden, was letzten Endes die eingesparte Prüfzeit kostenseitig wieder kompensiert. Der vollständig zensierte SRT erreicht für sehr hohe Auslegungssicherheiten erheblich niedrigere Kosten. Sobald aber Ausfälle, aufgrund der kleiner werdenden Sicherheit entstehen, steigen die Kosten sprunghaft an.

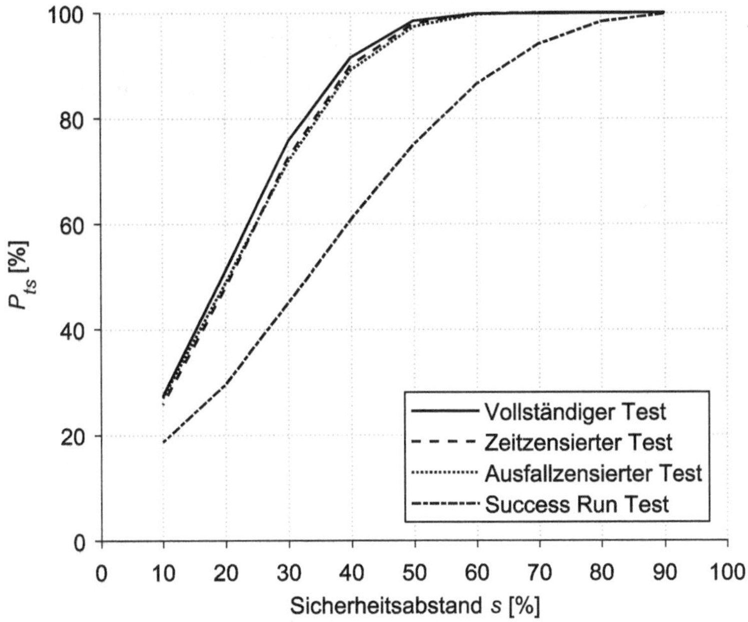

Abb. 6.29 P_{ts} Vergleich für verschiedene Testverfahren [19]. (© IMA 2026. All Rights Reserved)

6.4.6.2 Prüflingsaufteilung bei Komponententests

Die zusätzliche Berücksichtigung der Testebene erweitert das Spektrum möglicher Teststrategien nochmal erheblich. Für den Zuverlässigkeitsnachweis war es daher bisher gelebte Praxis das Zuverlässigkeitsziel der Systemebene auf die Subsysteme bzw. die Komponenten zu verteilen [340–342], was mit den Methoden aus Abschn. 3.4 umgesetzt werden kann. Mit der Berechnung der P_{ts} wird dieses Vorgehen obsolet, denn es muss schlicht diejenige Teststrategie identifiziert werden, die unter den gegebenen Rahmenbedingungen die größtmögliche P_{ts} für den Nachweis der Systemzuverlässigkeit erreicht.

Bei Nachweisen, die durch Komponenten- oder Subsystemtests erbracht werden sollen, stellt sich dennoch die Frage nach einer optimalen Prüflingsaufteilung. In Abb. 6.31 sind daher unterschiedliche Prüflingsaufteilungen für ein Seriensystem und ein Parallelsystem anhand der erreichbaren P_{ts} verglichen [327]. Die Gesamtstichprobenzahl beträgt $n = 50$.

Auf den ersten Blick wird deutlich, dass eine gleichverteilte Aufteilung der Prüflinge nicht zur höchsten P_{ts} führt. Grund dafür ist, dass in einem reinen Seriensystem der Systemausfall durch die multiplikative Verknüpfung der Zuverlässigkeit maßgeblich durch den Ausfallmechanismus mit der geringsten Zuverlässigkeit bei t_{req} beeinflusst wird. Bei Parallelsystemen hingegen wird der Systemausfall aufgrund der multiplikativen Verknüpfung der Ausfallwahrscheinlichkeit vom Ausfallmechanismus mit der größten Zuverlässigkeit beeinflusst, da das System erst nach dem letzten Ausfall auch vollständig ausfällt. Im Beispiel aus Abb. 6.31 sind die Ausfallmechanismen weibullverteilt mit $\mathcal{W}_1(0{,}6; 3)$ und

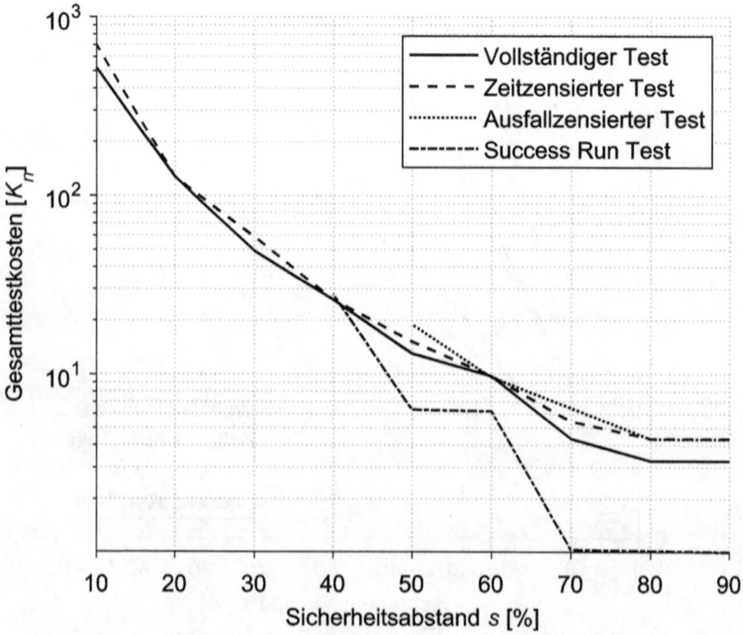

Abb. 6.30 Kostenvergleich für verschiedene Testverfahren [75]. (© IMA 2026. All Rights Reserved)

$\mathcal{W}_2(1; 3)$. Die charakteristische Lebensdauer des ersten Ausfallmechanismus beträgt nur 60 % der charakteristischen Lebensdauer von Ausfallmechanismus 2. Die Zuverlässigkeitsanforderungen wurden so gewählt, dass für den Vergleich ähnlich große absolute P_{ts} Werte resultieren. Die vorangegangenen Überlegungen hinsichtlich des „kritischen“ Ausfallmechanismus für das jeweilige System spiegeln sich hier komplett in der Verteilung der Prüflingszahlen wider. Derjenige Ausfallmechanismus, der für das jeweilige System entscheidend ist, muss durch mehr Prüflinge abgedeckt werden. Grundsätzlich gilt also: Je kritischer ein Ausfallmechanismus für das System ist, desto mehr Prüflinge müssen genau diesem Ausfallmechanismus zugewiesen werden, um die größtmögliche P_{ts} zu erreichen. Ein gutes Konzept, um die Kritikalität von Ausfallmechanismen zu bewerten, ist deren Auftretenswahrscheinlichkeiten zu berechnen. Hintergründe zu dieser Methode finden sich in [73].

Wird das Vorwissen zusätzlich mittels des Satz von Bayes berücksichtigt, muss dies bei der Aufteilung der Prüflinge Beachtung finden, denn das Vorwissen ersetzt gewissermaßen einen Teil der notwendigen Prüflinge des Tests. Ein einfaches Beispiel zeigt Abb. 6.32 für zwei identische Ausfallmechanismen mit $\mathcal{W}(0{,}6; 3)$. Für zwei gleiche Ausfallmechanismen müsste ohne die Berücksichtigung des Vorwissens mit dem Satz von Bayes

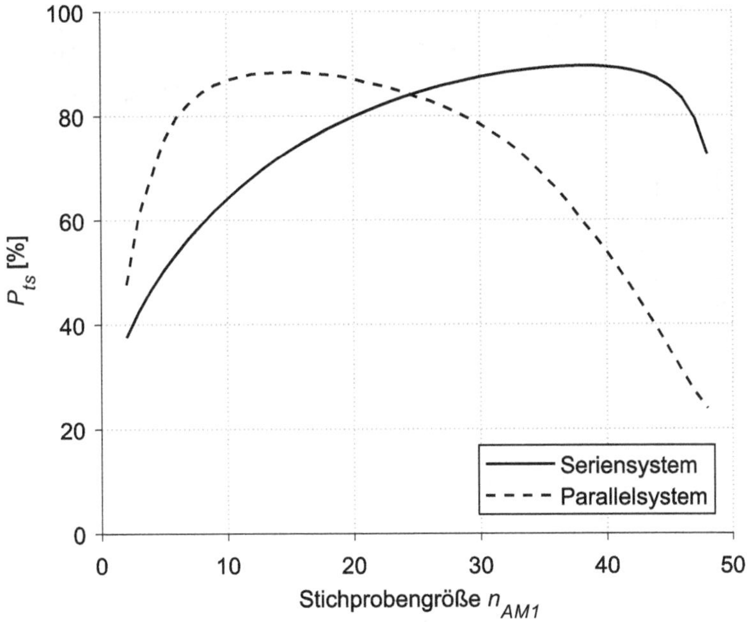

Abb. 6.31 Optimale Prüflingsaufteilung zur Maximierung der P_{ts} in Serien- und Parallelsystem. (© IMA 2026. All Rights Reserved)

die optimale Prüflingsaufteilung eine Gleichverteilung sein, denn kein Ausfallmechanismus ist kritischer. Da für Ausfallmechanismus 1 jedoch weniger Prüflinge im Vorwissen vorliegen (d. h. das Vorwissen ist unschärfer) müssen diesem Ausfallmechanismus über weite Teile unterschiedlicher Gesamtstichprobengrößen mehr Prüflinge zugeordnet werden. Für sehr große Stichprobengrößen des aktuellen Tests ist sehr gut zu erkennen, dass die Bedeutung des Vorwissens zunehmend schwindet und sich die optimale Aufteilung wieder 50 % annähert.

Grundsätzlich stellt sich ebenfalls die Frage, ob einzelne Komponententests aus statistischer Sicht mit einem Systemtest aufschließen können. In Abb. 6.33 und Abb. 6.34 sind für drei Ausfallmechanismen ($\mathcal{W}_1(1{,}5; 1{,}2)$, $\mathcal{W}_2(2; 2)$ und $\mathcal{W}_3(1; 3)$) die Ergebnisse der P_{ts} für das Serien- und das Parallelsystem aufgetragen. Jedes Diagramm enthält die Ergebnisse für eine gleiche sowie die optimale Prüflingsaufteilung, sowohl im Komponententests als auch für den jeweiligen Systemtest.

Es ist deutlich zu erkennen, dass in beiden Fällen eine optimale Prüflingsaufteilung für die Komponententests einen erheblichen Zuwachs in der P_{ts} verzeichnet. Der Systemtest hat stets den Vorteil, dass ein Prüfling Informationen über alle Ausfallmechanismen liefert. Im Seriensystem zeigt sich jedoch, dass das teilweise nicht von Vorteil sein muss. Ist einer oder sogar mehrere Mechanismen stark zensiert, so kann keine belastbare Schätzung

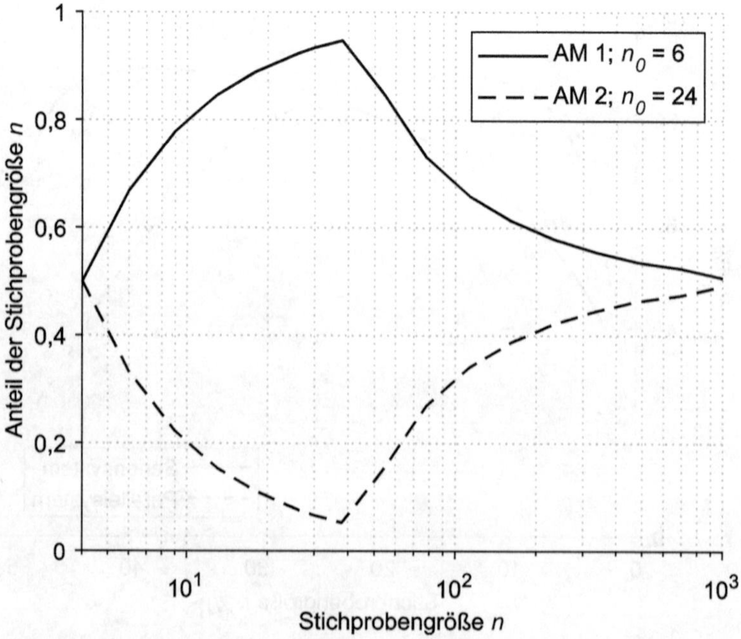

Abb. 6.32 Optimale Prüflingsaufteilung zur Maximierung der P_{ts} in Serien- und Parallelsystem bei zusätzlicher Anrechnung von Vorwissen.

mehr vorgenommen werden, was sich dann auch stark auf die P_{ts} auswirkt. Die Komponententests decken dagegen stets einen einzelnen Ausfallmechanismus ab – auch für ein Seriensystem – und liefern daher unter solchen Bedingungen eine größere P_{ts}, gerade bei optimaler Prüflingsaufteilung [327].

Für das Parallelsystem hingegen liefert der Systemtest eine erheblich höhere P_{ts}, selbst mit optimaler Prüflingsaufteilung der Komponententests. Das liegt daran, dass der Systemtest des Parallelsystems mit einem Prüfling Ausfallzeiten für alle Ausfallmechanismen liefert, da das System erst komplett ausfällt, wenn alle Komponenten ausgefallen sind. Diese gesteigerte Anzahl von Ausfallzeiten führt folglich zu einer vergleichsweise hohen P_{ts}. Dieser Effekt verstärkt sich mit der Anzahl der parallelen Ausfallmechanismen im System, denn dann liefert ein Prüfling noch mehr Ausfallzeiten [327].

6.4.6.3 Richtiger Umgang mit der Unsicherheit der Vorkenntnis

Die Unsicherheit der getesteten Stichprobe eines Zuverlässigkeitsnachweistests sorgt unter anderem dafür, dass eben nicht jeder Test (auch wenn er unter komplett identischen Randbedingungen durchgeführt wird) erfolgreich ist. Erhöht sich demnach die Unsicherheit, in diesem Fall durch zusätzliche Berücksichtigung der Unsicherheit in der Vorkenntnis,

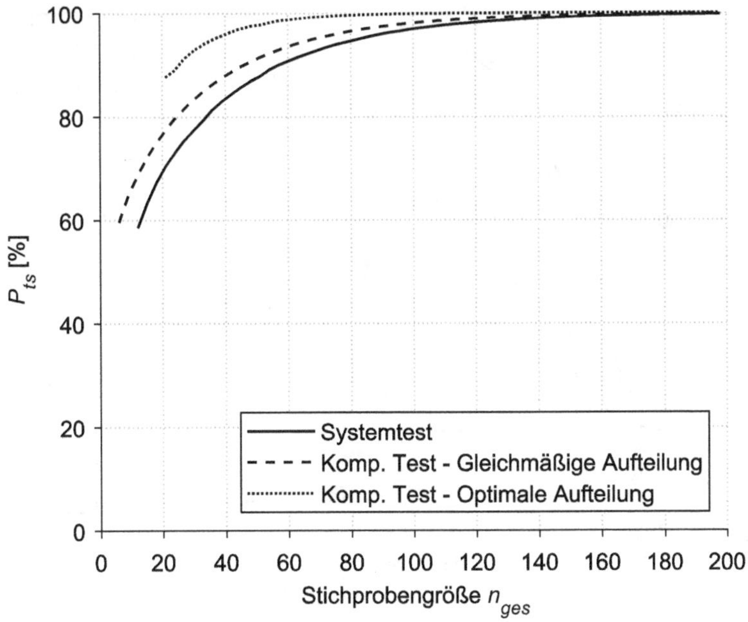

Abb. 6.33 P_{ts} Vergleich für System- und Komponententests in reinen Serienstrukturen.

so sinkt unweigerlich die P_{ts}. Dennoch bietet die Berücksichtigung dieser Unsicherheit einige Potenziale, wie im Folgenden erläutert wird.

In Abb. 6.35 ist die P_{ts} für festes Vorwissen visualisiert. Daneben sind zwei weitere Kurven der P_{ts} eingezeichnet die verschiedene Unsicherheitshöhen des Vorwissens enthalten, ausgedrückt durch die Stichprobengröße.

Während die P_{ts} mit scharfem Vorwissen für größere Prüflingszahlen gegen 100 % konvergiert, erreichen die beiden anderen Kurven jeweils nur einen deutlich kleineren Grenzwert. Dieser entspricht genau dem Wert der P_{ts} der durch die Stichprobengröße des Vorwissens erreicht werden kann. Denn selbst mit einer unendlich großen Stichprobe des aktuellen Tests bleibt die Unsicherheit des Vorwissens bestehen und limitiert die erreichbare P_{ts}. Dieser Grenzwert kann in der praktischen Anwendung als unterer Wert (Worst-Case) der P_{ts} angesehen werden. Zusätzlich sollte dennoch ein oberer erreichbarer Wert berechnet werden, der ohne die Berücksichtigung der Unsicherheit in der Vorkenntnis resultiert [336]. Damit entsteht ein Zielintervall der P_{ts}, das für die Testplanung und Festlegung auf eine Strategie genutzt werden sollte.

Zusätzlich bietet die P_{ts} Berechnung unter Berücksichtigung der Unsicherheit des Vorwissens die Möglichkeit die Güte des Vorwissens indirekt zu bewerten, insbesondere wenn die beschriebenen oberen und unteren Grenzwerte der P_{ts} ins Verhältnis gesetzt werden [336].

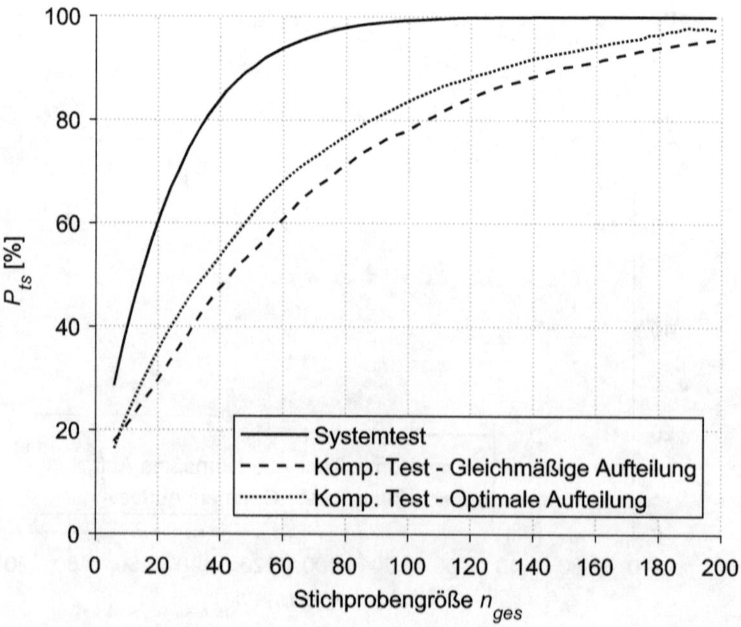

Abb. 6.34 P_{ts} Vergleich für System- und Komponententests in reinen Parallelstrukturen.

6.4.6.4 Belastbares Vorwissen anrechnen!

Für die Berechnung der P_{ts} ist grundsätzlich Vorwissen nötig, wie schon mehrfach erwähnt wurde. Jedoch wird dieses Vorwissen zunächst ausschließlich für die Planung des jeweiligen Tests verwendet. Mit der Objektivität der P_{ts} kann damit auch die bestmögliche Teststrategie für individuelle Randbedingungen ermittelt werden. Das Vorwissen wirkt sich also nur auf die Planung des Tests aus und nicht auf das Resultat des Tests. Das ist ein entscheidender Unterschied, wenn das Vorwissen mit dem Satz von Bayes angerechnet wird. Die zusätzliche Stichprobe des Vorwissens wird dem aktuellen Test hinzugerechnet. Wird kein Gewichtungsfaktor verwendet, wirkt sich das Vorwissen in gleichem Maße auf das Testergebnis aus wie die Ergebnisse der aktuellen Tests. Das zeigt auch Abb. 6.36, wenn man die P_{ts} Verläufe von unterschiedlichen Stichprobengrößen des Vorwissens n_0 vergleicht, die mittels des Satz von Bayes angerechnet wurden.

Da die Stichprobengröße „künstlich" erhöht wird, steigt die P_{ts} grundsätzlich für alle Auslegungssicherheiten an. Vertraut man dem Vorwissen, sodass die Gültigkeit außer Frage steht, kann das Vorwissen mit dem Satz von Bayes bedenkenlos angerechnet werden. Bestehen Zweifel an der Gültigkeit, sollte das Vorwissen nicht angerechnet werden, da in diesem Falle der Nachweistest durch die „künstlich erhöhte" Stichprobengröße erfolgreich sein kann, obwohl das Produkt die Forderungen nicht erfüllt. Das würde im schlimmsten Fall zu erhöhten Rückläuferzahlen und Rückrufaktionen führen.

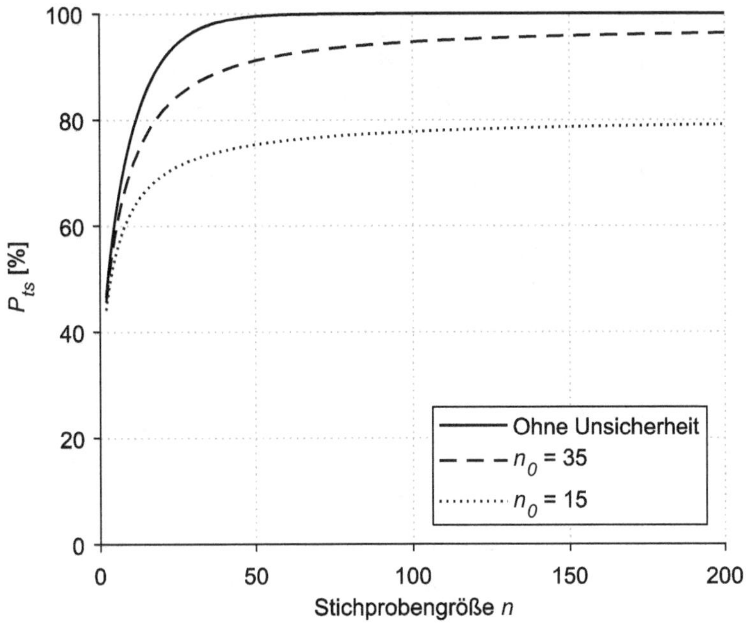

Abb. 6.35 P_{ts} für sicheres und unsicheres Vorwissen. (© IMA 2026. All Rights Reserved)

Zweifelhaftes oder nur abgeschätztes Vorwissen kann aber dennoch für die Planung eines Tests verwendet werden, also für die Berechnung der P_{ts} ohne die Anrechnung über den Satz von Bayes. Denn in dieser Vorgehensweise beeinflusst es eben nur die Planung und nicht das Testresultat. Im schlimmsten Fall würde der Test trotz sehr hoher P_{ts} fehlschlagen, was aus Unternehmersicht als geringeres Übel einzustufen ist.

6.4.6.5 Wechselwirkung zwischen der Unsicherheit des Vorwissens und des Satz von Bayes

In den vorangegangenen Abschnitten wurden die Wirkungen der Unsicherheit des Vorwissens und der Effekt vom Satz von Bayes erläutert. Mit dieser Basis könnte man auf die Idee kommen, beide Effekte zu kombinieren. Dieses Szenario ist in Abb. 6.37 dargestellt.

Darin ist zu erkennen, dass die P_{ts} nun praktisch ausschließlich von der Stichprobengröße des Vorwissens abhängt und nicht mehr von der Stichprobengröße des zu planenden Tests. Eine Entkopplung der P_{ts} von der Stichprobengröße des Nachweistests ist unsinnig und daher für die Praxis ungeeignet. Es handelt sich dabei um ein statistisches Phänomen, das aus der Einbringung und Überlagerung der Einzeleffekte entsteht.

Durch die Berücksichtigung der Unsicherheit im Vorwissen wird die P_{ts} durch die Stichprobengröße n_0 begrenzt. Der Grenzwert kann auch mit unendlich hoher Stichprobengröße des aktuellen Tests nicht überschritten werden. Da n und n_0 gleichbedeutend sind, resultiert die zusätzliche Anwendung des Satz von Bayes darin, dass eben genau

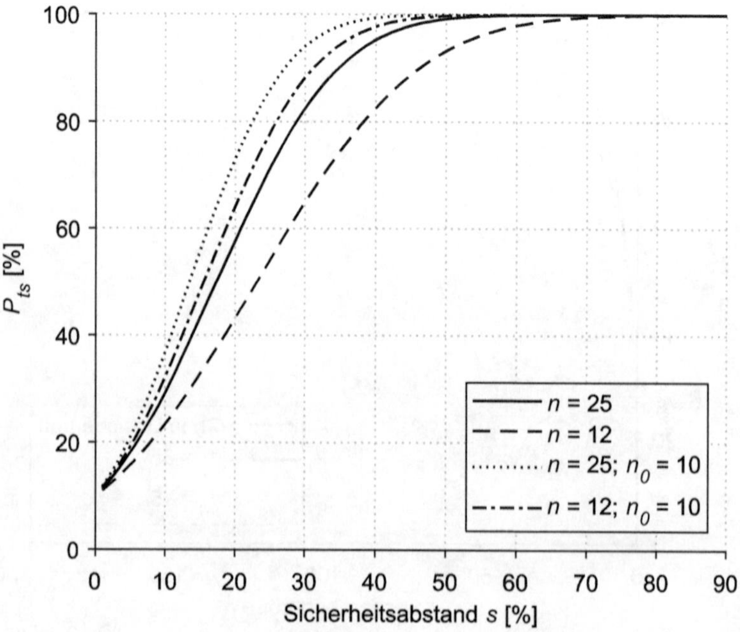

Abb. 6.36 P_{ts} bei Anrechnung des Vorwissens mittels des Satz von Bayes [24]. (© IMA 2026. All Rights Reserved)

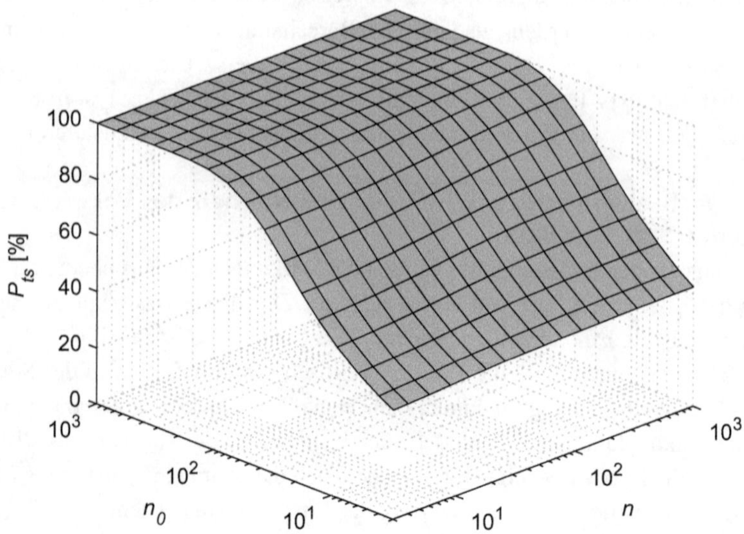

Abb. 6.37 P_{ts} bei gleichzeitiger Anwendung des Satz von Bayes und Verwendung unsicheren Vorwissens. (© IMA 2026. All Rights Reserved)

dieses Maximum direkt erreicht wird, denn es liegen ja bereits n_0 Prüflinge im Vorwissen vor. Das führt also dazu, dass die P_{ts} durch die Unsicherheit in einem maximal erreichbaren Grenzwert eingeschränkt wird, der aber durch den Satz von Bayes immer erreicht wird. Dadurch hängt die P_{ts} folglich praktisch nur noch von der Stichprobengröße des Vorwissens ab, denn diese bestimmt den erreichbaren Grenzwert.

Für die praktische Anwendung der Testplanung mittels der P_{ts} ist es erforderlich, die Unsicherheit dennoch zu berücksichtigen, nämlich um nach wie vor die Untergrenze der erreichbaren P_{ts} zu berechnen. Die Obergrenze des Intervalls der erwartbaren P_{ts}, die ohne die Berücksichtigung der Unsicherheit resultiert, kann im Falle von belastbarem Vorwissen durchaus mit dem Satz von Bayes berechnet werden. Die berechnete Obergrenze ist dann als bestmögliche Schätzung der P_{ts} zu verstehen, wenn das Vorwissen absolute Gültigkeit besitzt. Es bleibt außerdem anzumerken, dass die Berechnung der P_{ts}, ohne Berücksichtigung der Unsicherheit im Vorwissen und ohne Berücksichtigung von Vorwissen mittels des Satz von Bayes, einem erwartungstreuen Schätzer der P_{ts} entsprechen sollte. Wenn man sich also die Frage stellen würde, welche „tatsächliche" P_{ts} vom Test zu erwarten wäre, dann entspricht dies genau dem Wert der P_{ts}, berechnet ohne zusätzliche Unsicherheit und ohne Berücksichtigung mittels Satz von Bayes.

6.5 Ausfallbasierte beschleunigte Testverfahren für den Zuverlässigkeitsnachweis

Ähnlich zu den ausfallbasierten Testverfahren werden die beschleunigten Testverfahren sehr häufig nur mit der Bestimmung eines Lebensdauermodells in Verbindung gebracht. Da sie prinzipiell sogar noch mehr Informationen bereitstellen als konventionelle ausfallbasierte Tests eignen sie sich auch für einen Zuverlässigkeitsnachweis.

Im Folgenden wird die Testplanung von ausfallbasierten beschleunigten Testverfahren für den Zuverlässigkeitsnachweis behandelt. Zunächst wird die grundsätzliche statistische und versuchstechnische Vorgehensweise beschrieben. Anschließend wird die Aufwandsplanung zusammen mit der Berechnung der Probability of Test Success thematisiert. Den Abschluss bilden einige allgemeingültige Zusammenhänge, die in jeder Testplanung Berücksichtigung finden können. Da die meisten Tests in der Anwendung aus Effizienzgründen beschleunigt durchgeführt werden, kommt den beschleunigten Testverfahren auch im Rahmen des Zuverlässigkeitsnachweises eine hohe Bedeutung zu. Sie folgen größtenteils den gleichen statistischen und versuchstechnischen Gesetzmäßigkeiten wie die konventionellen quantitativen Testverfahren. Sie können als eine Art Erweiterung der konventionellen EoL Tests verstanden werden. Aus diesem Grund wird in diesem Kapitel gezielt auf die Ergänzungen und Besonderheiten der beschleunigten Tests eingegangen.

6.5.1 Berücksichtigung des Lebensdauermodells im Zuverlässigkeitsnachweis

Die prinzipielle Vorgehensweise eines beschleunigten Zuverlässigkeitstests zur Nachweisführung entspricht weitgehend demjenigen Vorgehen eines konventionellen quantitativen Zuverlässigkeitstest. Entscheidender Unterschied ist, dass die Belastung nicht direkt der Feldbelastung entspricht. Durch die erhöhte Belastung werden Ausfälle schneller erzeugt als unter Feldbedingungen. Diese werden genutzt, um das ausfallmechanismus-spezifische Lebensdauermodell zu entwickeln, siehe Abschn. 5.5.3 und 5.5.4, mit dem dann wiederum eine Zuverlässigkeitsaussage mit Aussagesicherheit für die Feldbelastung gemacht werden kann. Der Nachweis erfolgt also nicht direkt mithilfe von repräsentativen Prüfbedingungen, sondern indirekt durch Extrapolation des Lebensdauermodells. Analog zu den quantitativen Tests wird für die Nachweisführung stets ein einseitiger Vertrauensbereich verwendet, weil nur die konservativste Schätzung die Anforderung übersteigen muss. Abb. 6.38 zeigt die prinzipielle Vorgehensweise.

Die Nachweisführung und ebenso die Berechnungen für die Planung unterscheiden sich je nachdem in welcher Form die Feldbelastung vorliegt. Grundsätzlich zu unterscheiden ist eine einstufige Feldbelastung bei der direkt über das Lebensdauermodell und der zugehörigen konservativen (unteren) Vertrauensgrenze extrapoliert werden kann, siehe Abb. 6.38. Übersteigt die extrapolierte Lebensdauer mit geforderter minimaler Zuverlässigkeit sowie Aussagesicherheit t_{R_{req},P_A} die gestellten Anforderungen für das Feldniveau ist der Nachweis erfolgreich, siehe Abb. 6.38. Andernfalls ist der Nachweis fehlgeschlagen.

Liegt ein Lastkollektiv als Feldbelastung vor, ist die Nachweisführung und demnach auch die Testplanung rechenaufwendiger, denn es muss analog zu Abschn. 5.5.5 mit der Schädigungsberechnung ein weiterer zusätzlicher Rechenschritt ausgeführt werden. Die Berechnung folgt dabei dem Vorgehen aus Abschn. 5.5.5.2 bzw. 5.5.5.3 mit dem Unterschied, dass auch hier nur die konservative Vertrauensgrenze für den Nachweis berechnet wird, siehe Abb. 6.39. Übersteigt die nachgewiesene Zuverlässigkeit mit Aussagesicherheit $R(D_S)_{P_A}$, die aus der Feldkollektivbelastung resultiert die Anforderung $R(D)_{\text{req}}$, ist der Nachweis erfolgreich, siehe Abb. 6.39.

6.5.2 Berechnung der Probability of Test Success

Die Aufwandsplanung kann bei beschleunigten Testverfahren ebenfalls nur zusammen mit der P_{ts} Berechnung durchgeführt werden. Der statistische Kontext und die Hypothesen sind exakt gleich definiert wie bei den quantitativen Testverfahren. Es fließt lediglich das Lebensdauermodell zusätzlich in die Berechnung mit ein. Das bedeutet auch, dass über das Lebensdauermodell Vorwissen bestehen muss. Im Folgenden werden

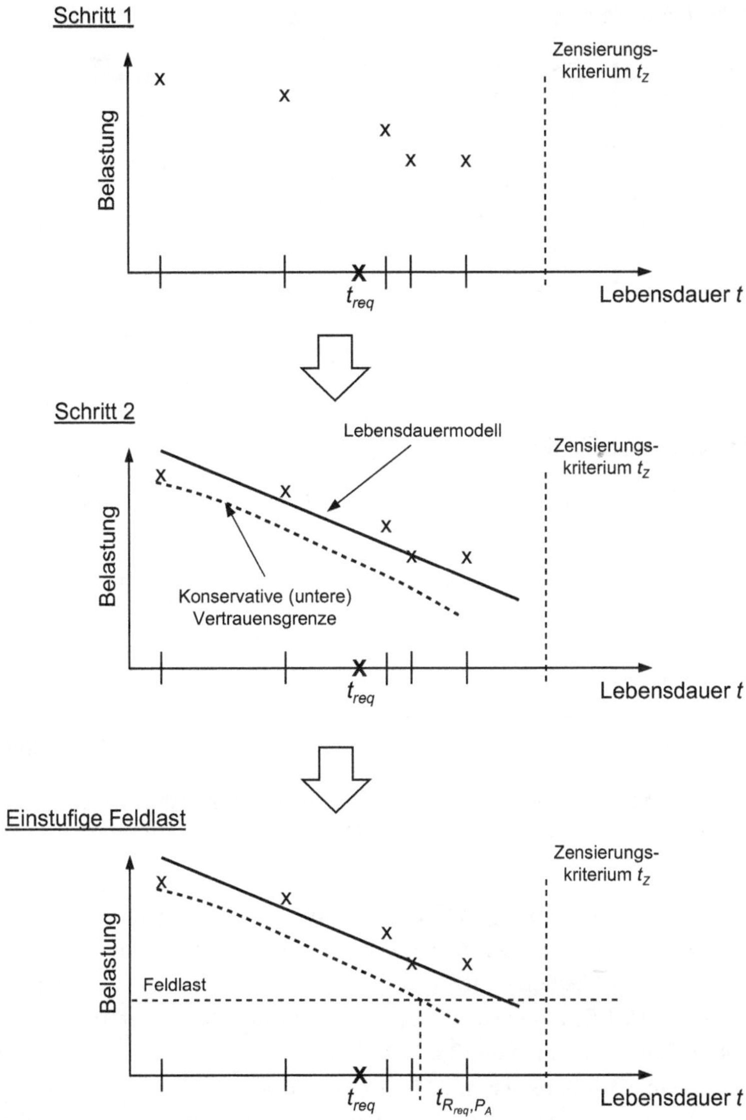

Abb. 6.38 Grundlegende Vorgehensweise der beschleunigten Testmethoden bei einstufigen Feldbelastungen für einen Zuverlässigkeitsnachweis. (© IMA 2026. All Rights Reserved)

die Berechnungsansätze der P_{ts} für eine einstufige Feldlast sowie für ein Lastkollektiv vorgestellt.

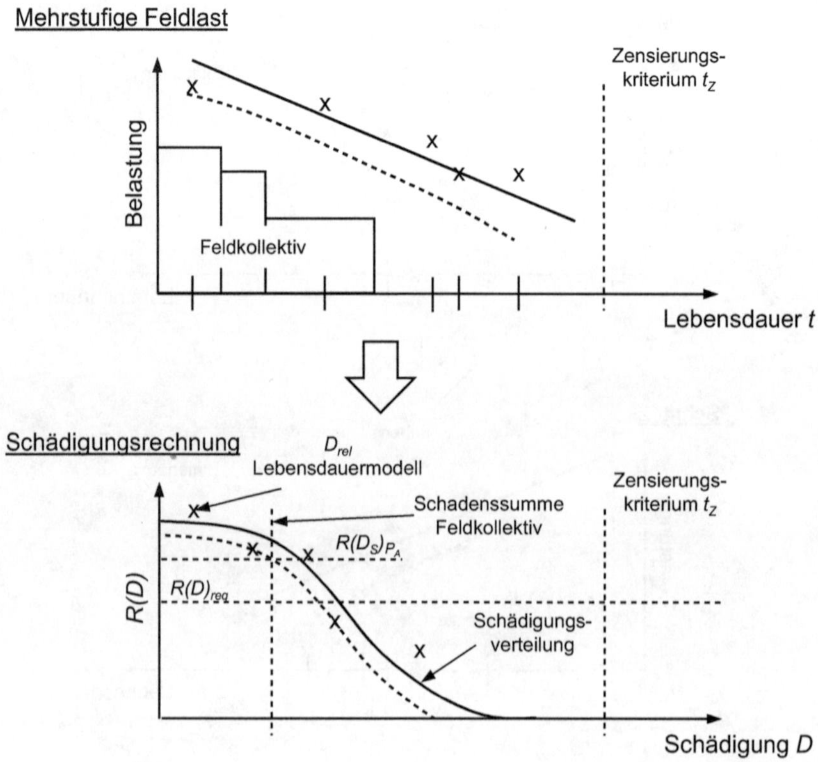

Abb. 6.39 Grundlegende Vorgehensweise der beschleunigten Testmethoden bei mehrstufigen Feldbelastungen für einen Zuverlässigkeitsnachweis.

6.5.2.1 Berechnung der P_{ts} bei einstufiger Feldbelastung

Das Verfahren basiert auf einer numerischen Bootstrap Berechnung bei der Pseudoausfallzeiten auf den Testhorizonten erzeugt werden, die dann wiederum mithilfe eines Schätzverfahrens (MLE) ausgewertet werden. Durch mehrfache Iterationen lässt sich die P_{ts} für das Feldniveau bestimmen [23, 262, 343].

Das Berechnungsverfahren ist in Abb. 6.40 dargestellt.

Die Berechnung startet analog zur Berechnung der quantitativen Tests mit dem Vorwissen. Da unterschiedliche Lastniveaus getestet werden müssen, reicht Vorwissen über eine Weibullverteilung nicht aus. Es muss zusätzlich eine Information über die Korrelation der Belastung und der Lebensdauer vorliegen, z. B. in Form eines Lebensdauermodells. Der Ausfallmechanismus muss dabei demjenigen entsprechen, der im Produkt getestet werden soll. Durch die Last-Lebensdauerkorrelation und den Formparameter des Vorwissens ist das Ausfallverhalten für alle Lastniveaus definiert. Damit lassen sich pseudo-zufällige Ausfallzeiten für die zu planenden Lastniveaus erzeugen. Diese sind nach der gewählten

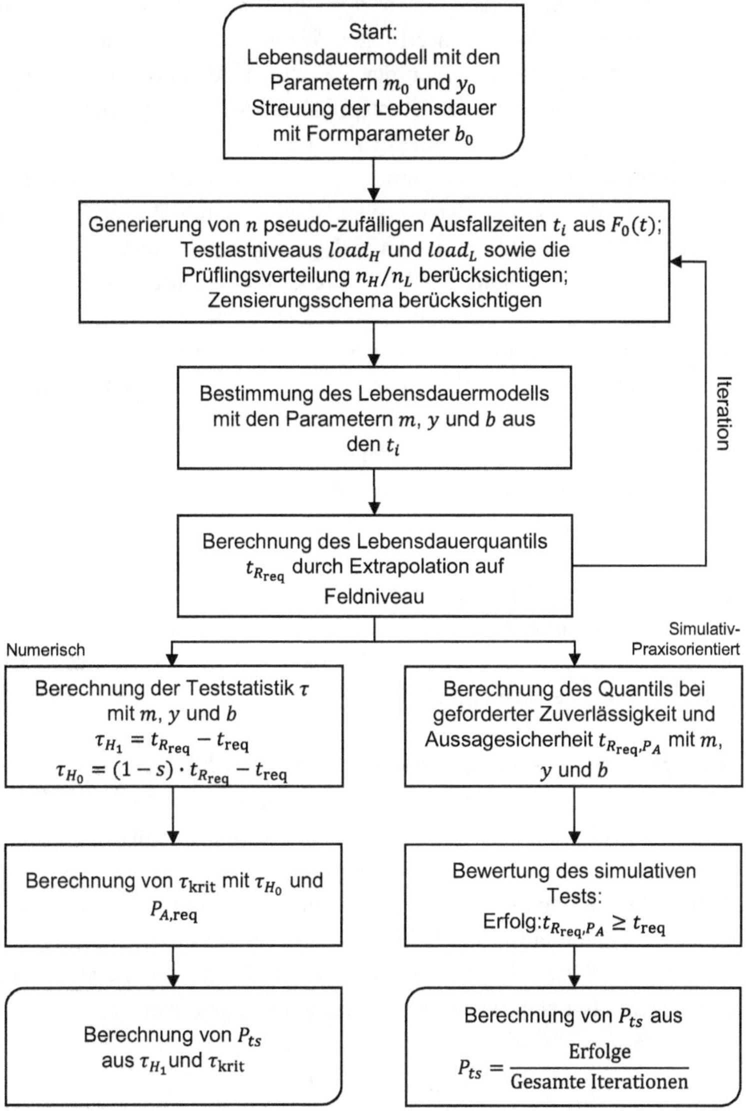

Abb. 6.40 Schema zur Berechnung der P_{ts} für einen beschleunigten Test mit einstufiger Feldlast. (© IMA 2026. All Rights Reserved)

Prüflingsverteilung auf die Lastniveaus zu verteilen und ggf. nach dem gewählten Zensierungsschema zu zensieren. Diese pseudozufälligen Ausfallzeiten werden wiederum für die Schätzung der Lebensdauermodellparameter und des Formparameters verwendet. Mit diesen Informationen lässt sich die erreichbare Lebensdauer für die gewünschte Ausfall- und Aussagesicherheit auf das Feldniveau extrapolieren [23, 343].

Die P_{ts} Berechnung kann dann nach dem numerischen Ansatz oder nach dem simulativ-praxisorientierten Verfahren erfolgen. Wichtig ist zu beachten, dass die extrapolierte Lebensdauer $t_{R_{\text{req}}}$ dann immer der gewählten Ausfallwahrscheinlichkeit bzw. Zuverlässigkeit des Lebensdauermodells entspricht. Diese muss entsprechend der Zuverlässigkeitsanforderung gewählt sein. Bei der simulativ-praxisorientierten Lösung wird für $t_{R_{\text{req}}}$ der Vertrauensbereich bestimmt, um t_{R_{req},P_A} zu erhalten. Die P_{ts} ergibt sich im Anschluss auf Basis des Gesetzes der großen Zahlen durch Zählen der erfolgreichen Durchläufe. Die Methoden für die Bildung der Likelihood-Funktion für das Lebensdauermodell sowie die Berechnung der Lebensdauer durch Extrapolation t_{R_{req},P_A} können Abschn. 5.5.3 entnommen werden. Will man die nachgewiesene Lebensdauer t_{dem} bei geforderter $P_{\text{ts,req}}$ berechnen, muss aus der Verteilung der extrapolierten Lebensdauern t_{R_{req},P_A} dasjenige Lebensdauerquantil berechnet werden, das $P_{\text{ts,req}}$ entspricht.

Hingegen wird beim numerischen Lösungsverfahren die Lebensdauer bei geforderter Ausfallwahrscheinlichkeit im Median auf die Feldbelastung extrapoliert. Durch mehrfaches Iterieren entsteht die Alternativverteilung für das gewünschte Ausfallwahrscheinlichkeitsquantil, indem die Teststatistik berechnet wird. Die Nullverteilung wird mit der gewohnten Transformation nach Gl. (6.26) berechnet. Aus den Verteilungen lässt sich schließlich die P_{ts} berechnen, siehe Abschn. 6.4.4.1.

Für die Berücksichtigung mehrere Ausfallmechanismen oder der Unsicherheit des Vorwissens ist analog nach Abschn. 6.4.5.1 und 6.4.5.3 vorzugehen jeweils unter Berücksichtigung des Lebensdauermodells.

6.5.2.2 Berechnung der P_{ts} bei mehrstufiger Feldbelastung

Die Berechnung der P_{ts} bei einer mehrstufigen Feldbelastung ist sehr ähnlich zum Vorgehen bei einer einstufigen Feldbelastung. Es wird, analog zu Abschn. 5.5.5 zusätzlich die Schadenssumme des Feldlastkollektivs bestimmt, um eine Zuverlässigkeitsaussage zu ermöglichen. Die Berechnung der P_{ts} erfolgt dann nicht mehr über die extrapolierte Lebensdauer auf die einstufige Feldlastlast $t_{R_{\text{req}}}$, sondern über die Schadenssumme des Kollektivs D_s. Sämtliche Transformationen wie z. B. die des Sicherheitsabstandes s bleiben bestehen. So lässt sich für die geforderte Schädigung auch schreiben:

$$D_{\text{req}} = \frac{1}{1-s} D_{\text{real}}, \tag{6.72}$$

mit:

$$D_{\text{real}} \approx D_p. \tag{6.73}$$

Die Vorgehensweise ist in Abb. 6.41 veranschaulicht. Das Feldlastkollektiv ist über die Belastungsamplituden $B_{A,i}$ und die zugehörigen Lastwechselzahlen $N_{A,i}$ definiert.

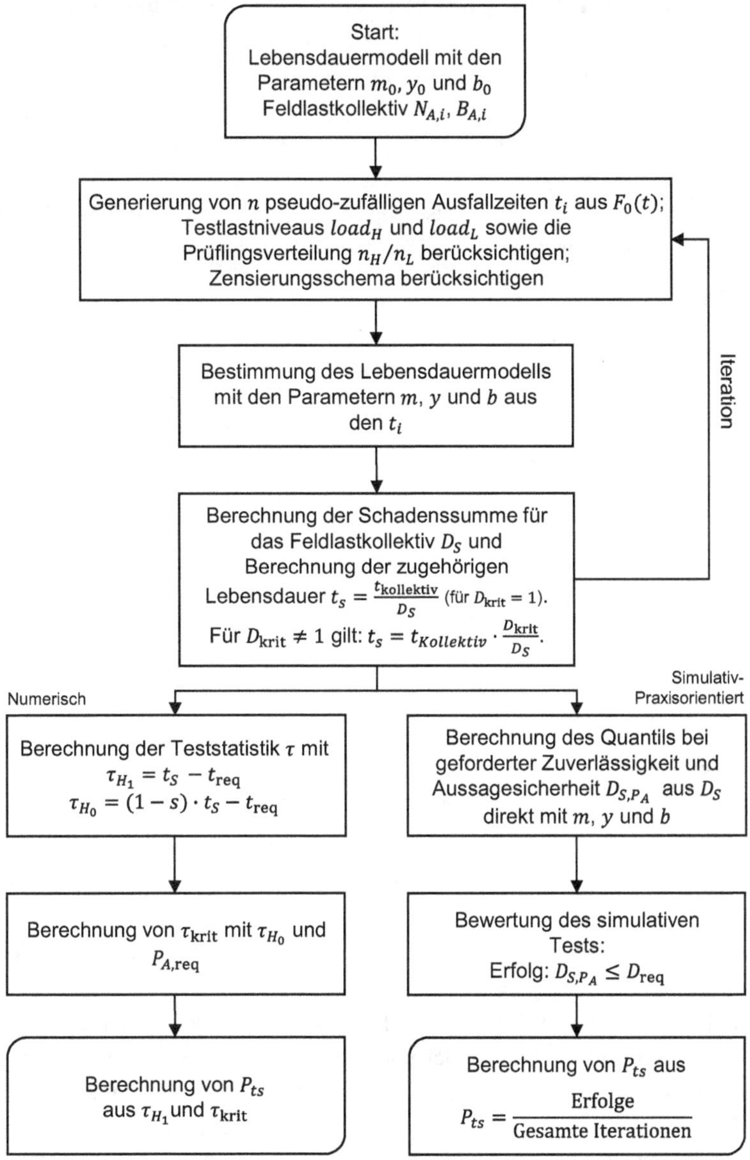

Abb. 6.41 Schema zur Berechnung der P_{ts} für einen beschleunigten Test mit mehrstufiger Feldlast.

6.5.2.3 Berechnung der P_{ts} bei streuender, mehrstufiger Feldbelastung

Um die P_{ts} nicht nur für ein fixes Lastkollektiv mit mehreren Stufen zu berechnen, sondern für mehrere Lastkollektive, wie sie im Feld auftretend können, kann das Vorgehen folgendermaßen angepasst werden: Statt, dass die Schadenssumme D_S nur für ein Kollektiv berechnet wird, muss diese für jedes bekannte Feldlastkollektiv berechnet werden. Man erhält in diesem Schritt dann m Schädigungen $D_{\text{Feld},j}$ aus den m Feldlastkollektiven. Dieses lässt sich dann in gleicher Weise wie in Gl. (5.140) bspw. des Wöhlermodells zur erwarteten Feldschädigung D_{Feld} folgender maßen berechnet werden [253]:

$$D_{\text{Feld}} = \frac{1}{m} \sum_{j=1}^{m} D_{\text{Feld},j}. \tag{6.74}$$

Die Feldlebensdauer lässt sich aus der Feldschädigung auf einfach Weise folgendermaßen berechnen [253]:

$$t_{\text{Feld}} = \frac{1}{m} \sum_{j=1}^{m} t_{\text{Koll},j} \cdot \frac{D_{\text{krit}}}{D_{\text{Feld},j}}. \tag{6.75}$$

Dabei ist $t_{\text{Koll},j}$ die zum Kollektiv gehörende Lebensdauer (bspw. Betriebsstunden statt Lastwechsel des Kollektivs selbst) und D_{krit} ist die kritische Schadenssumme bei welcher ein Ausfall angenommen wird entsprechend des Lebensdauermodells. Ist $D_{\text{krit}} = 1$, so vereinfacht sich die Gleichung zu:

$$t_{\text{Feld}} = \frac{1}{m} \sum_{j=1}^{m} \frac{t_{\text{Koll},j}}{D_{\text{Feld},j}}. \tag{6.76}$$

Das weitere Vorgehen ist identisch zu jenem aus Abb. 6.41. Das angepasste Vorgehen ist in Abb. 6.42 dargestellt.

Durch die Berücksichtigung der tatsächlich auftretenden Lastkollektive aus dem Feld mit ihrer Form und Streuung, wird zudem sichergestellt, dass die Streuung des Lebensdauermodells korrekt zur Abbildung der Lebensdauer verwendet wird. Denn wird nur eines der Feldlastkollektive verwendet und dann für den Test eventuell sogar noch zu einem schädigungsäquivalenten Block-Kollektive umgeformt, so könnte diese eine Last des Blockkollektivs in einem Bereich liegen, in welchem die Streuung des im Test geschätzten Lebensdauermodells klein ist. In der Folge würde die Aussagesicherheit zu groß beziehungsweise Zuverlässigkeit und/oder Lebensdauer als zu groß geschätzt werden. Durch die Berücksichtigung der streuenden Feldlastkollektive kann dieser Fehler umgangen werden und eine tatsächlich zu erwartende Zuverlässigkeit im Feldeinsatz prognostiziert werden. Dies ist in Abb. 6.43 veranschaulicht.

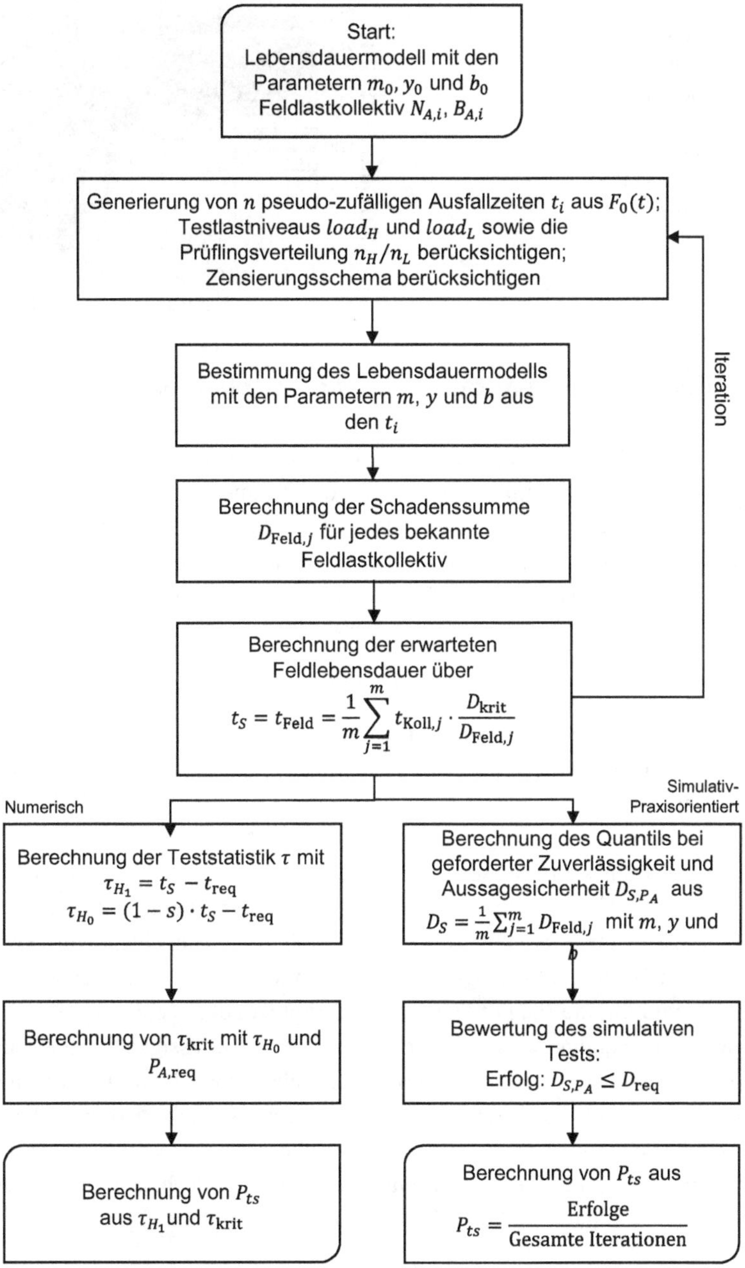

Abb. 6.42 Schema zur Berechnung der P_{ts} für einen beschleunigten Test mit streuender, mehrstufiger Feldlast.

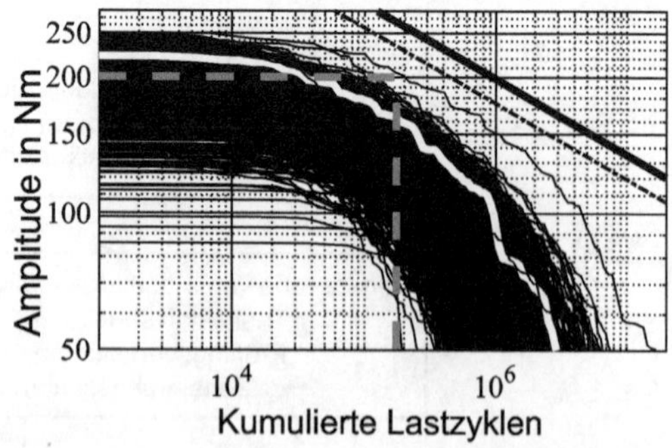

Abb. 6.43 Beispiel für streuende Feldlastkollektive gegenüber einem Lebensdauermodell und Blockkollektiv aus 95 % schädigendem Lastkollektiv des Feldes [253]. (© IMA 2026. All Rights Reserved)

6.5.3 Allgemeine Erkenntnisse für die Testplanung

Durch die P_{ts} Berechnung lassen sich auch für die beschleunigten Tests einige interessante und allgemeingültige Erkenntnisse ableiten. Da die Parameteranzahl und damit die Vielfalt an möglichen Teststrategien deutlich größer ist als bei den konventionellen quantitativen Testverfahren gibt es hier auch eine höhere Anzahl relevanter Ergebnisse. Prinzipiell können beschleunigte Tests durch die folgenden Parameter definiert und verändert werden:

- Anzahl der Prüflinge
- Anzahl der Lastniveaus
- Prüflingsverteilung auf die Lastniveaus
- Höhe der Lastniveaus
- Zensierungskriterium

Darüber hinaus kann sich analog zu den quantitativen Testverfahren auch das Zuverlässigkeitsziel oder die relevante mehrstufige Feldbelastung verändern. Zunächst werden allgemeingültige Erkenntnisse für die Planung von Tests mit einstufiger Feldbelastung für lineare Modelle in der log/log-Transformation vorgestellt. Anschließend folgen die Erkenntnisse rund um die Planung von Tests für Feldkollektivbelastungen.

Die gezeigten Ergebnisse wurden für typische Zuverlässigkeitsanforderungen und Teststrategien berechnet. Da es im Folgenden aber vor allem um allgemeingültige Erkenntnisse geht sind die gezeigten Ergebnisse für sämtliche Parameterbereiche gültig. Alle Zeitbezüge sind auf eine charakteristische Lebensdauer von $T = 1$ normiert. Lebensdauern oder nachgewiesene Lebensdauern sind der deshalb immer in der Einheit $[T]$ abgebildet. Die Lage des oberen Lastniveaus ist ebenfalls auf 1 normiert.

6.5.3.1 Einstufige Feldbelastungen

Eine der zentralsten Herausforderungen ist es, die Testniveaus zu definieren und die Prüflinge den Testniveaus zuzuordnen. In diesem Abschnitt werden zunächst log-linear

Modelle [53] betrachtet für die zwei Testniveaus ausreichend sind. Ob ein drittes Lastniveau zielführend ist, wird in Abschn. 6.5.3.2 diskutiert.

Prinzipbedingt nimmt die maximal nachweisbare Lebensdauer t_{dem} bei geforderter P_{ts} bzw. die P_{ts} selbst bei höheren Lagen des niedrigen Lastniveaus ab. Denn je höher das Lastniveau definiert wird, desto größer ist die Extrapolationsdistanz und demnach der Extrapolationsfehler [5, 53, 115]. Der Vertrauensbereich wird auf Feldniveau dementsprechend breiter, was zur Abnahme der P_{ts} und der nachweisbaren Lebensdauer führt. Diese Zusammenhänge sind in Abb. 6.44 für die P_{ts} und in Abb. 6.45 für die nachweisbare Lebensdauer dargestellt. Hier zeigt sich wiederum der Zielkonflikt zwischen dem betriebswirtschaftlichen Aufwand und der Testgüte. Zu hoch gewählte Lagen des niedrigen Lastniveaus minimieren zwar den Aufwand aber gleichzeitig auch die Chance den Nachweis zu erbringen. Deutlich zu erkennen ist auch, dass die nachweisbare Lebensdauer bzw. die P_{ts} auf Null absinken, wenn das niedrige Lastniveau zu nah am hohen Lastniveau liegt. Vielschichtiger ist die Betrachtung der Prüflingsverteilung auf die Lastniveaus. Abb. 6.46 zeigt die nachweisbare Lebensdauer als Funktion der Anzahl an Prüflingen auf dem hohen und dem niedrigen Lastniveau. Hier ist sehr gut ersichtlich, dass das niedrige Lastniveau einen erheblich höheren Stellenwert als das hohe Lastniveau einnimmt. Zusätzliche Prüflinge auf dem niedrigen Lastniveau verursachen einen sehr viel stärkeren Effekt hinsichtlich der nachweisbaren Lebensdauer als auf dem hohen Lastniveau. Beispielsweise führen 5 zusätzliche Prüflinge auf dem niedrigeren Lastniveau bereits zu einer Erhöhung der nachweisbaren Lebensdauer von $t_{\mathrm{dem}} = 0{,}225$ auf $t_{\mathrm{dem}} = 0{,}25$, was einer Erhöhung von 10 % entspricht. Für eine zehnprozentige Erhöhung bräuchte es dagegen auf dem hohen Lastniveau 50 zusätzliche Prüflinge [23]. Die Begründung dafür liefert die Betrachtung der Varianz bzw. der Extrapolation der Varianz auf das Feldniveau.

Der Extrapolationsfehler kann sehr viel stärker durch das dem Feldlastniveau näherliegende Testniveau beeinflusst und damit auch minimiert werden [53, 115]. Die Betrachtung kann daher auch bei der Frage der optimalen Prüflingsverteilung auf das niedrige Lastniveau fokussiert werden.

Abb. 6.47 zeigt die P_{ts} und Abb. 6.48 die nachweisbare Lebensdauer bei unterschiedlichen Prüflingsverteilungen und verschiedenen Höhen des niedrigen Lastniveaus. Das hohe Lastniveau liegt normiert bei $load_{\mathrm{H}} = 1$.

Die nachweisbare Lebensdauer die man mit der von Nelson [115] vorgeschlagenen Prüflingsverteilung mittels dessen Extrapolationsfaktor erhält, siehe Abschn. 5.5.7.2, liegt in allen berechnet Fällen im globalen Maximum. Nelsons Ansatz basiert auf der Minimierung der asymptotischen Varianz, um so den Extrapolationsfehler zu minimieren. Dies gelingt in allen Fällen auch. Die Minimierung der asymptotischen Varianz bedingt jedoch immer, dass mehr Prüflinge auf dem niedrigen Lastniveau zu testen sind [115], was unter Effizienzsicht unvorteilhaft ist [343].

Bei sämtlichen Verläufen für unterschiedliche Höhen des niedrigen Lastniveaus sind die Maxima sowohl für t_{dem} als auch für die P_{ts} wenig stark ausgeprägt. Beide Größen sind demnach sehr robust in weiten Teilen unterschiedlicher Prüflingsverhältnisse. Ein

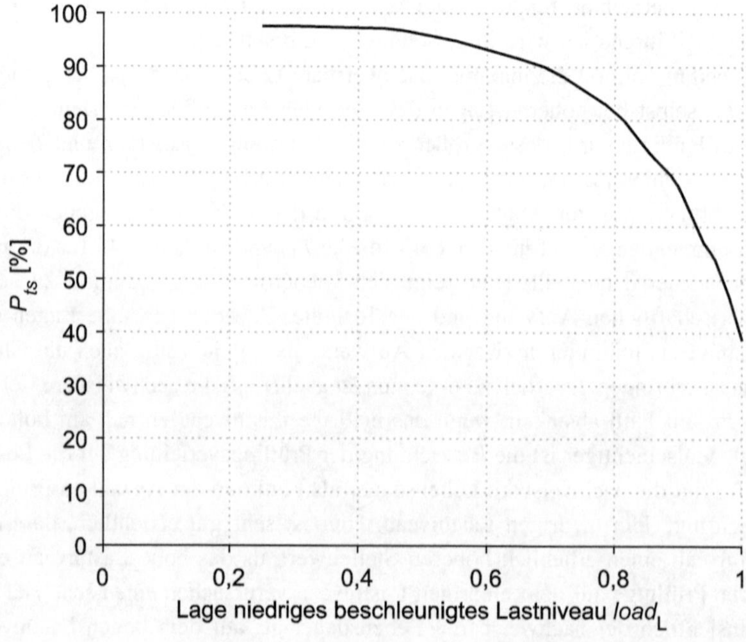

Abb. 6.44 P_{ts} für verschiedene Lagen des niedrigen Lastniveaus. (© IMA 2026. All Rights Reserved)

stärkeres Absinken der nachweisbaren Lebensdauer stellt sich erst ab einem Prüflingsverhältnis von ca. 40 % ein. Mit diesem „Effizienzoptimum" lassen sich damit deutlich mehr Prüflinge auf dem hohen Lastniveau testen ohne den Zuverlässigkeitsnachweis stark negativ zu beeinflussen, denn die nachgewiesene Lebensdauer sinkt nur minimal ab. Dieses Verhalten trifft auch bei unterschiedlichen Stichprobengrößen zu, siehe Abb. 6.49 und 6.50. Einzig die kleinste Stichprobengröße von $n = 10$ weist nicht ganz die ausgeprägte Robustheit auf. Allerdings ist die absolute nachweisbare Lebensdauer bei $n = 10$ auch insgesamt deutlich reduziert [23, 262, 343].

6.5.3.2 Berücksichtigung von mehr als zwei Lastniveaus

Mathematisch benötigt man für die Auswertung von log-linear Modellen ausschließlich zwei Lastniveaus zwischen denen dann für die Modellbildung interpoliert werden kann [55, 115]. Dennoch stellt man sich die Frage, ob ein zusätzliches mittleres Lastniveau den Zuverlässigkeitsnachweis verbessert. Abb. 6.51 zeigt den Zusammenhang von nachweisbarer Lebensdauer und dem Verhältnis an Prüflingen die zusätzlich auf einem mittleren Lastniveau getestet werden [74]. Es ist klar ersichtlich, dass auch ein drittes Lastniveau zur Erhöhung der nachweisbaren Lebensdauer beiträgt, auch wenn ein großer Anteil des Effekts sicherlich durch die höhere Anzahl an Prüflingen erklärt wird. Die höhere

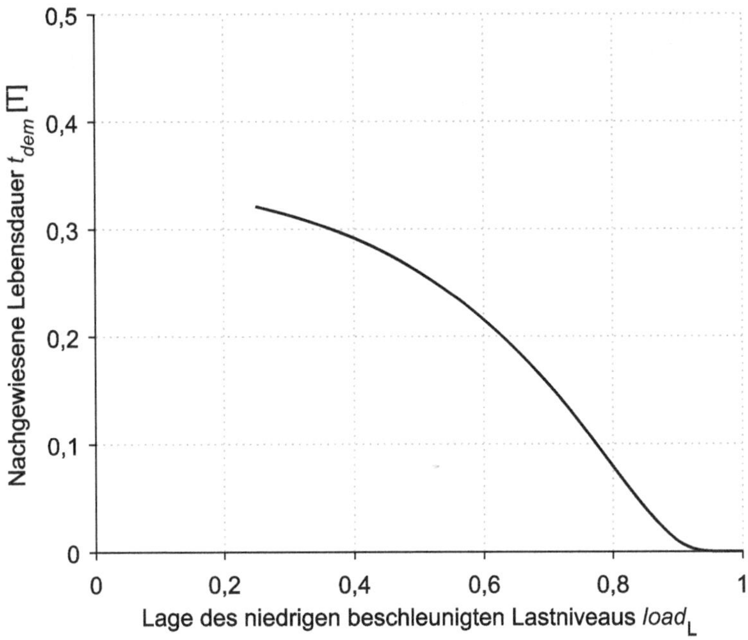

Abb. 6.45 t_{dem} für verschiedene Lagen des niedrigen Lastniveaus [23].

Anzahl der Prüflinge verengt den Vertrauensbereich auf Feldlastniveau und erhöht somit die nachweisbare Lebensdauer.

Um zu klären, ob ein zusätzliches mittleres Lastniveau auch unter vergleichbaren Randbedingungen einen Benefit im Zuverlässigkeitsnachweis ermöglicht, wurde eine Parameterstudie durchgeführt [74]. Dabei wurde für unterschiedliche konstante Erprobungsbudgets (Prüflings- und Testzeitkosten k_n und k_t), d. h. das Budget kann entweder durch zusätzliche Prüflinge oder mehr Testzeit verbraucht werden, ermittelt in wie vielen Fällen der Lebensdauertest mit drei Testniveaus eine höhere nachweisbare Lebensdauer liefert. Das mittlere Lastniveau wurde dabei auch mit unterschiedlichen Höhen zwischen dem hohen und dem niedrigen Lastniveau variiert [23, 74]. Durch entsprechend viele Durchläufe der Parameterstudie kann von einem repräsentativen Ergebnis ausgegangen werden. Abb. 6.52 zeigt die Ergebnisse der Studie. Abgebildet ist die Erhöhung der nachweisbaren Lebensdauer im Vergleich zu einem Test mit zwei Lastniveaus und deren kumulierte Häufigkeiten für unterschiedliche Verhältnisse von Prüflings- und Testzeitkosten. Allgemein fällt auf, dass die maximale Erhöhung der nachweisbaren Lebensdauer sehr gering ausfällt und auch nur in sehr wenigen Fällen überhaupt eintritt. Wenn überhaupt dann kommt die maximale Erhöhung nur bei einem sehr hohen Kostenverhältnis zustande, d. h. die Prüfzeit ist im Vergleich zu den Prüflingen sehr kostenintensiv. Damit

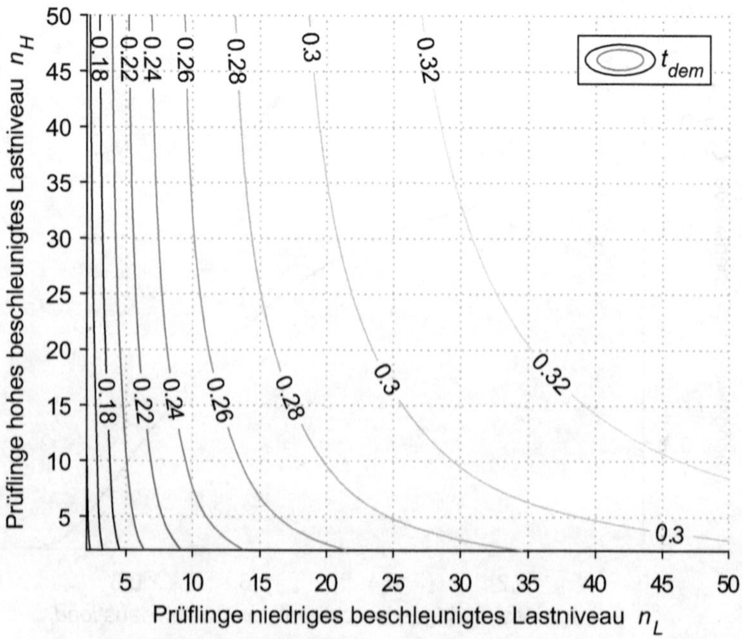

Abb. 6.46 t_{dem} für verschiedene Prüflingsverteilungen [23]. (© IMA 2026. All Rights Reserved)

können „Restbudgets" effizienter ausgenutzt werden, indem Prüflinge mit sehr geringer Testzeit zusätzlich getestet werden. Bei kostenintensiveren Prüflingen kann ein etwaig vorhandenes Restbudget unter Umständen eben nicht mehr verwendet werden, denn ohne Prüfling kann auch nicht getestet werden [23, 74].

Die Ergebnisse zeigen außerdem, dass sehr geringe oder gar keine Erhöhungen deutlich häufiger vorkommen. D. h. in den meisten Fällen ist mit einem sehr geringen Effekt bzgl. eines zusätzlichen mittleren Lastniveaus zu rechnen.

6.5.3.3 Effekt von Zensierung

Neben der Beschleunigung ist die Zensierung eine weitere sehr verbreitete Methode einen Zuverlässigkeitstest zu beschleunigen [5]. Durch die Berücksichtigung eines Zensierungskriteriums, unabhängig davon ob zeit- oder ausfallbasiert, wird die Testzeit verkürzt. Jedoch enthält der Ergebnisdatensatz dann sowohl Durchläufer als auch Ausfälle.

Die Überlegung eine Belastungserhöhung zusätzlich mit einem Zensierungskriterium zu kombinieren, um die Effizienz eines beschleunigten Zuverlässigkeitstests weiter zu erhöhen, liegt deshalb recht nah. Abb. 6.53 zeigt die nachweisbare Lebensdauer bei Berücksichtigung zusätzlicher zensierter Prüflinge.

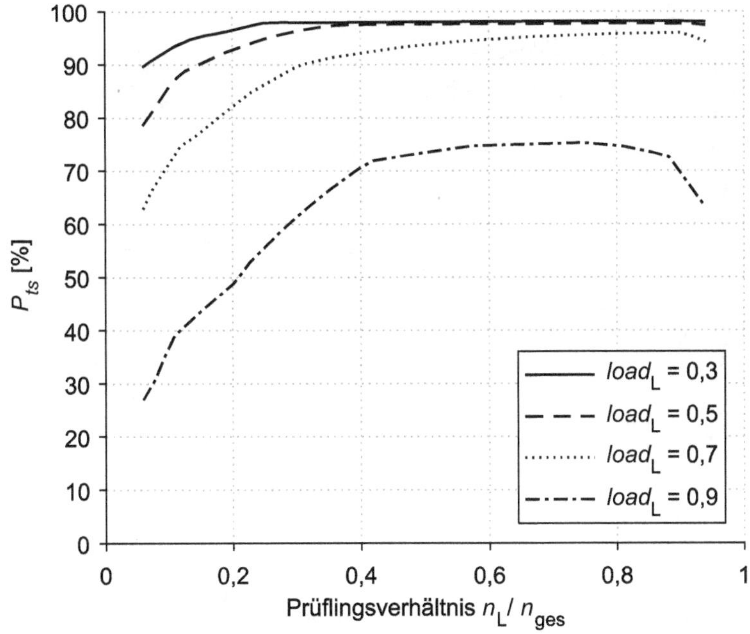

Abb. 6.47 P_{ts} für verschiedene Prüflingsverhältnisse und niedrige Lastniveaus. (© IMA 2026. All Rights Reserved)

Die zusätzlichen zensierten Prüflinge werden dabei nur auf dem niedrigen Lastniveau hinzugefügt. Da dort mit längeren Lebensdauern zu rechnen ist, ist der Effekt einer Zensierung besonders hoch. Es ist eindeutig ersichtlich, dass auch durch das Hinzufügen von zensierten Daten die nachweisbare Lebensdauer erhöht werden kann [23]. Erklärt wird das über die bessere Schätzung der Ausfallverteilung und des Lebensdauermodells durch zusätzliche zensierte Prüflinge. Der Ausfallzeitpunkt kann auch bei einem zensierten Prüfling über seine Zuverlässigkeit besser eingegrenzt werden, was die Schätzung der Ausfallverteilung in Lage und Streuung verbessert und die epistemische Unsicherheit reduziert, siehe Abschn. 5.4.2. Das wiederum verengt den Vertrauensbereich, was letzten Endes die nachweisbare Lebensdauer erhöht [23]. Auf Basis dieser statistischen Grundüberlegungen ist der Effekt bei zusätzlichen zensierten Prüflingen nicht so hoch wie bei zusätzlichen Ausfallzeiten.

In wie weit es gelingt durch die Berücksichtigung von Zensierungen die nachweisbare Lebensdauer bzw. die P_{ts} unter konstanten Randbedingungen (also ein konstantes Kostenbudget, vgl. Abschn. 6.5.3.2) zu erhöhen wurde ebenfalls im Rahmen einer Parameterstudie untersucht [23, 74]. Durch entsprechend viele Durchläufe der Parameterstudie kann man auch hier von einem repräsentativen Ergebnis ausgehen. Die statistische Grundüberlegung ist recht einfach zu formulieren. Bei einem gegebenen konstanten Kostenbudget kann durch Zensierung die Testzeit verringert werden, was freies Budget für

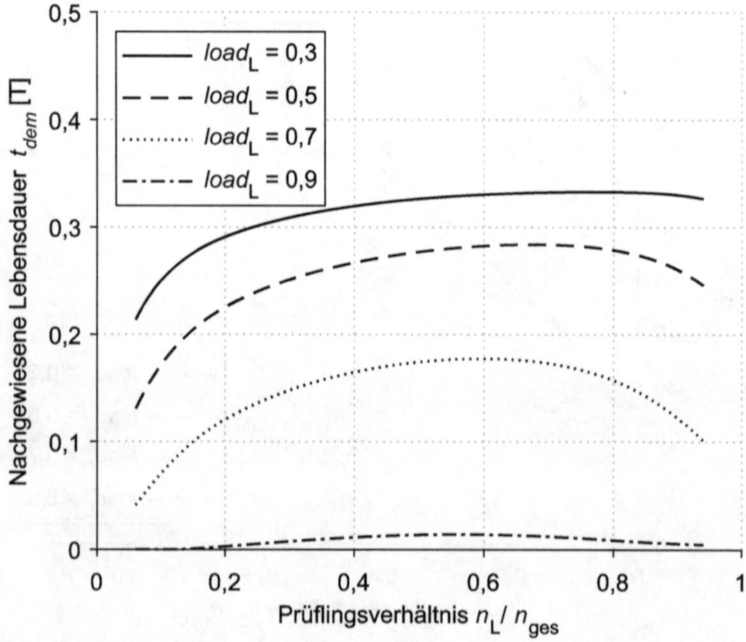

Abb. 6.48 t_{dem} für verschiedene Prüflingsverhältnisse und niedrige Lastniveaus [23].

zusätzliche Prüflinge schafft. Abb. 6.54 zeigt die Ergebnisse der Parameterstudie in Analogie zu Abschn. 6.5.3.2. Dabei wurden auf dem unteren Lastniveau unterschiedliche Zensierungsanteile und -kriterien berücksichtigt sowie unterschiedliche Lagen des unteren Lastniveau selbst [74]. Gezeigt ist die maximal erreichbare Erhöhung bei unterschiedlichen Zensierungsanteilen und die zugehörigen Auftretenshäufigkeiten. Als Referenz dient ein Versuchsplan, der ausschließlich Ausfälle enthält, in einer Teststrategie, die unter Einhaltung des Kostenbudgets die maximal erreichbare nachweisbare Lebensdauer erzielt.

Hier zeigt sich für alle Kostenverhältnisse ein ernüchterndes Ergebnis bzgl. einer potenziellen Steigerung der nachweisbaren Lebensdauer, die im Bereich bis maximal 8 % liegt. Insbesondere bei größeren Kostenverhältnissen ($k_t/k_n > 100$), also bei kostenintensiver Testzeit, ist ein beschleunigter Zuverlässigkeitstest ohne Zensierung fast immer optimal [23, 74]. Damit ist ersichtlich, dass ein etwaig vorhandenes Restbudgets zwar für Zensierungen verwendet werden kann, der Effekt jedoch in den aller meisten Fällen sehr gering ausfallen wird.

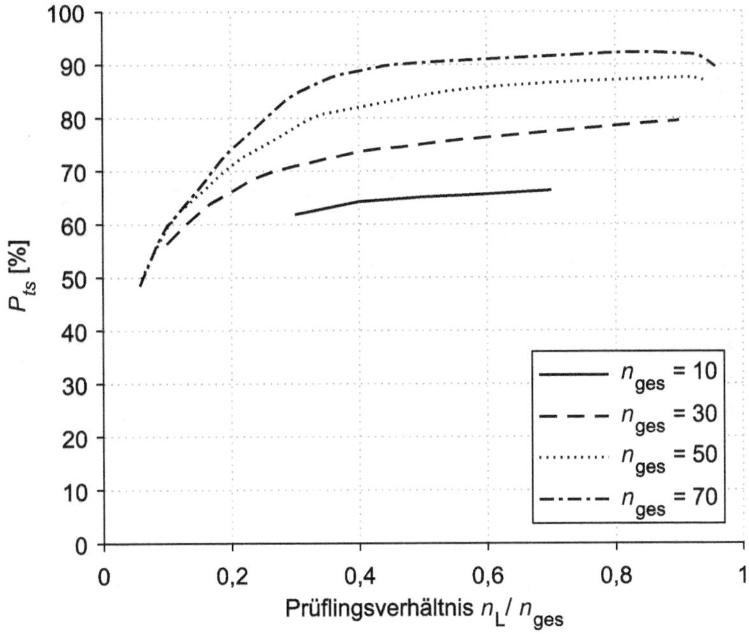

Abb. 6.49 P_{ts} für verschiedene Prüflingsverhältnisse und Stichprobengrößen. (© IMA 2026. All Rights Reserved)

6.5.3.4 Mehrstufige Feldbelastungen

In vielen Anwendungsfällen liegt statt einer einstufigen Feldbelastung ein Kollektiv vor. Auch dabei ist die Frage nach einer bestmöglichen Gestaltung der Teststrategie naheliegend. Prinzipiell bieten sich dafür Horizontentestverfahren oder die Perlenschnurmethode an.

Die Horizonten-Testmethode und die Perlenschnur-Testmethode sind weit verbreitete Testmethoden in der Strukturmechanik, also zur Ermittlung von Wöhlermodellen [10]. Prinzipiell können beide Methoden aber auch bei beliebigen anderen Lebensdauermodellen zur Anwendung kommen. Die entscheidende Abgrenzung ist die Definition der Testniveaus. Während bei der Horizontenmethode festgelegte „Testhorizonte" – also Lastniveauhöhen, definiert werden auf denen die Prüflinge getestet werden, siehe Abb. 6.55 links, wird bei der Perlenschnurmethode jeder Prüfling auf einem unterschiedlichen Lastniveau getestet, siehe Abb. 6.55 rechts [10]. Die Ausfallzeiten verteilen sich dann „perlenschnurartig" um das gesamte Lebensdauermodell, woraus auch der Name abgeleitet wurde.

Vorteilhaft ist die Perlenschnurmethode versuchstechnisch vor allem dann, wenn wenig Vorwissen über den zu testenden Ausfallmechanismus vorliegt. In so einen Fall kann es schwer fallen die passenden Testhorizonte sinnvoll zu definieren. Gerade der höchste

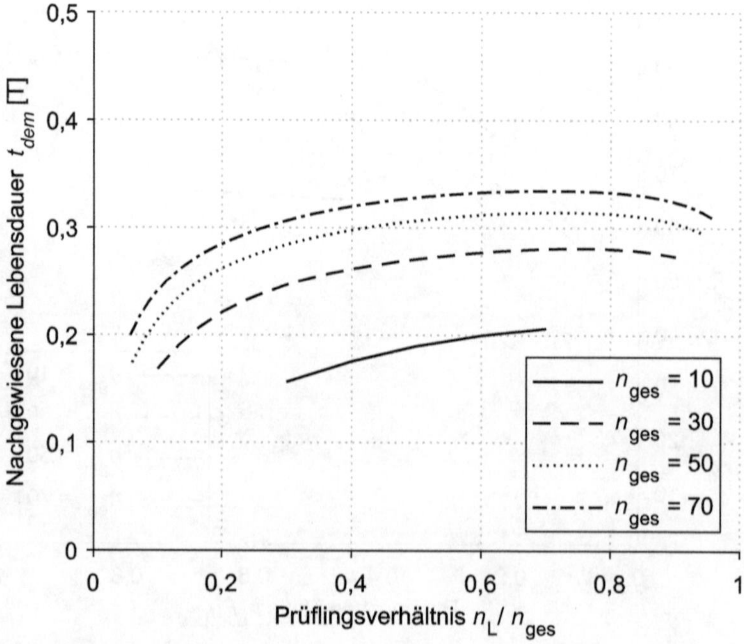

Abb. 6.50 t_{dem} für verschiedene Prüflingsverhältnisse und Stichprobengrößen [23]. (© IMA 2026. All Rights Reserved)

Testhorizont ist in solch einem Fall eine Herausforderung, denn man möchte ihn aus Effizienzgründen so hoch wie möglich legen, nur darf sich dabei der Ausfallmechanismus nicht ändern, was bei einer zu hohen Last der Fall sein kann. Bei der Perlenschnurmethode fällt das leichter, denn man kann sich dem maximal möglichen Lastniveau „entgegentesten".

Welche der beiden Testmethoden aus statistischen Gesichtspunkten bessere Resultate erzielt, wurde im Rahmen einer Parameterstudie untersucht [344]. Dabei wurden 4 verschiedene Typen im Rahmen der Horizontenmethode (H1–H4) mit der Perlenschnurmethode (P) verglichen, siehe Abb. 6.56. H1 ist ein horizontenbasierter Test mit drei Lastniveaus. Alle anderen Horizontenverfahren weisen lediglich 2 Lastniveaus auf. H2 und H3 unterscheiden sich hinsichtlich der Beschleunigung. Bei H2 wird für das obere Lastniveau in allen Durchläufen die maximal zulässige Beschleunigung (Belastung normiert 2) gewählt (bis sich gerade so der Ausfallmechanismus nicht ändert) während H3 gemäßigtere Beschleunigungen für die Testniveaus verwendet. Beim Testverfahren H4 orientiert sich das obere Testniveau stets an der größten auftretenden Last im Kollektiv und das untere Testniveau analog an der kleinsten auftretenden Last. Im Perlenschnurverfahren P wird jeder Prüfling auf einem eigenen Testniveau getestet. Diese werden sowohl

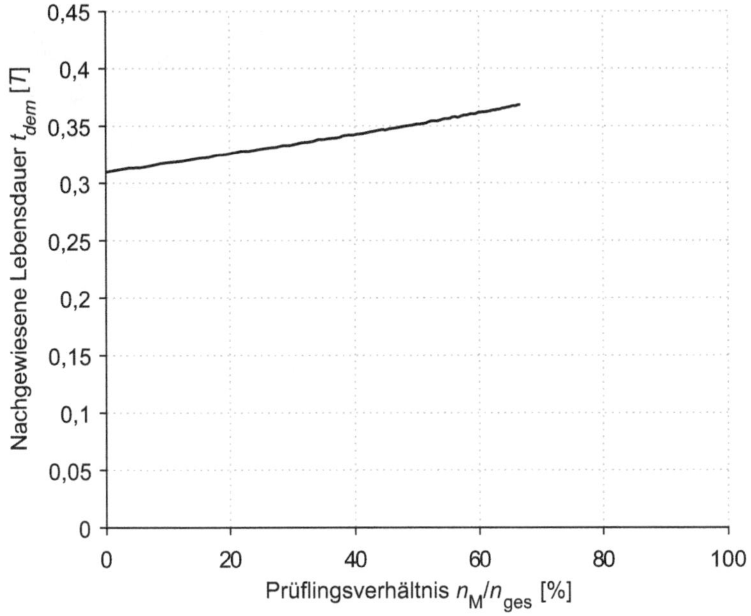

Abb. 6.51 t_{dem} für zusätzliche Prüflinge auf einem dritten, mittleren Lastniveau. (© IMA 2026. All Rights Reserved)

im beschleunigten als auch im unbeschleunigten Belastungsbereich verteilt. Alle Details und der genaue Parameterbereich können [344] entnommen werden.

Für ein repräsentatives Ergebnis wurden neben den Lagen der Lastniveaus auch die Stichprobengröße und die Belastung in Form von unterschiedlichen Kollektivformen variiert. Für vergleichbare Ergebnisse wurden unterschiedliche Kollektivformen mit der Betaverteilung erzeugt, die immer die gleiche Gesamtschädigung aufweisen. Abb. 6.57 zeigt die Ergebnisse der Parameterstudie für die verschiedenen Teststrategien.

Im Median erreichen H1 und H4 die höheren Werte im Vergleich zu H2 und H3. Begründet werden kann das über die bessere Testabdeckung der Laststufen. H4 deckt den Lastbereich des Lastkollektivs komplett ab. Hier muss das Lebensdauermodell also für die Berechnung der Schädigung in keinem Bereich extrapoliert werden. Gerade für sehr niedrig liegende untere Belastungsstufen ist jedoch bei H4 auch mit deutlich erhöhten Kosten zu rechnen, da sich die untere Laststufe des Tests eben genau an der tiefsten Laststufe des Kollektivs orientiert und somit mit sehr langen Testdauern gerechnet werden muss. H1 erreicht im Median nahezu denselben Wert wie H4. Durch das dritte zusätzliche Lastniveau wird eine ähnlich gute Testabdeckung erreicht, sodass auch hier in wenigen Fällen extrapoliert werden muss. D. h. auch hier ist der Vertrauensbereich für nahezu alle Laststufen der unterschiedlichen Kollektive sehr schmal. Dass ein drittes zusätzliches

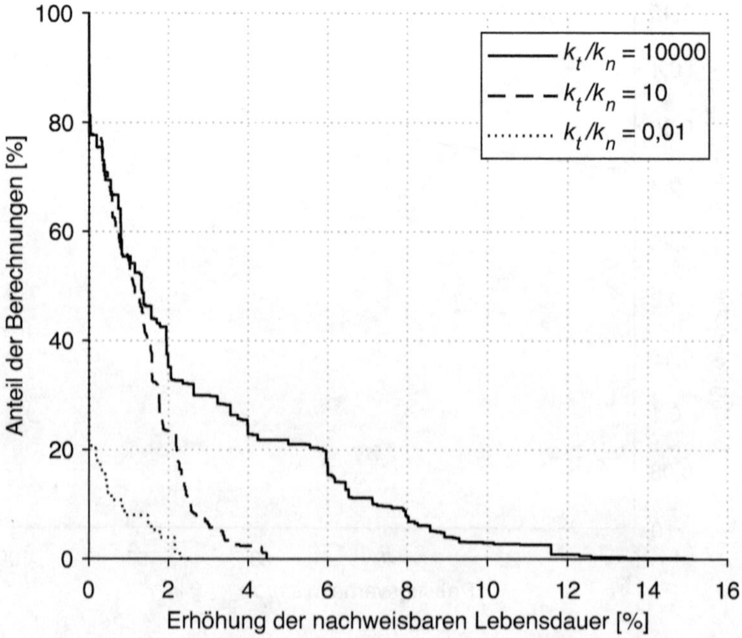

Abb. 6.52 Auftretenshäufigkeit von erhöhten nachweisbaren Lebensdauern bei einem dritten Lastniveau [74].

Testniveau keine enormen Zuwächse der P_{ts} mit sich bringt deckt sich mit den Überlegungen aus Abschn. 6.5.3.2. Mit der Überlagerung des Extrapolationsfehlers einiger weniger Testfälle entsteht so schließlich nahezu der selber Median der P_{ts} wie in H3.

H2 und H3 erreichen minimal niedrigere Median-P_{ts}-Werte. Berücksichtigt man jedoch zusätzlich den Kostenaspekt, dann ist davon auszugehen, dass insbesondere H2 in vielen Fällen den besten Kompromiss bildet. Die deutlich höhere Beschleunigung der beiden Testniveaus führt nicht zu einem deutlich niedrigeren Median im Vergleich zu H3 und spart aufgrund der deutlich verringerten Testzeiten Testkosten ein. Auch der Interquantilsbereich unterscheidet sich kaum von H2 und H3 und liegt sogar über dem von H4.

Im Vergleich zu allen Horizontenverfahren schneidet das Perlenschnurverfahren deutlich schlechter ab. Die Mehrzahl der Durchläufe der Parameterstudie weist eine sehr niedrige P_{ts} auf, zu erkennen am tief liegenden Median. Auch der gesamte Interquantilsbereich erstreckt sich nur in sehr niedrigen P_{ts}-Bereichen. Jedoch können mit dem Perlenschnurverfahren in wenigen Fällen auch hohe P_{ts}-Werte erreicht werden. Begünstigt wird eine hohe P_{ts} nur in Fällen in denen die perlenschnurverteilten Testniveaus sehr genau dem Bereich der Belastungsniveaus entsprechen, sprich für die Berechnung der Schadenssummen nicht aus dem getesteten Bereich extrapoliert werden muss. In der

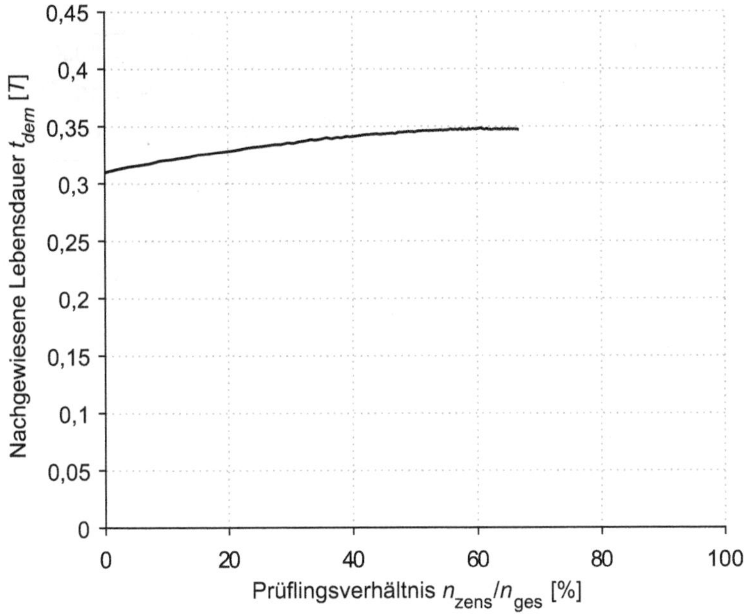

Abb. 6.53 t_{dem} für zusätzliche zensierte Prüflinge. ()

praktischen Anwendung will man hingegen aus Kostengründen mit beschleunigten Testniveaus arbeiten. Dabei muss aber stets bis zu einem gewissen Anteil extrapoliert werden. In diesen Szenarien erreicht das Perlenschnurverfahren deutlich reduzierte P_{ts}– Werte. Betrachtet man die Häufigkeitsverteilung der errechneten P_{ts}-Werte aus der beschriebenen Parameterstudie in Abb. 6.58 wird deutlich, dass nur in sehr wenigen Fällen hohe P_{ts}-Werte resultieren. D. h. in der Mehrzahl der Fälle liefert ein Horizontentestverfahren eine größere Chance auf einen erfolgreichen Test.

Dennoch bleibt unter bestimmten Randbedingungen ein versuchstechnischer Vorteil der Perlenschnurmethode erhalten. In Fällen, in denen sehr wenig über den zugrunde liegenden Ausfallmechanismus bekannt ist, lässt sich der Lastbereich in dem der jeweilige Ausfallmechanismus erhalten bleibt deutlich einfacher abtesten. Beispielsweise kann durch eine sequentielle Testabfolge mit steigender Belastung das maximal mögliche Beschleunigungsniveau identifiziert werden und die Daten können trotzdem noch in die Auswertung des Lebensdauermodells, bzw. für einen Nachweis verwendet werden. Will man unter Verwendung des Horizontenverfahrens ein sehr hohes Lastniveau verwenden, muss diese Vorkenntnis bereits vorhanden sein.

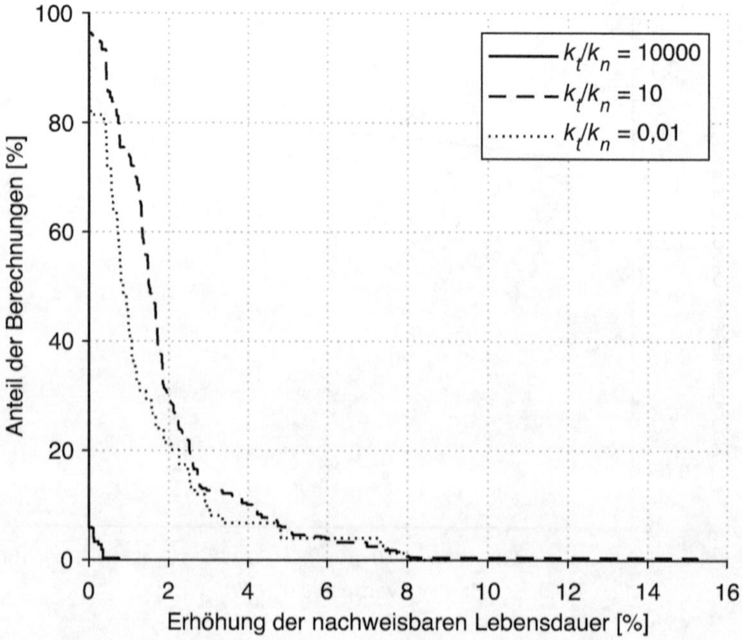

Abb. 6.54 Auftretenshäufigkeit von erhöhten nachweisbaren Lebensdauern Zensierungen [74].

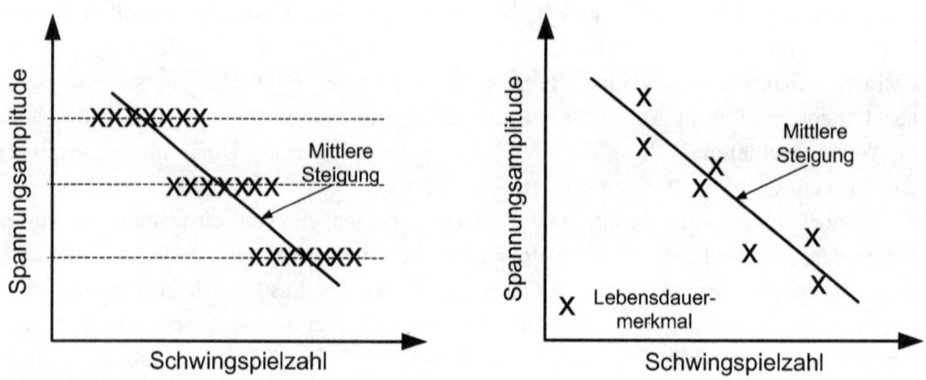

Abb. 6.55 links: Horizontenverfahren, rechts: Perlenschnurverfahren [19].

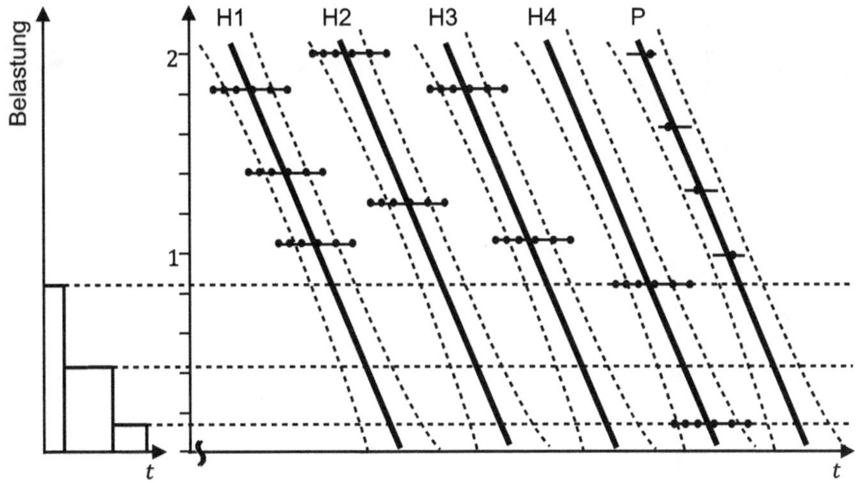

Abb. 6.56 Unterschiedliche Horizonten- und Perlenschnurteststrategien. (© IMA 2026. All Rights Reserved)

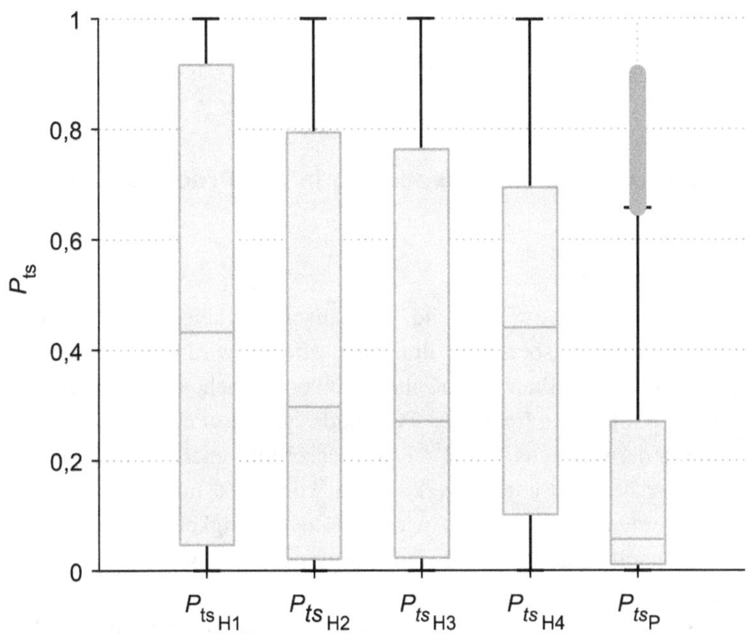

Abb. 6.57 P_{ts} der Horizonten- und der Perlenschnurtests. (© IMA 2026. All Rights Reserved)

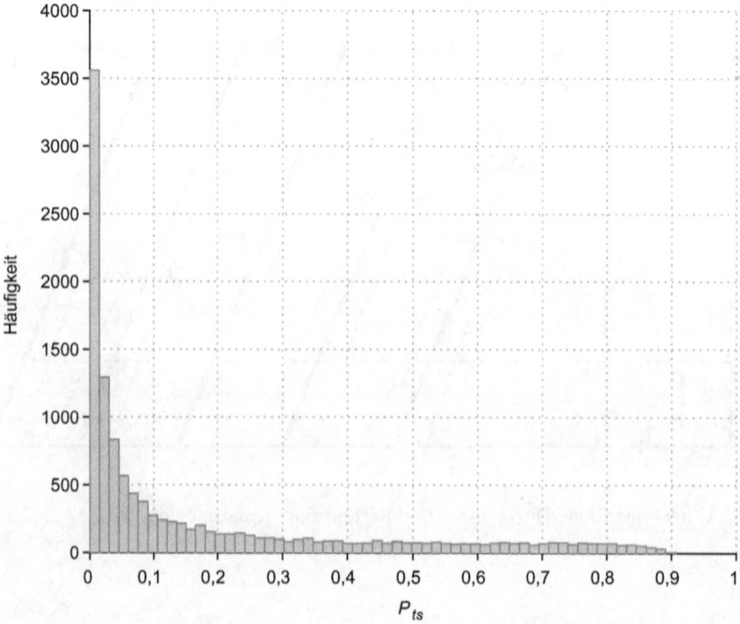

Abb. 6.58 Auftretenshäufigkeit der P_{ts} beim Perlenschnurverfahren.

6.5.4 Bedeutung für die Anwendung in der Produktentwicklung

Philipp Mell und Martin Dazer

Die P_{ts}-basierte Methode zur Planung von Zuverlässigkeitstests wird im Folgenden anhand eines Anwendungsbeispiels illustriert. Hierzu wird der Drahtmitnehmer des in Abschn. 5.5.9 vorgestellten NanoCube® erneut betrachtet. Die Zuverlässigkeit des Drahtmitnehmers soll zum Ende der Produktdesignphase nachgewiesen werden. Die Lebensdaueranforderung lautet $5 \cdot 10^{10}$ Lastwechsel mit einer Amplitude von 280 MPa. Für diese Lebensdauer soll eine Zuverlässigkeit von 90 % mit 80 % Aussagesicherheit nachgewiesen werden. Im Folgenden wird der Zuverlässigkeitstest zur Erbringung dieses Nachweises geplant, der die Vorkenntnisse aus dem in Abschn. 5.5.9 beschriebenen Versuch nutzt.

Da es sich um einen Nachweis für eine einzelne Komponente mit einem relevanten Ausfallmechanismus handelt, wird ein ausfallbasierter Test geplant. Aufgrund zeitlicher Einschränkungen muss dieser beschleunigt durchgeführt werden. Das untere Lastniveau wird basierend auf dem Vorwissen auf 500 MPa festgelegt, um eine hinreichend schnelle Versuchsdurchführung zu garantieren. Das obere Lastniveau ist bei 1300 MPa angesetzt, da aus den Vorversuchen bekannt ist, dass bei dieser Belastungsamplitude immer noch der relevante Ausfallmechanismus auftritt. Es stehen 17 parallel betreibbare Prüfeinrichtungen zur Verfügung, weshalb ein Test für genau 17 Prüflinge gesucht wird.

Es ist bekannt, dass die höchste nachgewiesene Lebensdauer dann erzielt werden kann, wenn im Test zwei Laststufen verwendet werden, welche je so hoch bzw. so tief wie möglich liegen. Daher wird der Fall von zwei Lastniveaus bei 500 MPa und 1300 MPa als Ausgangskonfiguration für den Test verwendet. Die Verteilung der Prüflinge auf die beiden Lastniveaus erfolgt gemäß der Faustformel 2:1, sodass 11 Prüflinge auf dem niedrigen und 6 Prüflinge auf dem hohen Lastniveau getestet werden.

Anhand der P_{ts} soll nun bewertet werden, wie hoch die Wahrscheinlichkeit ist, dass dieser Test den geforderten Nachweis erbringt. Eine P_{ts} von 80 % wird als ausreichend bewertet. Darüber hinaus soll geprüft werden, ob ein höheres unteres Lastniveau – ggf. mit anderer Prüflingsaufteilung – unter Einhaltung der geforderten P_{ts} zulässig ist, da dies den Testprozess weiter beschleunigen würde.

Das Vorwissen für die Berechnung der P_{ts} wurde aus den in Abschn. 5.5.9 durchgeführten Versuchen ermittelt. Der Formparameter ist dementsprechend $b = 1{,}70$, die charakteristische Lebensdauer auf der Referenzlast von 280 MPa beträgt $T = 1{,}13 \cdot 10^{12}$ Lastwechsel, der Wöhlerkoeffizient ist $k = 9{,}8726$.

Die ermittelte P_{ts} für den vorgeschlagenen Ausgangsfall beträgt 90,5 %, was in Abb. 6.59 dargestellt ist. Da dieser Wert deutlich über der geforderten P_{ts} von 80 % liegt, wird untersucht, ob der Test weiter beschleunigt werden kann. Hierzu wird die Lage des niedrigen Lastniveaus zunächst auf 550 und dann auf 600 MPa erhöht. Aufgrund der höheren Belastung ist eine (deutlich) geringere Testdauer zu erwarten: Gemäß dem Vorwissen führt eine um 10 % erhöhte Last zu einer um 60 % reduzierten Testdauer. Die Probability of Test Success des Tests sinkt jedoch nur geringfügig auf 88,4 % bzw. auf 85,8 % (vgl. Abb. 6.59). Aufgrund der hohen zeitlichen Ersparnis gegenüber einer geringfügigen Verringerung der P_{ts} ist eine dieser Testkonfigurationen zu empfehlen.

Ausgehend von der Testkonfiguration mit niedrigem Lastniveau bei 600 MPa wird nun zusätzlich untersucht, wie sich eine andere Prüflingsverteilung auf das Testergebnis auswirkt. Hierzu wird zunächst die Anzahl von Prüflingen auf dem niedrigen und auf dem hohen Lastniveau getauscht. Dies führt zu einer weiteren Verringerung der P_{ts} um knapp 4 Prozentpunkte. Der Mindestwert von 80 % ist nach wie vor eingehalten, jedoch ist zu bedenken, dass die erwartete Zeitersparnis bei paralleler Durchführung der Versuche ungleich geringer ist als durch die zuvor erfolgte Erhöhung des niedrigen Lastniveaus. Eine weitere Verschiebung von Prüflingen vom niedrigen auf das hohe Lastniveau führt dazu, dass die kritische Grenze von 80 % P_{ts} deutlich unterschritten wird (vgl. Abb. 6.59). Entsprechend ist diese Testkonfiguration nicht zulässig. Stattdessen sollte eine der beiden anderen Testkonfigurationen mit niedrigem Lastniveau bei 600 MPa gewählt werden.

Das Anwendungsbeispiel zeigt, dass die Planung eines Zuverlässigkeitsnachweistests mithilfe der P_{ts} in zweifacher Hinsicht verbessert wird: Zunächst steht damit überhaupt eine Größe zur Verfügung, die eine Bewertung verschiedener Testkonfigurationen

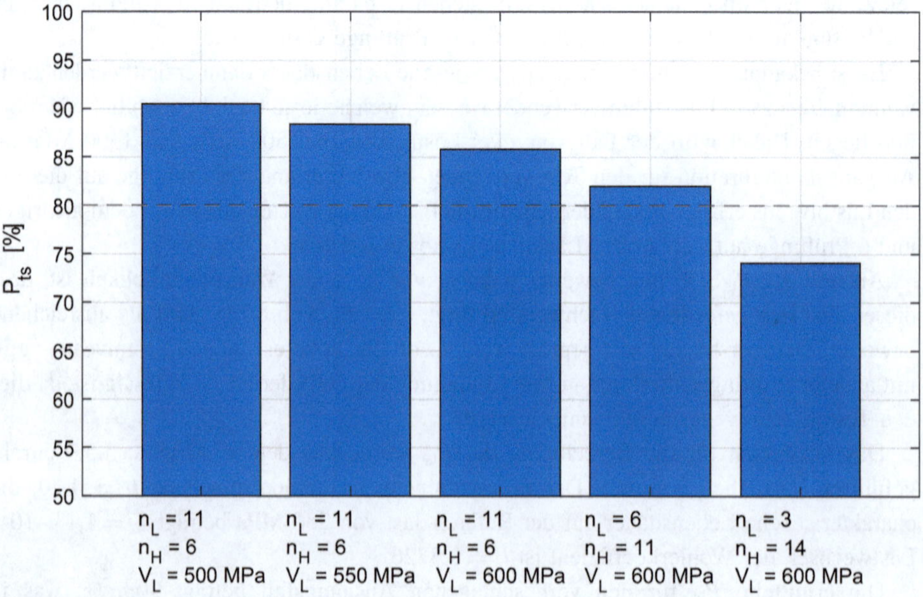

Abb. 6.59 Erfolgswahrscheinlichkeit P_{ts} für Tests mit unterschiedlichen Kombinationen der Prüflingsanzahl auf dem niedrigen und hohen Lastniveau (V_L, V_H) sowie der Höhe des niedrigen Lastniveaus V_L.

hinsichtlich der Wahrscheinlichkeit eines erfolgreichen Nachweises erlaubt. Darauf aufbauend ist es durch Vergleich der P_{ts} für verschiedene Fälle möglich, ein individuelles Optimum zwischen Testdauer und P_{ts} zu finden.

6.6 Ausfallfreie Testverfahren für den Zuverlässigkeitsnachweis

Die ausfallfreien Testverfahren – im deutschen Sprachgebrauch auch oft unter dem Begriff Success-Run Tests zusammengefasst – sind aufgrund ihrer statistisch sehr einfachen Planung industriell stark verbreitet. Im Folgenden werden alle theoretisch- und praxisrelevanten Themen der ausfallfreien Testverfahren für den Zuverlässigkeitsnachweis erläutert. Nach einer Einführung über die Herkunft und die grundsätzliche statistische Idee zum Testverfahren folgen die Details zur Aufwandsplanung und die Berechnung der Probability of Test Success. Da ohne breites statistisches Wissen schnell Fehler bzw. auch folgenschwere fehlerhafte Annahmen bei der Testplanung passieren, werden weiterhin im Detail einige allgemeingültige Zusammenhänge thematisiert sowie auf die typischen „Pitfalls“ eingegangen.

6.6.1 Einordnung und grundsätzliche Vorgehensweise

In diesem Abschnitt werden zunächst die grundlegenden Begrifflichkeiten und Definition aufgegriffen und die zentrale Idee hinter den ausfallfreien Tests erläutert.

Die ausfallfreien Testverfahren (im englischen Sprachgebrauch – „Zero Failure Testing") sind reine Nachweisteststrategien. D. h. das einzige Ziel ist es einen Nachweis für gestellte Zuverlässigkeitsanforderungen zu erbringen. Im deutschen Sprachgebrauch werden diese Teststrategien meistens unter dem Begriff Success-Run also „Erfolgslauf" oder „Erfolgstest" zusammengefasst. Diese Bezeichnung impliziert auch bereits die prinzipielle Vorgehensweise beim Success-Run Test (SRT), nämlich dass alle Prüflinge die geforderte Lebensdauer ohne Ausfall überstehen. Im industriellen Kontext ist er somit auch als Freigabetest im Sinne der Zuverlässigkeit zu verstehen.

Bei einem Success-Run Test werden prinzipiell alle Prüflinge einer Stichprobe vom Umfang *n*, bis zu einer vordefinierten Lebensdauer getestet, siehe Abb. 6.60.

Er kann damit auch als Spezialfall eines rechtszensierten Lebensdauertests gelten, bei dem alle Prüflinge zensiert, d. h. am Testende noch intakt sind. Die Erwartungshaltung, bezüglich des Ergebnisses ist daher grundsätzlich immer, dass kein Ausfall während des Tests auftritt, um dem Produkt eine bestimmte Zuverlässigkeit zu attestierten, die über den gestellten Anforderungen liegt.

Der Success-Run Test unterscheidet sich von EoL Testverfahren dadurch, dass er nicht verwendet werden kann, um Aussagen über das Ausfallverhalten zu treffen. Da im Success-Run Test möglichst keine oder nur sehr wenige Ausfälle auftreten sollen, kann keine Weibull-Auswertung durchgeführt und somit keine Weibull-Gerade und keine Ausfallverteilung ermittelt werden. Daher ist der Success-Run Test auf den Zuverlässigkeitsnachweis beschränkt, da er ausschließlich eine Mindestzuverlässigkeit nachweisen kann und somit lediglich gestellte Zuverlässigkeitsanforderungen bestätigt. Die tatsächliche Zuverlässigkeit des Produkts kann also in Realität auch deutlich größer sein, als das, was mit dem Success-Run Test nachgewiesen wird.

Obwohl dies zunächst nach einer geringfügigen Einschränkung klingen mag, sind die Limitationen des Success-Run Tests tatsächlich recht weitreichend. Laut Definition in

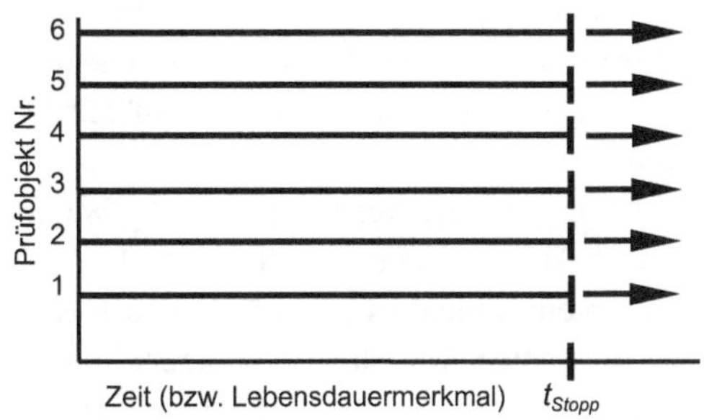

Abb. 6.60 Vollständig zensierter Test / Success-Run Test [5].

Abschn. 2.1.2.2 ist er daher nicht den Lebensdauertests, sondern den Zuverlässigkeitstests zuzuordnen. Die Lebensdauer selbst spielt im Testverfahren des Success-Run nur eine untergeordnete Rolle, da sie meist ohnehin direkt aus der gestellten Anforderung abgeleitet wird.

6.6.2 Aufwandsplanung

Da es sich beim Success-Run um einen reinen Nachweis- bzw. Freigabetest handelt, steht die nachzuweisende Lebensdauer durch das Zuverlässigkeitsziel bereits fest. Die maßgebliche Aufgabe ist es demnach die erforderliche Anzahl an Prüflingen zu bestimmen. Die resultierenden Kosten ergeben sich schlussendlich aus der Stichprobengröße in Kombination mit der zur Verfügung stehenden Anzahl an Prüfständen.

Eine gestellte Zuverlässigkeitsanforderung wie bspw. $R(200.000\,\text{km}) = 90\,\%$ mit einer Aussagesicherheit von $P_A = 90\,\%$ muss demnach überführt werden in eine Prüflingsanzahl, die getestet werden muss, um diese Anforderung gerade so zu übersteigen.

6.6.2.1 Binomialverteilung – binäre Klassifikation für die Aufwandsplanung

Die mathematische Berechnung der notwendigen Stichprobengröße geht zurück auf das sehr bekannte „Urnenmodell" [345], bei dem die Urne mit zwei unterschiedlich farbigen Kugeln befüllt ist. Dabei handelt es sich um ein Gedankenexperiment anhand dessen die binäre Klassifikation statistisch veranschaulicht wird. Es wird auch für die Veranschaulichung weiterer Zufallsexperiment aus den Bereichen der Wahrscheinlichkeitstheorie, Statistik und Kombinatorik verwendet.

Diese Verknüpfung zu den ausfallfreien Teststrategien basiert auf dem Gedanken der binären Einteilung der Resultate. Im Urnenbeispiel gibt es genau zwei mögliche Ergebnisse eines jeden Tests – das Ziehen einer blauen oder einer roten Kugel (unter der Voraussetzung das die Urne mit genau diesen Kugeln befüllt wurde) [345]. Ein anderes Ergebnis ist aufgrund der Testdefinition und der Randbedingungen nicht möglich. Beim SRT sind bezüglich des Ergebnisses ebenfalls nur zwei Zustände möglich. Denn auch wenn die Erwartungshaltung darin besteht, dass nur „Durchläufer" resultieren, so können auch Prüflinge vor dem Testende ausfallen. Die binären Gruppen sind damit „Test bestanden" und „Test nicht bestanden". Die Lebensdauer und die Ausfallzeit spielen keine Rolle.

Für das bessere Verständnis der Aufwandsplanung stelle man sich nun das Urnenexperiment als statistische Grundlage vor. In der Urne befinden sich rote und blaue Kugeln mit bekanntem Verhältnis p. Nun werden n Kugeln mit Zurücklegen aus der Urne gezogen. Mit bekanntem Verhältnis der Kugeln in der Urne p kann nun z. B. die Wahrscheinlichkeit berechnet werden, mit der man maximal x rote Kugeln aus der Urne zieht:

$$F(x) = \sum_{i=0}^{x} \binom{n}{i} \cdot p^i \cdot (1-p)^{n-i}. \tag{6.75}$$

Gl. (6.75) entspricht der Verteilungsfunktion der Binomialverteilung [38], siehe Abschn. 3.2.1.3

Dem Übertrag auf den Success-Run Test erhält man mit einer anderen Formulierung der Gleichung. Es ist ebenfalls möglich diejenige Wahrscheinlichkeit zu berechnen mit der das Verhältnis der Kugeln maximal p erreicht, wenn man x rote Kugeln aus n Versuchen gezogen hat:

$$P = 1 - \sum_{i=0}^{x} \binom{n}{i} \cdot p^i \cdot (1-p)^{n-i}. \tag{6.76}$$

Es ist also auch möglich ein unbekanntes Verhältnis p der Kugeln mit entsprechender Wahrscheinlichkeit abzusichern. Hier findet sich der Brückenschlag in die Zuverlässigkeitsabsicherung. Die mindestens zu erreichende Zuverlässigkeit R_{min} ist zwar nicht bekannt, es wird aber unterstellt, dass das Produkt sie erreicht, was schlussendlich auch über die geforderte Zuverlässigkeit zum Ausdruck kommt. Interpretiert man also

- p als Anteil roter Kugeln oder als geforderte maximale Ausfallwahrscheinlichkeit,
- $1-p$ als Anteil blauer Kugeln oder als geforderte minimale Zuverlässigkeit,
- x als Anzahl gezogener roter Kugeln oder als Anzahl an Ausfällen im Test,
- $n-x$ als Anzahl gezogener blauer Kugeln oder als Anzahl an Durchläufern im Test,
- n als die Stichprobengröße

so lässt sich Gl. (6.76) im Sinne der Zuverlässigkeit auch wie folgt formulieren [190, 346]:

$$P_A = 1 - \sum_{i=0}^{x} \binom{n}{i} \cdot (1 - R(t))^i \cdot (R(t))^{n-i}. \tag{6.77}$$

Auch diese Formulierung entspricht einer Binomialverteilung, die mit den bekannten Zuverlässigkeitskenngrößen umgeschrieben wurde. Damit wird es möglich eine unterstellte, bzw. geforderte Mindestzuverlässigkeit mit einer bestimmten Aussagesicherheit durch einen Test mit Stichprobengröße n und entsprechendem Resultat nachzuweisen.

Da die Aufwandsplanung in aller Regel nur auf Basis von Durchläufern, also ohne Ausfälle erfolgt, ergibt sich folgende Formulierung:

$$P_A = 1 - R(t)^n \text{ oder } R(t) = (1 - P_A)^{\frac{1}{n}}. \tag{6.78}$$

Wird Gl. (6.78) nach den notwendigen Durchläufern n (die auf Basis der Vorüberlegungen auch als Stichprobengröße interpretiert werden kann) aufgelöst, ergibt sich:

$$R(t) = (1 - P_A)^{\frac{1}{n}} \iff n = \frac{\ln(1 - P_A)}{\ln(R(t))}. \tag{6.79}$$

Diese Zusammenhänge von Gl. (6.78) und (6.79) lassen sich auch in Grafiken veranschaulichen. In Abb. 6.61 ist deutlich zu erkennen, dass eine Stichprobengröße von bis zu ca. 30 Prüflingen zu einem starken Anstieg der nachgewiesenen Mindestzuverlässigkeit führt. Bei größeren Stichprobengrößen konvergiert die nachgewiesene Zuverlässigkeit jedoch nur noch sehr langsam gegen den Grenzwert von 100 % Zuverlässigkeit.

Für eine beispielhaft gestellte Zuverlässigkeitsanforderung von $R(200.000\,\text{km}) = 90\,\%$ mit $P_A = 90\,\%$ kann somit sehr einfach die notwendige Stichprobengröße berechnet werden:

$$R(t) = (1 - P_A)^{\frac{1}{n}} \iff n = \frac{\ln(1 - P_A)}{\ln(R(t))} \Rightarrow n = \frac{\ln(0{,}1)}{\ln(0{,}9)} = 21{,}85. \tag{6.80}$$

Da in einem Test nur ganzzahlige Stichprobengrößen getestet werden können und die nachgewiesene Mindestzuverlässigkeit höher ausfallen muss als die geforderte, ist die berechnete Stichprobengröße stets aufzurunden. Bestehen alle Prüflinge den Test bis zu den geforderten 200.000 km so ist der Test erfolgreich und der Nachweis erbracht. Dieser

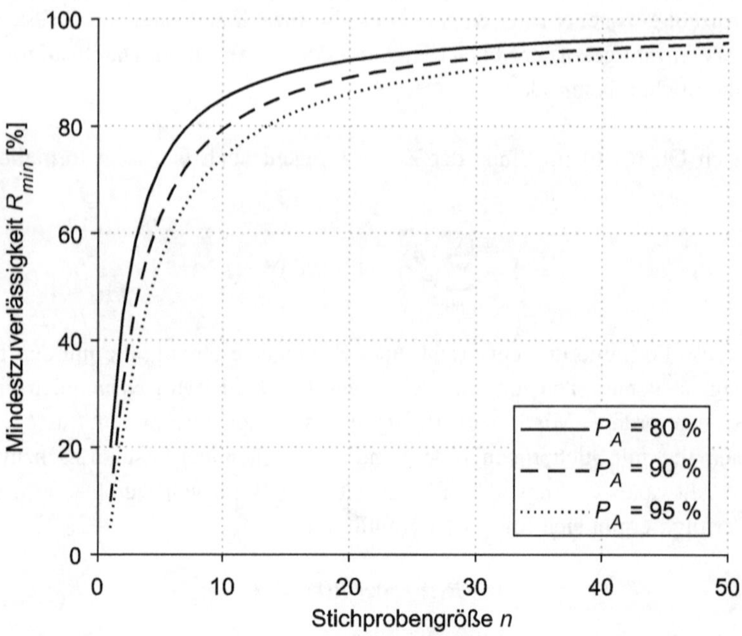

Abb. 6.61 Nachgewiesene Mindestzuverlässigkeit für verschiedene Stichprobengrößen und Aussagewahrscheinlichkeiten.

sehr einfachen Aufwandsplanung ist es geschuldet, dass der Success-Run Test in der Anwendung deutlich öfter für einen Nachweistest eingesetzt wird als andere verfügbare Teststrategien.

Im Weibullplot lässt sich der Success-Run wie in Abb. 6.62 veranschaulichen. Da der Success-Run ein Zuverlässigkeitstest ist, erhält man keine Weibullverteilung, die die Ausfallcharakteristik beschreibt. Stattdessen wird die Binomialverteilung im Zeitpunkt der geforderten Lebensdauer **einzig auf Basis der Forderungen** definiert. In diesem Fall analog zum berechneten Beispiel mit $R = 90\,\%$ und $P_A = 90\,\%$. Anhand dieser Veranschaulichung wird deutlich, dass es sich beim SRT um einen Worst-Case Testansatz handelt, da der Test rein auf Basis der gestellten Zuverlässigkeitsanforderungen definiert wird und eben diese gerade so erfüllen soll. Die Testplanung ist somit vollständig von der inhärenten Produktzuverlässigkeit entkoppelt – Steigen die Anforderungen so steigt auch die notwendige Stichprobengröße, nicht aber die Wahrscheinlichkeit den Test auch erfolgreich zu beenden, siehe Abschn. 6.6.8 für detaillierte Ausführungen hinsichtlich der Erfolgswahrscheinlichkeit bzw. Probability of Test Success des Success-Run Tests. Gerade bei sehr hohen Anforderungen steigt die notwendige Stichprobengröße exponentiell an, was schnell zu einem nicht mehr bewältigbaren Aufwand führt.

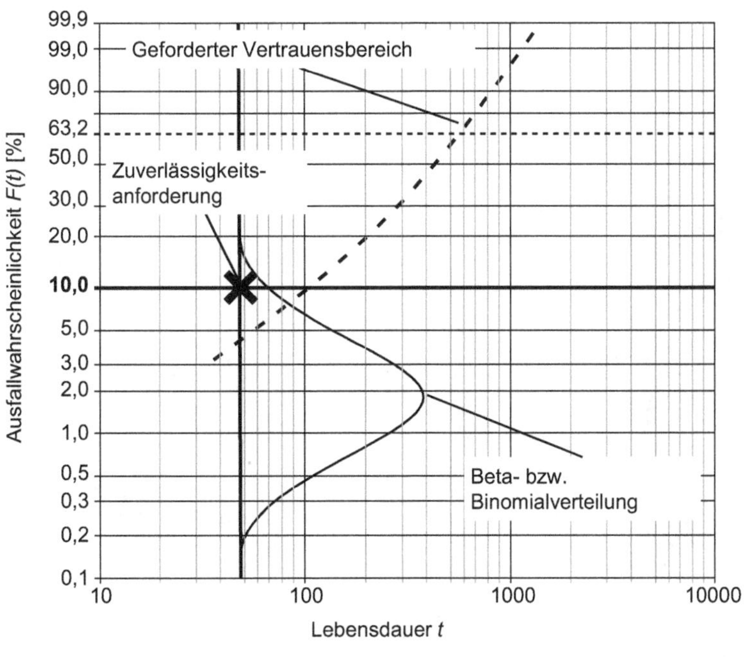

Abb. 6.62 Grundsätzliche Vorgehensweise bei der Nachweisführung im Success-Run Test. ()

6.6.2.2 Berücksichtigung von unterschiedlichen Prüfzeiten

Wie den vorangegangenen Ausführungen zu entnehmen ist, spielt die Lebensdauer selbst bei der Planung eines Success-Run Test nur eine untergeordnete Rolle, da der Fokus auf der Absicherung einer Zuverlässigkeitsverteilung bei der geforderten Lebensdauer liegt. In der Realanwendung kommt es jedoch sehr oft vor, dass nicht genau bis zu dieser geforderten Lebensdauer getestet werden kann. Mathematisch kann einer Verringerung und genauso einer Erhöhung der Testzeit über die Binomial- und der Weibullverteilung Rechnung getragen werden.

Die grundsätzlichen Überlegungen zur Berücksichtigung einer abweichenden Prüfzeit sind in Abb. 6.63 gezeigt.

Durch das vorgegebene Zuverlässigkeitsziel ist der Stichprobenumfang, die Laufzeit und die nachzuweisende maximal zulässige Ausfallwahrscheinlichkeit gegeben, siehe Punkt X in Abb. 6.63. Jeder Prüfling besitzt eine inhärente Ausfallwahrscheinlichkeit zur geforderten Lebensdauer $F(t_{\text{req}})$. Bei einem Test mit der Gesamtstichprobengröße ist damit auch die Gesamtausfallwahrscheinlichkeit vordefiniert (auch wenn diese nicht bekannt ist).

Unterstellt man das eingezeichnete Ausfallverhalten des Bauteils mit gegebenem Formparameter und testet nun kürzer als gefordert, ist die Ausfallwahrscheinlichkeit jedes

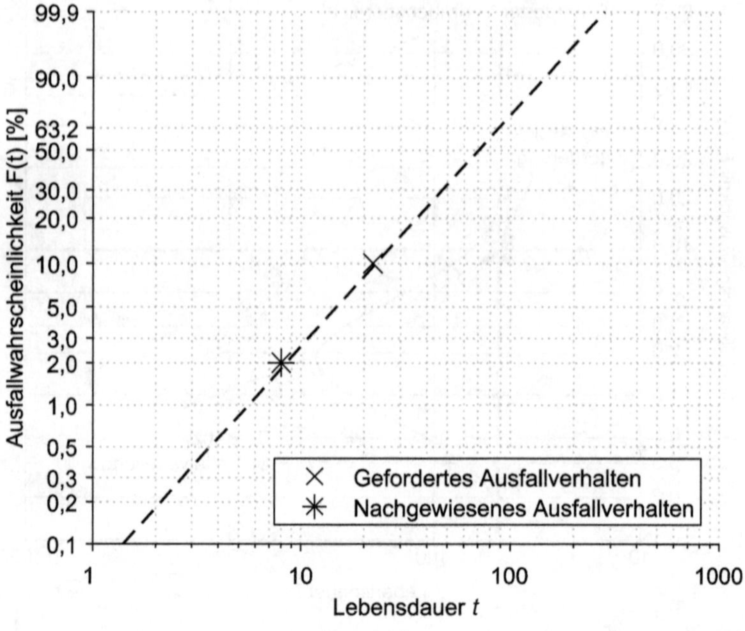

Abb. 6.63 Vergleich von gefordertem und nachgewiesenem Ausfallverhalten beim SRT. (© IMA 2026. All Rights Reserved)

einzelnen Prüflings kleiner, siehe Punkt * in Abb. 6.63, denn die Ausfallwahrscheinlichkeit steigt monoton über der Zeit an. Um die geforderte Ausfallwahrscheinlichkeit zu erreichen, muss die Gesamtausfallwahrscheinlichkeit der Vorgabe entsprechen. Um die geringere Ausfallwahrscheinlichkeit der einzelnen Prüflinge zu kompensieren, bleibt nur die Möglichkeit die Stichprobengröße zu erhöhen. Testet man länger kehrt sich dieser Effekt um – denn unterzieht man den Einzelprüfling einer größeren Ausfallwahrscheinlichkeit als gefordert kehrt sich auch die Kompensation um und die Stichprobengröße kann verringert werden [128, 129].

Wie bereits in Abb. 6.63 ersichtlich wird, ist für diese Berechnung das komplette Ausfallverhalten relevant, denn die Höhe der zu kompensierenden Ausfallwahrscheinlichkeit richtet sich elementar nach der Steigung des geforderten Ausfallverhaltens und ist damit vom Formparameter der Weibullverteilung abhängig. Die Zuverlässigkeit bei der geforderten Lebensdauer ergibt sich nach Weibull zu [128]:

$$R(t) = e^{-\left(\frac{t_{\text{req}}}{T}\right)^{b}}. \tag{6.81}$$

Ist nun die Prüfzeit t_t ungleich der geforderten Lebensdauer t_{req}, ergibt sich:

$$R(t) = e^{-\left(\frac{t_{\text{t}}}{T}\right)^{b}}. \tag{6.82}$$

Setzt man den Logarithmus von Gl. (6.81) und (6.82) ins Verhältnis ergibt sich:

$$\frac{\ln(R(t_t))}{\ln(R(t))} = \left(\frac{t_t}{t_{\text{req}}}\right)^{b} = {L_V}^{b}. \tag{6.83}$$

Das entstehende Verhältnis von Prüfzeit und geforderter Lebensdauer wird auch als Lebensdauerverhältnis L_V bezeichnet. Im Falle einer ausfallfreien Zeit t_0 kann auch das im Lebensdauerverhältnis berücksichtigt werden:

$$L_V = \frac{t_t - t_0}{t - t_0}. \tag{6.84}$$

Ergänzt man die Binomialverteilung um das Lebensdauerverhältnis so ergibt sich [128, 129, 195]:

$$P_A = 1 - \sum\nolimits_{i=0}^{x} \binom{n}{i} R\left(t_{\text{req}}\right)^{L_v^b (n-i)} \left[1 - R\left(t_{\text{req}}\right)^{L_v^b}\right]^{i}$$

$$\text{oder genauer: } P_A = \int_R^1 \frac{R''^{\sum_i L_{v,i}^b} \prod_j \left(1 - R''^{L_{v,j}^b}\right)}{\int_0^1 R'^{\sum_i L_{v,i}^b} \prod_j \left(1 - R'^{L_{v,j}^b}\right) \mathrm{d}R'} \mathrm{d}R'' \tag{6.85}$$

Wichtig ist dabei, dass bei den ausgefallenen Prüflingen die tatsächliche Ausfallzeit in das Lebensdauerverhältnis eingesetzt wird. Daraus wird dann aus der Binomialverteilung der rechte Teil in Gl. (6.85). Die jeweils verwendeten Lebensdauerverhältnisse der ausgefallenen Prüflinge sind also alle unterschiedlich. Dies ist durch den zusätzlichen Subskript j gekennzeichnet und hat zur Folge, dass die Gleichung keine echte Binomialverteilung mehr darstellt (rechter Teil der Gleichung), siehe auch Gl. (6.102). Auch diese Gleichung kann deutlich vereinfacht werden, für den Fall, dass keine Ausfälle bei der Planung berücksichtigt werden:

$$P_A = 1 - R\left(t_{\text{req}}\right)^{L_V^b n}. \tag{6.86}$$

Gl. (6.85) und (6.86) sind allgemeingültig formuliert. Das Lebensdauerverhältnis kann zu $L_V = 1$ gesetzt werden, falls die Prüfzeit der geforderten Lebensdauer entspricht [128].

Eine längere Testzeit führt unter ansonsten konstanten Randbedingungen also zu einer kleineren notwendigen Stichprobe und umgekehrt. Dieser Zusammenhang lässt sich auch veranschaulichen, siehe Abb. 6.64.

Anhand von Abb. 6.64 wird ersichtlich, dass die Stichprobengröße mit größer werdendem Lebensdauerverhältnis stark abnimmt. Für eine geforderte Mindestzuverlässigkeit

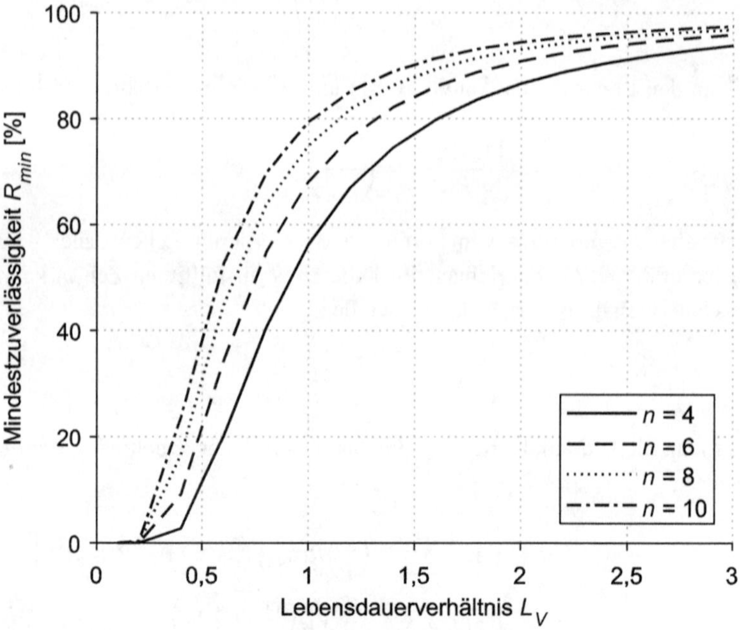

Abb. 6.64 Nachgewiesene Mindestzuverlässigkeit bei unterschiedlichen Lebensdauerverhältnissen bei $P_A = 90\,\%$ und $b = 2$.

von $R = 80\,\%$ mit Aussagesicherheit $P_A = 90\,\%$ sind bei einem Lebensdauerverhältnis von $L_V = 1,7$ vier Prüflinge notwendig. Bei einem Lebensdauerverhältnis von 2,6 ist theoretisch ein einzelner Prüfling ausreichend. Ein einzelner Prüfling ergibt für einen Zuverlässigkeitsnachweis jedoch keinen Sinn, da er keinerlei Streuung mit erfassen kann, die jedoch bei der Zuverlässigkeit das zentrale Element einnimmt.

6.6.2.3 Berücksichtigung eines Raffungsfaktors

In Tests sind neben der Lebensdauer selbst oft auch die Versuchsbedingungen nicht exakt identisch mit denen in der tatsächlichen Feldanwendung. Besonders bei Produkten mit sehr langen geplanten Einsatzzeiten werden die Testbedingungen gezielt verschärft, um in kürzerer Testdauer das gesamte Produktleben abzubilden.

Die gezielte Erhöhung der Belastung während des Tests führt zu verstärkten Bauteilschäden und infolgedessen zu verkürzten Lebensdauern. Der Raffungsfaktor quantifiziert den Unterschied zwischen den Versuchsbedingungen, indem die Testlebensdauer ins Verhältnis zur Feldlebensdauer gesetzt wird, siehe Abschn. 5.5. Die Testbeschleunigung in Form des Raffungsfaktors kann auch beim Success-Run Test verwendet werden, um Prüflinge einzusparen. Dies ist zulässig, solange sich der Ausfallmechanismus nicht ändert [346, 347].

Für die weibullverteilte Zuverlässigkeit im Test lässt sich schreiben:

$$R_t(t) = e^{-\left(\frac{t}{T_t}\right)^{b_t}}, \tag{6.87}$$

während für den realen Betrieb weiterhin gilt:

$$R(t) = e^{-\left(\frac{t}{T}\right)^{b}}. \tag{6.88}$$

Setzt man Gl. (6.88) in Gl. (8.87) ein ergibt sich für die Zuverlässigkeit im realen Betrieb [128]:

$$R(t) = e^{-\left(\frac{T_t}{T}\left[\ln\left(\frac{1}{R_t(t)}\right)\right]^{\frac{1}{b_t}}\right)^{b}}. \tag{6.89}$$

In der Regel geht man davon aus, dass der Ausfallmechanismus im Test und im Feld übereinstimmt, was aber stets überprüft und ggf. durch Befundung validiert werden muss. Demnach kann von annähernd gleichen Formparametern ausgegangen werden. Es gilt:

$$b = b_t. \tag{6.90}$$

Unter zu Hilfenahme des Raffungsfaktors r gilt für die charakteristische Lebensdauer:

$$T = r \cdot T_t. \tag{6.91}$$

Zusammen mit Gl. (6.89) ergibt sich folgender Zusammenhang:

$$R(t) = e^{-\left(\frac{T_t}{rT_t}\left[\ln\left(\frac{1}{R_t(t)}\right)\right]^{\frac{1}{b}}\right)^b} = e^{-\frac{\ln(1/R_t(t))}{r^b}} \Rightarrow \ln(R(t)) = -\frac{1}{r^b}\ln(1/R_t(t))$$
$$\Rightarrow R_t(t) = R(t)^{r^b}. \tag{6.92}$$

Dieser Zusammenhang gilt jedoch wieder nur für den exakt gleichen Betrachtungszeitpunkt t. Ist auch die Prüfzeit im Versuch ungleich der geforderten, so lässt sich die Binomialgleichung wie folgt umschreiben [128, 195]:

$$P_A = 1 - \sum_{i=0}^{x} \binom{n}{i} R(t_{\text{req}})^{(rL_V)^b(n-i)} \left(1 - R(t_{\text{req}})^{r^b\left(\frac{t_{t,i}}{t_{\text{req}}}\right)^b}\right)^i$$

$$\text{oder genauer: } P_A = \int_R^1 \frac{R''^{\sum_i r^b\left(\frac{t_{t,i}}{t_{\text{req}}}\right)^b} \prod_j \left(1 - R''^{r^b\left(\frac{t_{t,j}}{t_{\text{req}}}\right)^b}\right)}{\int_0^1 R'^{\sum_i r^b\left(\frac{t_{t,i}}{t_{\text{req}}}\right)^b} \prod_j \left(1 - R'^{r^b\left(\frac{t_{t,j}}{t_{\text{req}}}\right)^b}\right) \mathrm{d}R'} \mathrm{d}R''. \tag{6.93}$$

Ohne geplante Ausfälle kann weiter vereinfacht werden:

$$P_A = 1 - R(t_{\text{req}})^{(rL_V)^b n}. \tag{6.94}$$

Dieser Zusammenhang lässt sich ebenfalls veranschaulichen, siehe Abb. 6.65. Bei geforderter Lebensdauer besitzen Bauteile bei höherer Belastung eine niedrigere Zuverlässigkeit als unter normalen Betriebsbedingungen, siehe Gl. (6.92) Wenn der Stichprobenumfang und die Prüfzeit identisch sind, bietet ein Test unter erhöhter Belastung eine höhere Aussagewahrscheinlichkeit im Vergleich zu normalen Betriebsbedingungen [128].

In einem solchen verschärften Testszenario müssen sowohl der Formparameter als auch der Raffungsfaktor bekannt sein. Zusätzlich beziehen sich diese Erläuterungen auf einen Ausfallmechanismus, der konstant bleiben muss und sich nicht ändern darf.

6.6.2.4 Berücksichtigung streuender Feldbeanspruchung

Die tatsächlich real geforderte Lebensdauer im Feld ist für jeden Nutzer des Produkts unterschiedlich. Betrachtet man beispielsweise einen Zeitpunkt von 24 Monaten im Feld, so wird die Nutzungsdauer des Produkts jedes Nutzers streuen, folglich streut auch die Lebensdauer. Ist diese Streuung durch eine Verteilung $f(t_{\text{Feld}})$ bekannt – beispielsweise durch eine Laufleistungsverteilung bei PKW – so kann diese Information in der Auswertung mitberücksichtigt werden. Letztlich wird statt einer fixen Lebensdauer die Zuverlässigkeit des Success-Run Tests für die tatsächliche Lebensdauer mit entsprechender Auftretenswahrscheinlichkeit im Feld ausgewertet. Durch die Streuung kann die Feldlebensdauer t_{Feld} verschiedene Werte annehmen. Um eine Gesamtaussage für das Feld zu erhalten, müssen die Werte entsprechend ihrer Auftretenswahrscheinlichkeiten im Feld gewichtet werden. Dies gibt die Dichtefunktion der Feldverteilung an. Die Success-Run

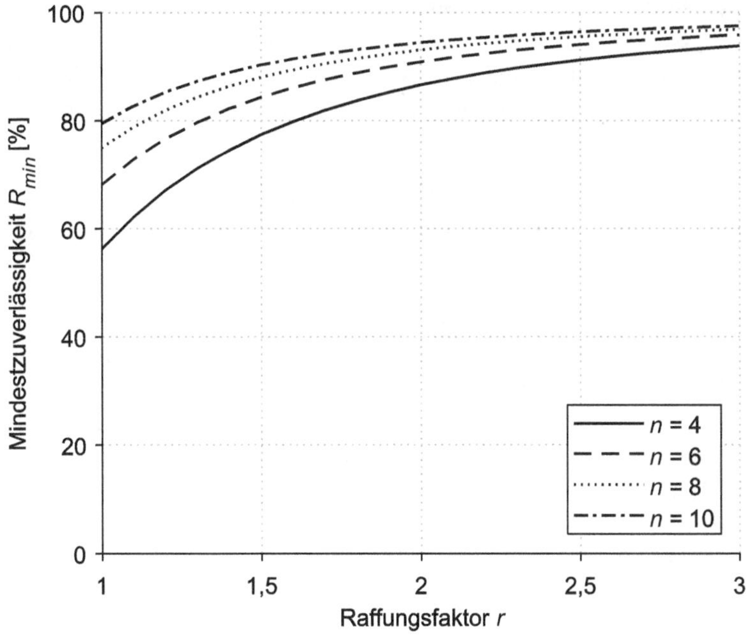

Abb. 6.65 Auswirkung des Raffungsfaktors beim SRT bei $P_A = 90\,\%$. (© IMA 2026. All Rights Reserved)

Gleichung kann demnach wie folgt angepasst werden [195, 253].

$$P_{A,\text{Feld}} = 1 - \int_0^{+\infty} \frac{f(t_{\text{Feld}}) \cdot R(t_{\text{req}})^{\sum_{i=1}^{(n-x)}\left(r_i \frac{t_i}{t_{\text{Feld}}}\right)^b} \cdot \prod_{j=1}^{x}\left[1 - R(t_{\text{req}})^{\left(r_j \frac{t_j}{t_{\text{Feld}}}\right)^b}\right]}{\int_0^{+\infty} R(t_{\text{req}})^{\sum_{i=1}^{(n-x)}\left(r_i \frac{t_i}{t_{\text{Feld}}}\right)^b} \cdot \prod_{j=1}^{x}\left[1 - R(t_{\text{req}})^{\left(r_j \frac{t_j}{t_{\text{Feld}}}\right)^b}\right] \mathrm{d}R} \mathrm{d}t_{\text{Feld}}. \tag{6.95}$$

Hierbei ist berücksichtigt, dass die Prüflinge unterschiedliche Laufzeiten im Test aufweisen können, sowie unterschiedliche Raffungsfaktoren. Es wurde für die Überlebenden der Subskript i und für die Ausfälle der Subskript j eingeführt. Durch die Multiplikation mit dem Wert der Dichtefunktion der Feldlebensdauer t_{Feld} werden die jeweilig auftretenden Werte mit der korrekten Auftretenswahrscheinlichkeit gewichtet. Durch das Integral werden diese aufsummiert und man erhält letztlich einen skalaren Wert, welcher das gesamte Feld repräsentiert. Üblicherweise entspricht die im Zuverlässigkeitsziel fix vorgegebene Lebensdauer t_{req} eher einem Quantil >> 50 % der Feldverteilung. Dadurch erhält man durch die Berücksichtigung der Feldlebensdauerverteilung über diesem Wege hier größere Werte der Aussagewahrscheinlichkeit. Denn bei gleichen Randbedingungen des Tests erhält man damit ein größeres Lebensdauerverhältnis bzw. Raffungsfaktor bei Berücksichtigung der Feldlebensdauerverteilung.

Üblicherweise ist jedoch die Zuverlässigkeit von Interesse und die Aussagewahrscheinlichkeit wird vorgegeben. Für diesen Fall lautet die Gleichung für einen reinen Success-Run ohne Ausfälle:

$$R_{\text{Feld}} = \int_0^{+\infty} f(t_{\text{Feld}}) \cdot (1 - P_A)^{\left(\sum_{i=1}^{n}\left(r_i \frac{t_i}{t_{\text{Feld}}}\right)^b\right)^{-1}} \mathrm{d}t_{\text{Feld}}. \tag{6.96}$$

Grundvoraussetzung für solch eine Auswertung ist die genaue Kenntnis der Feldverteilung $f(t_{\text{Feld}})$. Diese ist in den meisten Fällen nur schwer zu schätzen. Sie sollte in jedem Fall genau geprüft werden, ob sie tatsächlich repräsentativ für das Feldverhalten ist. Die Form dieser Gleichung entspricht dem Erwartungswert der Zuverlässigkeit, berechnet mittels der Feldverteilung der Lebensdauer.

Liegen die Werte aus der Feldverteilung als m diskrete Werte $t_{\text{Feld},j}$ vor, so kann die Auswertung auch ohne Verteilungsannahme und -Schätzung auf diskrete Weise erfolgen. Die Gleichung lautet dann [253]:

$$R_{\text{Feld}} = \frac{1}{m} \sum_{j=1}^{m} (1 - P_A)^{\left(\sum_{i=1}^{n}\left(r_i \frac{t_i}{t_{\text{Feld},j}}\right)^b\right)^{-1}}. \tag{6.97}$$

Aufgrund der diskreten Werte, wird das Integral zu einer Summe und der Erwartungswert aus Gl. (6.97) wird zum empirischen Schätzer dieser Größe, nämlich dem Mittelwert. Dies ist korrekt, wenn man sich vor Augen hält, dass die diskreten Werte der Feldlebensdauern entsprechend ihrer Auftretenswahrscheinlichkeit verteilt sind und damit die Gewichtung der Werte quasi automatisch erfolgt. Wichtig ist dabei, dass die diskreten Werte der Feldverteilung tatsächlich eine repräsentative Stichprobe für das Feld darstellen.

6.6.2.5 Verallgemeinerte Formulierung auf Basis der Betaverteilung

Die vorangegangenen Ausführungen gehen stets davon aus, dass alle Prüflinge denselben Bedingungen unterliegen. Auch wenn mit einer Beschleunigung und einem Lebensdauerverhältnis geplant wird, so müssen in der Berechnung über die Binomialverteilung stets die gleichen Bedingungen für alle Prüflinge gelten. Wird der Test nun durchgeführt, kann es jedoch dazu kommen, dass einzelne oder sogar alle Prüflinge anderen Randbedingungen unterlagen. In einem solchen Szenario wird eine verallgemeinerte Form für die Testauswertung benötigt, bei der für jeden Prüfling andere Bedingungen herrschen können.

Hergeleitet wird diese Form über die Verwandtschaft von Binomial- und Betaverteilung (konjugierte Verteilung [348]). Die Binomialverteilung lässt sich aufgrund dieser Verwandtschaft auch als Betaverteilung formulieren:

$$P_A = \int\limits_{R=R(t_{\text{req}})}^{1} \frac{1}{\beta(n-i+1,i)} R'^{n-i} \left(1-R'\right)^{i-1} \mathrm{d}R'. \tag{6.98}$$

Dabei steht n für die Stichprobengröße und i für die Rangzahl. Diese wird aus der Anzahl der Ausfälle während des Versuchs abgeleitet. Es gilt [5]:

$$i = x + 1. \tag{6.99}$$

Dies wird mit einer stets konservativen Planungsgrundlage begründet. Ereignen sich also bei n Prüflingen bis zur geforderten Lebensdauer x Ausfälle, dann ereignet sich bei Testende gerade noch ein Ausfall, welcher aber sozusagen nicht mehr beobachtet werden konnte, da der Test ja in dem Moment beendet wurde [128]. Damit lässt sich die Betaverteilung wie folgt schreiben:

$$P_A = \int\limits_{R=R(t)}^{1} \frac{1}{\beta(n-x,x+1)} R'^{A-1} \left(1-R'\right)^{B-1} \mathrm{d}R'. \tag{6.100}$$

Die Parameter der Betaverteilung A und B ergeben sich ebenfalls recht einfach aus der Prüflingsanzahl und der Anzahl der Ausfälle zu [5]:

$$\begin{aligned} A &= n - x, \\ B &= x + 1. \end{aligned} \tag{6.101}$$

Der Parameter A ist somit zu den Durchläufern des Tests assoziiert während der Parameter B die Ausfälle repräsentiert. Bei der Formulierung von Parameter B äußert sich ebenfalls wieder die konservative Planungsgrundlage.

Mit dieser Basis kann eine verallgemeinerte Form für die Success-Run Testplanung mit der Betaverteilung hergeleitet werden:

$$f(R) = \frac{R^{\sum_i (L_{v,i} \cdot r_i)^b} \prod_j \left(1 - R^{(L_{v,j} \cdot r_j)^b}\right)}{\int_0^1 R'^{\sum_i (L_{v,i} \cdot r_i)^b} \prod_j \left(1 - R'^{(L_{v,j} \cdot r_j)^b}\right) \mathrm{d}R'}. \tag{6.102}$$

Strenggenommen handelt es sich dabei nicht mehr um eine Betaverteilung. Dennoch ist die Formulierung so möglich [195].

Treten während des Tests keine Ausfälle auf so lässt sich wieder eine eindeutige Betaverteilung formulieren. Es ergibt sich schlicht:

$$\mathcal{B}\left(\sum_{i=1}^{n-x} \left(L_{V,i} \cdot r_i\right)^b; 1\right). \tag{6.103}$$

Tab. 6.6 Erprobungsdaten für den beispielhaften SRT [195]

Testart	Laufleistung	Raffung	Start	Ende	Anzahl	Ausfälle
Dauerlauf	470 MWh	1,0	01.11.2020	27.04.2021	15	1 am 01.02.2021
Prüfstand	530 MWh	1,1	01.10.2020	27.04.2021	4	–

Oder als Dichtefunktion formuliert:

$$f(R) = \frac{R^{\sum_{i=1}^{n-x} (L_{V,i} \cdot r_i)^b - 1}}{\beta\left(\sum_{i=1}^{n-x} (L_{V,i} \cdot r_i)^b, 1\right)}. \tag{6.104}$$

Es bleibt jedoch weiterhin die Problematik bestehen, dass sowohl der Formparameter als auch der Raffungsfaktor für jeden Prüfling bekannt sein müssen.

Das folgende Beispiel zeigt, dass sich mit dieser verallgemeinerten Methode auch verschiedene Arten von Zuverlässigkeitstests mit unterschiedlichen Randbedingungen kombinieren lassen. Das Testprogramm eines PKW-Prototyps (BEV) ist in Tab. 6.6 gezeigt. Es besteht aus einen Dauerlauftest unter Feldbedingungen und einem Prüfstandstest mit leicht erhöhten Belastungsverhältnissen. Weitere Details können [195] entnommen werden.

Die Laufleistung ist nicht direkt in einer Zeiteinheit gegeben, sondern als kumulierter Energiedurchsatz. Dieser lässt sich jedoch über ein entsprechendes Kollektiv in eine Zeiteinheit transformieren. Abb. 6.66 zeigt die abgesicherte Mindestzuverlässigkeit über der Zeit, die mit Gl. (6.102) für die einzelnen Zeitpunkte berechnet wurde.

Der Grund dafür, dass die abgesicherte Mindestzuverlässigkeit zu Beginn nicht Null ist, lässt sich durch Gl. (6.102) erklären. Sie wird nämlich zu einer Gleichverteilung ($f(R) = 1 \forall R$), wenn die Laufleistung aller Prüflinge Null beträgt. Diese Vorstellung deckt sich mit der Überlegung zu einem nicht informativen Vorwissen im Satz von Bayes [5, 195], siehe auch Abschn. 3.6. Auch der Ausfall am 01.02.2021 ist deutlich im Verlauf der abgesicherten Mindestzuverlässigkeit zu erkennen.

Dieser sehr guten und einfachen Planbarkeit steht jedoch der ggf. sehr große Stichprobenumfang gegenüber, gerade bei sehr hohen Zuverlässigkeitsanforderungen. Außerdem besteht stets das Risiko einer falschen Annahme über den Weibullformparameter und des Raffungsfaktors, die den Zuverlässigkeitsnachweis im schlechtesten Fall komplett ungültig macht.

6.6.2.6 Stichprobenreduktion durch Vorwissen

Bereits in Abb. 6.61 wurde ersichtlich, dass gerade bei sehr hohen Anforderungen die notwendige Stichprobengröße sehr groß ausfällt. Aufgrund der einfachen Planbarkeit und der daraus resultierenden Beliebtheit des Tests wurden zunehmend Verfahren entwickelt, um die notwendige Stichprobengröße zu senken.

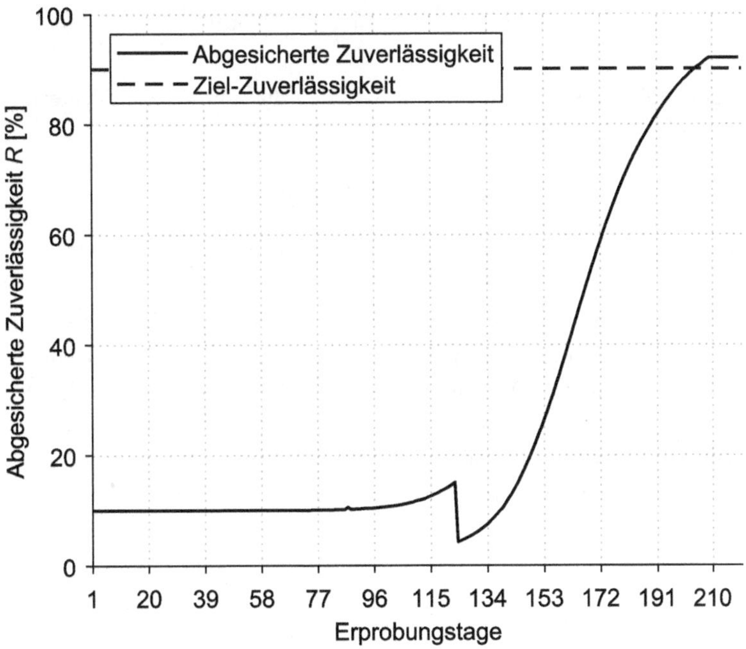

Abb. 6.66 Abgesicherte Mindestzuverlässigkeit in Abhängigkeit der Erprobungszeit [195].

Als elementares statistisches Hilfsmittel kommt dabei der Satz von Bayes zum Einsatz [47]. Die Grundidee dabei ist es, die gesamte abzusichernde Zuverlässigkeit teilweise auf bereits bekannte Zuverlässigkeitsinformationen zu verlagern – dem sogenannten Vorwissen. Kann also ein Teil der Zuverlässigkeitsanforderungen bereits durch vorliegendes Vorwissen abgesichert werden, sinkt die notwendige Stichprobengröße für die „Restabsicherung".

Für die Wahrscheinlichkeit des Ereignisses A mit dem unbekannten Parameter ϑ gilt:

$$P(A|\vartheta). \tag{6.105}$$

Ist nun durch Vorwissen bekannt, dass der unbekannte Parameter ϑ der Dichteverteilung $f(\vartheta)$ folgt, so ergibt sich durch die Anwendung des Satz von Bayes die a-posteriori Dichteverteilung zu [5, 122]:

$$f(\vartheta|A) = \frac{P(A|\vartheta) \cdot f(\vartheta)}{\int_{-\infty}^{\infty} P(A|\vartheta) \cdot f(\vartheta) \mathrm{d}\vartheta}. \tag{6.106}$$

Durch Integration können auch Vertrauensbereiche (eigentlich Kredibilitätsintervalle) berechnet werden:

$$P(a \leq \vartheta \leq b) = \int_a^b f(\vartheta|A)\mathrm{d}\vartheta. \tag{6.107}$$

Übertragen auf den Success-Run Test lässt sich die a-posteriori Dichteverteilung wie folgt berechnen [5]:

$$f_{\text{post}}(R) = \frac{f(x_i|R) \cdot f_{\text{prior}}(R)}{\int_0^1 f(x_i|R') \cdot f_{\text{prior}}(R')\mathrm{d}R'}. \tag{6.108}$$

Dabei stellt f_{prior} das Vorwissen als Zuverlässigkeitsdichtefunktion dar. $f(x_i|R)$ repräsentiert die Information, die aus dem zu planenden Success-Run Test resultiert.

Am einfachsten lässt sich Vorwissen durch den Satz von Bayes in den Success-Run Test einbringen, wenn eine Betaverteilung verwendet wird. Der Grund dafür ist, dass wieder eine Betaverteilung resultiert, wenn zwei Betaverteilungen bzw. eine Beta- und eine Binomialverteilung miteinander verknüpft werden. Die a-posteriori Dichtefunktion ergibt sich dann zu:

$$f_{\text{post}}(R) = \frac{R^{A_0+n-1} \cdot (1-R)^{B_0-1}}{\beta(A_0+n, B_0)} = \frac{R^{A_{\text{post}}-1} \cdot (1-R)^{B_{\text{post}}-1}}{\beta\left(A_{\text{post}}, B_{\text{post}}\right)}. \tag{6.109}$$

Der Subskript 0 in Gl. (6.109) kennzeichnet die Verteilung des Vorwissens. Um die Parameter A_{post} und B_{post} der a-posteriori Betaverteilung zu erhalten, rechnet man:

$$\begin{aligned} A_{\text{post}} &= A_0 + n, \\ B_{\text{post}} &= B_0. \end{aligned} \tag{6.110}$$

Treten im aktuellen Test Ausfälle auf, erweitert sich Gl. (6.110) zu:

$$f_{\text{post}}(R) = \frac{R^{A_0+(n-x)-1} \cdot (1-R)^{B_0+x-1}}{\beta(A_0+(n-x), B_0+x)}. \tag{6.111}$$

Und analog ergeben sich die Parameter zu:

$$\begin{aligned} A_{\text{post}} &= A_0 + n - x, \\ B_{\text{post}} &= B_0 + x. \end{aligned} \tag{6.112}$$

Über das Integral der resultierenden Betaverteilung bzw. den Vertrauensbereich lässt sich nun die erforderliche Stichprobengröße bestimmen, mit der man die Anforderungen gerade erreicht.

$$P_A(R) = \int_R^1 \frac{R'^{A-1} \cdot \left(1-R'\right)^{B-1}}{\beta(A,B)}\mathrm{d}R'. \tag{6.113}$$

Plant man den Success-Run mit Lebensdauerverhältnis und/oder Raffungsfaktoren so ergibt sich der Satz von Bayes zu [195]:

$$f(R) = \frac{R^{\sum_i (L_{v,i} \cdot r_i)^b} \prod_j \left(1 - R^{(L_{v,j} \cdot r_j)^b}\right) \cdot R^{A-1} \cdot (1-R)^{B-1}}{\int_0^1 R'^{\sum_i (L_{v,i} \cdot r_i)^b} \prod_j \left(1 - R'^{(L_{v,j} \cdot r_j)^b}\right) R'^{A-1} \cdot (1-R')^{B-1} \mathrm{d}R'}. \tag{6.114}$$

Für den Fall, dass keine Ausfälle auftreten, lässt sich auch für diese komplexe Gleichung eine sehr einfache Lösung für die a-posteriori Parameter finden [195]:

$$\begin{aligned} A_{\text{post}} &= \sum_{i=1}^{n} \left(L_{V,i} \cdot r_i\right)^b + A_0, \\ B_{\text{post}} &= B_0. \end{aligned} \tag{6.115}$$

Treten Ausfälle auf, muss die Gl. (6.114) numerisch gelöst werden.

Beispiel 1

In diesem Beispiel soll das Zuverlässigkeitsziel von $R = 90\,\%$ mit Aussagesicherheit $P_A = 90\,\%$ nachgewiesen werden. Auf Basis der Binomialverteilung und ohne jegliche Vorkenntnis erhält man:

$$R(t) = (1 - P_A)^{\frac{1}{n}} \rightarrow n = \frac{\ln(1 - P_A)}{\ln(R)} = \frac{\ln(1 - 0{,}9)}{\ln(0{,}9)} = 21{,}85 \rightarrow 22. \tag{6.116}$$

Liegt zusätzlich eine Betaverteilung mit $A_{\text{prior}} = 5$ und $B_{\text{prior}} = 1$ als Vorwissen vor, berechnen sich die Parameter der a-posteriori-Betaverteilung zu:

$$A_{\text{post}} = A_{\text{prior}} + n, \qquad B_{\text{post}} = B_{\text{prior}} = 1. \tag{6.117}$$

Mithilfe numerischer Verfahren kann nun mit Gl. (6.113) die verbleibende notwendige Stichprobengröße bestimmt werden. In diesem einfachen Fall ohne Ausfälle lässt sich auch die Aussagewahrscheinlichkeit über der Stichprobengröße auftragen, siehe Abb. 6.67. Daraus lässt sich die notwendige Stichprobengröße mit $n = 17$ ablesen.

Aufmerksame Leser werden einen weiteren sehr einfach zu handhabenden Zusammenhang bemerkt haben. Die Betaverteilung des Vorwissens mit $A_{\text{prior}} = 5$ und $B_{\text{prior}} = 1$ ist gleichzusetzen mit einem Success-Run Test mit 5 Durchläufern ohne Ausfall. Nach den vorangegangenen Berechnungen reduziert sich die notwendige Stichprobengröße auch genau um diese 5 Durchläufer. Dieser einfache Zusammenhang ist auf die Tatsache zurückzuführen, dass im Satz von Bayes beide Informationen – also Vorwissen und aktuelle Tests – mit der gleichen Bedeutung berücksichtigt werden. Um diesem Umstand Rechnung zu tragen und ggf. die Bedeutung des Vorwissens abzuschwächen wurden z. B. von Kleyner und Krolo Gewichtungsfaktoren entwickelt [128, 130, 349].

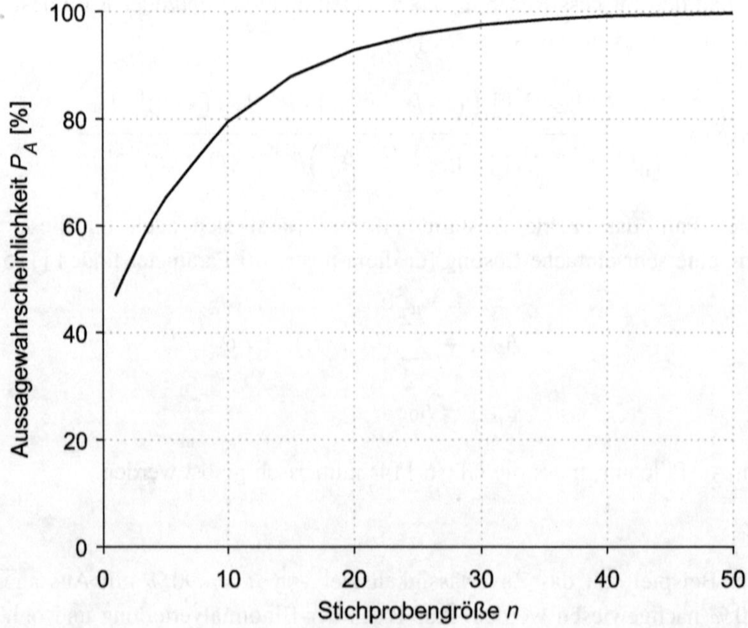

Abb. 6.67 Reduzierte notwendige Stichprobengröße bei der Anrechnung von Vorwissen. ()

Kleyner nutzt dazu den vom ihm entwickelten sogenannten „Knowledge Factor", der die Vergleichbarkeit der Daten charakterisieren soll. Er ist im Intervall $0 \leq \rho \leq 1$ definiert. Für die Quantifizierung schlägt er dazu vor die Produktähnlichkeit zu bewerten basierend auf den Produkten von denen die Daten erhoben wurden bzw. werden. Eine objektive Bestimmung dieses Parameters gestaltet sich demnach schwierig. Mathematisch wird der Knowledge Factor zur Gewichtung einer Betaverteilung mit einer Gleichverteilung verwendet. Die a-posteriori Verteilung ergibt sich damit zu:

$$f(R) = \frac{(1-\rho) \cdot R^n + \rho \cdot \frac{R^{A+n-1} \cdot (1-R)^{B-1}}{\beta(A,B)}}{\frac{1-\rho}{n+1} + \rho \cdot \frac{\beta(A+n,B)}{\beta(A,B)}}. \tag{6.118}$$

Krolo nutzt ein ähnliches Vorgehen, wendet ihren „Transformationsfaktor" Φ aber direkt auf die Parameter der a-priori Betaverteilung an:

$$A^* = \Phi \cdot A_0,$$
$$B^* = \Phi \cdot (B_0 - 1) + 1. \tag{6.119}$$

Es sei angemerkt, dass die Verwendung dieses Faktors den Erwartungswert der a-priori Dichteverteilung verändert. Ist dies nicht gewünscht kann auch folgende Berechnung verwendet werden:

$$A^* = \Phi \cdot A_{0,}$$
$$B^* = \Phi \cdot B_0. \tag{6.120}$$

Hier bleibt der Erwartungswert erhalten und es wird nur die Varianz erhöht, was die Unschärfe der Information erhöht.

Beispiel 2
In diesem Beispiel greifen wir den Erprobungsplan des BEV aus Abschn. 6.6.2.5 auf. Um den Aufwand des Erprobungsprogramms zu senken wurde eine stochastische Lebensdauersimulation durchgeführt, siehe [195]. Für den geforderten Energiedurchsatz von $t = 470\,\text{MWh}$ ergab sich daraus eine Betaverteilung mit $A_0 = 12{,}09$ und $B_0 = 1{,}21$, was einer Zuverlässigkeit R von 90 % mit $P_A = 80{,}46\,\%$ entspricht. Diese Information soll als Vorwissen verwendet werden. Da die Informationen mit unterschiedlichen Randbedingungen vorliegen, wird die verallgemeinerte Form für den Satz nach Bayes nach Gl. (6.114) verwendet. Aufgrund der Tatsache, dass während der Dauerlauferprobung ein Ausfall aufgetreten ist, muss die Gleichung numerisch gelöst werden. Trägt man die abgesicherte Zuverlässigkeit mit Vorwissen über der Zeit auf, ist im direkten Vergleich direkt der Einfluss des Vorwissens sichtbar, siehe Abb. 6.68.

Die abgesicherte Zuverlässigkeit beginnt direkt im Ursprung auf dem Level des Vorwissens und erreicht die geforderte Zuverlässigkeit 5 Tage früher als die Basiskurve. Zudem kann absolut eine um 0,83 % höhere Zuverlässigkeit nachgewiesen werden. Dieser niedrige Mehrwert sollte nicht missverstanden werden, denn denkt man an die grundlegenden Zusammenhänge der Binomialgleichung so wird klar, dass gerade bei hohen Zuverlässigkeiten sehr viele Prüflinge notwendig sind, um die abgesicherte Zuverlässigkeit weiter zu erhöhen. Untermauert wird diese Tatsache, wenn man das Einsparpotenzial der Prüflinge berechnet. Wird für die Berechnung zugrunde gelegt, dass genau zu Testzeitende die Zielzuverlässigkeit erreicht werden soll, so lassen sich durch das Vorwissen 8 Prüflinge im Dauerlauf sowie ein Prüfling auf dem Prüfstand einsparen [195].

6.6.3 Test-Erfolgswahrscheinlichkeit – Probability of Test Success

Neben der Aufwandsplanung ist auch beim Success-Run Test eine hohe Erfolgsaussicht der definierten Teststrategie entscheidend. Die Aufwandsplanung beim Success-Run Test basiert rein auf dem gestellten Zuverlässigkeitsziel und dem Vertrauensbereich – also dem α – Fehler. Für die Abschätzung der Test-Erfolgswahrscheinlichkeit wird der β – Fehler bzw. die Trennschärfe des Tests mithilfe von Vorwissen berechnet. Für die Berechnung der Trennschärfe muss analog zum End-of-Life Test Vorwissen vorliegen, da eine Lage und

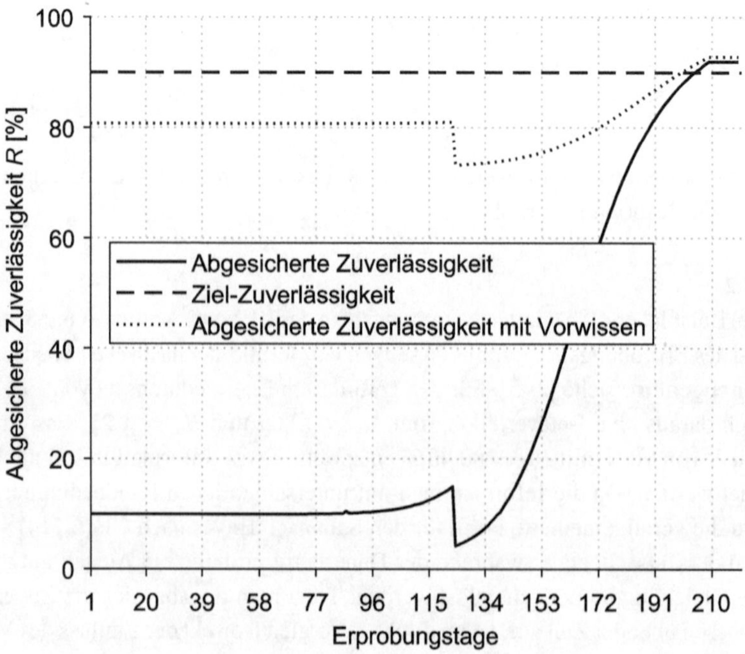

Abb. 6.68 Vergleich der abgesicherten Mindestzuverlässigkeit mit und ohne angerechnetes Vorwissen [195]. (© IMA 2026. All Rights Reserved)

Streuungsabschätzung der Null- und der Alternativhypothese erfolgen muss. Im Folgenden wird die Berechnung der Probability of Test Success für verschiedene Teststrategien des Success-Run Tests gezeigt.

6.6.4 Statistischer Kontext und Formulierung der Hypothesen

Der statistische Hintergrund, der bereits bei den End-of-Life Tests erörtert wurde, trifft prinzipiell auch auf die Success-Run Tests zu – allerdings mit einer Änderung. Diese Änderung bezieht sich auf die Formulierung der Null- und der Alternativhypothese. Da es sich beim Success-Run um einen Zuverlässigkeitstest handelt, liefert er keine Informationen über die Produktausfallverteilung der Lebensdauer. Stattdessen wird über die entkoppelte Aufwandsplanung mithilfe der Binomial- bzw. der Betaverteilung eine Zuverlässigkeitsverteilung definiert. Daher werden die beiden Hypothesen in die Zuverlässigkeitsebene überführt [326]:

$$\begin{aligned} H_0 &: R\big(t_{\mathrm{req}}\big) < R_{\mathrm{req}}\big(t_{\mathrm{req}}\big), \\ H_1 &: R\big(t_{\mathrm{req}}\big) \geq R_{\mathrm{req}}\big(t_{\mathrm{req}}\big). \end{aligned} \tag{6.121}$$

Die Grundzusammenhänge bleiben dabei jedoch erhalten. Die Nullhypothese entspricht nach wie vor der Tatsache, dass das Produkt die Zielzuverlässigkeit nicht erreicht. Die Alternativhypothese bezieht sich auf das Gegenteil.

6.6.5 Berechnung der Probability of Test Success für einfache Systeme

Im Folgenden werden die beiden grundsätzlichen Möglichkeiten zur Berechnung der P_{ts} für den Success-Run Test vorgestellt. Aufgrund der einfachen binären Klassifikation existiert für den Success-Run neben dem numerischen Verfahren auch ein exaktes analytisches Berechnungsverfahren.

6.6.5.1 Numerisch-Simulative Vorgehensweise

Aufgrund der ausschließlich binären Klassifikation der Ergebnisse, ist die Berechnung der P_{ts} beim Success-Run Test weniger komplex, als bei End-of-Life Tests. Es müssen lediglich die x Ausfälle gezählt werden, die in den simulierten Zufallszahlen vor der Lebensdaueranforderung auftreten.

Es werden dazu ebenfalls n Pseudozufallszahlen in einem Bootstrap Verfahren aus der Ausfallverteilung des Vorwissens $F_0(t)$ erzeugt. Daraus kann bereits die P_{ts} mit einem Maximum an X zugelassenen Ausfällen berechnet werden [326]:

$$P_{ts} = \frac{\text{Anzahl Bootstrap Stichproben mit } x \leq X}{\text{Gesamtanzahl der Iterationen}}. \tag{6.122}$$

Der vollständige Berechnungsablauf ist in Abb. 6.69 veranschaulicht.

6.6.5.2 Analytisch-Exakte Vorgehensweise

Die binäre Klassifikation als Testgrundlage ermöglicht es, die P_{ts} auch analytisch und exakt zu berechnen. Die Aufwandsplanung des Success-Run Tests erfolgt zunächst über die bekannte Binomialverteilung.

$$P_A = 1 - \sum_{i=0}^{x} \binom{n}{i} \cdot (1 - R(t))^i \cdot (R(t))^{n-i}. \tag{6.123}$$

Gl. (6.123) kann nach dem geforderten Stichprobenumfang n aufgelöst werden, der benötigt wird, um die Mindestzuverlässigkeit R_{req} mit geforderter Aussagesicherheit P_A nachzuweisen. Die inhärente Produktzuverlässigkeit R_{real} bei geforderter Lebensdauer t_{req} ist hier die entscheidende Größe für einen gescheiterten oder einen erfolgreichen Versuch. Die inhärente Zuverlässigkeit legt nämlich die Wahrscheinlichkeiten für Ausfälle zu einer bestimmten Zeit und damit auch vor der geforderten Lebensdauer fest. In diesem Ansatz der Binomialverteilung wird der Parameter der Binomialverteilung p als Komplement der

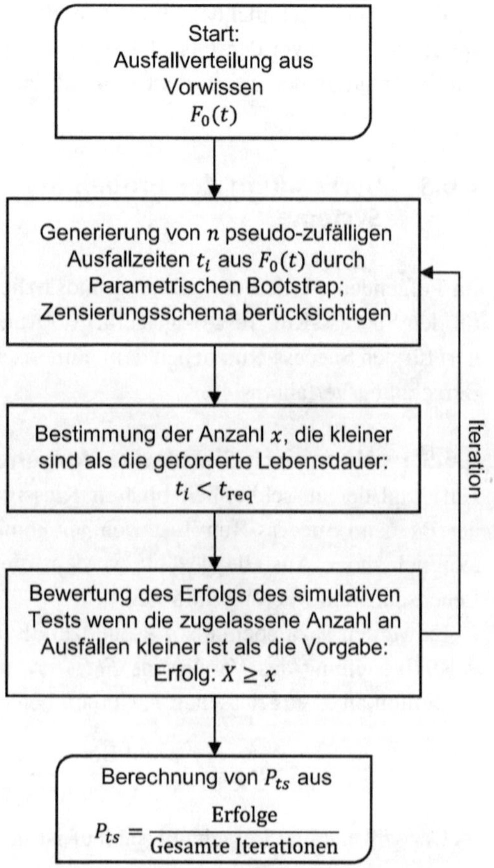

Abb. 6.69 Schema zur Berechnung der P_{ts} für einen SRT mit der numerischen Vorgehensweise. (© IMA 2026. All Rights Reserved)

geforderten Zuverlässigkeit definiert. Im Grenzfall von $s = 0$ entspricht das der Nullhypothese aus Gl. (6.121). In Analogie zu Gl. (6.123) und dem Gedanken der inhärenten Zuverlässigkeit kann die P_{ts} des SRT auch über die Binomialverteilung bestimmt werden [326]:

$$P_{\text{ts}} = \sum_{i=0}^{x} \binom{n}{i} \cdot \left(1 - R_{\text{real}}\left(t_{\text{req}}\right)\right)^{i} \cdot \left(R_{\text{real}}\left(t_{\text{req}}\right)\right)^{n-i}. \tag{6.124}$$

Bei einer Planung ohne Ausfälle reduziert sich Gl. (6.124) zu:

$$P_{\text{ts}} = R_{\text{real}}\left(t_{\text{req}}\right)^{n}. \tag{6.125}$$

Statt wie in der Aufwandsplanung die geforderte Zuverlässigkeit zu verwenden, wird die reale Zuverlässigkeit R_{real} bei geforderter Lebensdauer t_{req} als Komplement des Binomialparameters genutzt. $R_{\text{real}}\left(t_{\text{req}}\right)$ muss durch Vorwissen abgeschätzt werden. Es gilt:

$$R_p\left(t_{\text{req}}\right) \approx R_{\text{real}}\left(t_{\text{req}}\right). \tag{6.126}$$

Die Zuverlässigkeit kann z. B. aus Vorwissen einer Weibullverteilten Ausfallcharakteristik bestimmt werden, siehe Abb. 6.70:

$$R_p\left(t_{\text{req}}\right) = 1 - F_p\left(t_{\text{req}}\right) = e^{-\left(\frac{t_{\text{req}}}{T_p}\right)^{b_p}} \quad \text{mit } t_p = t_{\text{req}} \tag{6.127}$$

Ist die Zuverlässigkeit aus Schätzungen des Vorwissens größer oder im Grenzfall gleich der geforderten, so entspricht das der Alternativhypothese aus Gl. (6.121).

Gl. (6.123) und (6.124) können auch als Betaverteilungen formuliert werden [326]:

$$P_A = \int_{R_{req}}^{1} \frac{R^{n-x-1} \cdot (1-R)^x}{\beta(n-x; x+1)} \mathrm{d}R,$$
$$P_{ts} = \int_{0}^{R_p} \frac{R^{n-x-1} \cdot (1-R)^x}{\beta(n-x; x+1)} \mathrm{d}R. \tag{6.128}$$

In beiden Szenarien liegt eine identische Betaverteilung $\mathcal{B}(n-x; x+1)$ vor, da die resultierende Zuverlässigkeitsverteilung ausschließlich durch die Anzahl der Überlebenden und

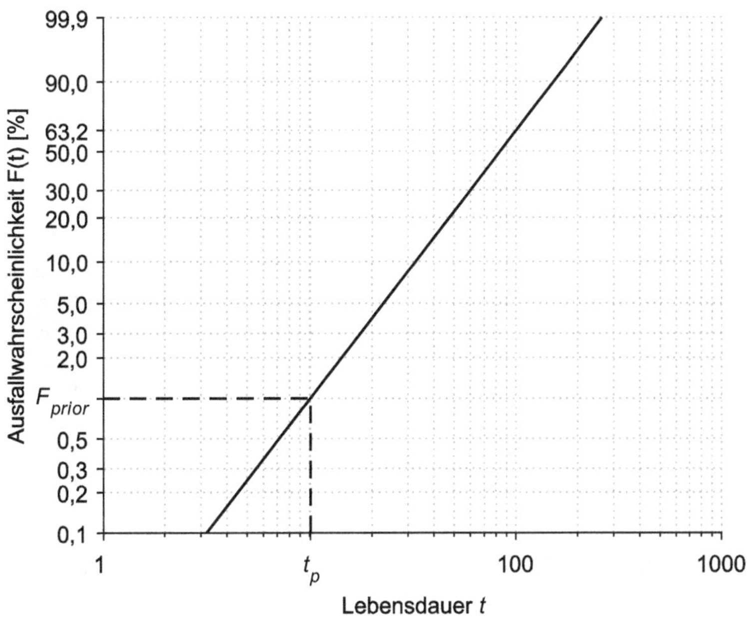

Abb. 6.70 Ableiten von Vorwissen aus einer Weibullverteilung [5].

der ausgefallenen Prüflinge bestimmt wird [326]. Aufgrund dieser identischen Verteilung und lediglich unterschiedlicher Integralgrenzen zwischen der Aussagewahrscheinlichkeit und der Probability of Test Success wird deutlich, dass die P_{ts} dem Komplement der geforderten Aussagewahrscheinlichkeit entspricht, wenn die geforderte Zuverlässigkeit der tatsächlichen Zuverlässigkeit nahekommt. Das bedeutet, dass $P_{ts} \rightarrow (1 - P_A)$ für $R_p \rightarrow R_{\text{req}}$ bzw. $s \rightarrow 0$.

In der Planung von Success-Run Tests wird Gl. (6.123) genutzt, um den erforderlichen Stichprobenumfang zu ermitteln, der zur Erreichung des Zuverlässigkeitsziels notwendig ist. Daher ist die resultierende Zuverlässigkeitsverteilung bereits in der Planungsphase festgelegt (dargestellt als Betaverteilung (Gl. 6.128)). Aufgrund dieser Festlegung kann ein Success-Run Test nur akzeptable Werte für die P_{ts} erreichen, wenn eine Überdimensionierung in Bezug auf die Zuverlässigkeit vorhanden ist.

Dieses Verständnis ist entscheidend für die Handhabung von Success-Run Tests und wird durch den hergestellten statistischen Kontext ermöglicht. Die Zusammenhänge der Verteilung (Gl. (6.123) und (6.124)) sowie deren Parameter sind in Abb. 6.71 und 6.72 veranschaulicht.

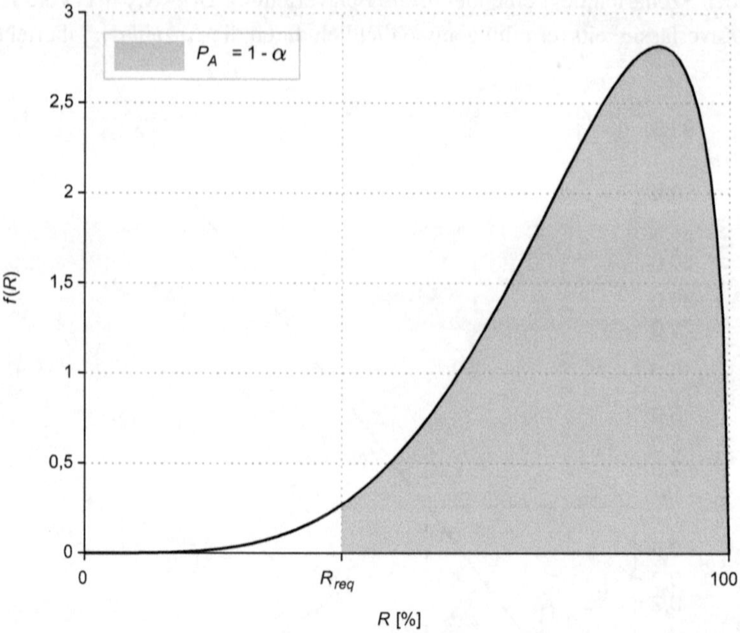

Abb. 6.71 Veranschaulichung der Betaverteilung zur Berechnung von P_A. (© IMA 2026. All Rights Reserved)

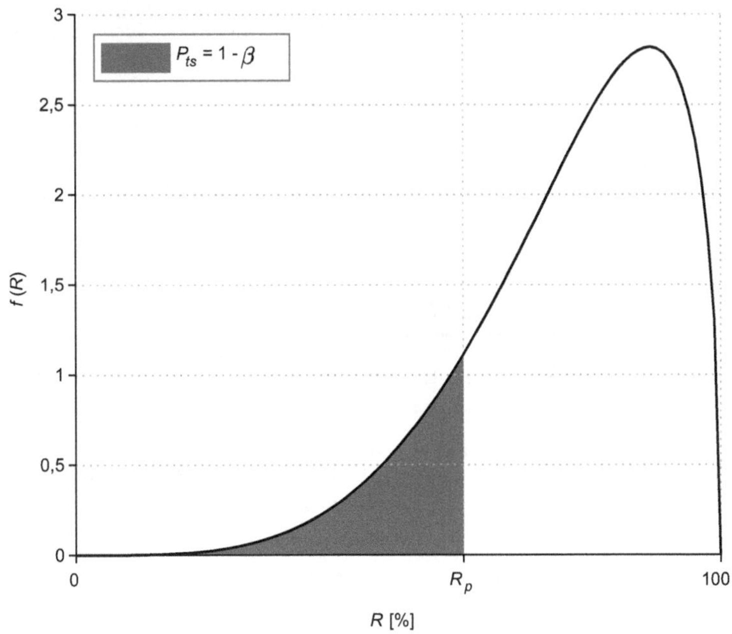

Abb. 6.72 Veranschaulichung der Betaverteilung zur Berechnung von P_{ts}. ()

6.6.5.3 Vergleich der Berechnungsverfahren

Abb. 6.73 zeigt einen Vergleich der Berechnungsansätze der P_{ts} [326].

Für den Vergleich wurde eine Zuverlässigkeitsanforderung von $R_{\text{req}} = P_A = 90\,\%$ verwendet. Es sind also $n = 22$ Prüflinge mit $x = 0$ Ausfällen zu testen. Als Vorwissen wurde eine weibullverteilte Ausfallverteilung mit $\mathcal{W}(1;3)$ verwendet und die geforderte Lebensdauer beträgt $t_{\text{req}} = 0{,}2$. Das entspricht einem Sicherheitswert von $s = 0{,}58$.

In Abb. 6.73 ist ersichtlich, dass die numerische Berechnungsmethode mit steigender Iterationszahl gegen die exakte Berechnung konvergiert. Eine Iterationsanzahl von 100.000 liefert gute Ergebnisse. Für unterschiedliche Teststrategien zeigt sich ein vergleichbares Bild. Aufgrund des zusätzlichen Effizienzvorteils bezüglich der Berechnungszeit ist somit die exakte Berechnungsmethode zu bevorzugen.

6.6.5.4 Berücksichtigung eines Lebensdauerverhältnisses und eines Raffungsfaktors

Für die Berechnung der P_{ts} unter erhöhter Belastung und mit Lebensdauerverhältnis kann man sich wieder die Formulierungen über die Beta- und Binomialverteilung zu Nutze machen.

Dazu wird entsprechend die Binomialverteilung aus Gl. 6.123) aufgegriffen und entsprechend den vorangegangenen Überlegungen modifiziert:

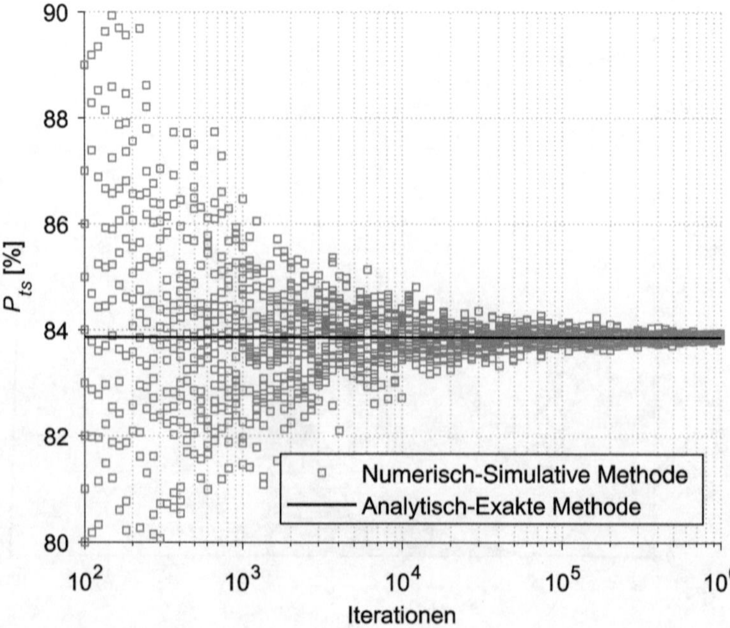

Abb. 6.73 Vergleich der Berechnungsmethoden zur Bestimmung der P_{ts} eines SRT. (© IMA 2026. All Rights Reserved)

$$P_{\mathrm{ts}} = \sum_{i=1}^{x} \binom{n}{i} \left(R_p\right)^{(rL_V)^b (n-i)} \cdot \left(1 - {R_p}^{(rL_V)^b}\right)^i. \tag{6.129}$$

Auch wenn für jeden Prüfling individuelle Bedingungen gelten kann die verallgemeinerte Form auf Basis der Betaverteilung für die Berechnung der P_{ts} genutzt werden [326].

$$\begin{aligned} g(R) &= R^{\sum_{i=1}^{n-x} (L_{V,i} \cdot r_i)^b} \cdot \prod_{j=1}^{x} \left(1 - R^{(L_{V,j} \cdot r_i)^b}\right), \\ P_A &= \int_{R_{req}}^{1} \frac{g(R)}{\int_0^1 g(R) \mathrm{d}R} \mathrm{d}R, \\ P_{\mathrm{ts}} &= \int_{0}^{R_p} \frac{g(R)}{\int_0^1 g(R) \mathrm{d}R} \mathrm{d}R. \end{aligned} \tag{6.130}$$

Auch hier wird die Kenntnis über den Formparameter und den Raffungsfaktor benötigt.

6.6.5.5 Bedeutung für die Anwendung in der Produktentwicklung

Die Absicherung der Zuverlässigkeit mittels des Success-Run Tests ist in der Maschinenbau-Industrie sowie im Automobilbau stark verbreitet. Dies liegt an der einfachen Planbarkeit des notwendigen Stichprobenumfangs nach Gl. (6.123). Zur umfassenden Planung sollte jedoch stehts auch die Test-Erfolgswahrscheinlichkeit Probability of Test Success mit berücksichtigt werden, denn nur dadurch kann ein vollständiges Bild der Eignung des Tests für den Zuverlässigkeitsnachweis geschaffen werden. Um dies zu veranschaulichen, wird im Folgenden der Zuverlässigkeitsnachweis eines Fahrradrücklichts als LED, durch einen Success-Run gezeigt.

Die LED besitzt hier lediglich einen relevanten Ausfallmechanismus, nämlich die thermische Ermüdung und damit resultierende Abnahme der Lichtleistung. Da dieselbe LED auch in anderen Lichtern zum Einsatz kommt, ist Vorkenntnis als Weibullverteilung mit $T = 9.500$ h und $b = 1{,}8$ vorhanden. Dieses Ausfallverhalten gilt für eine Umgebungstemperatur von 25 °C.

Die Anforderung an die LED lautet: Mindestens 90 % aller LED sollen nach 2.000 Betriebsstunden bei 25 °C keinen signifikanten Helligkeitsverlust (<70 % Ursprungshelligkeit) aufweisen. Dies lässt sich in eine Zuverlässigkeitsanforderung von $R_{\text{req}} = 90\,\%$ und $t_{\text{req}} = 2.000$ h übersetzen. Es soll ein Success-Run Test zum Einsatz kommen, welcher mit einer Aussagesicherheit von $P_{\text{A}} = 90\,\%$ und mindestens $P_{\text{ts,min}} = 75\,\%$ Wahrscheinlichkeit die Zuverlässigkeit nachweisen soll. Die Ausfallverteilung entsprechend der Vorkenntnis ist zusammen mit dem Zuverlässigkeitsziel in Abb. 6.74 gezeigt.

Es ist zu erkennen, dass die LED im Vergleich zur Zuverlässigkeitsanforderung eine moderate Überdimensionierung aufweist. Bei 2.000 Betriebsstunden rechnet man mit einer Ausfallwahrscheinlichkeit von 5,87 %.

Testplanung mit Probability of Test Success P_{ts}

Der Success-Run Test besteht daraus die LED bei der geforderten Umgebungstemperatur von 25 °C zu betreiben. Alternativ kann die Temperatur erhöht werden. Bei 38 °C entspricht dies einem Raffungsfaktor von $r = 2$. Um geeignete Success-Run Test Varianten zu identifizieren, können die drei Parameter Stichprobengröße n, Lebensdauerverhältnis L_V sowie Raffungsfaktor r variiert werden. Bei einem Success-Run ohne Lebensdauerverhältnis und ohne Raffung durch erhöhte Temperatur wäre ein Stichprobenumfang von $n = 22$ entsprechend Gl. (6.122) notwendig. Die Stichprobenumfänge sowie erreichte Probability of Test Success in Abhängigkeit des Lebensdauerverhältnisses sind in Abb. 6.75 gezeigt.

Hier ist zu erkennen, dass die maximale P_{ts} von 26,58 % auch durch eine Veränderung des Lebensdauerverhätnisses oder des Raffungsfaktors nicht geändert werden kann. Allerdings ändert sich der notwendige Aufwand teilweise stark, denn der notwendige Stichprobenumfang sinkt ab für $L_V > 1$. Aufgrund der kleinen Test-Erfolgswahrscheinlichkeit ist ein Success-Run hier in den möglichen Ausprägungen jedoch nicht zu empfehlen. Aus diesem Grund soll zusätzlich Vorwissen über den Satz von Bayes für den Nachweis mit einfließen.

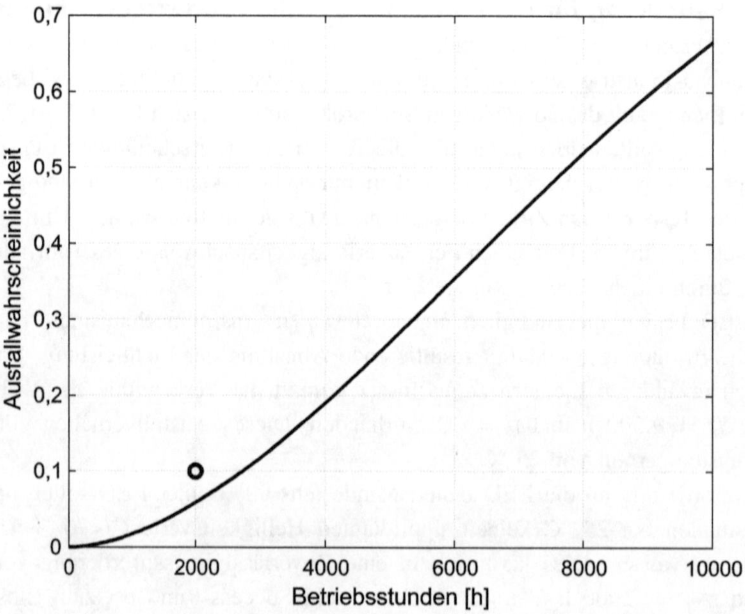

Abb. 6.74 Ausfallverteilung und Zuverlässigkeitsanforderung des Beispiels LED. (© IMA 2026. All Rights Reserved)

Ableitung von Vorwissen für die Success-Run Testplanung
Das Vorwissen liegt in der Form einer Ausfallverteilung vor. Für die Planung eines Success-Runs, welcher Informationen über die Zuverlässigkeit bei einer gewissen Lebensdauer liefert, muss dieses Vorwissen also zunächst in eine Zuverlässigkeitsverteilung überführt werden. Da das Vorwissen aus einer Gesamtstichprobengröße von $n_0 = 15$ abgleitet wurde, kann mit dem Vorgehen aus Abschn. 6.3 eine Zuverlässigkeitsverteilung bei der geforderten Lebensdauer von 2.000 Betriebsstunden berechnet werden. Mit einer Iterationszahl von 100.000 ergibt sich eine Betaverteilung mit den Parametern $A = 13{,}34$ und $B = 1{,}92$.

Testplanung mit Probability of Test Success und zusätzlicher Berücksichtigung des Vorwissens mittels des Satz von Bayes: P_{ts}
Durch die Berücksichtigung der Zuverlässigkeitsverteilung aus dem Vorwissen ergeben sich mit Gl. (6.114) kleinere Stichprobengrößen, um das Zuverlässigkeitsziel zu erfüllen. In der Folge steigt die P_{ts}, da weniger Prüflinge überleben müssen. Es ergibt sich das Bild aus Abb. 6.76.

Durch die Berücksichtigung der Vorkenntnis mittels des Satz von Bayes, lässt sich nicht nur die geforderte P_{ts} von mindestens 75 % erreichen, sondern auch der für den Nachweis erforderliche Stichprobenumfang deutlich reduzieren. Entsprechend der möglichen Kombinationen aus Abb. 6.76 lässt sich für die praktische Durchführung ein L_V zusammen mit der

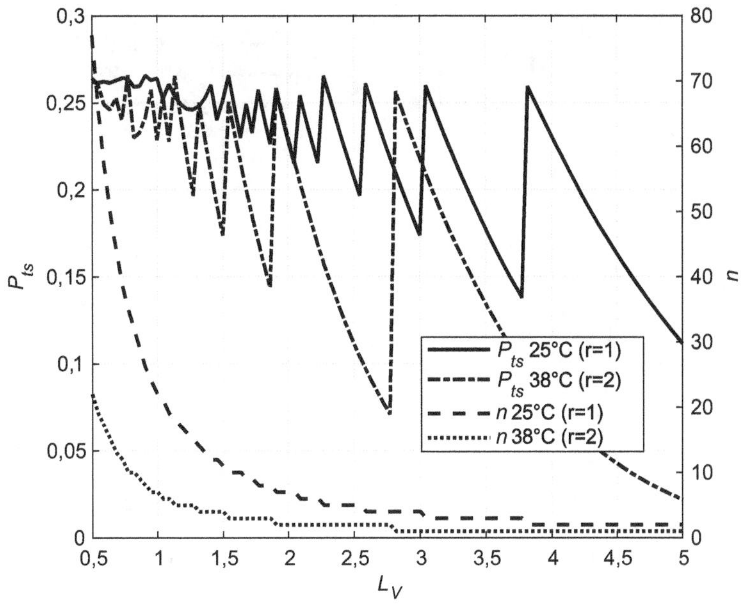

Abb. 6.75 Erreichbare Probability of Test Success P_{ts} für das Beispiel LED bei Success-Run Tests mit Lebensdauerverhältnis und Raffungsfaktor $r = 1$ und $r = 2$. Zur besseren Darstellung wurden die diskreten Punkte aufgrund der ganzzahligen Stichprobengrößen jeweils zu einer Linie verbunden. (© IMA 2026. All Rights Reserved)

Stichprobengröße auswählen. Beispielsweise wäre ein Success-Run Test mit 3 Prüflingen bei 25 °C und einem Lebensdauerverhältnis von 1,182 empfehlenswert. Ein Success-Run Test mit nur einem Prüfling bei 38 °C und demselben Lebensdauerverhältnis würde zwar theoretisch auch einen erfolgreichen Nachweis bringen können. Ein Test zum Nachweis der Zuverlässigkeit mit nur einem einzigen Prüfling ist jedoch unbedingt zu vermeiden.

6.6.6 Berechnung der Probability of Test Success für komplexe Systeme

Das Folgende errichtet sich in Analogie zu den Abschnitten ab 6.4.5 ebenfalls an erfahrene Zuverlässigkeitsingenieure die Success-Run Tests mit mehreren kritischen Ausfallmechanismen und der zusätzlichen Berücksichtigung des Vorwissens mithilfe des Satz von Bayes planen möchten.

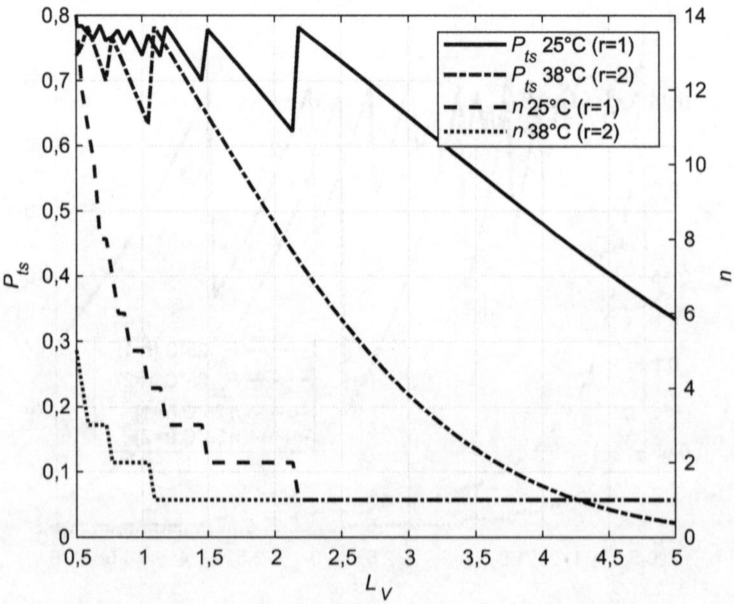

Abb. 6.76 Erreichbare Probability of Test Success P_{ts} für das Beispiel LED bei Success-Run Tests mit Lebensdauerverhältnis und Raffungsfaktor $r = 1$ und $r = 2$. Zusätzlich wird die Vorkenntnis über den Satz von Bayes berücksichtigt. Zur besseren Darstellung wurden die diskreten Punkte aufgrund der ganzzahligen Stichprobengrößen jeweils zu einer Linie verbunden. (© IMA 2026. All Rights Reserved)

6.6.6.1 System- und Komponententests

Der Success-Run Test ist für einen Gesamtsystemtest prädestiniert, da man sich ohne Ausfälle die getrennte Auswertung von mehreren kritischen Ausfallmechanismen erspart. Die Gleichungen zur Berechnung der P_{ts} bleiben auch bei einem Systemtest mit mehreren Ausfallmechanismen die gleichen, die mit Gl. (6.123) bzw. Gl. (6.128) bisher eingeführt wurden. Die Prämisse eines erfolgreichen Success-Run Test definiert sich nur über die Abwesenheit von Ausfällen ganz gleich welcher Art.

Die einzige Änderung, die in der P_{ts} Berechnung vorgenommen werden muss, ist die abgeschätzte Produktzuverlässigkeit über das Vorwissen. Diese muss entsprechend der Kenntnis über mehrere vorliegende kritische Ausfallmechanismen und der Systemstruktur adaptiert werden [24, 326]. Für ein reines Seriensystem gilt dabei nach Boole:

$$R_{p,\text{Systen}} = \prod_{l=1}^{K} R_l. \tag{6.131}$$

Und für ein reines Parallelsystem gilt:

$$R_{p,\text{Systen}} = 1 - \prod_{l=1}^{K}(1 - R_l). \tag{6.132}$$

Wird der Success-Run Test auf Komponenteneben bzw. auf Subsystemebene verwendet, um eine Zuverlässigkeitsanforderung auf Systemebene zu erfüllen, so muss die P_{ts} Berechnung angepasst werden. Denn es gilt auch hier: Es kann nur dann ein Zuverlässigkeitsnachweis auf Systemebene erbracht werden, wenn alle einzelnen SRTs erfolgreich sind. Wird die Anzahl zulässiger Ausfälle bereits in einem einzigen SRT überschritten, kann bereits kein Systemnachweis mehr erfolgen. D. h. wiederum, dass die Gesamtüberlebenswahrscheinlichkeiten aller SRTs miteinander multipliziert werden müssen. Die P_{ts} beschreibt eben genau diese Wahrscheinlichkeit, weshalb für die P_{ts} auf Gesamtsystemebene dann gilt:

$$P_{\text{ts},\text{System}} = \prod_{l=1}^{K} P_{ts,l}. \tag{6.133}$$

Die Systemstruktur ist für die Berechnung der P_{ts} eines Success-Run Tests auf Komponenten- oder Subsystemebene irrelevant. Sie wird lediglich benötigt, um die notwendigen Stichprobengrößen für die einzelnen Tests zu bestimmen. Diese müssen so gewählt sein, dass die resultierende Zuverlässigkeitsverteilung die Systemanforderung erfüllen kann. Dazu kann eine Methode aus Abschn. 3.4 verwendet werden. Grundsätzlich ist eine Aufteilung des Systemziels auf die Komponenten für den Nachweis nicht erforderlich, denn es ist einzig die Erfüllung des Systemziels mit höchstmöglicher P_{ts} relevant. Eine Aufteilung des Ziels würde dabei lediglich den Lösungsraum der Testkonfigurationen einschränken [24].

6.6.6.2 Effizienzsteigerung mit dem Satz von Bayes

Für einen Success-Run Test bleibt die Berechnung der P_{ts} unverändert, da sie die Wahrscheinlichkeit für das Überleben eines bestimmten Stichprobenumfangs basierend auf der bekannten bzw. abgeschätzten Überlebenswahrscheinlichkeit der Prüflinge widerspiegelt. Die Berücksichtigung von Vorwissen führt lediglich zu einer Reduzierung des erforderlichen Stichprobenumfangs bei gleichbleibendem Zuverlässigkeitsziel, wie in Abschn. 2.2.8 erläutert.

Dies bedeutet, dass die Berechnung der P_{ts} unverändert gemäß Gl. (6.124) oder Gl. (6.128) erfolgen kann. Der einzige Unterschied liegt dabei im Stichprobenumfang [24].

6.6.6.3 Unsicherheit der Vorkenntnis

Eine Unsicherheit in der Vorkenntnis kann für die Berechnung der P_{ts} eines Success-Run Tests ebenfalls berücksichtigt werden. Dazu muss der Berechnungsansatz über die Binomialverteilung modifiziert werden, denn die inhärente Zuverlässigkeit, die mithilfe des Vorwissens abgeschätzt wird (und als Binomialparameter verwendet wird) ist nicht länger ein einziger skalarer Wert, sondern streut entsprechend der Unsicherheit. Dies entspricht genau der Vorstellung einer Beta-Binomialverteilung. Die P_{ts} berechnet sich unter der Annahme, dass das Vorwissen in Form einer Betaverteilung vorliegt $\mathcal{B}(A; B)$ zu [336, 350]:

$$P_{ts} = \sum_{i=1}^{x} \binom{n}{i} \frac{\beta(B+i, A+n-i)}{\beta(B, A)}. \tag{6.134}$$

Die Betaverteilung beschreibt dabei die Verteilung der Zuverlässigkeit zur geforderten Lebensdauer. Liegt das Vorwissen nicht in Form einer Betaverteilung vor, muss es mit Methoden aus Abschn. 6.3 in eine Betaverteilung überführt werden.

6.6.6.4 Bedeutung für die Anwendung in der Produktentwicklung

Um die Planung eines Success-Runs zum Nachweis der Systemzuverlässigkeit mittels der P_{ts} zu verdeutlichen, wird erneut das Beispielsystems der Fahrradpumpe aus Abschn. 6.4.5.5 verwendet. Die Anforderung an das Produkt bleibt unverändert bei $R_{req} = 90\,\%$ mit 800 Zyklen ebenso die Anforderung an den Nachweis mit $P_A = 80\,\%$ und $P_{ts,min} = 80\,\%$. Die Verfügbaren Tests sind ebenso identisch. Das bedeutet ein Success-Run ist entweder auf Gesamtsystemebene durchführbar mittels des Gesamtsystemtests oder auf Komponentenebene durch alle vier Komponententests.

Durch die Zuverlässigkeitsanforderung beläuft sich der notwendige Stichprobenumfang des Gesamtsystemtests auf $n = 16$. Entsprechend der Vorkenntnis ergibt sich damit $P_{ts} = 26{,}44\,\%$; also ein nicht zu empfehlender Test, da $P_{ts} \ll 80\,\%$. Die Komponententests erfordern für eine gleiche Aufteilung der Prüflinge je Komponententest $n = 47$ Prüflinge. Aufgrund dieser großen Stichprobenumfänge beläuft sich die Probability of Test Success auf lediglich $P_{ts} = 5{,}73\,\%$.

Sowohl der Gesamtsystemtest als auch der Nachweis mittels den Komponententests sind ungeeignet die Zuverlässigkeitsforderung nachzuweisen. Aus diesem Grund kann die Vorkenntnis zusätzlich über den Satz von Bayes mit einfließen. Dazu muss diese zunächst mittels des Bootstrap-Ansatzes in eine Betaverteilung überführt werden, um mit der Zuverlässigkeitsverteilung der Success-Runs kombiniert werden zu können. Mit einer Iterationszahl von 100.000 ergibt sich für die Vorkenntnis der Zuverlässigkeit des Systems als Betaverteilung $A = 50{,}63$ und $B = 3{,}39$; womit der erforderliche Stichprobenumfang auf das absolute Minimum reduziert werden kann und trotzdem noch ein erfolgreicher Nachweis geführt wird: $n = 2$. Damit berechnet sich die Probability of Test Success des Gesamtsystemtests zu $P_{ts} = 84{,}68\,\%$. Die Komponententests hingegen verwenden die Vorkenntnis als Betaverteilung aus selbigem Bootstrap Ansatz. Die Parameter der Betaverteilungen je Ausfallmode sind in Tab. 6.7 gelistet. Auch für die Komponententests reduziert sich der Stichprobenumfang je Test auf das Minimum von $n = 2$. Damit ergibt sich für den Zuverlässigkeitsnachweis mittels den Komponententests zu $P_{ts} = 88{,}54\,\%$.

Tab. 6.7 Vorkenntnis der Ausfallmoden und des Gesamtsystems, berechnet als Betaverteilung für die geforderte Lebensdauer von 800 vollständige Pump-Zyklen

Ausfallmode	Lebensdauermerkmal	Weibull Ausfallverteilung		Stichprobengröße Vorkenntnis n_0	Vorkenntnis als Betaverteilung
		T	b		
5. Kolbendichtung mech. Verschleiß	Kompressionszyklen	800.000	2,5	18	$A = 153{,}71$ $B = 0{,}989$
6. Griffbolzen mech. Ermüdung	Kompressionszyklen	1.250.000	3	5	$A = 117{,}98$ $B = 0{,}174$
7. Ventilmechanik mech. Ermüdung	Pumpzyklen	4000	2,7	6	$A = 26{,}04$ $B = 0{,}408$
8. Kolbendichtung therm. Ermüdung	Stunden	135	2,9	24	$A = 62{,}44$ $B = 2{,}64$

Durch die Berücksichtigung der Vorkenntnis kommt sowohl der Gesamtsystemtest infrage als auch die Komponententests, da beide den geforderten Mindestwert der P_{ts} von 80 % übersteigen können. Allerdings werden für den Komponententest in Summe 8 Komponenten, für den Gesamtsystemtest jedoch nur 2 Pumpen benötigt. Um zwischen diesen beiden Varianten entscheiden zu können müssen wirtschaftliche Aspekte zusätzlich in Betracht gezogen werden.

6.6.7 Allgemeingültige Erkenntnisse bei der Testplanung

Durch die Berechnung der P_{ts} für verschiedene Randbedingungen und Teststrategien lassen sich einige allgemeingültige Erkenntnisse für die Zuverlässigkeitstestplanung auf Basis des Success-Run Tests ableiten. Diese werden im Folgenden thematisiert.

6.6.7.1 Erfolg nur bei hohen Auslegungssicherheiten

Der Success-Run Test leidet durch die binäre Klassifikation erheblich an Informationsverlust, da das Testergebnisse lediglich die Information „bestanden" oder „nicht bestanden" beinhaltet. Dieser Informationsmangel gleicht sich dann vor allem durch die hohen benötigten Stichprobengrößen aus. Tab. 6.8 zeigt eine Übersicht über die benötigten Stichprobengrößen für unterschiedliche Zuverlässigkeitsanforderungen.

Bei steigenden Anforderungen entsteht schnell ein nicht bewältigbarer Testaufwand. Aber selbst bei vergleichsweise niedrigen Anforderungen wie z. B. $R = 90\,\%$ und $P_A = 80\,\%$ ist der Testaufwand mit 16 Prüfligen nicht unerheblich – besonders bei Systemtests.

Die hohen Stichprobenanzahlen ziehen aber ein weiteres Problem nach sich, denn der Success-Run Test ist nur erfolgreich, wenn alle Prüflinge den Test überstehen (bzw. nicht mehr Ausfälle auftreten als die Planung zulässt). D. h. um hohe Erfolgswahrscheinlichkeiten zu erreichen, muss das Produkt eine sehr hohe Zuverlässigkeit besitzen, andernfalls ist die Wahrscheinlichkeit für mindestens einen Ausfall einfach zu hoch. Denn es gilt:

$$P_{ts} = R_{real}\left(t_{req}\right)^n. \tag{6.135}$$

Tab. 6.8 Notwendige Stichprobengröße beim Success-Run Test ohne Ausfälle

		Aussagewahrscheinlichkeit			
		50 %	80 %	90 %	95 %
Zuverlässigkeit	99 %	69	161	230	299
	95 %	14	32	45	59
	90 %	7	16	22	29
	80 %	4	8	11	14

Tab. 6.9 Erreichbare P_{ts} bei unterschiedlichen Stichprobengrößen und Produktzuverlässigkeiten

		Stichprobengröße			
		10	20	50	200
Zuverlässigkeit	80 %	11 %	1 %	0 %	0 %
	90 %	35 %	12 %	1 %	0 %
	95 %	60 %	36 %	8 %	0 %
	99 %	90 %	82 %	61 %	13 %

Tab. 6.9 zeigt eine Übersicht über die erreichbare P_{ts} mit unterschiedlichen Stichprobengrößen und Produktzuverlässigkeiten. Selbst bei 10 Prüfligen ist bereits eine Produktzuverlässigkeit von 99 % nötig, um eine einigermaßen adäquate P_{ts} zu erreichen. 10 Prüflinge resultieren wiederum aus einer Anforderung von z. B. $R = 85\,\%$ mit $P_A = 80\,\%$. Daraus lässt sich schlussfolgern, dass der Success-Run Test lediglich durch Produktüberdimensionierung bestanden werden kann!

Dieser Zusammenhang gilt auch für unterschiedliche Zuverlässigkeitsanforderungen. Für hohe Anforderungen sinkt die erreichbare P_{ts} in fast allen Bereichen zusätzlich ab.

6.6.7.2 Ausfälle in der Planung nicht berücksichtigen

Berechnet man die P_{ts} für unterschiedliche Anzahlen zugelassener Ausfälle bemerkt man, dass die P_{ts} immer weiter ansteigt und schließlich auch 100 % erreichen kann, siehe Abb. 6.77. D. h. theoretisch wäre es möglich Success-Run Teststrategien zu finden, die ein hohes Maß einer Erfolgschance versprechen. Berücksichtigen muss man dabei jedoch auch, dass die notwendige Stichprobengröße dafür sehr hoch ausfallen kann, insbesondere wenn viele Ausfälle auftreten. In Abb. 6.77 ist deutlich zu erkennen, wie stark die notwendige Stichprobengröße steigt, wenn man eine entsprechend hohe P_{ts} erreichen will, beispielsweise $P_{ts} > 80\,\%$.

Dieser Anstieg ergibt sich für alle Sicherheitsabstände s. Eine Berücksichtigung von Ausfällen im Success-Run Test ist daher aus statistischen Gesichtspunkten nicht zielführend.

Auch aus rein versuchstechnischen Gründen ist die Planung von SRT mit Ausfällen nicht empfehlenswert. Wenn bereits in der Planung mit Ausfällen während des Tests gerechnet wird, dann steht gleichzeitig fest, dass die Auslegungssicherheit des Produkts eher gering ausfällt. Diese Kenntnis von bevorstehenden Ausfällen muss dann genutzt werden, um eine geeignetere Teststrategie zu wählen, in diesem Fall eine End-of-Life Teststrategie. Diese Testverfahren basieren direkt auf den ermittelten Ausfällen und können auch für geringe Sicherheitsabstände noch ein probates Mittel sein, um einen effizienten Zuverlässigkeitsnachweis zu erbringen.

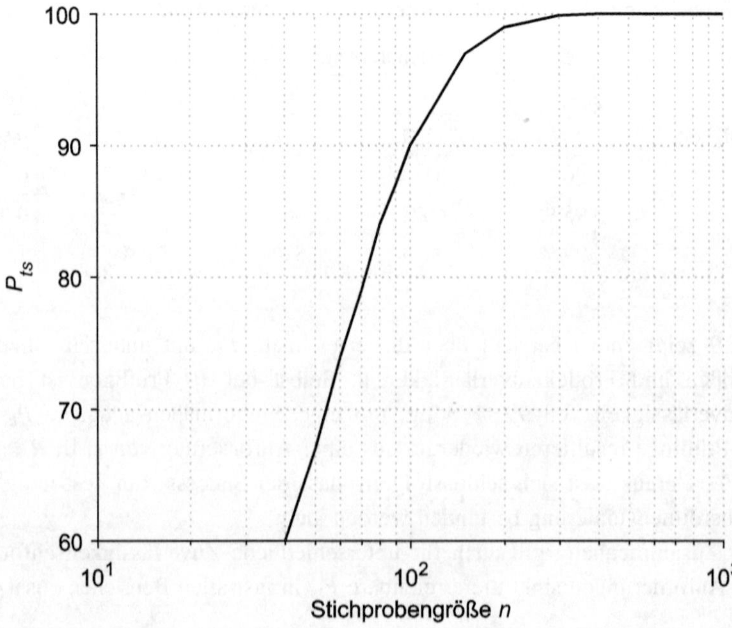

Abb. 6.77 P_{ts} eines SRT in Abhängigkeit der Stichprobengröße bei zugelassenen Ausfällen.

6.6.7.3 Einfluss des Lebensdauerverhältnisses und des Beschleunigungsfaktors auf die P_{ts}

Das Lebensdauerverhältnis hat in weiten Parameterbereichen nahezu keinen Einfluss auf die P_{ts}, siehe Abb. 6.78.

In Abb. 6.78 ist klar zu erkennen, dass die maximale P_{ts} von ca. 38 % quasi mit fast jedem Lebensdauerverhältnis bis zu 1,5 zu erreichen ist. Die einzelnen schwarzen Verläufe der P_{ts} entstehen durch die Rundung auf ganzzahlige Stichproben, was sehr gut im Bereich von $1{,}4 < L_V < 1{,}5$ zu erkennen ist. Die notwendige Stichprobengröße bleibt durch die Rundung konstant. Steigt das Lebensdauerverhältnis aber leicht an, unterliegt jeder Prüfling einer höheren Ausfallwahrscheinlichkeit, was wiederum zu einer geringeren P_{ts} führt. Nichtsdestotrotz kann für jeden Bereich die maximale P_{ts} erreicht werden. Mit höheren Lebensdauerverhältnissen konvergiert die P_{ts} jedoch gegen 0.

Diese Zusammenhänge ergeben sich aus den grundlegenden Testplanungscharakteristiken der Binomialverteilung. Ein höheres Lebensdauerverhältnis bedeutet zwar eine höhere Ausfallwahrscheinlichkeit des einzelnen Prüflings, andererseits aber auch eine kleinere Gesamtstichprobe. Solange die höhere Ausfallwahrscheinlichkeit also durch die kleinere Prüflingsanzahl kompensiert werden kann, bleibt die P_{ts} konstant (wenn man die Rundungsphänomene vernachlässigt).

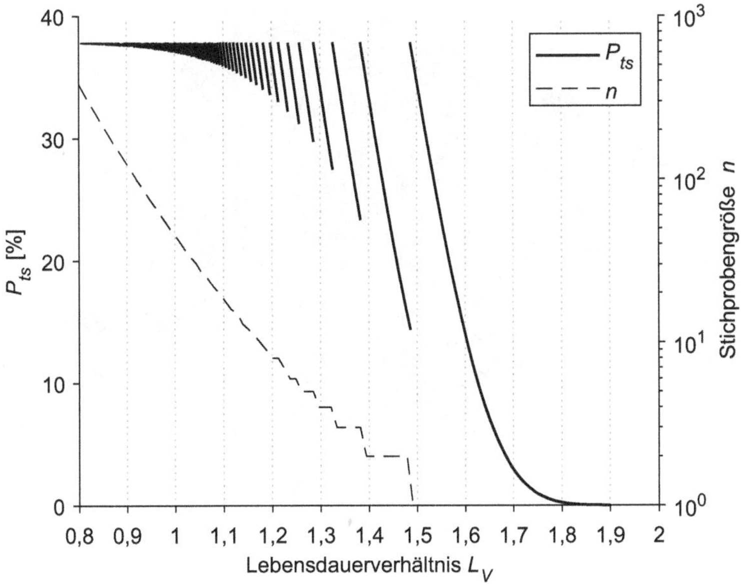

Abb. 6.78 Einfluss des Lebensdauerverhältnisses auf die Stichprobengröße und die P_{ts}.

In Abb. 6.78 ist auch zu erkennen, dass die Prüflingsanzahl ab einem Lebensdauerverhältnis von ca. 1,5 bereits auf einen Prüfling absinkt. D. h. ab diesem Punkt kann die höhere Ausfallwahrscheinlichkeit durch das höhere Lebensdauerverhältnis eben nicht mehr kompensiert werden. Somit sinkt die P_{ts} und erreicht schließlich auch 0 %. Das Lebensdauerverhältnis weiter zu erhöhen, obwohl die Stichprobengröße bereits nur noch bei $n = 1$ liegt, macht auch aus Effizienzgründen wenig Sinn, denn es ergibt sich keine Prüflingsersparnis mehr.

Beim Beschleunigungsfaktor ergeben sich sehr ähnliche Zusammenhänge. Die höhere Ausfallwahrscheinlichkeit wird in diesem Fall nur durch die höhere Belastung statt durch die längere Testzeit ausgelöst.

6.6.7.4 Höhere P_{ts} durch die Berücksichtigung von Vorwissen

Aus Abschn. 6.6.6.2 ist bekannt, dass sich die Berücksichtigung des Vorwissens über den Satz von Bayes ausschließlich indirekt auf die P_{ts} auswirkt. Die P_{ts} ist neben der Stichprobengröße nur abhängig von der Ausfallverteilung des Produkts. Sinkt nun die Stichprobengröße durch die Verwendung von Vorwissen, so steigt unweigerlich die P_{ts}. Abb. 6.79 zeigt ein Beispiel in dem Vorwissen über eine Betaverteilung $\mathcal{B}(A_0; B_0)$ entsprechend Abschn. 6.6.6.2 für die Planung des Success-Runs genutzt wird [327].

Es ist deutlich zu erkennen, dass mit steigendem Parameter A_0 des Vorwissens die P_{ts} teilweise stark ansteigt. Hierbei tritt der bereits beschriebene Effekt ein. Liefert das

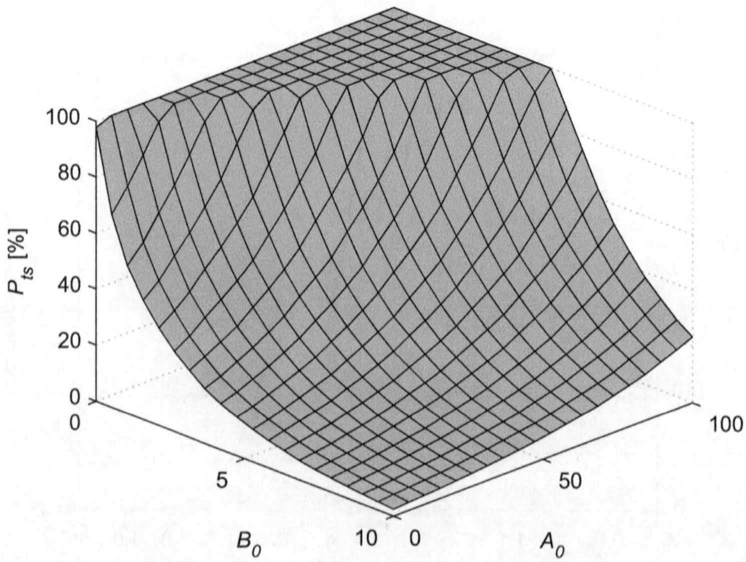

Abb. 6.79 Einfluss des angerechneten Vorwissens auf die P_{ts}. (© IMA 2026. All Rights Reserved)

Vorwissen bereits eine hohe Anzahl an „Durchläufern" dann reduziert sich die Stichprobengröße des Tests. Folglich müssen weniger Prüflinge den Test ohne Ausfall überstehen, womit die P_{ts} ansteigt. Genau umgekehrt verhält es sich beim Parameter B_0 des Vorwissens. Denn „Ausfälle" des Vorwissens müssen durch zusätzliche Prüflinge im Test kompensiert werden – die P_{ts} sinkt. Da in der Regel nur mit guten Vorwissensquellen gearbeitet wird, zeigt Abb. 6.80 den Verlauf der P_{ts} über den „Gutteil-Parameter" A_0, mit $B_0 = 1$.

6.6.8 „Pitfalls" bei der Success-Run Testplanung

Aufgrund seiner übersichtlichen Planbarkeit erscheint der Success-Run Test als vorteilhaft für den Nachweis der Zuverlässigkeit. Die Anforderungen lassen sich mittels der Binomialverteilung direkt in eine erforderliche Stichprobengröße umwandeln, während die Testdauer durch die vorausgesetzte Lebensdauer bereits festgelegt ist. Bei einer eingehenderen Analyse zeigen sich jedoch eine Reihe von beträchtlichen Nachteilen, die besonders berücksichtigt werden sollten [5]. Es wird empfohlen, besonders auf die kritischen Herausforderungen bei der Planung eines Success-Runs zu achten, einschließlich ihrer jeweiligen Vor- und Nachteile, die im Folgenden diskutiert werden.

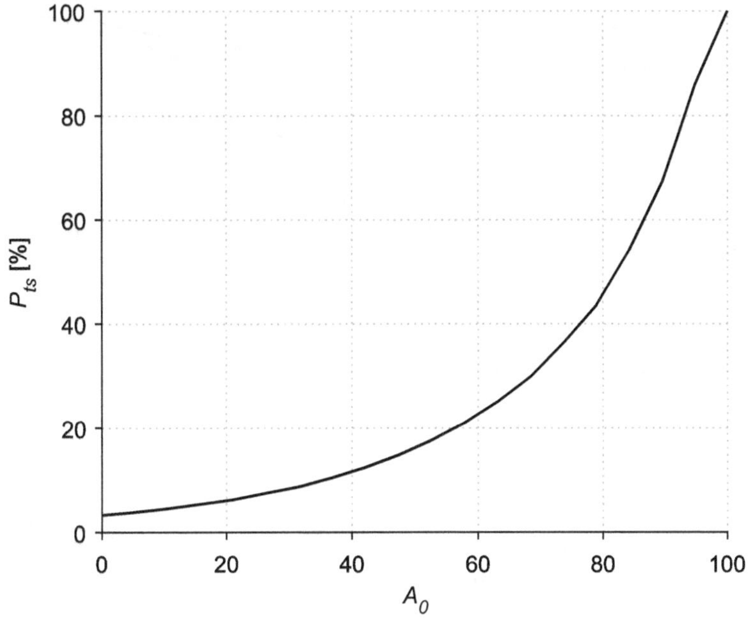

Abb. 6.80 Einfluss des angerechneten Vorwissens auf die P_{ts} bei sehr positivem Vorwissen. ()

6.6.8.1 Mäßiger Informationsgehalt

Der Success-Run Test kann im Wesentlichen als Worst-Case-Ansatz betrachtet werden. Dabei wird angenommen, dass das Produkt eine Mindestzuverlässigkeit gemäß den Anforderungen aufweist, die dann durch eine definierte Anzahl von „Gutteilen" (oder Durchläufern) bestätigt werden soll. Dieser Test führt lediglich eine binäre Klassifikation durch, bei der die Produkte entweder während der Prüfzeit durchlaufen (Erfolg) oder vorher ausfallen (Misserfolg). Aufgrund dieser begrenzten Information der binären Klassifikation ist es nur möglich, die geforderte Mindestzuverlässigkeit zu bestätigen oder zu widerlegen. Aussagen über die genaue Skala der Produktlebensdauer können nicht getroffen werden, da in der Regel entweder keine oder nur sehr wenige Ausfälle auftreten, anhand derer eine Ausfallverteilung abgeschätzt werden könnte [351].

Die Absicherung der Zuverlässigkeit mittels Success-Run Tests führt aufgrund des Mangels an Information über die tatsächliche Ausfallverteilung oft zu einer unbemerkten Überdimensionierung. Die Beobachtung weniger Ausfälle im Test erfordert sehr niedrige Ausfallwahrscheinlichkeiten, die nur dann auftreten, wenn das Produkt bereits eine hohe Zuverlässigkeit aufweist, was potenziell zu einer Überdimensionierung führt [351].

In der Zuverlässigkeitstechnik, insbesondere in der Rolle des Zuverlässigkeitsingenieurs, liegt das Hauptinteresse in der Auswahl von Teststrategien, die erfolgsversprechend sind. Die Beurteilung der Testgüte erfolgt objektiv anhand der eingeführten

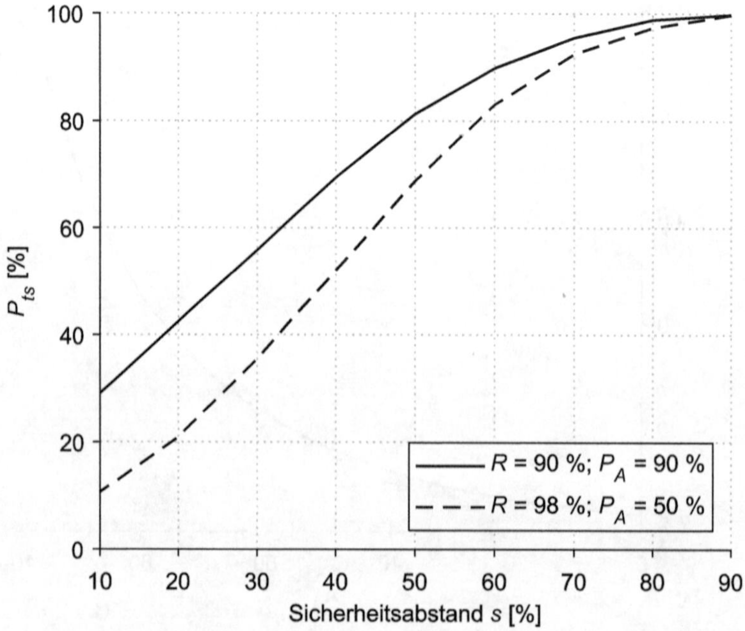

Abb. 6.81 Einfluss des Sicherheitsabstandes auf die P_{ts}.

Probability of Test Success P_{ts}. Auf diese Weise lassen sich die optimalen Anwendungsbereiche für die Success-Run Teststrategie identifizieren, nämlich jene mit einer hohen Erfolgswahrscheinlichkeit eines positiven Testergebnisses. Neben den Zuverlässigkeitsanforderungen beeinflusst auch das Produkt selbst maßgeblich die P_{ts} der Teststrategie, wie in Abb. 6.81 dargestellt [351].

Wenn ein Zuverlässigkeitsnachweis für Produkte erbracht werden soll, deren tatsächliche Zuverlässigkeit nah an den geforderten Anforderungen liegt, dann ist die Ausfallwahrscheinlichkeit eines Prüflings bei der nachzuweisenden Lebensdauer schon relativ hoch, was bei einer entsprechend hohen Prüflingszahlen die der Success-Run in der Regel benötigt, die Wahrscheinlichkeit drastisch erhöht Ausfälle während des Tests zu beobachten. Die Folge ist ein fehlschlagender Zuverlässigkeitsnachweis. Produkte mit starker Überdimensionierung haben hingegen zur geforderten Lebensdauer eine erheblich niedrigere Ausfallwahrscheinlichkeit, weshalb der Success-Run Test in solchen Fällen deutlich öfter erfolgreich ist [351].

Es hat sich als zweckmäßig erwiesen, bei Vergleichen der Testgüte auch die Auslegungssicherheit von Produkten zu berücksichtigen. Hierfür wurde die Auslegungssicherheit s eingeführt, die als relative Differenz zwischen der geforderten Lebensdauer t_{req} und der tatsächlichen Produktlebensdauer t_{real} definiert ist [19]:

$$s = 1 - \frac{t_{\text{req}}}{t_{\text{real}}} \qquad s \in [0,1]. \tag{6.136}$$

Es kann aber auch schlicht ein faktorbasierter Überdimensionierungswert verwendet werden:

$$\ddot{U} = \frac{t_{\text{real}}}{t_{\text{req}}}. \tag{6.137}$$

Die Abb. 6.81 veranschaulicht die P_{ts} des Success-Run Tests über verschiedene Auslegungssicherheiten bzw. Überdimensionierungen. Dabei wird zwischen moderaten und hohen Zuverlässigkeitsanforderungen unterschieden. Es wird klar, dass die Auslegungssicherheit einen bedeutend größeren Einfluss auf die P_{ts} hat als die eigentlichen Zuverlässigkeitsanforderungen. Es ist jedoch zu beachten, dass für den Nachweis moderater Anforderungen lediglich 16 Prüflinge benötigt werden, während für den Nachweis hoher Anforderungen bereits 149 Prüflinge getestet werden müssten.

Die Ergebnisse in Abb. 6.81 verdeutlichen, dass hohe Erfolgswahrscheinlichkeiten bei einem Success-Run Test nur bei entsprechend hohen Auslegungssicherheiten erzielt werden können. In Fällen geringer Auslegungssicherheit ist der Success-Run Test folglich nicht effektiv einsetzbar. Hier bieten ausfallbasierte Teststrategien eine Lösung [351].

Ein weiterer Nachteil zeigt sich, wenn der erforderliche Aufwand in Relation zur erreichbaren Erfolgswahrscheinlichkeit bzw. Probability of Test Success gesetzt wird. Insbesondere für hohe Zuverlässigkeitsanforderungen zeigt sich in Abb. 6.81, dass trotz erheblichem Aufwand die Erfolgswahrscheinlichkeit sehr niedrig ausfallen kann. Dabei bleibt der Aufwand konstant und verändert sich nicht mit steigender Auslegungssicherheit. Dies resultiert aus den grundlegenden Prinzipien des Success-Run Tests, bei denen der Aufwand ausschließlich durch die Zuverlässigkeitsanforderung definiert wird [5].

Hierbei ergibt sich ein Paradoxon in der Testplanung: Üblicherweise würde man erwarten, dass ein höherer Aufwand oder mehr Prüflinge die Testqualität verbessern, was eine erhöhte Erfolgswahrscheinlichkeit zur Folge hätte. Jedoch ist dies beim Success-Run Test nicht der Fall. Bei hohen Zuverlässigkeitsanforderungen führt ein größerer Aufwand aufgrund einer größeren notwendigen Stichprobe paradoxerweise zu einer verringerten Erfolgswahrscheinlichkeit. Dies liegt daran, dass mehr Prüflinge ohne Ausfall bis zur Prüfzeit getestet werden müssen, was gemäß dem Produktgesetz der Wahrscheinlichkeiten zu einer geringeren Erfolgswahrscheinlichkeit führt. Dadurch kann eine Testplanung auf Basis des Success-Run bei hohen Anforderungen dazu führen, dass eine sehr große Stichprobe getestet wird und die Erfolgswahrscheinlichkeit dennoch deutlich unter 50 % liegt [351].

Bei ausfallbasierten Tests verhält es sich anders: Hier führt größerer Aufwand zu einer höheren Erfolgswahrscheinlichkeit, wie in Abschn. 6.3.3 erläutert wird.

6.6.8.2 Fehlschlagenden Test falsch interpretieren

Aufgrund der Tatsache, dass der Success-Run in weiten Teilen der industriellen Anwendung sehr verbreitet ist, und damit auch für Produkte verwendet wird, die aus verschiedensten Gründen keine starke Überdimensionierung aufweisen, wird das Testergebnis häufig fehlinterpretiert. Wie die vorangegangenen Ausführungen gezeigt haben, hat der Success-Run nur eine adäquate Erfolgswahrscheinlichkeit, wenn das Produkt stark überdimensioniert ist. Wird ein Success-Run nun für ein Produkt geplant und ausgeführt, das nur eine geringe Überdimensionierung aufweist und schlägt fehl, dann wird hinter dem Resultat oft ein zu unzuverlässiges Produkt vermutet. Dabei kann es auch an der definierten Teststrategie liegen, dass der Test fehlschlägt. Die Konsequenz einer solchen Fehlinterpretation ist meistens, dass das Produkt in einer kostenintensiven zusätzlichen Entwicklungsphase wieder mehr Auslegungssicherheit erhält und damit wieder in Richtung Überdimensionierung tendiert [351]. Stattdessen kann mit der Kenntnis der P_{ts} in den allermeisten Fällen davon ausgegangen werden, dass lediglich der Test unpassend für die Produktauslegung gewählt wurde. Im Falle von Ausfällen im Success-Run empfiehlt es sich deshalb eher weitere Ausfälle zu erzeugen, die anschließend ausfallbasiert mit der Weibullverteilung ausgewertet werden.

6.6.8.3 Annahmen für die Testplanung

Das Ergebnis des Success-Run Tests ist zunächst nur für die festgelegte Prüfzeit gültig, die normalerweise der geforderten Lebensdauer entspricht. Wenn kürzere oder längere Testzeiträume erforderlich sind, muss die nachgewiesene Mindestzuverlässigkeit entlang der Ausfallverteilung angepasst werden [5]. Dies ist jedoch nur unter Verwendung des Formparameters oder einer angenommenen Ausfallverteilung möglich, die der Success-Run Test selbst nicht liefert bzw. bestätigen könnte. Informationen über den Formparameter müssen aus anderen Quellen bezogen werden, oft werden sie aufgrund begrenzter Informationen abgeschätzt.

Eine fehlerhafte Abschätzung des Formparameters kann die Belastbarkeit des Zuverlässigkeitsnachweises trotz erfolgreichen Tests beeinträchtigen. Falls eine Abschätzung unvermeidlich ist, wird empfohlen, eher mit kleineren Werten des Formparameters nahe bei eins, wie zum Beispiel 1,1, zu arbeiten. Dadurch wird ein konservativeres, auf Ermüdung basierendes Ausfallverhalten angenommen und als Grundlage für die Testplanung verwendet. Eine Überschätzung des Formparameters sollte vermieden werden, da dadurch die Lebensdauerwerte im Bereich geringer (und damit praktisch relevanter) Ausfallwahrscheinlichkeiten überschätzt werden [5, 351]. Dieser Zusammenhang wird durch die Abb. 6.82 verdeutlicht.

Wenn das abgeschätzte Ausfallverhalten ($b = 4$) angenommen wird, ergibt sich eine Lebensdauer von ungefähr $t_2 \approx 585$ h bei einer Ausfallwahrscheinlichkeit von $F(t_2) = 10\,\%$. Hingegen führt ein reales Ausfallverhalten mit einer deutlich größeren Streuung von $b = 1{,}5$ lediglich zu einer Lebensdauer von etwa $t_1 \approx 153$ h, was einer Überschätzung der Lebensdauer um den Faktor 3,8 entspricht [351].

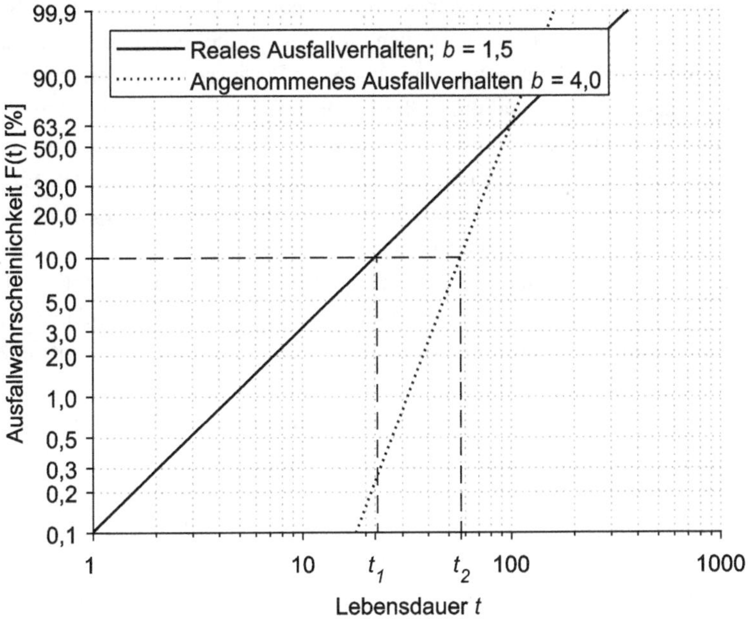

Abb. 6.82 Einfluss eines falsch angenommenen Formparameters auf die Ausfallwahrscheinlichkeit.

Eine Alternative, um diese Problematik zu vermeiden, besteht darin, eine ausfallbasierte Teststrategie zu verwenden, mit der die Ausfallverteilung bestimmt werden kann. Ähnliche Herausforderungen ergeben sich bei einem beschleunigten Success-Run Test mit einem unbekannten Raffungsfaktor.

6.6.8.4 Einbringung von nicht repräsentativem Vorwissen

Die Nutzung des Satz von Bayes bietet einen erheblichen Vorteil in Form einer potenziellen Verringerung der benötigten Stichprobengröße für Zuverlässigkeitstests. Eine positivere Vorinformation führt zu einer signifikanteren Reduktion der Stichprobengröße. Es ist jedoch auch wichtig zu beachten, dass bei einer sehr niedrigen Zuverlässigkeitsinformationen (z. B. eine Vorwissensinformation, die unter den Anforderungen liegt) theoretisch eine größere Stichprobengröße erforderlich wird [5].

Die Kritik an Bayes'schen Ansätzen konzentriert sich weniger auf die direkte Anwendung des Bayes'schen Theorems, sondern vielmehr auf die Gültigkeit des verwendeten Vorwissens. Nach den Herleitungen von Bayes sollte das Vorwissen aus derselben Grundgesamtheit stammen wie die aktuelle Information [47], was in der Praxis jedoch selten der Fall ist. Oftmals werden Zuverlässigkeitsinformationen aus vorherigen Produkten oder ähnlichen Prototypentests herangezogen, die nicht zwangsläufig aus derselben

Grundgesamtheit stammen. Dies verstößt streng genommen gegen die mathematische Voraussetzung, dass die Daten aus der gleichen Grundgesamtheit stammen müssen. Daher ist es entscheidend, vor der Verwendung von Daten aus Vorwissen sorgfältig zu prüfen, ob die Verwendung dieser Vorinformationen überhaupt gerechtfertigt ist. Wenn beispielsweise zwischen einem Vorgänger- und Nachfolgeprodukt erhebliche Unterschiede bestehen, ist es sehr wahrscheinlich, dass sich das Ausfallverhalten stark verändert hat. Ein Zuverlässigkeitsnachweis, der auf angewandtem Vorwissen basiert, könnte in einem solchen Fall fehlerhaft und möglicherweise zu optimistisch sein [5].

In Reaktion auf diese Herausforderungen sind Forschungsarbeiten entstanden, die die Anwendung von Vorwissen auch bei Unterschieden zwischen Produkten ermöglichen sollen. Kleyner und Krolo entwickelten dabei einen „Knowledge Faktor“ oder „Transformationsfaktor“ [128, 130]. Abhängig vom Grad der Produktähnlichkeit wird mittels dieses Faktors das Vorwissen abgeschwächt. Mathematisch gesehen wird die Zuverlässigkeitsverteilung verbreitert, was einer ungenaueren Information entspricht, wie in Abb. 6.83 dargestellt.

Kleyner kombiniert die a-priori Betaverteilung mit einer Gleichverteilung entsprechend ihres Anteils. Krolo hingegen verändert direkt die Parameter der a-priori Betaverteilung. Diese „Übertragungsfaktoren“ bieten mathematische Wege, um Vorwissen entsprechend zu modifizieren. Allerdings scheitern sämtliche Forschungsansätze bislang an einer

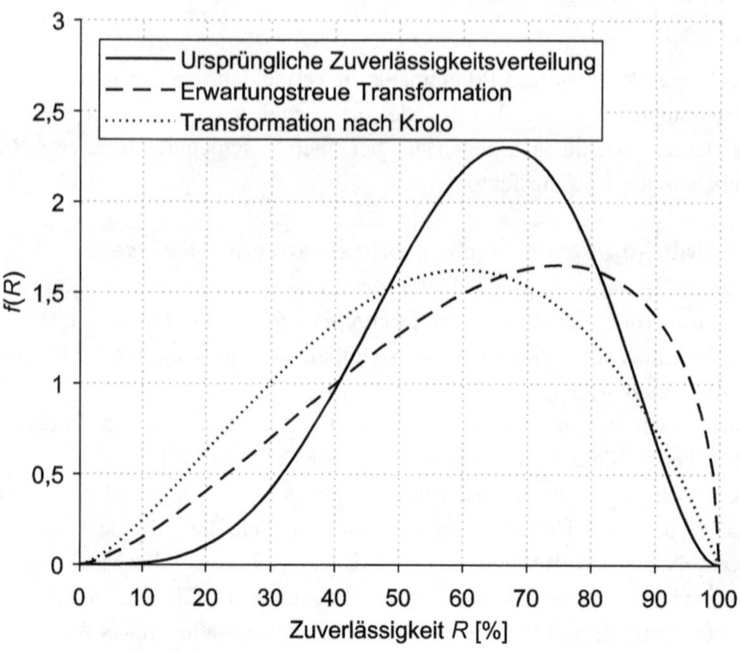

Abb. 6.83 Anwendung eines Transformationsfaktors.

objektiven Bestimmung eines solchen Übertragungsfaktors, der essenziell für einen verlässlichen Zuverlässigkeitsnachweis ist [5, 22].

Obwohl Krolo und Hitziger Ansätze für die Ermittlung des Übertragungsfaktors vorstellen [128, 194, 198, 319], fehlt bisher eine umfassend anwendbare Vorgehensweise. Darüber hinaus müssen solche „Übertragungsfaktoren" vor der Anwendung sehr genau geprüft werden, denn die mathematische Auswirkung kann ebenfalls unterschiedlich sein. Während bei Kleyners Knowledge factor lediglich die Unschärfe erhöht wird (die Varianz der Verteilung nimmt zu), verändert der Transformationsfaktor von Krolo neben der Varianz auch den Erwartungswert der Vorwissensverteilung [231].

6.6.8.5 System- und Komponententests auf Basis des Success-Runs

Die Stärke des Success-Run Ansatzes zeigt sich beim Nachweis der Zuverlässigkeit von Systemen. Dies wird anhand eines simplen Beispiels deutlich: Angenommen, ein System besteht aus 5 Komponenten, von denen jede einen individuellen Ausfallmechanismus aufweist. Basierend auf den statistischen Analysen in Abschn. 5.4.1.5 ist bekannt, dass die Ausfallmechanismen separat betrachtet werden müssen, um eine präzise Prognose und damit auch einen erfolgreichen Nachweis für die Systemzuverlässigkeit zu gewährleisten. In einem System mit 5 Ausfallmechanismen wäre jedoch ein umfangreicher Testaufwand erforderlich. Dies resultiert daraus, dass eine umfassende Abdeckung aller Ausfallmechanismen durch umfangreiche Tests vieler Systeme notwendig wäre. Unter der Voraussetzung ausreichender Ausfälle für jeden Mechanismus könnte durch die Kombination der individuellen Ausfallverteilungen die Gesamtverteilung des Systems einschließlich ihres Vertrauensbereichs berechnet werden (vgl. Abschn. 2.3.2). Auf diese Weise wäre es möglich, den Nachweis der Zuverlässigkeit zu erbringen.

Der Success-Run Test eliminiert die Notwendigkeit der Separierung der Ausfallmechanismen aufgrund der binären Klassifizierung, denn die grundsätzliche Testplanung für den Nachweis ist auf die Durchläufer und nicht auf die Ausfälle gestützt. Die Information, dass ein Prüfling durchgelaufen ist, bzw. überlebt hat, ist für alle Ausfallmechanismen gültig. Ein Ausfall muss jedoch einem Mechanismus zugordnet werden. In diesem Zusammenhang genügt es, die vorgegebene Anzahl von Systemen gemäß der Binomialverteilung zu testen, die keinen Ausfall aufweisen – selbst wenn das Produkt mehrere unterschiedliche Ausfallmechanismen enthält. Es ist jedoch wichtig zu beachten, dass die genannten Nachteile in Bezug auf die Erfolgswahrscheinlichkeit und den begrenzten Informationsgehalt nach wie vor relevant sind. Zudem verstärkt sich die Schwierigkeit bezüglich des unbekannten Formparameters. Dieser Parameter müsste auch für das System-Success-Run Test mit dem Lebensdauerverhältnis gültig und bekannt sein. Insbesondere in Fällen, in denen sich mehrere Ausfallmechanismen überlagern, gestaltet sich die Festlegung dieses Parameters schwierig. Denn die Systemverteilung kann in der Regel gar nicht mehr durch eine einzige Weibullverteilung beschrieben werden, es sei denn, die Ausfallmechanismen sind exakt identisch.

Die Erfolgswahrscheinlichkeit für einen Success-Run Test auf Systemebene kann ebenfalls mithilfe der Gl. (6.124) berechnet werden. Falls Informationen über mehrere kritische Ausfallmechanismen im System verfügbar sind, können diese zusätzlichen Informationen ebenfalls in die Berechnung einfließen, siehe Gl. (6.131) und (6.132). Die erforderliche Stichprobengröße für Systeme, bleibt unverändert, selbst wenn sich die Anzahl der Ausfallmechanismen unterscheidet. Dies liegt daran, dass sie ausschließlich anhand der Anforderungen der Binomialverteilung berechnet wird und unabhängig von der Variation der Ausfallmechanismen bleibt.

Komponententests bieten oft eine einfachere Realisierung und ermöglichen eine deutlich einfachere Beschleunigung der Testdurchführung. Aus diesem Grund werden Komponententests häufig in den frühen Entwicklungsphasen eingesetzt, um schnell und mit geringerem Aufwand Informationen über das Ausfallverhalten spezifischer Komponenten oder Subsysteme zu erlangen. Aufgrund der Unfähigkeit des Success-Run, Aussagen über die Ausfallverteilung zu machen, ist er für die Testplanung auf Komponenten- oder Subsystemebene nicht empfehlenswert. Diese Einschätzung lässt sich durch einige statistische Hintergründe erklären, die im Folgenden erläutert werden.

Bei Zuverlässigkeitsinformationen auf Komponenten- oder Subsystemebene besteht das Ziel neben dem eigentlichen Gewinn an Informationen hauptsächlich darin, die übergeordnete Systemzuverlässigkeit zu bestimmen. Da der Success-Run lediglich eine Mindestzuverlässigkeit als Ergebnis liefert, verstärkt sich der Worst-Case-Ansatz auf der Systemebene. Das bedeutet, insbesondere bei Seriensystemen steigt der Aufwand für einen Success-Run auf Komponentenebene exponentiell an, insbesondere mit zunehmender Anzahl von Komponenten.

Beispiel

Das Ziel besteht darin, einen Success-Run Test auf Komponentenebene durchzuführen, um die Zuverlässigkeitsanforderungen von $R_{\text{req}} = 95\,\%$ und $P_A = 90\,\%$ des Gesamtsystems nachzuweisen [5]. Dabei sollen die Systemstrukturen gemäß Abb. 6.84 mit den Anforderungen $t_{\text{req}} = 100\,\text{h}$; $R_{\text{req}} = 95\,\%$; $P_A = 90\,\%$ berücksichtigt werden.

Die Anzahl der erforderlichen Prüflinge für eine Serienstruktur mit zwei Komponenten beläuft sich auf insgesamt 152, während für die parallele Struktur lediglich 13 Prüflinge

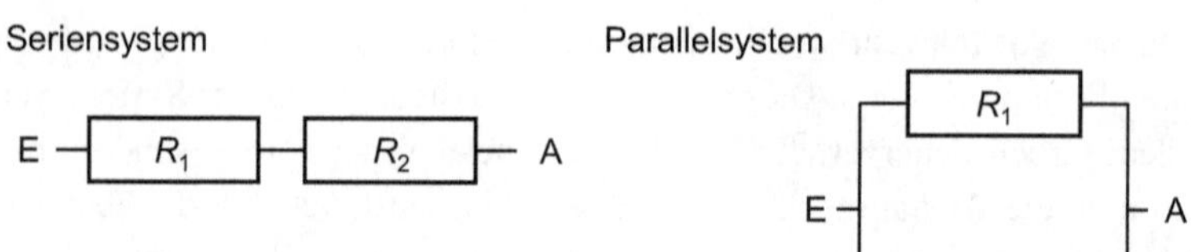

Abb. 6.84 Beispielsysteme. (© IMA 2026. All Rights Reserved)

benötigt werden. Die Berechnung der benötigten Prüflingsanzahl erfolgt iterativ anhand der resultierenden Zuverlässigkeitsverteilung und unter Berücksichtigung der bool'schen Systemstruktur [100].

Die P_{ts} für einen Success-Run Test auf Komponentenebene lässt sich ebenfalls einfach mithilfe der Binomialverteilung bestimmen. Das Ergebnis ist jedoch sowohl für die serielle als auch für die parallele Struktur identisch. Das bedeutet, die P_{ts} ist unabhängig von der Systemstruktur berechnet. Dies resultiert daraus, dass die Ausfallmechanismen in Serien- und Parallelsystemen auf Komponentenebene für den Erfolg der Success-Runs seriell verknüpft sind. Der Success-Run wird nur dann als erfolgreich betrachtet, wenn alle Bauteile den Test bestehen. Die P_{ts} wird entsprechend der Anzahl der Ausfallmechanismen K berechnet:

$$P_{\text{ts}} = \prod_{i=1}^{K} \left(R_{p,i}\left(t_{\text{req}}\right)\right)^{n_{SR,i}}. \tag{6.138}$$

Für das Beispiel in Abb. 6.84 ergeben sich mit dem Vorwissen $\mathcal{W}_1(600; 3)$ und $\mathcal{W}_2(1000; 3)$ die folgenden Erfolgswahrscheinlichkeiten:

$$\begin{aligned} P_{\text{ts,ser}} &\approx 27\,\% \\ P_{\text{ts,par}} &\approx 90\,\%. \end{aligned} \tag{6.139}$$

Das Ergebnis für die Serienstruktur zeigt, dass eine Success-Run Testplanung auf Komponentenebene in diesem Anwendungsfall nicht zielführend ist. Trotz des hohen Aufwands von 152 Prüflingen beträgt die P_{ts} des Tests nur 27 %. Im Gegensatz dazu ist die P_{ts} für die Parallelstruktur deutlich höher. Mit lediglich 13 Prüflingen und einer Erfolgswahrscheinlichkeit von 90 % wäre diese Testplanung im Vergleich zur Serienstruktur vielversprechender. Es ist jedoch wichtig zu beachten, dass trotz der gleichen Anforderungen die direkte Gegenüberstellung der beiden Systeme nicht möglich ist, da die Parallelstruktur tendenziell immer deutlich höhere Zuverlässigkeiten aufweist. Unter gleichen Anforderungen verfügt die Parallelstruktur folglich über eine deutlich größere Auslegungssicherheit im Vergleich zur Serienstruktur.

6.6.8.6 Überschätzung der P_{ts} durch unsicheres Vorwissen

Abb. 6.85 zeigt die P_{ts} für drei unterschiedlich hohe Lebensdaueranforderungen bzw. Auslegungssicherheiten, aufgetragen über die Stichprobengröße der verwendeten Vorkenntnis. Mit kleinerer Stichprobengröße nimmt in der Konsequenz die Unschärfe der Information zu. Es ist deutlich zu erkennen, dass sich kein einheitliches Bild abzeichnet. Für ohnehin sehr hohe P_{ts} Werte, die bei der hohen Auslegungssicherheit resultiert, zeigt sich ein sinkender Verlauf mit größerer Unsicherheit. Bei niedrigeren absoluten Werten der P_{ts} erkennt man dagegen einen nicht unerheblichen Anstieg bei größerer Unsicherheit. Dieses Verhalten ist aus der Zuverlässigkeitsperspektive überraschend, denn man würde analog zu den EoL Tests ein Absinken der P_{ts} bei höherer Unsicherheit erwarten. Verursacht wird dieses Phänomen durch einen statistischen Effekt, der auf dem Definitionsbereich der Zuverlässigkeit im Intervall $R \in [0, 1]$ resultiert [336]. Steigt die Streuung der Betaverteilung des Vorwissens bei ohnehin sehr hohen P_{ts} – Werten, liegen deutlich mehr Werte unterhalb des Wertes, der ohne die Berücksichtigung der Unschärfe resultiert wäre. Denn der Definitionsbereich lässt eben keine Werte über $R = 1$ zu. Bewegen sich die Werte der Zuverlässigkeit bereits sehr nahe an 1, so ist die Wahrscheinlichkeit noch höhere Werte zu erhalten sehr gering. Der Effekt kehrt sich bei kleinen P_{ts} – Werten an der unteren Definitionsgrenze $R = 0$ um, was zu einem Anstieg der P_{ts} bei Berücksichtigung der Unsicherheit in der Vorkenntnis führt [336]. Bei den End-of-Life Tests tritt dieser Effekt nicht auf, da der Definitionsbereich der Lebensdauer deutlich größer ausfällt und daher die Berücksichtigung größerer Streuungen weniger einschränkt.

Bei der Planung eines Success-Run Tests ist dieser Umstand in jedem Fall zu berücksichtigen, insbesondere bei Planungen am unteren Ende des Definitionsbereichs. Hier würde eine zusätzliche Berücksichtigung der Unschärfe im Vorwissen dazu führen, dass die P_{ts} überschätzt wird.

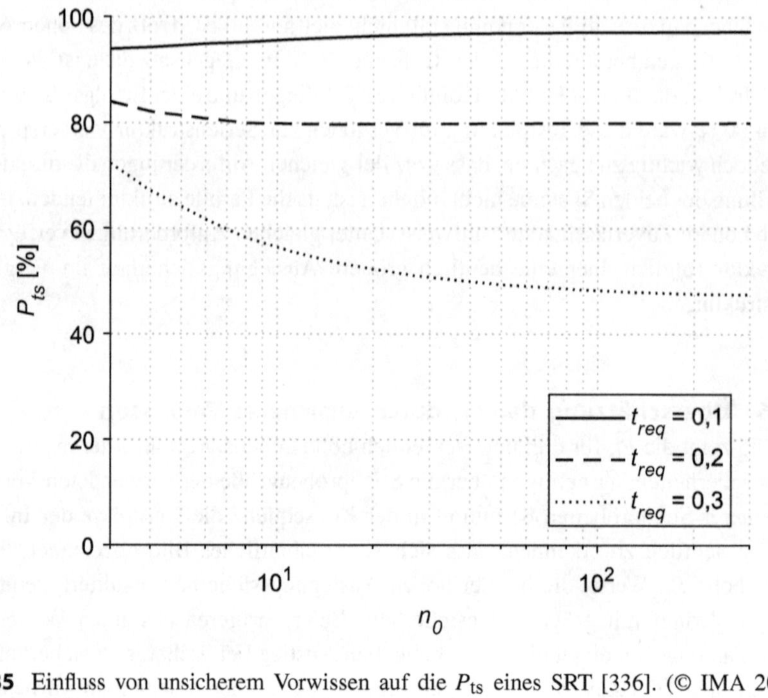

Abb. 6.85 Einfluss von unsicherem Vorwissen auf die P_{ts} eines SRT [336]. (© IMA 2026. All Rights Reserved)

Formelzeichen

Zeichen	Bedeutung	Einheit
A	Parameter der Betaverteilung, Parameter der Arrheniusgleichung, Parameter der Coffin-Manson Gleichung, Parameter des Eyring-Life-Stress Modells	–
A_0	Parameter der Betaverteilung aus Vorwissen	–
A_{post}	Parameter der a-posteriori Betaverteilung	–
A_{Sys}	Parameter der Betaverteilung des Systems	–
B	Parameter der Betaverteilung, Parameter der Coffin-Manson Gleichung, Parameter des Eyring-Life-Stress Modells	–
B_0	Parameter der Betaverteilung aus Vorwissen	–
$B_{A,i}$	Belastungsamplitude des Feldlastkollektivs	–
B_{post}	Parameter der a-posteriori Betaverteilung	–
B_q	Lebensdauer bei der $q\%$ der Bauteile ausfallen	–
B_{Sys}	Parameter der Betaverteilung des Systems	–
b	Formparameter der Weibullverteilung	–
b_O	Obere Vertrauensgrenze des Formparameters	–
b_U	Untere Vertrauensgrenze des Formparameters	–
b_{RBA}	Korrigierter Formparameter nach der RBA Methode	–
b_{HR}	Korrigierter Formparameter nach der HR Methode	–
C	Korrekturfaktor der RBA Methode	–
c	y-Achsenabschnitt	–
D	Schadenssumme	–
D_{p,P_A}	Schadenssumme des $p\%$ Kollektivs mit Aussagesicherheit P_A	–
D_p	Schadenssumme für die Feldbelastung aus Vorwissen	–

(Fortsetzung)

M. Dazer et al., *Zuverlässigkeitstests für eine effiziente und entwicklungsbegleitende Absicherung von Bauteilen und Systemen*, https://doi.org/10.1007/978-3-662-72967-0

(Fortsetzung)

Zeichen	Bedeutung	Einheit
D_{real}	Reale Schadenssumme für die Feldbelastung	–
D_{req}	Geforderte Schadenssumme für die Feldbelastung	–
E	Erwartungswerte, Effektstärke	–
E_A	Aktivierungsenergie	eV
F	Verteilungsfunktion	–
F_i	Ausfallwahrscheinlichkeit der Rangröße i	–
$F_{\max}$	Maximal zulässige Ausfallwahrscheinlichkeit	–
F_0	Verteilungsfunktion aus Vorwissen	–
F_O	Obere Vertrauensgrenze der Ausfallwahrscheinlichkeit	–
F_U	Untere Vertrauensgrenze der Ausfallwahrscheinlichkeit	–
F_{Sys}	Systemausfallwahrscheinlichkeit	–
F^{-1}	Inverse Verteilungsfunktion, Inverse Fisher Informationsmatrix	–
f	Dichtefunktion	–
$f(y\|x)$	Bedingte Wahrscheinlichkeitsdichte	–
f_{prior}	Dichtefunktion aus Vorwissen	–
h_n	Relative Häufigkeit	–
i	Rangzahl	–
j_i	Hypothetische Rangzahlen	–
K	Boltzmannkonstante, Parameter des 5.5.2.4 Inverse-Power-Law	eV/K, -
k	Anzahl der Erfolge, Prüflosgröße, Wöhlerexponent, Anzahl der Parameter des DOE	–
k_n	Prüflingskosten	€
k_t	Testzeitkosten	€
L	Maximum Likelihood Methode, Summenhäufigkeit	–
L_V	Lebensdauerverhältnis	–
LR	Likelihood-Ratio Statistik	–
$load_0$	Lage des Feldniveaus	–
$load_H$	Lage des hohen Lastniveaus	–
$load_L$	Lage des niedrigen Lastniveaus	–
M	Mellin-Transformation, Verteilungsmoment	–
M^{-1}	Mellin-Rücktransformation	–
m	Geradensteigung	–

(Fortsetzung)

(Fortsetzung)

Zeichen	Bedeutung	Einheit
N_i	Zuwachs, Erreichte Lastwechselzahl	–
$N_{A,i}$	Lastwechselzahlen des Feldlastkollektivs	–
n	Stichprobengröße, Parameter des 5.5.2.4 Inverse-Power-Law	–
n_0	Stichprobengröße des Vorwissens	–
$n_{\text{äq}}$	Äquivalenter Stichprobenumfang	–
n_L	Anzahl der faktoriellen Versuchspunkte	–
n_L	Prüflinge des niedrigen Lastniveaus	–
n_H	Prüflinge des hohen Lastniveaus	–
n_{ges}	Gesamtprüflingszahl	–
P	Wahrscheinlichkeit	[%]
P_A	Aussagewahrscheinlichkeit	[%]
P_{ts}	Probability of Test Success	[%]
p	Parameter der Binomialverteilung, p-Wert	–
R	Überlebenswahrscheinlichkeit	–
R_i	Zuverlässigkeit der Komponente i	–
R_O	Obere Vertrauensgrenze der Zuverlässigkeit	–
R_U	Untere Vertrauensgrenze der Zuverlässigkeit	–
R_p	Überlebenswahrscheinlichkeit aus Vorwissen	–
R_{min}	Minimale geforderte Überlebenswahrscheinlichkeit	–
R_{Sys}	Systemzuverlässigkeit	–
r_i	Residuum des Ranges i	
r	Anzahl der Ausfälle im EoL Test, Beschleunigungsfaktor	–
s	Sicherheitsabstand	–
T	Charakteristische Lebensdauer oder Lageparameter der Weibullverteilung	–
$Temp$	Temperaturniveau	K
t	Statistische Variable (Beanspruchungszeit, Lastwechsel, …)	LW, h, usw
t_0	Ausfallfreie Zeit der Weibullverteilung	LW, h, usw
t_{dem}	Nachgewiesene Lebensduer mit geforderter P_{ts}	LW, h, usw
t_{p}	Lebensdauer aus Vorwissen,	LW, h, usw

(Fortsetzung)

(Fortsetzung)

Zeichen	Bedeutung	Einheit
t_t	Prüfzeit beim Success-Run Test	LW, h, usw
t_{Prog}	Prognostizierte Lebensdauer	LW, h, usw
$t_{q,O}$	Obere Vertrauensgrenze des Lebensdauerquantils	LW, h, usw
$t_{q,U}$	Untere Vertrauensgrenze des Lebensdauerquantils	LW, h, usw
t_{real}	Reale Produktlebensdauer	LW, h, usw
t_{req}	Geforderte Lebensdauer	LW, h, usw
t_{R_{req},P_A}	Geschätzte Lebensdauer bei geforderter Zuverlässigkeit mit Aussagesicherheit P_A	LW, h, usw
X	Zufallsvariable, Anzahl zugelassener Ausfälle beim SRT	–
x	Anzahl der Ausfälle im Success-Run Test	–
$\overline{x}$	Mittelwert der Messwerte	–
x_q	Quantil	–
y	Funktionswert	–
$\overline{y}$	Mittelwert der abhängigen Variable	–
α	Irrtumswahrscheinlichkeit, Sternpunktabstand des CCD	–
β	Betafunktion, Fehler vom Typ II, Regressionskoeffizient	–
ϵ	Fehlerterm	–
$\Delta\varepsilon_p$	Plastische Dehnungsamplitude	–
$\varepsilon_{f'}$	Duktilitätskoeffizient	–
Γ	Gammafunktion	–
λ	Ausfallrate, Transformationsfaktor der Box-Cox Transformation	–
μ	Lageparameter der Normalverteilung	–
ρ^2	Fehlerquadratsumme	–
σ	Standardabweichung der Normalverteilung, Mechanische Belastung	–
$\sigma_{a,L}$	Höchstwert des Lastkollektivs	–
τ	Teststatistik	–
τ_{H_0}	Teststatistik unter Gültigkeit der Nullhypothese	–
τ_{H_1}	Teststatistik unter Gültigkeit der Alternativhypothese	–
τ_{krit}	Kritischer Wert der Teststatistik	–

(Fortsetzung)

(Fortsetzung)

Zeichen	Bedeutung	Einheit
ψ	Parametervektor der Likelihoodfunktion	–
ρ	Transformationsfaktor nach Kleyner	–
Φ	Transformationsfaktor nach Krolo, Verteilungsfunktion der Normalverteilung	–
χ^2	Quantil der Chi-Quadrat-Verteilung	–
ξ_0	Extrapolationsfaktor	–

Literatur

1. Bundesamt für die Sicherheit der nuklearen Entsorgung. „Fukushima am 11. März 2011: Der katastrophale Unfall und seine Folgen.“ Zugriff am: 23. Mai 2024. [Online.] Verfügbar: https://www.base.bund.de/DE/themen/kt/unfaelle/fukushima/fukushima_node.html#:~:text=Am%20Nachmittag%20des%2011.,von%20Radionukliden%20in%20die%20Umwelt.
2. A. Spaeth. „Sicherheitsrisiko Kontrollsystem?“ Zugriff am: 23. Mai 2024. [Online.] Verfügbar: https://www.tagesschau.de/ausland/mcas-boeing-101.html
3. B. Impey. „Anzahl der Rückrufaktionen durch Automobilhersteller in Deutschland von 2011 bis 2021.“ Zugriff am: 1. April 2024. [Online.] Verfügbar: https://de.statista.com/statistik/daten/studie/1254342/umfrage/rueckrufaktionen-in-der-automobilindustrie-in-deutschland/
4. B. Impey. „Was sind die Gründe, die in erster Linie zu der Entscheidung für Ihren neuen Pkw beitragen?“ Zugriff am: 1. April 2024. [Online.] Verfügbar: https://de.statista.com/statistik/daten/studie/73970/umfrage/wichtigste-kriterien-beim-pkw-kauf/
5. B. Bertsche und M. Dazer, *Zuverlässigkeit im Fahrzeug- und Maschinenbau: Ermittlung von Bauteil- und System-Zuverlässigkeiten,* 4. Aufl. Berlin, Heidelberg: Springer Berlin Heidelberg; Imprint: Springer Vieweg, 2022.
6. B. Bertsche, „Entwicklung zuverlässiger Produkte,“ *Konstruktion*, 1998.
7. M. Dazer, B. Bertsche und S. Vajna, „Erfüllungsattribute,“ in *Integrated Design Engineering*, S. Vajna, Hg., Berlin, Heidelberg: Springer Berlin Heidelberg, 2022, S 429–468.
8. Umweltbundesamt. „Altfahrzeugverwertung und Fahrzeugverbleib.“ Zugriff am: 1. April 2024. [Online.] Verfügbar: https://www.umweltbundesamt.de/daten/ressourcen-abfall/verwertung-entsorgung-ausgewaehlter-abfallarten/altfahrzeugverwertung-fahrzeugverbleib#altfahrzeuge-2021-niedrigste-anzahl-seit-beginn-der-aufzeichnungen-in-2004
9. A. Wöhler, „Über die Festigkeitsversuche mit Eisen und Stahl,“ *Zeitschrift für Bauwesen*, XX, S. 73–106, 1870.
10. E. Haibach, *Betriebsfestigkeit: Verfahren und Daten zur Bauteilberechnung,* 3. Aufl. (VDI-Buch). Berlin, Heidelberg: Springer Berlin Heidelberg, 2006. [Online]. Verfügbar unter: http://site.ebrary.com/lib/hsalbsig/docDetail.action?docID=10183104
11. A. Siemon, Qualitative und quantitative Analysen der linearen und nichtlinearen Schadensakkumulationshypothesen unter Einbeziehung der statistischen Versuchsplanung (Zugl.: Kassel, Univ., Diss, 2006). Kassel: Kassel Univ. Press, 2008.
12. M. Hück, L. Thrainer und W. Schütz, „Berechnung der Wöhlerlinien für Bauteile aus Stahl, Stahlguss und Grauguss. Bericht der ABF Nr ll, Mai,“ 1981.
13. J. Liu und H. Zenner, „Berechnung von Beuteilwöhlerlinien unter Berücksichtigung der statistischen und spannungsmechanischen Stützziffer. Mat.-wiss. u. Werkstofftech. 26, S 14 21,“ S. 14–21, 1995.

M. Dazer et al., *Zuverlässigkeitstests für eine effiziente und entwicklungsbegleitende Absicherung von Bauteilen und Systemen*, https://doi.org/10.1007/978-3-662-72967-0

14. W. Schütz, „Zur Lebensdauer in der Rissentstehungs- und Rissfortschrittsphase. Der Maschinenschaden, 55, H 5, S. 237–256," 1982.
15. D. Radaj und M. Vormwald, *Ermüdungsfestigkeit: Grundlagen für Ingenieure,* 3. Aufl. Berlin, Heidelberg: Springer-Verlag Berlin Heidelberg, 2007.
16. F. J. Brunner, „Lebensdauervorhersage bei Materialermüdung. Automobilindustrie H 2, S 157 162," 1985.
17. H. Zenner, „Lebensdauervorhersage im Automobilbau. VDI-Berichte Nr 1153, S 29 42," 1994.
18. F. Jakob, *Nutzung von Vorkenntnissen und Raffungsmodellen für die Zuverlässigkeitsbestimmung* (Berichte aus dem Institut für Maschinenelemente Bericht Nr. 174). Stuttgart: Institut für Maschinenelemente der Universität Stuttgart, 2017.
19. M. Dazer, *Zuverlässigkeitstestplanung mit Berücksichtigung von Vorwissen aus stochastischen Lebensdauerberechnungen* (Berichte aus dem Institut für Maschinenelemente Bericht Nr. 190). Stuttgart: Institut für Maschinenelemente, 2019.
20. M. Dazer, A. Ostertag, T. Herzig, D. Borschewski, S. Albrecht und B. Bertsche, „Consideration of reliability and sustainability in mechanical and civil engineering design to reduce oversizing without risking disasters," *E3S Web Conf.*, Jg. 349, S. 11004, 2022, https://doi.org/10.1051/e3sconf/202234911004.
21. B. Bertsche, P. Göhner, U. Jensen, W. Schinköthe und H.-J. Wunderlich, *Zuverlässigkeit mechatronischer Systeme: Grundlagen und Bewertung in frühen Entwicklungsphasen* (VDI-Buch). Berlin, Heidelberg: Springer, 2009.
22. M. Dazer, T. Leopold und B. Bertsche, „Optimale Lebensdauertestplanung durch Berücksichtigung von Vorkenntnissen aus stochastischen Betriebsfestigkeitssimulationen. In: VDI Berichte. Baden-Baden: VDI Verlag, 2016. – ISSN 0083–5560, S. 777–788," S. 777–788, 2016, 5560.
23. T. Herzig, Anforderungsgerechte Produktauslegung durch Planung effizienter beschleunigter Zuverlässigkeitstests: Requirements-driven product design by planning of efficient accelerated reliability tests (Berichte aus dem Institut für Maschinenelemente Bericht Nr. 203). Stuttgart: Institut für Maschinenelemente; Universitätsbibliothek der Universität Stuttgart, 2022.
24. A. Grundler, „Zuverlässigkeitsnachweis von Systemen durch Komponenten- und Systemtests unter Berücksichtigung von Vorkenntnissen," Dissertation, Institut für Maschinenelemente, Universität Stuttgart, Stuttgart, 2024.
25. VDA, *Zuverlässigkeitssicherung bei Automobilherstellern und Lieferanten,* 3. Aufl. (Qualitätsmanagement in der Automobilindustrie 3). Oberursel: VDA, Qualitätsmanagement Center, 2000.
26. A. Kolmogoroff, *Grundbegriffe der Wahrscheinlichkeitsrechnung* (Ergebnisse der Mathematik und ihrer Grenzgebiete). Berlin: Julius Springer, 1933.
27. F. E. Beichelt und D. C. Montgomery, Hg. *Teubner-Taschenbuch der Stochastik* (Springer eBook Collection Life Science and Basic Disciplines). Wiesbaden, s.l.: Vieweg+Teubner Verlag, 2003.
28. J. Hedderich und L. Sachs, *Angewandte Statistik: Methodensammlung mit R,* 17. Aufl. Berlin, Heidelberg: Springer Berlin Heidelberg; Springer Spektrum, 2020.
29. L. Fahrmeir, R. Künstler, I. Pigeot und G. Tutz, *Statistik: Der Weg zur Datenanalyse* (Springer eBook Collection Business and Economics). Berlin, Heidelberg: Springer-Verlag Berlin Heidelberg, 2004.
30. R. von Mises, „Fundamentalsätze der Wahrscheinlichkeitsrechnung. In: Mathematische Zeitschrift 4 (1919), Nr. 1, S. 1–97," S. 1–97, 1919.
31. R. von Mises, „Wahrscheinlichkeitsrechnung und ihre Anwendung in der Statistik und theoretischen Physik. Leipzig: Deuticke."

32. J. Bernoulli und Bernoulli, N. (Hrsg.), „Ars conjectandi, opus posthumum. Accedit Tractatus de seriebus infinitis, et epistola gallicé scripta de ludo pilae reticularis. Basel, 1713," 1713.
33. P.-S. Laplace, *Théorie analytique des probabilités.* Paris: Mme. Ve. Courcier, 1812.
34. G. Cardano, Huguetan, J. A. (Hrsg.) und Ravaud, M. A. (Hrsg.), „Opera Omnia. Lyon, 1663," 1663.
35. I. Schneider, „Die Entwicklung der Wahrscheinlichkeitstheorie von den Anfängen bis 1933. Darmstadt: Wissenschaftliche Buchgesellschaft, 1988," 1933, 1988.
36. C. Huygens, „No Libellus de Ratiodiniis in Ludo Aleae. 1657,"
37. N. Etemadi, „An elementary proof of the strong law of large numbers," Zeitschrift für Wahrscheinlichkeitstheorie und Verwandte Gebiete, Nr. 55, S. 119–122, 1981.
38. A. Spanos, Probability theory and statistical inference: Econometric modeling with observational data, 1. Aufl. Cambridge: Cambridge University Press, 1999.
39. Deutsches Institut für Normung, Zuverlässigkeit: Begriffe; deutsche Norm = Dependability concepts. Berlin: Beuth, 1990.
40. VDI, VDI 4001 Blatt 3: Formailisierte Begriffsmodellierung der Zuverlässigkeit. 2014, 2014.
41. VDI, *Terminologie der Zuverlässigkeit: Blatt 2,* 2006. Aufl. (VDI-Handbuch Zuverlässigkeit). Düsseldorf: VDI-Verl., 2006.
42. A. Birolini, *Reliability Engineering: Theory and Practice,* 8. Aufl. (Springer eBook Collection Engineering). Berlin, Heidelberg: Springer, 2017.
43. C. F. Gauss, Theoria combinationis observationum erroribus minimis obnoxiae. Gottingae: Dieterich, 1823.
44. R. Fisher, „Frequency Distribution of the Values of the Correlation Coefficients in Samples from an Indefinitely large Population. In: Biometrika 10 (1915), Nr. 4, S. 507–521," S. 507–521, 1915.
45. W. Weibull, „A statistical distribution function of wide applicability. In: Journal of Applied Mechanics 18 (1951), S. 293–297. – ISBN 0021-8936," S. 293–297, 1951.
46. J. V. Uspensky, *Introduction to mathematical probability,* 1. Aufl. New York, London: McGraw-Hill Book Company, Inc, 1937.
47. M. Bayes und M. Price, „An Essay Towards Solving a Problem in the Doctrine of Chances. By the Late Rev. Mr. Bayes, F. R. S. Communicated by Mr. Price, in a Letter to John Canton, A. M. F. R. S. In: Philosophical Transactions of the Royal Society of London 53 (1763), S. 370–418. – ISBN 02607085," S. 370–418.
48. J. Neyman, „Outline of a theory of statistical estimation based on the classical theory of probability," *Philosophical Transactions of the Royal Society A: Mathematical, Physical and Engineering Sciences*, Nr. 236, S. 333–380, 1937.
49. C. Gini, „Considerazioni Sulle Probabilità Posteriori e Applicazioni al Rapporto dei Sessi Nelle Nascite Umane. In: Studi Economico-Giuridici della Università de Cagliari (1911), S. 5–41," S. 5–41, 1911.
50. A. K. Gupta und S. Nadarajah, *Handbook of beta distribution and its applications* (Statistics: textbooks and monographs 174). New York: Marcel Dekker, 2004.
51. J. P. M. Binet, „Memoire sur les intégrales définies euleriennes, et sur leur application a la theorie des suites, ansi qu'a l'evaluation des fonctions des grands nombres. In: Journal de L'Ecole Royale Polytéchnique (1839), Nr. Tome XVI, S. 123–343," S. 123–343, 1839.
52. A.-M. Legendre, *Exercices de calcul intégral sur divers ordres de transcendantes et sur les quadratures* (Nineteenth Century Collections Online (NCCO)). Paris: Mme. Ve Courcier, 1811. [Online]. Verfügbar unter: http://go.gale.com/ps/ncco/MonographsDetailsPage/MonographsDetailsWindow?disableHighlighting=false&prodId=NCCO&action=1&activityType=BasicSearch&javax.portlet.action=viewPortletAction&documentId=GALE%7CBBYLAO258937805&dviSelectedPage=1

53. W. Q. Meeker, L. A. Escobar und F. G. Pascual, „Statistical Methods for Reliability Data, 2nd Edition. John Wiley & Sons Inc. New York," 2021.
54. U. Genschel und W. Q. Meeker, „A Comparison of Maximum Likelihood and Median-Rank Regression for Weibull Estimation. In: Quality Engineering 22 (2010), Nr. 4, S. 236–255," S. 236–255, 2010.
55. W. B. Nelson, *Applied life data analysis.* New York, Chichester: Wiley, 2003.
56. W. I. Gliwenko, „Sulla determinazione empirica delle leggi di probabilità. In: Giornale dell'Istituto Italiano degli Attuari 4 (1933), S. 92–99," S. 92–99, 1933.
57. F. P. Cantelli, „Sulla determinazione empirica delle leggi di probabilità. In: Giornale dell'Istituto Italiano degli Attuari 4 (1933), S. 421–424," S. 421–424, 1933, degli.
58. H. A. David und H. N. Nagaraja, *Order statistics,* 3. Aufl. (Wiley series in probability and statistics). New Jersey: Wiley-Interscience, 2003.
59. R. A. Fisher, „On the 'Probable Error' of a Coefficient of Correlation Deduced from a Small Sample. In: Metron 1 (1921), S. 3–32," S. 3–32, 1921, Metron.
60. R. A. Fisher, On the mathematical foundations of theoretical statistics. In: Philosophical Transactions of the Royal Society of London. Series A, Containing Papers of Mathematical of Physical Character 222 (1922), Nr. 594–604, S. 309–368. Royal Society; Royal Society of London; Harrison; Cambridge University Press, 1922.
61. A. Hald, On the history of maximum likelihood in relation to inverse probability and least squares. The Institute of Mathematical Statistics, 1999.
62. F. Y. Edgeworth, „On the Probable Errors of Frequency-Constants. In: Journal of the Royal Statistical Society 71 (1908), Nr. 3, S. 499–512," S. 499–512, 1908.
63. T. Tevetoglu und B. Bertsche, Bias corrected weibull parameter estimation and impact on confidence bounds. In: 30th European Safety and Reliability Conference, ESREL 2020 and 15th Probabilistic Safety Assessment and Management Conference, PSAM 2020, 2020. – ISBN 9789811485930, 2020.
64. H. Hirose, „Bias correction for the maximum likelihood estimates in the two-parameter Weibull distribution," *IEEE Trans. Dielect. Electr. Insul.*, Jg. 6, Nr. 1, S. 66–68, 1999, https://doi.org/10.1109/94.752011.
65. R. Ross, „Bias and standard deviation due to Weibull parameter estimation for small data sets. In: IEEE Transactions on Dielectrics and Electrical Insulation 3 (1996), Nr. 1, S. 28–42. – ISSN 1070–9878," S. 28–42, 1996.
66. T. Tevetoglu und B. Bertsche, Hg. On the Coverage Probability of Bias-Corrected Confidence Bounds. In: 2020 Asia-Pacific International Symposium on Advanced Reliability and Maintenance Modeling, APARM 2020, 2020. – ISBN 9781728171029, 2020.
67. K. Pearson, „On the Systematic Fitting of Curves to Observations and Measurments: Part II. In: Biometrika 2 (1902), Nr. 1, S. 1–23. – ISSN 0006–3444," S. 1–23, 1902.
68. U. Genschel und C. Becker, *Schließende Statistik: Grundlegende Methoden* (SpringerLink Bücher). Berlin, Heidelberg: Springer-Verlag Berlin Heidelberg, 2005.
69. L. Held und D. S. Bové, *Applied Statistical Inference: Likelihood and Bayes,* 1. Aufl. Berlin Heidelberg: Springer Berlin Heidelberg; Imprint: Springer, 2014.
70. A. Ly, M. Marsman, J. Verhagen, R. Grasman und E.-J. Wagenmakers, „A Tutorial on Fisher information. In: Journal of Mathematical Psychology 10 (2017), S. 1–59. – ISSN 1096–0880," S. 1–59, 2017.
71. B. Efron, *Bootstrap Methods: Another Look at the Jackknife.* The Institute of Mathematical Statistics, 1979.

72. M. Dazer, M. Stohrer, S. Kemmler und B. Bertsche, Planning of reliability life tests within the accuracy, time and cost triangle. In: 2016 IEEE Accelerated Stress Testing & Reliability Conference (ASTR), IEEE, 2016. – ISBN 978-1-5090-1880-2, S. 1–9: 28–30 Sept. 2016. [Piscataway, NJ]: IEEE, 2016.
73. A. Grundler, M. Dazer und B. Bertsche, „Reliability-Test Planning Considering Multiple Failure Mechnaisms and System Levels – An Approach for Identifying the Optimal System-Test Level, Type, and Configuration with Regard to Individual Cost and Time Constraints: Proc. RAMS 2020 Conference (Annual Reliability and Maintainablity Symposium), 27.01.-30.01.2020, Palm Springs, CA, USA.," 2020.
74. T. Herzig, M. Dazer, A. Grundler und B. Bertsche, „Integrating Accelerated Life Tests into Optimal Test Planning. In: Silva Gomes, J. A. (Hrsg.); Meguid, S. A. (Hrsg.): Proceedings IRF2020: 7th International Conference Integrity-Reliability-Failure., 2020, S. 665–672," S. 665–672, 2020, 2020.
75. M. Dazer, T. Herzig, A. Grundler und B. Bertsche, „R-OPTIMA: Optimal Planning of Reliability Tets. In: Silva Gomes, J. F. (Hrsg.); Meguid, S. A. (Hrsg.): Proceedings IRF2020: 7th International Conference Integrity-Reliability-Failure, 2020, S. 695–702," S. 695–702, 2020, 2020.
76. N. Metropolis, A. W. Rosenbluth, M. N. Rosenbluth, A. H. Teller und E. Teller, „Equation of State Calculations by Fast Computing Machines. In: The Journal of Chemical Physics 21 (1953), Nr. 6, S. 1087–1092," S. 1087–1092, 1953, 1092.
77. R. Y. Rubinstein und D. P. Kroese, *Simulation and the Monte Carlo method* (Wiley series in probability and statistics). Hoboken New Jersey: John Wiley & Sons Inc, 2017.
78. E. Zio, The Monte Carlo Simulation Method for System Reliability and Risk Analysis (SpringerLink Bücher). London: Springer, 2013.
79. D. G. Marangon, G. Vallone und P. Villoresi, „Random bits, true and unbiased, from atmospheric turbulence," *2045–2322*, Jg. 4, S. 5490, 2014, 864708.
80. J. Viega, Practical Random Number Generation in Software. In: Proceedings – Annual Computer Security Applications Conference, ACSAC (2003), S. 129–140. – ISBN 0769520413, 2003.
81. J. von Neumann, „Various techniques used in connection with random digits. In: National Bureau of Standards Applied Mathematics Series 12 (1951), S. 36–38," S. 36–38, 1951, Series.
82. J. J. Bird, A. Ekárt und D. R. Faria, „On the effects of pseudorandom and quantum-random number generators in soft computing," *Soft Comput*, Jg. 24, Nr. 12, S. 9243–9256, 2020, https://doi.org/10.1007/s00500-019-04450-0.
83. L. Devroye, *Non-uniform random variate generation.* New York (N.Y.): Springer, 1986.
84. VDI, Monte-Carlo-Simulation: VDI Richtlinie 4008, Bl. 6, Stand: April 1999. -, 1999.
85. K. Siebertz, D. van Bebber und T. Hochkirchen, *Statistische Versuchsplanung: Design of Experiments (DoE),* 2. Aufl. (VDI-Buch). Berlin, Heidelberg: Springer Berlin Heidelberg, 2017. [Online]. Verfügbar unter: http://nbn-resolving.org/urn:nbn:de:bsz:31-epflicht-1549941
86. R. L. Iman und W. J. Conover, „Small sample sensitivity analysis techniques for computer models.with an application to risk assessment," *Communications in Statistics – Theory and Methods*, Jg. 9, Nr. 17, S. 1749–1842, 1980, https://doi.org/10.1080/03610928008827996.
88. M. D. McKay, R. J. Beckman und W. J. Conover, „A Comparison of Three Methods for Selecting Values of Input Variables in the Analysis of Output from a Computer Code," *Technometrics*, Jg. 21, Nr. 2, S. 239, 1979, https://doi.org/10.2307/1268522.
88. I. Sobol, „Distribution of points in a cube and approximate evaluation of integrals," *U.S.S.R Comput. Maths.*, Nr. 7, S. 86–112, 1967.
89. A. DasGupta, *Asymptotic theory of statistics and probability* (Springer texts in statistics). New York, NY: Springer, 2008.

90. A. Steland, *Basiswissen Statistik: Kompaktkurs für Anwender aus Wirtschaft Informatik und Technik* (SpringerLink Bücher). Berlin, Heidelberg: Springer-Verlag Berlin Heidelberg, 2007.
91. S. M. S. Lee, „Optimal Choice Between Parametric and Non-Parametric Bootstrap Estimates. In: Mathematical Proceedings of the Cambridge Philosophical Society 115 (1994), S. 335–363. – ISSN 1469–8064," S. 335–363, 1994, 8064.
92. P. J. Bickel und D. A. Freedman, *Some Asymptotic Theory for the Bootstrap.* The Institute of Mathematical Statistics, 1981.
93. B. Efron und R. J. Tibshirani, *An introduction to the bootstrap* (Monographs on statistics and applied probability 57). Boca Raton, Fla.: Chapman & Hall, 1998.
94. T. Diciccio und B. Efron, *Bootstrap confidence intervals.* The Institute of Mathematical Statistics, 1996.
95. B. Efron, *The Jackknife, the Bootstrap, and Other Resampling Plans* (Technical report / Department of Statistics, Stanford University no. 163), 1980.
96. J. Jiao und Y. Han, „Bias Correction With Jackknife, Bootstrap, and Taylor Series," *IEEE Trans. Inform. Theory*, Jg. 66, Nr. 7, S. 4392–4418, 2020, https://doi.org/10.1109/TIT.2020.2969439.
97. E. Hering und A. Schloske, Fehlermöglichkeits- und Einflussanalyse: Methode zur vorbeugenden, systematischen Qualitätsplanung unter Risikogesichtspunkten (essentials). Wiesbaden: Springer Vieweg, 2019.
98. H.-C. Liu, *FMEA Using Uncertainty Theories and MCDM Methods,* 1. Aufl. Singapore: Springer Singapore; Imprint: Springer, 2016.
99. D. Panchal, P. Chatterjee, D. Pamucar und M. Tyagi, Hg. *Reliability and Risk Modeling of Engineering Systems,* 1. Aufl. (EAI/Springer Innovations in Communication and Computing). Cham: Springer International Publishing; Imprint: Springer, 2021.
100. G. Boole, „An Invesitgation of the Laws of Thought, on which are Founded the Mathematical Theories of Logic and Probabilities. Londn: Walton and Maberly, 1854," 1854.
101. Schröder, E. F. W. K., *Vorlesungen über die Algebra der Logik.* Leipzig: Teubner, 1895.
102. W. E. Thompson und R. D. Haynes, „On the Reliability, Availability and Bayes Confidence Intervals for Multicomponent Systems. In: Naval Research Logistics Quarterly 27 (1980), Nr. 3, S. 345–358. – ISSN 0028–1441," S. 345–358, 1980.
103. P. Zeiler und B. Bertsche, Component reliability allocation and demonstration test planning based on system reliability confidence limit. (2015), S. 1805–1811. ISBN 9781138028791, 2015.
104. P. Zeiler und B. Bertsche, „Zur Berechnung der Systemzuverlässigkeit mit Aussagewahrscheinlichkeit – Methodenvergleich und Anwendung zur Zuverlässigkeitsallokation und -testplanung. 27. Fachtagung Technische Zuverlässigkeit 2015, 20.-21.05.2015, Leonberg. VDI-Berichte 2260. S. 169–180.," S. 169–180, 2015.
105. B. Epstein, *Some Applications of the Mellin Transform in Statistics.* The Institute of Mathematical Statistics, 1948.
106. M. Bartholdt, A. Grundler, M. Bollmann und B. Bertsche, Assurance of the System Reliability of a Gearbox Considering Prior Knowledge. In: Proceedings of International Design Conference, DESIGN 3 (2018), Nr. 1988, S. 965–974. – ISBN 9789537738594, 2018.
107. A. Grundler, M. Dazer, T. Herzig und B. Bertsche, „Considering Multiple Failure Mechanisms in Optimal Test Design. In: Silva Gomes, J. F. (Hrsg.); Meguid, S. A. (Hrsg.): Proceedings IRF2020: 7th International Conference Integrity-Reliability-Failure, 2020, S. 673–682," S. 673–682, 2020.
108. A. Grundler, M. Dazer, T. Herzig und B. Bertsche, „Efficient System Reliability Demonstration Tests Using the Probability of Test Success. In: Proceedings of the 31st European Safety and Reliability Conference ESREL 2021, 19.-23.09.2021, Angers, Frankreich," 2021.

109. H. Mellin, *Zur Theorie zweier allgemeinen Klassen bestimmter Integrale* ([Finska vetenskaps-societeten, Helsingfors] Acta Societatis scientiarum fennicæ t. XXII, no. 2). [Helsingforsiæ]: [ex Officina Typographica Societatis Litterariæ Fennicæ], 1897.
110. Y. L. Luke, *The special functions and their approximations* (Mathematics in science and engineering v. 53-II). New York, N.Y: Academic, 1969.
111. H. F. Martz und R. A. Waller, *Bayesian reliability analysis* (Wiley series in probability and mathematical statistics). New York: John Wiley, 1982.
112. C. S. Meijer, „Über Whittakersche bzw. Besselsche Funktionen und deren Produkte. In: Nieuw Arch. Wiskunde 18 (1936), Nr. 4," 1936, Nieuw.
113. M. D. Springer und W. E. Thompson, „The Distribution of Products of Beta, Gamma and Gaussian Random Variables. In: SIAM Journal of Applied Mathematics 18 (1970), Nr. 4, S. 721–737," S. 721–737, 1970.
114. J. F. Kottas und H.-S. Lau, „On Estimating Parameters for Beta Distributions. In: Decicson Sciences 9 (2007), Nr. 3, S. 526–531,"" S. 526–531, 2007, Beta.
115. W. B. Nelson, *Accelerated testing: Statistical models, test plans and data analysis* (Wiley series in probability and mathematical statistics. Applied probability and statistics). Hoboken, NJ: Wiley-Interscience, 2004. [Online]. Verfügbar unter: https://search.ebscohost.com/login.aspx?direct=true&scope=site&db=nlebk&db=nlabk&AN=294433
116. G. Yang, *Life cycle reliability engineering*. Hoboken, N.J.: John Wiley & Sons, 2007.
117. B. George, S. Seals und I. Aban, „Survival analysis and regression models," *Journal of nuclear cardiology: official publication of the American Society of Nuclear Cardiology*, Early Access. https://doi.org/10.1007/s12350-014-9908-2.
118. J. Venn, Logic of chance: An essay on the foundations and province of the theory of probability, with especial reference to its logical bearings and its applications to moral and social science and to stat. [Place of publication not identified]: Macmillan Publishers, 1888.
119. R. T. Cox, „Probability, Frequency and Reasonable Expectation. In: American Journal of Physics 14 (1946), Nr. 1, S. 1–13. – ISSN 0002–9505," S. 1–13, 1946, 9505.
120. E. T. Jaynes, „Bayesian methods: General Background. In: Justice, J. H. (Hrsg.): Maximum Entropy and Bayesian Methods in Applied Statistics. Calgary: Cambridge University Press, 1985, S. 1–25," S. 1–25, 1985, 1985.
121. B. de Finetti, *Theory of probability: A critical introductory treatment*. Chichester UK, Hoboken NJ: John Wiley & Sons, 2017.
122. K.-R. Koch, *Einführung in die Bayes-Statistik*. Berlin, Heidelberg: Springer Berlin Heidelberg, 2000.
123. E. Goan und C. Fookes, „Bayesian Neural Networks: An Introduction and Survey. In: Case Studies in Applied Bayesian Data Science: CIRM Jean-Morlet Chair 1 (2018), S. 45–87," S. 45–87, 2018.
124. D. Heckerman, Bayesian Networks for Data Mining. In: Data Mining and Knowledge Discovery 1 (1997), S. 79–119. Springer Science + Business Media B.V; Kluwer, 1997.
125. M. Sahami, S. Dumais, D. Heckerman und E. Horvitz, „A Bayesian Approach to Filtering Junk E-Mail. In: AAAI'98 Workshop on Learning for Text Categorization (1998)," 1998.
126. M. S. Hamada, A. G. Wilson, C. S. Reese und H. F. Martz, *Bayesian reliability* (Springer series in statistics). New York NY: Springer, 2008.
127. A. Grundler, M. Bollmann, M. Obermayr und B. Bertsche, „Berücksichtigung von Lebensdauerberechnungen als Vorkenntnis im Zuverlässigkeitsnachweis. In: VDI-Fachtagung Technische Zuverlässigkeit 2019, 2019," 2019.
128. A. Krolo, *Planung von Zuverlässigkeitstests mit weitreichender Berücksichtigung von Vorkenntnissen* (Berichte aus dem Institut für Maschinenelemente Bericht Nr. 110). Stuttgart: IMA, 2004.

129. R. Beyer und E. Lauster, „Statistische Lebensdauerprüfpläne bei Berücksichtigung von Vorkenntnissen. In: Qualität und Zuverlässigkeit, 35, Heft 2 (1990), S. 93–98,“ S. 93–98, 1990.
130. A. Kleyner, S. Bhagath, M. Gasparini, J. Robinson und M. Bender, „Bayesian techniques to reduce the sample size in automotive electronics attribute testing,“ *Microelectronics reliability*, S. 879–883, 1997.
131. S. Kemmler, T. Eifler, B. Bertsche und T. J. Howard, *Robust reliability or reliable robustness? In: 27. VDI-Fachtagung Technische Zuverlässigkeit 2015, VDI-Verlag, 2015, S. 87–97* (Verein Deutscher Ingenieure: VDI-Berichte 2260). Düsseldorf: VDI-Verl., 2015.
132. C. Genest und J. V. Zidek, Combining Probability Distributions: A Critique and an Annotated Bibliography. In: Statistical Science 1 (1986), Nr. 1, S. 114–148. The Institute of Mathematical Statistics, 1986.
133. R. B. Abernethy, The New Weibull handbook: Reliability & statistical analysis for predicting life, safety, risk, support costs, failures, and forecasting warranty claims, substantiation and accelerated testing, using Weibull, log normal, crow-AMSAA, probit, and Kaplan-Meire models, 5. Aufl. North Palm Beach (Florida): Robert B. Abernethy, 2006.
134. A. Romer, B. Bertsche und J. Kurfess, „Reducing Test Specimen Size for Reliability Determination by Combining Lifetime Calculation and Prior Information, as Exemplified by Hydraulic Pumps. In: 18th ISSAT International Conference Reliability & Quality in Design. Boston, 2012,“ 2012, 2012.
135. E. L. Lehmann und J. P. Romano, *Testing statistical hypotheses,* 3. Aufl. (Springer texts in statistics). New York: Springer, 2005.
136. J. Arbuthnott, „II. An argument for divine providence, taken from the constant regularity observ'd in the births of both sexes. In: Philosophical Transactions of the Royal Society 27 (1710), Nr. 328, S. 186–190,“ S. 186–190, 1710, Royal.
137. P.-S. Laplace, „Mémoire sur les probabilités des causes par les événements. In: Oeuvres complètes de Lapace. Paris: Mémoires de l'Académie Royale des Sciences de Paris, 1780. – ISSN 1000–9000, S. 383–485,“ S. 383–485, 1780, 9000.
138. R. A. Fisher, *The design of experiments.* Edinburgh: Oliver & Boyd, 1935-.
139. J. Neyman und E. S. Pearson, „On the problem of the most efficient tests of statistical hypotheses,“ *Philosophical Transactions of the Royal Society A: Mathematical, Physical and Engineering Sciences,* Nr. 231, S. 289–337, 1933.
140. E. L. Lehmann, „The fisher, Neyman–Pearson theories of testing hypotheses: One theory or two? In: Journal of the American Statistical Association 88 (1993), Nr. 424, S. 1242–1249. – ISSN 1537–274X,“ S. 1242–1249, 1993.
141. J. Lenhard, „Models and statistical inference: The controversy between Fisher and Neyman-Pearson. In: British Journal for the Philosophy of Science 57 (2006), S. 69–91. – ISSN 0007–0882,“ S. 69–91, 2006, 0882.
142. Student, *The probable error of a mean* (Biometrika vol. 6, no. 1). London: Biometrika, 1908.
143. P. C. B. Phillips, „The True Characteristic Function of the F Distribution. In: Biometrika 69 (1982), Nr. 1, S. 261–264,“ S. 261–264, 1982, True.
144. J. Cohen, *Statistical power analysis for the behavioral sciences,* 2. Aufl. Hillsdale N.J.: L. Erlbaum Associates, 1988.
145. I. Arizono, Y. Kawamura und Y. Takemoto, „Reliability tests for Weibull distribution with variational shape parameter based on sudden death lifetime data. In: European Journal of Operational Research 189 (2008), Nr. 2, S. 570–574. – ISSN 0377–2217,“ S. 570–574, 2008, 2217.
146. B. L. Vlcek, R. C. Hendricks und E. V. Zaretsky, „Monte Carlo Simulation of Sudden Death Bearing Testing. In: Tribology Transactions 47 (2004), apr, Nr. 2, S. 188–199. – ISSN 1040–2004,“ S. 188–199, 2004, 2004.

147. W. Q. Meeker and L. A. Escobar, „A Review of Recent Research and Current Issues in Accelerated Testing," *Int. Stat. Rev. / Rev. Int. Stat., vol. 61, no. 1*, 1993.
148. G. Yang, „Optimum constant-stress accelerated life-test plans," *IEEE Trans. Reliab., vol. 43, no. 4,*, 1994.
149. W. Q. Meeker, W. Nelson und L. A. Escobar, *Statistical Methods for Reliability Data,* 1. Aufl. (Wiley series in probability and statistics). New York, NY: John Wiley & Sons, 1998.
150. W. Q. Meeker and G. J. Hahn, „How to plan an accelerated life test: some practical guidelines," *American Society for Quality Control, Statistics Division*, 1985.
151. Loon-Ching Tang and Guiyu Yang, „Planning multiple levels constant stress accelerated life tests," *Annual Reliability and Maintainability Symposium*, 2002.
152. L.-C. Tang, A.-P. Tan, and S.-H. Ong, „Planning accelerated life tests with three constant stress levels," *Comput. Ind. Eng., vol. 42, no. 2–4*, 2002.
153. W. B. Nelson und R. Miller, „Optimum Simple Step-Stress Plans for Accelerated Life Testing," *IEEE Trans. Reliab., vol. Vol. R-32, no. 1*, 1983.
154. L.-C. Tang and K. Xu, „A multiple objective framework for planning accelerated life tests," *IEEE Trans. Reliab., vol. 54, no. 1*, 2005.
155. G. Yang, „Accelerated life test plans for predicting warranty cost," *IEEE Trans. Reliab., vol. 59, no. 4*, 2010.
156. W. Q. Meeker and L. A. Escobar, „Pitfalls of accelerated testing," *IEEE Trans. Reliab*, 1998.
157. L. A. Escobar and W. Q. Meeker, „A review of accelerated test models," *Stat. Sci., pp. 552–577*, 2006.
158. W. Q. Meeker, G. Sarakakis, and A. Gerokostopoulos, „More pitfalls of accelerated tests," *J. Qual. Technol*, 2013.
159. H. Guo, E. Pohl und A. Gerokostopoulos, „Determining the Right Sample Size for Your Test: Theory and Application. In: Annual Reliability and Maintainability Symposium (RAMS) 2013 (2013)," 2013, 2013.
160. S. A. Van der Wiel and W. Q. Meeker, „Accuracy of approx confidence bounds using ensored Weibull regression data from accelerated life tests," *IEEE Trans. Reliab*, 1990.
161. H. Ma and W. Q. Meeker, „Strategy for planning accelerated life tests with small sample sizes," *IEEE Trans. Reliab*, Jg. 2010.
162. K. Denkmayr, H. Hick, and U. Sauerwein, „Die Load-Matrix. Der Schluessel zum „intelligenten Dauerlauf," *Mot. Zeitschrift, vol. 64*, 2003.
163. M. Modarres, M. Nuri-Amiri und C. Jackson, *Probabilistic physics of failure approach to reliability: Modeling, accelerated testing, prognosis and reliability assessment* (Performability engineering series). Beverly, MA, Hoboken, NJ: Scrivener Publishing; John Wiley & Sons Inc, 2017.
164. V. Fedorov, „Optimal experimental design," *Wiley Interdiscip. Rev. Comput. Stat., vol. 2, no. 5*, 2010.
165. W. Q. Meeker, L. A. Escobar, and Y. Hong, „Using accelerated life tests results to predict product field reliability," *Technometrics, vol. 51, no. 2*, 2009.
166. W. B. Nelson und W. Q. Meeker, „Theory for Optimum Accelerated Censored Life Tests for Weibull and Extreme Value istributions," *Technometrics, vol. 20*, 1978.
167. W. Q. Meeker, „A Comparison of Accelerated Life Test Plans for Weibull and Lognormal Distributions and Type I Censoring," *Technometrics, vol. 26*, 1984.
168. B. X. Wang, K. Yu, and Z. Sheng, „New inference for constant-stress accelerated life tests with weibull distribution and progressively type-ii censoring," *IEEE Trans. Reliab., vol. 63, no. 3*, 2014.

169. S.-R. Huang und S.-J. Wu, „Reliability Sampling Plans Under Progressive Type-I Interval Censoring Using Cost Functions. In: IEEE Transactions on Reliability 57 (2008), sep, Nr. 3, S. 445–451. – ISSN 0018–9529," S. 445–451, 2008, 9529.
170. W. B. Nelson, „A bibliography of Accelerated Test Plans," *IEEE Trans. Reliab., vol. 54, no. 2*, 2005.
171. E. A. Elsayed and H. Zhang, „Design of optimum simple step-stress accelerated life testing plans," *Recent Advances in Stochastic Operations Research, World Scientific*, 2007.
172. J.-W. W. Park and B.-J. J. Yum, „Optimal design of accelerated life tests with two stresses," *Nav. Res. Logist., vol. 43, no. 6*, 1996.
173. H. Guo, R. Pane, and R. Pan, „D-optimal reliability test design for two-stress accelerated life tests," *IEEE International Conference on Industrial Engineering and Engineering Management*, 2007.
174. H. K. T. Ng, N. Balakrishnan, and P. S. Chan, „Optimal sample size allocation for tests with multiple levels of stress with extreme value regression," *Nav. Res. Logist., vol. 54, no. 3*, 2007.
175. P. S. Chan, N. Balakrishnan, H. Y. So, and H. K. T. Ng, „Optimal sample size allocation for multi-level stress testing with exponential regression under type-I censoring," *Commun. Stat. Methods, vol. 45, no. 6*, 2016.
176. C. Y. Ka, P. S. Chan, H. K. T. Ng, and N. Balakrishnan, „Optimal sample size allocation for multi-level stress testing with Weibull regression under Type-II censoring," *Statistics (Ber)., vol. 45, no. 3*, 2011.
177. D. S. Bai, M. S. Kim, and S. H. Lee, „Optimum Simple Step-Stress Accelerated Life Tests with Censoring," *IEEE Trans. Reliab., vol. 38, no. 5*, 1989.
178. H. K. Hsieh, „Average Type-II Censoring Times for the 2-Parameter Weibull Distribution. In: IEEE Transactions on Reliability 43 (1994), Nr. 1, S. 91–96," S. 91–96, 1994, IEEE.
179. J. I. McCool, „Design of Sudden Death Tests for Estimation of a Weibull Percentile," *Journal of Testing and Evaluation*, 2009.
180. H. Schneider, „Failure-Censored Variables-Sampling Plans for Lognormal and Weibull Distributions," *Technometrics*, 1989.
181. K. W. Fertig und N. R. Mann, „Life-Test Sampling for Two-Parameter Weibull Populations," *Technometrics*, 1980.
182. S. Eryilmaz, „Mean success run length.," (Journal of the Korean Statistical Society), 2009.
183. H. Ahmed und A. Chateauneuf, „Optimal number of tests to achieve and validate product reliability. In: Reliability Engineering and System Safety 131 (2014), S. 242–250. – ISSN 0951–8320," S. 242–250, 2014.
184. T. Tsai, Y. Lu und S. Wu, „Reliability sampling plans for Weibull distribution ith limited capacity of test facility," *Computers & Industrial Engineering*, 2008.
185. A. Grundler, M. Bartholdt und B. Bertsche, „Statistical test planning using prior knowledge-advancing the approach of Beyer and Lauster. In: Proceedings of the European Safety and Reliability Conference, ESREL 2018 Bd. 0. Trondheim, 2018, S. 809–814," S. 809–814, 2018.
186. A. Benard und E. C. Bos-Levenbach, „Het uitzetten van waarnemingen op waarschijnlijkheidspapier. In: Statistica Neerlandica 7 (1953), sep, Nr. 3, S. 163–173. – ISSN 0039–0402," S. 163–173, 1953, 0402.
187. A. Krolo, „Zuverlässigkeitsnachweis anhand von Tests unter Berücksichtigung von Vorinformationen. In: Tagung Technische Zuverlässigkeit 2002, 2002. – ISSN 0083-5560, S. 341–359," 2002.
188. V. Schweizer, „Berücksichtigung und Bewertung streuender Einflussgrößen in der Zuverlässigkeitssimulation, Universität Stuttgart, Diss., 2017," 2017.

189. V. Schweizer, M. Bartholdt und B. Bertsche, Considering confidence levels in reliability simulation. In: Annual Reliability and Maintainability Symposium (RAMS) 2016. Arizona, 2016. – ISBN 9781509002481, 2016.
190. D. B. Kececioglu, *Reliability & life testing handbook*. Lancaster, PA: DEStech Publications, 2002.
191. M. Maisch, Zuverlässigkeitsorientiertes Erprobungskonzept für Nutzfahrzeuggetriebe unter Berücksichtigung von Betriebsdaten. Stuttgart: IMA, 2007.
192. J. Liu, L. Huang, R. Zhou und M. Volmer, „Reliability Growth Test Planning and Verification of Commercial Vehicles," *Automotive innovation*, 2019.
193. V. P. Savchuk und H. F. Martz, „Bayes Reliability Estimation Using Multiple Sources of Prior Information: Binomial Sampling. 1994 (1). – Forschungsbericht. – 138–144 S.," S. 138–144, 1994.
194. A. Krolo und B. Bertsche, „An approach for the advanced planning of a reliability demonstration test based on a Bayes procedure. In: Annual Reliability and Maintainability Symposium (RAMS) 2003, 2003. – ISSN 0149–144X, S. 288–294," 288–294, 2003.
195. A. Grundler, M. Göldenboth, F. Stoffers, M. Dazer und B. Bertsche, „Effiziente Zuverlässigkeitsabsicherung durch Berücksichtigung von Simulationsergebnissen am Beispiel einer Hochvolt-Batterie. 30. VDI-Fachtagung Technische Zuverlässigkeit 2021, 27.-28.04.2021, Nürtingen, VDI-Berichte 2377," 2021.
196. L. A. Zadeh, Fuzzy Sets. In: Information and Control 8 (1965), S. 338–353. Columbia University Press, 1965.
197. N. W. Smirnoff, „On the estimation of the discrepancy between empirical curves of distribution for two independent samples. In: Bull. Universite Moskov Ser. Internat. Sect. A2 (1939), S. 3–19," S. 3–19, 1939, Moskov.
198. T. Hitziger, *Übertragbarkeit von Vorkenntnissen bei der Zuverlässigkeitstestplanung* (Berichte aus dem Institut für Maschinenelemente, Antriebstechnik, CAD, Dichtungen, Zuverlässigkeit 122). Stuttgart: Inst, 2007.
199. M. Guida und G. Pulcini, „Automotive reliability inference based on past data and technical knowledge. In: Reliability Engineering and System Safety 76 (2002), Nr. 2, S. 129–137. – ISSN 0951-8320," S. 129–137, 2002.
200. F. F. Wang, „Modified highly accelerated life test for aerospace electronics," *ITherm 2002. Eighth Intersociety Conference on Thermal and Thermomechanical Phenomena in Electronic Systems (Cat. No.02CH37258)*, S. 940–945, 2002, https://doi.org/10.1109/ITHERM.2002.1012557.
201. M. Catelani und L. Ciani, „Highly Accelerated Life Testing for avionics devices," *2014 IEEE Metrology for Aerospace (MetroAeroSpace)*, S. 418–422, 2014, https://doi.org/10.1109/METROAEROSPACE.2014.6865961.
202. E. Suhir, „What could and should be done differently: failure-oriented-accelerated-testing (FOAT) and its role in making an aerospace electronics device into a product," *Journal of Materials Science: Materials in Electronics*, Jg. 29, S. 2939–2948, 2018, https://doi.org/10.1007/s10854-017-8224-4.
203. A. Hsu, D. L. S. Huang, G. Chang und J. Yang, „Understanding HALT application in desktop, NB and Server," *2012 Proceedings Annual Reliability and Maintainability Symposium*, S. 1–6, 2012. [Online]. Verfügbar unter: https://api.semanticscholar.org/CorpusID:748700
204. W. Li und R. Feng, „Highly Accelerated Life Test for the Reliability Assessment of the Lead-Free SMT Mainboard," *2006 International Microsystems, Package, Assembly Conference Taiwan*, S. 1–4, 2006, https://doi.org/10.1109/IMPACT.2006.312176.
205. L. J. Gullo, „Highly accelerated life testing," *Design for Reliability*, S. 69–181, 2012.

206. D. Rahe, „The HASS development process,“ Annual Reliability and Maintainability Symposium. 2000 Proceedings. International Symposium on Product Quality and Integrity (Cat. No.00CH37055), S. 389–394, 2000, https://doi.org/10.1109/RAMS.2000.816339.
207. N. Doertenbach, „Highly Accelerated Life Testing: Testing with a different purpose,“ *Sound and Vibration*, Jg. 35, S. 18–23, 2001.
208. S. Prakash, „The application of HALT and HASS principles in a high-volume manufacturing environment,“ *Quality & Reliability Eng*, Jg. 14, S. 385–392, 1998, https://doi.org/10.1002/(SICI)1099-1638(199811/12)14:6<385::AID-QRE217>3.0.CO;2-E.
209. S. Czerniel und L. Gullo, „ESS/HASS effectiveness model for yield and screen profile optimization,“ *2015 Annual Reliability and Maintainability Symposium (RAMS)*, S. 1–7, 2015, https://doi.org/10.1109/RAMS.2015.7105124.
210. V. Schramm und B. Bertsche, „Screening und Run-In komplexer Elektronik anhand des neuen LHC BLM Verarbeitungsmoduls,“ in *Technische Zuverlässigkeit 2019*, VDI, Hg., Bd. 2345, 2019.
211. P. Lu und X. Yang, „Research on the Highly Accelerated Stress Screening (HASS) Test Process of Civil Aircraft Airborne Equipment,“ *IOP Conference Series: Materials Science and Engineering*, Jg. 1043, 2021, https://doi.org/10.1088/1757-899X/1043/5/052007.
212. S. Dudley, „Stress Testing,“ *Encyclopedia of Behavioral Medicine*, 2020, https://doi.org/10.5040/9781472920294.0091.
213. J. Tong-min, „Application of HASS Based on Routine Test Equipment in Avionics,“ *Equipment Environmental Engineering*, 2013.
214. J. Wei, H. Sun und J. Chen, „Analysis on Stress Screening of Components in Digital Background,“ *Journal of Physics: Conference Series*, Jg. 1828, 2021, https://doi.org/10.1088/1742-6596/1828/1/012100.
215. M. Silverman, „HASS development method: screen development change schedule and reprove schedule,“ Annual Reliability and Maintainability Symposium. 2000 Proceedings. International Symposium on Product Quality and Integrity (Cat. No.00CH37055), S. 245–247, 2000, https://doi.org/10.1109/RAMS.2000.816315.
216. M. Mu, X. Wang, L. Wang und W. Fan, „Remaining useful life estimation of products under highly accelerated stress screening,“ *2016 Annual Reliability and Maintainability Symposium (RAMS)*, S. 1–5, 2016, https://doi.org/10.1109/RAMS.2016.7447998.
217. M. Awad, „Printed wire assembly HASS profile development based on HALT,“ *Microelectronics reliability*, Jg. 110, S. 113702, 2020, https://doi.org/10.1016/j.microrel.2020.113702.
218. L. Zhen, „Review on Highly Accelerated Stress Screen,“ *Electronic Product Reliability and Environmental Testing*, 2002.
219. D. Collins, J. K. Freels, A. Huzurbazar, R. Warr und B. Weaver, „Accelerated Test Methods for Reliability Prediction,“ *Journal of Quality Technology*, Jg. 45, S. 244–259, 2013, https://doi.org/10.1080/00224065.2013.11917936.
220. L. Xiao-gang, „Study on Highly Accelerated Stress Screen Test Technology,“ *Metal Forming Technology*, 2005.
221. B. Janamanchi und T. Jin, „Reliability growth vs. HASS cost for product manufacturing with fast-to-market requirement,“ *International Journal of Productivity and Quality Management*, Jg. 5, S. 152–170, 2010, https://doi.org/10.1504/IJPQM.2010.030740.
222. G. Panda und S. Padhi, „A General Step-Stress Reliability Model Under Neutrosophic Statistics,“ *Journal of Neutrosophic Applications*, Jg. 12, S. 145–160, 2016. [Online]. Verfügbar unter: https://consensus.app/papers/a-general-step-stress-reliability-model-under/924
223. E. A. Elsayed, *Reliability Engineering*, 3. Aufl. (Wiley Series in Systems Engineering and Management Ser). Newark: John Wiley & Sons Incorporated, 2021. [Online]. Verfügbar unter: https://ebookcentral.proquest.com/lib/kxp/detail.action?docID=6396376

224. W. Nelson, „Accelerated Life Testing Step-Stress Models and Data Analysis. Trans. of Reliability, vol. R-29, No 2, June," 1980.
225. O. P. Yadav, N. Singh und P. S. Goel, „Reliability demonstration test planning: A three dimensional consideration. In: Reliability Engineering & System Safety 91 (2006), aug, Nr. 8, S. 882–893. – ISSN 0951-8320," S. 882–893, 2006.
226. M. Arndt, M. Dazer, W. Raither und B. Bertsche, „Parameter assessment for reliability modeling of machine components using heuristic screening," *Forsch Ingenieurwes*, Jg. 87, Nr. 4, S. 1347–1370, 2023, https://doi.org/10.1007/s10010-023-00711-5.
227. K. Lucan, „Methodische Ermittlung von repräsentativen Lastkollektiven am Beispiel der Nutzfahrzeugbremse," Dissertation. [Online]. Verfügbar unter: https://nbn-resolving.de/urn:nbn:de:bsz:93-opus-ds-116511
228. W. Kleppmann, *Versuchsplanung: Produkte und Prozesse optimieren,* 10. Aufl. (Praxisreihe Qualität). München: Hanser, 2020.
229. E. Dietrich und A. Schulze, *Statistische Verfahren zur Maschinen- und Prozessqualifikation,* 7. Aufl. München, Wien: Hanser, 2014.
230. Time (1938) Press: Digest Digested, Zeitungsartikel. https://content.time.com/time/subscriber/article/0,33009,882981,00.html. Zuletzt abgerufen am: 26.05.2022," *Time (1938) Press.* [Online.] Verfügbar: https://content.time.com/time/subscriber/article/0,33009,882981,00.html
231. M. Dazer und A. Grundler, „Best Practices of Reliability Testing: Overcoming Pitfalls," in *2023 Annual Reliability and Maintainability Symposium (RAMS)*, Orlando, FL, USA, IEEE, Hg., 2023, https://doi.org/10.1109/RAMS51473.2023.
232. G. Kauermann, *Stichproben: Methoden und praktische Umsetzung mit R* (SpringerLink Bücher). Berlin, Heidelberg: Springer-Verlag Berlin Heidelberg, 2011.
233. S.-L. Jeng und W. Q. Meeker, „Comparisons of Approximate Confidence Interval Procedures for Type I Censored Data," *Technometrics*, Jg. 42, Nr. 2, S. 135–148, 2000, https://doi.org/10.1080/00401706.2000.10485992.
234. M. Köhler, S. Jenne, K. Pötter und H. Zenner, *Zählverfahren und Lastannahme in der Betriebsfestigkeit.* Berlin, Heidelberg: Springer Berlin Heidelberg, 2012.
235. C. Eckstein, „Ermittlung repräsentativer Lastkollektive zur Betriebsfestigkeit von Ackerschleppern," Technische Universität Kaiserslautern, Kaiserslautern, 2017.
236. B. Weiler, T. Kassel, F. Küçükay, R. Deisinger und M. Hertweck, „Repräsentative Erprobung von Nutzfahrzeugen," *ATZ Automobiltech Z*, Jg. 112, Nr. 9, S. 678–683, 2010, https://doi.org/10.1007/BF03225363.
237. M. Schindler, J. Dietrich und M. Streicher, „Beanspruchungskollektive für Nutzfahrzeuge in Gesamteuropa*," *Materials Testing*, Jg. 53, 7-8, S. 437–442, 2011, https://doi.org/10.3139/120.110247.
238. P. Johannesson und J.-J. Thomas *Extremes*, Jg. 4, Nr. 3, S. 241–262, 2001, https://doi.org/10.1023/A:1015277305308.
239. P. Johannesson „Extrapolation of load histories and spectra," *Fatigue Fract Eng Mat Struct*, Jg. 29, Nr. 3, S. 209–217, 2006, https://doi.org/10.1111/j.1460-2695.2006.00982.x.
240. M. A. Miner, „Cumulative Damage in Fatigue. In: Journal of Applied Mechanics 12 (1945), Nr. 3, S. 159–164. – ISSN 0021-8936," S. 159–164, 1945, 8936.
241. A. Halfpenny, „Accelerated Vibration testing Based on Fatigue Damage Spectra," 2006.
242. A. Steinwolf und P. Wolfsteiner, „Vibration testing of vehicle components by fatigue damage spectrum control," *IJVNV*, Jg. 15, 2/3, 2019, Art. Nr. 106375, https://doi.org/10.1504/IJVNV.2019.106375.
243. F. J. Harris, „On the use of windows for harmonic analysis with the discrete Fourier transform," *Proc. IEEE*, Jg. 66, Nr. 1, S. 51–83, 1978, https://doi.org/10.1109/PROC.1978.10837.

244. J. Galambos, „The Asymptotic Theory of Extreme Order Statistic. John Wiley & Sons Inc., New York," 1978.
245. L. Fahrmeir, T. Kneib, S. Lang und B. D. Marx, *Regression: Models, methods and applications.* Berlin, Heidelberg: Springer, 2021.
246. P. E. Pfeifer, *Concepts of probability theory,* 2. Aufl. New York: Dover, 1978.
247. L. Fahrmeir, C. Heumann, R. Künstler, I. Pigeot und G. Tutz, *Statistik.* Berlin, Heidelberg: Springer Berlin Heidelberg, 2016.
248. L. Fahrmeir, T. Kneib und S. Lang, *Regression.* Berlin, Heidelberg: Springer Berlin Heidelberg, 2009.
249. P. E. Gill, W. Murray und M. H. Wright, *Practical optimization,* 12. Aufl. London: Academic Press, 2000.
250. B. L. Dodson, *Accelerated Testing,* 1. Aufl. Warrendale: SAE International, 2006. [Online]. Verfügbar unter: https://ebookcentral.proquest.com/lib/kxp/detail.action?docID=28983688
251. Reliasoft. „Confidence Bounds." Zugriff am: 20. Mai 2024. [Online.] Verfügbar: https://www.reliawiki.com/index.php/Confidence_Bounds
252. J. F. Lawless, Statistical Models and Methods for Lifetime Data. Wiley, 2002.
253. A. Grundler und M. Dazer, „Demonstrating Reliability for Actual Field Load Efficiently," in *Proceedings: European Safety and Reliability Conference*, Stavanger, 2025.
254. F. Jakob, M. Kimmelmann und B. Bertsche, „Selection of acceleration models for test planning and model usage. In: IEEE Transactions on Reliability 66 (2017), Nr. 2, S. 298–308. – ISSN 0018-9529," S. 298–308, 2017.
255. L. Srivani, B. K. Kumar, S. A. V. S. Murty und P. Swaminathan, „Accelerated life testing of Field Programmable Gate Arrays," in *2010 2nd International Conference on Reliability, Safety and Hazard – Risk-Based Technologies and Physics-of-Failure Methods (ICRESH)*, Mumbai, India, 122010, S. 329–334, https://doi.org/10.1109/ICRESH.2010.5779570.
256. N. Lindsey, J. Dawson, H. Marsh, D. Sheldon und L.-N. Sindjui, *NASA Methodology for Physics of Failure-Based Reliability Assessments Handbook.* Washington, D.C., 2023.
257. J. W. Provan, *Probabilistic fracture mechanics and reliability.* Dordrecht: Springer Netherlands, 1987.
258. O. H. Basquin, „The exponential law of endurance tests. In: Proc. ASTM. 11, 1910, S. 625," 1910.
259. S. T. Buckland, „Monte Carlo Methods For Confidence Interval Estimation Using The Bootstrap Technique," *Journal of Applied Statistics*, Jg. 10, Nr. 2, S. 194–212, 1983, https://doi.org/10.1080/02664768300000017.
260. C. E. Lunneborg, *Data analysis by resampling: Concepts and applications.* Pacific Grove, Calif.: Duxbury, 2000.
261. A. Benz, A. Grundler, T. Herzig, M. Dazer und B. Bertsche, „Reliability Demonstration Test Planning for Field Load Spectra – an Approach for Identifying the Optimal Test Parameters Considering Individual Cost and Time Constraints," in *2022 Annual Reliability and Maintainability Symposium (RAMS)*, Tucson, AZ, USA, 2022, S. 1–6, https://doi.org/10.1109/RAMS51457.2022.9894007.
262. T. Herzig, M. Dazer, A. Grundler und B. Bertsche, Evaluation of optimality criteria for efficient reliability demonstration testing. In: 30th European Safety and Reliability Conference, ESREL 2020 and 15th Probabilistic Safety Assessment and Management Conference, PSAM 2020, 2020. – ISBN 9789811485930, 2020.
263. E. A. Rady, El-Monsef, M. M. E. Abd. und M. M. Seyam, „Relationships among Several Optimality Criteria," 2009. [Online]. Verfügbar unter: https://scholar.cu.edu.eg/?q=elhoussainy/files/10.1.1.586.5137.pdf

264. H. K. T. Ng, N. Balakrishnan und P. S. Chan, „Optimal sample size allocation for tests with multiple levels of stress with extreme value regression," *Naval Research Logistics*, Jg. 54, Nr. 3, S. 237–249, 2007, https://doi.org/10.1002/nav.20207.
265. H. Chernoff, „Locally Optimal Designs for Estimating Parameters," *Ann. Math. Statist.*, Jg. 24, Nr. 4, S. 586–602, 1953, https://doi.org/10.1214/aoms/1177728915.
266. A. Wald, „On the Efficient Design of Statistical Investigations," *Ann. Math. Statist.*, Jg. 14, Nr. 2, S. 134–140, 1943, https://doi.org/10.1214/aoms/1177731454.
267. J. Kiefer und J. Wolfowitz, „The Equivalence of Two Extremum Problems," *Can. j. math.*, Jg. 12, S. 363–366, 1960, https://doi.org/10.4153/CJM-1960-030-4.
268. S. van Aert, Statistical experimental design for quantitative atomic resolution transmission electron microscopy. [S.l.]: [S.n.], 2003.
269. F. E. Udwadia, „Methodology for Optimum Sensor Locations for Parameter Identification in Dynamic Systems," *J. Eng. Mech.*, Jg. 120, Nr. 2, S. 368–390, 1994, https://doi.org/10.1061/(ASCE)0733-9399(1994)120:2(368).
270. W. B. Nelson, „Accelerated testing: statistical models, test plans, and data analysis," *vol. 1706, no. October. Wiley*, 2009.
271. S. B. Crary, L. Hoo und M. Tennenhouse, „I-Optimality Algorithm and Implementation," in *Computational Statistics*, Y. Dodge und J. Whittaker, Hg., Heidelberg: Physica-Verlag HD, 1992, S. 209–214.
272. M. Dazer, W. Reinhardt, D. Stoffel und K. Lucan, „Zuverlässigkeitsabsicherung des Piezopositionierers Nanocube," in *Tagungsband Technische Zuverlässigkeit 2025*, Nürtingen, VDI Wissensforum GmbH, Hg., 2025.
273. D. C. Montgomery, *Design and Analysis of Experiments.* Hoboken, NJ: Wiley, 2020.
274. C.-F. Wu und M. S. Hamada, *Experiments: Planning, analysis, and optimization,* 2. Aufl. (Wiley series in probability and statistics). Hoboken, NJ: Wiley, 2009.
275. U. Lindemann, M. Maurer und T. Braun, *Structural Complexity Management: An Approach for the Field of Product Design.* Berlin, Heidelberg: Springer Berlin Heidelberg, 2008. [Online]. Verfügbar unter: http://nbn-resolving.org/urn:nbn:de:bsz:31-epflicht-1595754
276. S. D. Eppinger und T. R. Browning, *Design structure matrix methods and applications* (Engineering systems). Cambridge, Mass., London: MIT Press, 2012.
277. C.-F. Wu und M. Hamada, *Experiments: Planning, analysis and optimization* (Wiley series in probability and statistics). Hoboken, NJ, USA: Wiley, 2021. [Online]. Verfügbar unter: https://zbmath.org/?q=an%3A1460.62003
278. R. H. Myers, D. C. Montgomery und C. Anderson-Cook, *Response surface methodology: Process and product optimization using designed experiments* (Wiley series in probability and statistics). Hoboken, New Jersey: Wiley, 2016.
279. D. C. Montgomery, E. A. Peck und G. G. Vining, *Introduction to linear regression analysis,* 5. Aufl. (Wiley series in probability and statistics). Hoboken, NJ: Wiley, 2012.
280. B. Klein, Versuchsplanung – Design of Experiments. De Gruyter, 2021.
281. G. E. P. Box und D. R. Cox, „An Analysis of Transformations," *Journal of the Royal Statistical Society Series B: Statistical Methodology*, Jg. 26, Nr. 2, S. 211–243, 1964, https://doi.org/10.1111/j.2517-6161.1964.tb00553.x.
282. T. Nagel, *Zahnriemengetriebe: Eigenschaften, Normung, Berechnung, Gestaltung,* 1. Aufl. (Hanser eLibrary). München, Wien: Hanser, 2008. [Online]. Verfügbar unter: http://www.hanser-elibrary.com/doi/book/10.3139/9783446416727
283. R. Perneder, *Handbuch Zahnriementechnik: Grundlagen, Berechnung, Anwendungen.* Berlin, Heidelberg: Springer Berlin Heidelberg, 2009. [Online]. Verfügbar unter: http://nbn-resolving.org/urn:nbn:de:bsz:31-epflicht-1565087

284. I. F. Campean, A. J. Day und S. Wright, „Camshaft timing belt reliability modelling," in Annual Reliability and Maintainability Symposium. 2001 Proceedings. International Symposium on Product Quality and Integrity (Cat. No.01CH37179), Philadelphia, PA, USA, 2001, S. 377–383, https://doi.org/10.1109/RAMS.2001.902496.

285. T. Childs, I. K. Parker, A. J. Day, A. Coutzoucos und K. W. Dalgarno, „Paper XII (ii) Tooth Loading and Life of Automotive Timing Belts," in *Vehicle tribology: Proceedings of the 17th Leeds-Lyon Symposium on Tribology held at the Institute of Tribology, Leeds University, Leeds, UK, 4th-7th September 1990* (Tribology Series 18), C. M. Taylor, M. Godet und D. Dowson, Hg., Amsterdam, New York, New York, NY, U.S.A: Elsevier for the Institute of Tribology Leeds University and the Institut national des Sciences appliqués de Lyon, 2010, S. 341–348.

286. A. Kremer, A. Scholzen und B. Bertsche, *Praktische Ermittlung von Lebensdauer- und Zuverlässigkeitsmodellen für Zahnriemengetriebe.* Berlin, Heidelberg: Springer Berlin Heidelberg, 2024.

287. W. Q. Meeker, L. A. Escobar und F. G. Pascual, *Statistical methods for reliability data* (Wiley series in probability and statistics). Hoboken NJ: Wiley, 2022.

288. M. Arndt, W. Raither und M. Dazer, „Multivariate Damage-based Reliability Assessment of Toothed Belts for Vehicle Steering Systems," (unveröffentlichtes Manuskript) *Transaction on Reliability*, 2025.

289. A. Zahran, C. M. Anderson-Cook und R. H. Myers, „Fraction of Design Space to Assess Prediction Capability of Response Surface Designs," *Journal of Quality Technology*, Jg. 35, Nr. 4, S. 377–386, 2003, https://doi.org/10.1080/00224065.2003.11980235.

290. A. Giovannitti-Jensen und R. H. Myers, „Graphical Assessment of the Prediction Capability of Response Surface Designs," *Technometrics*, Jg. 31, Nr. 2, S. 159–171, 1989, https://doi.org/10.1080/00401706.1989.10488510.

291. M. Arndt und I. M. Dazer, „Analysis of Efficiency in Response Surface Designs Considering Orthogonality Deviations and Cost Models," in *Proceeding of the 33rd European Safety and Reliability Conference*, M. P. Brito, T. Aven, P. Baraldi, M. Čepin und E. Zio, Hg., 2023, S. 1167–1174, https://doi.org/10.3850/978-981-18-8071-1_P160-cd.

292. M. Arndt und M. Dazer, „Investigating Practical Orthogonality Deviations in RSM for Optimized Predictive Reliability Modeling," in *Annual Reliability and Maintainability Symposium 2024 proceedings: January 22-25, 2024, the Clyde Hotel, Albuquerque, New Mexico, USA*, Albuquerque, NM, USA, 2024, S. 1–6, https://doi.org/10.1109/RAMS51492.2024.10457825.

293. J. W. McPherson, *Reliability Physics and Engineering.* Cham: Springer International Publishing, 2019.

294. P. Mell, M. Dazer, C. He und M. Beltle, „A Novel ADT Approach for Partial Discharge in Electrical Machines," in *2023 Annual Reliability and Maintainability Symposium (RAMS)*, Orlando, FL, USA, 2023.

295. W. Q. Meeker und L. A. Escobar, *Statistical Methods for Reliability Data* (Wiley series in probability and statistics). New York, NY, USA: John Wiley & Sons Inc, 1998.

296. Y. Lei, N. Li, L. Guo, N. Li, T. Yan und J. Lin, „Machinery health prognostics: A systematic review from data acquisition to RUL prediction," *Mechanical Systems and Signal Processing*, Jg. 104, S. 799–834, 2018, https://doi.org/10.1016/j.ymssp.2017.11.016.

297. W. Q. Meeker, Y. Hong und L. A. Escobar, „Degradation Models and Analyses," in *Encyclopedia of Statistical Sciences*, Bd. 46, S. Kotz, C. B. Read, N. Balakrishnan, B. Vidakovic und N. L. Johnson, Hg., Hoboken, NJ, USA: John Wiley & Sons, Inc, 2004, S. 460.

298. A. Piscopo, N. Esposito, B. Castanier und M. Giorgio, „Remaining useful life estimation of gamma degrading units characterized by a bathtub-shaped degradation rate in the presence of random effect and measurement error," *Proceedings of the 33rd European Safety and Reliability Conference (ESREL 2023)*, S. 1321–1328, 2023.

299. S. Tang, X. Guo, C. Yu, H. Xue und Z. Zhou, „Accelerated Degradation Tests Modeling Based on the Nonlinear Wiener Process with Random Effects,“ *Mathematical Problems in Engineering*, Jg. 2014, Nr. 2, S. 1–11, 2014, https://doi.org/10.1155/2014/560726.
300. Z.-S. Ye, M. Xie, L.-C. Tang und Y. Shen, „Degradation-Based Burn-In Planning Under Competing Risks,“ *Technometrics*, Jg. 54, Nr. 2, S. 159–168, 2012, https://doi.org/10.1080/00401706.2012.676946.
301. M. Giorgio, A. Mele und G. Pulcini, „A perturbed gamma degradation process with degradation dependent non-Gaussian measurement errors,“ *Appl Stoch Models Bus & Ind*, Jg. 35, Nr. 2, S. 198–210, 2019, https://doi.org/10.1002/asmb.2377.
302. Q. Dong und L. Cui, „A study on stochastic degradation process models under different types of failure Thresholds,“ *Reliability Engineering & System Safety*, Jg. 181, S. 202–212, 2019, https://doi.org/10.1016/j.ress.2018.10.002.
303. J. F. Lawless und M. Crowder, „Covariates and Random Effects in a Gamma Process Model with Application to Degradation and Failure,“ *Lifetime Data Analysis*, Jg. 10, S. 213–227, 2004.
304. Y. Liu, Y. Wang, Z. Fan, X. Chen, C. Zhang und Y. Tan, „A new universal multi-stress acceleration model and multi-parameter estimation method based on particle swarm optimization,“ *Proceedings of the Institution of Mechanical Engineers, Part O: Journal of Risk and Reliability*, Jg. 234, Nr. 6, S. 764–778, 2020, https://doi.org/10.1177/1748006X20918793.
305. S. J. Bae und P. H. Kvam, „A Nonlinear Random-Coefficients Model for Degradation Testing,“ *Technometrics*, Jg. 46, Nr. 4, S. 460–469, 2004.
306. C. Su, J.-C. Lu, Di Chen und J. M. Hughes-Oliver, „A Random Coefficient Degradation Model With Ramdom Sample Size,“ *Lifetime Data Analysis*, Jg. 5, Nr. 2, S. 173–183, 1999.
307. H. Guo und H. Liao, „Practical Approaches for Reliability Evaluation Using Degradation Data,“ *RAMS*, 2016.
308. W. Q. Meeker, L. A. Escobar und C. J. Lu, „Accelerated Degradation Tests: Modeling and Analysis,“ *Technometrics*, Jg. 40, Nr. 2, 1999, https://doi.org/10.1080/00401706.1998.10485191.
309. X. Ye, Y. Hu, B. Zheng, C. Chen und G. Zhai, „A new class of multi-stress acceleration models with interaction effects and its extension to accelerated degradation modelling,“ *Reliability Engineering & System Safety*, Jg. 228, 2022, https://doi.org/10.1016/j.ress.2022.108815.
310. VDA, Verband der Automobilindustrie e.V (2016) Qualitätsmanagement in der Automobilindustrie. Zuverlässigkeitsabsicherung bei Automobilherstellern und Lieferanten. 4. Auflage. Frankfurt am Main: VDA-QMC, 2016.
311. Dependability management – Part 3–4:: Application guide – Specification of dependability requirements, IEC 60300-3-4:2022, IEC, Mrz. 2022.
312. B. Avak, *Variant management of modular product families in the market phase* (Zugl.: Zürich, Eidgenöss. Techn. Hochsch., Diss., 2006) (Fortschritt-Berichte VDI Reihe 16, Technik und Wirtschaft 180). Düsseldorf: VDI-Verl., 2006.
313. A. Albers, N. Bursac und S. Rapp, „PGE – Produktgenerationsentwicklung am Beispiel des Zweimassenschwungrads. In: Forschung im Ingenieurwesen/Engineering Research 81 (2017), Nr. 1, S. 13–31. – ISBN 1001001602100,“ S. 13–31, 2017.
314. A. Albers *et al.*, „Proposing a Generalized Description of Variations in Different Types of Ssystems by the Model of PGE – Product Generation Engineering. In: Proceedings of the Design Society: DESIGN Conference Bd. 1, 2020. – ISSN 2633–7762, S. 2235–2244,“ S. 2633–7762, 2020.
315. A. Albers, J. Fahl, T. Hirschter, M. Endl, R. Ewert und S. Rapp, „Model of PGE-Product Generation Engineering by the Example of Autonomous Driving. In: Procedia CIRP Bd. 91, Elsevier B. V., 2020. – ISSN 2212-8271, S. 665–677,“ S. 2212–8271, 2020.

316. A. Albers, N. Reiss, N. Bursac und T. Richter, „IPeM-Integrated Product Engineering Model in Context of Product Generation Engineering. In: Procedia CIRP Bd. 50, The Author(s), 2016. – ISSN 2212-8271, S. 100–105,“ S. 100–105, 2016.
317. M. Dazer, D. Brautigam, T. Leopold und B. Bertsche, Optimal Planning of Reliability Life Tests Considering Prior Knowledge. In: Annual Reliability and Maintainability Symposium (RAMS) 2018, IEEE, 2018. – ISBN 978-1-5386-2870-6, 2018.
318. T. Hitziger und B. Bertsche, An approach to determine uncertainties of prior information – The transformation factor. In: Proceedings of the European Safety and Reliability Conference, ESREL 2005 1 (2005), S. 843–849. ISBN 0415383420, 2005.
319. T. Hitziger, B. Bertsche und A. Krolo, „An Advanced Reliability Test Procedure for Gear-Wheels Considering Results Known from Different Gear Transmission Ratios. In: Probabilistic Safety Assessment and Management (2013), S. 1894–1899,“ S. 1894–1899, 2013.
320. F. M. e. V. FKM, *Rechnerischer Festigkeitsnachweis für Maschinenbauteile: Richtlinie,* 2. Aufl. (FKM Forschungshefte 183). Frankfurt: FKM, 1994.
321. F. Ellmer und K. Hinkelmann, „Datenbank und Auswertesystem Betriebsfestigkeit: FKM-Vorhaben Nr. 288,“ *FKM Abschlussberichte,* Nr. 313, 2011.
322. A. Grundler, M. Göldenboth, F. Stoffers, M. Dazer und B. Bertsche, „Effiziente Zuverlässigkeitsabsicherung durch Berücksichtigung von Simulationsergebnissen am Beispiel einer Hochvolt-Batterie. In: 30. VDI-Fachtagung Technische Zuverlässigkeit 2021. Nürtingen, 2021,“ 2021.
323. C. E. Mortimer und U. Müller, *Chemie: Das Basiswissen der Chemie,* 11. Aufl. (Thieme electronic book Library). Stuttgart: Thieme, 2014. [Online]. Verfügbar unter: https://eref.thieme.de/ebooks/2108303
324. “ Arrhenius equation,“ in *The IUPAC Compendium of Chemical Terminology*, V. Gold, Hg., Research Triangle Park, NC: International Union of Pure and Applied Chemistry (IUPAC), 2019.
325. A. Grundler und M. Dazer, „Accelerated Tests as Hypothesis Tests for Reliability using the Probability of Test Success,“ in *17th International Conference on Probabilistic Safety Assessment and Management & Asian Symposium on Risk Assessment and Management*, Sendai, Japan, International Association for Probabilistic Safety Assessment and Management, Hg., 2024.
326. A. Grundler, M. Dazer und T. Herzig, „Statistical Power Analysis in Reliability Demonstration Testing: The Probability of Test Success,“ *Applied Sciences,* Jg. 12, Nr. 12, S. 6190, 2022, https://doi.org/10.3390/app12126190.
327. A. Grundler und M. Dazer, „Reliability Demonstration Test Planning for Systems using Prior Knowledge,“ *IEEE Access*, S. 1, 2023, https://doi.org/10.1109/ACCESS.2023.3347035.
328. T. Herzig, M. Dazer und B. Bertsche, „Zuverlässigkeitsabsicherung ressourcenschonender Produkte durch effiziente Erprobungsplanung. In: Stuttgarter Symposium für Produktentwicklung. Stuttgart, 2019,“ 2019.
329. J. W. Lindeberg, „Eine neue Herleitung des Exponentialgesetzes in der Wahrscheinlichkeitsrechnung. In: Mathematische Zeitschrift 15 (1922), S. 211–225,“ S. 211–225, 1922, neue.
330. A. Stuart und J. K. Ord, *Distribution theory,* 6. Aufl. (Kendall's advanced theory of statistics Vol. 1). London: Arnold, 1994.
331. B. Taylor, Methodus Incrementorum: Directa & Inversa. London: Typis Pearsonianis prostant apud Gul. Innys ad Insignia Principis in Coemeterio Paulino, 1715. – ISBN 9780415475976.
332. W. Q. Meeker und W. Nelson, „Weibull Variances and Confidence Limits by Maximum Likelihood for Singly Censored Data. In: Technometrics 19 (1977), Nr. 4, S. 473–476. – ISSN 1537–2723,“ S. 473–476, 1977, 2723.

333. J. O. Berger, *Statistical decision theory and Bayesian analysis,* 2. Aufl. (Springer series in statistics). New York: Springer, 1985.
334. D. Cousineau und S. Hélie, „Improving maximum likelihood estimation using prior probabilities: A tutorial on maximum a posteriori estimation and an examination of the weibull distribution. In: Tutorials in Quantitative Methods for Psychology 9 (2013), Nr. 2, S. 61–71," S. 61–71, 2013, prior.
335. J. O. Smith, *Spectral audio signal processing.* Stanford, Calif.: Stanford University CCRMA, 2011.
336. A. Grundler und M. Dazer, „Consideration of Uncertainty in Reliability Demonstration Test Planning," in *Proceeding of the 33rd European Safety and Reliability Conference,* M. P. Brito, T. Aven, P. Baraldi, M. Čepin und E. Zio, Hg., 2023, S. 2245–2252, https://doi.org/10.3850/978-981-18-8071-1_P166-cd.
337. T. Gneiting, Normal scale mixtures and dual probability densities. In: Journal of Statistical Computation and Simulation 59 (1997), Nr. 4, S. 375–384. – ISBN 0094965970881. New York: Gordon and Breach Science Publishers.
338. G. M. Cordeiro und R. Klein, Bias correction in ARMA models. In: Statistics & Probability Letters 19 (1994), feb, Nr. 3, S. 169–176. – ISSN 0167-7152.
339. E. Makalic und D. F. Schmidt, „Maximum likelihood estimation of the Weibull distribution with reduced bias. 1 (2022), Nr. 3," 2022.
340. United States, *Reliability of military electronic equipment: Report.* Washington, D.C.: U.S. Govt. Print. Off, 1957.
341. R. C. ARINC und W. H. Alven, *Reliability engineering.* Englewood Cliffs, N.J: Prentice-Hall, 1964.
342. L. Saintis et al., The Application of Reliability Allocation Methodology, from Preliminary Test Data, to Design a Definitive Test Plan. Application to Mechanical Heart Replacement Technology. In: Proceedings of the 30th European Safety and Reliability Conference and the 15th Probabilistic Safety Assessment and Management Conference (2019), S. 2575–2581. ISBN 9789811127243, 2019.
343. T. Herzig, M. Dazer, A. Grundler und B. Bertsche, Cost-And time-effective planning of accelerated reliability demonstration tests-A new approach of comparing the expenditure of success run and end-of-life tests. In: Annual Reliability and Maintainability Symposium (RAMS) 2019 Bd. 2019-Janua, 2019. – ISBN 9781538665541, 2019.
344. A. Benz und M. Dazer, „A Comparison of Pearl String and Horizon Method in Terms of Reliability Demonstration Testing," in *2024 Proc. Ann. Reliability & Maintainability Symp.*, Albuquerque, NM, IEEE, Hg., 2024.
345. S. Kotz und N. Balakrishnan, „Advances in Urn Models during the Past Two Decades," in *Advances in Combinatorial Methods and Applications to Probability and Statistics,* N. Balakrishnan, Hg., Boston, MA: Birkhäuser Boston, 1996, S. 203–257.
346. P. A. Tobias und D. C. Trindade, *Applied reliability,* 3. Aufl. (A Chapman & Hall book). Boca Raton, Fla.: CRC Press/Chapman & Hall, 2012.
347. A. Krolo, A. Fritz und B. Bertsche, „Correlation between the failure behavior of automotive components under taxi and field operating conditions," in *Annual Reliability and Maintainability Symposium. 2001 Proceedings. International Symposium on Product Quality and Integrity (Cat. No.01CH37179),* Philadelphia, PA, USA, 2001, S. 314–321, https://doi.org/10.1109/RAMS.2001.902486.
348. H. Raiffa und R. Schlaifer, *Applied statistical decision theory* (Wiley classics library). New York, NY: Wiley, 2000. [Online]. Verfügbar unter: http://www.loc.gov/catdir/description/wiley035/00028298.html

349. A. Kleyner, D. Elmore und B. Boukai, A Bayesian Approach to Determine Test Sample Size Requirements for Reliability Demonstration Retesting after Product Design Change. In: Quality Engineering 27 (2015), Nr. 3, S. 289–295. – ISBN 0898–2112, 2015.
350. A. Grundler, M. Dazer und B. Bertsche, „Efficient Reliability Demonstration using the Probability of Test Success and Bayes Theorem. In: Proceedings of the Probabilistic Safety Assessment and Management Conference, PSAM 16. Honolulu, 2022," 2022.
351. M. Dazer, A. Grundler, A. Benz, M. Arndt und P. Mell, „Pitfalls of Zero Failure Testing for Reliability Demonstration," in *Book of Extended Abstracts for the 32nd European Safety and Reliability Conference*, M. C. Leva, E. Patelli, L. Podofillini und S. Wilson, Hg., 2022, S. 1639–1646, https://doi.org/10.3850/978-981-18-5183-4_R28-06-054-cd.

FSC
www.fsc.org
MIX
Papier | Fördert gute Waldnutzung
FSC® C083411

Zeitfracht Medien GmbH
Ferdinand-Jühlke-Straße 7
99095 Erfurt, Deutschland
produktsicherheit@kolibri360.de